面向21世纪课程教材　　普通高等教育农业农村部"十三五"规划教材
普通高等教育农业农村部"十四五"规划教材　　全国高等农林院校"十三五"规划教材

特种经济动物生产学

第二版

余四九　主编

中国农业出版社
北京

内 容 简 介

本书是作为农林院校动物科学、动物医学专业的教材编写的。全书分为四篇、二十八章。第一篇哺乳类，包括鹿、麝、水貂、狐、獭兔、小灵猫、果子狸和竹鼠八种动物；第二篇鸟类，包括乌骨鸡、雉鸡、火鸡、肉鸽、鸵鸟、鹌鹑、鹧鸪、番鸭和野鸭九种动物；第三篇两栖类和爬行类，包括牛蛙、中国林蛙、鳖、蛇和蛤蚧五种动物；第四篇其他类，包括蜜蜂、蝎子、蜈蚣、蚯蚓、蝇蛆和育珠蚌六种动物。每章内容基本包括该种动物的生物学特性、繁殖、饲养管理和常见疾病或病虫害防治四部分，第一篇各章还增加了产品加工一节。由于我国地域广阔，地理环境差异较大，不同地区饲养特种经济动物的种类不同，各院校可根据实际情况，因地制宜地选择适合本地域特点的动物种类作重点讲授。

第二版编写人员名单

主　　编　余四九（甘肃农业大学）
副 主 编　滚双宝（甘肃农业大学）
参　　编（按姓氏笔画排序）
　　　　　刘　犇（宜春学院）
　　　　　刘忠军（吉林农业大学）
　　　　　李铁拴（河北农业大学）
　　　　　杨海明（扬州大学）
　　　　　肖定福（湖南农业大学）
　　　　　张俊珍（山西农业大学）
　　　　　樊江峰（甘肃农业大学）
　　　　　潘红平（广西大学）

第一版编写人员名单

主　　编　余四九（甘肃农业大学）
副 主 编　滚双宝（甘肃农业大学）
编写人员（按姓氏笔画排序）
　　　　　王志跃（扬州大学）
　　　　　刘　彬（西南农业大学）
　　　　　刘忠军（吉林农业大学）
　　　　　余四九（甘肃农业大学）
　　　　　李铁拴（河北农业大学）
　　　　　陈振昆（云南农业大学）
　　　　　夏中生（广西大学）
　　　　　滚双宝（甘肃农业大学）

第二版前言

《特种经济动物生产学》是为了适应我国农业产业结构调整的需要，在讨论调研的基础上，组织农业院校从事特种经济动物教学科研的老师编写的，供动物科学和动物医学本、专科生及经济动物饲养者参考使用，于2003年出版。

《特种经济动物生产学》出版16年来，被广泛采用，多次重印，在教学、科研和生产中发挥了重要的作用。经过了多年的使用、探索和积累，需要补充、更新相关内容，故本教材组织修订工作。

本教材第二版是作为全国高等农林院校"十三五"规划教材编写出版的，可作为农林院校动物科学、动物医学专业的教材，也可作为特种经济动物生产单位科技人员的参考书。

第二版编写继续沿用第一版的框架，分为四篇、二十八章。每章内容基本包括种该动物的生物学特性、繁殖、饲养管理和常见疾病四部分，第一篇哺乳动物各章还增加了产品加工一节。由于各地特种经济动物养殖的变化，讨论确定第二版大纲时，针对目前产业发展以及不同地域特种经济动物养殖的特点，删除了第一版中肉犬一章，增加了獭兔、竹鼠和蝇蛆三章。

本次修订，凸显了全书内容的条理性、层次性、简洁性和实用性。为了教师备课和学生记忆的方便，各章节内容中尽可能凝练出小标题，方便记忆。同时，内容和文字尽可能精炼，对于目前尚未成熟或者未经证实的理论，一律不列入。

党的十八大以来，以习近平同志为核心的党中央高度重视高校思想政治工作。特种经济动物生产学课程内容涉及政策法规、自然资源、产业发展、区域规划等相关领域，蕴含科学发展观、生态文明、爱国主义、社会责任感、职业素养、创新思维、文化自信等丰富的课程思政教育元素。在使用本教材时，应将特种经济动物生产学作为课程思政教育的"前沿阵地"，肩负起"守好一段渠，种好责任田"的使命担当，贯彻落实立德树人教育理念，突出育人导向，创新教育教学方法，把思想政治工作贯穿教育教学全过程，实现全程育人、全方位育人，努力培养德才兼备、勇于创新的高素质专业技术人才。

为了做好本教材第二版的修订工作，认真听取了多方面的意见。由于第一版中几位编者年事已高，还有几位已调离原岗位不再从事特种经济动物教学或科研工作，本次编写对人员做了部分调整。我们不会忘记为本教材第一版做出贡献的编者们。

我国幅员辽阔，特种经济动物种类繁多，本版教材虽然调整了一些动物，但仍不能包罗万象，不可能满足各地各院校教学的需要。各院校在教学过程中，可根据当地的实际情况，适当调整、增减讲授内容。

尽管我们在编写过程中竭尽全力，努力使本教材更具特色，但由于水平有限，书中缺点和错误在所难免，恳请广大读者不吝赐教，我们将感激不尽。

余四九

2019年3月9日

第一版前言

我国地域辽阔，特种经济动物资源丰富，各地区均有适宜于发展的特种经济动物物种及其条件。近年来，随着人民生活水平的不断提高和对外贸易的加强，传统畜牧业所生产的传统畜产品已不能满足市场对日益多层次、多样化产品的需要，以追求高效益为主要生产目的的现代畜牧业促使传统畜牧业进行结构调整，使饲养的物种向更加宽广的领域发展。各地区结合当地的自然条件及物种优势，发掘、开发和利用特种经济动物资源，部分特种经济动物已在部分地区得到了迅速发展，并成为振兴地方经济的支柱产业，同时在优良品种的选育提高、引入品种的杂交利用、疫病综合防治、饲养技术配套、产品创新加工及综合利用等方面进行了大量的研究工作，积累了丰富的经验。与此同时，为满足经济动物生产对人才的需求，高等农业院校也将经济动物饲养作为教学改革和专业结构调整的重要内容，纳入本、专科教学。但是，由于经济动物养殖是一个新型的产业，与传统家畜相比，其教材建设相对薄弱，目前虽已有出版发行的经济动物养殖方面的专著，但这些专著大多只介绍具有明显地域特色的一种或几种经济动物，不论是从所涉及的内容还是从材料的组织形式看，均缺乏高校教材必备的系统性、全面性、综合性、普遍性、理论性和科学性，用其中的任何一部做教材均不能满足教学的基本要求。因此，在近几年的教学和研究实践中，我们深感有必要从我国高等农业院校对专业教材改革和发展的要求出发，编写一本《特种经济动物生产学》教材，反映经济动物生产的技术及其应用和研究进展，以满足畜牧兽医专业本、专科生及经济动物饲养者和研究者对教学、生产和科研的需要。

本教材从我国农业产业结构调整对专业技术人才的需求出发，紧密结合当前我国高等农业院校专业结构调整与教材建设的实际，编写时力求做到先进实用，深入浅出，图、文、表结合，在突出经济动物生产中的新理论、新技术、新成果的前提下，重点介绍了经济动物生产的实用知识与技术，具有一定的前瞻性、理论性和实践性。

本教材共四篇、二十七章，编著者在充分考虑和认真分析我国各地区自然条件、气候特点及经济动物发展前景的前提下，从上百种经济动物中筛选出了比较适应我国不同地区自然条件和气候特点，且养殖技术相对成熟，并具有较广阔发展前景的鹿、水貂、火鸡、蛇等26种经济动物；每种经济动物均从其生物学特性、品种特征、繁殖技术、饲养与管理、常见病害防治等方面进行了详细的介绍。该书不仅可作为高等农业院校畜牧、兽医及相关专业本、专科生的教材,也可供广大经济动物养殖者参考。

本教材在编写过程中,得到了许多同仁的关心和支持,并且书中引用了一些专家、学者的研究成果及相关的书刊资料,在此一并表示诚挚的谢意。

虽然我们做了种种努力,以实现编写此书的初衷,但限于学术水平和教学经验,加之时间仓促,书中肯定存在许多不足和疏漏,各章节在内容编排和深浅尺度的掌握上也不尽一致,恳请广大师生和读者批评指正,以便我们今后进一步修订。

编　者

2002 年 11 月

目 录

第二版前言
第一版前言

绪论 ………………………………… 1
一、特种经济动物的概念与特点……… 1
二、特种经济动物的分类……………… 2
三、特种经济动物养殖的意义………… 2
四、特种经济动物养殖存在的问题…… 3
五、特种经济动物养殖发展的对策…… 4
六、特种经济动物生产学课程思政教学…… 5

第一篇 哺乳类

第一章 鹿 ………………………… 8
第一节 鹿的生物学特性……………… 8
　一、分类与分布……………………… 8
　二、形态学特征……………………… 8
　三、生活习性………………………… 9
第二节 鹿的繁殖……………………… 10
　一、繁殖特点………………………… 10
　二、配种……………………………… 10
　三、妊娠与分娩……………………… 11
第三节 鹿的饲养管理………………… 11
　一、公鹿的饲养管理………………… 11
　二、母鹿的饲养管理………………… 13
　三、幼鹿的饲养管理………………… 14
第四节 鹿产品加工…………………… 16
　一、鹿茸……………………………… 16
　二、鹿的副产品……………………… 17
第五节 鹿常见疾病…………………… 18
　一、急性瘤胃扩张…………………… 18
　二、巴氏杆菌病……………………… 18
　三、坏死杆菌病……………………… 18
　四、出血性肠炎……………………… 19
　五、难产……………………………… 19

第二章 麝 ………………………… 20
第一节 麝的生物学特性……………… 20
　一、分类与分布……………………… 20
　二、形态学特征……………………… 20
　三、生活习性………………………… 21
第二节 麝的繁殖……………………… 22
　一、繁殖特点………………………… 22
　二、配种……………………………… 22
　三、妊娠与分娩……………………… 22
第三节 麝的饲养管理………………… 23
　一、公麝的饲养管理………………… 23
　二、母麝的饲养管理………………… 23
　三、仔麝的饲养管理………………… 24
　四、仔麝的驯化与调教……………… 25
第四节 麝香的采集与加工…………… 25
　一、麝香的采集……………………… 25
　二、麝香的加工……………………… 26
第五节 麝常见疾病…………………… 26
　一、肺炎……………………………… 26
　二、胃肠炎…………………………… 26

三、脓肿病 …………………………… 26
四、瘤胃积食 ………………………… 27

第三章 水貂 …………………………… 28

第一节 水貂的生物学特性 …………… 28
一、分类与分布 ……………………… 28
二、形态学特征 ……………………… 28
三、生活习性 ………………………… 29

第二节 水貂的繁殖 …………………… 29
一、繁殖特点 ………………………… 29
二、配种 ……………………………… 29
三、妊娠 ……………………………… 30
四、分娩 ……………………………… 31

第三节 水貂的饲养管理 ……………… 31
一、饲料与营养需要 ………………… 31
二、饲养管理 ………………………… 33

第四节 水貂毛皮初加工 ……………… 35
一、去皮时间与毛皮成熟鉴定 ……… 35
二、屠宰 ……………………………… 36
三、剥皮 ……………………………… 36
四、初加工 …………………………… 36

第五节 水貂常见疾病 ………………… 36
一、病毒性胃肠炎 …………………… 36
二、犬瘟热 …………………………… 37
三、大肠杆菌病 ……………………… 37
四、黄脂肪病 ………………………… 37

第四章 狐 ………………………………… 38

第一节 狐的生物学特性 ……………… 38
一、分类与分布 ……………………… 38
二、形态学特征 ……………………… 38
三、生活习性 ………………………… 39

第二节 狐的繁殖 ……………………… 39
一、繁殖特点 ………………………… 39
二、配种 ……………………………… 40
三、妊娠与分娩 ……………………… 43

第三节 狐的饲养管理 ………………… 43
一、饲料与营养需要 ………………… 43
二、幼狐的饲养管理 ………………… 46
三、成年狐的饲养管理 ……………… 47

第四节 狐的产品生产 ………………… 48
一、狐皮采收 ………………………… 48
二、狐皮初加工 ……………………… 49

第五节 狐常见疾病 …………………… 50
一、肺炎 ……………………………… 50
二、胃肠炎 …………………………… 50
三、自咬症 …………………………… 50
四、李氏杆菌病 ……………………… 51
五、巴氏杆菌病 ……………………… 51
六、布氏杆菌病 ……………………… 51

第五章 獭兔 …………………………… 52

第一节 獭兔的生物学特性 …………… 52
一、分类与分布 ……………………… 52
二、主要品系及形态学特征 ………… 52
三、生活习性 ………………………… 53

第二节 獭兔的繁殖 …………………… 54
一、繁殖特点 ………………………… 54
二、配种 ……………………………… 54
三、妊娠与分娩 ……………………… 55

第三节 獭兔的饲养管理 ……………… 55
一、养殖场规划与舍笼设计 ………… 55
二、饲料 ……………………………… 58
三、饲养管理 ………………………… 60

第四节 獭兔的产品生产 ……………… 62
一、獭兔皮 …………………………… 62
二、獭兔肉 …………………………… 64

第五节 獭兔常见疾病 ………………… 64
一、球虫病 …………………………… 64
二、病毒性出血症 …………………… 64
三、螨病 ……………………………… 65
四、皮肤真菌病 ……………………… 65

第六章 小灵猫 ………………………… 67

第一节 小灵猫的生物学特性 ………… 67

一、分类与分布 …………………… 67
　　二、形态学特征 …………………… 67
　　三、生活习性 ……………………… 68
第二节　小灵猫的繁殖 ………………… 68
　　一、繁殖特点 ……………………… 68
　　二、配种 …………………………… 68
　　三、妊娠与分娩 …………………… 69
第三节　小灵猫的饲养管理 …………… 70
　　一、场地与笼舍设计 ……………… 70
　　二、饲料 …………………………… 70
　　三、饲养管理 ……………………… 71
第四节　小灵猫的产品生产 …………… 72
　　一、小灵猫皮的加工与处理 ……… 72
　　二、小灵猫香的采集 ……………… 73
第五节　小灵猫常见疾病 ……………… 74
　　一、胃肠炎 ………………………… 74
　　二、香囊炎 ………………………… 74
　　三、自咬症与异食症 ……………… 74
　　四、上呼吸道感染 ………………… 74
　　五、寄生虫病 ……………………… 75

第七章　果子狸 ………………………… 76

第一节　果子狸的生物学特性 ………… 76
　　一、分类与分布 …………………… 76
　　二、形态学特征 …………………… 76
　　三、生活习性 ……………………… 77
　　四、生长发育 ……………………… 77
第二节　果子狸的繁殖 ………………… 78
　　一、繁殖特点 ……………………… 78
　　二、配种 …………………………… 78
　　三、妊娠与分娩 …………………… 78
第三节　果子狸的饲养管理 …………… 78
　　一、场地建设 ……………………… 78
　　二、饲养管理 ……………………… 79
第四节　果子狸的毛皮初加工 ………… 80
第五节　果子狸常见疾病 ……………… 80
　　一、腹泻 …………………………… 80
　　二、肠胃炎 ………………………… 81
　　三、便秘 …………………………… 81
　　四、寄生虫病 ……………………… 81

第八章　竹鼠 …………………………… 82

第一节　竹鼠的生物学特性 …………… 82
　　一、分类与分布 …………………… 82
　　二、主要品种与形态学特征 ……… 82
　　三、生活习性 ……………………… 83
第二节　竹鼠的繁殖 …………………… 83
　　一、繁殖特点 ……………………… 83
　　二、配种 …………………………… 84
第三节　竹鼠的饲养管理 ……………… 85
　　一、场地建设 ……………………… 85
　　二、饲料 …………………………… 85
　　三、饲养管理 ……………………… 86
第四节　竹鼠皮的采收加工 …………… 88
　　一、竹鼠皮的采收 ………………… 88
　　二、竹鼠毛皮的初加工 …………… 89
　　三、竹鼠毛皮贮存、运输及收购等级标准 …… 90
第五节　竹鼠常见疾病 ………………… 90
　　一、感冒 …………………………… 90
　　二、胃肠炎 ………………………… 90
　　三、抓伤与脓肿 …………………… 90
　　四、牙齿过长、不正 ……………… 90
　　五、常见寄生虫疾病 ……………… 91

第二篇　鸟类

第九章　乌骨鸡 ………………………… 94

第一节　乌骨鸡的生物学特性 ………… 94
　　一、分类与分布 …………………… 94
　　二、主要品种与形态学特征 ……… 94
　　三、生活习性 ……………………… 95
第二节　乌骨鸡的繁殖 ………………… 95
　　一、繁殖特点 ……………………… 95
　　二、种的选择 ……………………… 96

三、配种 …………………………………… 96
　　四、人工孵化 ……………………………… 97
　第三节　乌骨鸡的饲养管理 …………………… 99
　　一、营养需要与饲料 ……………………… 99
　　二、育雏 …………………………………… 100
　　三、雏乌骨鸡的饲养管理 ………………… 101
　　四、育成乌骨鸡的饲养管理 ……………… 101
　　五、成年种用乌骨鸡的饲养管理 ………… 102
　第四节　乌骨鸡常见疾病 ……………………… 103
　　一、新城疫 ………………………………… 103
　　二、传染性法氏囊病 ……………………… 103
　　三、卵黄性腹膜炎 ………………………… 103
　　四、啄癖 …………………………………… 104

第十章　雉鸡 …………………………………… 105
　第一节　雉鸡的生物学特性 …………………… 105
　　一、分类与分布 …………………………… 105
　　二、主要品种与形态学特征 ……………… 105
　　三、生活习性 ……………………………… 106
　第二节　雉鸡的繁殖 …………………………… 106
　　一、繁殖特点 ……………………………… 106
　　二、种的选择 ……………………………… 107
　　三、人工孵化 ……………………………… 107
　第三节　雉鸡的饲养管理 ……………………… 108
　　一、营养需要与饲料 ……………………… 108
　　二、雏雉鸡的饲养管理 …………………… 110
　　三、青年雉鸡的饲养管理 ………………… 111
　　四、种雉鸡的饲养管理 …………………… 112
　第四节　雉鸡常见疾病 ………………………… 112
　　一、新城疫 ………………………………… 112
　　二、禽霍乱 ………………………………… 112
　　三、传染性法氏囊病 ……………………… 113
　　四、传染性支气管炎 ……………………… 113

第十一章　火鸡 ………………………………… 114
　第一节　火鸡的生物学特性 …………………… 114
　　一、分类与分布 …………………………… 114

　　二、主要品种与形态学特征 ……………… 114
　　三、生活习性 ……………………………… 115
　第二节　火鸡的繁殖 …………………………… 115
　　一、繁殖特点 ……………………………… 115
　　二、人工授精 ……………………………… 116
　　三、人工孵化 ……………………………… 117
　第三节　火鸡的饲养管理 ……………………… 118
　　一、营养需要与饲料 ……………………… 118
　　二、雏火鸡的饲养管理 …………………… 118
　　三、育成火鸡的饲养管理 ………………… 119
　　四、产蛋火鸡的饲养管理 ………………… 120
　　五、肉用火鸡的饲养管理 ………………… 121
　第四节　火鸡常见疾病 ………………………… 121
　　一、火鸡支原体病 ………………………… 121
　　二、禽霍乱 ………………………………… 122
　　三、禽痘 …………………………………… 122
　　四、鸡白痢 ………………………………… 122

第十二章　肉鸽 ………………………………… 123
　第一节　肉鸽的生物学特性 …………………… 123
　　一、分类与分布 …………………………… 123
　　二、主要品种与形态学特征 ……………… 123
　　三、生活习性 ……………………………… 124
　第二节　肉鸽的繁殖 …………………………… 125
　　一、繁殖特点 ……………………………… 125
　　二、雌雄鉴别 ……………………………… 125
　第三节　肉鸽的饲养管理 ……………………… 126
　　一、营养需要与饲料 ……………………… 126
　　二、鸽舍与鸽笼 …………………………… 127
　　三、日常饲养管理要点 …………………… 129
　　四、乳鸽的饲养管理 ……………………… 130
　　五、童鸽的饲养管理 ……………………… 131
　　六、青年鸽的饲养管理 …………………… 132
　　七、种鸽的饲养管理 ……………………… 132
　第四节　肉鸽常见疾病 ………………………… 133
　　一、鸽痘 …………………………………… 133
　　二、鸟疫 …………………………………… 133

三、鸽支原体病……………………… 133
四、鸽毛滴虫病……………………… 134

第十三章　鸵鸟……………………… 135

第一节　鸵鸟的生物学特性…………… 135
一、分类与分布……………………… 135
二、主要品种与形态学特征………… 135
三、生活习性………………………… 136

第二节　鸵鸟的繁殖…………………… 136
一、繁殖特点………………………… 136
二、人工孵化………………………… 137

第三节　鸵鸟的饲养管理……………… 138
一、饲养方式与场地设施…………… 138
二、饲料与营养……………………… 139
三、育雏期鸵鸟的饲养管理………… 141
四、育成期鸵鸟的饲养管理………… 142
五、种鸵鸟的饲养管理……………… 142

第四节　鸵鸟常见疾病………………… 142
一、新城疫…………………………… 142
二、大肠杆菌病……………………… 143
三、鸵鸟胃阻塞……………………… 143
四、幼鸵鸟腿部水肿………………… 143

第十四章　鹌鹑……………………… 144

第一节　鹌鹑的生物学特性…………… 144
一、分类与分布……………………… 144
二、主要品种与形态学特征………… 144
三、生活习性………………………… 145

第二节　鹌鹑的繁殖…………………… 146
一、繁殖特点………………………… 146
二、选种……………………………… 146
三、配种方法………………………… 147
四、孵化……………………………… 147

第三节　鹌鹑的饲养管理……………… 149
一、营养需求………………………… 149
二、雏鹌鹑的饲养管理……………… 149
三、成年鹌鹑的饲养管理…………… 151

第四节　鹌鹑常见疾病………………… 153
一、新城疫…………………………… 153
二、马立克病………………………… 153
三、鸡白痢…………………………… 153
四、鹌鹑支气管炎…………………… 154

第十五章　鹧鸪……………………… 155

第一节　鹧鸪的生物学特性…………… 155
一、分类与分布……………………… 155
二、形态学特征……………………… 155
三、生活习性………………………… 156

第二节　鹧鸪的繁育…………………… 156
一、繁殖特点………………………… 156
二、种的选择………………………… 156
三、人工孵化………………………… 157

第三节　鹧鸪的饲养管理……………… 157
一、营养需要与饲料………………… 157
二、鹧鸪舍与笼具设备……………… 157
三、雏鹧鸪的饲养管理……………… 158
四、青年鹧鸪的饲养管理…………… 159
五、成年鹧鸪的饲养管理…………… 159
六、商品肉用仔鹧鸪的饲养管理…… 160

第四节　鹧鸪常见疾病………………… 160
一、鹧鸪黑头病……………………… 160
二、新城疫…………………………… 160
三、鸡白痢…………………………… 161
四、传染性法氏囊病………………… 161

第十六章　番鸭……………………… 162

第一节　番鸭的生物学特性…………… 162
一、分类与分布……………………… 162
二、形态学特征……………………… 162
三、生活习性………………………… 163

第二节　番鸭的繁殖…………………… 163
一、繁殖特点………………………… 163
二、繁殖技术………………………… 163
三、杂交利用………………………… 164

第三节　番鸭的饲养管理……………… 165
　一、营养需要与饲料………………… 165
　二、雏番鸭的饲养管理……………… 165
　三、商品番鸭的饲养管理…………… 166
　四、育成番鸭的饲养管理…………… 167
　五、种番鸭的饲养管理……………… 167
　六、采精期公番鸭的饲养管理……… 168
第四节　番鸭常见疾病………………… 168
　一、鸭瘟……………………………… 168
　二、鸭病毒性肝炎…………………… 169
　三、禽霍乱…………………………… 169
　四、鸭传染性浆膜炎………………… 169

第十七章　野鸭……………………… 171
第一节　野鸭的生物学特性…………… 171
　一、分类与分布……………………… 171
　二、形态学特征……………………… 171
　三、生活习性………………………… 172
第二节　野鸭的繁殖…………………… 172
　一、繁殖特点………………………… 172
　二、人工孵化………………………… 172
　三、杂交利用………………………… 173
第三节　野鸭的饲养管理……………… 173
　一、营养需要与饲料………………… 173
　二、雏野鸭的饲养管理……………… 173
　三、育成前期野鸭的饲养管理……… 175
　四、育成后期野鸭的饲养管理……… 175
　五、种野鸭的饲养管理……………… 176
第四节　野鸭常见疾病………………… 176
　一、鸭曲霉菌病……………………… 176
　二、鸭球虫病………………………… 176
　三、鸭硒和维生素E缺乏症 ………… 177

第三篇　两栖类和爬行类

第十八章　牛蛙……………………… 180
第一节　牛蛙的生物学特性…………… 180

　一、分类与分布……………………… 180
　二、形态学特征……………………… 180
　三、生活习性………………………… 181
第二节　牛蛙的繁殖…………………… 182
　一、繁殖特点………………………… 182
　二、种的选择………………………… 182
　三、人工催产与人工授精…………… 182
　四、人工孵化………………………… 183
第三节　牛蛙的饲养管理……………… 184
　一、养殖设施………………………… 184
　二、饲料……………………………… 185
　三、饲养管理………………………… 186
第四节　牛蛙常见病虫害防治………… 190
　一、疾病防治………………………… 190
　二、敌害防治………………………… 190

第十九章　中国林蛙………………… 192
第一节　中国林蛙的生物学特性……… 192
　一、分类与分布……………………… 192
　二、形态学特征……………………… 192
　三、生活习性………………………… 193
第二节　中国林蛙的繁殖……………… 194
　一、种的选择………………………… 194
　二、人工产卵………………………… 194
　三、人工孵化………………………… 195
第三节　中国林蛙的饲养管理………… 197
　一、蝌蚪的饲养管理………………… 197
　二、变态期蝌蚪的饲养管理………… 198
　三、人工放养………………………… 199
　四、成蛙的越冬管理………………… 200
第四节　中国林蛙常见病虫害防治…… 201
　一、疾病防治………………………… 201
　二、敌害防治………………………… 202

第二十章　鳖………………………… 203
第一节　鳖的生物学特性……………… 203
　一、分类与分布……………………… 203

二、形态学特征 …………………… 203
三、生活习性 ……………………… 204
四、发育特点 ……………………… 204
第二节 鳖的繁殖 ……………………… 204
一、繁殖特点 ……………………… 204
二、种的选择 ……………………… 204
三、性别鉴定 ……………………… 205
四、孵化 …………………………… 205
第三节 鳖的饲养管理 ………………… 206
一、营养需要 ……………………… 206
二、饲养管理 ……………………… 207
三、人工养殖 ……………………… 207
第四节 鳖常见病虫害防治 …………… 209
一、疾病防治 ……………………… 209
二、敌害防治 ……………………… 210

第二十一章 蛇 …………………… 211

第一节 蛇的生物学特性 ……………… 211
一、分类与分布 …………………… 211
二、形态学特征 …………………… 211
三、生活习性 ……………………… 212
第二节 蛇的繁殖 ……………………… 214
一、繁殖特点 ……………………… 214
二、发情与交配 …………………… 214
三、产卵（仔）与孵化 …………… 214
四、雌雄鉴别 ……………………… 215
第三节 蛇的饲养管理 ………………… 216
一、养殖设施 ……………………… 216
二、饲养管理 ……………………… 216
第四节 蛇常见病虫害防治 …………… 217
一、疾病防治 ……………………… 217
二、敌害防治 ……………………… 218

第二十二章 蛤蚧 ………………… 219

第一节 蛤蚧的生物学特性 …………… 219
一、分类与分布 …………………… 219
二、形态学特征 …………………… 219

三、生活习性 ……………………… 220
四、生长发育 ……………………… 221
第二节 蛤蚧的繁殖 …………………… 222
一、繁殖特点 ……………………… 222
二、雌雄鉴别 ……………………… 223
第三节 蛤蚧的饲养管理 ……………… 223
一、饲养 …………………………… 223
二、管理 …………………………… 224
第四节 蛤蚧常见病虫害防治 ………… 225
一、疾病防治 ……………………… 225
二、敌害防治 ……………………… 226

第四篇 其他类

第二十三章 蜜蜂 ………………… 228

第一节 蜜蜂的生物学特性 …………… 228
一、分类与分布 …………………… 228
二、形态学特征 …………………… 230
三、生活习性 ……………………… 230
第二节 蜜蜂的繁殖 …………………… 231
一、繁殖特点 ……………………… 231
二、人工育王 ……………………… 232
第三节 蜜蜂的饲养管理 ……………… 233
一、场址选择与收捕蜜蜂 ………… 233
二、蜂群的饲养管理 ……………… 235
第四节 蜜蜂常见病虫害防治 ………… 236
一、疾病防治 ……………………… 236
二、敌害防治 ……………………… 237

第二十四章 蝎子 ………………… 239

第一节 蝎子的生物学特性 …………… 239
一、分类与分布 …………………… 239
二、形态学特征 …………………… 239
三、生长发育 ……………………… 240
四、生活习性 ……………………… 241
第二节 蝎子的繁殖 …………………… 243
一、繁殖特点 ……………………… 243

二、雌雄鉴别 …… 244
第三节　蝎子的饲养管理 …… 244
　　一、饲料 …… 244
　　二、养蝎方法 …… 245
　　三、饲养管理 …… 246
第四节　蝎子常见病虫害防治 …… 248
　　一、疾病防治 …… 248
　　二、敌害防治 …… 249

第二十五章　蜈蚣 …… 251

第一节　蜈蚣的生物学特性 …… 251
　　一、分类与分布 …… 251
　　二、形态学特征 …… 251
　　三、生长发育 …… 252
　　四、生活习性 …… 252
第二节　蜈蚣的繁殖 …… 253
　　一、种的选择 …… 253
　　二、繁殖过程 …… 253
第三节　蜈蚣的饲养管理 …… 254
　　一、养殖设施 …… 254
　　二、饲料 …… 255
　　三、管理 …… 255
　　四、捕捉与加工 …… 255
第四节　蜈蚣常见病虫害防治 …… 256
　　一、疾病防治 …… 256
　　二、敌害防治 …… 257

第二十六章　蚯蚓 …… 258

第一节　蚯蚓的生物学特性 …… 258
　　一、分类与分布 …… 258
　　二、形态学特征 …… 258
　　三、生活习性 …… 259
第二节　蚯蚓的繁殖 …… 259
　　一、种的选择 …… 259
　　二、繁殖过程 …… 260
第三节　蚯蚓的饲养管理 …… 261
　　一、饲养方法 …… 261
　　二、饲料 …… 262
　　三、管理 …… 262
　　四、采收 …… 264
第四节　蚯蚓常见病虫害防治 …… 264
　　一、疾病防治 …… 264
　　二、敌害防治 …… 265

第二十七章　蝇蛆 …… 266

第一节　蝇蛆的生物学特性 …… 266
　　一、分类与分布 …… 266
　　二、发育与变态 …… 267
　　三、世代与年生活史 …… 267
　　四、生活习性 …… 267
第二节　蝇蛆的繁殖 …… 267
　　一、繁殖季节 …… 267
　　二、繁殖特点 …… 268
第三节　蝇蛆的饲养管理 …… 268
　　一、养殖场地设计 …… 268
　　二、常用设备与工具 …… 269
　　三、常用饲料 …… 269
　　四、饲养管理 …… 271
　　五、季节管理 …… 273
　　六、敌害防治 …… 274
第四节　蝇蛆的采收与采后处理 …… 274
　　一、分离采收 …… 274
　　二、分离后处理 …… 274
　　三、贮存与初加工 …… 274

第二十八章　育珠蚌 …… 276

第一节　育珠蚌的生物学特性 …… 276
　　一、分类与分布 …… 276
　　二、形态学特征 …… 276
　　三、生活习性 …… 277
第二节　育珠蚌的人工繁殖 …… 277
　　一、亲蚌的选择与培育 …… 277
　　二、采苗 …… 278
　　三、幼蚌培育 …… 278

第三节 育珠手术…………………… 279
　一、植片育珠………………………… 279
　二、植核育珠………………………… 280
第四节 饲养管理…………………… 281
　一、养殖方式………………………… 281
　二、养殖水域条件…………………… 282
　三、管理措施………………………… 282
第五节 育珠蚌常见病虫害防治…… 284
　一、疾病防治………………………… 284
　二、敌害防治………………………… 285

主要参考文献 …………………………… 286

绪　论

自改革开放特别是20世纪90年代以来，我国农业产业结构发生了很大变化调整，种植业和养殖业除了满足人们日常生活所需外，更追求高效率、高收益。特种经济动物养殖生产具有投资少、见效快、附加值高的特点，符合效益农业和可持续农业发展需求，在我国农业产业化结构调整中具有重要地位。特种经济动物养殖业经过几十年发展，已经成为一个新兴产业，它的蓬勃发展为我国生态畜牧业发展开辟了一条充满机遇与挑战的道路。但我国特种经济动物养殖业目前还处于低水平，受市场波动的影响较大，加之其饲养管理、产品加工及疾病防治技术都不成熟，在开展特种经济动物养殖时需要做好充分的准备。

一、特种经济动物的概念与特点

（一）特种经济动物的概念

按照动物的用途，一般将其分为食用动物、役用动物、玩赏动物、医用动物、实验动物和经济动物等。因此，经济动物不单指哪一种或哪一类动物。

广义地讲，经济动物泛指对人类有益，并具有一定经济价值的动物。从动物学的观点来看，它几乎包括了较高等的哺乳类、鸟类、爬行类动物及较低等的两栖类、鱼类、节肢类、软体类动物。从这个意义来讲，家畜、家禽也属于经济动物。

狭义地讲，经济动物是指除家畜、家禽以外，其本身或其产品有特定经济用途和较高经济价值，并具有不同驯化程度的人工规模化养殖的动物。

特种经济动物是针对某一地区传统养殖业而提出的概念，目前尚无确切的定义。人们习惯上把具有某种特殊经济性状且价值很高的经济动物称为特种经济动物，通常是指具有特殊的药膳用、毛皮用、肉蛋用和观赏用等价值，并能产生较高经济效益的动物。

（二）特种经济动物的特点

1. 生物学特性的多样性　特种经济动物种类繁多、分布区域广泛、驯化程度不同，各自具有不同的生活规律和特点，在个体生长发育及其生长周期各阶段的性状表现差异很大。它们在野生状态下，生长、繁殖受食物季节性、生态环境特殊性，甚至是天敌的影响而呈现多样性的变化，如哺乳动物的分娩总是在食物最丰富的时候，鸟类大多在春季繁殖等。

2. 分布区域的特异性　在特定的区域内，特种经济动物的自然分布区多处于远离城市和乡村且人烟稀少的高山、平原、丘陵、荒漠、小溪、湖泊、河流、森林、草原等地。其分布范围有限，对生活环境有特殊的要求，在地域上表现出一定的特异性。但与传统家畜相比，特种经济动物对环境变化有较强的适应能力。

3. 地域上的相对性 有些动物在某一区域是特种经济动物，而在另一区域则是传统养殖业的当家品种或优势物种。如鸵鸟在非洲北部撒哈拉沙漠西部和南部等原产区是传统禽类，而在其他地区则作为特种经济动物引入饲养。又如，青藏高原的牦牛在当地为传统畜种，供役用和产肉、产奶，并誉为"高原之舟"；而生活在动物园中的牦牛则是特种经济动物，体现了其较高的观赏价值。有"沙漠之舟"之称的骆驼也具有这个特性。部分人将香猪列为特种经济动物也是不无道理的。

4. 驯化程度的差异性 尽管特种经济动物的驯化历史长短不一，但与传统家畜、家禽（猪、马、牛、羊、鸡）相比，其驯化历史普遍较短，有的甚至还处在野生状态。

5. 用途的特殊性 特种经济动物之所以具有较高的经济价值，其原因之一是与传统家畜相比具有特殊的观赏价值（如猫、犬等宠物）、药用价值（如鹿、麝、蝎子等）、肉用价值（如肉鸽、牛蛙等）和皮用价值（如水貂、狐等）。

二、特种经济动物的分类

特种经济动物的类群及范围很广。据不完全统计，目前人工养殖的特种经济动物有120多种。为了便于生产、管理和研究，人们对特种经济动物采用了不同的分类原则和方法。目前，各类参考书中常用的分类方法有2种：一是按动物的用途分类，二是按动物的自然属性分类。以上这2种分类方法各有不足，本教材推荐按照动物的生物学分类原则进行分类。

（一）按动物的用途分类

1. 毛皮动物类 主要包括毛皮价值比较高的一类经济动物，如水貂、獭兔、狐、水獭、果子狸、艾鼬、海狸鼠、麝鼠等。

2. 药用动物类 主要包括器官或组织有较高药用价值的一类经济动物，如鹿、熊、穿山甲、鳖、蛇等。

3. 观赏动物类 主要包括观赏价值比较高的一类经济动物，如观赏鱼、观赏鸟、观赏犬和猫等。

4. 伴侣动物类 主要指犬和猫。

按动物用途分类的优点是动物的用途明确，而缺点是同一动物可以同时归属于不同的分类。譬如，麝鼠从用途来分，一般归属为毛皮动物类，但其药用价值很高，亦应归属为药用动物类。

（二）按动物的自然属性分类

1. 特种兽类 主要包括药用价值或毛皮价值高的哺乳类动物，如鹿、麝、水貂、狐、小灵猫、果子狸等。

2. 特种珍禽类 主要包括蛋用和肉用价值高的鸟类动物，如乌骨鸡、肉鸽、鹌鹑、鹧鸪、番鸭、鸵鸟等。

3. 特种水产类 主要包括生活在水中的经济价值高的动物，如鳖、乌龟、虾、青蛙、泥鳅、牛蛙、育珠蚌等。

4. 其他类 主要包括环节动物门和节肢动物门的经济价值高的动物，如蚯蚓、蚂蚁、蜈蚣、蝎子等。

按动物的自然属性分类似乎有动物的来源明确的优点，但分类方法不科学，有些动物的归属亦不明确。比如，兽类和珍禽类基本是按生物学来分的，而水产类又是按生长地点分的，其余大部分动物不好归类，只好归属为其他类了。

（三）按照动物的生物学分类原则分类

1. 哺乳类 如鹿、麝、水貂、狐、獭兔、小灵猫、果子狸、竹鼠等。

2. 鸟类 如乌骨鸡、雉鸡、火鸡、肉鸽、鸵鸟、鹌鹑、鹧鸪、番鸭、野鸭等。

3. 两栖类和爬行类 如牛蛙、中国林蛙、鳖、蛇、蛤蚧等。

4. 其他类 如蜜蜂、蝎子、蜈蚣、蚯蚓、蝇蛆、育珠蚌等。

由于目前常见的特种经济动物主要来自哺乳类和鸟类，其次为两栖类和爬行类，其他类的相对较少，因此，本教材采用动物的生物学分类原则并根据各类动物的数量，将常见的特种经济动物按上述几类分四篇进行编写。

三、特种经济动物养殖的意义

（一）特种经济动物养殖是农民脱贫致富的有效途径

这种特种经济动物资源多是偏远山区的野生动

物资源，它的开发利用多是从山区起步而后走向城镇的，农民是开发的直接受益者。所以，特种经济动物养殖业是富民工程，对我国"科教兴农"和"科教扶贫"事业将发挥重要作用。

（二）特种经济动物养殖是当前畜牧业结构调整的重要内容

传统畜牧业将家畜出栏头数、出栏率等作为评价生产水平高低的主要指标，是注重家畜头数的一种数量型畜牧业。随着市场经济的发展和畜牧业生产总值在农业生产及国民生产总值中比值的不断提高，传统畜牧业将逐步被以追求最大经济效益为生产目的的现代畜牧业所取代。这将促使我国畜牧业进行技术改造和产品转型，调整畜牧业结构，发展特种经济动物养殖，开发新型畜产品，弥补传统畜牧业及其产品的市场空缺，将有利于提高我国畜产品的国际竞争能力。

（三）特种经济动物养殖可以不断满足人们日益增长的美好生活需要

随着中国特色社会主义进入新时代，人们的物质需要不断得到满足，需要更高水平的医疗保健服务、更优美的生态环境、更丰富的精神文化生活。发展特种经济动物养殖业，建立生态绿色农家乐，开发保健食品，并为高档服装制作提供优质原料，可满足人们更多追求的社会性需要和心理性需要。

（四）特种经济动物养殖是增加出口创汇的组成部分

特种经济动物的许多产品都是我国传统的出口产品，其中不少种类是备受国外消费者青睐的名优特产品，出口创汇能力强。

（五）特种经济动物养殖是促进野生动物资源保护的重要手段

野生动物资源利用的科学原则是将保护与利用有机地结合起来。保护野生动物资源，维护生态平衡，实现动物资源的可持续利用已成为可持续战略的重要内容，并受到全人类的关注。目前我国所饲养的特种经济动物种群大多处在野生和家养并存的状态，发展特种经济动物养殖业可减少对野生经济动物的滥捕乱杀，有利于保护野生动物资源，实现动物资源利用和保护的有机结合。

四、特种经济动物养殖存在的问题

（一）品种档次不高，饲养管理水平落后

我国特种经济动物驯化的时间短，品种质量及产品档次相对较低，而某些稀有动物的种源还主要是从大自然中捕获，这容易造成自然物种的破坏。目前除个别养殖企业已达到国际先进水平外，大多数养殖单位缺乏国际竞争力。另外，生产和饲养管理水平相对落后，大部分品种没有可依据的生产标准。当前特种养殖一般以家庭小规模分散经营为主，在养殖过程中缺乏科学的养殖技术，从而在营养水平上不能满足生长和生产需要。同时许多养殖户考虑成本等问题往往采用近交的方式来扩大养殖规模，造成品种严重退化。

（二）布局不合理，盲目性投资

我国特种经济动物养殖相对集中在具备条件的区域，沿海多于内地，经济发达地区多于经济欠发达地区。整体布局混乱，不合理，缺乏全国统一的科学区域布局规划。我国特种经济动物养殖业缺乏有力的管理，养殖户对市场和自身条件缺乏科学分析，盲目追热，被表面现象所迷惑，未能客观认识国内外市场现状、市场容量和供求能力。一些单位和个人，利用人们致富心切的心理，大肆宣传某些品种的优势，以回收产品为诱饵，高价炒种，结果造成了生产过剩，让许多人饱尝了失败的苦果。

（三）养殖规模小，技术含量低

绝大多数特禽养殖业单位为家庭作坊式，经营分散，抗风险能力差。没有规模效益，技术含量薄弱，从品种、设备、饲料至产品加工，只是凭借经验，没有突破与创新。多年来，各养殖者各自为政，自产自销，很少有区域性的联合，产品未能进入市场，不能抵御市场波动。尤为重要的是，整个生产过程科技含量低，产品质量差，对饲养工艺、饲养技术、饲料配方未进行深入的研究，致使品种退化，生产出的特禽失去野味，让消费者所失望。

（四）相关法律法规不健全

我国特种经济动物养殖起步较晚，养殖技术、管理经验等积淀较少，与发达国家的特种经济动物

养殖以及我国的传统动物养殖相比，在监督、管理及法律法规方面有许多地方需要完善。对各种规模的养殖企业，未建立起有效的和运行有序的监督、管理机制及法律法规体系。如产品安全与质量优劣尚无标准的技术指标，人工养殖的特种经济动物产品同保护动物产品的区别缺乏统一的技术标准，迄今尚未形成统一、规范的特种经济动物养殖产品销售市场等。

五、特种经济动物养殖发展的对策

（一）解决养殖中的一些技术环节

目前，特种经济动物养殖中存在不少技术问题，重点应当解决好以下几个方面。

1. 种苗来源及品质 由于改革开放政策和市场经济体系的建立，我国特种经济动物养殖如火如荼地发展起来。许多人争相购种办场，使得货源紧张、价格升高。正是由于这种现象，某些不法分子为了牟取暴利而抬高价格和掺假使杂来蒙骗养殖户。更有甚者用恶劣的产品来充当种苗。因此，在购种时养殖户不要贪图便宜，去购那些质量低劣的种苗，以免上当受骗。

2. 养殖环境 很多特种经济动物人工驯养的时间短，要求的饲养环境也比较严格，如蛇场内要设有蛇窝、水池、水沟、饲料池、假山、乱石堆、产卵室和孵化室等设施，由此可见，特种经济动物养殖对环境的要求较为复杂，投资很大。

3. 饲料问题 很多特种经济动物不同于一般品种的食性，对饲料的要求很严格。一般要根据当地的饲料情况来选择养殖的项目，这一点是相当重要的。例如有鱼、肉或畜禽下脚料等动物性饲料可以选择肉食性毛皮动物（如水貂、狐等）；如果饲草丰富可以选择草食性经济动物。

4. 养殖周期及技术管理 有些生长周期长，养殖时投资多，风险较大的品种，如鳖、鹿、龟、麝等，养殖者要根据自己的具体情况选择养殖项目。同时，也要注意特种经济动物的疾病防治，要求饲养者掌握最基本的科学饲养、防疫的知识。

5. 销售渠道及市场预测 在特种经济动物养殖过程中，销路和市场预测尤为重要，忽视这两方面可能会使养殖者倾家荡产，在多变的市场经济中要学会多观察、多留意，掌握市场动态，多收集些情报，做到这几点才能在特种经济动物养殖中立于不败之地。

（二）全面开展技术创新研究

特种经济动物养殖企业不仅要重视其产业发展，还应投入一定的经费，创建研究平台，组织专业技术人员进行理论和技术研究。

1. 提升现有技术 我国特种经济动物的养殖技术不但成熟度低，而且水平也较低，这对其经济效益和产业发展影响很大，因此进行现有技术水准提升的研究十分必要。

2. 开发和引进新品种 目前养殖的特种经济动物是具有经济价值的动物种类中的小部分，开发研究空间很大，包括现有品种的杂交和野生物种养殖价值的发掘、驯化及其养殖，还可以引进国外优良的品种。

3. 提升产品加工水平 我国特种经济动物产品加工业存在技术简单、产品单一、竞争能力不强的弊端，应加强产品创新研究，包括精细、高深、综合、尖端加工技术研究。

4. 制定技术标准 通过创新研究，确立科学、准确的技术标准，对特种经济动物养殖、加工以及管理具有非常重要的作用。

5. 研究新技术 在特种经济动物养殖中，繁殖、营养与饲料配制、养殖管理、产品加工、疾病防治等各个环节中均存在许多无技术"盲区"，动物养殖中出现的许多疾病迄今无药可医，造成严重损失。这是特种经济动物同传统家养动物养殖的差别之一，进行技术创新研究的空间很大，亟待进行。

6. 创新养殖模式 规模化、集约化、环保生态型养殖是我国传统动物养殖业发展的方向，特种经济动物养殖能否借鉴是值得研究的问题。我国有些特种经济动物养殖已经将经济、生态、社会效益融为一体，取得了良好的效益。

（三）建立、健全监管体系

我国特种经济动物养殖监管体系不健全，行业管理混乱，与发达国家特种经济动物养殖和国内传统动物养殖相比差距很大，建立健全监管体系势在必行。

1. 建立健全法律体系 建立健全特种经济动物养殖及其产品质量的法律法规体系，做到有法必依、违法必究，确保特种经济动物养殖业的发展运行科学、有序。

2. 建立健全市场管理体系 监管特种经济动物产品销售市场，确保特种经济动物产品有专门的销售市场和畅通的销售渠道。

（四）加强信息管理，强化技能培训

1. 加强信息管理 准确的信息会使消费者和投资者受益，错误的信息会损害消费者和投资者的利益。政府和有关部门应加强信息管理，对企业和个人发布的信息进行有效监管，为特种经济动物养殖投资和产品销售提供畅通的信息渠道。提醒投资者切忌盲目投资，应根据自己的经济能力、养殖环境条件，选择合适的品种等。投资者要在充分调研、反复论证的基础上投资建场，实施养殖。

2. 强化技能培训 从目前的特种经济动物养殖企业来看，从管理层到一线工作者，其文化、知识水平整体较低，尤其是小规模企业。可以聘请专家进行现场指导培训或通过相关学校进行脱产培训。另外，高等院校应开设经济动物养殖专业，为经济动物养殖业培养输送专业人才，将产、学、研融为一体应是我国经济动物养殖业今后发展的方向。

六、特种经济动物生产学课程思政教学

1. 融入爱国主义元素，引导学生树立爱国主义情怀 爱国主义具有丰富的内涵，包括对祖国自然资源、人文环境等多方面的热爱，是思想政治教育的重要内容。我国地大物博，特种经济动物资源非常丰富，有些特种经济动物甚至是我国所特有的。近些年，我国在特种经济动物养殖、研究及种质资源保护方面也取得了巨大的成就。在课程教学中，通过对产业发展历史和现状的介绍，让学生对我国特种经济动物产业的基本国情有了全面的认识。例如，我国梅花鹿的饲养数量目前达到70多万头，有双阳梅花鹿、西丰梅花鹿等8个人工育成品种，是世界第一养鹿大国。由此扩展开来，介绍我国特有野生动物资源状况，以及在麋鹿、扬子鳄、朱鹮等野生动物保护中取得的重大成就。这些案例资料，是进行爱国主义教育的良好素材，我们应进行深入发掘和应用，以培养学生的爱国主义情怀。

2. 融入中国传统文化元素，引导学生树立文化自信 特种经济动物生产学课程与中国传统文化中的"人与自然和谐统一"有很好的结合点。特种经济动物是来源于自然，经人为驯化、繁殖，其经济价值能为人们所认识和利用的一类动物。在课程的讲授过程中，应广泛收集、介绍一些动物在中国传统文化中的丰富蕴意，以及人们对这些动物的认识、理解、保护和合理利用的史料。例如在鹿、麝、狐、中国林蛙等动物的介绍中，结合这些动物的野生种群在自然环境中数量和分布情况，强调野生动物资源保护的重要性，这与中国传统文化中"人与自然和谐统一"的思想高度契合。在一些药用动物的讲授中，引入古代中医典籍《神农本草经》《黄帝内经》《本草纲目》等对于这些动物性药材产地、性味、归经、功用、主治的记载，让学生体会到我国传统中医药文化的博大精深。通过这些与中国传统文化相结合的扩展知识的介绍，充分调动学生学习专业知识的兴趣和积极性，引导学生树立文化自信。

3. 融入法律政策教育元素，引导学生树立制度自信 特种经济动物产业与国家野生动物保护政策密切相关。《中华人民共和国野生动物保护法》对野生动物资源的保护、利用和研究做了明确的规定。总体来看，国家鼓励对野生动物的驯养繁殖和科学研究，同时对野生动物资源实行保护政策，严厉禁止猎捕、杀害国家重点保护野生动物；驯养、繁殖、捕捉国家保护野生动物要向国家相应行政主管部门申请。2003年，国家林业局发布的《商业性经营利用驯养繁殖技术成熟的陆生野生动物名单（54种）》，将大量具有一定养殖规模、技术成熟的动物列入其中，允许进行商业性经营利用。2020年调整后的《国家畜禽遗传资源目录》中，又将梅花鹿、马鹿、水貂、银狐、火鸡、珍珠鸡、雉鸡等16种特种畜禽列入其中，纳入《中华人民共和国畜牧法》管理范畴。由此可见，我国长期致力于相关法律制度建设，为特种经济动物产业的高质量发展提供了法律保障。此外，在新时代国家产业扶贫政策的指引下，广大农村地区因地制宜，充分利用当地资源优势，发展合作社经济，开展特种经济动物养殖，实现脱贫致富目标的典型案例大量涌现。通过这些拓展知识和典型案例的介绍，将法律政策教育融入课程学习，让学生充分理解我国社会主义制度的优越性，引导学生树立制度自信。

4. 融入产业发展典型案例，培养学生创新精神 新中国成立以后，尤其是改革开放的40多年，

我国在特种经济动物科学研究和技术创新领域，取得了许多重要成果：建立了像中国农业科学研究院特产研究所、中国农业科学研究院蜂蜜研究所、国家农垦局等一些国家级科技创新研究机构和地方科研院所；先后培育成功了左家雉鸡、吉林白水貂、双阳梅花鹿、西丰梅花鹿、塔河马鹿等几十个具有优良生产性能的特种经济动物品种；研发出了大量特种经济动物专用饲料配方，突破了麝的活体取香、鹿茸的科学采收和加工、毛皮动物皮毛成熟度鉴定等一批制约特种经济动物产业发展的核心技术，大幅提升了我国特种经济动物的养殖水平。近些年，在国家创新创业政策的推动下，各地又涌现出了大量突破传统养殖范畴、因地制宜开发新的养殖项目、取得显著经济效益的成功案例。我们可以广泛搜集各种媒体中的典型资料，在课程相关章节的讲授中加以展示，让学生从真实具体的实例中体会到特种经济动物产业的广阔发展前景，努力培养学生的创新创业精神。

5. 融入时政元素，培养学生社会责任感 因涉及疾病的传播、野生动物资源保护等社会问题，特种经济动物的养殖及其产品的利用一直是人们广泛关注的话题。近年来，尤其是新冠肺炎疫情发生以来，对野生动物的不恰当利用、管理甚至食用，引起了社会各界的广泛关注。针对野生动物非法利用造成的公共卫生安全问题，2020年2月，全国人大常委会表决通过《全国人民代表大会常务委员会关于全面禁止非法野生动物交易、革除滥食野生动物陋习、切实保障人民群众生命健康安全的决定》。这些时政要闻与特种经济动物密切相关，我们要在课程教学中，广泛宣传国家相关法律政策，科学分析特种经济动物相关的一些热门话题，引导学生树立依法、科学利用特种经济动物资源的态度；培养学生使用辩证思维，以科学的态度分析特种经济动物产业面临的各类社会问题和风险的能力；教育学生养成良好的生活习惯，以身作则，在日常生活中积极充当科普知识的宣传员，全面培养学生的社会责任感。

6. 融入环境保护要素，倡导生态文明建设 大多种类的特种经济动物由于驯化时间相对较晚，目前除了人工饲养的种群之外，在自然环境中还存在大量野生种群。发展特种经济动物的人工饲养、繁殖，可以有效减轻野生种群资源的压力，是加强野生动物资源保护的重要方式。近代工农业生产在带给人们繁盛的物质产品和便利、舒适的生活条件的同时，也导致大量野生动物的生存环境趋于恶化，有些野生动物的种群数量在逐步减少甚至灭绝。因此，在新时代我们要树立环境保护意识，促进生态文明建设，倡导人与自然和谐发展。在特种经济动物学课程教学中，要把生物多样性保护、生态文明建设的思想贯彻始终。我们讲解各种动物的生物学特性、自然分布区域，就是要让学生理解自然环境对动物种群发展的影响，引导学生树立起保护自然环境就是保护动物资源的意识。例如，北美旅鸽是一种北美大陆独有的候鸟，在美国的种群数量曾多达50亿只，是世界上规模最庞大的鸟类之一，后来由于美国西部开发使其栖息环境受到破坏，加上被不断捕杀，其种群数量急剧下降。1914年9月1日，最后一只人工饲养的北美旅鸽死亡，标志着这一物种在全世界范围内的灭绝。在肉鸽一章中，结合北美旅鸽的故事，引发学生的深入思考，加深学生对加强生物多样性保护重要性的认识，培养学生生态文明意识。

（余四九）

第一篇 哺乳类

- 第一章 鹿
- 第二章 麝
- 第三章 水　貂
- 第四章 狐
- 第五章 獭　兔
- 第六章 小 灵 猫
- 第七章 果 子 狸
- 第八章 竹　鼠

第一章 鹿

养鹿多以茸用为目的。鹿茸有生精补髓、养血益阳、强筋健骨、益气强志之功效，作为多种中成药的成分，已被广泛用于治疗和预防疾病。鹿肉细嫩、味道鲜美，具有高蛋白质、低脂肪、易消化的特点，一直受人们的青睐。鹿皮制作的皮夹克、皮鞋、手套、披肩等，虽然价格高但很畅销。此外，我国民间对鹿和鹤有传统的偏爱，并冠以仙鹿、仙鹤之美称。温顺的母鹿和仔鹿、雄伟的带角公鹿都是动物园和景点吸引观众的重要角色。因此，养鹿已成为我国不少地区农业发展及农牧民致富的重要产业之一。

第一节 鹿的生物学特性

一、分类与分布

1. 分类 鹿在分类学上属于哺乳纲、兽亚纲、偶蹄目、反刍亚目、鹿科。鹿科分为鹿亚科、白唇鹿亚科、麂亚科、毛冠鹿亚科和獐亚科。分布于我国的鹿科动物分为9属15种，即豚鹿、梅花鹿、水鹿、白唇鹿、马鹿、泽鹿（坡鹿）、麋鹿、狍、驼鹿、驯鹿、黑麂、小麂、赤麂、毛冠鹿和獐（河麂）。

我国养鹿的主要目的是获取鹿茸，凡是生产的鹿茸有药用价值的鹿称为茸用鹿或茸鹿。目前我国人工饲养的茸鹿主要为梅花鹿和马鹿。

2. 分布 梅花鹿在中国、俄罗斯东部、朝鲜半岛、日本有广泛的分布。我国的梅花鹿分为5个亚种，即东北亚种、北方亚种、南方亚种、山西亚种和四川亚种。野生梅花鹿现少量分散地分布于我国皖浙地区、江西彭泽、四川若尔盖、甘肃南部、广西西南部、吉林长白山区、台湾的东部山区等。家养的梅花鹿主要为东北梅花鹿，主要分布于东北三省以及北京、天津、山西、河南、河北、广东、广西、湖南、湖北、江苏和浙江等地。

马鹿分布于吉林长白山区的白山、敦化和珲春，黑龙江的宝清、虎林、伊春，内蒙古的通辽，新疆的伊犁、阿勒泰、库尔勒、哈密和天山，甘肃、青海的祁连及西藏南部等地。产于东北大小兴安岭地区的马鹿称为东北马鹿，产于西北的马鹿多以产地命名，如产于天山南麓塔里木河及博斯腾湖流域的马鹿称为天山马鹿，产于甘肃和青海的马鹿称为甘肃赤鹿或青海马鹿。目前在东北、内蒙古、青海和新疆等地已大批驯养马鹿。

二、形态学特征

1. 梅花鹿 梅花鹿雌雄异形，公鹿长角，母鹿无角。耳大直立，颈细长，尾短，体态清秀。冬毛栗棕色，绒毛厚密，无明显白色斑点。夏毛红棕色，无绒毛，体侧有明显的白色斑点，腹下灰白色或近于白色。公、母鹿眼下均有1对泪窝，眶下腺比较发达。

公鹿生后第2年长出锥形角，俗称"毛桃"，第3年角开始分叉，发育完全的成角为四叉形。4月角脱落，之后长出鹿茸，夏末生长成熟并完全骨化，9月茸皮脱落，形成鹿角。

东北梅花鹿成年公鹿体高100～110 cm，体长85～95 cm，体重90～140 kg；成年母鹿体高80～95 cm，体长75～85 cm，体重60～80 kg。四川梅花鹿成年公鹿体高100～105 cm，体长120～145 cm，体重120～150 kg；成年母鹿体高90～95 cm，体长140～145 cm，体重110～125 kg（图1-1）。

图1-1 梅花鹿

2. 马鹿 马鹿属于大型茸用鹿，同时具有良好的产肉性能。马鹿也是雌雄异形，公鹿长角，母鹿无角，成年马鹿成角呈六叉形（图1-2）。

图1-2 马鹿

东北马鹿的夏毛为棕色或栗色，无绒毛。冬毛灰棕色、厚密，有绒毛，颈部及身体背面稍带褐色，有一深棕色条纹从颈部开始沿背中线延伸到体后，未成年鹿尤为明显。腹毛灰棕色，臀部有一黄褐色大斑，夏深而冬浅。四肢外侧棕色，内侧较淡。幼鹿体具有白色斑点，排列成纹，体侧各有斑纹4～5条，第一次换毛斑纹消失。

东北马鹿成年公鹿体重230～300 kg，肩高130～140 cm；母鹿体重160～200 kg，肩高约120 cm。天山马鹿体型较东北马鹿小。夏秋毛呈栗色，冬毛灰黄色，臀斑不明显，冬季为白色。

三、生活习性

1. 栖息环境 喜栖息于橡、椴等树种的混交林，山地草原和森林的边缘地带和茂密的灌木林或岩石较多的地域。冬季多活动于避风向阳的地域或积雪较少之处；春、秋季则多在空旷少树的地方；夏季常在较密的林子里。

2. 草食性 鹿是草食性反刍动物，常年以各种植物为食。鹿特殊的消化系统构造（具有4个胃，特别是具有发达的瘤胃）决定了吃植物性饲料这一特性。鹿类在食草动物中比较能广泛利用各种植物，不仅吃草本植物，还能吃木本植物，尤其喜食各种树的嫩枝、嫩叶、嫩皮、果实、种子，也吃地衣苔藓及各种植物的花和菜蔬类。

3. 群居性 鹿在自然条件下，一年中间大部分时间是成群活动的。在圈养或圈养放牧条件下，鹿仍保持着群居和长期合群的本性，一旦单独饲养或离群则表现出胆怯和不安，进群则安稳；未经放牧的个别鹿到放牧群中之后，总是往群中间窜；经长期合群的鹿甚至对外来的少数鹿采取攻击行为等。

4. 警觉性 鹿性情胆怯，反应灵敏，易受惊吓；行动敏捷，善奔跑；嗅觉和听觉灵敏，视觉较差。鹿在家养条件下，虽然经过多年驯化，但是自身防卫性还是很强，见到陌生的人、动物或景物，或听到突如其来的声音，会立即警觉起来，休息、反刍、采食、饮水、交配、产仔、哺乳等各种活动立即停止。

5. 季节性 鹿与其他反刍动物一样，在不同季节采食量有明显的变化，即夏、秋季采食量显著高于冬、春季。公鹿在配种季节采食量明显下降，有的甚至拒食。

第二节 鹿的繁殖

一、繁殖特点

1. 发情季节 鹿属于季节性多周期发情动物,每年秋季 9—11 月发情配种,春季产仔。进入繁殖季节后,母鹿呈周期性多次发情,但发情周期不如家畜稳定,为 6～20 d(平均为 12.5 d)。发情持续时间为 18～36 h。

2. 性成熟 茸鹿的性成熟与品种、类型、性别、遗传状况、营养情况及个体发育等因素有关,梅花鹿雌性早于雄性,同一品种鹿营养状况好和个体发育快的性成熟也早。

梅花鹿的性成熟期为:母鹿 16～18 月龄,公鹿 28～30 月龄。马鹿的性成熟期为:母鹿 28 月龄,公鹿 40 月龄。

3. 配种年龄 不同种鹿由于其遗传的差异发育到性成熟所需的时间也有所不同。一般来说,育成母鹿达到成年体重的 70% 即可配种繁殖。生长发育良好的母梅花鹿,满 16 月龄(即出生后第 2 年的配种季节)即可配种。对于个别出生较晚和瘦弱的个体,应推迟 1 年配种。部分发育良好的育成马鹿,可在 16 月龄左右配种,出生晚或发育不良的母马鹿宜在 30 月龄(即出生后第 3 年的 9—11 月)配种。梅花鹿、马鹿公鹿的初配年龄满 3 岁后可选作种用,过早参加配种对其生长发育不利。

二、配 种

(一)同期发情

鹿人工授精时,对母鹿多采用同期发情处理。进入繁殖季节(每年的 9 月下旬)后,对欲输精的母鹿麻醉,放置孕激素阴道栓处理 9～11 d,之后再行麻醉,移除阴道栓,同时注射孕马血清促性腺激素(PMSG),48～53 h 再次麻醉进行输精。

(二)配种方法

在养鹿实践中多采用自然交配,部分鹿场也采用人工授精的方法进行配种。

1. 自然交配 野生状态下,母鹿群居,到配种季节,公鹿寻找母鹿群。多头公鹿经过格斗,胜者控制母鹿群,并与之交配。人工饲养鹿虽经过驯化,但仍保留其野性。公鹿在配种季节仍有很强的攻击性,人不宜接近。

自然交配通常采用"群公群母"或"单公群母"的方式配种。

(1)群公群母配种。在配种季节,将多头公鹿和多头母鹿混养在同一圈内。一般 25～30 头母鹿为 1 个配种群,将 5～6 头公鹿[公母比通常为 1∶(4～5)]放入母鹿群内进行配种。在整个配种季节可以始终让母鹿群与同一组公鹿群配种,也可在配种期内根据需要,如有公鹿体况严重下降或公鹿争斗异常剧烈的情况发生,可适当更换部分或全部公鹿。

该种配种方式的优点是简单易行,不必经常拨鹿。由于多头公鹿与母鹿生活在一起,母鹿一旦发情,每头公鹿都有与之交配的机会,提高了复配率,使母鹿的受胎率和产双胎率都比较高。但利用该种方式配种时,需要种公鹿的数量较多,不利于个体选择,即优秀种公鹿的配种率较低;同时不能清楚地掌握鹿群的系谱,不利于选种选配和提高鹿群质量。

(2)单公群母配种。在配种季节,由 1 头公鹿与一群母鹿配种。如有充足的配种圈,在整个配种季节,每个圈内可放入 15 头左右母鹿和 1 头生产性能好、配种能力强、精液品质佳的公鹿进行配种。如配种圈有限,每个圈内可饲养 25～30 头母鹿和 1 头公鹿。为确保公鹿具有旺盛的配种能力,每 7～10 d 更换 1 头公鹿,为保证母鹿的受胎率,在母鹿发情集中期,适当增加更换公鹿的次数。

这是一种最佳的配种方式,出生仔鹿系谱明确,公鹿个体选择强度大,有利于鹿群遗传品质的提高。在配种过程中可昼夜观察配种情况,做好记录。

2. 人工授精 鹿人工授精的技术环节与牛、羊的相似,包括采精、精液检查、精液处理、保存和输精。由于鹿具有一定的野性,采精和输精过程中需要麻醉保定。

(1)采精。包括电刺激采精法和假阴道采精法,但多用电刺激采精法。

① 电刺激采精法。采精前,首先要对公鹿进行麻醉保定。待公鹿进入麻醉状态后,将其侧卧。因直肠中经常蓄积粪便,影响采精效果,需要清理。可用灌肠器灌入温肥皂水排除粪便,术者也可带上乳胶手套直接排除直肠内的粪便。为避免精液

被污染，包皮周围的毛需剪净，并用生理盐水洗净擦干，然后将阴茎导出，在阴茎根部缠绕纱布，固定阴茎。

将探棒缓慢插入直肠约 20 cm，连接电刺激采精器，旋转输出控制旋钮，将输出调到零。打开电刺激采精器，缓慢将输出电压升高至 2 V，进行间歇性刺激（如通电刺激 3~5 s，间歇 3~5 s），经 5~6 个周期的刺激后，将输出电压升高至 4 V，再进行 5~6 个周期的刺激。之后逐渐升高刺激电压，直到射精为止，不再升高电压，但需要继续刺激，直至射精完毕。在一般情况下，当刺激电压为 6 V 左右时，鹿出现勃起，8~10 V 时射精。勃起后将保温集精杯套于阴茎上收集精液。

② 假阴道采精法。此法需制作一假台鹿，并将假阴道安置于假台鹿后部与母鹿相近似的位置，并在假台鹿上涂抹一些发情母鹿的尿液吸引公鹿。对公鹿进行适当训练后使其爬跨假台鹿，达到采精的目的。

（2）精液保存。收集的精液经检查合格后，选用适当的稀释液进行稀释和冷冻保存。稀释液可选用牛、羊用稀释液，也可用 Tris 缓冲液、柠檬酸、卵黄、果糖和甘油稀释液。稀释倍数以 5~10 倍为宜。

（3）输精。对马鹿等体型比较大的鹿输精可用直肠握颈法，将精液直接输到子宫内。而对体型比较小的鹿（如梅花鹿）输精时，需将母鹿先进行半麻醉保定，使母鹿呈站立或卧式状态，再用开膣器扩张阴道，然后将精液输到子宫颈深部。需挑选手比较小的输精员操作，一般为女性，手掌宽度小于 7 cm 为宜。采用直肠握颈法输精，将精液输到子宫内，尤其是冷冻精液，子宫内输精可提高受胎率。

三、妊娠与分娩

1. 妊娠 母鹿经过交配，以后不再发情，一般可以认为其受孕了。另外，从外观上可见受孕鹿食欲增加，膘情愈来愈好，毛色光亮，性情变得温驯，行动谨慎、安稳。到翌年 3—4 月时，在没进食前见腹部明显增大者可有 90% 以上的为妊娠。

茸鹿的妊娠期长短与茸鹿的种类、胎儿的性别和数量、饲养方式及营养水平等因素有关。梅花鹿平均（229±6）d，怀公羔的为（231±5）d、怀母羔的为（228±6）d、怀双胎的为（224±6）d。各类马鹿的妊娠期基本相同：东北马鹿（243±6）d，天山马鹿（244±7）d，其中怀公羔的（245±4）d、怀母羔的（241±5）d。

2. 分娩 梅花鹿和马鹿的产仔期基本相同，一般在 5 月初至 7 月初，产仔旺期在 5 月下旬至 6 月上旬。产仔期与鹿的年龄、所处的地域或饲养条件等因素有关。预测产仔期的公式主要根据配种日期和妊娠天数推算，通常梅花鹿是受配的月减 4、日减 13，马鹿为受配的月减 4、日加 1。

母鹿分娩前，乳房膨大，从开始膨大到分娩的时间一般为（26±6）d，临产前 1~2 d 减食或绝食，遛圈，寻找分娩地点。个别鹿边遛边鸣叫，频尿，临产时从阴道口流出蛋清样黏液。反复爬卧、站立，接着排出淡黄色的水囊，最后产出胎儿。个别初产鹿看见水囊后，惊恐万状，急切地转圈或奔跑。大部分仔鹿出生时都是头和两前肢先露出，少部分鹿两后肢和臀先露出，也为正产。

除上述 2 种胎位外都属于异常胎位，需要助产。正常产程：经产母鹿的产程为 0.5~2 h，初产母鹿为 3~4 h。

第三节 鹿的饲养管理

鹿属于反刍动物，其瘤胃中的微生物在饲料营养物质的消化和代谢过程中起着非常重要的作用。鹿的饲养实践中，应根据鹿的消化生理特点和不同生理阶段的营养需要提供和调配饲料，并根据其生活习性和不同生理阶段的特性采取适当的管理措施，以保证鹿只的健康和充分发挥其生产潜力。

一、公鹿的饲养管理

饲养公鹿的目的是获得高产、优质的鹿茸和种用价值高的种鹿。在人工饲养条件下，公鹿的生理活动和生产性能随季节而变化。在饲养管理上可分为 4 个时期：生茸前期、生茸期、配种期、恢复期。一般恢复期和生茸前期又称越冬期。

（一）生茸期的饲养管理

1. 生茸期的饲养 公鹿生茸期正值春、夏季，这一时期公鹿性欲低，比较安静，但食欲旺盛，体重增加迅速，鹿茸生长快，需要营养物质较多。饲养上不但要供给大量的精饲料和青绿饲料，而且要设法提高日粮的品质和适口性，增加精饲料中饼粕类饲料比例，以满足鹿对蛋白质、无机盐和维生素的需要。含油量高的粮食不可过多，因为鹿对脂肪消化吸收能力差，其在胃肠道中排出而造成浪费，而且会造成钙缺乏而引起茸鹿生长停滞；对豆类饲料可熟化处理或磨碎，以提高消化率。

日粮组成上要多样、全价，日粮的精饲料尽量采用多种原料，以达到营养互补。一般饼粕40%~50%，禾本科作物30%~40%，糠麸10%~20%。喂量：梅花鹿一般为 2.0~2.5 kg/(只·d)，马鹿和白唇鹿为 3.0~4.0 kg/(只·d)，分 3 次饲喂。饲喂时，先喂精饲料后喂粗饲料。增加精饲料喂量时，应逐渐进行，防止"顶料"，同时供给足够青绿、粗饲料；放牧公鹿则只需在放牧回来补饲精饲料即可。此外，生茸期间供水一定要充足，同时每天补充适量食盐，一般梅花鹿为 25 g/(只·d)，马鹿为 35 g/(只·d)。

2. 生茸期的管理 生茸期内在管理上首先要对圈舍、保定器及附属设备进行检修，确保牢固，防止突出伤鹿伤茸。随时观察鹿的脱盘生茸情况，及时去掉压茸的角盘，对有咬茸等恶癖的鹿应隔离单独饲喂。生茸期间，应严禁外人参观，以防炸群伤茸，本场饲养人员入圈前应给信号。夏季在运动场内要设置遮阳棚，高温炎热天气可进行人工淋水。对好扒水的天山马鹿，饮水锅内应设"井"字形圆木架，当三叉茸快长成而使饲槽显窄时，应小心喂青贮饲料以免扎伤鹿。

（二）配种期的饲养管理

每年 9—11 月为公鹿的配种期（马鹿早 10~15 d）。这一时期内公鹿性欲强烈，食欲减退，颈部肌肉隆起，相互顶撞，因此能量消耗较大。并非所有公鹿都参与配种，而参与配种的公鹿在配种期20 d 内平均体重下降可达 20%。因此，对种用和非种用公鹿在饲养管理上应区别对待。

1. 配种期的饲养 配种公鹿在饲养上，日粮要求适口性强，营养丰富。粗饲料、青贮饲料、青绿饲料应以糖、维生素、矿物质含量丰富的青贮饲料、块根块茎饲料、饲用作物、优质牧草为主；精饲料由豆饼、玉米、大麦、高粱、麦麸配合而成。精饲料日喂量：梅花鹿 1.0~1.4 kg/(只·d)，马鹿 1.7~1.9 kg/(只·d)。

非配种公鹿饲养上，应根据膘情适当掌握，可适当减少或停止饲喂精饲料，但满足优质干草和青绿饲料的供给。如果膘情较差，为安全越冬，应适当补喂精饲料，特别是谷物饲料，以免影响翌年生产。非配种梅花鹿日喂精饲料 0.5~0.8 kg/(只·d)，马鹿 1.2~1.6 kg/(只·d)。

2. 配种期的管理 公鹿在配种期由于性欲旺盛而易于争斗，所以对发情配种期的公鹿应时刻注意观察，严格管理，因为 1 只公鹿的损失比 1 副茸要大得多。配种期间，可把公鹿按种用、非种用、头锯、二锯和幼龄几类分别管理。种用公鹿单圈单养，减少伤亡，保证配种。非配种的膘情较差的单独组群加强管理，以利越冬，不影响翌年生产，发现有爬跨的鹿要及时拨入单圈或放在幼鹿群内。平时每天要注意检查圈门、圈栏，防止串圈或跑鹿，并检修各种设备，运动场要打扫、消毒，消除异物，防止发生坏死杆菌病；如无必要不可轻易拨鹿，对体弱患病公鹿应即时拨出组成小群，单圈饲养并给予特殊护理或治疗。

配种期间，公鹿群设专人看管，仔细观察发情配种情况，做好配种记录，并要及时制止公鹿间顶架或爬跨行为。公鹿顶架后不可立即饮水，以免发生异物性肺炎，所以应盖好饮水锅或饮水槽。

（三）越冬期的饲养管理

1. 越冬期的饲养 每年 12 月至翌年 3 月为公鹿越冬期，这一时期公鹿的生理变化是性冲动减弱，食欲恢复，饲料上主要以饼粕类饲料和青贮饲料为主，喂量上一定要喂饱，不可限量饲喂，以不剩或少剩为原则。

如饲喂玉米秸秆，以将叶子吃掉一半为正好，如叶子没吃，则说明粗饲料过多，如叶子吃完，则说明粗饲料过少。如果青贮饲料占比较大，要注意防止因长期喂青贮饲料而引起瘤胃酸度过大而破坏瘤胃微生物正常生长繁殖。所以要在精饲料中定期定量添加碳酸氢钠，以中和瘤胃中过量的酸，维持瘤胃氢离子正常浓度。一般碳酸氢钠给量为梅花鹿 25 g/(只·d)，马鹿和白唇鹿 30 g/(只·d)。在精饲料补充上，由于冬季天气寒冷，应适当提高能量饲料比例，一般蛋白质饲料占 20% 左右，谷实类饲料占 60%~70%，麸皮占 10%~15%。此外，应适当加入矿物质、维生素饲料，其喂量为梅花鹿 0.7~1.0 kg/(只·d)，马鹿 0.9~1.2 kg/(只·d)。每天分 3 次饲喂。

2. 越冬期的管理 公鹿在越冬期内主要是尽快恢复体况，减少体能消耗，增强抗寒能力，防止患风湿、伤寒病症，保证安全越冬。因此，每天清晨驱赶鹿群运动，晚间加喂粗饲料1次。棚舍内要有足够的干粪，起垫草作用，或铺以豆秸、稻草等，及时清理圈舍和走廊上的积雪，防止滑倒摔伤。舍内要防风、保温、保持干燥，确保采光良好。对老、弱、病、残公鹿，如有饲养价值，可放在塑料大棚内饲养，如无必要则及时淘汰。根据鹿群情况调整鹿群，对较弱鹿应拨出单圈管理，加强饲养。如果有母鹿发情或配种期留下的气味逸放，可能会引起年轻公鹿性欲冲动而发生角斗、遛圈、爬跨等，造成外伤，所以必须加强管理。

二、母鹿的饲养管理

饲养母鹿的基本任务在于保证母鹿健康，提高繁殖力，巩固有益的遗传性，繁殖优良后代，从而不断扩大鹿群和提高整个鹿群质量。根据母鹿在不同时期的生理变化及营养需要特点，可将母鹿的饲养时期划分为配种期（9—11月）、妊娠期（11月至翌年4月）、产仔及哺乳期（翌年5—8月）3个阶段。梅花鹿和马鹿生产时期划分基本相同，只是马鹿的配种受孕期比梅花鹿提前10 d左右。

（一）配种期的饲养管理

1. 配种期的饲养 母鹿在此期如果体况较好，日粮配合应以粗饲料和多汁饲料为主，精饲料为辅。

块根、块茎类饲料及青绿饲料供给应满足其对胡萝卜素、维生素E的需要，促进母鹿提前发情交配，提高受胎率。供应量一般梅花鹿为1 kg/（只·d），马鹿为3 kg/（只·d）。精饲料以豆饼、玉米、大豆、麦麸为主，并配以各种维生素和微量元素，其中谷实类饲料占50%～60%，蛋白质饲料占30%～35%，糠麸类饲料占10%～20%。喂量：梅花鹿1.1～1.2 kg/（只·d），马鹿1.7～1.8 kg/（只·d），完全舍饲母鹿每天喂3次精饲料和3次粗饲料。

2. 配种期的管理 在管理上，一是要适时让仔鹿断奶分群，使母鹿早日进入恢复期，为配种做好生理准备。二是要整顿鹿群，选出体型大、繁殖力强的母鹿组成核心群，用最好的种公鹿配种；同时淘汰那些不育的、有恶癖的、产仔弱小的或有严重疾病无生产价值的母鹿。配种群大小应适宜，主要取决于种公鹿的配种能力和配种方法，要处理好配种高峰期母鹿过多而种公鹿不能胜任引起的漏配问题，解决的方法是把发情母鹿拨到相邻的配种圈内或进行串换。

（二）妊娠期的饲养管理

1. 妊娠期的饲养 整个妊娠期饲养都应保持较高水平，特别应保证蛋白质、无机盐和维生素的供给。在日粮原料选择和配合时，妊娠初期因为胎儿发育较慢，主要选择一些容积较大的粗饲料；妊娠后期，因为胎儿发育加快，容积增大，应以体积较小、营养浓度较高的精饲料为主。但总的来说，日粮应选择质量好、适口性强的饲料。在饲喂多汁饲料和粗饲料时必须谨慎，以防容积过大造成流产，临产前半个月应适当限饲，防止母鹿过肥而引起难产。

母鹿妊娠期精饲料中蛋白质饲料占30%～40%，谷实类饲料占60%～70%，适当补充矿物质、维生素，特别是维生素A和维生素E。精饲料给量：梅花鹿妊娠前、中期为1.0 kg/（只·d），后期1.1～1.2 kg/（只·d）；马鹿妊娠前、中期为1.5～2.0 kg/（只·d），后期2.0～3.0 kg/（只·d）。

2. 妊娠期的管理 在管理上要加强运动，妊娠期每天在圈舍内至少使母鹿运动2 h，以促进血液循环，防止肢蹄病及难产，但不能强行驱赶，防止惊吓或炸群；保持圈舍清洁干燥，北方地区应给垫草，及时消除运动场、地面冰雪，对运动场和水锅、房檐下结冰地面要撒些草木灰防滑；冬季北方宜饮温水；严禁饲料腐败、冻结或酸度过大，酒糟喂量不能过多；每年3—4月检查调群，将空怀、瘦弱、患病妊娠母鹿分出单独组群饲养。

（三）产仔及哺乳期的饲养管理

1. 产仔及哺乳期的饲养 母鹿分娩后即开始泌乳，泌乳量逐渐增大，产后45 d左右达到高峰，泌乳期为3个月（5—8月）。为保证仔鹿迅速生长健康发育，必须加强泌乳母鹿的饲养，保证日粮中有足够的蛋白质、脂肪、维生素、碳水化合物和矿物质；同时要求饲料多样化，提高适口性，以增加采食量和消化率。

母鹿泌乳期间日粮配合要求：产仔泌乳前期，精饲料中蛋白质饲料占30%～35%，谷实类饲料占50%～55%，麦麸占8%～10%；每日喂量：梅花鹿 1.0 kg/(只·d)，马鹿 1.4～1.6 kg/(只·d)。泌乳中期，蛋白质饲料占 35%～40%，谷实类饲料占 50%～55%，麦麸占 10%～15%；每日喂量：梅花鹿 1.1 kg/(只·d)，马鹿 1.6～1.8 kg/(只·d)。泌乳后期，蛋白质饲料占 38%～40%，谷实类饲料占 50% 左右，麦麸占 10% 左右；每日喂量：梅花鹿 1.2 kg/(只·d)，马鹿 1.8～2.0 kg/(只·d)。精饲料每天分 3 次喂给。饲料以青绿饲料为主，干粗料为辅，日喂 3 次，其中青绿饲料 2 次，干粗料 1 次，自由采食。

2. 产仔及哺乳期的管理 管理上要注意卫生，经常对圈舍进行清扫消毒，以防有害微生物污染母鹿乳房，从而影响仔鹿健康。要设立仔鹿保护栏、仔鹿床，铺设垫草，注意观察分娩情况，加强对双胎鹿、难产鹿的看护，一旦发现难产应立即组织助产。母鹿分娩后要专人值班，对有扒仔、咬仔、弃仔、咬尾、舔肛恶癖的母鹿要及时拨出单独管理或淘汰，对被遗弃的仔鹿要及时找好保姆鹿。哺乳期拨鹿时，对胆怯、易惊炸群的鹿不可强行驱赶，应以温顺的骨干鹿来引导。舍饲母鹿要随时调教驯化，原来放牧的母鹿分娩后 20 d 即可离仔放牧，为以后仔鹿驯化或随母鹿一起放牧打下基础。

三、幼鹿的饲养管理

幼鹿依生长发育状况不同可分为哺乳仔鹿、离乳仔鹿和育成鹿 3 个阶段。根据不同时期的生理特点，采取不同的饲养管理技术，才能培育出具有体型大、产茸量高、耐粗饲、生长利用年限长、早熟及抗病力强等优良性状的鹿群。

（一）哺乳仔鹿的饲养管理

1. 哺乳仔鹿的护理 一般仔鹿出生后 20～30 min 就能站立并寻找母鹿乳头，吃到初乳。正常条件下，母性强的母鹿分娩后寸步不离其幼仔，舔舐爱抚，仔鹿很快就被舔干，站立起来，甚至有的母鹿产后卧地舔舐，使仔鹿在站立前就已经吃到初乳。一些母性差的母鹿分娩后，往往因受惊或其他因素（如初产母鹿惧怕胎儿，恶癖母鹿扒咬仔鹿，难产母鹿受刺激过重等）而不管其仔，使它们迟迟吃不到初乳。尤其是早春季节，早晚和夜间温度低，由于仔鹿遍身胎水黏液，体热很快散失，从而导致衰弱或死亡。因此，对弱生仔鹿最好马上找温顺母鹿代为舔干，或用温热的不带肥皂、香皂、酒精等刺激气味的湿毛巾或纱布、脱脂棉尽快擦拭干净。对于被遗弃的仔鹿和弱生仔鹿，虽经母鹿舔干或擦干仍站不起来，或强行站起后，抬头困难，后躯明显低而吃不上初乳的，需人工辅助使之及时吃到初乳，必要时喂给调制好的羊、牛初乳及 50% 的葡萄糖，然后送还母鹿喂养。

2. 哺乳仔鹿的代养 当初生仔鹿得不到亲生母鹿直接哺育时，可为它寻找一性情温顺、母性强、泌乳量高的分娩后 1～2 d 内的母鹿作为保姆鹿，保姆鹿共同哺育亲生仔鹿和代养仔鹿。代养的方法是：将选好的保姆鹿放入小圈，送入代养仔鹿，如果母鹿不扒不咬，而且前去嗅舔，可认为能接受代养，并继续观察代养仔鹿能否吃到乳汁。凡是哺过 2～3 次乳以后，代养就算成功。代养初期，体弱仔鹿自己哺乳有困难时，需人工辅助并适当控制保姆鹿亲生仔鹿的哺乳次数和时间，以保证代养仔鹿的哺乳量。在此期间，除护理好仔鹿外，对保姆鹿要加强饲养，喂给足够的优质催乳饲料，以分泌更多的乳汁。还应注意观察保姆鹿泌乳量能否满足 2 头仔鹿的需要，如果仔鹿哺乳次数过频，哺乳时边顶撞边发出叫声，哺乳后腹围变化不大，说明母乳量可能不足，应另找代养母鹿，防止 2 头仔鹿都受到影响或仔鹿死亡。

3. 哺乳仔鹿的人工哺乳 当出现产后母鹿无乳、缺乳或死亡，恶癖母鹿母性不强、拒绝仔鹿哺乳，初生仔鹿体弱不能站立，从野外捕捉的初生仔鹿，为了进行必要的人工驯化等情况时，可采用人工哺乳。

（1）人工配制初乳。人工哺乳主要是利用牛乳、羊乳或人工配制初乳。人工配制初乳的方法是：取鲜牛奶 1 000 mL，鲜鸡蛋 3～4 个，鱼肝油 15～20 mL，沸水 400 mL，食盐 4 g，葡萄糖适量。先把鸡蛋用凉开水冲开，加食盐和葡萄糖。将鲜牛奶煮沸，等奶温降至 50～60 ℃ 时，再将冲开的鸡蛋和鱼肝油一并倒入，搅拌均匀，盖好纱布备用。人工哺乳有短期人工哺乳和长期人工哺乳 2 种，短期的目的是为了训练仔鹿能自行吸吮母乳，长期的目的是在仔鹿无法获得母鹿乳时全哺乳期人工哺乳。

（2）人工哺乳的方法。先将经过消毒的乳汁装入清洁的奶瓶，安上奶嘴，温度调到 36～38 ℃。喂奶时将仔鹿头部抬起，固定好，将奶嘴插入仔鹿的口腔，压迫奶瓶使乳汁慢慢流入。如仔鹿挣扎，可适当停歇，哺喂数次后仔鹿即可自行吮吸。大群人工哺乳时可使用哺乳器，以节省人力。在人工哺乳的同时，用温湿布擦拭仔鹿肛门周围或拨动鹿尾，以促进排出胎粪，否则会造成仔鹿不排粪而死亡。

(3) 人工哺乳应注意的几个方面。

① 15 日龄以内的仔鹿每次哺乳完毕后，都必须用手指或小木棍刺激肛门周围，以利胎粪及一般粪便的排出。

② 1 周龄以内的仔鹿，每天必须喂给 2 次温开水，每次给量不超过奶量的 2/3。1 周龄以后，可以自由饮用水槽内的凉开水，水槽每天应刷洗 1 次。

③ 无论是初乳或常乳，不要加水稀释，否则易引起仔鹿的消化机能紊乱或营养不足。

④ 哺乳用具每天都应进行彻底的清洗、消毒，使用前再用开水冲洗干净，切勿喂变质的乳汁；仔鹿栏内的褥草要勤换，保持干燥清洁，仔鹿栏应定期消毒。仔鹿肛门周围黏着的粪便，要随时擦拭干净，保持鹿体清洁。

⑤ 仔鹿出生 7 日龄后，可往粗饲料栏内加点新鲜苜蓿或青草（新采集的青绿饲料最好晒半天，使其脱些水分，否则会引起腹泻）。10 日龄后可补饲精饲料，每天 3 次，喂量逐渐增加。每次喂前都应将饲槽内剩余饲料清理干净后再添新鲜饲料，以防因饲料酸败、污染而引起仔鹿腹泻。精饲料的组成有熟化的大豆、豆饼、玉米、麸皮，并应加入 2% 的食盐和 2% 的骨粉。

⑥ 仔鹿每次吃乳或采食饲料时，都应给予固定的信号，如呼叫、口哨等，使其形成条件反射，以利消化及驯化。

⑦ 如果仔鹿整个哺乳期不是全部采用人工哺乳，一般人工哺乳 3~5 d 后，即可将其放入产仔母鹿圈舍，找代养母鹿哺乳。但一定要认真观察该仔鹿能否找到代养母鹿正常哺乳，否则，还需采用人工哺乳。

⑧ 要时刻观察哺乳仔鹿的精神状态、食欲、粪便、尿液、脐带等情况，发现异常，及时查明原因，以便及时解决。

4. 哺乳仔鹿的补饲 哺乳仔鹿应进行早期补饲。仔鹿在生后 15~20 d 开始随母鹿采食一些精、粗饲料，同时出现反刍现象。这时应在保护栏内设食槽和水槽，投给营养丰富、易消化的混合精饲料。混合精饲料的比例为：豆粕 60%（或豆饼 50%、黄豆 10%），高粱（炒香磨碎）或玉米 30%，细麦麸 10%，食盐、碳酸钙和仔鹿添加剂适量。用温水将混合精饲料调拌成粥状，初期每晚补饲 1 次，后期每天早、晚各补饲 1 次。补饲量逐渐增加，以防饲料腐败，仔鹿食后生病。到 20 日龄时，梅花鹿补精饲料量为 50~100 g/(只·d)，随仔鹿的增长，其补饲量也逐渐增加，到离乳时可达 300~400 g/(只·d)。

5. 哺乳仔鹿的管理 哺乳期间，仔鹿和母鹿同处一舍，为保证仔鹿安全，减少疾病，提高成活率，应采取以下管理措施。

① 设置仔鹿保护栏，出生 1 周以内的仔鹿大部分时间要在保护栏内伏卧休息，并且每头仔鹿占据一定位置，固定不变。

② 饲养员每天注意观察仔鹿精神状态、卧位和卧姿是否正常，鼻镜、鼻翼和眼角情况及排便、吃奶、步态、运动是否正常，重点是及时发现血痢、脐带炎、肺炎、坏死杆菌病等，以便及时治疗。

③ 仔鹿舍内应平坦、干燥，水质清洁，水位高度适宜。

④ 舍门间隙适宜，避免仔鹿跑到外面，遇到恶劣天气应将其抱入产仔保护栏内。

⑤ 离乳前半个月开始加强对饲料、口令和外周环境的调教，以便顺利离乳。

(二) 离乳仔鹿的饲养管理

1. 离乳仔鹿的管理 离乳仔鹿指从离乳到当年年底的仔鹿。离乳的时间和方法：最好于 8 月中旬或下旬实行一次性离乳分群，用本圈驯化较好的大母鹿将所有仔鹿顺利领进预定仔鹿圈内，然后再慢慢拨出大母鹿。视离乳仔鹿的数量进行合理分群，最好按性别、出生先后和体质强弱等分成若干小群。刚离乳仔鹿因留恋母鹿而鸣叫不安，食欲减退。因此，饲养人员应耐心、经常地接触鹿群，使之于 5~7 d 尽快安稳下来。

2. 离乳仔鹿的饲养 对刚开始离乳的仔鹿仅投给少量优质精饲料，仔梅花鹿每天 150 g，每次 50 g，以不剩料为度。每天均衡地投给 4~6 次粗饲料或青绿饲料，包括夜间 1 次，所投给的青绿饲料最好为优质的嫩青稞子或青刈豆秧。逐渐增加精饲料并提高豆饼的比例，第 10 天加料 50 g，年底达 0.75 kg 左右。仔马鹿的量要高 1/3，其中豆饼量逐渐加到 60%，有条件的可同时给熟豆浆，每天 1~2 次。到 10 月饲喂次数减到和大鹿的相同，每天 3 次。当仔鹿 4~5 月龄进入冬季饲养时，必须保证矿物质饲料的供给，日粮中必须有足量的骨粉或蛎粉，以促进它们的生长发育并防止佝偻病的发生。当仔鹿群稳定和采食正常之后，尽早利用豆饼块和大群驱赶的方法，经常进行有规律的驯化。

(三) 育成鹿的饲养管理

1. 育成鹿的管理 生后第 2 年的幼龄鹿称为育成鹿。育成鹿仍处于生长发育的旺盛阶段，特别是瘤胃的发育更为显著。但是因为育成鹿尚无产品，体质又比较健壮，所以容易被人们忽视。在管理上应按性别和体况适时进行分群，以防止早熟鹿混交乱配，影响生长发育。并应把它们拨到能充分运动、休息和采食面积较大的圈舍内。育成鹿公鹿到配种期也有互相爬跨现象，体力消耗较大，有时可造成直肠穿孔乃至死亡，此种情况多发生在气候骤变的阴雨降雪或突然转暖时，应加强看管。

2. 育成鹿的饲养 饲养上满足其营养需要的日粮蛋白质水平应在 23% 左右，并且应尽量增加饲料容积。育成梅花鹿每日喂给精饲料 0.75~1.0 kg，其中，豆饼至少占一半，骨粉和食盐 15~20 g，优质粗饲料 2~2.5 kg；马鹿的精饲料量比梅花鹿增加 50% 左右，粗饲料量增加 2~3 倍。总之，对于育成鹿的粗饲料供给无论从数量上还是从质量上都必须做到最大限度满足，并随时注意调整精饲料喂量，以保证育成鹿获得充足的营养，从而正常生长发育。

第四节　鹿产品加工

一、鹿　茸

(一) 鹿茸的采收

1. 鹿茸种类 鹿茸的种类随鹿种、茸型、取茸方式和加工方法的差异而划分。

按鹿种：分为花鹿茸和马鹿茸。

按茸型：分为花二杠、花三叉、花四叉、马三叉、马四叉、马五叉、毛桃茸、再生茸、畸形茸。毛桃茸是鹿第 1 次长出的类似毛桃状的鹿茸；花二杠是梅花鹿长出除主枝外只有 1 个侧枝（即眉枝）的茸型；花三、四叉是除主枝外长出 2、3 个侧枝的梅花鹿茸型。马三叉是除主枝外只有 2 个眉枝的马鹿茸型；马四叉是除主枝、2 个眉枝之外，只有 1 个侧枝的马鹿茸型。

按取茸方式：分为锯茸和砍头茸。

按加工方法：分为带血茸和排血茸。

通常鹿茸全称包括种类、取茸方式和茸型，并标明加工方法，如花二杠砍茸（带血）、马四叉锯茸（排血）等。

2. 收茸适期 收茸正值炎热的夏季，通常将收茸的时间选择在晴朗的早晨，于早饲前进行，因为早晨气温低，气候凉爽，锯茸后出血量少；另外，早晨鹿处于空腹阶段，不会因麻醉呕吐引起异物性肺炎或立即窒息而死亡。

(1) 初角茸。育成鹿初角茸长至 5~10 cm 时，为了提高未来鹿茸的产量和质量，应锯尖平槎，刺激茸的生长点，使角基变粗。平槎后有的个体当年又可长出分枝的初角再生茸。

(2) 梅花鹿锯茸。梅花鹿锯茸的收取视茸的生长情况而定，二杠茸若长势良好、主干与眉枝肥壮，应适当延长生长期，反之就应早收。三叉茸若茸大形佳，茸根不老，上嘴头肥，也可适当延长收取时间。

(3) 梅花鹿砍头茸。一般较同规格的锯茸适当提前 2~3 d 收取砍头茸。砍二杠茸应在主干肥壮、顶端肥满、主干与眉枝比例相称时收取；砍三叉茸在主干上部粗壮、主干与第 2 侧枝顶端丰满肥嫩、比例相称、嘴头适度时收取。

(4) 马鹿锯茸。成年马鹿生长的三叉茸，若嘴头肥壮、茸大形佳，可延长生长至嘴头不超过 20 cm 时收取；若茸挺呈细瘦条型，应合理早收。四叉茸生长至嘴头粗壮时收取，若生长潜力大，可在第 5 侧枝分生前，嘴头粗壮期收取。

3. 锯茸方法 采收鹿茸时，可以通过不同方式保定鹿，然后锯茸。力求短时锯完，减少对鹿的伤害。锯口要锯平整，有利于第 2 年长茸。

(1) 锯茸鹿的保定。鹿的保定方法有机械法、药物法及药物法与机械法相结合 3 种，其中药物法是目前各大养鹿场较常用的方法。药物法是通过麻醉枪或金属注射器等将麻醉药物（眠乃宁或睡眠宝）注入鹿体内使鹿肌肉松弛或麻醉，达到保定的目的；收取鹿茸后用苏醒灵解除麻醉。

（2）锯茸。锯茸方法正确与否不仅关系到鹿茸的产量和质量，还关系到以后鹿茸的再生。锯茸工具主要有医用骨锯或工业用的铁锯。使用前用肥皂水洗刷干净，再用酒精棉擦洗消毒。待鹿保定后，将接血盘放在茸根部接茸血，锯茸者一手持锯，另一手握住茸体，从角盘上方 2～3 cm 处将茸锯下。锯茸要领是：抓茸要稳，下锯要准，动作要快，锯口要平。为防止出血过多，锯前应在茸角基部扎上止血带，锯茸结束后，立即在创面上撒布止血粉（七厘散、锅炒后的黄土），过一定时间后，将止血带绞除。

（二）排血茸加工

排血茸指的是加工过程中排出茸内的血液，加工后的成品茸，髓质部呈白色或粉色。其加工程序为排血、煮炸、烘烤、风干、回水、煮头等，以达到排出茸内血液、脱水干燥的目的。由于茸的种类、规格及大小、老嫩程度不同，其煮炸和烘烤的时间也有很大的差异。

1. 鹿茸加工前的处理 做好新鲜茸的编号、称重与登记工作；用软毛刷蘸取 40 ℃ 左右的碱水，反复刷洗茸表皮的油垢（锯口朝上），之后用清水反复冲刷。对因碰撞引起皮下出血、淤血的茸应马上用 50 ℃ 左右的湿毛巾热敷伤处，直至淤血散开。对在外力作用下，茸的髓质部分折断，而茸皮没有创口的存折茸，用寸带将存折处缠扎后煮炸，亦可用 1～2 根长针斜向钉入茸的髓质部固定，然后入水煮炸，至茸半干后拔掉长针。对破皮的茸要先进行缝合，之后在伤口处均匀地撒上 0.5 cm 厚的面粉，并压实，再入水煮炸牢固后方进行煮炸加工。鹿茸煮炸时，为了操作方便，一般需要将鹿茸固定在茸夹上。

2. 煮炸加工 就是将鹿茸锯口向上，全部或部分多次反复浸入沸水中煮，并间歇性晾凉，排出茸内残存的血液，把生茸煮熟，达到消毒防腐、加速干燥、保持茸固有形状和颜色的目的。

收茸后第 1 天的煮炸称为第 1 水，每水间歇冷凉的先后 2 次入水称为第 1 排水、第 2 排水，每排水按入水次数又分为若干次，如第 1 排水的第 1 次入水、第 2 次入水等。

煮炸的时间随鹿茸的种类、规格、大小、老嫩等性状不同而异。一般马鹿茸比梅花鹿茸耐煮；三叉茸比二杠茸耐煮。在相同规格的茸中，粗大肥厚的比细小老瘦的耐煮；茸毛短细、茸皮致密坚韧的耐煮。经过多排与多次煮炸，当锯口排出粉白色血沫，茸毛耸立，沟棱清晰，沥水性强，茸头有弹性，并有熟蛋黄香味时，表明茸体已达熟化。

3. 回水与烘烤 经过第 1 水煮炸加工后 2～4 d 的煮炸统称回水，依次称为第 2 水回水、第 3 水回水……第 1～3 水回水应连日进行，第 4 水回水连天或隔天进行均可。每次回水后均应放入 68～73 ℃ 恒温箱内烘烤，防腐消毒，加速干燥。

4. 风干与煮头 经过 4 水加工后的鹿茸，含水量比鲜茸减少 50% 以上，送到风干室，锯口朝上吊挂风干。4 水后的最初 5～6 d，每隔 1 d 煮头 1 次，烘烤 30 min 左右。以后便可根据茸的情况和干燥程度，不定期地进行煮头和烘烤。

4 水以后的鹿茸因茸头以下的部位已接近干燥，所以煮炸时只需煮嘴头即可，目的是使干燥易萎缩的茸头能保持原形饱满。水煮不但可以防腐，而且茸头均匀收缩，避免空头。每次煮头都应煮透，煮透的标准是将比较干硬的茸头煮软，进而再煮至较硬且有弹性的程度。

二、鹿的副产品

1. 鹿鞭 鹿鞭是指公鹿阴茎和睾丸。鹿鞭具有补肾阳、益精血、强阳事的功效，可用于治疗劳损、腰膝酸痛、阳痿、遗精、不孕等症。

公鹿屠宰后取下鹿鞭，用清水洗净。取一长方形的木板，将包皮卷缩至龟头的 2/3 处。将龟头钉在木板的一端后，适度地拉长阴茎，连同睾丸固定在木板的另一端。用沸水烫煮一下，利于水分散失，放在通风良好的阴凉处自然风干。在盛夏季节，为防止腐败变质，应进行适当烘烤。

2. 鹿胎膏 鹿胎为妊娠母鹿腹中取出的水胎（包括胎儿、胎盘和羊水）、流产的胎儿和出生后 3 d 内死亡的乳鹿（也称失水鹿胎，四肢蹄下的白膜没有全部脱落为宜）。以肥大、齐全、不腐烂、无毛、胎衣不破的鹿胎为佳品。

鹿胎取出后，如有冷冻条件最好直接冷冻保存，便于加工鹿胎膏。没有条件的可将其加工成干品。对于有被毛的鹿胎，可经过去毛、酒浸、整形、烘烤制成干制品；对于没生被毛的鹿胎，直接烘烤干燥即可，无须酒浸、整形。也有部分鹿场将烘烤干燥的鹿胎加工成胎粉保存。无论是干燥后的鹿胎，还是胎粉，都应妥善保管，严防潮湿发霉、虫蛀。

制作鹿胎膏的方法是将鹿胎放入锅中，加水15 kg左右进行煎煮，待煮至骨肉分离、煎煮胎儿的水（称胎浆）剩4 kg左右时停止煎煮。将骨肉捞出，用纱布过滤胎浆，将胎浆置于通风阴凉处备用，低温保存更好。分别将骨肉放入烘箱内烘干（箱温80 ℃），头骨和长轴骨可砸碎后烘干，直烘至骨肉均已酥黄纯干。将纯干的骨肉粉碎成鹿胎粉（如是直接加工干的鹿胎可直接粉碎），称重后保存。将煮胎的胎浆倒入锅中煮沸，放入胎粉，搅拌均匀，再按胎粉与红糖的比例（水胎为1∶1.5、乳胎为1∶3）加入红糖，拌匀，用文火煎熬浓缩，不断搅拌，熬至呈牵缕状不沾手时即可出锅，倒入抹有豆油的方瓷盘，置于阴凉处，冷却硬固后即为鹿胎膏。

3. 鹿尾　鹿尾由鹿的尾椎、腱、肌肉纤维、尾腺、脂肪、结缔组织和皮肤组成。中医学认为，鹿尾有补肾壮阳、强腰健膝的功效，可用于治疗阳痿、遗精、腰脊疼痛、头晕耳鸣等症。鹿尾也是一种十分鲜美的佳肴。

鹿尾的加工程序是将鲜尾放入盆中，用热水浇烫1~2次或在80~90 ℃的水中浸泡1 min左右，取出拔掉尾毛，用刀子刮净绒毛和表皮。去掉多余的残肉、脂肪，拉直尾端，用铁夹子在尾根部的开口处将内外侧尾皮夹合在一起，再将夹外的皮肤用线穿起，吊挂20~30 min后去掉尾夹，用刀紧贴着铁夹线外切去多余的皮肤，此时内外侧的尾皮即可封合成一体。将封好口的鹿尾挂在阴凉通风处风干。但在炎热的夏季也应进行适当的烘烤（温度70 ℃，时间30 min），以防止其腐败变质。

第五节　鹿常见疾病

一、急性瘤胃扩张

【病因】由于一次性采食大量易产生气体和体积容易膨大的饲料，瘤胃内形成大量气体，排气发生障碍而引起。

【症状】多出现在采食后数小时，腹围急剧扩大，口吐白沫，眼珠突出，眼结膜潮红，采食、反刍完全停止。病初病鹿不安，之后呆立，呼吸加快，后期张口喘息，不及时治疗就会死亡。

【防治】可进行瘤胃按摩，促进嗳气，同时灌服鱼石脂10~15 g、水300~500 mL。病重时可用套管针穿刺瘤胃放气。对症治疗可静脉注射5%~10%葡萄糖500~1 000 mL，10%氯化钠溶液500 mL，同时要减轻呼吸及循环器官的负担，经口腔灌服人工盐50~100 g、硫酸钠100 g。

二、巴氏杆菌病

【病原】为多杀性巴氏杆菌，两端钝圆的球杆菌，革兰染色阴性。对多种动物和人均有致病性，秋、冬季或长途运输使抵抗力下降都会引发此病。

【症状】急性败血型表现为体温40~41.5 ℃，精神沉郁，呼吸急促，鼻镜干燥，低头，垂耳，食欲废绝，反刍停止。重者口鼻流出血样泡沫液体，后期便血，多在1~2 d内死亡。

肺炎型表现为精神沉郁，呼吸急促，咳嗽，重者头颈伸直，鼻翼扇动，口吐白沫或有鼻漏，一般3~4 d死亡。

【防治】青霉素对本病有明显效果，剂量宜大，成年鹿每次200万IU，每天2次。磺胺类药和四环素、卡那霉素、庆大霉素都有较好的效果。严重的病鹿要对症治疗，如采用强心、镇痛、镇静等治疗。同时对全群也要进行药物预防。

预防本病应做好鹿场清洁卫生工作。在炎热潮湿的季节，要做好防暑降温工作，可在饲料中加入一些清凉解毒的中草药。加强饲养管理，定期消毒，如用3%~5%煤酚皂溶液喷洒鹿圈及运动场。疫区鹿应在每年春季进行巴氏杆菌病菌苗的预防注射。

三、坏死杆菌病

【病原】坏死杆菌病是由坏死杆菌引起的一种慢性传染病。

【症状】初期病鹿出现跛行，蹄叉、蹄冠等处肿胀、灼热，触压敏感。蹄冠皮肤明显肿胀，随着病程的发展，皮下组织受到损害而出现蜂窝织炎，在坏死处可见流出恶臭的污灰色或黄绿色液体以及坏死组织碎片。重病例表现为两耳下垂，食欲废绝，体温上升，运步及负重日益困难，常常躺卧，不愿起立。

【防治】彻底清除患部坏死组织，充分排液，暴露创面，制造有氧的组织条件，阻止坏死杆菌生长。用1%高锰酸钾溶液或4%醋酸溶液洗净患部，撒布碘仿、硼酸等量混合粉末；炎性肿胀较重者，患部周围可用鱼石脂酒精热绷带包扎，最后用链霉素 100 万 IU、0.25％普鲁卡因 10 mL 实行患肢封闭。局部治疗视患部创液量，可每天或隔天处理 1 次，直至治愈为止。

在局部治疗的同时，需按病情轻重，配合全身疗法，防止病变转移于内脏。可以肌内注射青霉素、链霉素、头孢菌素，或内服金霉素、螺旋霉素及磺胺类药物。

四、出血性肠炎

【病原】出血性肠炎是溶血性大肠杆菌引起的一种以腹泻、便血及败血症为特征的急性肠道传染病。

【症状】病鹿精神沉郁，离群呆立或卧地，体温升高到 40～41 ℃，病初食欲减退或不食，渴欲明显增加，饮水量增多，有腹痛、腹泻表现，开始排稀软至水样粪便，后排脓血便，后期出现脱水症状，鼻镜干燥，呼吸、心跳加快，角弓反张；仔鹿出现神经症状，表现惊恐，眼球突出，无目的地狂跑，有的头颈歪斜，原地转圈运动，有的共济失调，角膜混浊，可视黏膜发绀，一般于 1～2 d 死亡，病程稍长者可延至 3～5 d。

【防治】禁食 1～2 d，内服呋喃唑酮，每千克体重 8～10 mg，每天 2～3 次或用磺胺脒拌料，每头每次 5 g，每天 2 次，连用 7 d，有很好的治疗效果。如经口腔灌服效果不佳，也可采用新霉素、金霉素、庆大霉素等药物进行注射治疗。也可选用诺氟沙星、黄连素、氯霉素等药物。

五、难　产

【病因】由母鹿妊娠期间饲养管理不科学、饲料搭配不当，母鹿产道狭窄（多见初产母鹿或者过度肥胖母鹿），或是胎儿发育异常等引起。

【症状】鹿难产的表现有：胎头过大或畸形，颈部屈曲，头部转向侧方，胎头过高或过低；一侧前肢娩出部分过腕关节时，母鹿频频努责，仍不见胎儿头部露出；两蹄置于鼻下，一肢绕颈把头，蹄在对侧耳下与嘴巴同时娩出；只见胎儿头部出，看不见两前肢；母鹿羊水已破 5～10 h，仍不见胎儿任何部位，或者只见胎衣露出阴门 15 cm 左右。

【难产处理】对于胎儿两前肢肘关节屈曲引起的难产，可用一手抓住前肢，另一只手将头趁母鹿努责间歇时塞回产道，并把胎头下压或扣住眼眶，稍用力拉出胎儿。如果只看见胎儿头部而不见两前肢，可先将胎头送回母体子宫内，用手攥住两前肢，另一只手伸进产道扣住胎儿眼窝，随母鹿的努责下压用力将胎儿拉出。如果胎儿头颈向后弯或者向下弯难产时，可趁母鹿努责间歇的机会先将胎儿露出阴道的部位送回子宫内，然后一只手伸入子宫内调整胎头成正产胎位，再将胎儿两前肢拉出产道；用另一只手抓住胎头，随时扣住胎儿眼窝，向下压迫拉出胎儿。胎儿尾位难产时，助产人员可用一只手握住胎儿的两后肢，一只手伸入产道或子宫体内，向下压迫胎儿尾根部，随母鹿努责用力向下方迅速拉出胎儿。如果只见产道内流出黏液或胎衣，不见胎儿的任何部位，多为横位或横斜位，助产时可先将一只手伸入子宫，调整胎位成头位或尾位，拉出胎儿。母鹿骨盆狭窄或子宫开张不全时，可采取截胎术，以免损失母鹿。如果胎儿尚未死亡，可采取剖宫产术，挽救胎儿。

助产结束后，将难产母鹿彻底消毒，洗涤子宫，肌内注射青霉素 80 万～100 万 IU。外阴部涂碘甘油，产道用 0.1％高锰酸钾溶液冲洗。

（刘忠军、滚双宝）

第二章 麝

麝，又称香獐子、獐子、獐鹿、麝鹿、獐麝，属国家一级保护珍稀药用动物。雄麝脐香囊中的分泌物干燥后形成的香料即为麝香，是一种十分名贵的药材，也是极名贵的香料。麝香具有极强的保香能力，常用作香料中的定香剂，位居四大动物香料（麝香、龙涎香、灵猫香、海狸香）之首。据《本草纲目》载，麝香有通诸窍、开经络、透肌骨的功能，是治疗中风、脑炎的特效药。麝肉细嫩味美，因富含蛋白质和低脂肪居山珍之首；其味甘、性温、无毒，可治腹内积块和腹胀痛。麝皮坚韧结实，鞣制后可以制作各种皮制品。随着野生资源的急剧减少和我国传统中医药对麝香产品巨大的市场需求，人工养麝已成为提供天然麝香的唯一途径。

第一节 麝的生物学特性

一、分类与分布

1. 分类 麝在分类学上属于哺乳纲、真兽亚纲、偶蹄目、鹿科、麝属。我国麝的种类和数量堪称世界之最，并以盛产麝香而闻名于世界。我国共有5个麝种，即林麝、原麝、马麝、喜马拉雅麝、黑麝，其中，林麝是人工饲养的主要品种，其次是马麝。目前，我国麝类动物资源的总蕴藏量约有60万头，仅为20世纪50年代的1/5，其中林麝最多，其次为原麝和马麝，黑麝和喜马拉雅麝数量很少。

2. 分布 麝是一种亚热带、温带、亚寒带的高山动物。主要分布在中国、朝鲜、蒙古国、印度、缅甸、巴基斯坦等亚洲国家及独立国家联合体（简称独联体）各国。

麝在我国的分布较广，但以云贵高原、青藏高原分布最多。主要分布区为内蒙古、山西、四川、西藏、云南、广西、贵州、青海、甘肃、新疆、宁夏、陕西、河北、湖南、安徽等省份及东北地区的大、小兴安岭和长白山区。

麝因品种不同，主要分布区域不同。林麝主要分布在四川、西藏、云南、贵州、甘肃、陕西、广西、湖北、河南西部、湖南西部、广东北部；原麝主要分布在黑龙江、吉林、辽宁东部、河北、山西、内蒙古、新疆、安徽；马麝主要分布在四川、青海、甘肃、云南、西藏。

二、形态学特征

麝形似鹿（图2-1），但比鹿小，公麝比母麝大，公、母麝均无角。体格大小因品种不同有差异。我国主要养殖林麝、马麝和原麝。

1. 林麝 体型大小似小山羊，体长70~80 cm，体高40~50 cm，体重6~9 kg。前肢短、后肢长。毛色较深，四肢下部前面灰棕色，后面浅褐色，眼下有2条白色或黄白色毛带，直达胸部。幼麝背部有斑点，长成后消失。外观无尾，成年雄麝有 1 对上犬齿露出口外，并随年龄增长而增长，腹下生殖器开后处有一香囊。雌麝的犬齿不外露，无香囊。

2. 马麝 是麝中最大的一种，体长 85～90 cm，体高 50～60 cm，体重 13～17 kg。背部为浅黄褐色，全身棕黄褐色或沙黄淡褐色，有与林麝类似的颈纹，但不明显。头部毛细密而短，黑褐色，眼眶周围有黄色圈，耳的上部呈浅棕色。体侧沙黄褐色，臀部色稍暗，腹部、腋下的毛呈淡黄色，细而长，较躯干部毛柔韧。雄麝上犬齿比林麝更宽、长，古有"板牙獐"之称。

3. 原麝 体长 82～87 cm，体高 55～60 cm，体重 8～12 kg。终身具有肉桂黄色或橘黄色斑点，这与林麝和马麝差别明显，体其余部分呈暗褐色。

A　　　　　　　　　B　　　　　　　　　C

图 2-1 麝的体型外貌

A. 林麝　B. 马麝　C. 原麝

（仿高玉鹏、任战军，2006）

三、生活习性

1. 栖息环境 麝属于山地森林动物，多生活在海拔 1 500～4 500 m 的高原山区，出没于茂盛的森林、陡峭的岩坡，以及有鲜嫩青草和清澈山泉的地方，尤其喜欢在针、阔叶混交林中生活。

2. 活动规律 麝的活动有一定的规律，多在清晨、黄昏、阴天或细雨蒙蒙时出来活动、觅食，白天在安静、隐蔽、干燥而温暖的地方休息。麝的活动、觅食、休息等有一定的路线和地方，多从原道返回，在阴坡半山腰的灌木丛中的活动路线特别明显，由于周而复始地往返行走，形成宽 15～20 cm 的"麝道"。麝对外界环境的变化保持着高度的警惕，若有人或其他动物踩了一段麝道，它便暂时舍弃，绕道而行。公麝还有在树干、树桩及岩石上摩擦臀部的习性，因此在公麝的活动路线上，可以见到被麝摩擦过的散发有特殊气味的树干或树桩，被称为"油桩"。

3. 警觉性 麝生性胆怯、急躁，看到异物，听到不习惯的声音，便会全身被毛竖起，两眼凝视，鼻孔迅猛喷气，四蹄在地上使劲跺，发出"砰砰"的跺足声，以示威吓。圈养时易因环境的突然变化而惊群。麝的嗅觉非常灵敏，陌生的饲料一嗅再嗅后才肯吃。用嗅觉来辨认走过的路及辨别公、母麝。麝的视觉很好，能在黑暗中看清周围的事物。因此，麝可在夜间采食。

4 独居性 麝性情孤僻，独居不成群，公、母麝仅在发情季节生活在一起，其他季节多单独活动，仔麝也仅在吃奶时才与母麝在一起，吃完奶便去单独休息，很少跟随母麝。同窝仔麝也很少在一起活动、休息。

5. 草食性 麝的食性很广，可采食的植物达 300 多种，包括植物的根、茎、叶、花、果实以及菌类和苔藓类等。人工饲养的麝喜吃甘薯、胡萝卜、南瓜、莴苣等。麝的食量小，一昼夜能采食 0.5～1 kg 的青嫩树叶。

6. 泌香性 雄麝 1.5 岁开始分泌乳白色液态麝香，以后每年 5—6 月周期性地分泌一次。4～7 岁是泌香高峰期。每年的 4—5 月香囊中泌香逐渐增多，6 月进入发情配种期，囊内麝香经麝香囊口流向体外，发出强烈的麝香气味，作为性引诱剂用来引诱母麝。6—8 月麝香成熟。

7. 换毛 幼麝出生时，全身长有黑色胎毛，并附有棕黄色斑纹。2 周龄左右从头、耳、四肢、颈部、背部、体侧、腹部、臀部依次开始着生粗硬的夏毛，2 月龄左右长齐。此时，夏毛将胎毛遮盖住，斑纹消失，体色呈橄榄褐色或黑色。4 月龄左右逐渐脱去胎毛，并经 1.5 个月左右长出冬毛。成年麝每年换毛1次。

第二节 麝的繁殖

一、繁殖特点

1. 性成熟 一般饲养管理条件下，公麝14~18月龄、母麝7~18月龄达到性成熟。营养状况好、管理水平高的麝可在16月龄达到性成熟，个体发育慢、营养差的母麝会出现18月龄仍不能发情的情况。

2. 适配年龄 为保证母麝的生长发育和仔麝的品质，提高情期受胎率和仔麝成活率，延长种麝利用年限，公、母麝的适配年龄一般分别定为3.5岁和2.5岁。

3. 繁殖年限 麝的自然寿命为10~13年，人工饲养条件下可存活15年，其中繁殖年限为8~9年。母麝每年繁殖1次，每胎产1~3仔，以胎产2仔居多。公麝一次射精量为0.5~0.6 mL，精子密度为40亿~60亿个/mL。

4. 发情季节 母麝为季节性多次发情的动物，发情期为10月到翌年2月。在1个发情季节，可出现3~5个发情周期。母麝发情周期为19~25 d，平均为21 d。发情持续时间为36~60 h，发情旺期可持续24 h。公麝发情期较长，从9月开始直到翌年4月，11—12月为发情旺期，属于短日照发情类型。

5. 发情表现 发情初期，母麝表现为烦躁不安，在圈内来回走动，采食量减少，当公麝追逐爬跨时有拒配表现。进入发情旺期，母麝常发出低沉的"嗯嗯"叫声，来回走动更加频繁，臀部被毛分列两侧，露出外阴部，阴户红肿，尾巴翘起，排尿次数明显增多，有黏液从阴道流出，频频弓背，并主动向公麝接近，表现出强烈的交配欲。

公麝在发情季节情绪极度不安，性情暴躁，采食量减少，常仰头吹气，发出"嘶嘶"声，口喷白沫，尾随母麝。

二、配 种

（一）种麝的选择

种公麝要求个体大，身体健壮，四肢正常，性欲旺盛，年龄适宜（最好在3.5~8.5岁），产香量高，配种能力强。

母麝要求体质健壮，泌乳性能好，母性强，年龄适宜（最好在2.5~8.5岁）。

（二）配种方法

我国人工饲养的麝，其驯化程度较低，大多数麝在发情季节野性很强，用人工授精来完成配种任务有一定的难度。因此，自然交配仍然是主要的配种方式。目前，生产中所采用的配种方法主要有如下几种。

1. 单公群母配种法 单公群母配种法有2种组织形式。

一是将母麝分成若干个小群，每群4~6头，每群放入1头预先选好的种公麝，整个配种期不再更换种公麝。

二是根据生产性能、年龄、体质状况，将母麝按每群12~15头的规模分成若干群，按公母1:5的比例给各群配备种公麝。从配种期开始，每群每次放入1头种公麝，配种初期和末期每5~6 d更换1头，配种旺期每2~3 d更换1头。

2. 群公群母配种法 这种配种方法的公母比例高于单公群母配种法，一般为1:(3~4)。群公群母配种法同样分为一次放入种公麝，配种期间不再更换，以及分批放入种公麝，全期更换1~2次种公麝2种组织形式。

应该注意的是，在发情配种季节，每头种公麝可配10头母麝，但这对种公麝来说，并非理想的利用强度。过多交配，不仅对种公麝的健康和利用年限有影响，同时也很难保证母麝有较高的受胎率。因此，无论是哪种配种方式，在1个配种季节里，以1头种公麝实际配3~5头母麝比较适宜。

三、妊娠与分娩

（一）妊娠

1. 妊娠期 麝的妊娠期为178~189 d，平均为181 d。老龄母麝的妊娠期比幼龄母麝的长，圈养的比放养的长，怀母羔的比怀公羔的长，多胎的比单胎的长，饲养管理水平差的比饲养管理水平好的长。

2. 妊娠表现 母麝妊娠后，食欲旺盛，采食量增加，饲料的消化能力和营养物质的转化率均有明显的提高，膘情好转，性情变得温顺。3个月后，腹部明显膨大，被毛光亮，行动小心谨慎，活动减少。产前 10 d 左右，乳房明显增大；临产前的 3~5 d，采食量下降，喜卧僻静处，活动减少，排尿次数增多。

(二) 分娩

1. 分娩期 麝的产仔期从 5 月初开始，6 月末或 7 月初结束。麝多在下午产仔。

2. 分娩症状 临产前 1~2 h 开始出现阵痛表现，情绪不安，时起时卧，频频排尿，阴门一收一舒，随后弓背和伸腰收腹交替出现。当胎儿由子宫进入产道后，母麝随即侧卧，开始努责，腹肌强烈收缩，前肢向后，后肢向前，腹压增大，使胎儿排出体外。

正常分娩时，胎儿的前肢与头先产出，随后整个胎儿产出。单胎产程约 30 min；若产双胎，待第 1 仔产出后，经 5~15 min 再产第 2 仔。

胎儿产出后，母麝前肢站立，舔仔麝身上的黏液；待胎毛稍干蓬松竖起，仔麝便能站立，缓慢行走，开始寻找乳头，吸吮母乳。胎儿产出后约 30 min 排出胎衣，母麝随即将胎衣吃掉。

第三节 麝的饲养管理

一、公麝的饲养管理

根据公麝在养麝生产中的作用，将其分成生产公麝和种公麝两大群体。生产公麝的主要任务是生产麝香，而种公麝除生产麝香外，还承担配种任务。公麝的生产目的不同，对营养物质和管理水平的要求也不同。因此，在具体生产中，应根据麝群的生产特点，采取相应的饲养管理措施，以保证其高产、稳产。

(一) 生产公麝的饲养管理

由于受泌香反应的影响，麝活动减少，采食量下降。这与麝产香需要充足的营养相矛盾。为此，要饲喂适口性强的优质饲料，使麝采食的日粮营养达到标准。可按以下日粮标准饲喂。

1—4 月，每天每头饲喂量约 726 g，其中精饲料 120 g，青干树叶 100 g，多汁饲料 500 g，钙片 2~4 g，食盐 2 g。

5—7 月，每天每头饲喂量约 1 005 g，其中精饲料 120 g，青干树叶 50 g，鲜饲料 375 g，多汁饲料 450 g，钙片 2~4 g，食盐 2 g，动物性饲料 5 g。

8—10 月，每天每头饲喂量约 726 g，其中精饲料 120 g，青干树叶 50 g，鲜饲料 500 g，多汁饲料 100 g，钙片 2~4 g，食盐 2 g。

11—12 月，每天每头饲喂量约 701 g，其中精饲料 120 g，青干树叶 75 g，多汁饲料 500 g，钙片 2~4 g，食盐 2 g。

麝主要采食植物的嫩叶、根茎和籽实部分，一般以鲜喂为主，冬贮时可调制成青干饲料贮备。精饲料要经过粉碎，有的则需煮熟后再喂，如黄豆必须经过煮熟后才能饲喂。要注意和防止饲料的霉变，变质的饲料不能喂。为提高日粮的品质及适口性，要增加精饲料中黄豆和麦麸、绿豆、玉米的比例，供给充足的青饲料。同时，可将大豆磨成浆调拌精饲料，以提高日粮的适口性、消化率和生物学效价。

(二) 种公麝的饲养管理

种公麝的核心任务是参与配种。种公麝在配种期采食量下降，兴奋好动，体能消耗较大，为保证其有充沛的精力和旺盛的性欲，配制日粮时，要着重提高饲料的适口性，饲料要多样化，蛋白质饲料生物学效价要高。

多喂瓜类、根茎类、鲜枝叶、青草等青绿饲料。精饲料以黄豆、绿豆籽实、玉米、麸皮为主。每天喂含有丰富蛋白质、必需氨基酸和维生素 A、维生素 D、维生素 C、维生素 E 的优质饲料 700 g 左右，此外还喂多汁饲料如胡萝卜、甘蓝等 250 g 左右、精饲料 100~150 g。

给料量要视其采食情况进行及时调整。配种结束后，不要急于更换饲料，等体况恢复后，逐渐过渡为非配种期的饲养管理。

二、母麝的饲养管理

(一) 配种期的饲养管理

配种期的饲养分为准备配种期和配种期 2 个阶段。准备配种期实际上也就是哺乳后期 7—10 月，由 10 月中旬开始到翌年 3 月为配种期。

1. 准备配种期 舍饲母麝日喂 3 次，1 次精饲料、2 次粗饲料，夜间补饲枝叶或其他风干的青草。为了使繁殖母麝提早或适时发情，应使仔麝按时断奶，及时分群。

2. 配种期 母麝日粮组成以容积较大的粗饲

料与青绿饲料为主，精饲料为辅。精饲料中有豆饼、黄豆、麦麸和玉米等。母麝的日粮中都要给予一定数量的根茎与瓜果类等青绿饲料。母麝每天喂根茎、瓜果类 500 g，精饲料 100 g 左右，青干树叶 75～100 g，钙 2～4 g，食盐 2 g。

（二）妊娠期的饲养管理

1. 妊娠初期 胎儿体积较小，对营养物质的需求量相对较少。但妊娠初期天气寒冷，饲料种类较少，特别是青绿饲料较贫乏，应注意抓膘。

2. 妊娠中期 胎儿发育加快，主要生长骨组织和肌肉组织，对蛋白质、钙、磷和维生素 D 的需求量明显增大，这时要多喂营养丰富的青绿饲料，并注意矿物质饲料和维生素 D 的供应。

3. 妊娠后期 胎儿迅速发育，对营养物质的需求量增大，但由于胎儿体积增大，腹腔的容积相对减小，胃容积和采食量受到限制，消化机能减弱。因此，妊娠后期的母麝日粮应选择体积小、质量优、适口性好的饲料。饲喂青绿饲料和粗饲料时必须慎重，防止由于饲料体积过大引起流产。产前 1 个月，视母麝的体况调整精饲料喂量，防止母麝过肥或过瘦。

（三）哺乳期的饲养管理

母麝从 5 月下旬开始陆续产仔，到 8 月仔麝基本断奶，平均哺乳期 90～100 d。这一时期的主要任务是使妊娠母麝到产仔期能顺利产仔，产仔后能分泌丰富的乳汁哺育仔麝，保证仔麝成活和健康生长。

母麝每天应喂给精饲料 130～160 g，青树叶 50～70 g，鲜嫩的青草 350～380 g，根茎、瓜果类 450～500 g，矿物质饲料 2～4 g，食盐 2～4 g。

夏季母麝舍要特别注意保持卫生，预防有害微生物感染母麝乳房及乳汁，引起仔麝发生疾病，对舍饲的母、仔麝要结合清扫圈舍工作进行一定的调教和驯化。

三、仔麝的饲养管理

（一）哺乳仔麝的饲养管理

1. 仔麝护理 初生仔麝全身附着大量的黏液，一般情况下，分娩母麝首先舔干这些黏液，借以促进仔麝的血液循环，有助于保持仔麝体温。若遇到难产、外界异味沾染仔麝以及产仔时母麝受惊等情况，母麝往往长时间不去舔干仔麝，这样将导致仔麝因受寒而死。此时，应由饲养员及时擦干，或者用麻布包裹仔麝，放到阳光下或 35 ℃的温暖处保暖。待体毛干燥后，送回母麝哺乳。初生仔麝被毛稍干便可缓慢行走，开始寻找乳头吃奶。仔麝一般每天吃奶 3～4 次，哺乳结束后，母仔便自行分开，在两地栖息。

2. 寄养或人工哺乳 当遇到母麝泌乳不足或拒绝哺乳仔麝时，可采取寄养或人工哺乳等措施加以补救。不管哪种补救措施，在执行前均应设法让仔麝吃到初乳，以增加机体的免疫能力。

（1）寄养。寄养母畜可以是同期（相差 3 d 以内）分娩的母麝或山羊。寄养时一人用手指将仔麝的嘴掰开，并将母畜乳头塞入，另一人将畜奶挤出，让仔麝舔食吮吸。3～5 d 后，仔麝便能自行衔住乳头吃奶。

（2）人工哺乳。可用消毒并冷却到 38 ℃的鲜牛（羊）奶、奶粉、炼乳调剂。每次人工哺乳时（特别是 15 日龄前），应用湿纱布或脱脂棉刺激仔麝肛门及尿道口，促使其排粪、排尿。

3. 仔麝饲喂 仔麝出生后 15～20 d 便可采食饲料。要根据仔麝的消化特点，饲喂易消化的幼嫩青绿饲料。精饲料要泡软或煮熟后再喂，难消化的块根、块茎类饲料应控制喂量，以防过量采食引发消化不良。尽早训练采食能有效地刺激消化道发育，使胃容积增大，肠道变长，以便断奶后能较快适应新的饲料条件，有利于后期采食和营养物质的消化吸收。

（二）断奶仔麝的饲养管理

仔麝 2～3 月龄便可断奶。断奶的时间和方法要视仔麝生长发育情况与整齐度而定。若仔麝生长发育好，整齐度高，独立生活能力强，可实行一次性断奶；否则要分期分批断奶，体质好、出生早的先断，体质弱、出生晚的后断。断奶时间以清晨最好。

1. 断奶仔麝的饲养 由于断奶仔麝的消化机能尚不够健全，对粗饲料的消化能力较差，而此时饲料种类往往较少，质量较差，为保证其营养需要，断奶仔麝的日粮应由易消化且营养物质丰富的饲料组成，特别要注意矿物质饲料的供应。

2. 断奶仔麝的管理 仔麝断奶后要分群分圈

饲养，不可将许多仔麝放入同一个圈内，防止相互咬斗造成体能消耗过大或肺充血而死亡。要保持圈舍安静，防止惊群。及时将公麝獠牙剪短、磨钝。运动场架设活动架，供仔麝活动时攀登运动；设法让仔麝多晒太阳，以增强体质。冬季及时清扫积雪，保持圈内干燥，并在圈内避风处放些干软的树叶和垫草，供仔麝卧息。阴雨天时，要将仔麝关在舍内，防止受到雨淋或因饮雨水而诱发疾病。经常观察记录仔麝的采食、活动、休息、饮水、精神状态等，发现问题要尽快查明原因，并做相应的处理。

四、仔麝的驯化与调教

麝的驯化与调教一般从7～10日龄起。开展得越早，其驯化难度越小。

麝的驯化可从个体驯化和群体驯化两个方面着手。个体驯化是为了消除个体的野性，群体驯化重在培养麝的合群性。在具体操作中，只有将这2种驯化紧密结合起来，才能取得较好的效果。

1. 个体驯化 是通过调教人员每天与仔麝的接触，由接近和抚摸逐步转为刷拭或牵引，最终实现人和麝的亲和。驯化初期，人往往很难接近仔麝，需先将其限制在一个较小的空间（如特制产箱、仔麝笼）内，驯化者手持长木棍给仔麝挠痒，由远到近，逐渐达到接近、抚摸、刷拭的目的。在实现刷拭目标的基础上，设法给麝戴上笼头，使其逐渐适应牵引和绳拉，基本消除麝对人和其他动物的恐惧感，提高麝对突变环境的适应能力。

2. 群体驯化 是在个体驯化的基础上，将哺乳1个月左右的仔麝放在一起，每次喂给少量的饲料，使仔麝有较强的饥饿感，迫使下次给料时一同采食，相互熟悉，逐步培养其合群性。

第四节 麝香的采集与加工

一、麝香的采集

1. 取香时间 麝在泌香期有特定的泌香生理反应，表现出一系列特殊的生理和行为变化。睾丸、阴囊的生理性肿大是泌香来临的最早信息，停止采食或采食下降是泌香盛期的标志。

根据麝的泌香规律，一般在公麝3岁以上时，每年7月取麝香1次，部分麝群或部分地区可在每年3—4月和7—8月各取香1次。一年之中7—8月麝香成熟率最高，此期取香质量最佳。夏季应趁凉取得，即10:00以前和17:00以后取香较好，避免麝因应激、受热和疲劳造成疾病。

2. 取香前的准备工作 取香一般需要3人，即一人抓麝，一人取香，一人辅助。将野性较大的公麝提前1～2 h关入圈内小舍，以便捕捉。

准备好取香用具，如挖勺、盛香盘、保定床、镊子、解剖剪、药棉等。挖勺是掏取麝香的主要工具，可用牛角、不锈钢或银制成，长16 cm左右，其中柄长约14.5 cm，勺口长1.5 cm，勺深0.3 cm，周边钝圆。由于公麝香囊口大小不一，应配制几把口径规格大小不同的挖勺，或制成两端带勺但勺口大小不同的挖勺。此外，准备好药品，如磺胺软膏、消炎膏、红药水等。

3. 麝的保定 一人抓住麝的后肢向上提起，使其前肢着地。抓麝者迅速跨骑在麝背（不要坐）上，用两腿将麝夹住以固定。或不用跨骑在麝背上，而用手臂把麝扶靠在人腿侧固定。此时，一只手捉住麝的两后肢（跗骨部分），另一只手捉住两前肢（掌骨部分），用臂和体侧将麝夹住抱起。抓麝者选一合适的坐处，将麝背里腹外地侧放在两腿上，或固定于取香保定床上。驯化性能好的麝，可以同时抓四肢抱起。

4. 取香 麝被固定以后，使麝的腹部与操作者相对。略剪去覆盖香囊口的毛，用酒精在香囊上消毒。操作者以其左手食指和中指将香囊基部夹住，拇指压住香囊口，无名指和小指按住香囊体，使香囊口扩张。右手持挖勺，使挖勺的前端背面轻压香囊口，挖勺即可伸入香囊内，最深不得超过2.5 cm。随后徐徐转动挖勺并向外抽动，麝香便顺口落入盛香盘里（图2-2）。

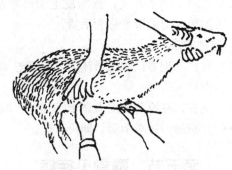

图2-2 人工活体取香与保定
(仿高玉鹏、任战军，2006)

取香不能用力过猛，以免挖伤香囊，遇到大块麝香不易挖出时，先用小挖勺在香囊内将麝香压碎，或在香囊外用手将麝香捏碎，然后再挖取。挖勺进入香囊的深度要适中，过深或过浅均不利于取香。取香时麝若乱动，应立即取出挖勺，谨防挖勺刺伤香囊。挖勺的进出应倾斜而行，以免撑破香囊口，一般3~5 min即可操作完毕。

取香后用酒精消毒香囊口。如香囊口有充血或破损时，可涂上油剂青霉素或消炎油膏，防止外伤感染。刚取出的麝香中，大多混有皮毛之类的杂质，应予拣出，用吸湿纸吸干、干燥器或恒温箱干燥。做好取香干燥并称重记录后装入瓶中密封保存，防止受潮发霉。

人工取香对麝的体质和配种能力均无不良影响。取香以后，公麝能再分泌麝香，连续取香可达10年之久，其产量和质量基本稳定和正常。个体年产量为10~15 g，3~13岁是产香盛期。

二、麝香的加工

麝香囊干时柔软，香仁如稠而厚的软膏，有以下几种不同的加工方法。

1. 整货与毛货

（1）整货。割取死去的公麝的香囊，去掉多余的皮肉及油脂，将毛剪短。由麝孔放入纸捻，吸收其中的水分。纸捻需勤换。将麝香放入竹笼内，外罩纱布，以防蚊蝇。将笼悬于温凉通风处，至干透为止。切忌日晒，以防变质。在风干过程中如遇阴雨天，可于低温烤干，烘时不得间断，否则回性，色、味均不易保持。在晾干前，也可将香囊用竹签撑好，或钉在木板上进行干燥。以后剪去大边皮，仅留2~3分边皮即可，如边皮过小，则易破裂。通过这种加工方法所制的成品称为整货。

（2）毛货。削去外皮，拣净皮毛杂质后阴干。这种方法加工所得的麝香称为毛货。

2. 炮制方法

（1）香仁。把香仁放在研钵内，研细过筛，拣去杂质，即可入药。

（2）整香。在原药软皮上做十字划开，取出中间的香仁，研细，拣净杂质，即可入药。

第五节　麝常见疾病

一、肺　炎

【病原】本病因感染肺炎球菌、链球菌或病毒感染引起。环境突变、过分的奔跑、仔麝初生恰逢夜间阴雨等气温骤变，都容易引起肺炎。

【症状】体温升至39.5℃以上，饮水增加，精神沉郁，呼吸浅快。疼性短咳，脓样鼻漏，结膜潮红，眼角有分泌物，食欲减退或废食。仔麝除以上症状外还表现为鸣叫不安，有时急性发作，快速死亡，有的发现症状后抓捕治疗时窒息死亡。

【防治】一般最多抓捕1~2次注射或给药，只要食欲已见恢复，可将药物加在饲料和饮水中。常用药物有青霉素、链霉素、卡那霉素等。呼吸困难的可用麻黄碱点鼻，给解热镇痛药、维生素C。

二、胃肠炎

【病因】主要是饲料、饮水不卫生，吃了冰冻、发霉的饲草和饲料，或因饥饿采食过猛，错食了粪、尿以及带有沙石或农药等刺激性物质的饲料，导致消化不良，抵抗力下降，从而使胃肠壁的血液循环受到严重障碍，引发胃肠黏膜及其深层组织发生炎症，胃壁淤血、出血以及化脓或坏死，同时呈现出自体中毒或毒血症，并伴有出血性或坏死性炎症。

【症状】精神沉郁。鼻镜有时干燥，肠鸣、便秘或腹泻；大便含多量黏液，不成颗粒，呈粥样或水状，有时混有泡沫，常有酸败气味。病程后期有呻吟、磨牙以及反刍和嗳气减少或停止等现象，身体消瘦，眼球下陷无神，四肢无力，肌肉颤抖，最后无法站立，很快死亡。

【防治】加强饲养管理，改善饲料和饮水的品质。饲喂要定时定量，饲料搭配要适当，更换饲料不可过急，经常补给所需的矿物质和维生素等。病麝每天2次肌内注射氯霉素，每次2 mL，连用5~7 d，或内服呋喃唑酮，0.2~0.4 g，日服2~3次，连服5~7 d，或黄连素一次内服，每天2次，连服3~5 d，黄霉素5片。

三、脓肿病

【病原】组织或器官感染葡萄球菌或链球菌均会引发本病。圈舍拥挤、饲养头数多，麝群因经常受惊乱跳乱撞，碰伤体表或与体表邻近的内脏器官，导致化脓菌感染。

【症状】多发生于面部等暴露部位。发病初期，患部呈炎性红晕，被毛耸立，手摸时发硬，后期逐渐变软而肿胀，随后积脓，针刺时流出脓液。脓肿部溃烂后露出糜烂面，脓汁流出后形成黄色脓痂，有时向深部溃烂。

【治疗】对尚未形成脓肿的部位，剪去被毛，涂上碘酒和消毒液或敷上消毒软膏。对已软化的脓肿，选择最易排脓的部位，剪毛并消毒，切开脓肿，排出脓汁，之后用3%的过氧化氢或0.1%的雷佛奴耳溶液冲洗。脓腔挤净冲洗后，再用碘酒棉球涂抹脓腔或填塞浸以碘酒的纱布。反复排脓不愈者，配合抗生素或磺胺类药物治疗，以防内部器官感染化脓。

四、瘤胃积食

【病因】本病多见于仔麝。仔麝吃了大量的乳汁或采食了不易消化的饲草而发病。成年麝往往在高度饥饿状态下贪吃大量的喜食饲料，如苜蓿等豆科牧草，或养分不足的粗饲料，如玉米秸秆、干草以及霉败饲料，或采食干料而饮水不足等，以上情况均会导致瘤胃积食。

【症状】发病突然，初期采食量减小，不断嗳气，随后嗳气和反刍次数减少。严重时，采食、反刍和嗳气停止，哞叫，呻吟，弓背收腹，不时作排粪姿势。左侧腹下轻度膨大，肷窝略平或稍凸出，触诊硬实。瘤胃蠕动初期增强，以后减弱停止。发病后期，病麝疲倦无力，四肢颤抖，行走时步态不稳，喜卧，四肢蜷曲于腹下，头向后贴身而卧，呈昏迷状。

【防治】饲喂要定时定量，防止饥饿状态下过量采食。对病麝应消导下泻，解除酸中毒，健胃补充液体。

消导下泻，可用鱼石脂 1～3 g、陈皮酊 20 mL、液状石蜡 100 mL、人工盐 50 g、芳香氨醑 10 mL，加水 500 mL，分 1～2 次灌服。

解除酸中毒，可用 5% 的碳酸氢钠 100 mL 静脉注射，或用 11.2% 的乳酸钠 30 mL 静脉注射。为防止酸中毒进一步恶化，可用 2% 的石灰水洗胃。

心力衰竭时，可用 10% 的安钠咖 5 mL，或 10% 的樟脑磺酸钠 4 mL，静脉或肌内注射。呼吸系统衰竭时，可用尼可刹米注射液 2 mL，肌内注射。

（余四九）

第三章 水 貂

水貂是一种珍贵的毛皮动物，其皮毛被光滑、柔软、轻便，绒丰厚细密、色泽光润，板质结实耐用。水貂皮是加工高档女式大衣、披肩、帽子、领子、围巾和服装镶边的理想原料，成品昂贵，销售额大，在国际裘皮市场中占有十分重要的位置，贸易额占裘皮动物贸易总额的70%左右，被誉为国际裘皮市场三大支柱（水貂皮、狐皮、卡拉库尔羊皮）之一，有"裘皮之王"的美称。

第一节 水貂的生物学特性

一、分类与分布

水貂在分类学上属于哺乳纲、食肉目、鼬科、鼬属。原产于北美洲。世界上现有美洲水貂和欧洲水貂2个种，其中美洲水貂共有11个亚种，其经济价值最高，与家养水貂关系最密切的有3个亚种。

水貂的自然分布区主要集中在北纬40°以北的地区。自然条件下，北回归线以南地区，水貂不能正常繁殖。美洲水貂主要分布在北美的阿拉斯加到墨西哥湾、拉布拉多到加利福尼亚以及俄罗斯的西伯利亚等地区。目前，在世界各地人工饲养的均为美洲水貂的后裔。1956年我国从苏联引种，分别饲养在东北三省、山东、北京等地。20世纪80年代以来，全国各地均有饲养。

二、形态学特征

水貂外形与黄鼬十分相似，体躯细长，头小，颈粗短，尾细长，尾毛蓬松。肛门两侧有1对臭腺，用于逃脱天敌；四肢较短，趾端有锐爪，趾间有微蹼，加之其胸腔发达，因此，水貂具有十分出色的潜水能力。

野生水貂多为黑色或黑褐色，在人工饲养条件下可以利用黑色或黑褐色水貂培育出灰色、米黄色、咖啡色、蓝色、棕色、白色、琥珀色等毛色的水貂。通常将黑色或黑褐色水貂称为标准色水貂，而将其他毛色的水貂称为彩色水貂（图3-1）。

成年公貂体长38~42 cm，尾长18~22 cm，体重1.6~2.2 kg；成年母貂体长34~37 cm，尾长15~17 cm，体重0.7~1 kg。

图3-1 水貂

三、生活习性

1. 栖息环境 自然条件下，水貂主要栖居于林溪边、浅水湖畔、冲毁的河床等有水的环境中，利用天然洞穴营巢。洞穴深约1.5 m，洞内铺有羽毛、兽毛或甘草。洞穴隐藏于草丛或树林茂盛的岸边或水下。

2. 行为习性 多在夜间活动和觅食，喜欢潜水和游泳，性情孤僻、凶猛，除繁殖季节外，其余时间多散居或单独活动。行动敏捷，听觉灵敏。

3. 肉食性 以肉食为主，主要捕食野鼠、野兔、蛙类、鸟类、蛇类、鱼虾类等动物。

4. 换毛 水貂每年换毛2次。从春分开始，脱冬毛换夏毛，至7月上旬完成夏毛的生长发育。8月末至9月初，开始脱夏毛换冬毛，至11月下旬，冬毛发育成熟。

第二节 水貂的繁殖

一、繁殖特点

1. 性成熟 水貂8～9月龄性成熟，即当年4月底至5月出生的幼貂，翌年的1月底至2月发情，其中公貂略早于母貂，在正常的饲养管理条件下，幼貂全部性成熟，极个别不能投入繁殖的，多数是遗传缺陷、疾病或性行为等方面有特殊原因造成的。

2. 发情季节 水貂属于季节性多次繁殖的毛皮动物，每年2月下旬至3月发情交配，4月下旬至5月产仔。其生殖器官的季节性变化十分明显。

4—11月公貂睾丸的重量相对减小，处于静止状态，公貂没有性欲。从11月下旬起，睾丸重量日益增大，随着冬毛的成熟，睾丸发育变得迅速。12月上旬，睾丸平均重量为1.14 g；2月中旬睾丸重量达到2.0～2.5 g，开始形成精子，并出现性欲；3月上旬、中旬是性欲旺盛期；3月下旬配种能力有所下降；5月发生退行性变化，睾丸体积缩小，重量减小，其功能下降。

母貂的卵巢也具有明显的季节性变化。秋分后，卵巢逐渐发育增大，至配种期，卵巢中黄体逐渐发育，卵巢体积并不缩小，甚至还有增大，产仔后卵巢又恢复至静止期大小。

3. 发情周期 公貂在整个发情季节里始终处于发情状态。母貂在发情季节里有2～4个发情周期，每个发情周期通常为6～9 d，其中发情持续期1～3 d，间情期5～6 d，发情持续期易交配和受精。

4. 排卵 水貂是诱导排卵的动物，需要通过交配或类似交配的刺激才能排卵。一般在交配后36～48 h排卵。交配排卵后，在新卵泡生长发育的5～6 d中，母貂拒绝交配。此期，无论是交配刺激，还是其他性刺激，都不能引起母貂排卵。当卵巢内又有一批卵泡接近成熟，并分泌雌激素时，无论前一个发情周期排出的卵是否受精，还要继续发生性欲和发情的行为，并在交配的刺激下再次排卵。

5. 受精 卵子从卵泡中排出，12 h以内即到达受精部位输卵管壶腹部。精子在母体生殖道内具有受精能力的时间为48 h左右，最长不超过60 h。如水貂多周期接受交配，几个周期所受精的卵均有妊娠的可能性，即异期复孕的现象。但后一次受精卵的妊娠率比前次的要高。

二、配 种

(一) 发情鉴定

1. 肉眼观察法 母貂发情时，食欲下降，兴奋不安，排尿频繁，发出"咕咕"的叫声，在笼内来回走动，捕捉时比较温顺。发情初期尿液呈深绿色且带荧光，以后逐渐变淡。发情期母貂常舔或磨蹭其外阴部，阴门肿胀且有乳白色黏液流出，阴毛分开。母貂发情依其阴门肿胀程度、色泽、阴毛的形状以及黏液变化情况，通常分为三期。

第一期（发情前期）：阴毛略分开，阴唇稍张开，呈淡粉红色。

第二期（发情期）：阴毛明显分开，倒向两侧，阴唇肿胀，突出或外翻，有的分成几瓣，呈乳白色，有黏液。

第三期（发情后期）：阴门仍肿胀外翻，但有皱褶且稍干燥，呈苍白色。

母貂发情处于中、后期均可交配，但以中期受胎率高。

2. 放对试情法 少数母貂，在发情期虽然已经发情，但发情表现不够明显，用肉眼观察法很难准确判断是否发情，故常采用试情法，即将公、母貂放在一起，观察有无发情表现。

发情的母貂放对时愿进公貂笼，当公貂追逐

时，无敌对表现，并与其周旋嬉戏，不时地发出"咕咕"的求偶声。当公貂爬跨交配时，翘尾巴，温顺地接受交配，甚至在遇到不活跃的公貂时，还主动接近戏弄公貂，此时母貂正处在发情旺期。相反，母貂遇到公貂时，表现出敌对情绪，甚至拼命撕咬，表明母貂尚未发情。

（二）配种方式

根据不同地理位置，在北纬 23.5°以北地区，最佳配种时间为 3 月 5—20 日。为了顺利完成交配，根据当地的地理气候条件，将整个配种期分为如下几个阶段。

1. 初配阶段 3 月 5—12 日，对发情程度好的母貂进行初配。此期不急于赶进度，主要是驯化小公貂学会配种，尽量提高公貂利用率。每天每头公貂只配种 1 次。

2. 复配阶段 3 月 13—20 日，主要对初配阶段已配的母貂进行复配，对尚未初配的母貂进行初配的同时连日复配，要求所有母貂尽量达到 2 次交配。根据复配的时间，将复配分为同期复配和异期复配。

（1）同期复配。在 1 个发情周期内，母貂连续 2 d 或间隔 1 d 交配 2 次。生产中常记为"1＋1""1＋2"。

（2）异期复配。在 2 个或 2 个以上发情周期内，交配 2 次或 2 次以上，间隔时间为 6~9 d。记为"1＋7"或"1＋7＋1""1＋7＋2"。

实践证明，"1＋7＋1"配种方式产仔数量最多，"1＋7＋2"次之，"1＋7""1＋1"最低。

（三）配种方法

水貂配种方法有人工放对自然交配和人工授精 2 种。目前生产中常以人工放对自然交配为主。在准确断定母貂发情后，将公、母貂放在一起交配称为放对。

初配阶段最好在清晨饲喂前放对，初配过后可以在早饲后 1 h 或下午放对。放对时，先把发情母貂抓到公貂笼外引逗，待公貂有求偶表现，发出"咕咕"叫声时，用手提母貂尾部，将头颈部送入公貂笼内，待公貂叼住母貂颈部后，将母貂顺手放入公貂腹下。公貂用前肢紧抱母貂腰部，腹部紧贴母貂臀部。放对时如发现公貂对母貂有敌对情绪，应及时分开，以防咬架。

真配时，公貂腰荐部与笼底成直角，且公貂有射精表现，即公貂两眼眯缝，臀部用力向前推进，睾丸向上抖动，后肢微微颤动，母貂则发出低微的叫声。真配过的母貂，其外阴部高度充血肿胀发红，湿润且有黏液。

假配时，没有上述反应。公貂两眼发直，无射精表现，后躯弯度较小，腰荐部与笼底成锐角，经不起母貂的移动。若误配，公貂阴茎插入母貂肛门内，母貂随即发出尖叫声并进行抵抗，此时应将其立即分开，可用胶布贴在母貂肛门上再配，或酌情调换公貂。

三、妊　　娠

1. 妊娠诊断 由于水貂的配种多采用复配方式，无论是同期复配还是异期复配，每次交配都有可能使卵子受精。以异期复配为例，上一发情周期中，交配后不论是否形成受精卵，在下一发情周期里，只要母貂再次发情排卵，交配仍有可能形成受精卵。因此，与传统家畜不同，既不能根据母貂配种后在下一发情周期内是否再次发情来诊断是否已经妊娠，也不能将血液或尿液中孕酮含量作为母貂早期妊娠诊断的依据。

目前只能通过观察母貂的采食、活动、膘情等变化，确定母貂是否妊娠。母貂妊娠后，采食量明显增加，贪睡，不喜欢运动，喜欢安静的环境，膘情好转，被毛光亮，性情温顺。

2. 妊娠期 貂的妊娠期是指最后一次交配到分娩的间隔时间。妊娠期平均为 47 d，变化范围为 37~85 d。由于产仔期相对集中，所以，妊娠期的长短主要取决于结束配种的早晚。早结束配种的母貂，其妊娠期一般比晚结束配种的母貂长。

3. 妊娠期差异大的机理 在水貂胚胎发育过程中，当受精卵在输卵管中完成卵裂，形成胚泡，进入子宫角后，黄体因缺乏必要的光周期诱导因子，暂无活性，无法产生孕酮，子宫内膜没有胚泡附植的条件，使胚泡处在相对静止的滞育状态，发育十分缓慢。滞育期的长短与光周期的变化有关，无论早结束配种的水貂，还是晚结束配种的水貂，春分之前，其胚泡均处在滞育状态；春分过后，随着日照时间的延长，胚泡附植的子宫内膜条件趋于成熟，胚泡开始着床，先后进入胚胎期。因此，胚泡滞育期的存在导致了个体之间妊娠期的差异。但在相同的饲养管理条件下，有部分水貂，即使在同一天结束配种，其妊娠期也会出现较大的差异，这与不同个体对光周期变化的反应或敏感程度不同有关。

四、分　娩

1. 分娩季节　水貂的产仔期，因地域、个体而有所差异。在自然分布区内，多在4月下旬至5月下旬产仔，旺期集中在5月1日前后5 d内。平均每窝产仔数为6.5只，彩色水貂产仔数一般比标准色水貂稍少一些。

2. 产前行为　分娩前，母貂行为开始发生变化。产前1周，开始用嘴拔胸、腹部乳房两侧的被毛，并用拔下的毛或周围的软料（如布条、软草等）絮窝。产前1~2 d，食欲下降，精神紧张，烦躁不安，频频排尿，舔外阴部；喜欢光线较暗且安静的环境，有人接近时发出叫声。临产前活动减少，常卧于产箱中，不时发出"咕咕"叫声。

3. 分娩过程　水貂一般在清晨或夜间产仔，正常分娩需要3~5 h。母貂产仔后30 min左右排出胎衣并将其吃掉，经3~4 h后排出油黑色胎粪，这也是判断产仔是否结束的依据。

仔貂平均初生重为8~11 g，健康仔貂皮肤红润，体表温暖、干燥，体躯结构紧凑，集中而卧，反应较灵敏，手抓时挣扎有力，且产箱内清洁卫生。

水貂对分娩环境的要求十分严格，整个分娩过程中，周围要非常安静，不允许打开产箱盖、移动产箱或触动箱内垫料。

4. 产后检查　产后6~8 h可进行初次检查，之后每隔3~4 d检查1次。检查最好在母貂走出产箱采食时偷偷进行。检查前工作人员应清洗手臂，用箱内垫草搓手或带上专用手套，消除身上异味，以防止母貂咬伤仔貂或食仔。检查时动作要快而轻。查后尽可能使箱内保持原状。

第三节　水貂的饲养管理

一、饲料与营养需要

（一）水貂的饲料种类及其利用

1. 饲料的种类　水貂属食肉目动物，野生水貂以野鼠、野兔、蛙类、鱼类等动物为主要饲料。人工饲养水貂，按照经济可行、科学合理的原则，用多种饲料配制日粮。

（1）蛋白质饲料。包括杂鱼、畜禽肉、家畜屠宰及肉品加工的副产品、豆类、饼类等。

（2）能量饲料。玉米、大麦、小麦、高粱是水貂的主要能量饲料。此外，薯类及禾本科谷物的糠麸也可为水貂提供能量。

（3）青绿饲料。常用的青绿饲料主要是瓜类和非淀粉质的块根块茎，如南瓜、胡萝卜、甘蓝等。

（4）添加剂饲料。水貂使用的添加剂有矿物质类、驱虫类、抗生素类和维生素类等。

2. 饲料的利用　生产中，应根据每种饲料的特点，对其进行合理利用。

（1）鱼类饲料。鱼类饲料中含有大量的肌球蛋白和不饱和脂肪酸，在运输、贮存和加工过程中，易被氧化，发生变性和酸败。长期饲喂已经氧化了的鱼类饲料，易发生黄脂病、脓肿等各种维生素缺乏症，影响毛皮质量；母貂易出现空怀、死胎、烂胎和胚胎吸收等不良后果，繁殖力下降。因此，鱼类饲料的利用，应尽可能保持其新鲜度。捕捞的鲜鱼应首先在−5~0 ℃环境中放置2~3 h，待其成熟后放入−20 ℃速冻室，速冻后在−18 ℃的条件下贮存。冷冻海杂鱼解冻并洗去泥土和杂物后方可生喂。江河杂鱼必须煮熟后饲喂。

（2）畜禽肉。新鲜健康的畜禽肉可生喂，病畜禽肉或来源不明的肉类必须经检疫和高温处理后方可利用。

（3）家畜屠宰后废弃的组织器官。胎衣、乳房、睾丸、带有甲状腺的气管等含激素的肉类不能用于饲喂配种期和妊娠期的水貂。

用气管、喉头喂水貂时，最好把甲状腺摘除。

肺和脾适口性较差且难以消化，易引起水貂食欲减退或消化不良，有时会出现呕吐现象，故多与其他饲料搭配饲喂。

肝的适口性好，但喂量不能过大，因为肝有轻泻作用，大量饲喂会产生腹泻。

新鲜健康的动物血可以生喂，但猪血或血粉喂前必须高温处理，以防水貂感染伪狂犬病。

羽毛粉中的蛋白质大多为角质蛋白，直接饲喂不易消化，与谷实类饲料混合蒸成窝头饲喂，可提高其消化率。

在配种期种貂或哺乳期母貂的饲料中添加鸡蛋，对性器官的发育、精子和卵子的形成及乳汁分泌有促进作用，但是，如果长期饲喂生鸡蛋，水貂会发生皮肤炎、毛绒脱落等生物素缺乏症，其原因是生鸡蛋中的抗生物素蛋白能使饲料中的生物素失去活性。因此，鸡蛋一般要熟喂。

（4）大豆及相关制品。生大豆和生大豆饼粕中含有抗胰蛋白质因子与抗凝乳蛋白酶、血细胞凝集素、皂角素等有害物质，且因有腥味，所以，水貂日粮中加入生大豆或生大豆饼粕时，常有采食量减小及腹泻现象发生。将生大豆或生大豆饼粕在140～150℃下加热25 min可消除大部分有害物质，使其蛋白质营养价值提高约1倍。

（5）高粱。高粱糠中含有大量的鞣酸，喂量过多会引起水貂便秘，加之高粱皮中的单宁对饲料蛋白质有破坏作用，故高粱糠不宜喂貂。

（6）菠菜。菠菜中草酸含量较高，易与钙、铁等形成不溶性的草酸盐，影响矿物质的吸收，一般与其他蔬菜混合利用较好。

（二）水貂的营养需要

1. 饲养时期划分 由于水貂分布的区域较广，各地区气候及饲料条件差异较大，且管理水平不同，目前对水貂饲养时期尚未有统一的划分标准，如日本、丹麦以及我国的部分貂场，以月为单位划分水貂的饲养时期，而独联体则根据体重划分。为了便于饲养管理和科学配制日粮，根据水貂的生长发育规律、生理特点及养貂业的现状，我国将水貂划分为如下几个饲养时期（表3-1）。

表3-1 水貂饲养时期划分

时期	准备配种期	配种期	妊娠期	哺乳期	育成期	维持期	冬毛生长期
月	12—2	2—3	4—5	5—6	6—9	♂：4—8/♀：7—8	9—11

注：表中数字12指的是第一年12月，其余数字均代表第二年的月份。

2. 各饲养时期营养需要的特点 水貂在不同的饲养时期对各种营养物质的需要有不同的特点。不同饲养时期水貂对蛋白质、脂肪、碳水化合物及维生素的需要量见表3-2。

表3-2 不同时期水貂对营养物质的需要量（以每100 g饲料计）

（引自朴厚坤、张南奎，1986）

饲养时期	可消化营养物质 (g)			维生素					
	蛋白质	脂肪	碳水化合物	维生素A (IU)	维生素D (IU)	维生素E (mg)	维生素B_1 (mg)	维生素B_2 (mg)	维生素C (mg)
准备配种期	20～28	5～7	11～16	500～800	50～60	2～2.5	0.5～1	0.2～0.3	10
配种期	20～26	3～5	10～14	500～800	50～60	2～2.5	0.5～1	0.2～0.3	10
妊娠期	27～36	6～8	9～13	800～1 000	80～100	2～2.5	1～2	0.4～0.5	10～20
哺乳期	25～30	6～8	15～18	1 000～1 500	100～150	3～5	1～2	0.4～0.5	10～20
育成期	20～25	4～6	12～18	400～500	30～40	2～3	0.5	0.5	10
维持期	22～28	3～5	12～18	400～550	40～50	2～3	0.5	0.2	10
冬毛生长期	28～35	8～12	14～20	400～500	30～40	2～3	0.5	0.5	10

（1）冬毛生长期营养需要。水貂为季节性换毛动物，1年换毛2次。含硫氨基酸（如蛋氨酸和胱氨酸）是被毛的主要成分，也是被毛形成所必需的营养物质；铜元素是被毛色素形成过程中所需氧化酶分子的重要组分；维生素A能维护皮肤上皮细胞的完整与健康；皮下脂肪能增加被毛的光泽。水貂换毛期，被毛的迅速生长使得皮肤的新陈代谢加快，对铜、维生素A、脂肪、硫及含硫氨基酸等物质的需求明显增大。

（2）繁殖期营养需要。通常把准备配种期、配种期、妊娠期和哺乳期统称为繁殖期。水貂在这一时期不但要维持自身正常的新陈代谢，而且要为繁衍后代做生理准备，担负孕育胎儿和仔貂的繁重任务。因此，对蛋白质、必需氨基酸、多种维生素以及铁、铜、钙、磷、锌、锰、硒等营养物质的需求量增大，而对脂肪的需要量相对减少。

（3）育成期营养需要。幼貂的新陈代谢旺盛，育成期水貂正处在骨骼、肌肉等组织迅速发育的阶段，因此对矿物质、蛋白质及能量的需要量较高。

（三）水貂的饲养标准与日粮配制

1. 水貂的饲养标准 由于各国对水貂饲养时期的划分方法不同，因此，目前水貂饲养还没有统一的标准。我国规模化人工养貂虽已经历了近半个世纪的历史，但目前尚未制定出统一的饲养标准。朴厚坤建议在配制水貂日粮时，可以参考以热能为基础的（热能比）饲养标准（表3-3）和以重量为基础的饲养标准（表3-4）。

表3-3 以热能为基础的（热能比）饲养标准（以100g饲料计）

（引自朴厚坤，1999）

饲养时期	代谢能（kJ）	可消化蛋白质（g）	占日粮代谢能的比例（%）			
			鱼肉类	乳蛋类	谷实类	果蔬类
准备配种期	1 004.2~1 171.5	23~30	65~70	—	25~30	4~5
配种期	62.3~1 087.8	23~28	70~75	5	15~20	2~4
妊娠期	1 046~1 255.2	28~35	60~65	10~15	15~20	2~4
哺乳期	962.32	35~60	60~65	10~15	15~20	3~5
育成期	627.6~1 255.2	20~30	65~70	5	20~25	4~5
恢复期	1 046~1 171.5	22~28	65~70	—	25~30	4~5
冬毛生长期	1 046~1 255.2	25~30	60~65	5（血）	25~30	4~5

注：恢复期即维持期。

表3-4 以重量为基础的饲养标准

（引自朴厚坤，1999）

饲养时期	日粮总量（g）	可消化蛋白质（g）	占日粮总量的比例（%）				
			鱼肉类	乳蛋类	窝头	蔬菜类	水或豆汁
准备配种期	250~300	23~30	55~60	5~10	10~15	8~10	10~15
配种期	220~250	23~28	60~65	5~10	10~12	8~10	10~15
妊娠期	260~350	28~35	55~60	5~10	10~12	10~12	5~10
哺乳期	300~1 000	35~60	50~55	5~10	10~12	10~12	5~10
育成期	180~370	20~30	55~60	—	10~15	12~14	15~20
恢复期	250	22~28	50~60	—	10~15	10~14	15~20
冬毛生长期	350~400	25~30	45~55	—	10~20	10~14	15~20

注：1. 窝头按熟制品计算。2. 哺乳期的标准是基础母貂连同仔貂的量。3. 恢复期即维持期。4. 可消化蛋白质以100g饲料计。

2. 水貂的日粮配制

（1）日粮配制的原则。配制日粮时必须参考水貂的营养需要量表或给料标准表，在保证日粮全价性的前提下，根据水貂的生长发育规律和生产性能灵活调整。应注意日粮的适口性，尽可能配制适口性好的日粮。选用饲料要因地制宜、因时制宜，既要考虑饲养成本和养貂的效益，选择价格较低的物质作为原料，又要充分考虑水貂消化特点，保持动物性饲料在水貂日粮中的主导地位。

（2）日粮配制的方法。日粮配制的方法有多种，如方块法、联立方程式法、矩阵法、试差法、计算机法（程序法）。目前较常用的是试差法和矩阵法，计算机法多用在大型饲料厂中。虽然每种方法都有各自的运算规则，但只要参照的营养需要量和饲养标准一致，其结果都是接近的，都能为生产提供一个经济、科学合理的日粮配方。

二、饲养管理

水貂可按准备配种期、配种期、妊娠期、哺乳期、育成期、维持期和冬毛生长期分阶段饲养，并根据水貂不同阶段的生理特点和生产水平，采取相应管理措施，以提高水貂的生产性能。

(一) 准备配种期的饲养管理

准备配种期饲养管理的主要任务包括做好选种工作、调整种貂体况、促进种貂生殖系统的发育、确保种貂的换毛与安全越冬等几个方面。为此应做好以下工作。

1. 种貂的复选与精选

(1) 复选阶段。于9—10月进行。根据生长发育、体型大小、体质强弱、毛绒色泽和质量、换毛的迟早等,对成年貂和幼貂逐只进行选择。选留数量要比实际留种数多10%～20%。

(2) 精选阶段。于11月进行。在屠宰取皮前,根据毛绒品质(包括颜色、光泽、长度、细度、密度、弹性、分布等)、体型大小、体质类型、体况肥瘦、健康状况、繁殖能力、系谱和后裔鉴定等综合指标,逐只仔细鉴定,选优去劣。种貂的性别比例一般为:标准色水貂的雄雌比为1:(3.5～4),白彩色水貂为1:(2.5～3),其他彩色水貂为1:(3～3.5)。

2. 准备配种期的饲养 在日粮标准的掌握上,虽然数量不需要增加,但质量需要适当提高。在不太寒冷的地区,此时期水貂易上升,要防止过肥。

准备配种期的大部分时间处在寒冷季节。一般日喂2次,早饲40%的饲料量,晚饲60%的饲料量。在饲料加工上,颗粒可大些,稠度浓些。在十分寒冷的天气里,可用温水拌料,并立即饲喂。在准备配种后期,要使全群种貂普遍达到中等体况,其中,公貂适于中等略偏上,母貂适于中等略偏下。

3. 准备配种期的饲养

(1) 增加光照。禁止人为改变光照时间,但可相对增加光照度,使种貂接受较多的太阳光直射。为此,可将种貂饲养于南侧笼舍,通过食物控制其到笼网上运动,以增加光照。

(2) 增大运动。在准备配种期,要经常逗引水貂运动,以增强体质,使其能正常参加配种。

(3) 加强异性刺激。通过雌、雄的异性刺激能提高中枢神经的兴奋性,刺激生殖系统的发育,增强性欲。方法是,从配种前10 d开始,每天将发情的母貂用笼子送入公貂笼内,或将其养在公貂的邻舍,或手提母貂在公貂笼外逗引。但异性刺激不可开始过早,以免过早降低公貂的食欲和体质。

(4) 定期发情检查。发情检查的目的是准确掌握水貂的发情周期规律,以做到适时配种。从1月起,母貂群活跃的时候,每5 d或1周观察1次母貂的外阴部,记录发生的变化。一般在1月末,母貂发情率应达70%,2月末达90%以上。根据发情状况确定配种日期。

(二) 配种期的饲养管理

1. 配种期的饲养 要求营养全面、适口性强、容积较小、易消化的日粮,其日粮标准为代谢能62.3～1 087.8 kJ(以100 g饲料计),动物性饲料占75%～80%,并由鱼、肉、肝、蛋、脑、奶等多种优质饲料组成。另外,每天每只水貂还应喂鱼肝油1 g、酵母5～7 g、维生素E 2.5 mg、维生素B_1 2.5 mg、大葱2 g、食盐0.5 g。总饲料量不超过250 g,蛋白质含量必须达到30 g。

饲喂制度要与放对、配种协调兼顾,合理安排。在配种前半期,在早饲后放对,中午补饲;下午放对,下班前晚饲。要保证水貂有一定的采食、消化及休息时间。同时,要供应充足而清洁的饮水。

2. 配种期的管理 配种期频繁配种公貂饮水量增多。因此,要保证充足清洁的饮水;防止水貂逃跑和咬伤;禁止强制放对交配;给公貂适当的休息时间;认真做好配种记录和登记,对于已配种的母貂应做好配种记录,并把结束配种的母貂归入妊娠母貂群饲养。

(三) 妊娠期的饲养管理

妊娠期是水貂生产的关键时期之一。此期饲养管理的好坏将直接影响母貂的产仔和仔貂的成活。

1. 妊娠期的饲养 日粮的标准是(以100 g饲料计):代谢能1 046～1 255.2 kJ,可消化蛋白质28～35 g,维生素A 800～1 000 IU,维生素E 2～5 mg,维生素B_1 1～2 mg,维生素B_2 0.4～0.5 mg,维生素C 10～20 mg。同时要增加含钙、磷的饲料,以满足对矿物质的需要。

饲料要新鲜、安全、多样化,并保持稳定,禁止使用发霉变质、含生殖激素的畜禽加工副产品。在满足妊娠母貂营养需要的前提下,要掌握饲料量,防止妊娠母貂过肥。

2. 妊娠期的管理 要经常观察母貂的行为及粪尿状态,发现问题,及时解决。保持饲养场内笼舍及饲料加工车间的卫生，严格防疫和消毒。各种不正常的声音会造成种貂惊恐不安，导致空怀、流产、早产、难产，频繁不安地叼仔、食仔、拒哺等现象的发生，因此，要保持饲养场内安静，谢绝参观。产前1周，对母貂的产箱进行全面检查，添足垫草，絮好窝形。

（四）哺乳期的饲养管理

1. 哺乳期的饲养 日粮配合总的要求是营养丰富而全价，新鲜而稳定，适口性强而易于消化。一般日喂2～3次。对一部分仔貂应予补饲。饲喂时要按产期的早晚、仔貂的数目合理分配饲料量。保证饮水充足而清洁。

2. 哺乳期的管理 应建立昼夜值班制度，值班人员每2 h巡查1次。加强仔貂的护理，提高成活率。防止寒潮袭击，注意加草保温。环境不安静会引起母貂弃仔、咬仔、食仔，饲养人员动作要轻，晚上禁用手电筒乱晃乱照。随着仔貂的生长，天气越来越暖和，饲料也容易变质，仔貂开始采食，如吃了变质的饲料容易患胃肠炎及其他疾病；要保持饲料和笼舍卫生，每日及时清理食具。

3. 仔貂的饲养与护理 对未吃到初乳的仔貂，应设法以家畜的初乳代替。对20日龄以上、窝产仔数多的仔貂，可用鱼、肉、肝、蛋糕加少许鱼肝油、酵母进行补喂，每天1次。

（五）育成期的饲养管理

1. 育成期的饲养 根据幼貂的营养需要，日粮标准为代谢能627.6～1 255.2 kJ，动物性饲料占70%～75%，谷物饲料占20%～25%，蔬菜占4%～5%或不喂，维生素和微量元素添加剂每只每天0.5～0.75 g。或添加鱼肝油0.5～1.0 g，酵母4～5 g、骨粉0.5～1.0 g、维生素E 2.5 mg。总饲料量由200 g逐渐提高到350 g。蛋白质含量应在25 g以上（以100 g饲料计）。

2. 育成期的管理

（1）离乳分群。幼貂在40～45日龄离乳分群。离乳前，要做好笼舍的建造、检修、清扫、消毒、垫草等准备工作。离乳的方法是，一次性将全窝仔貂离乳，每2～3只同性别的仔貂放于同一笼舍内饲养，7～10 d后分开饲养。

（2）种貂的初选。结合幼貂断乳分窝，对母貂和幼貂进行全年第1次选种工作，故又称初选或窝选。

（3）加强卫生防疫。要及时对场地消毒，注意饮水供给及防暑降温。在1月初进行第1次疫苗接种，7月初进行第2次疫苗接种。对犬瘟热、病毒性肠炎等主要传染病实行疫苗预防接种。

（六）维持期的饲养管理

1. 维持期的饲养 水貂在维持期对营养物质的需求相对降低，无须从日粮中获得除维持自身正常生命活动以外的营养物质，在管理上也相对松散，但是还应做到粗中有细。

公貂在配种期体能消耗较大，配种期结束时，绝大多数公貂体质较差；母貂因妊娠和哺乳动用了机体贮备，在断奶时处在营养亏损状态，膘情普遍较差，如不及时进行调整，将会影响翌年的繁殖。因此，在维持期的前半个月，公、母貂分别继续饲喂配种期和哺乳期日粮，待体况基本恢复后，逐步过渡为维持期日粮。

2. 维持期的管理 要注意通过遮阴、通风、洒水、供足饮水和浴水等措施降温防暑，并做好日常的疾病防治工作。

（七）冬毛生长期的饲养管理

1. 冬毛生长期的饲养 日粮标准为代谢能1 046～1 255.2 kJ（以100 g饲料计），动物性饲料含量为65%～70%，适量添加维生素和微量元素添加剂。可加少许芝麻或芝麻油，以增强毛绒的光泽度和华美度。日粮总量在350～400 g，蛋白质含量为25～30 g（以100 g饲料计）。

2. 冬毛生长期的管理 水貂生长冬毛是短日照反应，因此，禁止增加任何形式的人工光照，可把皮貂养于较暗的棚舍里。秋分开始换毛以后，在小室中添加少量垫草，以起自然梳理毛绒的作用。同时要保持笼舍卫生，防止污物沾染毛绒。另外要注意检修笼舍，以防锐物损伤毛绒。10月开始检查换毛情况，遇有绒毛缠结的，要及时梳理除去。

第四节　水貂毛皮初加工

一、去皮时间与毛皮成熟鉴定

1. 去皮时间 水貂毛皮成熟的季节在每年的11月中旬至12月上旬，其中白色水貂为11月10—15日，珍珠色和蓝宝石色水貂为11月10—25日，咖啡色水貂为11月20—28日或30日，暗褐色和黑色水貂为11月25日至12月10日。貂皮成熟与貂的年龄、性别和营养等因素有关，一般老貂比幼貂早，母貂比公貂早，中上等营养的比过肥或过瘦的早。每种类型均按老年公貂、成年公貂、老年母貂、育成母貂顺序屠宰。

2. 毛皮成熟鉴定 毛皮成熟鉴定的重点是观察水貂尾部、背腹部的被毛和皮肤颜色。成熟毛皮的尾毛甩开，全身毛被显得蓬松粗大，毛锋平齐，有光泽，底绒丰厚，头毛与全身毛色一致。随着身躯的转动，腹部、颈部呈现一条条"裂缝"，表明底绒饱满，毛皮已成熟。把尾毛吹开，观其皮肤颜色，成熟的皮肤呈粉红色或白色，未成熟的皮肤则呈浅灰或灰蓝色。

二、屠宰

1. 折颈法 操作者将水貂放在操作台上或桌上，左手压住水貂颈背部，右手托其下颌，将头向后翻转，此时两手同时猛力向下按压头部，并略向前推，发出颈椎脱臼声，水貂两腿向后伸直而死。

2. 心注射空气法 一人用双手保定好水貂，另一人用左手固定水貂心，右手持注射器，在心跳最明显处插入针头，如有血液回流，即可注入空气5～10 mL，水貂马上两腿强直，迅速死亡。

三、剥皮

1. 剪爪掌 用骨剪或10 cm直径的小电锯去掉前肢爪掌。

2. 挑档 先将两后肢固定，用挑刀从接近尾尖部沿着尾腹面中线向肛门后缘挑去，在距肛门一侧1 cm处挑开，折向肛门后缘与尾部开口会合，另一后肢也同样挑至肛门后缘，最后把后肢两刀转折点挑通，即去掉一小块三角形皮。

3. 剥离 开档后，用挑刀将尾中部的皮与尾骨剥开，用手或钳将尾骨抽出，然后剥离后肢，剥到第1趾节处，剪断趾骨，使指甲和第1趾骨留在皮上。固定后肢，用手翻皮，倒拉退套。退至前肢，将肢骨拉出，皮翻转，毛向里，前肢呈无爪圆筒形。再剥离颈、头部，使耳、眼、嘴、鼻完整无损。

四、初加工

1. 刮油 刚剥下来的鲜皮，皮板上常附着油脂、血迹和残肉等，这些物质对原料皮晾晒、保管均有危害，所以必须在初步加工时除掉这些物质。

刮油过程中，如果操作不当，容易造成透毛、刮破、刀洞等伤残，这些伤残都会降低皮张等级。为了刮油顺利，应在皮板干燥以前刮油，干皮需经充分水浸后方可刮油；刮油的工具，一般采用竹刀或钝铲，刮油时用力不得过猛；刮油的方向，应从尾根或后肢部往头部刮，用力均匀，边刮边锯末搓洗皮板和手指，以防油脂污染毛被；刮油时必须将皮板平铺在木板上，勿使皮皱折，否则易刮破；头部皮上的肌肉不易用刀刮净，可用剪刀将肌肉剪去。

2. 洗皮 刮油后要用小米粒大小的硬木锯末或粉碎的玉米芯洗皮，先搓洗皮板上的附油，再将皮板翻过来搓洗毛被，先逆毛后顺毛搓洗，然后抖掉搓洗物，使毛皮清洁而有光泽。

3. 上楦板 上楦板就是将洗净的筒皮套在一定规格的楦板上。目的是使貂皮保持一定形状和幅度，有利于干燥和保存。上楦板时，先将毛被向外的筒皮套在楦板上，楦板的尖端顶于鼻端，两手均匀地将筒皮向后拉直。将眼、耳、鼻、四肢、尾部摆正，然后用圆钉将其固定。为了皮形美观，皮张要适当拉长，尾应尽量拉宽，呈倒宝塔形。

4. 干燥 将上好楦板的皮张送入干燥室，分层放置于风干机的皮架上，将风干机气嘴插入上楦板的皮张嘴岔里，让空气通过皮张腹腔带走水分。在室温20～25 ℃，相对湿度55%～65%条件下，24 h左右用手摸前肢，筒皮发硬说明皮板已干，貂皮便可下楦板。

第五节 水貂常见疾病

一、病毒性胃肠炎

【病因】 本病是由犬细小病毒引起的一种烈性传染病，是危害水貂极严重的传染病之一。多发于气温较高季节，呈地方流行或散发。粪便、蝇类是较重要的传播媒介，主要通过消化道传播。

【症状】 早期鼻镜干燥、拒食、高热（40～41.5 ℃）。后期多尿，尿呈黏稠茶色。剧烈腹泻，粪便呈黄灰白色、黄灰绿色水样，恶臭，混有黏液和气泡，或脓血便呈粉红、暗红色，后期多呈煤焦油状，往往混有血丝。卧笼不起，消瘦衰竭，麻痹痉挛而死亡，死前腹部膨胀，口鼻流淡红色血水。

【防治】 以预防为主，可定期注射疫苗。本病无特效疗法，可以应用抗生素控制并发症和继发感染，以缩短病程和减少死亡，进行对症治疗。青霉素钠10万IU、链霉素10万IU分别1次肌内注射，每天2次，连用3～5 d。硫酸庆大霉素注射液4万～8万IU 1次静脉注射，每天1次，连用5～7 d。

二、犬瘟热

【病因】本病由犬瘟热病毒引起。所有年龄的水貂都是易感对象，但以2.5～5月龄的幼貂感染性最大。患过犬瘟热或注射过犬瘟热疫苗的母貂所产的仔貂，能从母乳中获得抗体，有一定时间的被动免疫能力，因此哺乳期不易患本病。

【症状】根据临床表现可分为慢性、急性和超急性3种类型。

慢性型病例主要表现在皮肤变化上，发病初期，鼻、嘴唇和足掌皮肤上出现水疱，溃烂后结成痂皮，足掌发炎变硬，且肿大3～4倍。随后，眼裂和耳周围发生皮炎，皮肤变硬，覆有糠麸样物质，失去弹性。病程一般2～4周。

急性型从发病的2～3 d开始，从浆液性、黏液性到化脓性结膜炎。同时出现浆液性鼻炎，定期或不断地从鼻腔内排出透明液体，有时转为黏液性或化脓性鼻炎，鼻孔堵塞。体温高达40～41 ℃，精神沉郁，食欲锐减或废绝，被毛蓬乱无光，后躯或四肢麻痹，运动失调，常伴有腹泻和肺炎并发症。病程3～10 d。

超急性型常发生在流行的初期和后期，病程极短，发病急，极度兴奋、狂暴乱扑、咬笼网、尖叫、抽搐，最后口吐白沫而死。

【防治】本病没有特异性治疗方法，重点在于积极预防，特别是要做好预防接种。健康动物应在每年12月至翌年1月接种，幼龄动物在2月龄时普遍实行接种。发病貂场要进行紧急接种，以防疫情加剧。要及时隔离病貂，并对场地及笼舍进行彻底消毒，同时用抗生素抵制病貂细菌并发病。

三、大肠杆菌病

【病因】本病由大肠杆菌引起，以严重腹泻和败血症为特征。发生有一定的季节性，北方多见于8—10月，南方多见于6—9月。

【症状】潜伏期1～3 d，发病急，多呈急性经过。精神沉郁，食欲废绝，体温升高到41 ℃以上，呼吸急迫，鼻镜干燥。腹泻，粪便初为灰白色，带有黏液和泡沫或水样，而后便中带血，呈煤焦油样，有的伴发呕吐。病的后期弓腰蜷缩，消瘦虚弱。有的出现角弓反张、抽搐、痉挛及后肢麻痹等神经症状，2～3 d死亡。

【防治】加强对貂群管理，认真搞好兽医卫生工作，特别是产仔及育成期更应注意。仔貂要尽快吃到初乳，母貂产仔过多时要及时代养，在正常情况下，日粮中可不加抗生素添加剂，在幼貂断奶后开始补给，每3 d补1次，能收到良好的效果。发病后可肌内注射清瘟排毒针，同时用抗菌止泻药物对症治疗。

四、黄脂肪病

【病因】黄脂肪病又称脂肪组织炎，多因长时间饲喂脂肪酸败的动物性饲料所致。此外，日粮中维生素E缺乏、鱼肝油酸败也会造成本病发生。多发于夏季，多见于育成期幼貂，以体肥、采食能力强的幼貂尤甚。

【症状】水貂患本病后，突然拒食，精神沉郁，体温升高，可视黏膜发黄，运动失调，步态蹒跚或后肢麻痹。口腔黏液变黄，腹围增大。有的尿液不能直射，排煤焦油样稀便。慢性病水貂极度消瘦，食欲不振，被毛逆立，口腔黏膜变黄或苍白，排青绿色或黑色黏液性粪便，并伴有血尿和后肢麻痹症。

【防治】治疗本病时，首先需检查并更换饲料，然后用药物治疗。可大群饲喂维生素饲料，每天每只喂维生素E 3～5 mg、复合维生素B 5～15 mg、维生素C 5～10 mg，连服1周；或肌内注射维生素E 1 mL，维生素B_1 250 μg，每天1次；或每次肌内注射维生素E 0.5～1 mL，青霉素10～20 IU，每天2次；也可在日粮中增加新鲜动物性饲料和维生素饲料，如鲜肝、小麦芽、酵母、鱼肝油等。

(滚双宝)

第四章 狐

自20世纪80年代中后期以来，人工养殖狐（俗称狐狸）经历了快速发展阶段，现已形成从选种、饲养、繁殖、取皮，到加工、贸易等一条完整的产业链，许多从业者由此而脱贫致富。养殖狐的目的是为了取得优良种兽和优质皮张。狐皮被毛轻暖，毛色素雅，针毛挺实，底绒丰厚，板质耐磨而富有弹性，是高档服装、披肩、镶头围巾、帽子等产品的重要原料，属高档珍贵裘皮，是国际裘皮市场的三大支柱之一。用狐皮制作的衣物穿着华丽高雅，轻松保暖耐用，在国际市场上十分紧俏。

第一节 狐的生物学特性

一、分类与分布

狐在分类学上属于哺乳纲、食肉目、犬科。世界上狐属共有9种，广泛分布于亚洲、非洲和北美洲大陆。我国有3种，即赤狐、沙狐和藏狐，主要分布在东北三省、内蒙古、新疆、河北、山西、陕西、山东、甘肃、四川、湖南、湖北、浙江、青海等地。目前，世界上人工饲养的狐主要有赤狐（又名红狐、草狐）、银黑狐（又名银狐）和北极狐（又名蓝狐）3个种，它们均属狐属。赤狐、银黑狐和北极狐经风土驯化和种间杂交可形成40多种不同毛色的彩狐。

1. 北极狐 原产于亚洲、欧洲和北美洲北部近北冰洋一带，及北美洲的南部沼泽地区的部分森林地带，如阿留申群岛、阿拉斯加、普列比洛夫、北千群岛、格陵兰岛等地。现世界大多数国家均有分布，尤以高纬度国家较多。

2. 银黑狐 原产于北美洲北部和西伯利亚东部地区，目前已遍及世界许多国家。

3. 赤狐 在我国分布很广，可根据地域分为蒙新、西藏、华南、东北、华北5个亚种。蒙新亚种分布于我国北部草原及半荒漠地带，包括陕西、甘肃、宁夏北部至新疆北部以及内蒙古中部地区。西藏亚种分布于我国西藏及云南西部、印度北部、尼泊尔等地。华南亚种分布于福建、浙江、湖南、河南南部、山西、四川、云南等地。东北亚种分布于西伯利亚和我国的东北地区。华北亚种分布于河北、河南北部、山西、陕西、甘肃等地。

二、形态学特征

不同种的狐在形态上有一定的差异，有的甚至差别比较大，特色明显（图4-1）。

1. 北极狐 野生北极狐有2种，一种是白色北极狐，其毛色冬季为白色，夏季变深；另一种是浅蓝色北极狐（又称蓝狐），毛色从浅灰、浅黄到深灰、深褐或黑色，其毛色有较大变异。体格较银狐小，嘴短粗，耳小而圆，成年公狐体重 5~6 kg，体长 56~68 cm，尾长 25~30 cm；成年母狐体重 4~6 kg，体长 55~65 cm，尾长 21~27 cm。

2. 银黑狐 体躯外貌与犬相似，嘴尖、耳长、四趾细长。吻部、双耳、腹部和四趾毛色为黑褐色，脸上有白色银毛构成的银环，背部和体侧呈银色。全身毛被底绒呈青灰色，针毛纤维分为 3 个色段，即毛尖为黑色，靠近毛尖的一小段为白色，基部一大段呈黑灰色。尾端毛呈白色，形成 4~10 cm 的白尾尖。尾形以粗圆柱状为佳，圆锥形次之。成年公狐平均体重 5.5~7 kg，体长 63~72 cm，尾长 40~50 cm；母狐体重为 5~6.5 kg，体长 60~65 cm。

3. 赤狐 体躯细长，四趾较短，嘴尖，尾长，尾毛蓬松。毛色变异大，毛被体色的地理变异较大，不同地理亚种毛被色泽不同。蒙新亚种毛色较淡，呈草黄色，背部、颈部及双肩部呈锈棕色，腹部呈白色。西藏亚种毛色赤红至棕黄，略染黑色、银白色调；尾毛黑色较深重。华北亚种毛被比其他亚种短而疏薄，背毛灰褐色，尾较短小。东北亚种背毛鲜亮呈红色，针毛不具黑色毛尖，底绒烟灰色；体侧毛色棕黄，腹部毛色浅灰，尾粗大。华南亚种毛被特征与华北亚种基本相似，背毛棕褐色，喉部灰褐色，前肢前侧为麻棕色，腹毛近乎白色。成年公狐平均体重 5~6 kg，体长 60~90 cm，尾长 40~45 cm；成年母狐平均体重 4.5~5.5 kg，体长 60~80 cm，尾长 36~40 cm。

图 4-1 主要狐种的体形外貌
A. 北极狐 B. 银黑狐 C. 赤狐
（仿白秀娟，1999）

三、生活习性

1. 环境适应性强 狐在野生时，栖息在森林、草原、丘陵、荒地和林丛河流、溪谷湖泊岸边等地。常以天然树洞、土穴、石头缝为巢。汗腺不发达，以张口伸舌、快速呼吸的方式调节体温。但狐的抗寒能力强，喜在干燥、清洁、空气新鲜的环境中生活。

2. 食性广泛 狐以肉食为主，也食一些植物。在野生状态下，以鱼、蚌、虾、蟹、蚯蚓、鼠、鸟、昆虫以及野兽和家畜、家禽的尸体、粪便为食，有时也采食植物籽实、根、茎、叶等。

3. 嗅觉、视觉灵敏 狐嗅觉和听觉很灵敏，能发现 0.5 m 深雪下藏于干草堆的田鼠，能听到 100 m 内老鼠的轻微叫声。

4. 性情机警、狡猾多疑 狐是非常聪明的动物，能沿峭壁爬行，还能爬倾斜的树，平时独居。昼伏夜出，行动敏捷，白天常伏卧于穴中，夜间出来活动、觅食，以偷袭方式掠取食物。狐肛门附近有一对臭腺，能分泌难闻的骚狐气味。当遇到天敌时，可释放狐腺气味保护自己。

第二节 狐的繁殖

一、繁殖特点

1. 繁殖年限 狐 1 年繁殖 1 次，公、母狐共同抚育后代。赤狐、北极狐和银黑狐的寿命分别为 8~12 年、8~10 年和 10~12 年，其中，可繁殖的年限分别为 4~6 年、3~4 年和 5~6 年。一般生产繁殖的最佳年龄为 3~4 岁。

2. 性成熟 人工饲养条件下，狐的性成熟期为 9~11 月龄。性成熟期的早与晚受性别、营养状况、环境条件、出生时间、个体差异等多种因素的影响。公狐性成熟期比母狐早，营养状况和饲养条件好的狐比差的早，出生晚的幼狐约有 20% 到翌年繁殖季节才能发情。

3. 发情季节 不同种的狐发情时间不同，银黑狐 1 月末至 3 月中旬发情，发情旺期在 2 月；北极狐 2 月末至 4 月发情，发情旺期在 3 月；赤狐 1—2 月发情。发情配种时期受气候、光照及饲养管理条件的影响，特别是光照时间与配种关系密切。

狐属于季节性一次发情的动物，其生殖器官受光周期的影响呈现出明显的季节性变化。5—8 月公狐睾丸质地硬而无弹性，重量小（为 2～2.5 g），处在静止状态，不能生成精子；这个时期母狐的卵巢、子宫和阴道等生殖器官的体积较小，也处在静止状态。8 月末至 10 月中旬，公狐睾丸开始发育；母狐卵巢体积逐渐增大，卵泡开始发育，黄体开始退化。从 11 月开始，公、母狐生殖器官的发育速度增快。自 12 月底公狐睾丸体积明显增大，重量达 5 g 左右，富有弹性，此时已有成熟的精子产生，进入发情期。到 11 月母狐黄体消失，卵泡迅速增长，翌年 1 月发情排卵。3 月底到 4 月上旬公狐睾丸迅速萎缩，性欲也随之消失，进入休情期。

4. 发情表现

（1）母狐的发情表现。母狐在非繁殖季节，不出现发情现象，这个时期称为乏情期。此期母狐阴门被阴毛所覆盖，阴裂很小。在繁殖季节，母狐出现发情现象，其发情期的长短因品种不同而略有差异。银黑狐发情持续期为 5～10 d，旺期为 2～3 d；北极狐发情持续期为 9～14 d，旺期为 3～5 d。

根据母狐的外阴部变化和精神状态，可将整个发情周期划分为发情前期、发情期和发情后期 3 个阶段。

① 发情前期。一般为 3～5 d，此时母狐的阴门由肿胀逐渐变为极度肿胀，明显突起，露于阴毛外，肿胀面较平而光滑，触摸时硬而无弹性，阴道内流出具有特殊气味的浅淡色分泌物。此时母狐开始有性兴奋表现；与公狐同笼时，相互追逐戏耍，但拒绝公狐交配。

② 发情期。一般为 2～3 d，这一时期阴门红肿逐渐减退，肿胀面失去发情前期的光亮，显得比前期粗糙，触摸时稍柔软，颜色较前期淡，阴道流出的分泌物呈白色，较黏稠，此时为母狐最佳交配期。母狐表现为精神极度兴奋，不断发出急促的求偶叫声，行动不安，食欲减退和废绝，排尿频繁，性情温顺。

③ 发情后期。阴门逐渐萎缩，肿胀减退，阴道分泌物减少，阴门逐渐恢复正常。发情结束时，母狐活动逐渐趋于正常，情绪安定，恢复食欲。

（2）公狐的发情表现。公狐的发情易于掌握，进入发情期的公狐情绪急躁不安，食欲下降，频频排尿，尿的狐膻味加浓，常发出"咕咕"的叫声，放入母狐时表现出极大的兴趣。优秀种公狐配种能力可持续 60～90 d。

5. 排卵 母狐为自然排卵动物，卵泡发育成熟后，不管交配与否均可自然排卵。银黑狐的排卵在发情后的第 1 天下午或第 2 天早晨，北极狐则在发情后的第 3 天。不同母狐卵泡成熟和排出时间不同，一般而言，发情后第 1 天排卵的母狐仅占 13%；第 2 天排卵的占 47%；第 3 天排卵的占 30%；第 4 天排卵的占 7%。就排卵的持续时间而言，银黑狐为 3 d，北极狐为 5～7 d。

二、配 种

（一）母狐的发情鉴定

1. 外部观察法 是发情鉴定中常用的一种方法，即根据母狐在发情季节的精神状态、行为变化，特别是外阴部的变化特征来判断母狐是否已经发情（图 4-2）。一般而言，在发情旺期雌狐卵巢中有成熟卵泡，并随之排卵，此时配种受胎率高。

图 4-2 母狐发情时期阴门外观变化
A. 乏情期 B. 发情期 C. 发情后期
(仿郭永佳、佟煜人，1996)

2. 试情法 采用外部观察法，可较准确地判断绝大多数正常发情的母狐是否发情。但在生产中，有个别母狐和部分初次参与配种的幼龄母狐，尽管卵泡发育成熟，能正常排卵，却因缺乏发情的外部表现，处在安静发情状态，无法通过外部观察法来确定其是否已经发情。还有部分母狐的发情期特别短，尚未出现明显的发情特征就进入发情后期，容易错过配种机会。对这些母狐可采用试情的办法。方法是将公狐放入母狐笼内，根据母狐在性欲上对公狐的反应情况来判断其是否发情。当发现母狐有嗅闻公狐阴部、翘尾、频频排尿或出现相互爬跨等行为时，便可判断此母狐已进入发情期；如公、母狐有敌对情绪或出现攻击对方的行为，则说明此母狐尚未进入发情旺期，此时要将公、母狐立即分开。试情可隔日进行，每次为20～30 min，一般不超过1 h。试情公狐一般要求体质健壮、性欲旺盛、无咬母狐的恶癖。

3. 阴道内容物涂片检查法 此法多用于人工授精的狐场。是用灭菌棉球蘸取母狐阴道内分泌物，制成涂片，在显微镜下放大200～400倍，根据分泌物中的白细胞、有核角化上皮细胞所占比例的变化判断母狐是否发情（图4-3）。

 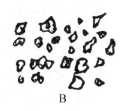 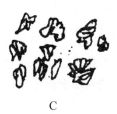 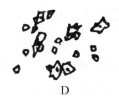

A　　　　　　B　　　　　　C　　　　　　D

图4-3　母狐发情不同时期阴道内容物涂片
A. 乏情期　B. 发情前期　C. 发情期　D. 发情后期
(仿郭永佳、佟煜人，1996)

乏情期：涂片可见到白细胞，很少有角化上皮细胞。

发情前期：涂片可见有核角化上皮细胞，并逐渐增多，最后可见大量的有核角化上皮细胞和无核角化上皮细胞。

发情期：可见大量的无核角化上皮细胞和少量的有核角化上皮细胞。

发情后期：涂片出现白细胞和较多的有核角化上皮细胞。

（二）放对与交配

在准确断定母狐发情后，将公、母狐放在一起交配称为放对。狐在交配期间易受外界的干扰，因此对环境的要求较高。只有在环境安静、气温较低、空气新鲜的条件下，才能保证狐性欲旺盛，容易完成交配。母狐的性表现以清晨和阴天时最强烈，初配阶段最好在清晨饲喂前放对，初配过后可以在早饲后1 h或下午放对。交配前公、母狐先玩耍一段时间，公狐用嘴部嗅闻母狐的外阴部，母狐站立不动，将尾巴歪向一侧，静候公狐交配。公狐很快举起两前肢爬跨于母狐后背上，将鼠蹊部紧贴于母狐臀部。公狐射精时两前肢紧抱母狐腰部，公狐腰荐部与笼底成直角，两眼眯缝，臀部用力向前推进，睾丸向上抖动，后肢微微颤动，尾根部下陷且轻轻扇动；母狐则发出低微的叫声。射精后，公狐立即从母狐身上转身滑下，背向母狐，出现"连裆"现象；"连裆"时间通常为20～40 min，短者几分钟，长者达1～2 h。

狐的交配时间因品种和个体不同存在一定的差异。银黑狐一般为15～20 min，北极狐为20～30 min。个别有1～2 min或3 h的。种公狐的利用强度为1只公狐1 d交配2次，2次的间隔时间为3～5 h，每只公狐可负担3～4只母狐的配种任务。

在正常的饲养管理条件下，绝大多数发情母狐的配种工作能顺利进行，但总会有个别母狐，由于生殖器官畸形或发育不良，阴门与肛门距离过远或过近，交配时不抬尾或不会支撑举臀等原因而难于交配，在配种时出现假配、误配和拒配。因此，要准确判断真配、假配和误配，对难于交配的母狐采取必要的辅助交配措施，对只见交配不见"连裆"的母狐，需检查其阴道内有无精子，确定是否完成交配，对漏配的母狐采取必要的补配措施，以提高其情期受胎率。

（三）配种方式

狐的配种常用以下几种方式。生产中具体采取哪种，需根据母狐发情、排卵的规律灵活安排。对大多数的母狐采用复配法可提高其受胎率。

1. 1次配种法 母狐只交配1次，不再接受交配。这种方式空怀率高达30%。

2. 2次配种法（1+1或1+0+1） 母狐初配后，翌日或隔日复配1次。这种方式多用于发情晚或发情不好（即复配1次不再接受交配）的母狐。

3. 隔日复配法（1+0+1+1） 母狐初配后停

配1d，再连续2d复配2次。这种方式适于排卵持续时间长的母狐，如北极狐。

4. 连续重复配种法（1+1+1或1+2） 在发情母狐第1次交配后，于第2天和第3天连续复配2次（1+1+1）。这种方法受胎率高。在配种后期，母狐初配后，可在第2天复配2次（上、下午各1次，即1+2）。

(四) 人工授精

狐的人工授精技术不但可以提高公狐的利用率，降低饲养成本，而且还可解决自然交配中部分难配母狐的配种问题。

1. 采精 包括采精前的准备和采精方法两部分。

(1) 采精前的准备。采精前首先要准备好公狐保定架、集精杯、稀释液、显微镜、电刺激采精器等，并根据精液保存的基本需要，配备冰箱、水浴锅、液氮罐等必需设备。对所用采精设备和采精室进行消毒，调节采精室温度（20～25 ℃为宜），保证室内空气新鲜。

(2) 采精方法。狐精液的采集主要有按摩采精法和电刺激采精法2种。

①按摩采精法。将公狐放在保定架内，或由辅助人员将公狐保定好，使狐呈站立姿势。操作人员用一只手有规律地快速按摩公狐的阴茎及睾丸部，使阴茎勃起，然后捋开包皮把阴茎向后侧转，另一只手拇指和食指轻轻挤压龟头部刺激排精，用无名指和掌心握住集精杯收集精液。这种采精方法虽然比较简单，但要求公狐接受过训练，性情较温顺，操作人员技术要熟练。

②电刺激采精法。将公狐以站立或侧卧姿势保定，剪去包皮及其周围的被毛，并用生理盐水冲洗拭干。将涂有润滑油的电极探棒经肛门缓慢伸入直肠10 cm，调节电子控制器使输出电压为0.5～1 V，电流强度为30 mA。调节电压时，应从低开始，按一定时间间歇性通电，逐步增大刺激电压，直至公狐伸出阴茎，勃起射精。

2. 精液的品质检查 精液品质检查的目的在于鉴定精液品质的好坏，便于准确掌握公狐的饲养管理水平和生殖机能状态，合理安排公母比例，并为种狐的选留和淘汰提供依据。

精液品质检查的内容包括射精量、色泽、气味、pH、精子活率、精子密度和存活时间等项目。狐射精量为0.5～2.5 mL，每次射精的精子总数为3亿～6亿个。当精子活率低于70%，畸形率超过10%时，受胎率会明显下降。精液品质除与饲养管理水平、年龄等因素有关外，还与公狐的采精次数和利用强度有关。一般每天采精1次，连续采精2～3 d后，休息2 d较合理。

3. 精液的稀释与保存 精液稀释是向精液中加入适宜于精子存活的稀释液，以扩大精液的容量，延长精子的存活时间及受精能力，便于精液保存和运输。狐精液常温保存稀释液配方见表4-1。

表4-1 狐精液常温保存的稀释液配方

配方	成分						
	氨基乙酸 (g)	柠檬酸钠 (g)	蛋黄 (mL)	蒸馏水 (mL)	青霉素 (IU/mL)	葡萄糖 (g)	甘油 (mL)
1	1.82	0.72	5.00	100.00	1 000.00	—	—
2	2.1	—	30.00	70.00	1 000.00	—	—
3	—	—	0.50	97.00	—	6.8	2.5

注：1. 蒸馏水、蛋黄要新鲜。2. 药品要求用分析纯。3. 青霉素在稀释液冷却至室温时，方可加入。

新采得的精液要尽快稀释，稀释倍数应根据精液品质、输精量来确定，每只母狐每次输入的精子数量不应少于3 000万个。稀释时，首先必须将稀释液温度和精液温度调整至一致，以30～35 ℃为宜，然后将稀释液沿精液瓶壁或插入的灭菌玻璃棒缓慢倒入，轻轻摇匀，防止剧烈振荡。若作高倍稀释，应先低倍后高倍，分次进行稀释。稀释后即进行镜检，检查精子活率。

狐的精液保存有常温保存和低温保存2种形式。常温保存是将稀释好的精液装瓶密封，用纱布或毛巾包裹好，置于室温（15～25 ℃）下保存。这种保存法的存放时间越短越好，一般不应超过2 h。低温保存是将分装好的精液瓶用纱布包裹好，再裹以塑料袋防水，将精液瓶放入盛30 ℃温水的容器中，并一同置于0～5 ℃的环境中存放。低温保存的时间较常温保存要长，但一般不应超过3 d。

4. 输精

（1）输精前的准备。输精前要准备好输精器、保定架等器具，对输精器具先清洗后消毒，最后用稀释液冲洗。接受输精母狐的阴门及其附近用温肥皂水擦洗干净，并用消毒液进行消毒，然后用温水或生理盐水冲洗擦干。

（2）输精方法。母狐输精有针式输精法和气泡式输精法。

① 针式输精法。先将母狐麻醉，使肌肉处在松弛状态，以便于输精操作。用开腟器撑开狐的阴道，将输精针轻轻插入子宫，再将精液注入子宫内。由于精液直接进入子宫内，所以，用该法输精能提高母狐的受胎率。

② 气泡式输精法。是将气泡式输精器（人们模拟狐配种时的连裆现象而制成的输精器材）事先送入母狐的阴道内，通过通气孔注入空气，然后关闭通气孔，从输精孔注入精液。此法不用麻醉母狐，但由于输精孔难以对准子宫颈口，精子进入子宫的机会较少，所以受胎率较低。

（3）输精的时间、计量和次数。根据发情鉴定，最好将输精时间安排到母狐的发情高峰期或排卵期。每次输精 0.5~1.5 mL，使总精子数不少于 3 000 万个。输精次数应根据精液品质来确定。如果精液品质好，第 1 次输精 24 h 后开始第 2 次输精即可；如果精液品质较差，可连续输 3 d，每天 1 次。

三、妊娠与分娩

（一）妊娠

1. 妊娠期 银黑狐妊娠期平均为 50~61 d，北极狐为 50~58 d。约 85％的母狐妊娠期为 51~53 d。

2. 妊娠症状 母狐妊娠后，喜睡而不愿活动，采食量增加，膘情好转，毛色光亮，性情变得温顺。胚胎前期发育慢而后期发育快，前 30 d 时重约 1 g，35 d 重约 5 g，40 d 重约 10 g，48 d 重 65~70 g。妊娠后 20~25 d，可看到母狐的腹部膨大，稍往下垂。临产前，母狐侧卧于笼网上时可见到胎动，乳房发育迅速，乳头胀大突出，颜色变深。大多数母狐有拔乳房周围的毛或衔草絮窝的现象。

（二）分娩

1. 分娩期 狐的分娩期因地区和种的不同有所差异。银黑狐多在 3 月下旬至 4 月下旬产仔，而北极狐大多在 4 月中旬至 6 月中旬产仔。

2. 分娩症状 临产前 2~3 d，母狐除拔毛或衔草絮窝之外，还会表现出突然拒食 1~2 顿，运动量减少，常卧于产箱，啃咬小室或舔其外阴部等分娩症状。狐的产仔多在夜间或清晨，个别的在白天。母狐从阵痛开始，随着子宫壁的收缩，将胎儿推向子宫口。子宫口扩大，胎儿进入产道，随之母狐产生努责，外阴部出现胎胞。胎胞落地被胎儿冲破或被母狐咬破流出羊水，母狐舔舐羊水和仔狐，吃掉胎衣。经 10~15 min 再产出 1 仔，直至全部产出。产程 1~2 h，有时达 3~4 h。银黑狐平均胎产仔数为 4.5~5.0 只，北极狐 8~10 只。

3. 产后仔狐行为 母狐一般不需助产，产出仔狐后母狐立即咬断仔狐脐带，舔干胎毛，吃掉胎衣，个别初产狐不会护理，往往不食胎衣。健康仔狐全身干燥，叫声尖、短而有力，体躯温暖，成堆抱团而卧，个体大小均匀，发育良好。被毛色深，手抓时挣扎有力，全身紧凑。而弱仔胎毛潮湿，体躯发凉，在窝内各自分散，用手抓时挣扎无力，叫声嘶哑，腹部干瘪或松软，个体大小相差悬殊。

仔狐初生个体较小，银黑狐初生重为 80~130 g，北极狐 60~80 g。初生狐两眼紧闭，听觉较差，无牙齿，胎毛稀疏，呈灰黑色。产后 1~2 h，仔狐身上胎毛干后，即可爬行寻找乳头吮乳。平均每 3~4 h 吃乳 1 次。

第三节 狐的饲养管理

一、饲料与营养需要

（一）狐的饲料种类及其利用

狐的饲料一般可分为动物性饲料、植物性饲料和添加剂饲料三大类。不同饲料在利用方面有不同的要求。

1. 动物性饲料及其利用 动物性饲料主要包括鱼类饲料、肉类饲料、鱼及畜禽副产品饲料、干动物性饲料、乳品和蛋类饲料等。

（1）鱼类饲料。在海杂鱼和淡水鱼中，除了有毒鱼外，大多可做狐的饲料。常用鱼类有小黄鱼、比目鱼、鲇、鳗、黄线狭鳕、带鱼、红娘鱼、玉筋鱼、黄姑鱼等。鱼类饲料含有较高的营养价值，每100 g 海杂鱼中含有 10～15 g 可消化蛋白质、1.5～2.3 g 的脂肪、335～356 kJ 的代谢能。鱼的产区、捕获季节不同，其营养价值和含热量有所差异。

使用鱼类饲料应注意以下几点。

① 狭鳕、牙鳕、绿鳕和狗鳕等鳕科鱼类含有氧化三甲胺，可使铁变成不可消化吸收的形式，在饲喂时其添加量不能超过动物性蛋白质饲料的40%，大量饲喂时要掺葡萄糖亚铁，以补充铁的不足，以防引起贫血症。

② 鲤、胡爪鱼、弹涂鱼、鲇等鱼类，特别是鲤科的鱼类，其内脏和肌肉中含有硫胺素酶，生喂易引起维生素 B_1 缺乏症。

③ 淡水鱼类长期生喂易引起华枝睾吸虫病，这些鱼类必须熟喂。

④ 鳑鲏、黄鲫、青鳞鱼等脂肪含量高，而且有特殊的苦味，尤其是干鱼，如喂量过多，全群拒食。

⑤ 河豚、马面豚、黑线银鲛等因有毒，不能用作鱼类饲料。

(2) 肉类饲料。各类畜禽及其他可食动物的肌肉含有狐所必需的各种氨基酸、脂肪和矿物质，具有较高的营养价值，是狐的理想饲料。新鲜健康的动物肉应生喂，其消化率高，适口性好。由于肉类饲料价格较高，一般只是在狐特殊的生理时期（如妊娠期、配种期等）才适量地添加饲喂，平时只少量添加以提高蛋白质饲料的生物学全价性。

使用肉类饲料应注意以下几点。

① 禁止饲喂来源不明或死亡后未经无害化处理的畜禽。

② 囊虫猪肉（痘猪肉）要进行高温、高压处理，并适当搭配鱼粉、骨粉等脂肪含量低的饲料以及维生素 E 和酵母等。

③ 妊娠期严禁饲喂含己烯雌酚、催产素等的饲料（如难产处理后的胎衣），以防流产。

(3) 鱼、畜禽副产品饲料。这类饲料所包括的范围很广，且不同原料所含的营养成分有一定的差异。肝、心、肾、肉的边角料、横膈膜、食道和乳房等所含营养较全面，可作为全价蛋白质饲料使用；鱼头、鱼排、鱼鳍、畜禽的头、肺、脾、气管、肠胃等的营养不够全面，在使用时还应考虑日粮的平衡问题。

使用鱼、畜禽副产品饲料应注意以下几点。

① 鲜肝可生喂，如不新鲜必须熟喂，但不管哪种饲喂方式，其喂量每只每天不能超过 50 g，否则会因肝的轻泻作用引起腹泻。

② 畜禽的胃肠等软下水中缺乏钙、磷，且易藏寄生虫，因此，饲喂时在采用熟喂法的同时还要注意补充钙和磷。

③ 肺的营养价值较低，必需氨基酸的含量低，狐食后易引起呕吐，可少量利用，而且用量最好由少到多，逐渐增加。

(4) 干动物性饲料。干动物性饲料包括鱼粉、干鱼、肝渣、肉骨粉、蚕蛹、蚕蛹粉及羽毛粉等。

使用干动物性饲料应注意以下几点。

① 鱼粉因加工的方法及鱼类不同，其质量和主要成分的含量也不同。适于养狐的鱼粉要求其灰分含量低（不超过 10%）、粗蛋白质含量高（不少于 50%）、脂肪含量低（低于 10%），且含盐量低（不超过 4%）。

② 干鱼在加工过程中，某些氨基酸、脂肪酸、维生素等营养物质遭到破坏，因此，其营养价值和消化率均低于鲜鱼，使用时需与新鲜动物性饲料搭配并经水泡熟制后饲喂。

③ 蚕蛹和蚕蛹粉的营养价值高，且易被消化，所不足的是矿物质和维生素含量低，在饲喂时要特别注意矿物质、维生素 A、维生素 D、维生素 E、维生素 C 的补充。

④ 羽毛粉含有较高的胱氨酸、谷氨酸、丝氨酸等毛皮动物毛绒生长所必需的氨基酸，在幼狐毛绒生长期饲料中适量添加有利于毛绒生长。由于羽毛粉角质蛋白含量过高，不易消化，所以不能作为狐的主要蛋白质饲料；饲喂时最好将羽毛粉掺在谷物面粉中，混合熟制成窝头，这样可提高羽毛粉的消化率。

(5) 乳品和蛋类饲料。乳品和蛋类饲料主要指鲜乳、奶粉、奶酪和各类禽蛋等。乳品饲料中所含的蛋白质、脂肪、碳水化合物、矿物质、维生素等营养成分比任何饲料都丰富，在狐日粮中少量添加可提高日粮营养价值，改善饲料的可消化性和适口性。蛋类饲料主要用于配种期公狐和妊娠、哺乳期的母狐，这类饲料对提高精液品质，增加泌乳量，促进胎儿发育，提高仔狐成活率和幼狐生长都有显著作用。

使用乳品和蛋类饲料应注意以下几点。

① 因乳中无机盐含量较高，喂量不能过大，过量会引起腹泻。

② 乳品喂前需加热消毒，凉至室温后再喂。

③ 使用蛋类饲料时，最好熟喂，一方面可杀灭蛋中的病原微生物，另一方面可避免蛋类中的酶类破坏饲料中的维生素。

2. 植物性饲料及其利用　植物性饲料主要包括谷物、饼粕和果蔬三大类。

（1）谷物类。狐常用的谷物类饲料有玉米粉、麦粉及其他谷物粉。谷物类饲料碳水化合物含量较高（70%～80%），是人工养狐的重要能量来源。生产中为提高谷物类饲料的适口性和消化率，常采用蒸煮、膨化、焙炒等方法对谷物类饲料进行熟制处理。

糠麸含有较丰富的B族维生素和纤维素，能刺激胃肠蠕动。但因不易消化，所以，日粮中不能过多添加，一般每只每天不宜超过10 g。

（2）饼粕类。饼粕是植物油加工业的副产品。狐用饼粕类饲料有豆饼、豆粕、葵花子饼和花生饼等。

饼粕类饲料的喂量一般不超过谷物类饲料量的1/3，否则易引起腹泻。同时，使用时需添加游离脂肪酸、脂溶性维生素和酵母，以平衡营养。

（3）果蔬类。狐用果蔬类饲料主要有白菜、甘蓝、油菜、胡萝卜、甜菜、萝卜等。在狐饲料中起补充维生素、疏松饲料、提高饲料适口性的作用。

利用蔬菜时，应采用新鲜菜，严禁大量堆积。温度在30～40℃时，蔬菜中的硝酸盐被还原成亚硝酸盐，放置时间越长，其含量越多。蔬菜不能在水中长时间浸泡，腐烂的部分应摘去。狐对农药十分敏感，喷施过农药的蔬菜，必须待药效消失后才能用来喂狐。冬季可喂新鲜的大白菜，但妊娠期不宜使用。

3. 添加剂饲料及其利用　狐用添加剂饲料包括维生素添加剂、矿物质添加剂和抗生素添加剂等。

（1）维生素添加剂。主要是维生素制品。

（2）矿物质添加剂。主要是骨粉、贝壳粉、蛋壳粉、石灰石粉、食盐、硫酸亚铁、硫酸铜等富含家畜必需矿物质元素，并能被家畜所吸收利用的添加剂。

（3）抗生素添加剂。主要是在饲料不太新鲜或在产仔期和育成期添加的土霉素、四环素等抗生素的粗制品。

（二）狐的营养需要

狐的营养需要从生理活动角度可分为维持需要和生产需要。维持需要是指维持生命基本活动（如消化、正常体温、呼吸等）的营养需要。生产需要则是指用于妊娠、泌乳、生长、产毛等各项生产活动的营养需要。从不同营养物质的需要来划分，可分为蛋白质需要、脂肪需要、碳水化合物需要、维生素需要、矿物质需要和能量需要。

狐在不同生理阶段对各种营养物质的需要量不同，而且个体间因性别、体重、年龄等差异的存在其需要量也不完全一致（表4-2、表4-3）。

（三）狐日粮的拟定及加工调制

制定狐日粮时，应根据不同时期的营养需要、食欲状况、当地饲料条件等情况，尽量达到饲养标准的要求，同时要考虑日粮的可消化性、适口性和原料成本。以下几个配方可供参考（表4-4、表4-5）。

表4-2　狐各生理阶段典型饲粮营养水平推荐值

（引自杨嘉实，1999）

时期	总能（MJ/kg）	代谢能（MJ/kg）	粗脂肪（%）	碳水化合物（%）	粗蛋白质（%）	赖氨酸（%）	蛋氨酸（%）	钙（%）	磷（%）	食盐（%）
育成前期	17.99	13.31	10	35	32	1.66	0.70	1.20	0.80	0.50
冬毛生长期	17.15	11.46	8	38	28	1.40	0.90	1.00	0.60	0.50
繁殖期	17.57	11.25	7	34	30	1.56	0.96	1.00	0.60	0.50
哺乳期	18.41	13.64	8	30	35	1.82	1.12	1.40	1.00	0.50

表4-3 不同生理阶段狐营养需要量

(引自 NRC，1982)

时期	代谢能 (MJ/kg)	维生素（每千克日粮所含量）							粗蛋白质 (%)	钙 (%)	磷 (%)	食盐 (%)
		维生素A (IU)	维生素B_1 (IU)	维生素B_2 (mg)	泛酸 (mg)	维生素B_6 (mg)	维生素PP (mg)	叶酸 (mg)				
7~23周龄	—	2 440	1.0	3.7	7.4	1.8	9.6	0.2	27.6~29.6	0.6	0.6	0.5
23~36周龄	—	2 440	1.0	3.7	7.4	1.8	9.6	0.2	24.7	0.6	0.6	0.5
维持期	13.50	—	—	—	—	—	—	—	19.7	0.6	0.4	0.5
妊娠期				5.5					29.6			0.5
泌乳期									35.0			0.5

表4-4 狐干饲料经验配方（%）

(引自杨嘉实，1999)

时期	原料				
	鱼粉	玉米	豆粕	麦麸	浓缩料*
繁殖期	8.0	20.0	12.0	5.0	55.0
哺乳期	10.0	12.0	16.0	5.0	57.0
育成前期	13.7	21.0	15.0	5.3	45.0
冬毛生长期	5.0	30.0	9.0	5.0	51.0

注：* 浓缩料由玉米加工副产品、畜禽加工副产品、氨基酸、矿物质、维生素及脂肪等组成。

表4-5 狐各生理阶段典型鲜配合饲料配方

(引自芬兰毛皮动物饲养者协会，1986)

时期	原料（%）										维生素 (g/t)
	鱼下杂	全鱼	酸贮鱼	屠宰副产品	血	毛皮动物胴体	蛋白质浓缩料	脂肪	谷物	水	
繁殖期	45	12		18			5	0~1	8	11~12	340
泌乳期	30	20		18			6	0~3	10	13~16	340
生长前期	15	18	4	10	3	5	8	0~3	13	21~24	230
冬毛生长期	5	18	6	8	3	8	10	0~3	18	76~79	230

二、幼狐的饲养管理

幼狐的生长发育很快，10日龄前的平均日增重为17.5 g，10~20日龄为23~25 g。断奶后的前2个月生产发育最快，8月龄时生长基本结束。

（一）哺乳仔狐的饲养管理

初生仔狐的消化机能不完善，体温调节能力差。因此，易因饥饿、寒冷、疾病等因素死亡，加强哺乳仔狐的饲养管理十分必要。

1. 及时检查仔狐 产后检查是产仔保活的重要措施之一。仔狐检查主要是在饲喂或饮水时，通过听和看，记录胎产仔数、成活数，了解仔狐的健康、吃奶、窝形及造窝保暖等情况，并对健康状况差、母狐无奶或少奶的仔狐进行护理。仔狐检查应安排在天气暖和无风的时间进行，检查时要求动作快、准、轻，手上不准带有异味。

2. 仔狐的护理 正常情况下，仔狐不需要专门护理，只有在产仔数多、母狐泌乳量小、母性差、不会护仔或同窝仔狐个体大小相差悬殊等情况下，才采取相应的护理措施。

（1）寄养。是一种应急措施。为提高寄养的成功率，要求接受寄养的母狐必须母性强，泌乳量大，产仔少，且2窝仔狐出生日期接近，仔狐个体大小相差不大。寄养时将母狐引出产箱，用代养母狐窝内垫草在仔狐身上轻轻擦抹，然后将寄养仔狐混放于代养母狐的仔狐中,将母狐放回产箱。饲养人员要在远处观察,看代养母狐是否有弃仔、叼仔或咬仔现象,一旦出现上述情况,应及时分开,重新寄养。

(2) 人工喂养。在仔狐无法寄养的情况下,可在消过毒的鲜牛奶中加入少许葡萄糖、维生素A、B族维生素和抗生素,制成人工乳,用吸管或特制的乳瓶人工喂养仔狐。

(3) 防寒与防暑。初生仔狐体温调节能力较差,在寒冷或炎热天气,常发生冻死或中暑死亡。因此,要做好防寒、防暑工作。在天气寒冷时,要保证垫草充足和窝形完整;在天气炎热时,可采用遮阴或支起产仔箱盖的方法降温。

(4) 搞好卫生。仔狐开始采食后,天气也越来越暖和,饲料易变质,仔狐吃了变质饲料后易得消化道疾病,因此,要保持饲料和喂食器具的卫生。

(二)断奶幼狐的饲养管理

幼狐在45～50日龄时可断奶。断奶分窝之前应对幼狐笼舍进行1次全面的清洗和消毒,在窝箱内铺絮少量的垫草,在分窝时应做好系谱登记工作。如果同窝幼狐发育均匀,可一次全部断奶。按性别2～3只放在1个笼里饲养,80～90日龄时改为单笼饲养。如同窝幼狐发育不均匀,可按体重和采食能力大小等情况分批断奶,将体质好、采食能力强的先行分窝,体个较小或较弱的继续留给母狐抚养一段时间后断奶。

初断奶的幼狐,应维持1～2周哺乳期饲料,待其适应环境并能独立生活时,改喂育成期饲料。2～4月龄的幼狐生长速度最快,此期要满足其营养需要,不限制饲喂量。育成前期正值炎热季节,要采取防暑措施,防止阳光直射;同时要保证充足的饮水。进入9月、10月,天气变凉,幼狐食欲旺盛、性器官开始发育并生长冬毛,应将种狐和皮狐分群饲养。对种狐要增加维生素和蛋白质的供给量;对皮狐应增加脂肪及胱氨酸含量高的饲料,减少阳光照射。

三、成年狐的饲养管理

(一)准备配种期的饲养管理

从9月下旬到配种前4～5个月的时间,是狐的准备配种期,也是其性器官发育和冬毛换毛阶段,在饲养管理上应注意如下事项。

9—10月:狐的食欲旺盛,是全年狐群规模最大、饲料用量最多的阶段,应贮备足够饲料,以保障狐的性器官发育、换毛及幼狐生长的需要。饲料中应补充适量鲜血和增加脂肪的供给量,以提高狐的毛绒质量。种狐的日粮中还应补加鱼肝油、维生素E,以促进其性器官的发育。此外,还应及时清理笼舍内狐脱换的绒毛。

11—12月:饲料用温水搅拌,补喂温水,并及时清理水盆和笼舍中的冰块。

12月至翌年2月:通过增减饲料喂量来调整种狐体况,使种狐体况维持在中上等水平。同时,维修好笼舍,对笼舍和其他用具进行彻底消毒;编制配种计划和方案,准备好配种用具(如捕兽钳、捕兽网、手套、配种记录、药品等),以保证种狐顺利配种。

(二)配种期的饲养管理

此期饲养的主要任务是使公狐有旺盛、持久的配种能力和良好的精液品质;使母狐能够正常发情排卵,适时完成交配。在配种期内,因受性冲动影响,有的狐食欲减退,特别是公狐体能消耗大,体重减轻。因此,在饲养上要供给种狐优质、全价、适口性好、易消化的日粮。同时对种公狐每天中午补喂1次。在管理上要尽可能提供适宜的配种环境,做好发情鉴定和配种记录。随时检查笼舍的牢固性,防止狐逃跑;保证充足、清洁的饮水。

(三)妊娠期的饲养管理

这一时期,母狐所需营养除用于维持自身新陈代谢外,还要保证胎儿在母体内的正常发育以及为产后泌乳做贮备。饲养不当会造成死胎、烂胎和流产。因此,妊娠期饲料要做到营养齐全、品质优良、新鲜适口。严禁饲喂发霉变质和带有激素或农药的饲料。饲喂量和营养水平应逐渐提高,防止母狐过肥。管理上要保持舒适、安静的环境,谢绝参观;笼舍、地面、食具要清洁卫生;根据预产期,做好产前准备工作。

(四)产仔哺乳期的饲养管理

产仔母狐母性极强,除采食排便外,很少出窝活动。3周龄前,仔狐以哺乳为主,随着仔狐日龄的增长,母狐泌乳量不断增加,采食量相应增大,饲料喂量原则上不加限制。3周龄以后，仔狐开始采食，此时母狐的采食量和泌乳量随之下降。所以，在饲喂母狐时要根据产后时间、食量及仔狐数量区别对待。对仔狐要及时或定期检查，精心护理，并根据个体发育状况适时断奶分窝。

（五）维持期的饲养管理

维持期又称恢复期，是指从公狐配种结束或母狐断奶分窝开始到性器官再次发育的这段时间。种狐经过繁殖季节，因采食量下降、体能消耗大，体况大多较瘦。为尽快恢复种狐体况，以利于翌年生产，在维持期的初期，不要急于更换饲料。公狐在配种结束后20 d内，母狐在断奶分窝后的20 d内，应继续给予配种期和产仔哺乳期的标准日粮，之后逐渐过渡为维持期日粮。管理上应加强卫生防疫，保证充足清洁的饮水，做好防暑、防寒工作。

第四节 狐的产品生产

一、狐皮采收

（一）取皮季节和毛皮成熟的鉴别

1. 去皮季节 狐每年换毛1次，春季3—4月首先是脱换绒毛，在绒毛脱换的同时，针毛也迅速生长与脱换。换毛先从头、颈和前肢开始，其次是两肋和腹部、背部，最后是臀部和尾部。换毛完了并不等于毛皮成熟，还需要有一段毛的生长过程。

毛皮成熟季节大致是每年小雪到冬至前后，银黑狐取皮一般在12月中下旬；北极狐略早些，一般在11月中下旬。这是按常规的大致时间，由于各个饲养场所在的地理位置及气候条件不一，饲养水平有差异，要根据各自的毛皮成熟程度来决定取皮时间。

2. 毛皮成熟的鉴别 毛皮成熟与否可通过皮肤颜色来鉴定。简单的方法是：将毛绒分开，去掉皮肤上的皮屑观察。当皮肤为蓝色时，皮板为浅蓝色；当皮肤呈浅蓝色或玫瑰色时，皮板是白色，皮板洁白是毛皮成熟的标志。在进入毛皮和皮板成熟期时，可试剥一两张，看毛皮和皮板是否成熟，才是最有把握的。从外观上看，毛皮成熟的标志是：全身毛锋长齐，尤其是臀部和尾部，毛长绒厚，被毛丰满，具有光泽，灵活，尾毛蓬松。北极狐来回走动时，毛绒出现明显的毛裂。

（二）处死方法

处死狐的方法很多，本着处死迅速、毛皮质量不受损坏和污染且经济实用的原则，以药物处死法、心注射空气处死法和普通电击处死法等较为实用。

1. 药物处死法 一般常用肌肉松弛剂氯化琥珀胆碱处死。剂量为每千克体重0.5～0.75 mg，皮下或肌内注射。注射后3～5 min即死亡。死亡前狐无痛苦，不挣扎，因此不损伤和污染毛皮。残存在体内的药物无毒性，不影响尸体的利用。也可用盐酸赛拉嗪或10%氯化钾静脉注射致死。

2. 心注射空气处死法 一人用双手保定狐，术者左手握住狐的胸腔心位置，右手拿注射器，在心跳动最明显处针刺心，如见血液向针管内回流，即可注入空气10～20 mL，狐因心瓣膜损坏而迅速死亡。

3. 普通电击处死法 将连接220 V火线（正极）的电击器（图4-4）金属棒插入狐的肛门内，待狐前爪或吻唇接地时，接通电源，狐立即僵直，5～10 s电击死亡。

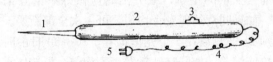

图4-4 狐电击器示意图
1. 金属棒 2. 绝缘外壳 3. 开关 4. 导线 5. 插头

（三）剥皮技术

处死后的尸体不要堆积在一起，避免闷板脱毛，而应立即剥皮，因为冷凉的尸体剥皮十分困难。狐皮按商品规格要求，剥成筒皮，并保留四肢趾爪完全。具体步骤如下。

1. 挑裆 用剪刀从一侧后肢掌上部沿后腿内侧长短毛交界处挑至肛门前缘，横过肛门，再挑至另一后肢，最后由肛门后缘沿尾中央挑至尾中下部，再将肛门周围连接的皮肤挑开（图4-5）。

图4-5 狐挑裆示意图
（仿郭永佳、佟煜人，1996）

2. 剥皮 先剥下两侧后肢和尾，要保留足垫和爪在皮板上，切记要把尾骨全部抽出，并将尾皮沿腹面中线全部挑开。然后将后肢挂在固定的钩上，作筒状由后向前翻剥，剥到雄性尿道时，将其剪断。前肢也作筒状剥离，在腋部向前肢内侧挑开3~4 cm的开口，以便翻出前肢的爪和足垫。翻剥到头部时，按顺序将耳根、眼睑、嘴角、鼻皮割开，耳、眼睑、鼻和口唇也要完整无缺地保留在皮上。

二、狐皮初加工

（一）刮油和修剪

剥下的鲜皮不要堆放在一起，要及时进行刮油处理。即将狐皮毛朝里、皮板朝外套在粗胶棒（直径10 cm左右）上，用竹刀或钝电工刀将皮板上的脂肪、血及残肉刮掉。刮油的方向必须由后（臀）向前（头），反方向刮易损伤毛囊。刮时用力要均匀，切勿过猛，避免刮伤毛囊或毛皮。公狐皮的腹部尿道口处和母狐皮的腹部乳头处较薄，刮到此处时要多加小心。总之，刮油必须把皮板上的油脂全部刮净，但不要损伤毛皮。

头部和后部开裆处的脂肪和残肉不容易刮掉，要专人用剪刀贴皮肤慢慢剪掉。

（二）洗皮

刮完油的毛皮要用杂木锯末（小米粒大小）或粉碎的玉米芯搓洗。先搓洗皮板上的附油，再将皮翻过来洗毛被上的油和各种污物。洗的方法是：先逆毛搓洗，再顺毛洗，遇到血和油污要用锯末反复搓洗，直到洗净为止。然后抖掉毛皮上的锯末，使毛皮清洁、光亮、美观。切记勿用麸皮或松木锯末洗皮。

大型饲养场洗皮数量多时，可采用转鼓和转笼洗皮。先将皮板朝外放进装有锯末（半湿状）的转鼓里，转几分钟后，将皮取出，翻转皮筒，使毛朝外再放入转鼓里重新洗。为脱掉锯末，将皮取出后放在转笼里运转5~10 min（转鼓和转笼的速度为每分钟18~20 r），以甩掉被毛上的锯末。

（三）上楦板和干燥

1. 上楦板 为了使商品狐皮规格化（表4-6），防止干燥后收缩和折皱，洗后的毛皮要毛朝外上到规格的楦板（图4-6）上。头部要摆正，使皮左右对称，下部拉齐，用6分（长度为2 cm）小钉固定，后腿和尾也要用小钉固定在楦板上（图4-7）。

表4-6 狐皮楦板规格（cm）

	长度	宽度
（顶端）	0	3
	5	6.4
	20	11
	40	12.4
	60	13.9
	90	13.9
	105	14.4
	124	14.5
（末端）	150	14.5

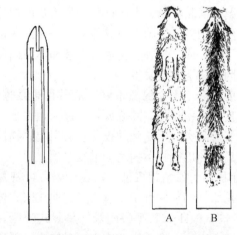

图4-6 狐皮楦板图　　图4-7 狐皮上楦板
（仿郭永佳、佟煜人，1996）　A. 腹面　B. 背面
（仿郭永佳、佟煜人，1996）

2. 干燥 将上好楦板的皮移放在具有控温调湿设备的干燥室中，将每张上好楦板的毛皮分层放置在吹风干燥机架上，并将气嘴插入皮张的嘴上，让干气流通过皮筒。在温度18~25℃，相对湿度55%~65%，每分钟每个气嘴吹出的空气为0.28~0.36 m^3的条件下，狐皮36 h即可干燥。因为狐皮较大，为了使其早日干燥，在没有吹风干燥机的条件下，可先将皮板朝外、毛朝里上楦板后让其自然干燥，在干至六七成时，再翻板成毛朝外干燥。从干燥室卸下的皮张还应在常温下吊起来在室内继续晾干一段时间。

(四) 整理和包装

干燥好的狐皮要再一次用锯末清洗。也是先逆毛洗，再顺毛洗，遇上缠结毛或大的油污等，要用排针做成的针梳梳开，并用新鲜锯末反复多次清洗，最后使整个皮张蓬松、光亮、灵活美观，给人以活皮感为准。

技术人员对生产的毛皮应根据商品规格及毛皮质量（成熟程度、针绒完整性、有无残缺等）初步验等分级，然后，分别用包装纸包装后装箱待售。保管期间要严防虫害、鼠害。

第五节 狐常见疾病

一、肺 炎

【病因】主要发生在生后或断奶后不久的幼狐。本病虽认为是由于传染而发生，但真正的病因尚不明确，多由呼吸道微生物——肺炎球菌、链球菌、葡萄球菌、绿脓杆菌、大肠杆菌、真菌及病毒等引起。毛皮动物支气管肺炎与其他动物一样，在机体抵抗力下降，或支气管有炎症，血液和淋巴循环紊乱等诱因影响下才会发生。

过度寒冷，小室保温不好，常引起幼狐感冒，通风不良，小室过热、潮湿或氨气过大，都会引起急性支气管肺炎。不正确的投药，会引起异物性肺炎。犬瘟热和巴氏杆菌病均会继发本病。

【症状】病狐精神沉郁，鼻镜干燥，可视黏膜潮红或发绀。病狐常卧于小室内，蜷曲成团，体温升高至 39.5～41 ℃，呼吸困难，呈腹式呼吸，每分钟 90～120 次，食欲完全丧失。日龄小的狐患此病，多半呈急性经过，看不到典型症状，常发出冗长而无力的尖叫声，吮乳无力，吃奶少或吃不上奶，很快死亡。成年狐发生本病，多因不坚持治疗而死亡。

本病病程 8～15 d，治疗不及时，死亡率很高，特别是幼狐。

【防治】应用抗生素效果良好，但需配合使用促进食欲和保护心的药物治疗。狐每次用青霉素 20 万～40 万 IU，复合维生素 B 1 mL 肌内注射，每天 3 次，连用数天。也可应用其他抗生素及磺胺类药物治疗。

二、胃肠炎

【病因】多因饲养管理不当，吃了腐败变质饲料，饮水不洁等引起。另外，长途运输，动物抵抗力下降，胃肠机能障碍，也易发生胃肠炎。某些传染病和寄生虫病可继发胃肠炎。

【症状】病狐病初食欲减退，有时出现呕吐，病的后期食欲废绝，口腔黏膜充血，干灼发热，精神沉郁，不愿活动。腹部蜷缩，弯腰弓背，肠蠕动增强，伴有里急后重，腹泻，排出蛋清样灰黄色或灰绿色稀便，严重者可看到血便。体温变化不定，也可能升高到 40～41 ℃ 或以上，濒死期体温下降。肛门及会阴部被毛有稀便污染。幼狐常出现脱肛，腹部臌气。严重者，表现脱水，眼球塌陷，被毛蓬乱，昏睡，有时出现抽搐。一般病程急剧，多为 1～3 d 或稍长些，常因治疗不及时而死亡。

【防治】要着重于大群防治，从饲料中排除不良因素。有条件时，可给病狐喂些鲜牛奶或奶粉，在饲料中加一些广谱抗生素（土霉素和新霉素）或磺胺脒之类的药物。

个别病狐要单独治疗。为了恢复食欲，可肌内注射复合维生素 B 注射液，口服喹乙醇、二甲氧苄啶（混于饲料中喂），脱水严重者可补液，腹腔或静脉注射葡萄糖盐水，加入维生素 C 注射液 2 mg，青霉素或链霉素 20 万～40 万 IU。

常用处方：①土霉素 0.05～0.1 g、复合维生素 B 5～10 mg，以蜂蜜少许调成舔剂，一次抹入口内吃下。②含糖胃蛋白酶 0.5 g、维生素 B_1 粉 5～10 mg、喹乙醇和二甲氧苄啶适量（或按说明书给予），以蜂蜜调成舔剂，一次抹入口内吃下。③矽炭银 0.2 g、龙胆末 0.1 g、磺胺脒 0.2 g，以蜂蜜调成舔剂，一次抹入口内吃下。④链霉素 0.5 g、多维葡萄糖 0.3 g，一次喂服。

三、自咬症

【病因】本病病原到目前为止研究得尚不充分。有人认为本病是营养缺乏病；有人认为是传染病；也有人认为是外寄生虫病；还有人认为是由于肛门腺堵塞所致。近年来，有些研究者已从患病动物的脏器中分离出病毒，并证实对毛皮动物有感染性。

【症状】北极狐发病时多呈急性经过，病势急剧，发作时咬住尾巴或咬住患部不松嘴。有时甚至把后腿咬烂、生蛆并继发感染而死亡，或将尾巴全部咬断。急性或病势严重的病狐，多数以死亡而告终；慢性自咬症的北极狐患部被毛残缺不全，一般不致死亡。

自咬的部位因个体而异,没有固定位置,但每个自咬狐自咬的位置不变,总是一个地方,以咬尾巴和后肢为常见。有的咬尾端,有的咬尾根,也有的咬臀部或腹部侧面,个别病狐将全身毛咬断。发病时间多在喂食前后或意外声响刺激时。

【防治】目前尚无特异性疗法。有很多对症疗法,但效果不尽一致。一般多采用镇静疗法和外伤处理,可收到一定效果。

盐酸氯丙嗪0.25 g,乳酸钙0.5 g,复合维生素B 0.1 g,将上述药研碎混匀,分成2份,混入饲料中喂病狐,每天2次,每次1份。病狐咬伤的部位,用过氧化氢溶液处理后,涂以碘酊。为防止继发感染,可肌内注射青霉素10万~20万IU,也可剪掉犬齿或给病狐带上栅板,以防咬伤部位继续扩大。因螨虫病(特别是耳螨)瘙痒而引起的自咬症,用伊维菌素、阿维菌素注射即可停止自咬症的发作。

从营养角度考虑,饲料应当全价多样,蛋白质水平不要超出标准;加喂占饲料总量1%~2%的羽毛粉,可降低自咬症的发病率。发现有自咬症的病狐,应严格淘汰。

四、李氏杆菌病

【病原】病原为李氏杆菌。该菌具有较强的抵抗能力,秋冬时期,在土壤中能存活5个月以上。在肉骨粉中能存活4~7个月。在皮张中可存活62~90 d,在尸体中可存活1.5~4 h。对高温有较强的抵抗能力,100 ℃经15~30 min死亡。对消毒液有一定的耐受性,2.5%的石炭酸中经5 min,2.5%的氢氧化钠或甲醛溶液中经20 min,75%的酒精中经75 min方可被杀死。

【症状】病狐精神沉郁与兴奋交替出现,食欲减退或拒食。兴奋时表现共济失调,后躯摇摆,后肢不完全性麻痹。咀嚼肌、颈肌及枕部肌肉震颤,呈痉挛性收缩,致使颈部弯曲,有时向前伸展或歪向一侧或仰头,有时出现转圈运动,到处乱撞。采食饲料时出现腭、颈部肌肉痉挛性收缩,从口中流出黏性液体。常出现结膜炎、腹泻和呕吐。在粪便中发现淡灰色黏液或血液。成年狐有时伴有咳嗽,呼吸困难,呈腹式呼吸。仔狐从出现症状起经7~28 d死亡。

【防治】隔离发病狐,用新霉素拌料,3次/d,同时肌内注射青霉素,2次/d,连用5 d。对污染的笼舍、地面彻底消毒。为了预防该病,应加强饲养管理,对用作饲料的肉类副产品进行细菌学检查,可疑饲料必须煮熟后再喂。经常开展灭鼠活动,防止野禽和啮齿类动物进入狐场。

五、巴氏杆菌病

【病原】病原是多杀性巴氏杆菌,为革兰阴性球杆菌。本菌耐低温不耐高温,各种消毒剂均能很快将其杀灭。各种年龄的毛皮动物均可感染,但以幼龄动物最易感。主要传播途径是消化道、呼吸道及损伤的皮肤和黏膜。本病无明显的季节性,以春、夏季和秋季多发。

【症状】突然发病,食欲不振,精神沉郁,鼻镜干燥;有的呕吐和腹泻,在稀粪便中有时混有血液和黏液;可视黏膜黄染,病狐身体消瘦,部分病狐出现神经症状、痉挛和不自觉的咀嚼运动,常在抽搐中死亡。各实质性器官黏膜、浆膜充血、出血,头、颈部皮下水肿,轻度黄染;胸腔内有少量黄色黏稠渗出液,胸膜、乳头、大网膜、肝、肾等出血;甲状腺肿大。

【防治】可肌内注射青霉素治疗,每4 h一次,每次20万~40万IU。口服喹乙醇也有疗效。本病主要通过加强饲养管理,保证饲料和环境的清洁卫生加以预防。

六、布氏杆菌病

【病原】本病是由布氏杆菌属的多型病菌引起的慢性传染病。该菌对外界环境有较强的抵抗力;对湿、热特别敏感;对一般化学药品的抵抗力差。

【症状】母狐出现流产,体温呈弛张热或波状热,食欲下降,个别出现化脓性结膜炎。公狐出现睾丸炎,配种能力下降。

【防治】本病无特异性治疗方法,应通过血清学检查,并结合冬季取皮对阳性狐进行淘汰,自群净化。预防本病要严格执行兽医卫生防疫制度,严禁有布氏杆菌病的狐进场,并在饲料上严格把关。

(李铁拴)

第五章 獭兔

獭兔,学名力克斯兔(rex rabbit,意为"兔中之王"),因其毛皮酷似珍贵毛皮动物水獭的皮,故我国通称为獭兔。獭兔绒毛平整直立,富有光泽,手感柔滑,故又称为"天鹅绒兔"。獭兔色彩繁多,也有人称为"彩兔"。

獭兔具有较高的经济价值和多种用途,是一种皮用兔。獭兔的毛皮是当今世界裘皮市场的新秀,被毛稠密、平齐,犹如天鹅绒毯,给人似极其华丽的感觉。它既轻又暖,不易掉毛,常用于缝制大衣、夹克、背心、披肩、领子、围脖、袖口、帽子、手套、钱包、鞋及其他美丽图案的服饰和工艺品,能与貂皮制品媲美。獭兔肉蛋白质含量高、脂肪含量低,营养价值很高。

第一节 獭兔的生物学特性

一、分类与分布

獭兔属于哺乳纲、兔形目、兔科、穴兔属、穴兔种、家兔变种。最早于1919年在法国一个牧场中发现,是家兔基因变异产生的后代。表现为初生时短毛多绒,绒毛褪换后出现一身漂亮的红棕色短毛。后经几代选育,扩群繁殖,逐渐形成一个品种。獭兔问世以后,得到了养兔界的高度重视。1924年,在法国巴黎国际家兔博览会上首次展出,受到养兔界人士的高度评价,成为当时最受人们欢迎的新兔种,从而迅速流传到世界各地。20世纪30年代后,英国、德国、日本、美国相继引入饲养,并培育出各种色型的獭兔。

法国是养殖獭兔较早和饲养数量较多的国家之一,是世界上最主要的兔皮生产国,年产兔皮上亿张,其中60%出口比利时、巴西、美国、西班牙、英国、日本和韩国。德国是继法国之后培育出獭兔的另一个国家。英国和日本是引养獭兔较早的国家,哈瓦那獭兔就是英国育成的一个著名品系。此后,新西兰相继饲养、培育出了帝王獭兔品系。美国是目前世界上饲养獭兔数量较多、质量较好的国家之一。目前,美国有獭兔数百万只,各种类型的獭兔场1 500余个,其中商业性兔场200余个。美国獭兔选育多注重色型,主要供观赏、比赛使用,还用于生产兔皮,供应市场。近年来,韩国、加拿大、墨西哥、秘鲁、新西兰和澳大利亚等国家已从美国引进獭兔。

我国的獭兔生产始于20世纪50年代初从国外引种。目前,全国獭兔存栏300万只以上,主要分布在华北、华东、东北及四川等地,以零星、小规模养殖的居多。

二、主要品系及形态学特征

獭兔的整个身体可分为头、颈、躯干和四肢四部分（图 5-1）。头形小而偏长，额面部约占头长的 2/3。颈粗而短，轮廓明显。躯干包括胸、腹、背三部分，胸腔较小，腹部较大。前肢短后肢长，这与跳跃和卧伏的生活习性有关。

图 5-1 獭兔

獭兔在不同国家、地区，由于育种方法、培育方向不同，而形成各具特色的群体特征。我国养兔界普遍按照其培育地的不同命名品系，常见的有原美系獭兔、新美系獭兔、法系獭兔、德系獭兔。

1. 原美系獭兔 1991 年前从美国引进。色型以白色为主。头小嘴尖，眼大而圆，耳中等直立，颈部稍长，肉髯明显，胸部较窄，腹部发达，背腰略呈弓形。

成年体重 3.0～3.25 kg，初生重 40～50 g，40 d 断奶重 400～500 g，5～6 月龄体重 2.5 kg 左右。繁殖力较强，窝均产仔 6.8 只，母性好，泌乳力强。

优点是毛皮质量好，表现为毛绒密度大，粗毛率低，平整度好；繁殖力较强；由于引入我国时间较长，适应性好，易饲养。缺点是体型偏小，品种退化较严重。

2. 新美系獭兔 2002 年从美国引进。主要有白色、加利福尼亚色等色型。

白色獭兔头大粗壮，耳长 9.67 cm，耳宽 6.5 cm。胸宽深，背宽平，俯视兔体呈长方形。成年体重公兔 3.8 kg，母兔 3.9 kg。被毛密度大，毛长平均 2.1 cm（1.7～2.2 cm），平整度极好，粗毛率低。窝均产仔数 6.6 只。

加利福尼亚色獭兔头大而粗壮，耳长 9.43 cm，耳宽 6.5 cm。成年体重公兔 3.8 kg，母兔 3.9 kg。被毛密度大，毛长平均 2.07 cm（1.6～2.2 cm），平整度好，粗毛率低。窝均产仔效 8.3 只。

特点：体型较大，胸宽深，躯体匀称，被毛长，密度大，粗毛率低。

3. 法系獭兔 1998 年从法国引进。体型较大，胸宽深，背宽平，四肢粗壮，头圆颈粗，嘴巴粗短，耳短而厚，呈 V 形上举，须眉弯曲。被毛浓密，平整度好，粗毛率低，毛纤维长 1.55～1.90 cm，皮毛质量较好。色型以白、黑、蓝为主。成年体重 4.5 kg。年产 4～6 窝，窝均产仔数 7.16 只。

特点：体型较大，但对饲料营养要求高，不适于粗放饲养管理。

4. 德系獭兔 原产于德国，是继法国之后较早育成的獭兔品系之一。我国于 20 世纪 80 年代后期开始引进饲养。具有皮肉兼用的优良特性。体型较大，头方嘴圆，公兔更加明显。

成年体重 4.5～5.0 kg。生长速度快，被毛密度大、平整，弹性好。适应性和繁殖力不及原美系獭兔。用德系獭兔做父本与原美系獭兔母兔杂交，其后代生长发育快，体型大，毛皮质量好，是改良原美系獭兔生产性能的一条有效途径。

特点：体型大，生长速度快，毛皮质量较好，是杂交改良獭兔品种的优秀父本。

三、生活习性

1. 喜欢穴居，群居性差 獭兔性喜穴居，在圈养时，圈底要用砖头铺结实，周围要砌砖墙，以防止獭兔到处打洞穴居并产仔繁殖，甚至逃跑。獭兔生性好斗，尤以成年公兔之间为甚。新组群混养时，撕咬、打斗现象也很严重。

2. 嗜睡，多在夜间活动 獭兔御敌能力较差，因此白天表现得很安静。在安静环境中很容易进入困倦或睡眠状态，在此期间痛觉减弱或消失，这种特性称为嗜眠性。白天除喂食外常静伏笼中，夜晚却十分活跃，采食频繁。獭兔晚上采食量占全天采食量的 70% 左右。因此，合理安排饲养日程，加喂足量夜草、饲料和饮水很有必要。

3. 草食动物，有嗜咬性 獭兔属草食动物，有较发达的盲肠，能利用大量饲草。如日粮中精饲料比例过高，可引发腹泻而死亡。獭兔的门齿为恒齿，具有不断生长的特点。为保持上下门齿的吻合度，要依靠采食和啃咬硬物来维持门齿的正常长度。

4. 听觉嗅觉灵敏，味觉发达 獭兔由于长期昼伏夜行，造成视力退化，主要依靠灵敏的听觉去感知外周环境。獭兔听觉十分敏锐，任何一种杂音都能使其受惊。獭兔的嗅觉和味觉也特别灵，舌部的味蕾总数比其他家畜多，常以其敏锐的嗅觉选择喜爱吃的食物，尤其喜吃甜食；此外，獭兔在采食饲料时，能分辨出所给饲料是否新鲜，有无霉变，在饲草堆中能自行选择新鲜而无霉变的饲料。

5. 耐寒怕热，抗逆性差 獭兔被毛浓密，汗腺不发达，仅在很小的鼻镜和鼠蹊部有少许汗腺，散发的热量很有限，其抗寒能力较强，而耐热能力很差。獭兔对温、湿度变化较敏感，对外界环境的应激反应大。如在黑暗中或饥饿时，呼吸会减弱。受惊或剧烈活动后，呼吸和脉搏会加快。可见，獭兔的抗逆性较差，容易死亡。

第二节 獭兔的繁殖

一、繁殖特点

1. 性成熟 獭兔属多胎高产动物，具有性成熟早、妊娠期短、产仔数多、哺乳期短等特点。獭兔的性成熟年龄为 3.5～4 月龄。

2. 初配年龄 在正常饲养管理条件下，公、母兔体重达到该品种标准体重的 70% 时，即已达到体成熟，可开始配种繁殖。一般小型品种初配年龄为 4～5 月龄，体重 2.5～3 kg；中型品种初配年龄为 5～6 月龄，体重 3.5～4 kg；大型品种初配年龄为 7～8 月龄，体重 4.5～6 kg。

3. 配种季节 獭兔具有很强的繁殖力，可常年繁殖，不受季节限制。但在规模化养殖过程中，为了便于管理，发情配种时间以安排在春秋两季最好，可选在 8:00～11:00 进行。夏季由于天气炎热，最好在清晨和傍晚安排配种。7 月中旬至 8 月中旬为母兔休息期。冬季在比较暖和的中午时进行配种，可提高母兔的受胎率。

4. 发情和排卵 母獭兔在达到性成熟以后，虽每隔一定时间出现发情症状，但并不伴随着排卵，只有在与公兔交配、相互爬跨或注射外源激素以后才发生排卵，这种排卵方式称为刺激性排卵。母獭兔发情周期 8～15 d。一般在刺激排卵处理后 2～5 h 内或发情旺期、阴道黏膜潮红、湿润时配种受胎率最高。

二、配 种

常用的配种方法有自然交配法、人工辅助交配法及人工授精法。

1. 自然交配法 把公、母兔混群饲养在一起，在母兔发情期间，由公、母兔自由交配。

此法优点是配种及时，能防止漏配，节省人力。但缺点很多，即无法进行选种选配，容易导致近亲交配，使品种退化、毛皮质量下降。为此，自然交配方法应尽量加以控制。

2. 人工辅助交配法 人工辅助交配法是目前养兔生产中普遍采用的配种方法，是将公、母兔分笼进行饲养，在母兔发情期间，将公兔放入笼内进行配种。

与自然交配法相比，此法更能有效地进行选种选配，可有效地避免近亲交配，不断提高兔群质量；有利于保持种公兔的性机能和合理安排配种次数，延长种兔的使用年限；有利于防止疫病传播和保障种兔的体质健康。目前这种方法被专业户、国有兔场、集体兔场广泛采用。

3. 人工授精法 人工授精是獭兔配种的一种新技术，它可充分利用优良种公兔的种用价值，提高受胎率，有利于迅速改进兔群质量，是集约化、规模化兔场最科学的一种配种方法。

（1）采精方法。采精的工具是假阴道。采精时可将发情母兔放入公兔笼内，采精者一手抓住母兔两耳及颈部皮肤，用来固定好母兔头部，另一手持假阴道置于母兔腹下两后腿之间。当公兔爬跨时，将假阴道口对准公兔阴茎伸出的方向，就可采精。一般成年公兔，每天采精次数不宜超过 2 次，连续采精 3～4 d 后，应让公兔休息 1 d。

（2）精液品质检查。检查项目有射精量、精液色泽、气味、精子活力、精子密度。成年公兔一般每次射精量为 0.5～2 mL。正常精液为乳白色。肉眼可观察到云雾状的翻滚现象，这是精子密度大，活力强的标志。新鲜的精液有腥味。精子的活力受温度的影响很大，温度高时，精子活力强、存活时间短；温度低时，则活动缓慢，甚至出现"冷休克"现象而影响精子生存能力。为此，在精液品质检查时，一般以控制在 35～37 ℃ 的环境温度下为宜。

（3）精液稀释。常用的稀释液有生理盐水（0.9% 的氯化钠）或 5% 葡萄糖溶液。补充精子活动所需能量的营养物质，可以是葡萄糖、蔗糖、牛奶或卵黄等。保护剂常用的有青霉素、链霉素等。一般精液稀释 3～5 倍，每毫升精液中活力旺盛的精子数应不低于 1 000 万个，稀释后的精液应立即进行输精。

(4) 输精方法。常用的输精工具为特制的兔用输精器，或由普通注射器和胶管组成。操作方法是：将输精器插入母兔阴道内 7~8 cm，输入精液 0.3~0.5 mL 即可。由于獭兔属刺激性排卵动物，输精前应进行促排卵处理，即肌内注射促排卵 3 号 5 μg，肌内注射后 2~5 h 内进行输精。

(5) 人工采精、输精的注意事项。

① 必须严格进行消毒，实行无菌操作。

② 采精时的室温应保持在 15 ℃以上，假阴道内壁温度要求保持在 40~41 ℃，稀释液的温度应与精液等温（25~35 ℃），要防止温度过高或过低。

③ 输精时动作要轻而缓慢，输精部位要准确。输精前，需将母兔外阴部用浸过 1% 氯化钠溶液（或 6% 葡萄糖液）的纱布或棉球擦拭干净。一般最好每只母兔用 1 支输精器，以杜绝疾病传播。

三、妊娠与分娩

（一）妊娠

1. 妊娠期 獭兔妊娠期短，平均 30~31 d。

2. 假孕 獭兔具有明显的假孕现象。母兔在交配排卵后，即使未形成受精卵，卵巢上的黄体仍可分泌激素，刺激生殖系统，使子宫上皮细胞增生，子宫增大，乳腺发育，乳房增大，表现出与妊娠期相似的变化，此现象称为假孕。在正常情况下，妊娠第 16 天后，黄体在胎盘激素的作用下继续存在下去，抑制母兔发情，保证妊娠"安全"。但假孕时，由于没有形成胎盘，交配后 16 d 左右黄体就开始退化，母兔表现出临产行为，衔草、拉毛絮窝，乳腺甚至分泌出少量乳汁。

假孕一般持续 16~18 d。假孕后，再次发情配种极易受胎，应抓紧时机，搞好配种工作。群养时，母兔之间经常相互追逐、爬跨、戏逗，这些刺激因素也可导致母兔体内促黄体素的释放，从而引起发情母兔未经交配的自发排卵，使假孕现象更加多发。獭兔自发排卵的发生率为 1%~5%，个别品系可高达 50%。假孕的发生与某些生殖器官疾病有关。如母兔卵巢疾病、严重子宫疾病等都可以继发假孕。交配后 16~17 d，兔有絮窝行为，则可以判定是假孕。为了防止假孕，可在第 1 次配种 5 h 以内，进行复配或双重交配。

（二）分娩

1. 产仔数 在良好的饲养管理条件下，獭兔一般年产仔 4~5 胎，最多可达 11 胎；每胎产仔 6~8 只，最多可达 16 只。每年可获断奶仔兔 25~30 只，高的可达 50 只，具有很强的繁殖力。

2. 分娩过程 母兔分娩多在安静的夜间，不喜欢在光线明亮处筑窝产仔。母兔分娩时多呈犬卧姿势，一边产仔一边咬断仔兔脐带，吃掉胎衣，舔干仔兔身上的血迹和黏液，分娩即结束。一般产完 1 窝仔兔需 20~30 min，且无须人员照料。但也有个别母兔在产下一批仔兔后间隔数小时再产下第 2 批仔兔。因此，在母兔产完 1 批仔兔后应及时检查母兔腹部，判别是否还有胎儿，以防不测。

第三节 獭兔的饲养管理

一、养殖场规划与舍笼设计

（一）兔场规划

为了有效地组织生产，必须根据地方资源分布情况、当地畜牧生产布局规划、獭兔的生物学特性，本着节约用地，有利于獭兔健康和提高劳动生产力的原则，搞好兔场建设与管理。

1. 场址选择 选择兔场场址，既要考虑獭兔的生活习性，又要考虑建场地点的自然和社会条件。理想的场址应具备以下几方面条件。

(1) 地势高燥平坦。兴建兔场应选择地势高燥、平坦、背风向阳、地下水位低（2 m 以下）、排水良好的地方。如在山区建场，应选择坡度小、比山谷略高的缓坡。低洼、背阴、潮湿地区不宜兴建兔场。

(2) 水源充足卫生。兔场附近必须有充足、优质的水源。要求水质清洁无异味，不含有毒物质和过量的矿物质元素。水源还应便于防护、取用方便、无污染等。此外，在选择场址时，还要调查是否因水质不良而出现过某些地方性疾病等。

(3) 交通方便。兔场位置应选择在环境比较安静、交通方便的地方，距离村镇不少于 1 000 m，离交通干线 1 000 m 以上，一般道路 500 m 以上，兔舍之间也要有 50 m 以上的距离。

2. 建筑布局 兔场的建筑布局既要经济合理，整齐紧凑，又要遵守卫生防疫制度。结构完整的兔场，按生产功能可分为：生产管理区，生产区，隔离及粪便、尸体处理区等。

生产管理区因与社会联系频繁，应安排在兔场一角,并设围墙与生产区分开。外来人员及车辆只能在生产管理区活动,不准进入生产区。

生产区可按主风向建造种兔舍、幼兔舍及生产兔舍等。为便于通风,兔舍长轴应与主风向平行。整个生产区应由围墙隔离,并视具体情况设1~2个门,门口必须设消毒池。

隔离及粪便、尸体处理区应符合兽医和公共卫生要求,与兔舍保持一定的距离,四周应有隔离带和单独出入口。

3. 兔舍建设

(1) 兔舍设计。必须符合獭兔的生活习性,应有利于獭兔的生长发育和配种繁殖,有利于保持清洁卫生和防止疫病传播。

(2) 兔舍环境。应便于实行科学的饲养管理,以减轻劳动强度和提高工作效率。固定式多层兔笼总高度不宜过高,为便于清扫、消毒,双列式道宽以1.5 m左右为宜,粪水沟宽不小于0.3 m。

(3) 建筑材料。要因地制宜,就地取材,尽量降低造价,节省投资。由于獭兔有啮齿行为和刨地打洞的特点,因此建筑材料宜选用具有防腐、保温、坚固耐用等特点的砖、石、水泥、竹片及网眼铁皮等。

(4) 设施要求。兔舍建筑应有防雨、防潮、防风、防寒、防暑和防兽害的功能。兔舍应通风干燥,光线充足,冬暖夏凉;屋顶应有覆盖物和隔热材料;墙壁应坚固、平滑,便于除垢、消毒;地面应坚实、平整,一般应比兔舍外地面高出20~25 cm。

(5) 兔舍容量。一般大中型兔场,每幢兔舍以饲养成年母兔100~200只为宜。兔舍规模应与生产责任制相适应。一般以每个饲养员饲养母兔100~125只为宜,把公、母兔饲养、配种和仔兔培育全部承包给饲养员,权、责、利明确,效果较好。

(二) 兔舍类型

1. 棚式兔舍 只有屋顶而四周无墙壁,屋顶下放置兔笼或设网状围栏。

其优点是结构简单,取材方便,投资少,通风好,光线充足,管理方便,特别适宜饲养青年兔、幼兔和商品兔。缺点是冬季保温困难,昼夜温差较大,无法防止雨雪的侵袭。

2. 半敞开式兔舍 一面或两面无墙,兔笼后壁相当于兔舍墙壁。根据兔笼排列又可分为单列式与双列式2种。

单列半敞开式兔舍利用3个叠层兔笼的后壁作为北墙,南面有墙或设半墙。这种兔舍的优点是结构简单,造价低廉,通风良好,管理方便,冬季便于保温,夏季利于散热,有助于幼兔生长发育和防止疾病发生。缺点是舍饲密度较低,单笼造价较高。

双列半敞开式兔舍中间为饲喂通道,两侧为相向的2列兔笼。兔舍的南墙和北墙即为兔笼的后壁,屋顶直接架设在兔笼后壁上,墙外有清粪沟,屋顶为双坡式或钟楼式(图5-2)。这类兔舍的优点是单位面积内笼数多,造价低廉,室内有害气体少,湿度低,管理方便,夏季能通风,冬季也较易保温。缺点是易遭兽害,适合于中小型兔场和专业户采用。

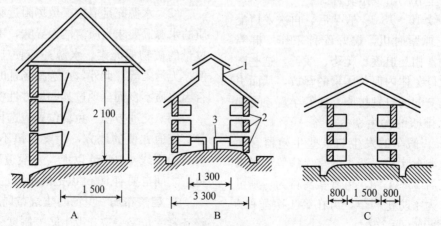

图5-2 半敞开式兔舍(cm)
A. 单列半敞开式兔舍剖面图 B、C. 双列半敞开式兔舍剖面图
1. 钟楼式侧天窗 2. 出粪口 3. 产仔栏

(陶岳荣,2009)

3. 室内笼养兔舍 四周墙壁完整，屋顶可采用"人"字形、钟楼式或半钟楼式，南、北墙均设窗户和通风孔，东、西墙设有门和通道。根据兔舍跨度大小和舍内通风设施情况，可设单列、双列、四列或四列以上兔笼（图5-3）。

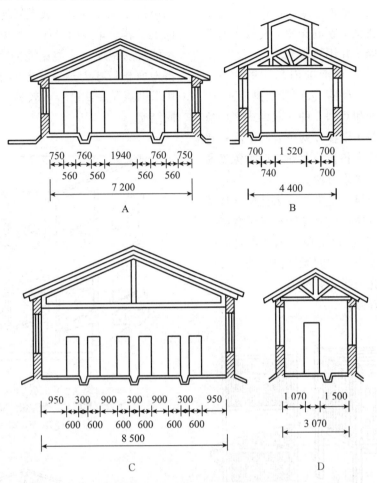

图5-3 室内笼养兔舍（cm）
A. 四列式兔舍 B. 双列式兔舍 C. 多列式兔舍 D. 单列式兔舍
（陶岳荣，2009）

这类兔舍的优点是通风良好，管理方便，有利于保温和隔热。多列式兔舍安装通风、供暖和给排水等设施后，可组织集约化生产，一年四季皆可配种繁殖，有利于提高兔舍的利用率和劳动生产率。缺点是兔舍内湿度较大，有害气体浓度较高，兔易感染呼吸道疾病。在没有通风设备和供电不稳定的情况下，不宜采用这类兔舍。

4. 封闭式兔舍 这种兔舍四周有墙无窗，舍内通风、温度、湿度和光照完全靠设备调节，能自动喂料、饮水和清除粪便。

这类兔舍的优点是生产水平和劳动效率较高，能获得高而稳定的繁殖性能，并且有利于防止各种疾病的传播。缺点是一次性投资较大，运行费用较高。主要应用于种兔饲养和集约化的商品獭兔生产。

5. 大棚群养兔舍 这种兔舍可利用其他畜禽饲养棚改建，也可新建。在兔舍内用60~80 cm高的竹片、木棍或铁丝网分隔，也可用砖或土坯砌成8~10 m²的饲养间，每个饲养间可饲养幼兔30~40只，商品兔20~30只。

（三）兔笼

1. 活动式兔笼 一般用竹、木或镀锌冷拔钢丝制成，根据构造特点又可分为单层活动式、双联单层活动式、单间重叠式等多种形式（图5-4）。

这类兔笼移动方便，构造简单，造价低廉，操作方便，易保持兔笼清洁和控制疾病等。

2. 固定式兔笼 一般用水泥预制件或砖木结

构组建而成，根据构造特点又可分为舍外简易兔笼、舍内多层兔笼、立柱式双向兔笼和地面单层仔兔笼等。

(1) 舍外简易兔笼。根据各地具体情况可建单层或多层。这种兔笼适宜于家庭养兔，在较干燥地区可用砖块或土坯砌墙，并用石灰刷墙。

(2) 舍内多层兔笼。目前国内采用的多为3层，每隔2～3笼设1个立柱，或用砖块砌成砖柱。依排列方式又可分单列和双列2种。双列式多层兔笼有的是背靠背的，粪沟设在2列兔笼的中间；有的是面对面的，粪沟设在各自的背面。这类兔笼通风良好、占地面积小、管理方便。

(3) 立柱式双向兔笼。这类兔笼由长臂立柱架和兔笼组成，一般为3层，所有兔笼都置于双向立柱架的长臂上（图5-5）。这类兔笼的特点是同一层兔笼的承粪板全部相连，中间无任何阻隔，便于清扫；清粪道设在兔笼前缘，容易清扫消毒，舍内臭味较小，饲养效果较好。

草改为竹条或活动网板，定期清洗、消毒，笼顶用竹片或铁丝网覆盖。

3. 组装式兔笼 一般为由金属或塑料等制成的单体兔笼，再由金属支架连成一体，置于兔舍地面上。若干单笼组合成1列兔笼，可重新拆装，但不能轻易搬迁。这类兔笼的优点是设计结构合理，占地面积较小，适宜于规模化、工厂化养兔场采用。缺点是一次性投入较高，金属支架必须十分牢固结实。

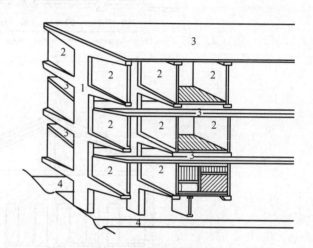

图5-5 立柱式双向兔笼
1. 长臂立柱架 2. 侧壁板 3. 顶板 4. 粪尿沟
（陶岳荣，2009）

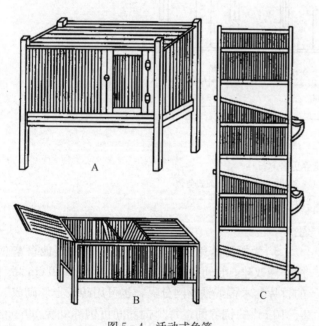

图5-4 活动式兔笼
A. 单层活动式兔笼 B. 双联单层活动式兔笼 C. 单间重叠式兔笼
（陶岳荣，2009）

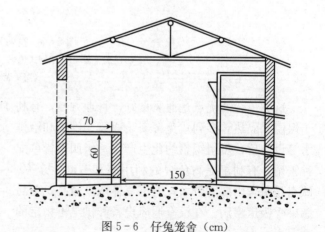

图5-6 仔兔笼舍（cm）
（陶岳荣，2009）

(4) 地面单层仔兔笼。这种仔兔笼多为水泥构件，紧靠兔舍一侧，笼底长60～120 cm，宽60～70 cm，高60～80 cm；无笼门，开口朝上（图5-6）。这类兔笼的优点是有利于保温及仔兔的生长发育和防兽害。缺点是清扫、更换垫草、给水、喂料不方便。所以，目前有些兔场已将笼底垫

二、饲　料

(一) 饲料组成

1. 青绿饲料 主要包括天然牧草、栽培牧草、青刈作物、蔬菜类及水生饲料等。这类饲料含水量

高，多汁柔软，适口性好，消化率高，是獭兔春、夏、秋季的主要饲料来源。

2. 粗饲料 粗饲料体积大，粗纤维含量高，蛋白质和维生素含量低，可为獭兔提供适量的粗纤维和参与构成合理的日粮结构，是高效饲喂獭兔不可缺少的常用饲料之一。

3. 能量饲料 主要包括谷物类籽实、谷物加工副产品和糖、酒加工副产品等，是獭兔日粮中能量的主要来源。

4. 蛋白质饲料 主要包括植物性蛋白质饲料、动物性蛋白质饲料和微生物蛋白质饲料，是獭兔日粮中蛋白质的主要来源，虽在日粮中所占比例不多，但对獭兔的健康和生产性能有着重要影响。

5. 矿物质饲料 矿物质饲料在獭兔日粮中的用量一般很少，主要用于补充钙、磷、钠等常量元素，对獭兔的正常生长、繁殖作用很大，是日粮中不可缺少的营养物质。

6. 饲料添加剂 饲料添加剂种类很多，常用的有氨基酸添加剂、生长促进剂和矿物质添加剂。

(二) 日粮配合

1. 配合原则 獭兔的日粮配合，除应符合饲养标准，满足各类獭兔的营养需要之外，还应考虑以下几项原则。

（1）符合消化生理特点。獭兔属单胃草食动物，日粮中应以粗饲料为主，精饲料为辅，同时还应考虑獭兔的采食量，容积不宜过大，否则即使日粮营养全面，但因营养浓度过低而不能满足獭兔对各种营养物质的需要量。

獭兔一般喜欢采食植物性饲料、颗粒饲料，不喜欢采食粉状饲料。适宜的粗纤维含量有利于维持獭兔的正常生理功能和促进营养物质的消化吸收；粗纤维含量过高或过低，都将对獭兔肠道的蠕动和消化液分泌产生不利影响。

（2）注意饲料品质和适口性。獭兔喜欢采食植物性饲料胜过动物性饲料，喜欢采食甜味和脂肪含量适当的饲料，不喜欢采食鱼粉、血粉、肉骨粉等动物性饲料。獭兔对霉菌毒素极为敏感，故严禁使用发霉、变质饲料配制日粮，以免引起中毒。

（3）充分利用当地饲料资源。配制獭兔日粮，应考虑经济实惠，充分利用当地常用、营养丰富、价格低廉的饲料资源，特别是蛋白质饲料。

（4）配合日粮应相对稳定。评定日粮配方是否合理的方法是进行小范围的饲养试验。一旦确定所配日粮，则应相对稳定。组成日粮的饲料品种、配制比例不宜变化太大。

（5）慎重选用添加药物。在日粮配合时，为促进獭兔生长和预防疾病（如球虫病），通常需要选用某些抗生素和抗球虫类药物。一般添加的药物多为化学制剂，如果剂量太小则达不到应有效果，剂量太大或长期使用，则可能引起过量中毒或产生抗药性，故必须慎重选用。

2. 饲养标准 獭兔饲养标准是根据不同年龄、体重、生理特点和生产过程所制订的獭兔每日所需的各种营养物质的数量。目前，我国獭兔生产尚无国家制订的统一饲养标准，大多采用"青粗饲料加精饲料"的饲养方式，如部分獭兔饲养场所采用的经验饲养标准如表5-1所示。

表5-1 各类兔的建议饲养标准

项 目	生长兔	成年兔	妊娠兔	哺乳兔	毛皮成熟期兔
消化能（MJ/kg）	10.46	9.20	10.46	11.30	10.46
粗蛋白质（%）	16.5	15	16	18	15
粗脂肪（%）	3	2	3	3	3
粗纤维（%）	14	14	13	12	14
钙（%）	1	0.6	1	1	0.6
磷（%）	0.5	0.4	0.5	0.5	0.4
蛋氨酸+胱氨酸（%）	0.5~0.6	0.3	0.6	0.4~0.5	0.6
赖氨酸（%）	0.6~0.8	0.6	0.6~0.8	0.6~0.8	0.6
食盐（%）	0.3~0.5	0.3~0.5	0.3~0.5	0.3~0.5	0.3~0.5
日采食量（g）	150	125	160~180	300	125

3. 用料比例 配制獭兔日粮时，所选用的饲料种类应尽可能做到多样化，以利于饲料中各种营养物质发挥互补作用，提高日粮的营养价值和饲料的利用效率。

一般原料用量的大致比例为：粗饲料（干草、秸秆或干藤蔓等）40%～45%，能量饲料（玉米、大麦等谷物或副产品）30%～35%，植物蛋白质饲料（各种饼粕类等）5%～20%，动物蛋白质饲料（如鱼粉等）1%～5%，矿物质饲料（骨粉、石粉等）1%～3%，饲料添加剂（维生素、微量元素等）0.5%～1%。

三、饲养管理

（一）种公兔的饲养管理

饲养种公兔的目的是用于配种繁殖，获得质优量多的后代。因此，对种公兔的饲养要求是发育良好、体质健壮、性欲旺盛、精液品质优良。种公兔过肥或过瘦都不适用于配种利用。

1. 饲养 提供适量、优质的蛋白质日粮，则种公兔性欲旺盛，精液品质好，配种受胎率高。维生素缺乏可能导致睾丸组织变性，畸形精子增多。矿物质对公兔精液品质也有明显影响，特别是钙、磷元素为产生精子所必需。因此，饲养种公兔必须做到精饲料、干草、青绿饲料合理搭配，并保证饲料的长期稳定。

2. 管理 对种公兔的管理，主要应注意以下几点。

（1）单笼饲养。留种公兔从3月龄开始，应实行一兔一笼，以防早配、滥配和同性斗殴。定时将公兔放出笼外运动，每天1～2 h，以增强体质。

（2）配种强度。公兔配种的最佳年龄为1～2.5岁。正常情况下，每天可配种1～2次，连续配种2～3 d后休息1 d。如发现精液品质下降或性欲不强，应适当延长间隔时间。

（3）防暑降温。高温对公兔精液品质有严重不良影响。气温超过35 ℃，即便是短暂几天，也会使公兔精子受到严重损害，所以夏季必须做好防暑降温工作。

（4）配种环境。公兔笼应与母兔笼保持较远距离，以避免因异性刺激而影响公兔性功能。配种时应将母兔放入公兔笼内进行交配。

（5）配种记录。配种后应及时做好配种记录，以利于观察和测定配种繁殖性能及后裔品质。

（二）种母兔的饲养管理

种母兔是兔群的基础，要想发展獭兔生产，必须根据母兔在空怀期、妊娠期和哺乳期3个阶段的生理状态进行科学的饲养管理。

1. 饲养 不同时期饲养要求有差异。

（1）空怀期。经产母兔自仔兔断奶至再次配种受胎之间的间隔期为空怀期。饲养空怀母兔的中心任务是恢复膘情、调整体况。

在青草丰盛的季节，只要有充足的优质青绿饲料和少量精饲料，就能满足其营养需要。空怀母兔不能养得过肥或过瘦，过肥会在母兔卵巢结缔组织中沉积大量脂肪，影响卵母细胞的正常发育而引起不育，过瘦会影响母兔的正常发情和排卵。

（2）妊娠期。妊娠期母兔的营养需要具有明显的阶段性。妊娠前期（配种至18日胎龄），因胎儿生长很慢，所需营养物质不多，饲养水平稍高于空怀母兔即可；妊娠后期（18日胎龄至出生），因胎儿生长很快，增长的重量占整个胚胎期的90%左右，所得营养物质急剧增加，需要吸收大量的蛋白质、矿物质和维生素等，营养水平应比空怀母兔高1～1.5倍。特别是妊娠后期，营养充足则母兔健康，产后泌乳力强，仔兔发育良好，成活率高；反之则母兔消瘦，产后泌乳力低，仔兔发育不良，成活率低。

（3）哺乳期。哺乳期是母兔一生中负担最重的时期，为了维持自身的生命活动和分泌乳汁，需要消耗大量的营养物质。所以必须喂给容易消化和营养丰富的饲料，保证供给足够的蛋白质、矿物质、维生素和饮水，以满足母兔泌乳需要，直至仔兔断奶前1周左右，开始给母兔逐渐减料，以防乳腺炎等症发生。

2. 管理

（1）空怀期。空怀母兔注意运动和日光浴，以促进机体的新陈代谢，保证空怀母兔的正常性功能。对长期不发情的母兔，可采用异性诱导刺激的方法或人工催情。

（2）妊娠期。主要是搞好护理，防止流产和做好产前准备工作。母兔流产大多发生在妊娠后15～20 d内。为防止流产，应实行一兔一笼，不要无故捕捉。保持笼舍清洁、干燥；临产前3～4 d就应准备好产仔箱，产前1～2 d将产仔箱放入笼内，供母兔筑窝。产房应有专人负责，冬季要防寒保温，夏季要防暑防蚊。

（3）哺乳期。产后要及时清理产仔箱，清除被污染的垫草和死仔；经常检查母兔乳房、乳头，防止发生乳腺炎。目前有些兔场采用分娩后母仔分开饲养，定时哺乳的措施，以培养仔兔独立生活能力，减少球虫病的感染机会。一般分娩初期每天哺乳 1~2 次，逐渐减至每天 1 次，每次 5~10 min。

（三）仔兔的饲养管理

从出生至断奶的小兔称为仔兔。仔兔出生后裸体无毛，体温调节能力差，对温度变化敏感，尤其怕冻。生长发育很快，母乳为其唯一的营养来源。

1. 饲养 喂好初乳是提高仔兔抗病力和成活率的重要措施之一。因此，仔兔出生后 6 h 内就应吃到初乳，仔兔吃饱后，腹部饱满，肤色红润，安静少动；未吃饱时，皮肤皱褶，肤色发暗，骚动不安。随着仔兔日龄的增长，母兔泌乳量开始减少，所以一般从仔兔 16~18 日龄开始就应及时补料。开始时可喂给少量容易消化而营养丰富的饲料，如豆浆、牛奶、米汤及切碎的嫩青草、菜叶等。20 日龄后可加喂麦片、麸皮或豆渣和少量木炭粉，并添加矿物质和洋葱、大蒜等消炎、杀菌、健胃料，以增强体质，减少疾病。

2. 管理

（1）保温防冻。冬季和早春因气温偏低，仔兔怕冻，应做好保温防冻工作。产仔箱内应放置保温性好、吸湿性强、干燥松软的稻草、麦秸或碎刨花，再铺 1 层保暖的兔毛。铺垫兔毛的数量，可视外界气温高低而定，天冷加厚，天热减少。设备条件较好的兔场，可在兔舍内安装取暖保温设备，使獭兔在严寒季节仍能正常繁育仔兔。对规模较小、设备较差的兔场，可在母兔分娩时临时移至温暖的房间，产仔后将母兔放回原笼饲养，待哺乳时再将母兔捉回哺乳。

（2）定时检查。管理良好的兔场应每天定时检查仔兔的发育情况。生长发育正常的仔兔肤色红润，腹部饱满，安睡少动。反之则肤色灰暗，两耳苍白，腹瘪皮皱，乱爬乱窜，时时发出"吱吱"叫声，同窝仔兔个体差异大，有的腹泻，有的便秘等。出现这类情况多因母兔泌乳不足所致，应及时采取措施，适当增加仔兔营养，并对缺乳母兔加强饲养。多喂青绿多汁饲料，以提高泌乳量。另外，检查时发现死兔应及时捡出。

（3）搞好卫生。仔兔抗病能力弱，特别是开食之后，粪便增多，必须坚持每天清扫，定期消毒，产仔箱更要勤换垫草，保持清洁干燥。潮湿的产仔箱，不利于保温，更不利于仔兔的健康。另外，还要严格纠正母兔在产仔箱内排泄粪尿的恶习。仔兔与母兔最好分笼饲养，每天定时哺乳，既可使仔兔吃食均匀，又可减少接触母兔粪便而感染病菌的机会。仔兔断奶前还应及时做好饲喂用具及笼舍的清扫、消毒工作，保证断奶仔兔有良好舒适的环境。

（4）适时断奶。仔兔一般在 30~40 日龄断奶。仔兔断奶过早，因消化系统尚未发育成熟，对饲料的消化能力很差，生长发育就会受到影响；反之，若断奶过迟，仔兔长期依靠母乳营养，消化酶的分泌受影响，也会导致仔兔生长缓慢，同时对母兔的健康和发情也有直接影响。仔兔断奶前后 1~2 周，应尽量做到饲料、环境、管理三不变，以防仔兔产生孤独感和恐惧感。

（5）预防疫病。仔兔采食时误食母兔粪便、饲料中的各种微生物和寄生虫后极易感染仔兔黄尿病、脓毒败血症和球虫病，严重影响仔兔的生长和健康。

因此，在仔兔开食和断奶期间，最好在饲料中定期添加适量氯苯胍等，既有防病作用，又能促进仔兔的生长和发育。另外，为防止兔瘟的危害，断奶后最好进行 1 次兔瘟疫苗的免疫接种，还要根据当地常见传染病情况，定期做好预防工作。

（四）幼兔的饲养管理

断奶至 3 月龄的小兔称幼兔。幼兔的特点是生长发育快，但抗病力差，要特别注意饲养和管理。

1. 饲养 刚断奶的幼兔仍应喂给断奶前的饲料，青绿饲料应新鲜、优质；精饲料要容积小、营养丰富、易消化。还要加喂适量矿物质和粗纤维。随着幼兔年龄的增长，可逐渐改变饲料组成，数量以吃饱为宜，防止因贪食而引起消化道疾病。

幼兔饲料一定要新鲜清洁，带泥的饲草要洗净、晾干后再喂。饲喂时应掌握少喂多餐的原则，每天饲喂青绿饲料 3~4 次，精饲料 2~3 次。

2. 管理 幼兔期是死亡率较高的时期，规模兔场的死亡率一般在 5%~10%，也有的高达 30%~40%。导致幼兔发病、死亡的主要原因有应激、营养不良和管理不当。要提高幼兔的成活率，应采取以下措施。

（1）分群饲养。断奶后的幼兔应按性别、年龄、体质强弱等分群饲养。笼养一般每笼 4~5 只，圈养一般每群20～30只。这种方式仅适用于商品獭兔。

（2）加强运动。断奶后的幼兔正处在生长发育旺盛时期，应加强运动，多晒太阳。幼兔自60日龄开始运动为好。除雨天外，春、夏、秋季可全天放入运动场，冬季宜在中午温暖时放出。运动场内应设置草架、料槽、水槽，供兔自由采食。

（3）注意防病。无论笼养还是群养幼兔，每天都要仔细观察幼兔的采食、神态、粪便等，判断健康状况。如发现食欲下降，精神萎靡，眼球发紫，粪便不正常的幼兔，应及时隔离饲养，查找原因，采取措施，尽量做到有病早发现，早隔离，早治疗。

（4）搞好卫生。幼兔分群饲养后，为了保持兔舍的清洁卫生，应每天清扫场地，舍内每隔3～5 d换垫草1次，定期消毒，以减少疾病的传播。农村副业养兔，仍有地面放养的习惯，患球虫病死亡数量较多。因此，必须认真做好清洁卫生工作，保持圈舍清洁、干燥、通风。

（5）选优去劣。对于断奶后的幼兔，要随时掌握兔群的生长发育情况，做好选优去劣工作。群养兔应每隔15～30 d称重1次，如生长一直良好，外貌特征符合品种要求，则可留作种用而转入繁殖群；体重增长缓慢或有外貌缺陷的幼兔，一律转入生产群。

（五）商品兔饲养管理

獭兔的主要产品是兔皮，商品獭兔饲养管理的好坏直接影响毛皮质量。因此，必须搞好屠宰前的饲养管理工作。

1. 饲养 专门用于取皮的商品獭兔，大多属青年兔，生长发育快，新陈代谢旺盛，需要供给适量的蛋白质、矿物质和维生素。一般以青粗饲料为主，适当补喂精饲料。如提供全价颗粒饲料，则粗蛋白质含量应达16%～18%，粗脂肪2%～3%，粗纤维12%～13%，并保证充足饮水。屠宰前的短期肥育饲养，不但利于尽快增膘，而且有利于提高皮张质量，改善兔肉品质。

2. 管理

（1）分群饲养。为提高劳动效率，通常实行分群或分圈饲养。断奶后的小公兔全部去势，按年龄、体重、强弱分群或分圈。每笼、每圈饲养数量与幼兔相同。

（2）清洁卫生。兔舍、兔笼应保持清洁、干燥。环境潮湿、污浊可使毛皮品质降低，还可能感染各种疾病。必须及时清理笼舍粪尿、污物，防止灰尘飞扬，保证兔舍内空气新鲜，环境清洁卫生。

（3）防治疾病。特别要预防严重影响兔皮质量的真菌病、疥癣病、兔虱和跳蚤等外寄生虫病、皮下脓肿、脚皮炎等常见病。要注意检查，及时发现并隔离治疗。对兔瘟、巴氏杆菌病、魏氏梭菌病等传染病，应做好免疫接种工作。

第四节 獭兔的产品生产

一、獭 兔 皮

毛皮质量直接影响着獭兔的养殖效益。提高獭兔毛皮质量，除做好育种工作、加强饲养管理措施外，屠宰时间、加工方法、贮存与运输是很重要的环节。

1. 取皮时间的确定 避开换毛期取皮是保证獭兔毛皮质量的关键。獭兔换毛分年龄性换毛和季节性换毛。年龄性换毛有2次，第1次在3月龄左右，换胎毛。第2次在4月龄，持续时间20～30 d，体重2.5 kg左右。当第2次换毛之后，即5月龄左右（4.5～6月龄）是宰杀取皮的最佳时期。但要注意避开季节性换毛。季节性换毛分春季和秋季换毛，春季在3—4月，秋季在9—10月。因此，最佳取皮时间应在11月至翌年2月。

2. 宰前断食 獭兔宰前断食12～24 h，不仅能减少消化道中的内容物，便于开膛和内脏整理，也能使肝中的糖原分解为乳酸，均匀分布于机体，使屠宰后的胴体酸度增加并较快出现尸僵，抑制微生物繁殖；还可节省饲料，保证临宰兔的安静休息，有助于屠宰放血。临宰兔在断食期间，应供给充足饮水，以保证临宰兔的正常生理功能和完全放血；也有利于剥皮和提高产品质量。但在宰前2～4 h应停止供水，以避免倒挂放血时胃内容物从食管流出，污染胴体。

3. 处死 獭兔的处死方法很多，以前常用的割颈放血或断头致死因容易污染被毛和损伤皮张而逐渐淘汰，现在最常使用的是颈部移位法、棒击法和电击法。

（1）颈部移位法。适用于分散饲养或家庭屠宰加工的情况。术者用左手抓住兔后肢，右手捏住头部，将兔身拉直，突然用力一拧，使头部向后扭转，兔因颈椎脱位而致死。

（2）棒击法。广泛用于小型獭兔屠宰场。术者左手紧握兔两后肢，使其身体自然下垂，用木棒猛击头部，使其昏厥后屠宰剥皮。

（3）电击法。是规范化屠宰场采用的处死方法。用电压为40～70 V，电流为0.75 A的电击器轻压獭兔耳根，使其触电致死。

4. 剥皮技术 有手工剥皮法和机械剥皮法2种方法。

（1）手工剥皮法。先将左后肢用绳索拴起，倒挂在柱子上，切开跗关节周围皮肤，然后沿大腿内侧通过肛门平行挑开，将四周毛皮向外剥开，用褪套法剥下毛皮，最后抽出前肢，剪除眼睛和嘴唇周围的结缔组织和软骨（图5-7）。

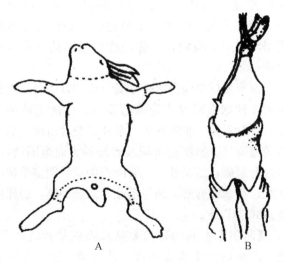

图5-7 獭兔手工剥皮方法
A. 颈部及四肢皮肤切开位置　B. 退套法剥皮
（陶岳荣，2009）

（2）机械剥皮法。先用手工操作，从后肢膝关节处平行挑开皮肤并剥至尾根，用双手紧握腹背部皮张，放入链条式转盘槽内，随转盘转动拉下整张兔皮。

5. 放血 獭兔的屠宰取皮方法要破除长期形成的先放血、后剥皮的传统方法，改为先剥皮、后放血的新方法，以减少毛皮污染。目前，最常用的是颈部放血法，即将剥皮后的兔体倒挂，割断颈部的血管和气管放血。放血时间以3～4 min为宜，不少于2 min，以免放血不全影响兔肉品质。放血充分的胴体，肉质细嫩，含水量低，容易贮存；放血不全的胴体，肉质发红，含水量高，贮存困难。

6. 鲜皮处理 包括清理残留物、鲜皮的防腐和消毒等环节。

（1）清理残留物。清理残存在皮板上的脂肪、肌腱、结缔组织等残留物。通常采用刮肉机或木制刮刀进行。清理时应注意展平皮张，以免刮破皮板；用力应均衡，以免损伤皮板或切断毛根。

（2）防腐。鲜皮防腐是毛皮初步加工的关键。防腐的目的在于造成一种不适于细菌和酶作用的环境，保证皮张质量。目前常用的防腐方法主要有干燥法、盐腌法和盐干法3种。

① 干燥法。通过干燥使鲜皮中的含水量逐步降至12%～16%，抑制细菌繁殖，达到防腐的目的。鲜皮干燥的最适温度为20～30 ℃，温度低于20 ℃，水分蒸发缓慢，干燥时间长，皮张容易腐烂；温度超过30 ℃，皮板因表面水分蒸发过快而易于收缩，使胶原胶化，阻止水分蒸发，成为外干内湿状态。干燥不匀会使鲜皮浸水不匀，影响以后的加工操作。

干燥防腐操作简单，成本低、皮板洁净，便于贮藏和运输。缺点是皮板僵硬，容易断裂，难于浸软，且贮藏时易受虫蛀。

② 盐腌法。利用食盐或盐水处理鲜皮，是防止生皮腐烂最常用和有效的方法。用盐量一般为皮重的30%～50%，将盐均匀撒布于皮面，然后板面对板面叠放1周左右，使盐分逐渐渗入皮内，直至皮内和皮外的盐浓度平衡，达到防腐目的。

盐腌法防腐的毛皮，皮板多呈灰色，紧实而富有弹性，湿度均匀，适于长时间保存，不易遭受虫蛀。主要缺点是阴雨天容易回潮，用盐量较多，劳动强度较大。

③ 盐干法。是盐腌法和干燥法2种防腐方法的结合，即先盐腌后干燥，使原料皮中的水分含量降至20%以下。鲜皮经盐腌后，在干燥过程中盐液逐渐浓缩，细菌活动受到抑制，再经干燥处理，达到防腐的目的。

盐干皮便于贮藏和运输，遇阴雨天气不易回潮和腐烂，但干燥时由于胶原纤维束缩短，皮内又有盐粒形成，会影响真皮天然结构而降低原料皮质量。

（3）消毒。某些原料皮，特别是外来原料皮，可能遭受各种病原微生物的污染，尤其是受人兽共患病污染的原料皮，如果处理不当，则会严重危害人畜健康和安全。因此，还需进行消毒处理。原料皮用甲醛熏蒸或2%盐酸和15%食盐溶液浸泡2~3 d，可以达到消毒的目的。

二、獭兔肉

獭兔肉具有普通兔肉的共同特点，是獭兔养殖中最为重要的副产品。我国獭兔养殖中，去皮后的獭兔胴体大多制成冷冻兔肉后贮藏、利用。冷冻保存不仅可阻止微生物的生长、繁殖，还能促进肉品的物理、化学变化而改善肉质，保持兔肉固有的色泽。

1. 原料处理　经屠宰、剥皮处理的兔肉，必须经兽医卫生检验合格后方可进行冷冻加工。

2. 散热冷却　又称预冷。目的是迅速排除胴体内部的热量，降低深层的温度并使表面形成一层干燥膜，以阻止微生物生长繁殖，延长兔肉保存时间，减缓胴体内部的水分蒸发。冷却温度最好保持在-1~0 ℃，最高不宜超过2 ℃，最低不低于-2 ℃，相对湿度最好控制在85%~90%，经2~4 h即可包装入箱。

3. 冷冻　目前，我国冻兔肉加工多采用机械化或半机械化作业，大多采用速冻冷却法，速冻温度在-25 ℃以下，相对湿度为90%，速冻时间一般不超过72 h，测试肉温达-15 ℃时即可转入冷藏。

4. 冷藏条件　冻兔肉的冷藏温度一般应保持在-19~-17 ℃，相对湿度为90%。冷库温度愈低，保藏期愈长，在-19~-17 ℃条件下，保藏期可达6~12个月。

第五节　獭兔常见疾病

一、球虫病

【病原】目前已知兔球虫有17种，其中艾美耳属球虫15种，大孔等孢子属和隐孢子属球虫各1种。尤以斯氏艾美耳球虫、肠艾美耳球虫、松林艾美耳球虫和中型艾美耳球虫的致病性最强。

【症状】本病多发于温暖多雨季节，南方4—6月，北方7—9月为高发期，尤以断奶后至4月龄的幼兔最易感，病死率高达80%以上。成年兔表现为隐性感染，带虫成年兔也是重要感染源，感染途径为消化道。

本病潜伏期2~3 d至数周。按病程长短和强度，通常可分为最急性、急性和慢性3种。最急性病程3~6 d，致死率很高；急性病程1~3周；慢性病程1~3个月。按病理变化和发病症状，可分为肝型、肠型和混合型，临诊所见多为混合型。

肝型球虫病多发于1~3月龄幼兔。病兔被毛粗乱，结膜苍白，少数出现黄疸。一旦出现腹泻，病兔很快死亡。剖检可见肝肿大，肝表面和实质有白色或淡黄色结节病灶。取结节病灶压片镜检，可见到各发育阶段的卵囊。

肠型球虫病多发于20~60日龄幼兔，多呈急性经过。发病时突然侧身倒下，四肢强直性痉挛，角弓反张，两后肢伸直划动，很快死亡；剖检可见十二指肠、空肠、回肠和盲肠肠壁血管及黏膜充血并有出血点。慢性病例，可见食欲不振，腹部臌气，腹泻带血等症状，剖检可见肠黏膜呈淡灰色，有散在、弥漫性白色小结节和坏死性病灶。

混合型球虫病由寄生于肠上皮和肝胆管上皮细胞的2种球虫同时或先后感染所致。病兔精神沉郁，食欲不振，腹泻或腹泻与便秘交替出现。病兔因肠道臌气、膀胱充满尿液和肝肿大而腹围增大，肝区有触痛；结膜苍白，有时黄染；后期多呈神经症状，痉挛或麻痹，角弓反张，四肢抽搐，病死率高达80%以上。

【防治】本病的防治要从加强饲养管理入手。建立严格的卫生消毒制度，及时清除笼、舍内粪便，堆积发酵，杀灭粪便中的卵囊。因隐性带虫成年兔易传染给幼兔，所以幼兔和成年兔必须分笼饲养。公、母兔需经多次粪便检查，确认为非球虫病兔，方可留作种用。

药物防治可选用氯苯胍，预防量为每千克饲料添加150 mg混饲，连用4~5周；治疗量为每千克饲料添加300 mg混饲，连用1周。磺胺喹噁啉，预防量为每千克饲料添加150 mg混饲，连用3~4周；治疗量为每千克饲料添加300 mg，连用2周。

二、病毒性出血症

【病原】本病病原为兔出血症病毒，呈球形。病兔体内以肝含毒量最高，其次是肺、脾、肾、肠道及淋巴结。

【症状】本病流行有一定的季节性，发病时间多为春、秋两季。2月下旬至3月下旬为暴发期，3月下旬至4月中旬为高峰期，秋季主要发生在9—10月间。不同年龄、性别和品种均易感染，但主要侵害3月龄以上的青年兔和成年兔，尤以体质肥壮兔、良种兔发病较多。本病主要通过接触传染，传染途径为呼吸道、消化道、伤口和黏膜。潜伏期1～3d。

症状有以下几种类型：

最急性型多见于流行初期，病兔未出现任何症状即突然死亡。有时死前尖叫一声，向前一跳，倒地蹬腿、伸颈，于数分钟内死亡。少数病兔可见鼻孔中流出泡沫状血液。

急性型病兔精神不振，食欲减退，体温升高至41℃以上。有的胀肚，便秘；有的腹泻，排出胶冻样粪便。病程1～2d，死前有短时间兴奋、颤抖、抽搐或尖叫症状。

慢性型多见于流行后期或刚断奶幼兔，体温40～41℃，精神不振，食欲减退，有时停食1～2d。多数病兔可逐渐恢复正常，但生长不良，可长期带毒。

剖检病变主要表现在肺、肝、肾、心等器官，呈点状出血，以肺部最为严重。典型病例有肝淤血、水肿；肾肿大，呈暗紫色成黑紫色，有灰白、黄色斑点；肺淤血、肿大，呈暗红色，切面粗糙。少数病程较长者，胃黏膜脱落，有白色溃疡点，十二指肠及空肠黏膜充血，淋巴结肿大，膀胱充盈，尿液呈血红色。

【防治】首先，严禁从疫区引进种兔，一旦发生本病，应严格隔离、消毒，对未发病的兔紧急预防接种兔瘟灭活疫苗。其次，要定期预防接种。断奶兔和成年兔颈部皮下注射兔瘟灭活疫苗或细胞苗1～1.5mL，5～9d可产生免疫力，免疫期为6个月。

本病目前尚无良好特效药。用高免血清，每千克体重2mL，皮下注射，每天1次，连用2～3d；或用板蓝根注射液1～2mL，皮下或肌内注射，每天1～2次，有较好的治疗效果。

三、螨病

【病原】引起兔螨病的病原有痒螨和疥螨2种。痒螨主要寄生于兔的外耳道，疥螨主要寄生于体表。

【症状】本病多发于秋、冬季，阳光不足、阴雨潮湿，最适合螨虫的生长繁殖并促进本病的蔓延。在饲养管理及卫生条件较差的兔场，可常年发生螨病。

兔痒螨主要侵害兔的耳部。开始耳根部发红肿胀，然后引起外耳道炎症，渗出物干燥结成黄色痂皮，塞满耳道。病兔耳朵下垂，不断摇头，用脚抓痒，如果螨虫侵害病兔脑部，可出现歪头成癫痫症状，最后抽搐、衰竭死亡。

疥螨病一般先由嘴、鼻周围及脚爪部发病。奇痒，病兔常啃咬胸部或挠抓嘴、鼻等处，引起患部皮肤损伤、炎症、水疱和溃疡，溃疡面干涸后形成灰白色痂块。随病程发展，患部脱毛，皮肤增厚、龟裂，病兔食欲减退，消瘦，贫血，衰竭，直至死亡。

【防治】首先要加强饲养管理，保持笼舍清洁、干燥、通风、透光、勤清粪便，勤换垫草，饲养密度不宜过大。其次笼舍、料槽应定期消毒，消毒药剂可选用0.3%除虫菊酯、3%来苏儿。

药物治疗可选用伊维菌素，每千克体重0.02～0.04mg，皮下注射，7d后再注射1次，一般病例注射2次即可治愈。重症兔可隔7d再注射1次。同时用双甲脒稀释成0.04%水溶液涂搽患部；或用烟叶1.5g、食醋60mL，煮沸涂擦患部，每1次，连用3～5d。

四、皮肤真菌病

【病原】本病病原为真菌，主要有须发癣菌、奥氏小孢霉、石膏状小孢霉、大小孢霉和舍氏发癣菌等。

【症状】本病主要通过直接接触污染的笼具、饮水、饲料等感染。以散发为主，发病无季节性，但以秋、冬季多发。拥挤、阴暗和潮湿有利于本病的传播。

病兔开始从鼻部、面部、耳部发病，患部皮肤呈圆形或椭圆形突起，上覆一层灰色或黄色干痂，继而可传播至其他任何部位。患部脱毛，甚至出现秃斑。严重时病兔逐渐消瘦，病程很长。

【防治】本病为人兽共患的传染性皮肤病，多发于饲养管理不良和环境卫生条件较差的养兔场，应从加强饲养管理等预防措施入手。发现病兔应立即隔离或淘汰，以防蔓延。笼舍、用具及环境应严格消毒，耐火部件可用喷灯火焰消毒，然后用3%

甲醛溶液或2%～5%氢氧化钠溶液喷雾。

药物治疗可用灰黄霉素，每千克体重25 mg，内服，每天1次，连用2周；或硫黄50 g、5%碘酊10 mL、凡士林300 g，配制成硫黄软膏，涂搽患部，5 d后再涂搽1次；或用市售克霉唑癣药膏涂搽患部，每日1次，连用3～5 d。

（樊江峰）

第六章 小灵猫

传统上，小灵猫主要用其毛皮和香料。

小灵猫的毛皮是我国南方各省份野生毛皮的主要品种之一，其针毛常用来制作各种书画笔的笔尖，故小灵猫有"笔猫"之称。

小灵猫的肛门与会阴之间具有香腺，能分泌灵猫香。灵猫香由于具有香气悠远、留香时间长、耐洗涤等优点而深为人们喜爱，它与麝香、龙涎香、海狸香同为著名的四大动物香料，是香料工业贵重的原料和皮革工业重要的定香剂和保香剂。灵猫香和贵重中药麝香有相似疗效，可以代替麝香入药，具有芳香、开窍、活血、催生等作用，并能兴奋呼吸中枢和血管运动中枢。

第一节 小灵猫的生物学特性

一、分类与分布

小灵猫属于灵猫科、小灵猫属，俗称笔猫、斑灵猫、七间狸、七节狸、香狸（商品名）、麝香猫等，是我国特有的珍贵兽类之一。

灵猫科的动物全世界共有34属70余种，我国有9属11种。每个种类均有香腺可分泌香液，但能作香料及药用者主要有3属5种，我国产2属3种8亚种，即大灵猫属的大灵猫、大斑灵猫和小灵猫属的小灵猫。

灵猫科动物目前仅分布于非洲、地中海沿岸和亚洲南部。我国分布于秦岭、长江流域及以南地区，以云南南部、广西西南部的低海拔地区种类多、数量大，几乎全国所产的灵猫种类在此均有分布。据资料介绍，全国现有小灵猫10万只以上。

小灵猫属分布较广，北达苏北，东到台湾，南至海南，西至秦岭大巴山以西的分布与大灵猫相似。其华东亚种分布于秦岭以南的东部各省份，包括浙江宁波，安徽歙县、繁昌，广东清远、紫金、连平、连阳、三水、乐昌、怀集、雷州半岛，广西上思，湖南，四川南充、涪陵、叙永、成都、西昌和雷波，陕西南部，贵州榕江和云南昭通等。印支亚种分布于贵州兴义，云南勐腊、景东、绿春、屏边苗族自治县、金平、文山。喜马拉雅山亚种分布于云南的勐海、孟连、澜沧、永德、芒市、腾冲。台湾亚种分布于台湾和海南岛。

二、形态学特征

小灵猫与大灵猫同科，体型与大灵猫相似，但个头略小。一般的浙江种体长为700~800 mm，体躯长460~610 mm，体重4 kg左右。

小灵猫吻尖而突出，额部狭窄，耳短而圆，眼小而有神。四肢健壮，后肢略长于前肢，有利于腾跃。每足各有5趾，但前足的第3趾和第4趾没有爪鞘保护，有伸缩性，能从脚底垫之间裸出。胸腹部有3对乳头，胸部1对，腹部2对。被毛由针毛和绒毛2种毛组成。针毛多、粗而直，富有弹性，毛基和毛尖黑色，中间黄或棕黄色；绒毛柔软，毛基黑褐，毛尖棕白。这2种毛使其整个躯体成为棕灰、乳黄或赭黄色的基本色调。耳后到项背还有2条黑褐色的颈纹。颈纹之后，是4～6条暗褐色背纹，从后背一直到尾根。背纹中间的4条比较清晰，而外侧的2条则时续时断。尾部有6～9个较窄的暗色环，尾中部的较宽而黑，尾基的第1或第2环，以及尖端的最后2个环一般在尾下面不封闭。背部无鬣毛，前足与后足的足背为乌褐色，额喉棕灰色且常具暗色的颈斑。胸部的毛色暗褐色，腹部的稍浅，为黄白色。体色和斑纹因季节、产地不同而有变化。一般冬季斑纹较模糊，体色呈棕黄或乳黄；夏季斑纹清晰，黑褐色，而体表浅灰色（图6-1）。

图6-1 小灵猫
(引自白庆余，1992)

三、生活习性

1. 独居性 小灵猫为独居性动物，主要活动在丘陵地带，喜栖于树丛、草丛、墓穴、石隙、土洞、桥墩下、仓库和住房中，是营穴生活的一种动物。

2. 夜行性 白天常隐居穴内，黄昏后方离开洞穴活动。午夜前是小灵猫活动频繁的时刻，凌晨时又返回洞穴休息。但昼夜活动规律易受季节、气候、食物等条件影响而变动。久旱初雨或久雨初晴，小灵猫的活动最为活跃。这些都为人工驯养时捕捉野生小灵猫作种源提供了方便。

3. 广食性 小灵猫的食性广而杂，但以动物性食物为主，植物性食物为辅。其动物性食物有蛙、蛇、蜥蜴、鸟、鸟蛋、小鱼、泥鳅、小蟹、蝗虫、蚱蜢、蟋蟀、甲虫等，但尤喜食鼠。其植物性食物有核果、树叶、树根、各种薯类、植物种子和蔬菜青草等，但最喜食蔷薇科果实，如金樱子等。其食性因季节不同也有变化。一般秋季野果成熟的时候，它上树采食野果，而在其他季节到田边、池塘边、地边潮湿处或翻耕的农田里活动觅食。

4. 性机警、行动灵活、爱清洁 小灵猫行动迅速、灵活，留下的足迹明显而小，呈半圆形，4趾呈圆点排列，无爪印，但掌垫较圆；听觉灵敏，爱清洁，无固定的排粪点，但喜干燥，一般不在洞内排粪。粪便圆筒状，一头圆，一头尖，尖部常带有未消化完的草茎或草根。

第二节　小灵猫的繁殖

一、繁殖特点

1. 性成熟与初配年龄 野生小灵猫从初生经1年，体重达2 kg以上时即有发情表现，可以进行繁殖。而在人工饲养条件下，一般需要2年后方有繁殖能力。

2. 发情季节 小灵猫属季节性多次发情动物，发情周期为20 d左右，每次持续时间3～5 d，间情期15～17 d。每年春秋两季均可发情繁殖，大多数小灵猫1年发情1次，一般在春季的2—4月，少数小灵猫也有延迟到5月发情的；部分未受孕的小灵猫在秋季8—9月间再次发情。

3. 发情行为 发情期小灵猫的活动频率，从发情开始时逐渐增加，到交配日达到高峰。这时小灵猫频繁地进出木箱，在铁笼中的标记、嗅闻、转圈等行为也大大增加。交配以后，活动率迅速下降，2 d以后即恢复到平时的水平。发情时，叫声大，春季2月叫声最明显，且持续时间长。

当雌雄小灵猫出现发情行为时，它们的擦香活动加大，雄性的擦香频次逐渐升高，在交配时升到最高峰，交配后擦香频次迅速下降，很快恢复到平时的水平。高峰时，一夜擦香的频次超过60次。

发情期雌性擦香部位限于所居住的笼子，而发情期的雄性个体除在自己的笼子上擦香之外，还可以在它接触到的任何物体上擦香且频繁地把香擦在其他雄性的笼子上。

二、配　种

小灵猫的配种期在春季的2—4月间，秋季的8—9月间。人工饲养条件下，多在春季配种。

1. 发情鉴定 小灵猫的发情具有周期性，要想准确判断小灵猫的发情旺期就必须掌握其发情鉴定方法。小灵猫的发情可以通过它的叫声、性行为表现、外阴部的变化、阴道上皮细胞学形态检查等方面进行判断。

(1) 临床症状。一般情况下,小灵猫很少发出叫声。在繁殖季节,雌雄个体会发出特殊的求偶叫声;叫声由一连串的"da——da——da"音节组成,频率快而高。求偶叫声一般持续 7 d 左右。当小灵猫叫声频繁时,笼内小灵猫抬尾擦香增多。雄性前躯竖立;雌性翘尾,频频排尿、打滚。雌雄小灵猫在笼网上相遇时,首先发出"呼呼"和相互撕咬的尖叫声或相互追逐,力图交配。当雄小灵猫爬跨时,起初雌小灵猫反抗或躲进暗室,拒绝与雄小灵猫交配,笼网上下有脱落的一撮撮被毛。3~5 d 后,雄雌小灵猫并笼同居一室,相互并无敌意,表现亲近,这时雌小灵猫一般均接受交配。

(2) 外阴部的变化。凡是发情鸣叫的雌小灵猫,外生殖器官均有不同程度的充血和形态变化。其外阴部的阴毛明显分开,并倾倒两侧;阴唇肿胀外翻,呈椭圆形,湿润,阴道并流有黏液。

(3) 阴道上皮细胞学形态变化。阴道涂片干燥后用巴氏染色法染色,光镜下观察。小灵猫阴道上皮细胞的变化大致可分为以下 4 个时期:

① 休情期。有大量密集小而透明状的白细胞,占显微细胞图像 95%。还可见极少数的形态不规则的脱落细胞,主要是角化前细胞。

② 发情前期。白细胞减少,且出现较多的呈多角形的有核角化细胞,大部分呈浅蓝色、部分呈粉红的无核角化细胞。

③ 发情期。有大量(占 64%)粉红色的无核角化细胞及部分有核细胞,不见白细胞。

④ 发情后期。又出现了白细胞和较多的有核角化细胞及其碎片。

2. 人工配对 每年 2 月中下旬试放对,3 月正式配对,历时 1 个月。雌小灵猫用特制串笼逐头隔日检查外阴部肿胀、色泽、湿润程度,并制作阴道抹片,观察细胞形态变化。配对雄小灵猫用电刺激采精器定期检查精液品质。对一些性欲差、精液不合格的雄小灵猫,一次肌内注射雄性激素药物丙酸睾酮,剂量 5 mg。

考虑到雌雄配对期间的择偶性,根据合笼情况和精液品质更换雄小灵猫,以提高受配率。为了提高受配率应注意强化人工驯养以及观察放对期的性行为表现,在长期人工驯养的基础上,夜间定时观察,发现雌雄小灵猫活动频繁,并发出求偶叫声,即可配对。

3. 交配 小灵猫交配时,雄小灵猫以门齿咬住雌小灵猫后颈部被毛,骑乘在雌小灵猫后躯上,阴茎伸出并置入阴道。此时雌小灵猫会发出低沉的"咪鸣"声,并向前稍稍移动;雄小灵猫随之向前移动,此时可见到雄小灵猫后躯弯曲并有轻微抖动。雌小灵猫前肢支撑在笼网上,后肢及后腹部呈匍匐状,交配时间达 10~20 min。交配完成后,雌、雄小灵猫一般迅速离开,如雄小灵猫企图跟随雌小灵猫,雌小灵猫会回头攻击雄小灵猫。

三、妊娠与分娩

1. 妊娠 妊娠早期,小灵猫多表现食欲不振,不久后便逐渐恢复正常。妊娠中期(约 1 个月后),雌小灵猫食欲良好,食量比平时增加 30%~50%,且喜食动物性饲料。

妊娠早期,尚看不出雌小灵猫腹部膨大现象,也不表现惊慌,有的甚至伏卧不起,不肯离窝,性情变得异常温顺。1 个月后,可用手触摸雌小灵猫腹部进行检查。凡感觉松软者,大多为未受孕;受孕则可感觉摸到有弹性而且柔软的肉团。2 个月后,孕猫腹部逐渐膨大而下垂,妊娠明显,有胎动。尤其是腹部乳头明显突出。

当已确定妊娠后,需将雄小灵猫隔离,使雌小灵猫保持安静,一方面防止流产,另一方面避免仔猫出生后有被雄小灵猫咬死的危险。

2. 分娩 小灵猫的妊娠期为 70~90 d,最长可达 116 d,短的仅为 69 d。其产仔期多在 5—6 月,一般野生小灵猫 1 胎可产 4 仔;人工饲养时每胎可产 1~5 仔,但多数为 3 仔。

临产前 6~8 d,乳房明显变大,有掉毛现象。产前 2~3 d 食欲减退,产前 1 d 甚至绝食。排尿量增多,喜躺卧,站立时两后肢多向体外侧伸开。产仔前雌小灵猫表现不安,有衔草、拔毛絮窝等行为。产仔时间为清晨或夜晚,产仔时发出"喳"的阵发性尖叫声。

仔猫多连续产出,但也有少数间隔若干小时才陆续产出。一般在夜间或凌晨观察粪便,如发现深色粪便或偶有少量血迹,则显示雌猫已产仔。还可在窝外细听,当听到仔猫十分微弱的"咪咪"叫声时,表明仔猫已顺利降生。

小灵猫属于晚成兽，初生仔猫的体重和大小因妊娠期对母猫饲料供应量及饲料营养水平高低而有差异。一般初生时体长 20～30 cm，体重 75～120 g。野外繁殖的仔猫，体型比人工饲养下的稍大。

第三节 小灵猫的饲养管理

一、场地与笼舍设计

（一）场地设计

人工饲养小灵猫的饲养场，一般根据小灵猫的习性选择在环境僻静、地势高燥、阳光充足、南向或东南向、交通方便、富有水源、管理便利之处。饲养场的环境是否安静对种猫的繁殖十分重要，因此应特别注意。另外，为防止小灵猫逃逸，饲养场的四周应建造围墙，墙高约 2 m，内壁涂抹光滑。饲养场内的通道两旁还应种植一些落叶乔木，以利于夏季遮阴，冬有阳光。饲养场的墙外，则宜种一些常绿乔木，以利于冬季御风寒，使饲养场内形成小气候。

饲养场的建设，应就地取材建立大棚或房屋，以遮挡夏季暴雨和烈日直晒，冬季亦可用来挡风雪，但不能遮阴。大棚或房屋的地基要稍垫高，周围设排水沟。大棚或房屋应南向，不宜太窄，以免影响光照及通风。可以建成一排排大棚或房屋，其间要有 3 m 以上的距离，大棚或房屋不宜过高，以 2 m 为限，以能进车为好。大棚或房屋内最好有自来水管。

大规模饲养小灵猫时，应根据小灵猫性别、年龄将笼舍合理布局，以提高生产和工作效率。布局时的要求，一是单位面积内笼舍不宜过于拥挤，应适当分开，以减少彼此间的干扰及发病时的隔离。二是按性别与年龄分区饲养，以便于管理。种猫区应选择僻静之处，并与生产猫有一定隔离，以减少繁殖季节时彼此干扰。有条件的饲养场可以另建围墙。另外在场旁边建立饲料加工房，饲料及产品库应远离饲养场，以防一些没有经过处理的饲料携带细菌或病毒而引起小灵猫发病。建造的大棚或房屋一定要光滑，以利于消毒或清扫。

（二）笼舍设计

笼舍设计要求能适应小灵猫习性、保证安全、便于管理和取香，还要结构简单、经济耐用、利于大规模饲养。可采用以下 2 种笼舍。

1. 双式高脚铁丝笼 用 2 cm×3 cm 角铁或直径 4 cm 的钢管焊制笼架，再用 16 号铅丝以 3 cm×3 cm 网眼织成铅丝网罩，扎在笼架上。网笼规格为 1.8 m×0.9 m×0.6 m，脚高 0.6 m，以便于清扫。笼内一分为二，每个活动场面积大约 0.8 m²，并设 0.2 m×0.25 m 的小门 1 个。为便于清扫活动场，场顶设 1 个水平开关式的小门。笼后有一木制窝箱，规格为 0.5 m×0.4 m×0.4 m，一般用 1.5 cm 厚的硬质木板制成。窝箱与活动场之间设 1 个 0.2 m×0.25 m 的小门。由于这种笼舍通风、干燥，便于移动，繁殖用小灵猫容易交配成功，因此宜用作繁殖笼。

这种笼舍的不足之处是小灵猫擦香不便，自然泌香损失大，而且保暖性差，造价也稍高。

2. 箱式水泥笼 这是结合小灵猫的穴居习性和畏寒的特点设计的。一般用砖砌，水泥砂浆抹面，大小 1.6 m×1 m×0.8 m。正面用直径 6 mm 的圆钢做成铁栅，顶上用铁栅制成水平式活动顶盖。活动面积 0.8 m²，露天式，南向，与侧面的窝连在一起。窝面积 0.5 m²，并增设通风窗口，以保持窝内干燥。为防止雨水溅入笼内，活动场地板应距地面 0.3 m。

此种笼舍由于三面是砖墙，便于小灵猫擦香，人工取香时操作也很方便，因此很适于饲养生产小灵猫。饲养雌小灵猫的笼子也可用木板制成，但由于小灵猫有啃咬木头的嗜好，所以宜选用较坚实耐用的木料。木笼规格同铁丝笼，不过是横卧式的，这样就能把木笼分成左右两部分（中间用木板隔开），一部分供雌小灵猫栖息，一部分供仔小灵猫栖息。隔板中间要留 1 个洞，以便雌小灵猫往返照顾仔小灵猫。

二、饲　　料

（一）饲料种类与来源

能被小灵猫采食、消化、利用，并对其无毒无害的物质均可作为小灵猫的饲料。野生小灵猫是以动物性食物为主的杂食性动物，食性随季节和不同生理时期而有所变化。因此，人工饲养条件下，可根据当地饲料种类和来源，灵活、合理搭配以满足不同生理期、繁殖及哺育等的营养需要。

小灵猫对饲料的适应性很强，可取食的种类也很多。习惯上分为动物性饲料、植物性饲料和添加剂饲料三类。

1. 动物性饲料 以廉价易得、人不食用或少有食用的为主，如畜禽屠宰场的鸡头、鸡血、羊头、牛头、肠、胰等，兔肉加工厂的兔头、兔内脏等，鱼类罐头加工厂的鱼头、鱼骨、鱼内脏等。各种干动物性饲料，如鱼粉、虾粉、蟹粉、蚯蚓粉、肉骨粉、肝渣粉、羽毛粉和蚕蛹粉等亦可采用。

动物性饲料要新鲜，一般熟制后喂给，尤其是小杂鱼、非传染病死亡的动物胴体。此外，河蚌肉、蛙、蛇、鼠肉也可以喂给。动物性饲料是小灵猫摄取蛋白质、氨基酸的主要来源，一般占日粮重量的45%~60%。

2. 植物性饲料 包括各种谷物及其副产品和青绿多汁饲料等，如玉米、小麦粉、大麦粉、麦麸、燕麦、小米、细米糠、碎米、豆粕（饼）、豆粉、薯类、大白菜、胡萝卜、番茄、南瓜等。

谷物及其副产品饲料是碳水化合物和植物性蛋白质的主要来源，应占到日粮重量的30%~45%。谷实类饲料应磨成粉并熟制后喂给以提高消化率。果蔬饲料是一些维生素的主要来源，应占到日粮重量的10%左右。

3. 添加剂饲料 有酵母、小麦芽、多种维生素、微量元素、食盐、骨粉等非营养性添加剂。用量一般为日粮重的3%~5%。

（二）日粮的配制

小灵猫的日粮可由上述三大类饲料组成，以满足其对能量、蛋白质、氨基酸、矿物质元素和维生素等的需要。日粮配方应根据小灵猫不同生长阶段和生理特点以及季节变化进行相应调整。以下配方可供参考。

配方一：兽肉（去皮小羊肉、实验用兔肉、奶牛场初生犊牛或小猪肉，以及其他兽禽的下脚料等）40%，杂鱼20%，大麦粉8%，小麦粉8%，玉米粉8%，胡萝卜（或南瓜、甘薯等）4%，骨粉1%，食盐1%，其他添加剂1%，菜叶2%。

配方二：鲜鱼42%，猪杂（肺、肠等）20%，碎米18%，玉米粉15%，麦麸3%，食盐及其他添加剂各1%。

配方三：玉米25%，小麦粉21%，燕麦2%，酵母粉1%，麦芽2%，豆粕16%，玉米蛋白粉6%，鱼粉3%，禽类下脚料18%，奶粉1%，鱼油2%，矿物质、维生素及其他添加剂等3%。

（三）饲料的加工调制与饲喂

人工配制饲料所用种类可因地取材。根据对小灵猫胃内容物的分析，动物性饲料的种类不宜单一，鱼与畜肉应占一定比例。在加工调制饲料时，将各种饲料按比例称量好，分别用绞碎机绞碎，然后混合在一起搅拌均匀，加水煮熟。饲喂前再加添加剂，再次搅拌均匀。

在人工饲养下，幼小灵猫日喂2次，成年小灵猫日喂1次即可。对于成年小灵猫，通常在16:00~18:00，每次喂量应按小灵猫的性别、体型大小、体质强弱或季节、气候等不同情况确定饲料总量，一般在400~600 g。调制时，要注意水的添加量，一般夏季适当稀一些，冬秋两季稠一些为好。新鲜动物性饲料也可生喂。

大规模养殖小灵猫，可根据小灵猫营养需要设计全价饲料配方，专门化加工成膨化饲料以便于保存与投喂，喂食后注意供给充足的饮水。

三、饲养管理

（一）准备配种期的饲养管理

准备配种期为每年9月至翌年2月。此期饲养目的为增强体质、促进小灵猫生殖器官正常发育和保证种用小灵猫体况。应为拟配种用小灵猫提供新鲜、富含动物性蛋白质及维生素的全价饲料。有条件的饲养场应加喂鸡头、鸡蛋等，以增加脑磷脂和垂体等，促进种用小灵猫生殖器官的发育。

做好防寒保暖及笼舍卫生工作，以保证窝、笼清洁干燥。此外，还应密切注意种用小灵猫体况的变化，过肥、过瘦均不利配种。

种用小灵猫鉴别标准为：体躯丰满、健康无病、被毛光泽、性情活泼、反应灵敏、精力充沛。

（二）配种期的饲养管理

小灵猫在人工饲养条件下仅春季繁殖1次。配种期的饲养管理目的主要考虑提高种用小灵猫的性欲，促进受配。当种用小灵猫即将发情时，选择晴天迁入繁殖笼舍内，以使其先适应环境。为配对做好准备，制定好配种方案，根据血缘关系和选配原则，进行编组。天气较冷时应注意保暖及检查窝箱，天气转暖后应加强对种用小灵猫的观察。当雌小灵猫阴门明显肿胀充血，并听到种用小灵猫发出"咯咯"的叫声时，表明种用小灵猫已开始发情，可配对并笼饲养，让其自由活动。

发情期小灵猫食欲降低，饲料要加强适口性，以少而精为原则。此期间的管理应结合每天清扫笼舍时观察种用小灵猫变化，若活动场上有脱落的背毛，说明种用小灵猫已于夜间发情并有交配行为。配对并笼1个月后，将雌雄分开饲养。

（三）妊娠期的饲养管理

妊娠期饲养管理应以保证胎儿正常发育，提高产仔率为目的。应加强对妊娠期雌小灵猫的管理，饲料要特别注意加强营养，增加动物性饲料，提供新鲜可口、易消化、品种稳定的全价饲料。

此外，应将雄小灵猫迁出，腾出窝箱，以保持环境安静，避免惊扰，为以后雌小灵猫调换笼舍创造条件。打扫笼舍时手脚宜轻，力求减少惊动雌小灵猫。雌小灵猫临产前1周可停止打扫笼舍，使活动场适当遮光，以保持绝对安静，使小灵猫有安全感，为顺利产仔创造条件。

（四）分娩期的饲养管理

小灵猫分娩一般在夜间或凌晨。初生仔小灵猫除吃奶外整日睡觉，眼亦不睁开。饥饿时也会发出微弱的尖叫声。1周后睁开眼，但视力很差，经常闭目养神或睡觉，有时吃奶时也不睁眼。睡觉时全身伸直不蜷曲，不舒服时即四处爬行，也会发出"咪咪"的叫声。半月后，仔猫已能出窝活动。月余后仔小灵猫已能在活动场内跳动，活泼好动，相互追逐嬉戏、咬尾玩耍，叫声已近似成年猫。饱食后能自己舐毛，大小便亦知排在窝箱外边。遇惊吓便急速后退，被捉住时，能用嘴、齿咬，以自卫。仔小灵猫逐渐长大，应及时更换窝箱。

产后雌小灵猫易受惊，应谢绝外人参观，严防其他动物窜入饲养场内，以保持肃静，防止雌小灵猫叼移仔小灵猫。雌小灵猫的饲料质量和营养要保持在妊娠后期的水平，并增喂新鲜鱼肉、鸡蛋和牛奶。饲料要适当调稀，增添钙片，以保证雌小灵猫奶汁充足，满足仔小灵猫骨骼生长对钙的需要。如果雌小灵猫无奶或奶水不足时，可增喂鲜鱼汤、肉骨汤催乳。

（五）幼猫的饲养管理

1. 人工哺育 出生后的仔小灵猫，若雌小灵猫缺乏母性、无奶或奶水不足则必须进行人工哺育。可喂给脱脂稀牛奶（加水1/3）、羊奶、犬奶或人工乳。每天喂8次，每隔2h1次，每次4～5 mL。1周后，每天喂6次，每次10～15 mL。

每次喂奶后应用布擦干从嘴内流出的奶汁，以免润湿皮毛而患病。同时要加强保暖，温度一般保持25～30 ℃，以防仔小灵猫因不能调节自身体温而患病。3周后，仔小灵猫渐大，可改为每天喂4次，每次20～30 mL。以后随着仔小灵猫生长，可改为每天喂3次。2个月后，每天喂2次，此时若有犬奶，可让仔小灵猫自行吸吮。仔小灵猫再大些后还可让其吸吮山羊奶。

人工哺育仔小灵猫时，应在牛、羊奶中补加适量B族维生素和维生素C。后期根据仔小灵猫发育情况及时补充鱼、羊肉等，也可喂给熟鱼粥。使用的哺乳用具必须清洗干净，喂奶前再消毒，以确保卫生，防止患病。喂给的奶水要冷热适宜。每日还应喂给温开水2次。

2. 断奶分窝 仔小灵猫出生后3个月即可断奶分窝，断奶前应训练其自行取食。当幼小灵猫已开始自行进食时，要注意其体重的变化，进行称重，并根据个体发育情况增加营养和饲料喂量。同时诱导幼小灵猫增加活动，每天定时接受光照，以增强体质。

断奶分窝时，应先将雌小灵猫分开，让幼小灵猫在一起再生活一段时间，待天气转暖再逐个分开单养。分窝后的幼小灵猫，每天可于中午和晚上各喂1次。饲料中应添加鱼、肉等动物性饲料以及钙片、酵母等，以促进生长发育。

饲养管理对幼小灵猫的生长发育影响很大，应该精心、仔细、周到，环境亦应安静。还应随时注意观察检查，定期称重，防病治病，保持笼舍的清洁。最好建立档案以备考查。

第四节　小灵猫的产品生产

一、小灵猫皮的加工与处理

（一）屠宰季节

1. 取皮时间 取决于冬皮成熟的程度。取刚刚成熟的冬皮最美观且利用价值高。

2. 成熟标准 底绒丰满，针毛直立，毛绒灵活，有光泽，尾毛蓬松，当转动身体时，颈部躯体其他部位出现一条条"裂缝"，皮肤为粉红色或粉白色。

3. 屠宰方法 以不损伤毛被、经济实用为原则。常用致死方法有绞杀法、棍击法、药物致死法和心注射空气法。

（二）剥皮

剥皮方法包括圆筒式剥皮法、片状剥皮法、袜筒式剥皮法等。

（三）毛皮加工与贮藏

1. 刮油 方法有手工刮油和刮油机刮油等。

2. 洗皮 刮油后需用小米粒大小的硬质锯末或粉碎玉米芯洗皮。不能用麸皮和有树脂的锯末洗皮，先洗掉皮板上浮油后再洗毛被。要求洗净油脂并使毛绒清洁，达到应有的光泽。

3. 上楦和干燥 上楦和干燥是为了使动物皮长期保存，并有一定规格形状，合乎商品要求。具体方法及要求与狐的方法相似。

4. 下楦与保存 干燥后的皮板要下楦、梳毛、擦净，而后按商品要求分等、包装、入库。贮存温度要求为5～28℃，相对湿度60%～70%。

二、小灵猫香的采集

（一）香腺与贮香囊

小灵猫香腺是哺乳动物中特有的一种腺体，贮香囊是小灵猫的泌香器官（图6-2）。贮香囊位于肛门与会阴之间的尾根部，1对，似肾状，大小随小灵猫体型及香腺发育程度而不同，一般雄性的比雌性的大。

小灵猫肛门两旁均有肛门腺——臭腺，埋在组织深处。当小灵猫受到刺激或遇到危险时，即会射出黄色液体，臭气难挡。取香时，应防止臭液污染而影响香膏质量。

灵猫香是香腺分泌的油状物，俗称香膏。香膏的分泌受诸多因素影响。

（1）体质。身体强壮泌香多，反之泌香少，甚至无香。

（2）年龄。壮年期泌香多，幼猫生长发育正常

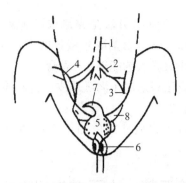

图6-2 香腺的位置和香腺动脉的分布
1. 腹主动脉 2. 髂外动脉 3. 香腺动脉 4. 腹壁前动脉 5. 香腺 6. 睾丸 7. 阴茎 8. 腹股沟管
（仿高玉鹏、任战军，2006）

时，6个月后即可开始泌香。老年期泌香减少。

（3）饲料。提高日粮中动物性蛋白质饲料含量可增加泌香量。

（4）生理因素。泌香量与小灵猫性活动有关，直接受脑垂体影响。

（5）季节。每年4—6月泌香量最高，7—9月泌香量最低。

（二）取香方法

1. 自然取香 人工饲养的小灵猫仍有在笼舍四壁固定突出物擦香的习性。可于每天打扫笼舍时或每5d1次定点刮取，每只每次可得0.3g左右。刮取的香膏初为乳黄色，不久氧化而色泽变深。长时间贮存后变成褐色。初取的香膏带有动物特有的腥膻气，贮存日久则腥膻气逐渐转淡，甚至完全消失。

此法取香需注意保持擦香部位不受污染。

2. 活体挤香 取香木笼长90 cm、宽20 cm、高25 cm，两端有活门板。箱的三面封以木板，仅右侧一面为直径10 mm的圆钢4根，以便串笼时能看清动物、便于操作、保证安全。

将小灵猫赶入特制的取香木笼内，保定，然后拉出尾部，使后肢刚好留在活门外紧贴活门边，提起尾部，紧握后肢，自然露出贮香囊。先擦洗外部，再扳开贮香囊。用手捏住其后部，轻轻挤压收缩，油质状的香膏便会自然流出。

每半个月取香1次，每次得量1g以上。取香后，抹涂些椰子油或甘油以保持润滑。遇有充血，需涂些抗生素或磺胺软膏，以防发炎。一年四季取香可达10次以上，每只年产香30～50 g，个别高

达 60 g 以上。

3. 割囊取香 方法是先割取贮香囊，然后用机械挤压或化学（石油醚）浸提的方法采集香膏，通常每只小灵猫大约能得 1 g 香膏。

这种方法只适用于淘汰取皮、自然或意外死亡的小灵猫。

灵猫香应存放在深色的广口玻璃瓶中，密封保存。

第五节 小灵猫常见疾病

一、胃 肠 炎

【病因】原发性胃肠炎病因多种多样，不过饲养管理不当是首要原因，如小灵猫吃进品质不良的草料，腐败变质的鱼、肉、虾或冻肉等以及有毒植物、化学药品或其他异物等。在冬季，由于管理不好、笼舍保暖不佳，在小灵猫食欲减退的条件下更易发生此病，病死率较高。

【症状】患病小灵猫精神沉郁，食欲减退或废绝，眼结膜先潮红后黄染，舌苔黄，口干臭，呕吐、腹痛、腹泻、排稀软粪便，体温升高至 39～40 ℃，也有个别体温不高。大便检查有红细胞和脓球，血液检查白细胞计数较高，有时可达 2 万个$/mm^3$以上。后期腹痛剧烈，出现神经症状，贫血，体温降到常温以下，严重脱水消瘦，最后惊厥痉挛、衰竭死亡。

【防治】消炎止泻，肌内注射黄连素、庆大霉素或氯霉素；口服抗菌药物，如磺胺甲基异噁唑（SMZ）、土霉素或呋喃唑酮等。此外，根据症状可选择止血、补液、止呕等治疗。

二、香 囊 炎

【病因】本病主要由于取香前对贮香囊外部未加清洗，取香时操作不当，手法欠柔，用力过大，导致贮香囊表面组织毛细血管破裂充血，感染细菌而发炎。

【症状】表现为贮香囊的皮肤表面充血发炎，严重时呈紫红色，甚至完全糜烂化脓。

【防治】应严格执行取香操作规程。挤香前，先清洗贮香囊外部，减少污染；挤香时，要轻而柔和，反复轻轻压挤，使香膏慢慢排出，千万不能采用一次压挤方法。用牛角匙刮取香膏时，也宜轻，以免造成伤口感染而发炎。每次取香后涂以甘油。有充血发炎时应及时涂磺胺或青霉素软膏。炎症未消除前，应暂停取香，以促进患部组织恢复。

三、自咬症与异食症

【病因】发病原因还不十分清楚，可能与营养病、病毒病有关，也可能与应激病有关。可能引起自咬症应激的因素主要有：同一笼内仔小灵猫过多、疫苗接种、品种鉴定、打号、称重、运输等。

【症状】自咬症多发于 3—4 月和 7—8 月。病小灵猫突然发作，1 d 数次，呈周期性的神经兴奋增高。发病时，病小灵猫不安，往返奔走于运动场内和小室之间，呈旋转动作，并发生"咕咕"声或刺耳的尖叫声，狂暴地追咬自己的尾部，轻者咬掉自己的尾尖，严重者咬伤皮肉，韧带，后肢或将后躯咬伤，以致肠管脱出，感染化脓。

异食症是近年来发生的一种特殊疾病。在繁殖季节，雌小灵猫产仔后，突然发生咬死仔小灵猫现象，吃去头部或脚爪，或者整个仔小灵猫。这种行为，出现迟早不一，或在产仔的当天，或在 1～2 d 以后，甚至 5～6 d 也会发生。

【防治】目前对自咬症尚无特异治疗办法。治疗可在饲料中混入盐酸氯丙嗪、复合维生素 B、乳酸钙、葡萄糖粉，局部咬伤涂抹碘酊，撒布高锰酸钾粉少许。用 0.1% 高锰酸钾溶液给病小灵猫连续 3 d 皮下注射，或用 1%～2% 普鲁卡因臀部连续 3 d 肌内注射有良好效果。

预防自咬症和异食症应尽量排除和防止应激因素。如在产后 1 周内，使繁殖环境保持十分安静，特别在产仔前后的短期内，除喂食外可暂停打扫；饲喂投食动作要轻等。另外，活动场适当遮蔽，减少强光刺激，会使雌小灵猫具有安全感。

四、上呼吸道感染

【病原】上呼吸道感染的病原体多为肺炎球菌、葡萄球菌、化脓性链球菌、肺炎杆菌等。多发于气候骤变的冬春季节和所引进的个体。营养不良、体质弱、抵抗力低给病原菌以可乘之机而引起发病。

【症状】本病以发热、眼结膜炎和呼吸道黏膜发炎为特征。不饮食，整日蜷曲于窝室内，不愿动弹。两眼羞明，鼻镜发干、精神沮丧、沉郁，粪便干燥发黑，呼吸加快。

【防治】首先采取防寒保暖措施，喂以适口性饲料。对病小灵猫，轻者四环素 1 片/d；重者肌内注射水剂青霉素2万~4万IU/d。

五、寄生虫病

【病原】小灵猫对多种寄生虫感染率很高，而且是多重感染。感染的寄生虫种类可能有：孟氏裂头绦虫、有钩绦虫、锡兰钩虫、狼旋尾线虫、泡翼线虫、猫弓形虫、横川后殖吸虫、棘头虫等，此外尚有球虫和类圆线虫等。

【症状】寄生虫感染能使病小灵猫体质瘦弱、被毛粗乱、大便稀薄、抗病率降低，严重影响灵猫香产量，容易并发其他疾病而死亡。

【防治】吡喹酮可用于驱绦虫和吸虫，左旋咪唑可驱绦虫和蛔虫，硫双二氯酚、氯硝柳胺对多种绦虫有效且毒性小，使用安全。

（潘红平）

第七章 果子狸

果子狸也称作花面狸、白鼻犬、花面棕榈猫等，是一种珍贵的野生动物。果子狸皮质良好，花纹清晰，是珍贵稀有的毛皮兽之一。它的毛皮是制裘的好原料，可制作皮大衣、皮帽子和皮手套等高档制品，针毛可制作高档毛笔、毛刷等，尾巴拔针也可制裘或制成高档装饰品。由于果子狸适应性强，产品用途多，经济价值高，国内外市场需求旺盛。因此，人工饲养果子狸，既可以有效保护和和利用野生资源，又可以为振兴乡村经济做贡献。

第一节 果子狸的生物学特性

一、分类与分布

果子狸在分类学上属于哺乳纲、食肉目、灵猫科、花面狸属。现有 17 个亚种，中国有 9 种。果子狸属于野生种类，驯化程度不高。在自然条件下，多分布于热带或亚热带地区。

果子狸在我国主要分布于陕西、河北、重庆、四川、贵州、云南及东南沿海诸省份。生活在广西的果子狸有南亚种和指名亚种 2 类，而人们通常把它们分为大种果子狸和小种果子狸，前者被毛棕色，尾毛黑色，个体较大；后者被毛灰色，尾毛略呈斑白色，个体较小。

果子狸在我国民间繁殖饲养的数量颇多，但野外族群的现状不明，丰厚的利润促使各地盗猎贩卖果子狸之风极盛。根据《中华人民共和国野生动物保护法》，野生果子狸属于保护动物。

二、形态学特征

果子狸外形似猫，四肢短，有 5 趾，尾长，被毛浓密而柔软，体上无斑点或纵纹，尾无色环。眼后及眼下各具一小块白斑，自两耳基部至颈侧有 1 条白纹，下巴颏黑色。体背、体侧、四肢上部以及尾部的前方呈暗棕黄色。腹部毛色淡，多为灰白色，四肢及尾末段呈黑色。头部被毛呈灰黑色，自鼻孔部向后经额部、颅部及颈背部至后背，有 1 条白色纵纹（图 7-1）。果子狸体型中等，比家猫稍大。体重 2~9 kg，体长 50~80 cm，尾长 40~50 cm。

图 7-1 果子狸
（来源 https://zj.zjol.com.cn/news/925351.html?t=1524643063190&ismobilephone=2）

三、生活习性

1. 穴居和夜行性 营穴居,以夜行性为主,喜攀缘。白天多躺卧在洞中睡眠,偶有出洞采食和排粪。天黑以后出来攀树采食,直到翌日凌晨再回到穴洞。

2. 杂食性 是以植物性食物为主的杂食性动物,食物主要包括野果、野菜、树叶及小型动物等,以爱吃植物果实而得名。驯化后食性较杂,可用玉米、麦类、豆粕、鱼粉组成配合饲料喂养。

3. 适应性 具有较强的适应外界环境的能力,喜欢干燥、荫蔽、通风、安静的栖息环境。

4. 群居和归巢性 性情温顺,易驯养。驯养的果子狸好群居有归巢性,逃逸现象少为发生。

5. 冬眠性 有冬眠习性,但由于其在冬眠期的生理指标略低于正常值,所以果子狸为浅度冬眠动物。

四、生长发育

根据其生长发育,果子狸的生活史一般可分为仔果子狸期、幼果子狸期和成年果子狸期。果子狸生长发育过程中,个体生长发育的第1阶段仔果子狸期历时约2个月;第2阶段幼果子狸期历时约18个月;第3阶段成年果子狸期,即从具有繁殖能力的20月龄开始,到衰老死亡为止。

1. 仔果子狸期的生长发育 果子狸从出生至断奶,自然条件下一般在50 d左右,该时期为仔果子狸期。由于营养主要来自母乳,因此仔果子狸期也称哺乳期。

刚出生的仔果子狸,外形与成年果子狸相仿,全身被毛丰满,均为绒毛,毛细而软。头部黑白相间的白色条纹与成年果子狸基本相同。但被毛颜色差异较大,深浅很不均匀,呈深褐、黄褐、灰白不等。初生仔果子狸,两眼紧闭,但10 min内能爬行寻找雌果子狸乳头吮乳。

1周后,仔果子狸陆续睁眼。10日龄后,四肢力量明显增强,能在窝内爬行,而且四肢末端的爪也开始硬化,爪端锋利。出生时,仔果子狸没有牙齿,牙床仅有牙状突起。20日龄,切齿首先显露。30日龄左右,犬齿相继长出。30～40日龄,臼齿开始长出。到20月龄,第3对臼齿便可长齐。

在30日龄内,仔果子狸体重的增加为初生重的3.5倍,体长的增长为初生时的2倍。初生体重大时,其增重幅度则大;反之则小。体长与尾长的增长,即使在仔果子狸期的前期有较大差异,而到30日龄后,则趋接近,无显著差异。

在人工养殖条件下,仔果子狸一般开食较早。当仔果子狸进入30～45日龄,平均体重在500 g左右时,切齿、犬齿、臼齿都先后长出,母乳分泌量也显著减少,就应及时补饲。随着补饲,仔果子狸对饲料的消化机能得以逐步完善,生长发育也相应加快。55～60日龄后,仔果子狸采食习惯已经形成,便可以断奶,这时仔果子狸平均体重一般为1 200 g左右,变动范围在800～1 500 g,体重相当于初生时的8～10倍。

2. 幼果子狸期的生长发育 仔果子狸断奶独立生活以后,便开始进入幼果子狸阶段。幼果子狸期又称育成期,是仔果子狸从断奶分窝到性成熟前的发育阶段,一般从2月龄到20月龄间。也就是说幼果子狸绝大多数要经年发育才能性成熟。

在此期间,幼果子狸骨骼不断增长,变粗;其他各器官系统的发育日趋完善,体重不断增加。此期果子狸个体生长发育进入最旺盛时期,与之相适应,幼果子狸采食活动非常活跃。在营养充足的条件下,幼果子狸的个体生长十分迅速。

幼果子狸体重的增加有2个明显加快阶段,即2～6月龄阶段与10～18月龄阶段。中间有1个明显的停滞期,即7～9月龄阶段,这个阶段幼果子狸正在冬眠。同时观测结果还表明,幼果子狸在进行第1次冬眠之前,雌雄平均体重差为428 g。幼果子狸经第2个生长高峰后进入第2次冬眠期之前(即18月龄)体重达到最大时期,雄果子狸为8 872 g,雌果子狸为7 902 g。当幼果子狸越过第2个冬眠期后,即24月龄时,雌雄体重已基本接近,雄果子狸体重为6 602 g,雌果子狸为6 600 g。果子狸90日龄开始换毛。

3. 成年果子狸期的生长发育 幼果子狸经过2次冬眠之后,体高、体长、体重已很少增长,个体发育已趋成熟,同时性器官发育加快并随之成熟。从生理角度讲,性器官具有产生生殖细胞能力后,即可视为已经进入性成熟阶段。20月龄者即为成年果子狸。在生产过程中,有些个体出生早,生长发育好,经年饲养后,体重达到600 g以上;有些个体虽在翌年繁殖季节到来时有发情表现,但即使发情并接受配种,却很难顺利地进入妊娠阶段。

在成年果子狸阶段,身体发育已基本趋于停

滞，其体重变化与幼果子狸期明显不同。果子狸在进入繁殖季节后，由于性器官的发育，生殖代谢活跃，体能消耗很大，体重则随之减轻。体重的增加只有过了繁殖季节与炎热的夏季之后，才能逐步加速。体重的低谷期为雄果子狸的性功能接近衰退的时期和雌果子狸的泌乳旺期。体重的高峰期则出现在进入冬眠前。

第二节 果子狸的繁殖

一、繁殖特点

1. 性成熟 果子狸 8～10 月龄性成熟，体重为 3 kg 以上。

2. 发情季节 果子狸为季节性发情动物，发情主要集中在 3—5 月。

发情季节中，雌、雄果子狸的性腺随季节性繁殖而出现周期性变化。繁殖旺季性腺明显增大，各级生殖细胞丰富；休情期性腺显著缩小，无成熟的生殖细胞，性腺活动处于停滞状态。

进入 2—3 月，成年果子狸期的雄果子狸进入发情期，可见睾丸增大，随腹股沟管坠入阴囊，用手触摸，睾丸如蚕豆大小，弹性差。3—5 月可见睾丸明显增大，阴囊下垂，用手触摸，睾丸活动自如并有弹性。阴囊被毛变稀，肤色肉红。雌果子狸的性器官发育略晚于雄果子狸，在 2 月中旬检查，雌果子狸外阴仍无变化，下旬出现个别变化，根据外阴变化程度，雌果子狸有明显的初情期与发情旺期之分。

3. 发情周期 发情周期 12～15 d，每次发情期持续 3～5 d。

果子狸发情期可分为发情前期、发情旺期和发情后期。发情前期，阴门开始肿胀，阴蒂增大，阴毛分开，阴道分泌物涂片可见大量的白细胞和少量有核细胞；发情旺期，阴门呈粉红色、圆形，明显肿胀，触摸有弹性，阴道分泌物涂片可见有核细胞和无核细胞；发情后期，阴门肿胀开始消退，阴唇萎缩，阴道分泌物涂片可见有核细胞和白细胞。发情旺期持续 3～5 d，雌果子狸接受爬跨，少食或不食，频繁走动，晚上常发出尖叫或怪叫的声音，阴部红肿并轻微向外翻，有少量黏液流出，尾巴上翘。

在繁殖期性行为表现出多种个体行为、群体行为和交配模式，如个体行为包括理毛、抓痒、嗅闻、舔阴茎、咬阴部等；群体行为包括打斗、依偎、嗅闻、爬跨等；交配行为主要在夜间进行。

二、配 种

1. 引种与驯养 由于果子狸的养殖起步晚，饲养模式、饲养标准还处于摸索阶段，种源除向专业户选购优良种狸外，主要应立足于本场驯养。事实上，种源基本上来源于野生个体，故引种时对个体的选择尤其重要。选种时，要求雄果子狸身体健壮、行动敏捷、体型适中、毛色鲜亮、头面白斑清晰、不带严重外伤。前肢要健全，比后肢高；尾巴应长直、完整，不能有残缺，否则影响交配。对于雌果子狸，要求尾部短粗，颈短。

野生个体在本场经年养殖后，基本上驯化成功。

2. 配种 雌果子狸在 8～10 月龄、体重 3 kg 以上，雄果子狸在 6 月龄以上初配为好。一般采用自由交配，雌雄比例为 1∶2 或 1∶3。雌果子狸发情时如果不配种或配种不成功，隔 7～10 d 出现第 2 次发情时再次配种。

配种时应把雄果子狸放进雌果子狸笼内与其交配。交配时间通常在 1∶00～2∶00。有的母狸第 1 次发情时会拒配，等到第 2 次发情进行配种。交配后 10～12 d 把雄果子狸放进雌果子狸笼里，如果雌果子狸表现安静，拒绝交配，表明交配成功；如果未配上，待其第 2 次发情时进行交配。

三、妊娠与分娩

果子狸的妊娠期一般是 70～90 d，短的只有 60 d，长的 110 多天。如抓紧时机配种，1 年半可以产 2 胎。夏季产仔，每胎产仔 3～4 只。产仔多在夜间和清晨。

妊娠后的雌果子狸喜静懒动、采食量大增，乳房及腹部增大，对雄果子狸表现厌烦。如发现乳房突出于被毛外，稍充血、红肿，即可判定其 1 个月后就会生产。临产前 2～3 d，雌果子狸尾巴上翘，乳房增大，充血明显，多卧、气喘，喜欢扯自身绒毛和舍笼内周围的保暖物做窝。

第三节 果子狸的饲养管理

一、场地建设

果子狸生性胆小，易受惊吓，喜荫蔽干燥通风的环境，故果子狸舍应选择背风、干爽、弱光、清静、通气的地方。由于果子狸的牙齿属长冠齿，会不停生长，需要硬物磨牙，故爱啃木头，建舍材料要用坚实的材料，最好用砖砌或使用铁笼。

常见的果子狸舍有笼舍、棚舍、房舍、庭院等。夏季舍温不宜超过30℃，要注意遮阴通风、洒水降温。冬季应在木箱内放些柔软的杂草，以利保暖。圈内还要注意经常清理打扫、保持清洁卫生。

1. 笼舍　选作种用的成年果子狸，最好采用铁丝网编织、砖砌或其他坚固材料制作的笼子饲养。笼的周围使用遮光措施。笼长1.5 m，笼宽65 cm左右，笼高70 cm，笼内设置巢窝，底面可用麻袋等软物作垫料，既可保温遮光还可防止果子狸被刮伤，并可为其提供栖息场所。笼的一侧设出口，笼与地面之间搭成斜道，方便果子狸进出。笼内可饲养1只雄果子狸或1只雄果子狸和2只雌果子狸。也可做成分上、中、下3层的笼子，上下层设巢窝，中层用作活动场所。每层笼之间高度70 cm。笼底用水泥铺设，地面略有斜坡，便于排便和用水清洗。每层笼之间要有孔连通。饲养商品果子狸的笼舍，可制成3 m×0.6 m×1 m的笼舍，笼内可养果子狸10只左右。

2. 棚舍　果子狸喜欢群居，故每舍可以饲养1只雄果子狸和多只雌果子狸，棚舍内设置食盆、水盆、窝箱、排粪点、栖架等。棚舍的大小可按实际情况而定，一般1雄2雌为1组，面积大小为1.5～2.5 m²，一般长1.3～2.5 m，宽1.3～2.0 m，高1.5～2.0 m，可采用砖墙、竹条或铝丝网围栏而成。

3. 房舍　即在室内饲养。房舍可采用砖混或砖木结构。门窗要设防逃设施，舍内离地面高60～100 cm处设栖架，用木条、竹竿搭成。架旁设巢窝，用木箱制作或砖砌，箱内铺设垫料。舍高2.5 m以上，分隔成长2 m、宽2 m的小区，每个小区内可饲养10只左右果子狸。此法宜养未成年或准备育肥出栏的果子狸。

4. 庭院　即在安静、干燥的空地上用砖墙围成饲养场，场内种植树木，并设置假山及攀爬跳跃设施，让果子狸自由活动，放些窝箱。此法适合大批商品果子狸养殖。

二、饲养管理

（一）仔果子狸的饲养管理

仔果子狸出生后，要做好护理准备，进出果子狸舍动作要轻，不要乱搬东西，以免雌果子狸受惊，否则会把仔果子狸吃掉。雌果子狸产仔后，会舔净仔果子狸身上的黏液，吃掉胎盘，咬断脐带，不需人工处理。产后要及时检查，对仔果子狸营养不良、雌果子狸护理能力差、乳汁少的，要及时将仔果子狸取出进行人工饲喂。仔果子狸可进行自然哺育或人工哺育。

1. 自然哺育　由于雌果子狸身体恢复较慢，在50 d左右即可断奶，仔果子狸与雌果子狸分开饲养。

2. 人工哺育　刚出生的仔果子狸体长约20 cm，体重约100 g，尚未睁开双眼。在第3天即可将仔果子狸与雌果子狸分开饲养，放到保温箱内，箱底铺设垫料，用配制的乳汁喂养。乳汁配方为：强化麦乳精25 g、奶粉50 g、酵母0.6 g、钙片0.5 g、复合维生素B液适量，用250 mL开水稀释。待晾至温热后装进塑料奶瓶内，让仔果子狸吸吮，每天4～6次。

15日龄后，仔果子狸眼睛睁开，可在上述日粮中加20%～50%的玉米糊饲喂。25日龄仔果子狸开始长牙齿，可将饲料放到盆中让其舔食，每隔7 d添喂5～10 mL复合维生素B液，以增进食欲。40日龄仔果子狸体重达500～1 000 g，可喂玉米粥，粥中加糖或食盐，辅以南瓜、甘薯及香蕉、野果等。要特别注意对仔果子狸的保温，不要直接受风吹，更不要使其受到惊吓。

（二）幼果子狸的饲养管理

刚断奶的小果子狸，还要单独细心护养。饲料以玉米粥、米粥为主，每周添加一些B族维生素和菜汁。有条件的每月可喂1～2次肉或肉汁，每只果子狸每次喂肉50～100 g，或喂肉汁100～200 g。不能一次喂很多肉类，以免腹泻。最好加喂鸡骨头、猪骨头（每天喂2～3次）。如肉类缺乏，可在米粥里拌入5%～10%炒熟的黄豆粉。还要添加西瓜、甘薯和香蕉等。90 d以后可以混养。每天早晚喂食两次。每隔7 d喂1次复合维生素B液，每次半匙，拌入粥内。也可按照玉米（或大米）120 g、黄豆粉20 g、鱼粉5 g、食盐5 g、糖10 g和适量抗生素的配方配给日粮。

（三）妊娠期和哺乳期雌果子狸的饲养管理

雌果子狸妊娠期间要尽量避免惊扰。为防止流产，雌、雄果子狸交配后应立即分开饲养。除喂粥外，需增加鸡、鱼、猪骨和香蕉等鲜果。每天加喂50 g麦乳精或1个熟鸡蛋。

哺乳期的雌果子狸性情暴躁，尽量避免惊动。在妊娠期所需营养的基础上，还要增喂些鼠、小青蛙及小昆虫等小动物。用5～6只小青蛙或鼠剥皮除内脏后整条喂给，也可用50 g的瘦猪肉生喂，每天喂1～3次，少量勤添。也可加喂奶制品，最好能喂些熟木瓜，煮熟的碎牛肉及其汁液，以添加B族维生素。禁喂带有过多脂肪的食物，以防腹泻。

（四）维持期的饲养管理

果子狸在维持期进行规模饲养时，可使用配合饲料。一般每100 kg配合饲料可用玉米45%、黄豆25%、大米12%、麦麸12%、鱼粉3%、骨粉3%和复合维生素15 g混合配成。每只日喂量约200 g，以每次喂料以吃完为度。日喂2次，中午少放，大部分应在天黑后饲喂。

（五）雄果子狸的饲养管理

雄果子狸在非配种期，供给营养中等的饲料，其体型以中等膘情为好。配种前期日粮为250 g，其中谷物饲料（玉米、大米）占60%，动物性饲料（碎牛肉、鱼粉等）30%，蔬菜类7%，干酵母、骨粉、盐类占3%；也可添喂少量植物性蛋白质如黄豆等。还要添加维生素A并加强运动。种雄果子狸每配种1次，要休息数日，不能连续交配。

（六）商品果子狸的快速育肥

商品果子狸体重1个月可增加400～500 g，需10～12个月才能出栏。采取快速育肥法可大大缩短出栏时间。育肥宜选择秋、冬、春季，在出栏前1个月进行。一般将不宜留种的果子狸去势后育肥，去势方法与猪基本一样。可从以下育肥方法中选择1种。

(1) 把熟甘薯切片晒干，喂完正餐后投喂甘薯片，夜间加喂1次，每只果子狸喂150 g（此法宜在出栏前半个月投喂）。

(2) 用2.5 kg猪脊骨和5 kg黄豆分别烘干后粉碎、拌匀，每只果子狸每天喂15 g，加上10 g白糖，拌入玉米粥和大米粥中饲喂。

(3) 用肉汁拌喂，每只果子狸每天喂100～150 g，可用鸡骨、鱼、鸭骨，在果子狸睡觉前投喂，供其夜间咀嚼，减少活动，减少能量消耗。用此法育肥，每只果子狸月增重可达750 g。若用房舍群养，育肥期间，雌雄要分开，每群以10～15只为宜。

第四节　果子狸的毛皮初加工

（一）取皮时间

果子狸2—9月换毛，11月毛被就成熟。毛被成熟的标准是颈部针毛长4.5～5.0 cm，体背、体侧针毛长4.3～4.7 cm，臀部针毛长5.0～5.5 cm。绒毛丰厚，毛被蓬松，光润整齐，灵活度好。分开毛被可看到皮肤呈粉红色或乳白色，剩下的皮板呈乳白色。取皮时间一般在12月为宜。

（二）处死方法

1. 水窒息法　一人先用套杆从颈部固定住头，另一人抓住尾，然后将嘴、鼻全浸入水中，直到窒息而死，马上放血。

2. 注射空气法　一人用套杆从颈部固定住头，另一人抓住尾部把果子狸固定在台板上，用注射器给心或静脉注入空气，待死后放血即可。

（三）剥皮和毛皮初加工

剥皮、刮油、洗皮、上楦、干燥、下楦等与水貂和狐相同。

第五节　果子狸常见疾病

一、腹　泻

【病因】摄入了被病原菌污染的食物而引起。

【症状】病果子狸食欲减退，伴有呕吐，大便稀薄并混有黏液，最后严重脱水而死亡。

【防治】①用百草霜（即锅底灰，但烧煤锅的锅底灰不能用）调粥喂服，1碗粥调入3～5 g百草霜，拌入5～16 g冰糖和维生素C水剂5 mL。②喂牛奶果，每餐2～3个，每天2次，或番石榴每餐1～2个，每天2次。③每天用1～2片土霉素拌入食物内一起吃，也可人工灌服。还可采用肌内注射兽用盐酸黄连素的方法每天每只注射5 mL，2～3 d即愈。肌内注射部位在腿部或颈部肌肉较丰满的地方。如病较重,可同时用温热的呋喃唑酮溶液（500 g 水溶入 2~4 片呋喃唑酮）灌服,使其排出污物。若脱肛,用 1/1 000 的高锰酸钾水溶液把脱肛部位洗净,人工帮助复位,缝合肛门,停食,用 1~2 片土霉素冲淡水喂服,3~5 d 后拆线即愈。

二、肠胃炎

【病原】多为沙门杆菌或大肠杆菌所致。

【症状】发病时病果子狸多呈急性经过,潜伏期 2~5 d,短的只有 1 d。病果子狸初期主要表现为萎靡不振、食欲逐渐减退,体温升高、发热,并伴有腹泻,粪便呈黄绿色或水样。随着病程的发展,出现麻痹,走路摇摆,腹泻不止,便中可带血迹,伴有气泡和黏液,颜色呈灰白色或暗灰白色。严重时,排便失禁,抽搐、痉挛、后肢瘫痪,最后衰竭而死亡。妊娠期的病果子狸,常出现流产或产死胎。有的表现为突然食欲废绝,1~2 d 后开始排的粪便带血色,有恶臭味。

【防治】为了防止传染,将病果子狸的粪便等污物冲洗干净,并用消毒剂进行全场彻底消毒。用新霉素按每只幼果子狸 10 万 IU/d,成年果子狸 20 万 IU/d,随饲料连续投喂 7 d 左右,同时可以伴喂四环素或氯霉素。幼果子狸按每天每只 0.3 g,成年果子狸按每天每只 0.4 g,连续投喂 5 d;对发病果子狸群拌料口服胃酶合剂帮助消化,每天 2 次,酌量投喂。为了防止果子狸脱水死亡,要供给红糖水,让其自由饮用。

三、便　秘

【病因】主要是由于果子狸摄入的食物中粗纤维含量不足而引起。

【症状】病果子狸大便干燥,身体呈弯弓形,头向胸下缩,尾巴低垂,有眼眵,离群独居,不思饮食,有时身体颤抖。

【防治】用 1 支 40 万 IU 青霉素针剂溶于 1~1.5 kg 冷开水中,让病果子狸饮服(药液要在 1~2 h 内饮完)。每天肌内注射青霉素,每次 15 万~20 万 IU,或注射 4 万 IU 的庆大霉素,连续注射 2~3 d。多喂些瓜果类和多汁易消化的食物,也可在稀粥中加入数滴花生油和 5~10 g 食盐。采用上述治疗方法,病果子狸的便秘 2~3 d 即愈。

四、寄生虫病

【病原】果子狸为许多蠕虫的终末宿主,当这些寄生虫的卵或幼虫随食物或饮水进入消化道后,果子狸常被感染。

【症状】病果子狸皮毛粗糙,消瘦,严重时有呕吐现象,排粪时通常有成虫排出(丝虫、线虫等),在显微镜下检查粪便会检出虫卵。

【防治】主要立足于预防,在一般情况下可取枸橼酸哌嗪 1 片,加白糖 10 g,调入稀粥内喂服,连喂 2 晚。

(张俊珍)

第八章 竹 鼠

竹鼠，又名竹根鼠、茅根鼠、竹狸、竹鼬、竹根猪、冬芒狸等，是草食性啮齿动物，因其形似家鼠又以吃竹子为主而得名。

药用方面，竹鼠肉可增强肝功能和防止血管硬化；从竹鼠肉中摄取胶原蛋白，能促进人体新陈代谢功能，抗衰防老；竹鼠的肝、胆、肉、骨头可直接入药，治体虚怕冷、腰椎寒痛、阳痿早泄、产后病后体弱、神经衰弱、失眠、关节筋骨疼痛等。竹鼠皮毛细软、光泽油润、底绒厚，是制裘衣的上等原料。竹鼠的须是制作高档毛笔的原料，货源紧张，供不应求。同时，竹鼠爱干净，采食量小，抗病力强，能够作为宠物饲养，有很好的市场前景。竹鼠集药用、毛皮用与观赏用于一身，畅销国内外市场，饲养经济效益显著，是出口创汇的高档商品。

第一节 竹鼠的生物学特性

一、分类与分布

竹鼠隶属于哺乳纲、啮齿目、竹鼠科，品种较多，包括中华竹鼠、银星竹鼠、大竹鼠、花白竹鼠和小竹鼠。中华竹鼠主要栖息于我国南部的广东、广西、云南、贵州、福建、四川等地；银星竹鼠分布于亚洲东南部，在我国主要分布于福建、江西、湖南、贵州、四川、广东、广西、云南等地，主要栖息在海拔1 000 m以下的成片竹林或竹类与其他植物共同组成的混交林、山谷芒草丛中；大竹鼠主要栖息于云南和缅甸交界处；花白竹鼠主要分布于华南和西南地区；小竹鼠分布在中缅边境一带海拔600 m左右的热带雨林和边上的竹丛中，多在蕉芋、木薯地等环境中挖洞生存。

我国人工驯养的竹鼠，多为中华竹鼠和银星竹鼠，其中又以银星竹鼠的养殖数量居多。花白竹鼠、大竹鼠、中华竹鼠、小竹鼠都是国家"三有保护动物"，私自捕捉违法。

二、主要品种与形态学特征

1. 中华竹鼠 中华竹鼠又称灰竹鼠，其外形与家鼠很相像，但体型较家鼠大，且较圆肥（图8-1）。成熟后体长约40 cm，野生状态下体重1.5~2 kg。由于人工饲养条件下提供营养均衡的食物，部分竹鼠体重可达3 kg左右。

图8-1 中华竹鼠

中华竹鼠嘴短圆、吻大，门齿锐利，上门齿特别粗大。第 1 对门齿为恒齿，出生时就有，不脱换，且随着生长发育不断地增长，需借助采食、啃咬坚硬的木条或竹子来不断磨损，才能保持上下门齿的正常咬合；大龄中华竹鼠在长期的磨损后齿冠面侧都成孤立的齿环，这是老龄中华竹鼠的特征之一。眼圆小，位于前额表面。耳小而圆，耳郭半隐入体毛内，听觉灵敏。颈短而粗，尾短小无毛。四肢粗壮，爪锋利，后肢能直立。母中华竹鼠胸前、腋下和腹部分布有 3～5 对乳头。断奶中华竹鼠及青年中华竹鼠毛均为灰黑色，老年中华竹鼠背毛呈棕黄色。

2. 银星竹鼠 体型较中华竹鼠小，成熟后体长 35 cm，野生状态下体重一般约 2 kg，人工养殖状态下可达 3～4.5 kg（图 8-2）。毛较粗糙，故有"粗毛竹鼠"之称。背面为褐灰色，背毛具有许多带白色的针毛，并带闪光，犹如毛被上蒙上一层白霜，由此得名。尾巴较短。以苇草根、白茅根、竹根、竹节、竹叶为食。

图 8-2 银星竹鼠

3. 大竹鼠 分布区狭窄，数量不多，为我国一级保护动物。体大肥胖，是竹鼠中最大的一种，成体长 40 cm 左右，体重 2～4 kg。被毛粗糙、稀疏，尾粗大且长，尾尖呈棕黄色或黄色，上门齿与腭骨成一锐角并略向前倾斜。面颊为淡锈棕色或棕红色，故有"红颊竹鼠"之称。其颔下被毛为白色，从后脑至背部由黑色逐渐变灰色，体背跟体侧呈淡灰褐色。晨昏外出活动，以竹根、竹笋为食，也食其他植物。因大竹鼠对气候非常敏感，一般生活在湿润的山岭。

4. 花白竹鼠 体形与中华竹鼠相似，体重 2 kg 左右。目前有纯白色及灰白相间。

5. 大竹鼠 分布区狭窄，数量少，属于稀有种，为竹鼠科中体型最小的一种。体形与中华竹鼠相似，体重仅为 0.2～0.3 kg。全身被毛呈棕褐色。

三、生活习性

竹鼠是一种野生的特种经济动物，由于长期的自然选择的作用，逐渐形成了以下几个与环境相适应的独特生活习性。

1. 穴居性 野生状态下的竹鼠主要穴居于竹林、芒草地，以及芒草与灌木杂生、土壤相对松软的半山地洞内。竹鼠耐低温，其生活最适温度为 8～28 ℃；胆小厌光，喜欢在阴暗、凉爽、幽静、无污染的环境下生活。

2. 昼伏夜出 竹鼠是典型的夜行性动物，白天多蜷缩在洞穴中，或钻入垫草隐居昏睡，夜间才外出活动觅食。在人工养殖条件下，白天少食多睡，夜间吃食旺盛。虽然眼小，目光短，但夜视能力强，行动敏捷，善于夜间活动，主要靠嗅觉来寻找食物。竹鼠夜间活动量大，白天熟睡时对外界的反应较差，人工养殖时白天可少投饲料，夜间多投饲料，以保证供应足够的食物。

3. 食草性、广食性、啮齿性、无饮水习性 竹鼠属于单胃食草性动物，有发达的盲肠，对粗纤维有很强的消化能力。竹鼠食性广，耐粗饲，主要以竹子为主食。竹鼠为啮齿类动物，其牙齿会不停地生长，需经常啃咬硬物来磨损牙齿。维持生命活动所需的水分从食物中获得，不必专门喂水。

4. 喜洁 竹鼠的尿量很少，粪便干燥、不臭，尤其是母竹鼠非常爱干净，会自动把窝内的粪便和饲料残渣堆出窝外。

第二节 竹鼠的繁殖

一、繁殖特点

中华竹鼠 7～8 月龄性成熟，最早的 4 月龄性成熟，最晚的 10 月龄性成熟。年繁殖 2～4 胎，每胎产仔 1～4 只，多的可达 6 只。

银星竹鼠四季繁殖，春秋季节为繁殖高峰。妊娠期 55 d，年繁殖 2～4 胎，每胎 1～5 只，哺乳期 1 个半月。

无论是野生还是人工养殖，大竹鼠繁殖率均不高，不适应大规模饲养。2—4 月和 8—10 月繁殖交配，妊娠期 45～50 d；一般年繁殖 1～2 胎，每胎产仔 1～4 只。

花白竹鼠由中华竹鼠基因变异所致，生存适

性差，繁殖率极低，已濒临灭绝，很难人工饲养。小竹鼠妊娠期40 d，每胎1~5只。

二、配　种

（一）选种

竹鼠一年四季发情，春秋两季是配种旺季。

1. 初次选种　种母竹鼠应选择身体健康强壮、体重1.5 kg以上、下腹部圆挺、乳房不干瘪、乳头大且不下陷的。选种前需加强营养，待体检合格再配种。驯养和野生种母竹鼠的选择标准基本一致。种公竹鼠体重一般小于种母竹鼠，一般8个月公竹鼠性成熟，要求体重1~1.5 kg，野生公竹鼠0.75~1 kg。

2. 二次选种　初次选种的种鼠繁殖3胎以后进行二次选种。选择的种竹鼠要求30~35 d断奶时体重在250 g以上，母竹鼠要求母性好、会带仔、年产4胎以上、每胎成活4只以上。

（二）配组配对

竹鼠配对，可由不同窝的公、母竹鼠配合。配组，可由1公2母或1公3母配成1组。母竹鼠可以是同窝产的，也可以是不同窝产的；公竹鼠则必须是不同窝产的。在选配时，除按上述良种条件要求外，还要注意公、母竹鼠之间的亲和力。如公、母竹鼠合养1周后仍出现打斗或多次发情配种不成功，或者能配种成功，但连续几胎都是产1~2只仔，说明该组合配组不理想，必须拆散重新组配。

竹鼠的记忆力极强，一旦配对成功繁殖后，便很难拆散重新配组。配对配组最好从小合群做好安排。单独关养的2只公、母竹鼠，形成固定配对以后，如果其中一只死亡，另一只需重新配对，需先将丧偶种竹鼠于黄昏放到大池里与种竹鼠群合群饲养，观察15~30 min，发现打斗即予隔开，停一段时间再将丧偶种竹鼠放进去。如此反复2~3次，直到停止打斗。待合群生活5~7 d，竹鼠习惯群养后，再从中随意挑选1公1母配对，双双放到小池里单独圈养。

（三）催情

在竹鼠的驯化饲养过程中，已经选择并配对好的种竹鼠也会出现一些不发情现象。为了提高繁殖效率，在改善饲养管理、治疗生殖系统疾病和减少应激的基础上，对母竹鼠实施人工诱导和药物催情，以促使其发情，及时进行配种。主要有以下几种方法：

1. 挑逗催情　把母竹鼠放入公竹鼠舍内，让公竹鼠追逐、爬跨、挑逗0.5 h（挑逗过程中饲养员应观察，防止相互咬伤）。

2. 气息催情　将公、母竹鼠交换饲养场地一昼夜后，让母竹鼠接受公竹鼠的气息。受到刺激的母竹鼠第2天会发情，然后把公竹鼠放回原舍与母竹鼠交配。

3. 按摩催情　饲养员左手抓住母竹鼠双耳和颈部保定，右手轻轻按摩其外阴部，待母竹鼠有举臀动作时放入公竹鼠舍内进行交配。

4. 刺激催情　用清凉油或2%稀碘酒少许，抹在母竹鼠外阴唇上，待30 min后放入公竹鼠舍内交配。

（四）发情鉴定

发情鉴定以检查外生殖器变化和公竹鼠试情2种方式为主。

1. 外生殖器变化　未发情的母竹鼠，其外阴部被阴毛遮挡，阴门紧闭，阴毛成束。发情前期表现为阴毛逐渐分开，阴门肿胀、光滑圆润、呈粉白色，用手提起尾巴，阴唇向外翻出。发情中期，阴毛向两侧倒伏，阴门肿胀更大、隆起、呈现粉红色、湿润且有白色黏液。发情后期，外阴肿胀与发情前期相似。

2. 试情法　发情的母竹鼠在圈舍内不停走动，兴奋不安，排尿频繁。当公竹鼠进入其圈舍内，母竹鼠主动接近公竹鼠，并发出温柔的"咕咕"求偶声，公竹鼠爬跨时，趴下不动，尾巴翘起。未发情的母竹鼠抗拒公竹鼠进入其圈舍，表现为敌对行为，发出恐吓的尖叫声，甚至与公竹鼠拼搏撕咬。

（五）配种

1. 配种时间　配种一般在下午进行，此时也是种竹鼠性欲最旺盛的时候，容易交配受胎。将公、母竹鼠放在一起完成自然交配。

2. 配种方法　配种前，用手提母竹鼠尾巴，做最后发情鉴定。以外阴部变化为主，确认发情适宜配种后，将公竹鼠放入母竹鼠的圈舍。公竹鼠与母竹鼠相互接触，确认不相互撕咬后饲养员方可离开，让其同居自由交配。

第三节 竹鼠的饲养管理

一、场地建设

(一) 选址

按照地势较高、排水良好、安静、阴凉、干燥,夏季易于降温避暑,冬季能够避风保暖的原则,小规模养殖可充分利用庭院空地或闲置的旧房、废弃的仓库修建竹鼠窝(图8-3)。窝室要求光线较暗,墙面坚固,内墙光滑。

(二) 竹鼠池修建

竹鼠池池底要用水泥抹平滑,防止竹鼠打洞外逃。特别注意池角的平滑,防止竹鼠利用池壁夹角的反作用力逃出池外。

图8-3 竹鼠养殖场

1. **大池** 大池的面积在 2.5 m² 以上。大池长 210~220 cm,宽 120~130 cm,高 65~70 cm。饲养池由砖块砌成,池子内壁的四周要用水泥抹平。大池适合成年竹鼠的合群饲养,造价低,容量大。

2. **中池** 中池的面积在 0.6 m² 左右,中池长 120~130 cm,宽 55~60 cm,高 65~70 cm。中池既可以进行断奶竹鼠、成年竹鼠的合群饲养,又可以用来作为成年竹鼠配对繁殖的场地。

3. **小池** 小池的面积在 0.3 m² 左右。小池长 60 cm,宽 50 cm,高 50 cm。小池易于观察竹鼠的配种和采食情况,主要用于成年竹鼠的配对、配组和交配,也可用于断奶竹鼠的群体饲养。

4. **繁殖池** 繁殖池由 2 个小池组成,即内池和外池。内池作繁殖、哺乳用的窝室。内池的面积既不能太大也不能太小,面积太大母竹鼠不便清除池内的粪便和食物残渣,面积太小则不利于母竹鼠产仔和哺乳。内池面积一般为 0.4 m²,长一般为 25~27 cm,宽 24~26 cm。外池一般作为投料间和运动场。外池的面积要比内池大,一般为 0.5 m²,长 73 cm,宽 70 cm,高 52 cm。内外池的底部要设置一个直径约 15 cm 的连通洞,以方便母竹鼠和断奶竹鼠出入。

二、饲料

(一) 饲料种类

1. **精饲料** 主要包括大米、玉米、稻谷、黄豆、高粱、甘薯、马铃薯、麦麸、甘薯、南瓜、米糠等,用于补充碳水化合物、蛋白质、维生素、矿物质等营养物质。

2. **青、粗饲料** 青、粗饲料可以是坡上生长的无毒植物的根茎、农作物的秸秆、芭芒秆、皇竹草秆、竹竿、竹根、茅草根、西瓜皮、玉米秆(芯)、胡萝卜等。

3. **药物饲料** 对竹鼠投药比较困难。竹鼠自然采食的野生粗饲料中有些本身就是中草药,具有防病和治疗作用。如白茅根具有清凉消暑功效,可作为夏季高温期的保健饲料;山胡椒具有健胃、消食、理气、杀虫功效;鸭脚木适用于治疗感冒发烧、咽喉肿痛、跌打积瘀肿痛,常喂鸭脚木根茎,可防治流感和医治内外创伤;枸杞具有清热凉血功效,竹鼠发热、眼睛多时采其根茎投喂。

(二) 竹鼠的饲料配方

竹鼠投喂比例一般为青、粗饲料占 80%~

85%，精饲料占 15%~20%。

1. 精饲料参考配方 玉米 55%、麦麸 20%、花生麸 15%、鱼粉 6%、骨粉 3%、多种维生素 0.5%、食盐 0.5%。

2. 营养棒配方 面粉 1 700 g（玉米粉 1 000 g，木薯粉 500 g，花生麸 200 g），全脂奶粉、淡鱼粉、葡萄糖、畜用生长素各 50 g，畜用赖氨酸 3 g，味精 2 g，多种维生素 1 g。以上各种原料混合拌匀，加冷开水调和搓成条状，阴凉、风干备用。每只竹鼠每天喂 1 条 10 g 的营养棒，与粗饲料一起投喂。

3. 哺乳初期日粮配方 玉米粒 50 g，米饭拌糠 100 g，甘蔗或玉米秆（高粱秆）300 g。

4. 哺乳后期日粮配方 玉米粒 80 g，米饭拌糠 150 g，鲜竹或甘蔗 300~400 g（1 窝 1 天的日粮）。

5. 幼、仔竹鼠日粮配方 米饭拌糠 10 g，玉米粒 7 g，甘蔗、嫩竹、高粱秆等 30 g（为每只每天喂量）。

6. 成年竹鼠日粮配方 玉米粒 50 g，甘蔗 300~400 g（供 1 只竹鼠饲喂 1 d 的量）或者玉米粒 50 g，鲜竹 200 g，米饭拌糠 100 g。

7. 种公竹鼠日粮配方 胡萝卜 40~50 g，玉米粒 50 g，鲜竹或者玉米秆等 300 g，米饭 100 g（内加维生素 E 20 mg）。

8. 种母竹鼠日粮配方 稀饭＋玉米面＋米糠＋麦麸＋添加剂，晚上加喂玉米粒。调制方法是，将玉米面煮成稀糊状，加入稀饭、米糠、麦麸进行混合，添加剂需待饲料冷却后再拌入，调好的饲料含水量以手捏成团松手后散开为宜。对于产仔母竹鼠，精饲料中还需添加一定的蛋白质饲料和催乳料。补饲的玉米粒应在早晨用水浸泡，16:00 左右将水滤去，待水分干后才能将玉米粒撒入圈内让竹鼠采食。粗饲料不需要特殊加工，只需将其切短，长度控制在 20 cm 以内，便于竹鼠采食，用于磨牙的硬木长度控制在 35 cm 以内。

（三）饲喂方法

竹鼠的饲喂采取定点定时饲喂的方法。每天 9:00~10:00 喂精饲料，每只竹鼠每次喂给 40~50 g；17:00~18:00 喂粗饲料，每天的粗饲料要有 2~3 个品种，每只竹鼠每次喂 200~250 g；晚上加喂玉米粒，每只竹鼠每次喂 10 粒左右。带仔母竹鼠应适当增加饲喂次数及喂量，饲料品种为含水的多汁饲料及营养丰富的精饲料。

竹鼠不用专门喂水，所需水分从精饲料及粗饲料中获取。因此必须保证供给充足的含水粗饲料，同时注意精饲料的含水量。在炎热的夏天，若含水饲料供给不足，不能满足竹鼠对水分的需要时，也可专门给竹鼠喂水。

由于竹鼠的牙齿会不停地长，需要不断地啃咬硬物来磨牙，因此在竹鼠的饲料中应注意加入木棒、树枝等硬物以供磨牙。无论竹鼠大小，每周至少喂竹子 2 次。

（四）饲料的加工调制及品质要求

一般块根类和果蔬类饲料除去污迹和泥土，削去根和腐烂部分，洗净切碎后可直接饲喂。果蔬类饲料当温度达 30~40 ℃时易产生亚硝酸盐，不应大量堆积或长时间放置。籽实类饲料去掉外壳后粉碎存放，饼粕类饲料加工成粉状存放，预混料的各种原料粉碎后充分搅拌混匀后存放。籽实类、饼粕类和预混料均需在 5~7 d 内用完，添加有抗氧化剂的预混料可适当延长存放期。配方饲料存放时间不宜超过 15 d，投喂时加入 20% 的饮用水拌湿。

对每次出库或由外地调入的饲料进行感官检查，要求籽实类饲料颜色正常，干燥，散落，无虫蛹；新鲜瓜果类饲料应光亮，表面无霉点，不黏手，无异味；对于蔬菜则主要观察其是否有生虫、发黄、发霉或腐烂等情况，是否有残留农药气味。

三、饲养管理

（一）竹鼠不同生长阶段的饲养管理

1. 仔竹鼠的饲养管理 从出生到断奶期间的竹鼠称为仔竹鼠或哺乳竹鼠。刚生下来的仔竹鼠全身无毛，两眼紧闭，中华竹鼠和银星竹鼠体重 7~20 g，体长 6~8 cm。仔竹鼠产后 12 h 即开始吸乳，3~7 d 后才开始长毛，7 d 后开始睁眼，身体颜色也逐渐由粉红色变成淡灰色。7~15 d 被毛则基本长齐，此时的中华竹鼠毛色为深灰黑色，银星竹鼠的毛色则呈深灰色。产仔舍用纸板或编织袋全部覆盖，保持安静隐蔽状态，进行封闭式饲养。

（1）仔竹鼠睡眠期的饲养。抓好吃奶工作。若母竹鼠护仔性不好，还要对仔竹鼠进行强制哺乳；

把仔竹鼠放在母竹鼠的乳头旁,将嘴顶着母竹鼠的乳头,这样仔竹鼠便会自行吃奶。

(2) 仔竹鼠开眼期的饲养。抓好补料工作。要注意喂给富含营养又容易消化的优质牧草和新鲜蔬菜叶,陆续添加具有抗菌、健胃作用的饲料,如洋葱、大蒜、野菊花、橘树叶等。

(3) 仔竹鼠的检查。只要听见仔鼠发出"吱——吱——"的叫声,说明仔鼠生长正常。若整天整夜长时间发出叫声,说明母竹鼠缺乳,应改进母竹鼠日粮,添加催乳的中草药和增喂含高糖分、高水分的鲜甘蔗、甜高粱秆等。可在母竹鼠出窝活动采食时迅速检查。

(4) 仔竹鼠的寄养。将产仔数多或有咬仔、吃仔不良行为母竹鼠所产的仔鼠,寄养到护仔性好、产龄相差在 3 d 以内的母竹鼠实行代养。方法是:将仔竹鼠轻轻放到代养母竹鼠的后腹部,让仔竹鼠自己钻入母竹鼠腹下。仔竹鼠满 60 日龄或体重达到 0.2 kg 以上,即可断奶、分窝,分窝时先分体质健壮的仔竹鼠,后分体弱的仔竹鼠。

2. 幼竹鼠的饲养管理 幼竹鼠是指断奶后 3 个月龄内的竹鼠。需投喂新鲜、易消化、富含营养成分的饲料,如胡萝卜、甘薯、竹笋、瓜皮等,以及玉米、麦麸、干馒头等精饲料。同时在日粮中添加鱼粉、骨粉、食盐、维生素、生长素,以提高饲料消化率,并促进幼竹鼠的生长发育。食物种类必须保持相对稳定,若有变更,应有过渡期。

幼竹鼠日采食 14～17 g,每天投喂 2 次,上午少喂,下午多喂。根据幼竹鼠的体重、体质强弱分池饲养,每池舍 4～5 只。

3. 成年竹鼠的饲养管理 成年竹鼠是指 4～6 月龄的竹鼠。成年竹鼠抗病力强,生长发育快,体重 1.2～1.5 kg。

应定时定量投喂,每天饲喂 1 次,每只日投喂秸秆 150～120 g,精饲料 15～20 g。基础日粮常年无须变更,若变更应有一个过渡期。成年竹鼠牙齿长得快,需要在池舍内放置 1 根竹竿或硬木条供其磨牙。每天检查竹鼠的粪便是否表面光滑,呈颗粒状。注意其毛色是否光亮,活动是否活泼,如果有意外应及时处理。

4. 种竹鼠的饲养管理

(1) 种公竹鼠。种公竹鼠要求发育良好,体重 1.3 kg 以上,背平直,健壮,睾丸显著,性欲旺盛,耐粗饲,不打斗,配种动作快,精液品质优良。种公竹鼠精液数量和质量与营养有关,但又不能喂得过肥。青、粗饲料可选用竹叶、竹竿、竹笋、玉米秆、芦苇秆、甘蔗、胡萝卜等。配合日粮应选玉米粉 5%、麸皮 20%、花生麸 15%、骨粉 3%、鱼粉 7%。种公竹鼠配种每天 1～2 次。春秋两季气温适宜,种公竹鼠性欲旺盛,精液品质好。每次发情 1～3 d,晚上配种。公母配种比例为 1：(2～3),以 1：1 较好。

(2) 种母竹鼠。种母竹鼠要求产仔率高,母性强,采食力强,体重 1.2 kg 以上。种母竹鼠在饲养管理上应根据休情期、妊娠期、哺乳期各阶段的特点进行饲养管理。种母竹鼠在休情期间,应以青、粗饲料为主,搭配少量精饲料,使其保持中等肥度。

① 妊娠期母竹鼠的饲养管理。母竹鼠自配种妊娠后至分娩,这一阶段称为妊娠期。母竹鼠在配种前 30 d,就要改用妊娠期的营养标准。母竹鼠妊娠期应该加强营养,可用蛋白质含量高的饲料,如将鱼、骨粉含量高的饲料添加拌入食物中,添加量 3～5 g/d,适当投入无芒草和根茎等青饲料。

妊娠期日投喂饲料量为 205～440 g,其中青、粗饲料 150～330 g,配方饲料 25～60 g,夏季增喂多汁饲料 30～50 g。根据胎儿的生长发育和季节因素,相应增加其投喂量,应以每次投料前不剩食为准。

母竹鼠妊娠期饲养管理的重点是防止流产。流产多发生在妊娠后 10～15 d。在寒冷的冬、春季,不饲喂冰冻饲料。饲料要多样化,并保持相对稳定。严禁换舍或捕捉、运输,并保持环境安静、舒适,防止受惊。经常保持舍内清洁,及时更换干燥、细软的垫草。

在产前约 1 周,应彻底清理饲养池,铺好清洁、干燥、细软的垫草。及时给母竹鼠增加投喂多汁饲料,防止其产后因口渴而咬仔。营造舒适的产仔环境,如果是繁殖池饲养的,应在其内室上方加盖,让母竹鼠处于黑暗环境中产仔。在产仔时,切勿往产室内投饲料,以免惊动母竹鼠,也不要随便揭开内池盖观看,否则,母竹鼠受到惊扰会吃掉刚生下来的仔竹鼠。

② 哺乳期母竹鼠的饲养管理。从仔竹鼠出生到仔竹鼠断奶,此阶段为哺乳期。此期饲养管理重点是保证母竹鼠的健康和仔竹鼠正常生长发育。哺乳期日投喂饲料量 380～580 g,其中青、粗饲料

250～350 g，配方饲料 50～80 g，夏季增喂多汁饲料 80～150 g，饲喂量应以每次投料前不剩食为准。

整个哺乳期每天要仔细观察母竹鼠的粪便、尿液、食欲、哺乳及仔竹鼠生长发育情况，若发现母竹鼠进食不多，或窝室内流出大量的尿液和死亡的仔竹鼠，则应检查母竹鼠乳汁是否不足或过多。由于母竹鼠爱清洁，会自动把窝内的粪便和饲料残渣堆出窝外，故在产后整个哺乳期不必打扫产室卫生，直到仔竹鼠断奶后，才进行清洁打扫。

5. 商品肉竹鼠的催熟 体重达到 1 kg 的竹鼠若不作为种用，可进行 20～30 d 的催肥，体重达到 1.4～1.6 kg 时作为商品肉竹鼠出售。

具体做法是：①催肥季节选在秋、冬季；②催肥前全部盘点称重，记下每栏只数和总重量；③精饲料所占比例由平时的 10% 增加到 20%，青、粗饲料由 90% 降到 80%，选取营养好易消化的饲料；④根据育肥要求，设计制作育肥专用营养棒，形同粉笔大小，每天每只喂 1 条；⑤窝室加盖，保持安静、避光。

（二）竹鼠不同季节的饲养管理

1. 春季的饲养管理 春季管理应以防病、防潮、防寒和保温为主，并保持一定的密度和室内的环境卫生。春季投喂的青饲料不能收割后立即投喂，需待晾干表面水分后投喂。阴雨天应少喂水分含量高的青饲料，多喂干青饲料。可常用中草药，如菊花、金银花、车前草、大蒜等煮水或用 EM 菌液、黄芪多糖拌入饲料中投喂，以提高竹鼠的免疫力，从而减少疾病的发生。可通过撒生石灰等方法除潮湿，保持竹鼠场及竹鼠舍的干燥。投喂料前应将上次剩余的精饲料清扫干净，饲料盘用消毒溶液浸泡清洗后再进行投喂。

2. 夏季的饲养管理 夏季要认真做好防暑降温工作，加强室内通风，保持室内清洁干燥，及时清除粪便，降低密度。竹鼠窝用竹丝等清凉透气的材料搭建，并减少垫料的厚度。多投喂含水量高的青、粗饲料，并在精饲料中增加维生素的含量，或是喂给清热消暑的绿豆水。也可在饮水中加少量的金银花水、EM 菌液、食盐等，以减少竹鼠对高温的热应激。增加青绿多汁饲料的投喂量，并保证竹鼠有足够的饮水。还应做好灭蚊灭蝇工作，避免疾病传播。

3. 秋季的饲养管理 秋季的管理还是以防病、白天降温、早晚保温工作为主。晚上应关好门窗，白天应注意保存室内通风，地面、池舍、食具及时清洁。对种竹鼠应增加蛋白质及微量元素的投喂，并做好冬季青、粗饲料的贮备工作。

4. 冬季的饲养管理 冬季的管理工作主要是保暖和预防疾病，同时保证投喂的饲料营养全面。竹鼠场舍应适当封闭门窗，防止冷风进入，并增加能量饲料的投喂量，提高竹鼠的饲养密度。由于竹鼠尿液、粪便多，应常清扫竹鼠池和更换稻草等保温垫料。中午温度稍高时，打开门窗 10 min 左右再掀开竹鼠池上的纸板，使整个竹鼠舍通风透气，避免因空气混浊而致病。

冬季投喂料要避免结冰或霜冻，可在投喂前将其放入竹鼠舍内 30 min，待温度与室温相差不大时再投喂。冬季减少多汁类饲料的投喂，适当增加精饲料的投喂量，如黄豆、糠麸、玉米等高能量精饲料，添加多种维生素、黄芪多糖等。如室内空气相对湿度低于 40% 时，应及时向地面洒少许水，保持空气相对湿度在 45%～55%、室温在 18～25 ℃。

第四节 竹鼠皮的采收加工

一、竹鼠皮的采收

（一）取皮时间

竹鼠成年体重最大可达 4 kg，一般饲养至体重 1.5 kg 以上时即可出栏，屠宰取皮。竹鼠的毛皮一年四季都有使用价值，但是以冬季的毛皮质量为最佳。毛皮成熟的主要特征是全身毛锋长齐，绒毛紧密适中而灵活、蓬松，色泽光亮，口吹风见到皮肤，风停毛绒即能迅速恢复。竹鼠活动时周身"裂纹"现象比较明显，皮板质量好。取皮时间以 11 月下旬到翌年 2 月为宜。

（二）屠宰

1. 水淹法 将毛皮已经成熟的竹鼠密集地装进 1 个使其无法活动的铁丝笼里，紧闭笼门后浸入水中。10 min 后，竹鼠全部淹死后取出。然后将其尸体倒挂在遮阴通风处，待绒毛晾干后即可剥皮。

2. 电击法 将竹鼠投入电网内，然后接通电源通电，1 min 左右即可杀死网内所有待宰竹鼠。

竹鼠被电死后，关闭电源，取出尸体，再倒挂起来。此法适用于大规模屠宰用，但必须注意安全。

3. 心注射空气法 用注射器往竹鼠心内注射空气3～5 mL，使竹鼠死亡。

（三）取皮

竹鼠皮的剥离，常用圆筒式剥皮法。方法是先将两后肢固定，用挑刀从后肢肘关节处下刀，沿股内侧背腹部通过肛门前缘挑至另一后肢肘关节处，然后从尾的中线挑至肛门后缘，再将肛门两侧的皮挑开。剥皮时，先剥离后臀部，然后从后臀部向头部方向做筒状翻剥。剥到头部时要注意用力均匀，不能用力过大。不要损伤皮质层，用剪刀将头尾附着的残肉剪掉。

二、竹鼠毛皮的初加工

（一）刮油

剥离皮张后，刮油时可用人工操作，也可用机械操作，还可以用机器粗刮后再用手工细刮。

1. 手工刮油 将筒皮套在粗细适合的原橡皮管上或木制的刮油棒上，然后拉紧皮张。刮油时持刀要平稳，用力均匀，以刮净残肉、结缔组织和脂肪为原则。初刮油者刀要钝些，由尾部向头部逐渐向前推进，刮至耳根为止。刮至乳头和公竹鼠生殖器时，用刀要轻，以防刮破。头部残肉不易刮掉时，用剪刀将肌肉和结缔组织剪掉。

2. 机械刮油 将筒皮套在刮油机的木滚筒上，拉紧皮筒，将两后肢和尾部用铁夹固定。右手握住刀的刀柄，左手扶木滚筒。接通电源，将刮刀轻轻接触皮张，以能刮去油脂为度。刮油时，从后部起刀向头部推进，回刀后，再次从后部起刀，依次推刮，严禁复刀。走刀不能太慢，更不能停在一处旋转刀具，否则刀具旋转摩擦发热易损伤皮板，造成脱毛。

（二）洗皮

刮油后，用小米粒大小的不带树脂的硬质木屑或粉碎的玉米芯搓洗毛皮。洗皮方法有手工洗皮和机械洗皮2种。

1. 手工洗皮 适用于皮张数量少、无设备条件的场所。方法是先搓皮板上的浮油，直搓至不粘木屑为止。然后将皮筒翻过来，洗净皮上的油脂和其他污物。

2. 机械洗皮 采用转笼、转鼓进行洗皮，方法是先将筒皮的皮板向外，与干净的锯末混合，并在转鼓里转几分钟，再取出，放入转笼内转动约3 min，除去附着在皮板上的锯末。皮板洗完后，再将皮板翻转使毛被向外，置于转鼓内滚动约5 min，除去毛被上的污物及浮油。毛被呈现出原有的美观。洗净后，再放入转笼内转动约3 min，除去附着在皮板上的锯末。

（三）上楦

为使竹鼠皮达到皮张的商品规格标准，防止干燥时发生皱褶，造成干燥不匀等现象，要将经上述处理后的皮张及时上楦固定。方法是将筒皮套在特定的楦板上干燥定型。楦板的规格按竹鼠的大小加工制作。

上楦过程：将报纸裁成斜条，缠绕在楦板上。将筒皮套在特定的楦板上（腹部朝上）。调整两前肢腿口，使其与腹毛平齐。翻楦板，拉整头部，调整耳壳、眼睑等部位。将皮张背中线和尾置于楦板中心线上，适当拉长鲜皮，使其伸长到楦板某一刻度处。将尾皮横拉，使毛皮比原尾缩短1/3或1/2，用细铅丝网夹压住以固定。再翻转楦板，拉宽两后腿腿皮，使其与腹面和臀部皮边缘平齐，压上铅丝网固定。

（四）干燥

上好楦板的皮张，即可进行干燥。干燥方法有3种，即室温自然干燥、炉火控温干燥和送风控温干燥。

1. 室温自然干燥 将上好楦板的皮张悬挂在通风处，皮板向外，自然干燥3～4 h，切忌在太阳光下曝晒。待皮张自然干燥至六七成再翻板，让毛向外，再风干到皮张含水量为13%～15%时才可以下楦板。

2. 炉火控温干燥 在室内放一火炉，保持室温18～22 ℃，经18～22 h，当皮张干燥至六七成时再将毛面翻出，变成皮板向里，毛向外再干燥。在干燥过程中，要翻板及时，严防温度过高，以防毛锋弯曲，影响毛皮美观。

3. 送风控温干燥 用电动鼓风机将适宜温度的热风送到干燥框中，风通过框上若干气嘴吹出。

干燥时,将上好楦的皮嘴对准气筒的风气嘴,空气则通过楦板上的特殊构造均匀地吹入木楦与衬纸之间,经过一定的时间后,皮张即能得到均匀干燥。温度20~25 ℃、相对湿度55%~65%,每分钟每个气嘴喷出空气0.26~0.36 m³,竹鼠皮经约24 h即可风干。

三、竹鼠毛皮贮存、运输及收购等级标准

(一)贮存与运输

下楦后的皮张易出皱褶,被毛不平顺,影响毛皮美观,因此,下楦后用密齿小铁梳将缠结毛梳开。梳毛时,动作要轻柔,最后用毛刷和毛巾擦净。将竹鼠皮分竹鼠种和等级,根据重量、大小,每30~35张捆成1捆,每捆2个绳,然后装入木箱或纸壳箱中,要求平展装入,不得折叠,切忌摩擦、挤压和撕扯。毛对毛、板对板平顺地堆码,并撒上一定量的防腐剂。在包装物上标明竹鼠种、等级和数量,最后,放入温度5~25 ℃、相对湿度60%~65%的库内保存。

(二)收购等级标准

毛皮品质好坏,主要以毛绒丰密、整齐、皮形完整为标准。冬皮质优,夏皮毛绒稀薄、色泽暗淡、皮板薄、质量差。一等皮,毛绒丰厚,呈灰白色,色泽光润,板质良好;二等皮,毛绒空疏或短薄,色泽发暗;等外皮指不符合等内要求的皮。

第五节 竹鼠常见疾病

一、感 冒

【病因】摄入的营养不均衡,缺乏维生素,竹鼠抗病力下降;天气突变,温度忽高忽低,冷风直吹栏舍,受寒冷刺激。

【症状】精神不振,蜷伏于池角,处于半睡眠状态,体温升高,怕冷,流泪,流透明鼻涕,鼠尾发凉,食欲减退或拒食,鼻黏膜发炎,红肿。初期流少许浆液性鼻液,继而为黏液性鼻液,呼吸困难。不及时治疗,容易转为肺炎。

【防治】肌内注射复方氨基比林,每次0.3~0.5 mL,每天2次;肌内注射青霉素10万~15万IU,每天2次;用青霉素、链霉素混合注射,每天2次;2 mL柴胡或2 mL庆大霉素,调50 mL水喂或拌入精饲料中投喂,对严重的病竹鼠进行灌服。

二、胃肠炎

【病因】由于饲料不洁、饲料突然更换、食入异物等原因引起。

【症状】病竹鼠精神沉郁,食欲减退或拒食,体温升高,呕吐,腹疼,肛门周围有稀粪,晚间在窝内呻吟,日渐消瘦,严重者脱水死亡。

【防治】停食1 d后,将土霉素研末拌精饲料喂服,每天2次;肌内注射庆大霉素、卡那霉素硫酸黏菌预混剂等注射液,每次0.4~0.5 mL,每天1次,连续用药3 d;严重时皮下注射硫酸阿托品0.1~0.2 mg。

三、抓伤与脓肿

【病因】由于争斗、运输或捉拿方法不当而造成。如抓伤或刺伤未及时治疗或治疗不当,可引起化脓。

【症状】在体表有明显的新鲜或旧伤痕,或者有黄白色化脓肿块,触压外硬内软。

【防治】剪除伤口周围被毛,用温肥皂水和消毒液清洗干净,再涂擦碘酒、汞溴红、锅底灰、万花油、鱼石脂等。创口较大、较深、出血较多时,先清洗创口,再敷云南白药以止血消炎。创口不能用纱布包扎,也不能用胶布,否则竹鼠会将包扎物撕扯掉。对于脓肿,可切开排脓,再用过氧化氢溶液、生理盐水、医用酒精、新洁尔灭液等冲洗消毒创口,涂擦抗生素粉,或肌内注射抗菌药,防止感染。

四、牙齿过长、不正

【病因】竹鼠属于啮齿类动物,其不停生长的牙齿需要不停地撕咬食物,才能保持一定的长度。由于人工饲养的饲料一般比较精细,牙齿磨损程度不够。

【症状】有的竹鼠的上下牙齿长短不一或咬合不正,使嘴巴无法完全闭合,也会造成无法啃咬东西,使食欲下降,出现流口水等现象。

【防治】平时放一些较硬的食物,如树枝、竹枝、矿物石等给竹鼠磨牙。对于病竹鼠,可用钳子在离唇0.3 cm处将牙齿剪平,20 d左右复查,如不平应再剪1次。

五、常见寄生虫疾病

【病原】主要有肠胃寄生虫，皮下、肌肉及体表寄生虫（蜱、螨、虱），血液寄生虫。

【症状】竹鼠常撕咬自己的皮毛，常去墙壁碰擦；有大块脱毛，脱毛的地方有许多皮屑，有的有结痂，拨开结痂可能看见白色虫卵或小虫子；竹鼠采食量正常，比较显瘦，皮毛无光泽或者不生长。

【防治】体内寄生虫一般用阿维菌素或者伊维菌素，症状轻微者可拌料喂，严重者则应肌内注射；体外寄生虫一般精制马拉硫磷溶液、氯氰菊酯溶液药浴。

（肖定福）

第二篇 鸟 类

- 第九章 乌骨鸡
- 第十章 雉 鸡
- 第十一章 火 鸡
- 第十二章 肉 鸽
- 第十三章 鸵 鸟
- 第十四章 鹌 鹑
- 第十五章 鹧 鸪
- 第十六章 番 鸭
- 第十七章 野 鸭

第九章 乌骨鸡

乌骨鸡是我国长期驯化培养而成的一个珍贵鸡种。乌骨鸡肉质细嫩、味道鲜美，富含黑色素、微量元素、维生素，能提高人体的免疫功能，具有广泛的滋补和药用价值。20世纪90年代以来，世界上掀起纯天然"黑色食品"的热潮，乌骨鸡则以其特有的滋补保健药用功能和丰富而全面的营养价值，在众多黑色食品中独领风骚。随着社会的发展，人民生活水平的不断提高，人们的膳食结构也在发生着质的变化，对乌骨鸡的需求日益增加。

第一节 乌骨鸡的生物学特性

一、分类与分布

乌骨鸡在动物学分类上属鸟纲、鸡形目、雉科、原鸡属、原鸡种。生产上乌骨鸡的分类主要是根据产地和外貌特征进行的。

乌骨鸡的主要产区地处亚热带。以江西省的泰和、万安、吉安等地和福建省的莆田、晋江、永春、建欧等沿海一带为主产区。20世纪80年代以来，我国许多省份对乌骨鸡进行了引种驯化，其分布几乎遍及全国各地。17世纪，我国的乌骨鸡首先引进日本，又由日本引到西方，成为西方著名的观赏鸡种，现已被国际上列为标准品种。1915年，乌骨鸡在巴拿马万国博览会上被定为观赏鸡种。

二、主要品种与形态学特征

在乌骨鸡的生产中，根据其产地和外貌特征的不同，除标准品种丝毛乌骨鸡外，还分出了一些不同的地方品种，其形态学特征亦有差异。

1. 丝毛乌骨鸡 又名泰和鸡。原产我国，主产区在江西泰和、闽南沿海地区。该鸡具有特殊的营养滋补、药用和观赏价值，主治妇科病。乌鸡白凤丸即以该鸡全鸡配制而成。

该鸡全身羽毛洁白、呈丝状，体型娇小、头小、颈短、腿矮，体态紧凑，外貌艳丽（图9-1）。有十大特征形态，即桑葚冠、缨头、绿耳、胡须、丝羽、毛脚、五爪、乌皮、乌肉、乌骨。丝毛

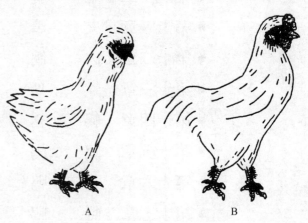

图9-1 丝毛乌骨鸡外貌
A. 母 B. 公

乌骨鸡的十大特征被人们形象地概括为："一顶凤冠头上戴，绿耳碧环配两边；乌皮乌骨乌内脏，胡须飘逸似神仙；绒毛丝丝满身白，毛脚恰似一蒲扇；乌爪生就真奇特，十大特征众口传。"

成年公鸡体重1.25～1.50 kg，母鸡1.00～1.25 kg。开产日龄165～195日龄，年产蛋量80～120枚，蛋重37～46 g，蛋壳浅褐色。90～110日龄商品仔鸡公母均可达1 kg。料重比（3.1～3.3）:1。

2. 中国黑凤鸡 为丝毛乌骨鸡的变种。全身羽毛黑色，呈丝状，黑色素沉积丰富，肉质鲜美细滑，清香甘润。其外貌特征为黑丝毛、乌皮、乌肉、乌骨、紫黑色桑葚冠、缨头、绿耳、胡须、毛脚和乌爪。

成年公鸡体重1.25～1.50 kg，母鸡0.9～1.18 kg。开产日龄180日龄，年产蛋量140～160枚，蛋重平均为49 g，蛋壳为棕褐色，少量为白色。初生雏平均重28 g，1月龄平均体重为168 g，2月龄为485 g，3月龄为750 g。出壳至3月龄全期料重比为3.2:1。

3. 江山白羽乌骨鸡 主产于浙江省江山市境内。全身羽毛为纯白片羽，体态清秀，呈元宝形，眼圆大而凸出。乌皮、乌肉、乌骨、乌喙、乌脚，耳垂为雀绿色，单冠呈绛紫色，肠系膜、腹膜和内脏均呈现不同程度的紫色。

成年公鸡体重平均为1.6 kg，母鸡为1.49 kg。平均开产日龄184日龄。500日龄平均产蛋量138枚，平均蛋重56.5 g，蛋壳厚0.36 mm，蛋形指数0.72～0.74。

4. 雪峰乌骨鸡 原产湖南省洪江市境内。因该产地位于云贵高原雪峰山区的主峰地段，故称雪峰乌骨鸡。毛色有杂色、全黑、全白3种。乌皮、乌肉、乌骨、乌喙，羽毛紧贴于体，富有光泽，单冠呈紫红色，耳叶为绿色，肌胃、脾、心、肠系膜等呈紫黑色。

6月龄公鸡体重1.5 kg，母鸡1.3 kg。开产日龄156～250日龄。500日龄平均产蛋量为94.58枚，平均蛋重46 g，蛋形指数0.72～0.74。

5. 余干黑羽乌骨鸡 主产于江西滨湖地区的余干县，为药肉兼用型。呈黑色，体型较小，全身羽毛紧贴，性情活泼，觅食力强，适应性广。乌皮、乌肉、乌骨、乌喙、乌脚。

开产日龄150～160日龄，500日龄产蛋量为145～160枚，蛋重46～50 g。

6. 腾冲雪鸡 主产于云南省腾冲市，因全身羽毛洁白似雪，肉质乌黑鲜美而得名。全身羽毛雪白无斑；皮乌、肉乌、骨乌、喙乌、耳绿，脚生4趾，脚趾均为黑色；鸡冠多为单冠，公鸡鸡冠及肉髯为紫红色，母鸡为紫黑色。

成年公鸡体重1.8 kg，母鸡体重1.6 kg。开产日龄150～180日龄，年产蛋量100～150枚，平均蛋重42 g，蛋壳浅棕白色。

7. 贵州山地乌骨鸡 因贵州省的地域性特点，有原产于楠竹之乡赤水市的竹乡乌骨鸡、主产于黎平、从江、榕江3县及临近地区的小香乌骨鸡和主产于云贵高原黔西北部的乌蒙山区（毕节、织金、纳雍、大方等县）的乌蒙乌骨鸡。

三、生活习性

1. 食性广杂 一般的玉米、稻谷、大小麦、糠麸、青绿饲料均可饲喂乌骨鸡，但其消化能力相对较差，尤其对粗纤维消化能力弱。配合日粮时，应以易消化、高营养、低粗纤维的饲料为宜。

2. 怕冷怕湿 因乌骨鸡羽片呈丝状或卷羽状，故多怕冷怕湿，不御寒。加之调节体温的能力差，尤其是雏乌骨鸡体小娇嫩，更易受环境影响。

3. 适应性较强 对环境的适应力较强，患病较少；雏乌骨鸡抗病能力差，易受多种疾病的侵害。且1～7日龄的雏乌骨鸡，体温只有39.8 ℃左右，比成年乌骨鸡低1～2 ℃，既怕冷，又怕热。

4. 胆小怕惊 尤其是雏乌骨鸡对外界刺激反应敏感，应激性强，稍有声响就会迅速聚集一起，相互踏压，易造成死亡，因此，育雏舍周围必须保持安静。

5. 御敌能力差 乌骨鸡尤其雏乌骨鸡对鼠、猫、犬、鹰和其他动物的侵袭缺乏自卫能力。

第二节 乌骨鸡的繁殖

一、繁殖特点

1. 性成熟 乌骨鸡性成熟受环境、营养、出雏季节的影响较大。公乌骨鸡早的15周龄左右就开始，但一般要到20周龄左右才能配种。母乌骨鸡24～26周龄开始产蛋，31～32周龄才能达到产蛋高峰。高峰期一般持续2周左右，最高产蛋率达到65%。一般产20枚左右就要就巢1次。因此，产蛋量年均在90枚左右（75～140枚）。

2. 繁殖年限 乌骨鸡的自然寿命可达10余年，但繁殖盛期为2年左右。一般2龄鸡产蛋率最高，以后逐年减少。

3. 就巢性 乌骨鸡的就巢性极强，常常产15～20枚蛋就要就巢。夏末秋初为就巢期，每次就巢持续时间为15～20 d，善于孵蛋育雏。

二、种的选择

1. 选择标准 乌骨鸡种鸡选择方法与其他鸡种选留使用的方法一样。育种场可根据记录和系谱选择，也可根据外貌特征选择。选择具有品种、品系特点要求的作为种鸡。如标准丝毛乌骨鸡的外貌必须具有"十全"特征，同时眼要有神，体形呈元宝形，站立时姿态平稳，走动时灵活自由，头颈结构匀称，喙短微弯，胸宽，龙骨直，以及产蛋多，换羽快，就巢性弱等。公乌骨鸡还要求雄性强，第二性征明显，啼叫高昂，动作敏捷，无趾瘤。

2. 选择时期 种鸡选择一般分3次进行。

（1）8周龄时。乌骨鸡生长到8周龄时，将外貌特征齐全、生长发育良好、在平均体重以上的雏乌骨鸡留作种用。

（2）开产前。结合分群、转群，对优秀的个体再进行精选。本次选种除了体型外貌特征之外，还应有体重标准。体重标准应根据不同品种、品系而确定。丝毛乌骨鸡公鸡体重应在1.10 kg以上，母鸡在0.9 kg以上。

（3）停产时。选种在种鸡即将停产时，根据其产蛋率、外貌、生理特征选留，作翌年种鸡用。

三、配　种

（一）自然交配

公、母乌骨鸡混群饲养，自由交配，自然形成交配、排卵、受精、产蛋的繁殖过程。

1. 公母比例 其直接影响种蛋的受精率。公乌骨鸡多时，互相争斗，踩伤母乌骨鸡，干扰交配，种蛋受精率低；公乌骨鸡少时，配种次数过多，精液品质下降，受精率也低。适宜的公母比例为：小群饲养时1：(8～10)；集约大群饲养时1：(10～12)。种蛋受精率可达95%以上。

2. 配种方法 根据具体情况可选用以下配种方法。

（1）大群配种。放入一定比例的青壮年公乌骨鸡令其自由交配。

（2）小群配种。又称单间配种。1间鸡舍放入1只公乌骨鸡、10只母乌骨鸡，使用自闭产蛋箱。用以育种时，可准确记录血缘关系。

（3）小群笼养配种法。可制作配种笼：宽1 m，长2 m，前高70 cm，后高60 cm。笼子置于铁架上，排成单列或双列。每笼放入母乌骨鸡20～24只，公乌骨鸡2～3只。任其自由交配。优点是节省建筑费用。

（4）轮换配种。1个配种单间轮换使用2～3只公乌骨鸡配种。方法是在单间内第1只公乌骨鸡配种2周后取出，空1周不放公乌骨鸡，第3周的最后1 d午后，用第2只公乌骨鸡精液给母乌骨鸡输精，隔2 d，于第3天的上午放入第2只公乌骨鸡。前3周所得的种蛋为第1只公乌骨鸡的后代。第4周前3 d的种蛋为混杂蛋，不作种用，自第4天起为第2只公乌骨鸡的后代。这种方法适合对公乌骨鸡进行后裔测定或建立家系。

（二）人工授精

1. 采精 公乌骨鸡在采精前，应当进行按摩训练。按摩训练时先剪去公乌骨鸡泄殖腔周围的羽毛，以便于采精和收集精液。每天或隔天进行1次按摩训练，3～4次后可建立条件反射，采到精液。

（1）采精方法。普遍采用按摩式采精法。一般2人协同操作。保定员用左右手分别将公乌骨鸡两腿握住，自然分开，使鸡头向后，尾部朝向术者，鸡体保持平衡，将鸡头夹于保定员腋下。术者先用酒精棉球消毒泄殖腔周围，待酒精干后采精。

采精时，术者用右手中指和无名指夹着经过清洗消毒、烘干的集精管，管口在手心内，手心朝向下方，以防污染。左手沿公乌骨鸡背部向尾羽方向按摩数次，引起公乌骨鸡的性反射，左手顺势将尾羽翻向背侧。右手拇指、食指在泄殖腔下方迅速抖动触摸，抵压泄殖腔。此时公乌骨鸡性感强烈，泄殖腔外翻，左手拇指和食指即可在泄殖腔两上侧轻轻挤压，精液即可顺利排出。与此同时，右手迅速将夹着的集精管翻上，承接精液入集精管中。

（2）采精时的注意事项。

① 种公乌骨鸡采精前3～4 h要停止给食，以防吃食过饱采精时排粪，影响精液的品质。

② 采精人员要固定，并熟悉公乌骨鸡的性反射特点，否则会影响采精量和精液品质。

③ 每只公乌骨鸡使用1只集精管，以防粪便污染更多的精液。

④ 采精次数以2 d或3 d采精1次为宜。

⑤ 采集的精液应立即置于25～30 ℃保温瓶内保存，并宜在30 min内用完或进行冷冻保存，超过这个时限，受精率显著下降。

2. 精液品质的评定 外观检查呈乳白色、不透明的液体时为正常精液。混入血液时为粉红色；被粪便污染时为黄褐色；尿酸盐混入时呈粉白色棉絮状；过量的透明液混入，则见有水渍状。凡受污染的精液品质急剧下降，受精率低下。

（1）精液量的检查。用带有刻度的吸管或卡介苗注射器将精液吸入后读数。一般采精量为0.3～0.5 mL。

（2）精子密度。一般每毫升精液含有20亿～40亿个精子，可采用估测法确定。显微镜下，整个视野布满精子，精子间几乎无空隙，密度为40亿个/mL以上；视野中精子之间的间隙明显，密度为20亿个/mL以上；若精子间空隙很大，密度则低于20亿个/mL。确定密度是为了确定精液稀释的倍数。

（3）精子活力测定。在采精后20～30 min内进行。取精液和生理盐水各1滴，置于载玻片一端混匀，放上盖片。在37 ℃条件下，用200～400倍显微镜检查。根据直线前进运动的精子数与精子总数的比例定级。视野中10%的精子做直线运动时定为0.1分，20%定为0.2分，直到1分。分数越高，精子的受精能力越强。活力在0.6分以下的精液受精率显著降低。圆圈运动及摆动的精子无受精能力。

（4）精液的pH。将新采的精液迅速用消过毒的玻棒蘸取1滴，滴在pH试纸上，在0.5 s内与比色板比色，所得读数即为精液的pH。乌骨鸡精液的pH一般为7～7.6。

对精液品质进行评定时要尽量做到动作迅速准确、取样标准、混合均匀、温度适宜（37～40 ℃）、避免异物污染、阳光照射、机械撞击、用具不洁。

3. 精液的稀释 稀释精液的目的有2个，即扩大精液量，提高均匀度，便于输精操作和为精子提供能量，维持其正常渗透压。

根据一次输精量和一次输入精子数计算稀释倍数。稀释时采取等温操作，所用器皿和稀释液应和精液的温度相等或相近。一般为30 ℃，避免温度剧烈变化造成损失。稀释操作要在采精后20 min内完成。若新鲜精液在1 h内用完，可用生理盐水或复方生理盐水作稀释液，稀释比例为1∶1。

4. 输精 3人组成1个输精小组，1人输精，2人翻肛。翻肛人员用左手大拇指与食指、小指和无名指分别夹住母乌骨鸡的2条腿，掌心紧贴乌骨鸡的胸骨末端，将鸡头向下，背向自己胸部，抱于胸前。右手拇指和4指呈"八"字形，横跨在泄殖腔两侧柔软部，轻轻向下一压，左手同时向上一推，即可使位于泄殖腔左侧的输卵管口翻出，输精人员即可输精。

输精应在16:00～17:00进行，太早输卵管内有蛋的母乌骨鸡多，会影响受精率。每只母乌骨鸡输入原精液0.025 mL，1∶1稀释的精液输入0.04 mL。输精深度以插入输卵管口1～2 cm为宜。每只母乌骨鸡1只输精管，防止交叉感染，拔出输精管时要先松开翻肛的手，并稍加按摩肛门，以防止精液倒流。

每4～5 d输精1次，即可保持较高的受精率。如果是以育种为目的，在输精后48 h即可收集种蛋并进行各项记录。

四、人工孵化

（一）种蛋

1. 种蛋的选择 种蛋应选择开产3周后母乌骨鸡所产的蛋。要求蛋壳表面光滑、清洁，结构致密、无裂缝。蛋呈椭圆形，蛋形指数在0.72～0.74。蛋的大小、重量因乌骨鸡品种或品系不同而有差别。如丝毛乌骨鸡种蛋重量要求在40 g左右，江山白羽乌骨鸡蛋重要求在50 g以上，雪峰乌骨鸡蛋重要求在45 g左右。

在外观检测的基础上，采用照蛋器透视，剔除陈蛋。对于蛋黄偏浮、气室高度在5 mm以上或气室位置偏移、内有血斑或有肉斑的种蛋应坚决淘汰。

2. 种蛋的消毒 一般采用熏蒸方法，即将种蛋放入消毒室或消毒柜中，或置于蛋架上，用塑料薄膜覆盖，使熏蒸时不漏气。

通常按每立方米空间用福尔马林30 mL加15 g高锰酸钾盛于瓷质或陶质的容器内，在20～26 ℃，相对湿度60%~70%的条件下，密闭熏蒸30 min即可。此外，还可用新洁尔灭喷洒或浸泡种蛋消毒法，过氧化氢喷雾消毒法，过氧乙酸熏蒸消毒法等。如果是在孵化器内熏蒸消毒，则将消毒盘置于孵化器内架下，关闭孵化器门和通气孔，消毒后打开门并开动风扇，驱除异味。但入孵12~96 h的种蛋不能进行消毒，这属于消毒危险期。

（二）孵化的技术要点

人工孵化方法有多种，凡是用于蛋用型鸡的孵化器都适用于乌骨鸡的孵化。不管使用任何型式、型号的孵化机，都必须掌握乌骨鸡的性能特点，以满足其胚胎发育所需的必备条件和管理措施。

1. 严格控制温度 就孵化过程本身而言，温度是否适当是决定孵化成功与否的主要因素。乌骨鸡适宜温度范围在38.2~39℃。如果分批入孵，则一般采用恒温孵化，利用老蛋带新蛋，其温度在37.8℃，但受季节影响而有差异（表9-1）。如是整批入孵，其温度则按不同胚胎发育阶段而区别对待，一般采用变温孵化。孵化初期，由于胚胎很小，几乎没有调节胚温的能力，此期温度应稍微高些。孵化中期，胚胎逐渐增大，调节体温的功能逐渐增强，孵化温度则相应降低。孵化后期，胚胎发育逐步趋于成熟，自身可以产生一定的热量，温度则应稍低。出壳前胚胎代谢很旺盛，能产生较多的热量，这时温度可以再降低一些，以利出壳（表9-2）。

表9-1 立体孵化器恒温孵化温度

入孵天数（d）	冬季（℃）	夏季（℃）
1~18	37.8	37.5
19~21	37.2	37

表9-2 立体孵化器变温孵化温度

入孵天数（d）	冬季（℃）	夏季（℃）
1~5	38.2	38
6~13	37.8	37.6
14~18	37.4	37.2
19~21	37.2	37.0

2. 调节好湿度 一般在孵化初期的1~7 d，相对湿度应保持在55%~60%；8~18 d，应保持在50%~55%；19~21 d，应增加到60%~70%。

3. 保证通风换气 通风换气良好与否直接影响到孵化效果。胚胎在发育过程中，不断吸收氧气，排出二氧化碳，为保持胚胎正常的气体代谢，必须供给新鲜空气。如果新鲜空气不能进入，有害气体不能排出，胚胎就不能正常发育，使死胚增多。一般来说，孵化初期所需空气少，通气可少，要关闭进出气孔。随着胚龄的增加，进出气孔也逐渐开大。到17胚龄后，可全部打开进出气孔。

4. 定期翻蛋、凉蛋和照蛋

（1）翻蛋。翻蛋有助于胚胎运动，促进发育，还可调节胚蛋的受热面，避免胚胎粘连于壳上。因此，入孵后必须不断翻动胚蛋，翻蛋角度要求达90°，1 d翻动8次，有自动翻蛋装置的，则次数可更多些。

（2）凉蛋。乌骨鸡蛋没有其他鸡、鸭、鹅蛋的脂肪含量高，因此直到孵化后期（19 d及以后）脂肪代谢才增强，这时由于胚蛋自身温度急剧增高才需凉蛋。凉蛋时，将热电源切断，照常转动风扇，打开孵化器机门，每次15~30 min。一般蛋壳凉至32℃为止。

（3）照蛋。是孵化过程中不可缺少的一环，目的是检查胚胎发育是否正常。如不正常，则应查找原因。

第1次照蛋在入孵5~6 d进行，为头照。凡是蛋壳轻亮，蛋内无血丝的为无精蛋，有黑点而外围有形如蜘蛛网状血管分布的为正常受精蛋。

第2次照蛋在入孵11 d进行。看到尿囊在蛋的小头合拢，只见气室亮，其余呈暗色，血管清晰的是正常发育的蛋。

第3次照蛋一般在入孵18~19 d，结合落盘进行。正常的蛋见有黑影在气室内动，除气室外，整个胚蛋不透明或呈暗色，但近气室处仍见部分血管分布。照蛋时查出的不正常蛋应及时清除。

5. 落盘和助产 入孵至18~19 d，将胚蛋从孵化室的蛋盘上移到出雏器的出雏盘称为落盘。19.5 d开始出雏，20 d为出雏的旺期。此时要及时拣雏，每隔4 h拣雏1次。动作要轻快，尽量避免碰破胚蛋。并要同时或稍后将蛋壳拣出，以防蛋壳套在其他胚蛋上，闷死胚雏。拣雏时，机门要随开随关，以免降低机内温度影响出雏。

出雏到后期可进行助产，把内膜已经枯黄或露出的绒毛已发干、雏在壳内无力挣扎的胚蛋轻轻剥开，分离粘连的壳膜，或把雏乌骨鸡头轻轻拉出壳外，令其自己挣扎破壳。但遇到壳内膜发白或有红色血管或出血时，应立即停止剥离。

第三节 乌骨鸡的饲养管理

一、营养需要与饲料

（一）乌骨鸡的营养需要

乌骨鸡营养需要基本与一般蛋用种鸡各阶段的营养需要相似。饲养场可根据本地区、本单位的具体情况，结合实际拟定。关于乌骨鸡饲养标准是在不同的生长阶段、不同生产水平条件下对各种营养成分需要的规定，是配制乌骨鸡日粮时设计营养水平的主要依据。但又不能死搬硬套饲养标准，要根据季节、场地、生产情况灵活运用，才能达到理想效果。乌骨鸡饲养标准（营养需要）见表9-3。

表9-3 乌骨鸡的营养需要（以饲料干物质为基础）

营养成分	雏乌骨鸡（0～60日龄）	育成乌骨鸡（61～150日龄）	产蛋率＞60%	产蛋率＜60%
代谢能（MJ/kg）	11.91	10.66～10.87	12.8	10.87
粗蛋白质（%）	19	14～15	19	17
蛋能比（g/MJ）	15.95	13.13～13.80	15.47	15.64
钙（%）	0.80	0.60	3.20	3.00
总磷（%）	0.60	0.50	0.60	0.60
有效磷（%）	0.50	0.40	0.50	0.50
盐（%）	0.35	0.35	0.35	0.35
蛋氨酸（%）	0.32	0.25	0.30	0.25
赖氨酸（%）	0.80	0.50	0.60	0.50
每千克日粮另外添加				
维生素A（IU）	1 500	1 500	4 000	4 000
维生素D（IU）	200	200	500	500
维生素E（IU）	10	5	20	20
维生素K（mg）	0.5	0.5	0.5	0.5
维生素B_1（mg）	1.8	1.3	1	1
维生素B_2（mg）	3.6	1.8	3.8	3.8
泛酸（mg）	10	10	10	10
烟酸（mg）	27	11	10	10
维生素B_6（mg）	3	3	4.5	4.5
生物素（mg）	0.15	0.10	0.15	0.15
胆碱（mg）	1 300	500	500	500
叶酸（mg）	0.55	0.25	0.35	0.35
维生素B_{12}（mg）	0.009	0.003	0.003	0.003
铜（mg）	4	3	4	4
碘（mg）	0.35	0.35	0.35	0.35
铁（mg）	80	40	80	80
锰（mg）	50	25	30	30
硒（mg）	0.1	0.1	0.1	0.1
锌（mg）	40	30	50	50

（二）乌骨鸡的饲料配合

在进行饲料配方设计时，应通过科学选择营养参数指标，合理选择原料，以得到满足需要的最低成本的饲料配方。不同生产阶段乌骨鸡的饲料配方见表9-4。

表9-4 乌骨鸡的饲料配方（％）

阶段	黄玉米	小麦粉	谷粉	麸皮	豆饼	鱼粉	骨粉	贝壳粉	草粉	食盐	添加剂
1~4周龄	55	4	3	2.2	27	6	1	1		0.3	0.5
5~8周龄	50	8	6	6	22	5	1	1.2		0.3	0.5
9~13周龄	52	6	6	9	18	5	1.2	2		0.3	0.5
14~17周龄	46	6	13	10	12	5	1.7	1.5	4	0.3	0.5
18~25周龄	51	6	14	7	9	4	2	1.2	5	0.3	0.5
初产期	38	10	12	9	17	5	2.2	3	3	0.3	0.5
盛产期	42	6	9	10	15	6	2.2	3	6	0.3	0.5
产蛋后期	43	7	9	10	14	5	2.2	3	6	0.3	0.5

注：1. 鱼粉含粗蛋白质60％。2. 添加剂为维生素、微量元素、氨基酸、促生长素、抗病药物等。

二、育 雏

（一）育雏的设施

1. 笼养育雏 采用育雏笼育雏，热源可以用电源或其他燃料。笼养育雏的优点是鸡舍单位面积饲养效率高，节约垫料和热能，成本低，劳动生产率高，还可控制白痢的发生和蔓延，育雏成活率高。

2. 网上育雏 把雏乌骨鸡饲养在铁丝网上，网眼一般为1.2 cm^2，周围栏网以雏乌骨鸡钻不出去为宜。网长2 m、宽1 m、高0.6 m，距地面0.8~1 m，便于管理和清粪。前2周可将料槽和饮水器放在网上，以后挂于栏网外。雏乌骨鸡不与粪便接触，可减少疾病发生，管理方便，育雏成活率高。

另外，还可以采用地下烟道育雏、火墙育雏、保姆伞育雏、红外线育雏。这些方法各有优缺点，饲养者可以根据其具体情况选用。

（二）雏乌骨鸡的开饮与开食

1. 开饮 雏乌骨鸡运到后，立即按雏乌骨鸡密度将雏乌骨鸡分放到育雏笼或育雏网上，同时记录雏乌骨鸡数，并将弱雏分栏饲养。分笼10 min后，开始让雏乌骨鸡饮水。

雏乌骨鸡出壳后的第1次饮水称为开饮。原则上讲，雏乌骨鸡开饮越早越好，及早开饮可补充雏乌骨鸡生理需水，利于雏乌骨鸡胎粪的排泄和养分的消化吸收，且可以防止雏乌骨鸡在高温条件下脱水。

开饮及以后15 h内让雏乌骨鸡饮5％~8％的糖水，可有效地降低新生雏乌骨鸡在第1周内的死亡率。饮水的温度要求在15 ℃左右。要确保每只雏乌骨鸡都能饮到水。对反应迟钝、不能自主饮水的雏乌骨鸡，要用滴灌的方法或注射器人工辅助饮水，向雏乌骨鸡口腔滴注滴。一般开饮后不再断水。

2. 开食 雏乌骨鸡经过3 h的充分饮水后，开始喂料。

雏乌骨鸡出壳后第1次吃料称为开食。开食的适宜时间是出壳后的24~36 h，60％~70％的雏乌骨鸡有啄食表现最佳。将准备好的饲料撒在和饲料颜色反差大的硬纸、塑料布或浅边食槽内，当1只开始啄食，其他鸡也模仿啄食。

可在开食用的配合料上，撒1层玉米碎粒，每100只雏乌骨鸡用450 g配合料和450 g玉米碎粒，可防止饲料粘嘴和因蛋白质含量过高使尿酸盐存积而糊住肛门。开食料里可加些庆大霉素、氟哌酸类抗生素，以减少雏乌骨鸡的肠道疾病发生。料要少喂勤添，让雏乌骨鸡自由采食。弱雏要分栏饲喂或人工辅助采食。饮盘、料槽或垫纸要注意清洗卫生，每次添料时，要清除盘、槽或纸上的粪便。

三、雏乌骨鸡的饲养管理

(一) 控制好环境条件

1. 温度 雏乌骨鸡个体比一般鸡小,羽毛稀,散热快,故更加怕冷。为了保证其正常生长发育,必须给雏乌骨鸡提供温暖的环境。除了保持一定的室温外,还可用育雏器给温保暖,大致要求见表9-5。给温的标准要灵活掌握,依雏乌骨鸡的动态情况进行温度调节。

表9-5 雏乌骨鸡所需温度 (℃)

温度	1周龄	2周龄	3周龄	4周龄	5周龄	6周龄
育雏器温度	35~33	32~31	30~29	28~27	26~25	24~23
室温	27	25	23	22	21	20

2. 湿度 一般要求2周龄以后相对湿度保持在55%~60%。根据乌骨鸡怕冷怕湿的特点,湿度过高比湿度低对雏乌骨鸡的影响更大。尤其在梅雨季节一定要保持育雏室地面的干燥和清洁。

3. 通风 实际上就是使育雏室空气新鲜,有害气体降到最低限度,保证雏乌骨鸡正常发育。室内空气中二氧化碳的含量要求在0.5%以下,硫化氢低于0.001%,氨浓度要求在0.002%以下。

4. 光照 雏乌骨鸡出壳至3周龄,一般采用24 h光照,以后每天光照18 h,每周减0.5 h,逐步接近自然光照。

5. 密度 密度直接影响雏乌骨鸡的健康和育雏舍的利用率等。比较适宜的育雏密度见表9-6。

表9-6 乌骨鸡适宜的育雏密度 (只/m²)

	周龄		
	1~2	3~5	6~8及以后
密度	50	30	20

(二) 加强饲喂, 保证营养

雏乌骨鸡开饮开食后应尽量尽快让其吃到全价配合饲料,最好是压碎的颗粒饲料。饲喂时,饲料和饮水槽应间隔放置,并做到定时定量。可参照表9-7至表9-9进行。

雏乌骨鸡胃容量小,进食量有限,而新陈代谢又很旺盛,为了满足其生长发育需要,要求饲料必须新鲜,易消化,营养丰富全面,配合饲料时一定要全价。

采用长形食槽定时饲喂时,每只雏乌骨鸡需要有一定的食槽位置。1~4周龄每只需要2.5 cm;5~8周龄每只需要7 cm,9~13周龄每只需要12 cm。若采用圆筒形食槽,1~4周龄时用小号,每个供50只雏乌骨鸡用;5周龄后用中号,每个供35只雏乌骨鸡用。

表9-7 每100只雏乌骨鸡饲料消耗量 (kg)

	周龄					
	1	2	3	4	5	6
每天耗料量	0.7	2.1	2.6	3.3	3.7	4.1
每周耗料量	4.9	14.7	18.2	23.1	25.9	28.7

表9-8 雏乌骨鸡逐周每日饮水量 (mL/只)

	周龄							
	1	2	3	4	5	6	7	8
饮水量	19	38	45	60	75	80	85	90

表9-9 乌骨鸡1~13周龄定时喂料时间及次数

周龄	上午	下午	21:00	2:00
1~2	2	2	1	1
3~4	2	2	1	
5~13	2	2		

(三) 加强管理, 注意观察

乌骨鸡较其他品种更为娇嫩,需特别注意卫生防疫工作。平时加强观察,如发现雏乌骨鸡离群呆立,精神不振、不愿采食,或发出"吱吱"叫声,应及时隔离治疗,加强护理。对体质瘦小软弱的雏乌骨鸡,也应随时挑出特殊照顾,还要经常做好大小强弱的分群工作,使雏乌骨鸡采食均匀,生长发育整齐一致。如发现啄癖现象,应及时将被啄雏乌骨鸡取出,给予治疗,并查明原因,及时排除不利因素。另外要创造安全、安静的周边环境条件,使雏乌骨鸡群不受惊扰。

四、育成乌骨鸡的饲养管理

育成乌骨鸡是指雏乌骨鸡脱温至开产前这一生长阶段的乌骨鸡,即7~25周龄的鸡,也称为仔乌骨鸡阶段。这个阶段的特点是乌骨鸡身体各部分器官发育趋于完善,也是生长发育最旺盛的时期。这一阶段饲养管理的主要任务如下。

1. 脱温 乌骨鸡6周龄左右，绒毛全部更换为丝毛，但丝毛保温性能差，还不能脱温。9周龄左右，调温能力才完善，对外界环境条件的适应性加强，可以脱温。

脱温要逐渐进行，开始时白天脱温，晚上仍加温，使仔乌骨鸡适应几天后再完全脱温。

2. 饲养育成乌骨鸡的准备 7周龄后的乌骨鸡即可转入育成期饲养。在转群之前要做好乌骨鸡舍、食槽、水槽的维修、消毒和所需饲料、垫料及药物、栖架的设置等准备工作。转入育成期后，宜由笼养、网养、棚养转为地面平养，以利加强运动和照顾乌骨鸡的特殊生理特点。同时还应组织人力进行乌骨鸡的选种、留种和分群，不留种的作为商品乌骨鸡另行饲养。

分群时按乌骨鸡的大小、强弱、公母分开管理，平养乌骨鸡以100~150只为一小群。

3. 配足食槽和水槽 每150只乌骨鸡配给圆筒食槽5个或1 m长的长形食槽10条；配给7个钟式筒状水槽或长水槽，每只鸡给2.5 cm的饮水位置。

4. 运动与密度 育成期是长骨骼、肌肉的重要时期，也是生殖器官发育的完善时期。为此，在饲养措施上，要给乌骨鸡足够的活动场地，以加强运动，获得健壮的体格。在平养条件下，适宜的密度见表9-10。

表9-10 育成乌骨鸡的饲养密度（只/m²）

	周 龄			
	7~8	9~13	14~17	18~25
密度	18	15	10	7

5. 调整饲喂量 每天喂料以25 min内乌骨鸡能吃完为宜。如10 min乌骨鸡已吃完，说明喂料量不足；25 min内未吃完，则表明喂料量过多。食槽要及时添加水，不允许有缺水现象。

6. 定期称量 乌骨鸡的体重对日后产蛋量有影响，因此要定期称重，与不同品种、不同阶段体重标准进行对比。一般要求90日龄时体重达750 g，120日龄达900 g，150日龄达1 100 g，180日龄达1 250 g。每周抽查10%的乌骨鸡，平均值低于标准，应加大喂量或次数，反之应减少喂量或次数，多喂青绿饲料。

7. 搞好清洁卫生 随着鸡群的生长和不断增加采食量，其呼吸量和排粪量也日渐增多。因而，鸡舍内的湿度大，有害气体增多，必须加强清洁卫生工作，及时更换垫料，清扫、消毒地面，加强通风，排除污浊有害气体。

8. 保持环境安静 乌骨鸡比其他鸡种更胆小、怕惊。凡是噪声、响动、异常颜色、陌生人的突然出现，以及犬、鼠、飞鸟等的窜动、经过等，都会惊动乌骨鸡群，往往引起一大群的惊叫声，长达半小时才能平静。这就会严重影响乌骨鸡群采食、饮水、休息等正常活动，妨碍正常生长发育。为此，在管理过程中一定要细心，创造安静的环境条件，尽量避免或减少惊扰乌骨鸡群。

五、成年种用乌骨鸡的饲养管理

种用乌骨鸡饲养管理的要点是：供给充足的营养物质，减少窝外蛋，提高受精率，保持蛋外壳有较高的清洁度，以获得数量多、质量好的种蛋。为此应做好以下工作。

1. 提前放置产蛋箱 育成乌骨鸡转入种用乌骨鸡舍前，即应将产蛋箱放入乌骨鸡舍内。乌骨鸡胆小，不宜用集体产蛋箱，应采用小间隔的产蛋箱。产蛋箱要均匀地放在光线较暗、通风良好、高低适中、温暖而又安静的地方。乌骨鸡舍内垫草不要过厚，因为厚而柔软的垫草易吸引乌骨鸡在垫草上产蛋。乌骨鸡爱去伏卧的角落，需用网板挡住，以免作窝产蛋。要勤拣蛋，以减少破损率和蛋壳的污染。要经常打扫蛋箱，使之保持清洁。

2. 饲养方式与密度 乌骨鸡多采用半栅半地混合平养、垫草平养。平面饲养情况下，饲养密度一般为4~5只/m²。

3. 饲喂量与饲喂方法 种用乌骨鸡的采食量受各种因素的影响，尤其是受环境温度和日粮中能量高低的影响。同时也因体重与产蛋率不同而异，饲喂量见表9-11。

表9-11 成年种用乌骨鸡饲喂量 [g/(只·d)]

体重（kg）	产蛋率（%）				
	0	50	60	70	80
1	42	72	77	83	89
1.25	49	78	87	90	96
1.50	56	85	91	96	103
1.75	62	91	96	103	108

饲喂方法，一般以粉料饲喂，但也有以颗粒料

饲喂的。用粉料饲喂，给料时占饲槽容量的2/3便可，过满易造成浪费。冬天饲喂，可将谷子从日粮中取出来，将这部分谷子原粒夜间给鸡加喂1餐，使鸡夜间无饥饿感，休息好，有助于提高产蛋率。

4. 加强光照 最好在长3.5 m、宽5 m的房舍面积装1盏40 W的灯泡，产蛋高峰期要达到16 h光照。

5. 做好醒巢工作 对刚就巢的母鸡，可立即注射丙酸睾酮，每千克体重12.5 mg，可在3～5 d内醒巢。就巢时间长者则药效不大。也可采用26 V低电压刺激醒巢，对就巢久者，同样效果不明显。

6. 做好各种记录 如产蛋生产记录、饲料消耗记录、鸡群变化记录、防病治病记录等。

第四节　乌骨鸡常见疾病

一、新　城　疫

【病原】俗称鸡瘟，是由新城疫病毒引起鸡和多种禽类的一种高度传染性的急性败血性传染病。发病率和死亡率都很高，严重时造成全群覆灭，是严重危害养鸡生产的鸡病之一。

【症状】自然感染潜伏期3～5 d。根据病情和病程可分为最急性、急性和慢性三型。最急性的病例，生前无明显症状。急性型病鸡精神委顿，羽毛松乱，翅尾下垂，鸡冠、肉髯呈紫黑色，不愿走动，产蛋骤减或停止。嗉囊内充满气体和液体，口鼻黏液增多，常从口角流出。病鸡呼吸困难，喉部发出"呼噜"声。腹泻，排出黄绿色或黄白色恶臭稀粪。病程2～5 d。慢性型多见于流行后期的成年乌骨鸡及免疫后的发病乌骨鸡。仔乌骨鸡表现呼吸症状，成年乌骨鸡主要表现产蛋量下降，死亡率较低。

【防治】目前对新城疫尚无有效的治疗方法，只有采取综合防治措施，才能有效地控制其发生和发展。首要要加强卫生管理，杜绝病原侵入乌骨鸡场。要有严格的兽医卫生防疫制度，防止一切带毒动物和污染品进入乌骨鸡场，进出人员和车辆要严格消毒，饲料来源要安全，不从疫区引进种蛋和种乌骨鸡。

预防接种是消灭和控制新城疫的关键环节。目前我国常用的鸡新城疫疫苗有Ⅰ系和Ⅳ系（Lasota）疫苗和油苗。Ⅰ系疫苗只能接种2月龄以上的乌骨鸡，对雏乌骨鸡有毒力。接种时用灭菌蒸馏水或冷开水稀释100倍，每只乌骨鸡肌内注射0.1 mL。接种后5～7 d即产生免疫力，免疫期为1～2年。Ⅳ系疫苗的毒力比Ⅰ系弱，接种安全，用于幼雏和各种年龄的乌骨鸡。稀释后滴鼻或点眼。经7～9 d产生免疫力，免疫期为3～4个月。一般在1～2周龄内接种Ⅳ系疫苗，产蛋乌骨鸡在开产前肌内注射Ⅰ系油苗或Ⅳ系疫苗饮水免疫，效果较好。

二、传染性法氏囊病

【病原】本病由传染性法氏囊病病毒（IBDV）引起的一种主要危害雏乌骨鸡的免疫抑制性、高度接触性传染性疫病。本病的特点是发病率高、病程短，但影响大，可诱发多种疫病或使疫苗免疫失败。

【症状】初期症状见到有些乌骨鸡啄自己肛门周围的羽毛，随即出现腹泻，排出白色黏稠或水样稀粪。病乌骨鸡走路摇晃，步态不稳。随着病程的发展，食欲减退，翅膀下垂，羽毛逆立无光泽，发病严重者，鸡头垂地，闭眼呈一种昏睡状态。最后因脱水严重、趾爪干燥、眼窝凹陷、极度衰竭而死亡。病程7～8 d，死亡从发病3 d开始，典型发病乌骨鸡群呈尖峰式死亡曲线。

【防治】对传染性法氏囊病，必须采取综合性防治措施。

为杀灭本病毒，应按以下消毒程序进行：首先对环境、乌骨鸡舍、笼具（食槽、水槽等）、工具等喷洒有效消毒药，静置4～6 h后，进行彻底清扫，当粪便等污物清理干净后，再用高压水冲洗整个乌骨鸡舍、笼具、地面等。间隔1 d后，再喷洒有效消毒药，间隔1～2 d后，再用清水冲1遍，然后将消毒干净的用具等放回乌骨鸡舍，再用福尔马林熏蒸消毒10 h，进乌骨鸡前通风换气。

对发病乌骨鸡群要改善饲养管理，如饮水中加5%的糖、0.1%的盐，并保证充足的供水；对未发病乌骨鸡群和假定健康群进行紧急预防接种；对确诊的发病乌骨鸡群，使用双倍剂量的中等毒力的疫苗进行紧急接种；对发病初期的乌骨鸡可肌内注射0.1 mL抗传染性法氏囊病的高免血清，治疗效果显著，但是价格较贵。

三、卵黄性腹膜炎

【病因】卵黄性腹膜炎是乌骨鸡的一种常见疾病，这和乌骨鸡胆小、容易惊群有关。本病是由于卵黄坠入腹腔造成的。

【症状】病乌骨鸡食欲不振，行动缓慢，产蛋停止，腹部过于肥大而下垂。腹腔内有大量脂肪堆积，有时有腹水。

【防治】本病无治疗意义，根据病因做好预防工作。发现病乌骨鸡，立即淘汰。

四、啄　癖

啄癖是反常的、有害的癖好，乌骨鸡较多发生，特别是一些慢羽型的地方乌骨鸡种，在中雏阶段更为严重。乌骨鸡群中常见的啄癖有以下几种。

1. 啄羽癖　在舍饲而饲养密度又过大的乌骨鸡群中，特别在幼雏换羽期和产蛋母乌骨鸡换羽期最为常见。与饲料中蛋白质、硫、钙、食盐等营养物质缺乏有关。病乌骨鸡互相啄食羽毛或自食羽毛，轻者出血，严重者可导致死亡。

2. 啄肛癖　雏乌骨鸡和产蛋母乌骨鸡发生率较高。主要是啄食肛门，育雏期间当温度过高、密度过大时，时有发生。母乌骨鸡产蛋发生输卵管脱垂时，可诱发乌骨鸡群啄食，一群乌骨鸡紧追肛门被啄伤的乌骨鸡，严重时可将直肠啄出，以致暴发全群啄肛现象。

3. 啄趾癖　雏乌骨鸡容易发生，饥饿可诱发这种恶癖。雏乌骨鸡群中互相啄食脚趾部位可造成出血或跛行。

4. 啄蛋癖　母乌骨鸡刚产下蛋，就互相啄食，有时母乌骨鸡也会啄食自己产的蛋，多见于产蛋旺期。多因饲料中蛋白质、钙等营养物质缺乏引起，也可由啄食被踩破的软壳蛋或打破的蛋开始，最后形成啄蛋癖。

啄癖以预防为主，应针对其发生的原因，采取相应的综合防治措施。

（1）日粮搭配适当，饲喂全价配合饲料，除满足蛋白质、矿物质和维生素的需要外，在日粮中添加0.2%的蛋氨酸或1%～2%的羽毛粉或2%～3%的苜蓿草粉能有效地预防啄癖的发生。

（2）日粮中补充硫酸钙（天然石膏粉），每只乌骨鸡每天给1～3 g，对防治乌骨鸡啄羽癖有效。在鸡舍或运动场挂放青绿饲料，任乌骨鸡自由采食也是防止啄癖的好办法。

（3）加强饲养管理，使乌骨鸡舍空气流通，温、湿度适宜，密度合理，光照度适当。产蛋箱宜放在较暗的地方，并及时捡蛋。

（4）发现有顽固啄癖的乌骨鸡应及时隔离或淘汰，以防蔓延。对7～10日龄的雏乌骨鸡实行断喙，是预防啄癖的根本措施。

（余四九）

第十章 雉 鸡

雉鸡又称野鸡、山鸡、环颈雉。其肉质细嫩，味道鲜美，清香可口，营养丰富。粗蛋白质含量为23.43%～24.71%，比肉鸡高11.84%，而胆固醇含量却比肉鸡低29.12%。现代中医认为，雉鸡肉能补中益气，益肝活血，治疗脾虚泄泻、胸腹胀满、腹泻等症。雉鸡身上的彩色羽毛，尤其是尾羽华丽高雅，可用作装饰羽毛。全身带羽毛的皮张可作为衣帽等的装饰品。因此，雉鸡是一种具有较高食用、药用和观赏价值的经济禽类。

第一节 雉鸡的生物学特性

一、分类与分布

雉鸡属鸟纲、鸡形目、雉科、雉属。目前，世界上有30多个亚种，主要分布在欧洲东南部、中亚、西亚、美国、蒙古国、朝鲜、俄罗斯西伯利亚东南部、越南北部和缅甸东北部。

我国有19个雉鸡亚种，其中有16个亚种为我国特有。雉鸡在我国的分布范围很广，除海南岛和西藏的羌塘高原外，遍及全国。

二、主要品种与形态学特征

雉鸡体格略小于家鸡，公雉鸡体重为1 300～1 500 g，母雉鸡为1 150～1 250 g。雉鸡体型清秀，呈流线型（图10-1）。尾羽长且由前往后逐渐变细。公、母雉鸡的体型外貌有很大的差别，易于区分。

目前，人工饲养的雉鸡主要有华北雉鸡、七彩雉鸡、左家雉鸡等品种，各品种的形态特征略有差异。

图10-1 雉 鸡
（引自崔松元等，1991）

1. 华北雉鸡 又称东北野鸡或地产山鸡，是中国农业科学院特产研究所等单位以野生雉鸡河北亚种驯化选育而成。

公雉鸡羽毛华丽，五彩斑斓，头羽青铜色，带有金属光泽，两侧有白色眉纹。脸部皮肤裸露，呈绯红色；头顶两侧各有1束黑色闪蓝的耳羽簇。颈部有白色颈环，宽而完整。胸部红铜色，背部黄褐色，腰部浅蓝灰色。两肩及翅膀黄褐色，腹部近似黑色。母雉鸡没有白眉、颈环和距，头顶草黄色，间或黑褐色斑纹，胸部米黄色，腹部淡黄褐色，尾毛较短。

成年公雉鸡体重为1.1～1.3 kg，雌雉鸡为0.8～1.0 kg，年平均产蛋量25～34枚，比七彩雉鸡低，平均蛋重25～32 g；蛋壳颜色较杂，有灰色、黄褐色、蓝色、浅褐色和橄榄色等。

2. 七彩雉鸡 是由美国育种公司引入中国环颈雉和蒙古环颈雉杂交培育而成的。

公雉鸡头羽青铜褐色，眼睑上的白色眉纹狭而不太明显；头顶两侧有青铜色的耳羽簇；脸部皮肤红色，颈部白色颈环窄而不封闭，尾羽黄褐色。其他部位的毛色与华北雉鸡基本相似。母雉鸡的毛色比华北雉鸡的浅。

成年公雉鸡体重可达1.8～2.2 kg，母雉鸡可达1.2～1.5 kg，年平均产蛋量达80～120枚，蛋重28～32 g；蛋壳颜色除少量为蓝色外，大多为黄色。

3. 左家雉鸡 又称改良雉鸡。是由中国农业科学院特产研究所在七彩雉鸡和野生雉鸡河北亚种的基础上改良选育而成的。

左家雉鸡眼上方有白色眉纹，颈部呈金属墨绿色，颈部有白色颈环，较宽但不太完整。胸部红褐色，腰部蓝灰色，腹部黑色。母雉鸡头项为米黄色，颈部浅栗色，上体棕黄色或沙黄色，下体近乎白色。

成年公雉鸡体重1.3～1.8 kg，成年母雉鸡体重1.1～1.3 kg，年平均产蛋量62枚，平均蛋重28～32 g。

4. 黑化雉鸡 又称孔雀蓝雉鸡。我国从美国引进。在欧洲、日本等地都有分布。

公雉鸡全身羽毛呈黑色，并在头顶部、背部、体侧部和肩羽、覆羽带有金属绿光泽，颈部带有紫、蓝色光泽。母雉鸡全身羽毛呈黑橄榄棕色。

生产性能及肉质与七彩雉鸡相近。

5. 大型雉鸡 由蒙古环颈雉选育而成，我国从美国威斯康星州麦克法伦雉鸡公司引进。

公雉鸡眼眶上无白眉，白色颈环窄而不完整，有的甚至没有颈环，胸部为深红色。母雉鸡腹部灰白色，颜色较浅。

成年公雉鸡体重为1.9～2.2 kg，成年母雉鸡体重为1.5～1.8 kg。年平均产蛋量为50枚。

三、生活习性

1. 适应性强 雉鸡对外界环境具有极强的适应能力，能在300～3 000 m的海拔区域内正常生活，能耐受32 ℃的高温和-35 ℃的低温天气。夏季多栖息于灌木丛中，秋后迁徙到向阳避风处。拂晓后开始活动寻食，夜间多在树的横枝上休息，雨天或雪天多在岩石下或大树根下过夜。

2. 群集性强 雉鸡的活动范围较稳定，群集性强。秋冬季节，常以几十只为一小群集体活动，繁殖季节则以公雉鸡为核心，组成一定规模的繁殖群。雏雉鸡出壳后随母雉鸡活动，但雏雉鸡具有独立生活的能力时，便离开母雉鸡，重新组群。

3. 食量小、食性杂 雉鸡的嗉囊小，对食物的容纳能力有限，采食量小，每天需饲料70 g左右。以植物的根、茎、叶、花、果实等为主要食物（占95%左右），夏、秋季可食一些昆虫或虫卵。

4. 胆怯而机警 雉鸡对外界有高度的警惕性，即使是在寻食时也时常左顾右盼，观察四周动向，谨防侵扰。人工饲养条件下，在周围颜色或声音突然变化时，会出现惊群，乱飞乱撞，影响生产。因此，在雉鸡场址的选择上，要求远离闹市或交通主干道；在管理上要保持环境安静和稳定性。

第二节 雉鸡的繁殖

一、繁殖特点

1. 性成熟 母雉鸡10月龄达到性成熟并开始繁殖，公雉鸡的性成熟期比母雉鸡晚1个月左右。公雉鸡一般利用1年，母雉鸡一般利用2年。

2. 繁殖季节 雉鸡属于季节性繁殖动物。在我国的南方，雉鸡3月初即进入繁殖期，而北方要晚1个月，4月初开始产蛋，7月末产蛋结束，其中5—6月为产蛋旺期。

3. 发情表现 公雉鸡进入性成熟期，有明显的发情表现，肉垂及脸变红，每日清晨发出清脆的叫声，并拍打翅膀向母雉鸡求偶，此时领羽蓬松，尾羽竖立，频频点头，围绕母雉鸡快速来回做弧形运动。发情期母雉鸡性情变得温顺，主动接近公雉鸡，在公雉鸡附近低头垂展翅膀行走，发出求爱信息。

4. 交配 公雉鸡在繁殖季节有较激烈的争雌现象。在性活动期，公雉鸡相互发生斗架，获胜者称为"王子"雉鸡，"王子"雉鸡控制雉鸡群中的其他公雉鸡。

雉鸡的配种有大群配种、小群配种和人工授精3种方式。大群配种是以100只左右母雉鸡为一群，按1∶5的公母比例一次性放入公雉鸡，任其自由交配。小群配种是将1只公雉鸡和6～8只母雉鸡放入小屋内配种，这种配种方式因群体小，便于建立系谱，常被育种场所采用。

二、种的选择

目前，一般的种雉鸡场多按体型外貌来选择。首先看雉鸡是否具有明显的品种、品系特征，然后根据身体各部位的要求并结合不同阶段的生理特征和生产性能进行选择。

1. 体型外貌特征 高产雉鸡身体匀称，发育良好，活泼好动，觅食力强。头宽适中，眼大灵活，喙短而弯曲，胸宽深而丰满。背宽、平、长，尾发达、上翘，肛门松弛而湿润。体型大，腹部容积大，两趾骨之间和胸骨末端与耻骨之间距离较宽。

雄雉鸡还应选择脸绯红，耳羽簇发达，胸廓宽深，羽毛华丽，姿态雄伟，体大健壮者留种。

2. 换羽 雉鸡在完成第1个产蛋年后，于秋季换羽。对于2岁雉鸡的选种可根据主翼羽脱落时间和数量来确定。高产雉鸡换羽晚，而且主翼羽2～3根同时脱落，同时长出新羽，因此换羽时间短。低产雉鸡换羽早，主翼羽依次脱落。

除此之外，要准确地选优去劣，还应根据记录资料，参考雉鸡的系谱、自身以及同胞兄妹的生产性能参数进行选择。

三、人工孵化

（一）种蛋

1. 种蛋的选择 种蛋要求来自饲养管理水平高、种雉鸡品质好、高产、健康的群体，以保证有较高的受精率和孵化率。同时要求种蛋大小适中，蛋形正常，表面光滑清洁，无皱纹、裂痕和粪污等。

2. 种蛋的保存 种蛋保存前事先要对其进行标号。保存期间要严格控制温度和湿度，正确放置种蛋，尽可能缩短保存期限。放置时应大头朝上，使蛋黄接近蛋白中央，保护休眠的胚胎，以防出现脱水或胚胎与壳下膜粘连现象。

种蛋保存的适宜温度为10～18 ℃，但根据保存的时间长短而应有所区别：保存3～4 d的最佳保存温度为22 ℃，保存4～7 d的最佳保存温度为16 ℃，而保存7 d以上者，应维持在12 ℃。

种蛋保存的相对湿度为75%左右。保存期限不宜过长，春季一般不宜超过7 d，夏季不宜超过5 d，冬季不宜超过10 d，以防蛋黄粘壳。

3. 种蛋的消毒 当蛋产在垫料或地面上时，壳上极有可能粘上细菌，即使是刚产下的新鲜蛋，通过泄殖腔时也会带菌，若不对其进行消毒，细菌将在孵化过程中侵入蛋内，影响出雏率。因此，种蛋一般需在产出后30 min内和入孵前各消毒1次。消毒的方法有如下几种。

（1）福尔马林消毒法。每立方米空间用30～40 mL的40%的甲醛溶液，加入15～20 g的高锰酸钾，在温度20～26 ℃、相对湿度60%～75%的条件下，密闭熏蒸30～60 min。

（2）过氧乙酸消毒法。可每立方米空间用含16%的过氧乙酸溶液40～60 mL，加高锰酸钾4～6 g，熏蒸15 min。也可提前24 h用40 ℃的温水配制0.1%的过氧乙酸溶液，浸泡种蛋3～5 min后，取出晾干进行孵化。

（3）新洁尔灭消毒法。可在5%的新洁尔灭溶液中加入50倍的水，配制成1∶1 000的水溶液，种蛋在此水溶液中浸泡3 min后晾干即可消毒。也可用喷雾器将0.1%的新洁尔灭溶液喷洒蛋面消毒。

（二）孵化前的准备

1. 孵化室的准备 对孵化室内的风扇、自来水管道、电路、门窗、空调机等配套设施进行全面检查和维修，保证室内空气对流，水、电持续不间断供应。

入孵前2～3 d，关闭孵化室门窗，用福尔马林熏蒸（按每立方米空间使用40 mL福尔马林加20 g高锰酸钾配制）消毒2 h，然后打开门窗用排气扇换入新鲜空气，或用26%的氨水溶液喷洒于地面上进行中和。将温度和湿度调整到所需状态，使温度保持在21～24 ℃，相对湿度控制在50%～60%。

2. 孵化机的准备 孵化前的3～5 d，对孵化机做全面调试。尤其是对孵化机和出雏机的温湿度调节系统、温湿度计、马达和转蛋的传动部分进行重点检修和校正。检查温度显示器，使其能准确反映机内实际温度。用已知准确的温度计校验孵化机内的温度计。在孵化机内的不同空间放置校正过的温度计，测定正常工作2 h后不同空间的温度，使空间温差控制在±0.3 ℃以内。同时对孵化机进行彻底清洗和熏蒸消毒。入孵前孵化机需空转24 h以上，当各项参数达到规定指标，机内环境处在稳定状态时方可进蛋孵化。

(三) 孵化的技术要点

1. 严格控制温度 温度是雉鸡胚胎发育最重要的条件，也是雉鸡人工孵化成功与否的决定性因素。孵化初期，胚胎代谢处在低级阶段，产热量少，因而需要较高而稳定的孵化温度。孵化后期，胚胎本身产生大量的生理热，因而需要较低的温度。

整批入孵时，第1~10天的适宜温度为38.2~38.4℃，第11~20天为37.8~38℃，第20天以后为37.4~37.6℃。

分批入孵时可采用恒温孵化，即第1~22天将温度维持在38℃，第22天落盘时温度降至37.5℃。

2. 调节好湿度 湿度对雉鸡胚胎发育有很大的作用。

雉鸡孵化前期的相对湿度以55%~60%为宜，中期应降至50%~55%，后期为了促进出雏破壳，应提高到65%~70%。

恒温孵化时，前期和中期的相对湿度应为53%~57%，只有到破壳出雏期，才将相对湿度提高到65%~70%。

3. 保证通风换气 胚胎在发育过程中，不断与外界进行气体及热能交换。

除最初1周外，胚胎必须不断进行气体交换，从外界吸收氧气，排出二氧化碳。其交换量随胎龄的增长而增加，特别是孵化后期，胚胎开始从绒毛膜呼吸转为肺呼吸，其耗氧量更大，如室内空气中氧气不足，便会影响气体交换的效果和胚胎的正常发育。同时，胚胎发育的过程也是一个不断产热的过程，如不能及时散热，温度过高，将严重阻碍胚胎发育。

目前，几乎所有的孵化器内都装有恒温风扇，能在确保孵化器内温度恒定的前提下，根据胚胎产热量，自动调节通风量。

4. 定期翻蛋和照蛋

(1) 翻蛋。翻蛋的目的是改变种蛋的位置和角度，使胚胎外部空间定位，平衡胚胎水分和营养，促进胚胎外膜生长和羊膜运动，防止胚胎与蛋壳粘连。

一般从入孵的第1天起，每昼夜翻蛋8~12次。要求每次翻蛋的翻转角度不得小于45°，以90°最好。21d后停止翻蛋。

(2) 照蛋。照蛋的目的是观察胚胎的发育情况，便于随时调整孵化制度，通过照蛋还可拣出无精蛋和死胚。

第1次照蛋安排在入孵后的第7天，主要是观察初期胚胎发育状况，剔除无精蛋和死胚蛋。发育正常的胚蛋可见气室边缘界线明显，胚胎上浮，有明显的黑眼点；同时有血管向四周扩张，分布如蜘蛛状。无精蛋气室边缘界线不明显，蛋内透明，隐约可见蛋黄浮动暗影。死胚蛋气室边缘模糊，蛋黄内出现1个红色的血圈、半环或线条。

第2次照蛋安排在入孵后的第13~14天，目的是检查前、中期胚胎的发育情况，及时拣出死胚蛋。发育正常的胚胎可见气室增大，边界明显，胚体增大，出现"合拢"。死胚蛋内半透明，无血管分布，中央有死胚团块随转蛋而浮动，蛋无温感。

第3次照蛋安排在入孵后的第21~22天，目的是观察后期胚胎发育状况，为出雏做准备。

5. 落盘与助产 落盘是指将胚胎发育正常的胚蛋从孵化机转入出雏机继续孵化至出壳的过程。落盘时间的确定应以胚胎啄破壳内膜进入气室为依据。落盘时胚胎进入气室的比例和同期化水平越高，则孵化率也越高。出雏机的温度一般要求比孵化机降低0.56~1.0℃，落盘后注意增大通风量和适当增加湿度。从孵化的第23天开始，每4h左右捡雏1次。

雏雉鸡有趋光性，因此，出雏开始后，要关闭机内的照明灯，以防雏雉鸡相互拥挤而造成压死。出雏率达到50%后，可将出雏机内温度适当提高0.56~1.0℃，加快胚蛋破壳出雏。

绝大多数雏鸡在啄破壳内膜后的24h左右便能破壳，如果破壳1d以上仍不能脱壳的可采取人工助产。助产要待雏雉鸡的尿囊血管枯萎后方可进行，否则会因大量出血而死亡。

出孵结束后要对所有的设备和仪器进行彻底的清洗和消毒，以备下次孵化使用。

第三节 雉鸡的饲养管理

一、营养需要与饲料

(一) 营养需要

与其他禽类一样，雉鸡的营养需要也因生长阶段不同而异。目前，我国对雉鸡的营养需要研究较少，在配制日粮时对许多营养物质的用量尚没有一个统一的标准。可参考雉鸡各生长阶段营养需求量配制饲料 (表10-1)。

表 10-1 雉鸡各生长阶段营养需要

营养成分	0～4 周龄	4～12 周龄	12 周龄至出售	产蛋种雉鸡	休产种雉鸡
代谢能（MJ/kg）	12.13～12.55	12.55	12.55	12.13	12.13～12.55
粗蛋白质（%）	26～27	22	16	22	17
蛋氨酸＋胱氨酸（%）	1.05	0.90	0.72	0.65	0.65
赖氨酸（%）	1.45	1.05	0.75	0.80	0.80
蛋氨酸（%）	0.60	0.50	0.30	0.35	0.35
亚油酸（%）	1.00	1.00	1.00	1.00	1.00
钙（%）	1.30	1.00	1.00	2.50	1.00
磷（%）	0.90	0.70	0.70	1.00	0.70
钠（%）	0.15	0.15	0.15	0.15	0.15
氯（%）	0.11	0.11	0.11	0.11	0.11
碘（mg/kg）	0.30	0.30	0.30	0.30	0.30
锌（mg/kg）	62	62	62	62	62
锰（mg/kg）	95	95	95	70	70
维生素 A（IU/kg）	15 000	8 000	8 000	20 000	8 000
维生素 D（IU/kg）	2 200	2 200	2 200	4 400	2 200
维生素 B_2（mg/kg）	3.50	3.50	3.00	4.00	4.00
泛酸（mg/kg）	10	10	10	10	10
烟酸（mg/kg）	60	60	60	60	60
胆碱（mg/kg）	1 500	1 000	1 000	1 000	1 000

（二）饲料

雉鸡的食性较杂，对能量饲料、蛋白质饲料、矿物质饲料、维生素饲料和添加剂饲料均可利用。常用的能量饲料有玉米、大麦、小麦、高粱、稻谷、小麦麸、米糠、块根、块茎、瓜类、粉渣、酒糟类等；常用的蛋白质饲料有大豆饼、大豆粕、菜籽饼、菜籽粕、棉籽饼、棉籽粕、花生饼、花生粕、芝麻饼、鱼粉、肉骨粉、肉粉、血粉、羽毛粉、酵母等。

（三）饲料配方

由于各地所饲养雉鸡的品种及自然条件不同，因而所采用的饲养标准和饲料配方不同。可参照下列雉鸡饲料配方（表 10-2）。

表 10-2 雉鸡饲料配方

饲料	0～4 周龄	5～9 周龄	10～16 周龄	种雉鸡	休产雉鸡
玉米（%）	30	38	60	40	62.5
全麦粉（%）	10	10	—	10	—
麦麸（%）	2.6	4.6	8.5	3.5	15
高粱（%）	3	3	—	—	—
大豆饼（%）	25	21	—	15	—
大豆粕（%）	—	—	18	—	15
大豆粉（%）	10	8	—	10	—
鱼粉（%）	12	10	8	12	5
酵母（%）	5	3	3	5	—
骨粉（%）	1	1	—	2	—

(续)

饲料	0~4周龄	5~9周龄	10~16周龄	种雉鸡	休产雉鸡
贝壳粉（%）	1	1	2	2	2
食盐（%）	0.4	0.4	0.5	0.5	0.5
多种维生素（g/kg）	0.2	0.2	0.2	0.2	0.2
微量元素（g/kg）	1	1	1	2	2
代谢能（MJ/kg）	12.21	12.25	12.16	11.75	11.95
粗蛋白质（%）	28	25.2	20.8	24.7	17.9

二、雏雉鸡的饲养管理

雉鸡的育雏期是指从出壳到4周龄这一时期。此期雏鸡生长发育快，身体的各个组织器官发育不健全，体温调节能力及对环境的适应性差，抗病能力弱。因此，育雏期是雉鸡养殖的关键时期，其育雏难度比家鸡大。

（一）选择适当的育雏方式

目前，雉鸡的育雏方式有地面更换垫料平养、地面厚垫料平养、网上平养和立体笼养4种。

地面更换垫料平养是把雏鸡饲养到3~5 cm厚的干燥、清洁、柔软、无霉变的锯末、谷壳、稻草、麦秸上，根据卫生状况，经常更换垫草。

地面厚垫料平养是将雏鸡饲养到20 cm厚的垫料上，中途不再更换垫料。

网上平养是将雏鸡饲养在距地面50~60 cm高的铁丝网、塑料网或竹片网上，网眼大小1.25 cm×1.25 cm。

立体笼养是将雏鸡饲养到3层或4层带有供暖设备的笼内的一种育雏方式。

每种育雏方式都有其优缺点。在生产中要采用哪种方式，应根据季节、气候等具体情况而定。一般在育雏的早期或冬季育雏时多采用地面厚垫料平养方式，而在育雏后期或夏季则多采用地面更换垫料平养方式。对于气候较冷的地区宜选择地面平养方式；对于南方气候比较潮湿的地区则宜选择网上平养或立体笼养方式。

（二）控制好环境

1. 温度 雏雉鸡与家鸡一样，对环境温度和湿度的要求较高，控制好温度和湿度是育好雏的关键。育雏温度随着雏鸡的日龄增长而逐渐降低。雏鸡对温度的要求：1~3日龄为34~35 ℃，4~5日龄为33~34 ℃，6~8日龄为32~33 ℃，9~10日龄为31~32 ℃，11~14日龄为28~31 ℃，15~25日龄为28 ℃至常温，25日龄以后可逐渐停止加温。把育雏室由供暖变成不供暖状态的过程称为脱温。脱温要根据季节和气温的变化灵活掌握，一般情况下，当昼夜平均温度达到18 ℃且雏雉鸡达到相应日龄时便可脱温。

2. 湿度 为防止球虫病的发生，1~10日龄将相对湿度调整到65%~70%，11日龄后调整到55%~65%。

3. 光照 光照时间过长或过短会使雉鸡提前进入性成熟期，过早产蛋、产小蛋，降低产蛋持续性；光照过强还会导致雉鸡啄羽、啄趾和啄肛。适宜的光照可促进雏鸡采食和饮水，增强运动，有利于骨骼和肌肉生长，预防疾病。

育雏阶段应遵循的光照原则是：①光照时间只能减少，不宜增加；②采用弱光，避免强光；③补充光照不能时长时短；④黑暗时间避免漏光。

雏鸡出壳后1~4 d采用24 h光照，5~14 d采用20 h光照，15~20 d采用19 h光照，3周龄后转为自然光照。光照度一般以10 lx以下为宜，具体应用时，每15 cm² 鸡舍在第1周时用1个40 W灯泡悬挂于离地2 m高的位置，第2周换成25 W的灯泡即可。

（三）科学饲喂

1. 初饮 雏雉鸡出壳后24~36 h便进行第1次饮水，此时应给予与育雏舍温度相同的0.01%的高锰酸钾水1次，之后换成0.01%的呋喃唑酮水，连用10 d，可预防白痢和球虫病。

2. 开食 雏雉鸡初饮后便开始采食，开食时可将饲料放到报纸或塑料布上，用手轻轻敲打垫纸诱雏采食。雏雉鸡开食饲料可用黄玉米粉与熟鸡蛋拌匀饲喂，第2天混入一半雏雉鸡混合饲料，第3天可按生长阶段供给全价饲料。

3. 饲喂次数 1周龄内每天喂9次，第2周每天喂6次，以后每天喂5次。

（四）安排合理的饲养密度

雏雉鸡群体不宜过大，一般每平方米面积饲养1~10日龄雏鸡60~70只，11~20日龄雏鸡40~50只，21~30日龄雏鸡20~30只。

（五）适时断喙、断翅

断喙可防止雉鸡啄癖及采食时勾甩饲料，减少饲料的浪费，促进生长，提高育雏率。雉鸡一般要断2次，第1次在10日龄左右，第2次在10周龄左右。为防止断喙时发生应激，断喙前可在饲料或饮水中添加维生素K或镇静药。

雉鸡有一定的飞翔能力，这会影响饲料利用率，因此有必要对雏雉鸡进行断翅。断翅最好在雏雉鸡出壳后的24h，最迟不超过7d。

（六）做好疾病预防工作

雏雉鸡对疾病的抵抗能力较弱，易发病。因此，要加强对雏雉鸡的防病工作。

育雏前3d必须对育雏舍和育雏用具进行彻底消毒，首先把地面和墙壁冲洗干净，然后用新配的8%~10%的生石灰水喷洒消毒，最后用8%的生石灰水加1%的氢氧化钠溶液喷雾消毒。室内空间可用福尔马林熏蒸法消毒。

初次饮水时要在水中加入0.01%的高锰酸钾，以清理肠道。1日龄时皮下注射马立克病疫苗，12日龄和28日龄时接种鸡新城疫Ⅱ系或Ⅳ系疫苗，14~16日龄时接种传染性法氏囊病疫苗。同时还应做好预防性投药，雏雉鸡预防性投药的时间和剂量见表10-3。

表10-3 雏雉鸡预防性投药的时间和剂量

时间	预防疾病	预防用药剂量和方法
开食前	上呼吸道病	每只雏雉鸡2 000~3 000 IU的链霉素喷雾1次
1日龄	白痢、球虫病	呋喃唑酮，按0.02%拌入饲料，连喂5 d
4日龄	白痢、球虫病和肠道疾病	饲料中按0.03%的比例拌入土霉素，连喂5 d
10日龄	新城疫	鸡瘟Ⅱ系疫苗饮水、滴鼻或喷雾，饮水剂量为肌内注射量的2~4倍
12日龄	白痢、球虫病	每只雏雉鸡每天2 000 IU的青霉素饮水或拌料，连喂5 d
18日龄	白痢、霍乱	每千克体重每天5~10 mg的喹乙醇，连喂6 d

三、青年雉鸡的饲养管理

雉鸡的青年期指从5周龄到产蛋前的这一段时间。此期是雉鸡一生中生长发育最旺盛的时期，尤其是2~4月龄，生长发育速度最快，日增重可达10~15 g，因此加强青年雉鸡的饲养管理对提高雉鸡后期生产性能具有十分重要的意义。

（一）选择适宜的饲养方式

雉鸡的饲养方式有网舍饲养、金属网床式饲养、平养和散养等，其中，网舍饲养是较常用的方式。

网舍以坐北向南为好。砌一高2 m的北墙，由北墙顶部向南搭1个2 m长的斜坡或房盖，房盖最低处用木桩支撑。网舍其他三面用柱和网眼大小为2 cm×2 cm左右的钢丝网或尼龙网围起来。在网舍南侧留出高1.7 m、宽0.6 m的工作门，网舍内放饮水器、饲料槽和栖架。

（二）合理分群

5~10周龄的饲养密度以每平方米6~7只为宜，如包括运动场，则每平方米不超过2只，鸡群规模视鸡舍大小控制在300只左右为宜。11周龄以上每平方米饲养3~4只，如包括运动场，则每平方米不超过1.2只，此时应按公母、强弱分别组群，每群控制在150只左右。

（三）提供适宜的温度和光照

1. 温度 青年雉鸡虽已脱温，但对环境温度的变化仍较敏感，如遇到降温天气时仍需适当加温或采取适当的方式将温度控制在18～25℃。

2. 光照 控制光照是延迟性成熟的重要技术措施。

春季孵出的雏雉鸡，其生长后期正处在从长日照向短日照变化的季节，采用自然光照便可防止小母雉鸡过早性成熟。如在秋季育雏，前10周可采用自然光照，10周龄以后采用10～20周龄阶段最长的自然光照时间，如这阶段的最长自然光照时间为12 h，则不足12 h自然光照的其他各周应采用灯光补足12 h。

四、种雉鸡的饲养管理

90～120日龄以上并专门用来繁殖的雉鸡称种雉鸡。种雉鸡按其生理变化规律可分为繁殖期（3—8月）和休产期2个阶段。

（一）繁殖期饲养管理

1. 适时公母合群 雉鸡的繁殖有季节性，进入繁殖季节即要放对配种。放对时间以3月中旬前后为宜，但现在部分场已提前到1—2月。

2. 保护"王子"雉鸡，设置隔板 公、母雉鸡合群后，公雉鸡之间激烈的争偶斗架称为拔王过程，胜利者为"王子"雉鸡。当群中确立了"王子"雉鸡之后，雉鸡群才安定下来。

拔王期要人为地帮助"王子"雉鸡打败其他鸡，使之早拔王，早稳群。公雉鸡群体序列确定后，一般不要随意放入新公雉鸡，以维护"王子"雉鸡的地位。"王子"雉鸡常控制其他公雉鸡的采食和交配，这一特性易产生"王子"雉鸡利用过度、种蛋受精率低等后果。因此，应在圈舍中用石棉瓦等设置隔板，遮挡"王子"雉鸡的视线，使其他公雉鸡有交配的机会，以提高种蛋受精率。

此外，雉鸡繁殖期还应加强营养，在管理上应谢绝参观，保持环境安静，定期消毒，以确保种雉鸡正常繁殖。

（二）休产期饲养管理

休产期可分为准备繁殖期（1—3月）、换羽期（8—9月）和越冬期（10—12月）3个阶段。

准备繁殖期主要对雉鸡分群、整顿和免疫，同时对鸡舍进行全面检修，做好产蛋前的准备工作。换羽期主要是通过调整日粮结构，蛋白质水平（含硫氨基酸的水平不能降），以加快换羽，缩短换羽期。越冬期的重点是做好防寒保温工作。

第四节 雉鸡常见疾病

一、新城疫

【病原】本病病原是副黏病毒科的新城疫病毒，各种年龄的雉鸡均可感染发病。

【症状】急性型突然发生，病雉鸡口流涎液，呼吸困难，张口呼吸，很快死亡。慢性型病雉鸡无精打采，食欲减退，缩颈低头，翅尾下垂，呈昏睡状态，眼圈发绀，腹泻，排黄绿或暗绿色带血稀粪，体温升至40℃以上。嗉囊积聚大量黏液或气体，倒提时雉鸡口腔内流出多量酸臭液体。病后期常有神经症状，病死率高达90%～100%。病变是腺胃黏膜出血，小肠出血、坏死，形成溃疡。

【防治】目前无特效药治疗。定期接种鸡新城疫苗可有效地防止该病的发生。其免疫程序是雏雉鸡出生后7～10日龄，用新城疫Ⅱ系弱毒苗滴鼻进行第1次接种，接种后7～9 d产生免疫力，免疫期为3～4个月；25～30日龄时用新城疫Ⅱ系疫苗进行第2次滴鼻；90～120日龄时肌内注射新城疫Ⅰ系疫苗，进行第3次免疫。

雉鸡发病后，应紧急消毒，分群隔离，全群用Ⅰ系或Ⅳ系疫苗紧急接种。同时在饮水中加入适量鱼腥草注射液、维生素C、维生素K等，连用3～5 d，以缓解疫情。

二、禽霍乱

【病原】本病又称巴氏杆菌病、禽出血性败血病，是由多杀性巴氏杆菌引起雉鸡的一种急性败血性传染病。

【症状】最急性型无前期症状而突然死亡。

急性型病雉鸡表现为双眼闭合，食欲减退或不食，渴欲增加，翅膀下垂，脸色青紫，呼吸困难，口鼻积聚多量黏液，剧烈腹泻，粪色黄或灰白，经2～3 d死亡。

慢性型精神萎靡，减食，消瘦，黏膜苍白，关节肿胀，跛行，病程可拖至3周以上。

病变主要是肝肿大，表面有灰白色坏死点，心外膜和心冠脂肪有出血点或出血斑，肺充血，小肠、腹膜、肠系膜等处呈出血性炎症。

【防治】加强日常管理，注意栏舍通风干燥，避免阴暗潮湿和拥挤。

定期用禽霍乱弱毒苗或蜂胶苗接种。一般在2月龄首免，种雉鸡在产蛋前1个月再行二免。在春秋两季或气候突然变化时节，或发生腹泻时，日粮中加入适量的抗生素药物，可有效防止本病的发生。

治疗药物很多，效果均较明显。如每千克饮水中加入5%恩诺沙星或5%环丙沙星注射液1 mL，连饮3～5 d或每千克体重肌内注射0.1～0.2 mL。也可以用2%环丙沙星预混剂250 g拌入10 kg日粮，连喂2～3 d。

三、传染性法氏囊病

【病原】传染性法氏囊病又称传染性腔上囊炎，由法氏囊病毒引起，主要危害育雏后期至育成期的雉鸡。一年四季均可发生，发病后4～5 d为死亡高峰，7～8 d疫情趋于平稳，同一雉鸡群可能反复、多次发病。

【症状】病雉鸡食欲减退，精神不振，排黄白色或白色带黏稠的稀粪。病变为法氏囊肿大，比正常的大2～3倍，内有多量黄色透明状液体，病程长者见有黄色干酪状内容物。因脱水、消瘦，胸肌颜色发暗，骨骼肌、肌胃与腺胃交界处、盲肠扁桃体出血，严重病例肾肿大并有尿酸盐沉积。

【防治】适时接种疫苗，选用合适的免疫程序和免疫方法。

由于本病毒株鉴别难度大，故应选用弱毒或多价疫苗。首免10日龄左右，二免28日龄左右。选用饮水免疫时，应在饮水中加入0.2%的脱脂奶粉以稳定疫苗的活性。种雉鸡在以上2次免疫的基础上，产蛋前1周再用油乳剂灭活苗接种1次，可使种蛋孵出的雏雉鸡获得较高的母源抗体。

发病初期，对雉鸡舍带鸡消毒，用1∶200的过氧乙酸以每立方米空间40 mL喷雾；全群注射传染性法氏囊病高免蛋黄液、高免血清，或传染性法氏囊病和新城疫二联高免蛋黄液。一般病雉鸡每只1 mL，严重病雉每只1.5 mL。

提高日粮营养浓度，适当添加抗生素药物，但不要添加对肾有毒性的药物。

四、传染性支气管炎

【病原】本病是由冠状病毒引起的一种急性、高度接触传染性的呼吸道疾病，各种年龄的雉鸡都可感染发病，但一般以雏雉鸡最为严重。

【症状】雉鸡群中突然出现有呼吸道症状的病雉鸡，迅速波及全群。病雉鸡张口呼吸，伸颈，打喷嚏，发出"呼呼"的啰音或咳嗽声，夜间尤为明显。精神不振，食欲减退，排白色稀粪，衰弱，昏睡，翅膀下垂。雏雉鸡鼻流黏液，种雉鸡产蛋率急剧下降，产出软壳蛋、畸形蛋或粗壳蛋。虽然本病死亡率不高，但易并发其他疾病从而会造成更大损失。

病变见靠近肺部小支气管内壁有淡黄色干酪样物阻塞，管腔内有黏稠透明状液体，肺瘀血，气囊混浊。

【防治】做好防寒保暖工作，定期接种疫苗。

首免在7日龄内用传染性支气管炎H_{120}加苗饮水或滴鼻，二免在3周龄后。后备种雉鸡在8～10周龄用传染性支气管炎H_{52}苗作二免，种雉鸡在开产前2周用油乳剂灭活苗再免疫1次。

（樊江峰）

第十一章 火 鸡

火鸡又名吐绶鸡，是一种大型肉用禽。火鸡适应性强，食性广，能在十分粗放的条件下饲养，生长速度快，饲料转化率和屠宰率高，市场需求量非常大。火鸡肉质鲜嫩、味美爽口、营养独特，是一种高蛋白质、低脂肪、少胆固醇型的肉食佳肴，具有独特的滋补保健功能，尤其适合患心血管病、动脉硬化症等病人和老年人食用。火鸡蛋质地细腻、柔软适口、营养价值高，含有多种氨基酸和卵磷脂、脑磷脂等营养物质，对人体具有较高的营养滋补和健脑益智作用。火鸡羽毛具有很高的观赏价值，是制作多种工艺装饰品的重要原料，还可以用于制作各种高级羽绒服装和羽绒被毯等制品，经济价值远远高于其他家禽类动物。

第一节 火鸡的生物学特性

一、分类与分布

火鸡属鸟纲、鸡形目、吐绶鸡科、吐绶鸡属。因发情时扩翅展尾成扇状，肉瘤和肉瓣由红色变为蓝白色，所以又称七面鸟（或七面鸡）。火鸡是美洲特产，在欧洲人到美洲之前，已经被印第安人驯化。火鸡的英文名字为"turkey"（土耳其），因为欧洲人觉得它的样子像土耳其人的服装：身黑头红。

火鸡人工驯养成功后，于1530年引入西班牙等欧洲其他国家，18世纪传教士将火鸡引入我国沿海城市。世界上火鸡饲养发展快的是欧美一些国家，现已在原有标准品种基础上培育出许多优秀品种和配套系。

目前饲养的火鸡品种主要起源于犹加登火鸡种、东方鸡种等近10个原产于北美洲的火鸡种。饲养的火鸡品种根据育成程度不同可分为标准品种、非标准品种和商用品种。标准品种有青铜火鸡、荷兰白火鸡、波旁红火鸡、那拉根塞火鸡、黑火鸡、石板青火鸡、贝滋维尔小型白色火鸡等。非标准品种有克里姆逊当火鸡、伯夫火鸡、里塔尼火鸡、野火鸡、罗友泡姆火鸡等。商用品种有贝蒂纳火鸡、青铜宽胸火鸡、海布里德火鸡、尼古拉斯火鸡等。

二、主要品种与形态学特征

火鸡体躯高大、呈纺锤形，体表被覆羽毛（图11-1）。颈部长直，头颈部裸露，无羽毛，皮肤松弛，有珊瑚状皮瘤。皮瘤颜色常变化，在安静时为赤色，激动时变为浅蓝色或紫色。前额有肉垂，为加厚的真皮构成。背长而宽，略隆起；胸宽而突出，胸骨长、直；胸与腿部肌肉均很发达。羽毛颜色因品种而异。

公火鸡胸前常有须毛束，尾羽发达，能展开呈扇状，胫上有距，能发出"咕噜——咕噜"的叫声。母火鸡头小，在前额有一肉垂，皮瘤不发达，个体小，无距，尾羽不展开，常发出"咯咯"的叫声。

图 11-1 火鸡

我国目前主要饲养的火鸡品种有下列几种。

1. 青铜火鸡 原产于美洲，现主要分布于欧美各国，由美洲野火鸡与英国黑火鸡杂交育成。个体较大，胸部较宽，羽毛青铜色。雏火鸡头顶有3条互相平行的黑色条纹。体质强健，性情活泼，生长迅速，饲料转化率高。是我国饲养最普遍、饲养量最大的一个品种。

成年公火鸡的体重为 16 kg，母火鸡为 9 kg；年产蛋量一般不超过 60 枚，蛋重为 75～80 g。

2. 荷兰白火鸡 原产于荷兰，在美国称为荷兰白火鸡，在英国则称为英国白火鸡，为白色火鸡品种的变种，因羽白、早熟、肉质好而著名。喙、胫、趾为淡红色，全身羽毛为白色，公火鸡胸前有1束黑色须毛。

成年公火鸡体重约为 12.5 kg，母火鸡约为 7 kg。年产蛋量约 70 枚。

3. 波旁红火鸡 原产于美国波旁，由青铜火鸡、浅黄色火鸡与荷兰白火鸡杂交选育而成。躯体羽毛为深褐红色，主翼羽为白色，副翼羽及尾羽浅灰色，胫和脚在雏火鸡时为深褐色，成年火鸡为粉红色。

成年公火鸡的体重为 15 kg，母火鸡体重为 8 kg。

4. 黑火鸡 原产于英国诺福克，又名诺福克黑火鸡。用美国大西洋沿岸的一种野火鸡选育而成，并被列入美国纯种火鸡。羽毛为黑色，有绿色光泽，胫和脚在雏火鸡时为黑色，成年时为粉红色。

成年公火鸡体重为 14 kg，母火鸡为 7 kg。

5. 海布里德火鸡 由加拿大海布里德火鸡育种公司生产，较适应我国北方气候。有重、中重、中、小4个类型，其中中型和中重型为主要产品。性成熟期为 32 周龄。

重型和中重型的商品母火鸡 16～20 周龄屠宰，体重分别为 6.7～8.3 kg 和 4.4～5.2 kg；公火鸡 16～24 周龄屠宰，其体重分别为 10.1～13.5 kg 和 8.3～10.1 kg。中型母火鸡在 12～13 周龄时屠宰，体重为 3.9～4.4 kg；公火鸡在 16～18 周龄屠宰，体重为 7.4～8.5 kg。小型公母混养，12～14 周龄屠宰时，体重为 4.0～4.9 kg。

一般年产蛋量 84～96 枚，平均每只母火鸡能提供 50～55 只商品雏火鸡。

三、生活习性

1. 草食性 火鸡属草食禽类，以植物的茎、叶、种子和果实等为食，对葱、蒜、韭菜等辛辣食物尤为偏爱；也吃昆虫等，偶尔也吃蛙和蜥蜴。对粗纤维有很强的消化能力，采食青草能力优于其他禽类，仅次于鹅。

2. 环境适应性 成年火鸡对环境的适应性很强，耐寒，易于放牧饲养。具有较强的合群性，适宜于大群饲养。

3. 警觉性 对外来刺激较敏感，受到惊扰时会竖起羽毛，头上的皮瘤和肉垂由红色变成蓝、粉红或紫红等各种颜色，以示警戒。陌生音响也会引发鸣叫，故适合饲养在较安静的环境中。

4. 好斗性 在觅食或配种时常发生争斗。

5. 啄癖行为 有互啄的现象，尤其是当饲料中缺乏某种营养元素或强光刺激时更易发生。故一般要对火鸡作断喙处理。

6. 抱窝性 母火鸡一般每产 10～15 枚蛋就要出现 1 次抱窝行为。可利用这种特性进行自然孵化。

第二节　火鸡的繁殖

一、繁殖特点

1. 性成熟 火鸡的性成熟和体成熟期较晚。公火鸡 20～24 周龄后就会踩跨母火鸡，30～32 周龄性成熟。母火鸡 28～34 周龄性成熟。

2. 配种年龄 公火鸡配种年龄一般为 34 周龄，可利用 3～4 年。母火鸡 33 周龄左右即开始产蛋，每年产蛋 4～6 个周期，每个周期产蛋 14～20 枚，最多可达 28 枚；利用年限为 2～5 年，后期产蛋率低。

3. 公母配比 自然交配情况下,公母配比一般为 1:(8~10);人工授精则可扩大到 1:(18~20)。

4. 发情行为 自然状态下,火鸡早春繁殖,筑巢于地面上。求偶时,公火鸡展开尾羽,翅膀下垂,抖动羽翮作声,缩头阔步行走,并发出急促的"咯咯"叫声。一只公火鸡配一群母火鸡,每窝产 8~15 枚淡褐色有斑点的卵,卵产于地面低洼处,孵化期 28 d。

5. 孤雌生殖 由于鸟类、两栖类及鱼类的性别由卵子所携带的性染色体决定,所以在某些特定情况下,可以进行孤雌生殖。火鸡在这方面的能力比较强,在缺乏公火鸡的情况下,母火鸡生产的未受精卵亦可孵化,而其所孵出的后代通常虚弱,且几乎都是公火鸡。

二、人工授精

(一) 公、母火鸡的准备

在做好种火鸡的饲养管理使其迅速达到配种繁殖的体况要求前提下,公火鸡经 16~18 周龄及 29~30 周龄 2 次选留之后,在其繁殖季节开始前 1 周对公火鸡进行采精训练。

公火鸡采精训练方法:先剪去泄殖腔周围羽毛,以防污染精液。采精者两手捉住火鸡,然后用左手从公火鸡的背部前方向尾羽方向按摩数次,以减轻公火鸡的惊慌,并激起它的性欲。用此法每天训练 2~3 次,1 周左右即可。

母火鸡也需要做输精训练,使其习惯输精的一切操作程序,以免发生应激而影响人工授精效果。

(二) 采精

采精时需 2~3 人合作。采精者坐在采精凳 (1.2 m×0.35 m×0.4 m) 上,两腿跨骑在木凳两侧。凳面用软物包裹,以防擦伤火鸡胸部皮肤。采精者和保定者分别捉住火鸡腰部及双腿,提起火鸡,将其胸部放到采精凳上,两腿垂在凳下,保定者将火鸡双腿固定好。采精者右手沿着火鸡背部向尾羽方向按摩数次,然后左手拇指与其余手指分跨于泄殖腔两侧迅速按摩。按摩时间要长,手势要重,待引起性冲动,交尾器勃起并从泄殖腔翻出排精时,另一个人迅速用集精器吸取精液,同时用左手在泄殖腔两侧挤压,促其射精,再次吸取精液 (图 11-2)。每次可采精 0.2~0.3 mL。公火鸡一般每周采精 2 次。

(三) 精液品质检查

为达到较高的受精率,精液品质检查是人工授精工作的重要环节。一般经过训练的对第 1 次和第 2 次采精反应良好的种火鸡可初步确定留种,对精液的品质进行检查。具体方法参照乌骨鸡精液品质的评定。

(四) 输精

一个人固定母火鸡,双手按住母火鸡翅膀,使其蹲卧在地上,然后两手按摩泄殖腔周围,压迫泄殖腔,促使翻肛。当泄殖腔外翻时,另一个人将输精管插入母火鸡体左侧开口内 3 cm 左右处,然后将精液徐徐注入 (图 11-2)。随后保定者可松手,阴道口即可慢慢缩回泄殖腔内。

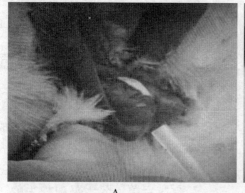
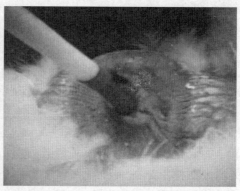

图 11-2 火鸡的人工授精
A. 采精　B. 输精
(引自农业部农民科技教育培训中心、中央农业广播电视学校,2013)

每次输原精液 0.025 mL，因量少必须掌握准确。输精前要进行精液检查，一般要求每毫升精液精子数达 50 亿个以上。母火鸡一般每周输精 1 次。输精时间在 21:00 以后比较好。

（五）人工授精应注意的几个问题

1. 输精要及时 火鸡的精子活力虽强，但衰竭快。所以要现采现输，输精时间不能超过 30 min，否则会严重影响受精率。

2. 保持精液 pH 和渗透压的正常值 火鸡精液正常的 pH 为 7.1，渗透压为 4.02。注意在操作过程中，所有与精液接触的器械都应该用生理盐水或稀释液清洗。

3. 精液的保温措施 火鸡的精液虽在 10~40 ℃能够保持较好的受精能力，但最理想的温度为 35 ℃左右。精液保温（特别是寒冷季节）方法是：将接触精液的采精、输精器材用 40 ℃左右的生理盐水或稀释液冲洗，使稀释液和集精杯达到 35 ℃。可将采精杯放在有 35 ℃温水的保温瓶中保存精液。

4. 准确掌握输精时机 火鸡输精后能获得理想受精率的持续时间为 20 d 左右。繁殖后期，受精率下降。生产上，为保持较高受精率，刚开始输精时，应在 1 周内连续输精 2 次，繁殖前期为每 7~10 d 输精 1 次，后期每 5~7 d 1 次。具体输精时间，一般安排在下午大部分母火鸡产蛋后，傍晚输精效果更好。

5. 输精动作要小心细致 母火鸡的阴道呈 S 形，如人工授精时动作粗鲁，会损伤阴道壁。输精完毕应缓缓地放开母火鸡，以免精液流失。

6. 正确掌握输精量 火鸡精液密度大，输精时可用原液，也可以用稀释的精液。稀释液配方有以下几种。

（1）生理盐水。精制食盐 8.5 g 加到 1 000 mL 灭菌蒸馏水中。常用 1∶1 稀释精液。亦可用于冲洗采精、输精器材。

（2）葡萄糖-蛋黄稀释液。葡萄糖 4.25 g，新鲜蛋黄 1.5 mL，加到 100 mL 灭菌蒸馏水中，可按 1∶2 稀释应用。

（3）复合稀释液。氯化钙 0.020 g、七水硫酸镁 0.020 g、氯化钾 0.040 g、果糖 0.680 g、一水磷酸二氢钠 0.014 g、双氢链霉素 0.060 g、双蒸水加至 100 mL。

将以上复合稀释液 pH 调至 7.4，作 1∶9 稀释应用。每次用原精液 0.02~0.025 mL。也可根据实际情况定，但必须保证精子数在 1.5 亿个以上。

7. 严格执行卫生制度 一切采精、输精器材必须严格消毒，用消毒液对人工授精操作场地进行消毒，以防尘埃污染。授精人员要穿消毒过的工作服，手洗净并戴手套，预防疾病传播。

三、人工孵化

火鸡的孵化期为 28 d。用孵化机进行人工孵化和其他禽类要求条件相同，但要掌握其特点。

（一）种蛋的选择、保存、运输和消毒

1. 选蛋 种蛋应来自管理良好、健康而产蛋性能好的火鸡群。刚开产的种蛋因蛋小，受精率和孵化率低，孵出的雏火鸡也弱，故不宜用作孵化。一般选择在开产 1 个月后所产蛋作为种蛋。入孵种蛋要进行选择。蛋壳太脏、过薄、有裂纹、畸形、双黄及过大过小的种蛋不宜孵化。

2. 保存 火鸡种蛋保存时间最好不超过 1 周。时间越长，孵化率越低。保存温度以 10~15 ℃为宜。低于 0 ℃时则不能孵化，故早春要防止种蛋受冻。夏季要注意通风换气和降温。种蛋保存最好装在蛋盘上，放在蛋盘架上，小头向下放置，蛋盘架要安装翻蛋装置，每隔 4 h 翻蛋 1 次，翻蛋角度以 45°为宜。

3. 运输 在种蛋的运输中，要做好保温和防震工作，避免破损。

4. 消毒 种蛋消毒方法很多，如紫外线照射法、新洁尔灭消毒法，但目前效果最好的是福尔马林熏蒸消毒法。即用福尔马林加入高锰酸钾容器中混合后蒸发产生的浓烟，对种蛋和孵化机进行重蒸。一般每立方米用 15 g 高锰酸钾，加入福尔马林 30 mL。熏蒸前将箱内和室内温度提高到 27 ℃，相对湿度达到 70%~80% 效果最好。熏蒸完毕应打开通风设备，排除余气，以免影响火鸡蛋的孵化率和出雏率。

（二）孵化

1. 孵化温度 人工孵化火鸡的适宜温度为 25~40 ℃。由于火鸡蛋内含脂率较高，产热也高，所以火鸡蛋孵化温度应略低，具体温度见表 11-1。

表 11-1 火鸡蛋变温孵化表

胚龄（d）	温度（℃）	温度（℉）
1~6	38	100
7~14	37.8	100
15~20	37.5	99.5
21~24	37.2	99
25~28	36.6	98

2. 保证通风换气 火鸡在胚胎发育过程中新陈代谢非常活跃，需要的氧气多，排出的二氧化碳也多。随着胚龄的增加，气体交换量也增大。因此要及时调节机内通风量。

3. 照蛋 要定期照蛋，掌握胚胎发育是否正常。照蛋可分3次进行。

第1次照蛋在孵化第6天进行，可以明显地看到胚蛋有黑色眼点，称为"起珠"。

第2次照蛋在孵化第14天进行，胚蛋尿囊血管伸展，并在胚蛋的小头一端连接，称为"合拢"。

第3次照蛋在孵化第20~21天进行，在小头一端看不到光亮部分，称为"封门"。

如没有达到这个标准，说明胚胎发育不正常，可能是使用温度不当或存在其他不当原因，需立即进行调整。

4. 凉蛋 火鸡蛋在孵化17 d后，新陈代谢极旺盛，在能量代谢中散失的大量热能使自身温度急剧增加，对氧气的需要量也随之增加，此时必须保证充足的氧气，并为胚胎向体外散热创造良好的条件。凉蛋时可打开孵化机门，关闭热源，或将蛋架车拉出机外，使蛋温逐渐降低到30~33℃，一般凉蛋10~15 min即可。

5. 落盘和助产 一般当孵化到第27天时，应每隔6 h检雏1次，将脐部收缩良好、绒毛已干的雏火鸡捡出。对已见嘌、但啄壳无力或已破壳、内膜发焦黄、不见血管、估计出壳有困难者，可进行人工助产。

第三节　火鸡的饲养管理

一、营养需要与饲料

火鸡是一种生长速度很快的肉用型禽类。在育雏初期，必须提供高蛋白质、高能量的全价饲料，要求日粮中的能量应达到11.72 MJ/kg，蛋白质含量达28%以上，且必需氨基酸的比例要适当，维生素和矿物质也应保持较高的水平。进入育成期，火鸡的消化能力增强，比较耐粗饲，如作为后备种火鸡，此时可实施限制饲喂，蛋白质水平可下降到12%~15%，同时应增加青绿饲料的供给；如作为商品火鸡，则应继续保证饲料质量，以利生长，此时蛋白质水平应维持在20%~22%，并适当添加青绿饲料，有条件者还可将饲料加工成颗粒饲料。种火鸡在生产繁殖阶段，应特别重视饲料中蛋白质的含量，并注意饲料中的钙磷比例和微量元素、维生素的供给，以保证有较高的产蛋率和较多高质量的种蛋。另外，各国环境条件以及品种等也有差异，因此，所制定的营养标准也不一致。

由于国内饲料来源的不同和管理条件上的差异，北京市种火鸡场根据本场情况制定了火鸡不同生长阶段所需的营养标准（表11-2）。

表 11-2　北京市种火鸡场不同周龄火鸡的营养标准

料 号	雏火鸡Ⅰ号料	雏火鸡Ⅱ号料	育成火鸡料	生长火鸡料	种母火鸡料
周龄	0~4	5~8	9~18	19~28	29~54
蛋白质（%）	27.0	24.8	18.5	13.6	16.72
代谢能（MJ/kg）	11.723	11.848	12.100	12.351	11.970
钙（%）	1.12	1.08	1.0	0.8	2.19
可利用磷（%）	0.67	0.6	0.5	0.4	0.45
蛋氨酸（%）	0.45	0.42	0.30	0.23	0.35
胱氨酸（%）	0.42	0.40	0.34	0.28	0.28
赖氨酸（%）	1.51	1.4	0.98	0.65	0.87

注：引自北京市种火鸡场资料。

二、雏火鸡的饲养管理

雏火鸡是指0~8周龄生长期的火鸡。这个阶段是火鸡饲养中比较难的一个阶段，调温、免疫以及调节光照是其核心内容。由于易患多种疾病，也是死亡率最高的时期。

（一）育雏方式

1. 平面育雏 主要有以下几种方式。

（1）更换垫料法。在地面上先铺1层河沙，再铺3~5 cm厚的木屑，定期打扫更换。每次铺垫料前洒生石灰，既可消毒又可起干燥作用。此法费劳力，常骚扰火鸡群。由于经常冲洗地面，故应注意调节湿度，否则鸡群极易患病。

(2) 厚垫料法。按以上方法在地面一次铺上 15 cm 厚的垫料,育雏结束后一次清扫。此法冬季与早春多用,但难以保持垫料层的干燥与松软度。由于粪便的积累,常因粪便及垫料的发酵,为有害气体的产生及致病微生物的滋生创造条件,应必须注重考虑通风和消毒。

(3) 网上育雏法。在距地面 60 cm 高处架设硬板网,网眼不可太小,将雏火鸡置其上。此法便于清洁。

2. 立体育雏 采用叠层式育雏笼,可提高单位面积的饲养量,效果良好。但对通风、温度、光照、营养与管理等要求较高。此法适于大规模范围养殖。在雏火鸡 4 周龄后应转为平面饲养。

(二) 育雏的环境条件要求

1. 温度 雏火鸡对体温的调节机能不强,消化吸收能力弱,必须人工控温。1 周龄育雏温度要求保持在 35~38 ℃,以后每周降低 2 ℃ 左右,最终室温要求保持在 20~23 ℃。温度适宜时,雏火鸡行为活泼,饮水适度,均匀地分散在热源周围;若饮水频繁,远离热源,则说明温度偏高,雏火鸡可能排稀粪,张口,喘息;若密集成堆,靠拢热源,说明温度偏低,常发出尖叫声。

2. 湿度 一般来说,育雏室的相对湿度以 60% 为佳。湿度过高,则火鸡体内水分蒸发及散热困难,过低则易脱水。湿度适宜时,雏火鸡食欲旺盛。

3. 密度 合理的饲养密度是保证雏火鸡健康生长、良好发育的基本条件。密度过大影响采食,导致相互践踏,从而影响生长发育,增加死亡;密度过小,房舍设备使用率低,是一种浪费。大致密度为:1~2 周龄 20~30 只/m²;3~6 周龄 10 只/m²;7~9 周龄 4~8 只/m²。但具体饲养密度,还应根据饲养品种及饲养方法而定。

4. 光照 适宜的光照直接促进雏火鸡的生长发育。根据雏火鸡的生理要求,结合饲养方式制定合理的光照制度。其原则是:育雏阶段的光照时间与光照度应逐渐缩短减弱,6~8 周龄时,每天光照时间由 24 h 减至不超过 14 h,光照度以 5~25 lx 为宜,光源高度 1.5~2 m,光源间隔为高度的 1.5 倍。光照太强,容易惊群,活动量增大,易发生啄羽、啄肛等恶癖。

5. 通风 雏火鸡代谢旺盛,呼吸快,生长发育迅速,排泄量也大。若通风不良,舍内有害气体急剧上升,影响雏火鸡的生长发育。因此,舍内必须保证空气流通,将二氧化碳等有害气体控制在 0.2% 以下,不能超过 0.8%。氨的浓度也要控制在 20 cm³/m³ 以下,硫化氢含量低于 10 cm³/m³。

(三) 雏火鸡的饲养管理

1. 饮水与开食 雏火鸡进舍前准备好温水并训练其饮水,饮水 2 h 后开食。水槽、饲槽的高度与火鸡背平齐或稍高些,长途运输的雏火鸡可在饮水中加 5% 的葡萄糖。雏火鸡嗉囊小,应少喂勤添。若小规模饲养,可将青绿饲料如苜蓿和韭菜、葱、大蒜等切碎后拌在料中饲喂,可补充维生素和微量元素。

2. 断喙和去肉垂 为了有效地防止啄癖,必须对雏火鸡断喙和去肉垂。断喙一般在 10~14 日龄进行,即用断喙器或剪刀断去 1/2 上喙和 1/3 下喙,使上喙短、下喙长。为了防止失血过多,喙端以斜面为好。断喙前要尽可能喂一些维生素 K,以促进凝血,每千克饲料中加 5 mg。断喙后需加满饲料,以便采食。

3. 雏舍卫生 育雏舍应严格隔离,进入舍内的人员、物品经过洗淋、喷洒或紫外线灯消毒,育雏舍内外每周消毒 2~3 次。

三、育成火鸡的饲养管理

火鸡的育成期一般指 9~30 周龄。这一时期的火鸡适应性强,对饲养管理要求比较粗放,成活率较高。但由于增重快、体重大,网上或笼上饲养已不适合,容易产生胸部囊肿及腿病,所以一般采用地面平养方式。

根据其生长发育规律和生产需要,可分为 2 个阶段:9~18 周龄为幼火鸡阶段,19~30 周龄为青年火鸡阶段。

(一) 幼火鸡的饲养管理

1. 饲养方式 一般采用舍饲,也可舍牧结合或放牧饲养。不同的饲养方式各有利弊,应根据具体情况选择。

2. 光照控制 幼火鸡阶段,公、母火鸡都可采用 14 h 连续光照,光照度为 15~20 lx。

3. 饲养密度 对舍饲幼火鸡饲养密度不能过大。视体型大小,一般大型火鸡每平方米饲养 2~

5只。

4. 放牧饲养的方法 8周龄以后的幼火鸡体质较强,活动性和觅食能力也较强,可开始放牧。刚开始时间可以短一些,每天上、下午各放牧1次,每次1~1.5 h。1~2周后可以增到每天放牧5~6 h,上、下午各放牧1次,中午休息。夏季要选择背阳的坡地,避开直射日光。由于昆虫都躲到阴坡,故在背阳的坡地放牧,幼火鸡可以捉食大量的动物性饲料。冬季宜迟放早收,找向阳的牧地和坡地。春、秋季是收割季节,应先放到田间觅食剩下的谷物,吃饱后再放到青草地。需要注意的是,要尽量避免在富含露水的草地放牧,否则易引起火鸡痘的滋生和传染。

(二)青年火鸡的饲养管理

这一阶段,火鸡生长速度逐渐减慢,体内开始沉积脂肪,并逐渐达到性成熟,羽毛也丰满,对外界环境的适应性很强,饲养管理应根据生产需要进行调整。调整的方向有肉用和种用2种。对肉用火鸡,集中饲养可达到在短期内催肥并上市销售的目的。对种用火鸡应进行限喂,防止过肥,推迟性成熟,使开产期趋向一致,提高种蛋合格率,从而提高火鸡的种用价值。

青年公火鸡对光照刺激并不敏感,对其而言控制光照与否并不十分重要。但青年母火鸡对光照特别敏感,如不断对它增加光照时间,会引起早熟、早产、蛋小、早衰。所以,这一阶段对母火鸡进行光照的原则是逐渐缩短,通常光照时间以8 h、光照度以10 lx左右为宜。

四、产蛋火鸡的饲养管理

火鸡的产蛋期一般指30周龄到产蛋结束。火鸡养到30~31周龄就开始产蛋,约到55周龄产蛋结束。产蛋期饲养管理的好坏是能否充分发挥遗传潜力、获得理想生产性状、达到较高经济效益的关键。产蛋火鸡饲养管理的主要任务是尽可能消除与减少各种逆境,创造适宜的卫生环境条件,充分发挥其遗传潜力,达到高产稳产的目的;同时降低火鸡群的死淘率和蛋的破损率,尽可能地节约饲料,最大限度地提高产蛋火鸡的经济效益。

(一)种火鸡的选择

公火鸡要有足够的体重,雄性特征明显,腿脚粗壮,脚趾平直无弯曲,肩背部宽,胸部宽而深;人工采精时反应敏感,采精量高,精液品质好。

母火鸡绝大部分都可选留作为种母鸡,只需淘汰那些体重太轻、体质较差、有明显外伤和畸形的母火鸡。应选择那些羽毛发育良好,背平尾直,胸线和背线趋于平行,腹部柔软的母火鸡。

(二)产蛋火鸡的环境条件要求

1. 饲养方式 当前国内外产蛋火鸡的饲养方式大致有半放牧饲养、舍内笼养和舍内平养3种。不同的饲养方式应配有相应的设施。

2. 温度与湿度 温度对火鸡的生长、性成熟、受精、产蛋、蛋重、蛋壳重及饲料转化率都有影响。对舍饲火鸡,一般将温度控制在10~24 ℃,相对湿度保持在55%~60%即可。在高温、高湿季节,要注意调节通风,保持空气流通新鲜。

3. 光照 火鸡产蛋期的光照十分重要。正常的光照程序能保持母火鸡产蛋持续性,减少抱窝。30~40周龄要求光照时间14 h;41~44周龄增至16 h。光照度不低于50 lx。对公火鸡一般采用12 h连续光照,光照度在10 lx以下。这种环境可使公火鸡保持安静,提高精液品质和受精率,延长公火鸡使用时间,还可减少公火鸡之间的格斗。

4. 密度 饲养密度一般为公火鸡1.2~1.5只/m²,母火鸡1.5~2只/m²。

(三)产蛋火鸡的饲养管理

1. 饲喂 和一般火鸡相比,产蛋火鸡对维生素及微量元素(如锰、烟酸、维生素E等)的需求量高,在配制日粮中要特别注意,否则会出现关节疾病、产软壳蛋和受精率低等不良情况。产蛋火鸡一定要按其不同阶段营养需要按照不同的饲养标准喂给全价配合饲料,但由于体型与产蛋水平有很大差异,所以还需根据实际情况饲喂。

2. 喂水 必须保证给产蛋母火鸡供应清洁充足的饮水。

3. 捡蛋 刚开产的母火鸡,窝外蛋比较多,要及时收集。收窝内蛋要勤,可防止蛋被压碎及母鸡抱窝。

4. 防止抱窝 防止抱窝也是产蛋火鸡饲养管理的重要措施之一。

5. 密切观察鸡群 产蛋火鸡的日常管理中最重要、最经常的任务是观察和管理火鸡群,掌握火鸡群的健康和产蛋情况，及时准确地发现和解决问题，保证火鸡群的健康和高产。

五、肉用火鸡的饲养管理

肉用火鸡又称商品火鸡。它具有生长快、耗料少、产肉多、效益高等特点。肉用火鸡养育期平均为12～17周，屠宰率为81%～89%。肉用火鸡饲养管理的主要任务在于缩短饲养期，增加体重，减少耗料，提高成活率和商品合格率，同时还要特别注意保持火鸡的风味与肉质。

肉用火鸡的生产分为育雏期和育肥期：0～8周龄为育雏期，9周龄至上市为育肥期。

（一）育雏期的饲养管理

选择经过性别鉴定的公、母雏火鸡，分开进行育雏。公雏火鸡养到9周龄，母雏火鸡养到7周龄，然后即转群到育肥火鸡舍。

肉用火鸡育雏舍多用无窗式鸡舍，采用地面平养。铺碎垫草或锯末，垫料要求清洁、柔软干燥。火鸡舍内为通栏式无走道，有供暖设施，采用保姆伞育雏。饲养采用"全进全出制"。育雏温度略高于种用雏火鸡，以确保肉用雏火鸡有最快的生长速度。饲养密度可稍大些。

（二）育肥期的饲养管理

育肥舍采用密闭式鸡舍，也可采用棚舍式鸡舍。棚舍春、夏、秋季为敞开饲养，自然通风，舍内为通栏式无走道。地面铺垫草，自由采食。最好采用颗粒全价配合料或粉料，颗粒料效果好于粉料，以便减少浪费，提高生产效率。从育雏2周龄开始至上市，每周应添加饲料量1%的沙砾，以促进营养物质的消化和吸收。

（三）肉用火鸡的环境条件要求

1. 温度 肉用火鸡雏鸡对温度反应非常敏感。育雏期舍温最初应为35～38℃，随着周龄的增长应逐渐降低，7周龄至上市期间维持在20℃左右。

2. 光照 可采用以下2种光照形式。

（1）间断性光照制度。1日龄24 h光照，2～14日龄每天光照23 h，光照度为60～70 lx。15日龄以上采用1 h光照3 h黑暗的周期，光照度最低为20 lx。

采用这种光照制度，由于火鸡大部分时间处于休息状态，长得快，饲料转化率高，但胴体脂肪含量高一些。这种光照制度把火鸡限制在开灯时间（一天共6 h）进食和饮水，要求料槽和饮水设备要够用，分布应均匀，应让火鸡的活动不超过5 m便能够到水和料，防止部分火鸡抢不到料槽和水槽而导致生长速度慢，鸡群发育不匀。

（2）18～20 h一次光照制度。1日龄采用24 h光照，2～4日龄23 h光照，光照度60～70 lx。5日龄到上市期间，光照18～20 h，光照度20 lx。要求设置的食槽和水槽可少一些，光照应尽量均匀，尽可能避免出现阴影。

3. 通风 在保持舍温的同时，不能忽视舍内通风，否则空气污染，火鸡健康状况下降，死亡率会显著增加。

4. 密度 肉用火鸡的饲养密度根据气候及棚舍面积而定。在良好的设备和管理条件下，肉用火鸡舍最大的饲养密度为30 kg/m²，据此算出各类鸡舍合理容鸡数。如果饲养密度过大，火鸡受到拥挤，生长速度会减慢，饲料转化率低，死亡率高，生产成本上升。

第四节 火鸡常见疾病

一、火鸡支原体病

【病原】 本病由火鸡支原体引起。不同株支原体抗原性稍有差异，其致病力也各不相同。主要发生于雏火鸡，是一种世界性分布的疾病。

【症状】 大多数疾病症状出现在6周龄以下的雏火鸡。主要表现为生长发育不良，身体矮小，增重速度降低；出现气囊炎的一些症状；颈椎变形，歪脖，跗跖骨弯曲、扭转、变短，跗关节肿大。成年火鸡往往是带菌火鸡群，感染而不表现明显症状，但其生长速度、产蛋率、受精率、孵化率和健雏率都比支原体阳性率低或无支原体的火鸡群低。当饲养管理不善，环境条件变劣以及有其他应激因素存在时，会出现生产性能的进一步下降和精神委顿、采食下降等一般症状。

【防治】 建立无支原体的种火鸡群是控制该疾病的重要措施。各级种火鸡场都要杜绝引进带有支原体的火鸡，在饲养过程中加强兽医防疫工作，定期对火鸡群进行监测，发现阳性火鸡立即淘汰处理。为了减少下一代火鸡支原体发生，也可将种蛋进行一些抗生素药液浸泡处理。

火鸡支原体病的治疗可选用泰乐菌素、氯霉素、庆大霉素、林肯霉素、壮观霉素、金霉素及链霉素等。有条件时最好分离菌株通过药敏试验，选择使用效果最佳的药物。应当注意，使用任何药物，都不可能消除火鸡的带菌现象。

二、禽霍乱

【病原】本病是由多杀性巴氏杆菌引起的多种家禽急性、热性、败血性传染病，成年火鸡最易感染。根据发病过程，有最急性、急性和慢性之分。潜伏期为4~9 d。

【症状】病初火鸡多呈最急性经过，很少见到症状即突然死亡。随后出现整群火鸡不能站立，食欲全无，频繁饮水，脚掌和关节浮肿，精神沉郁，羽毛松乱，翅下垂，腹泻，呼吸困难，口、鼻流出多量的黏液等急性期症状，经1~2 d死亡。慢性发病时，头部变为深蓝至紫色，面部和肉垂浮肿，并有灼热感。病火鸡排黄色至绿色稀粪。

【防治】免疫可选用禽霍乱氢氧化铝甲醛苗或833禽霍乱弱毒苗，前者大、小火鸡一律注射2 mL/只；后者用生理盐水稀释，皮下注射0.1亿~0.2亿个菌/只，均有较好的免疫效果。

治疗可肌内注射青霉素5万~8万IU/只，氯霉素、土霉素、红霉素200~300 mg/(只·d)，每天2次，连续3 d，或以0.5%的磺胺二甲基嘧啶或磺胺噻唑拌料，连喂5 d。

三、禽　痘

【病原】本病由过滤性病毒引起。

【症状】由于患病部位不同，可分为皮肤型和黏膜型2种。

皮肤型多在夏、秋季发生。主要是在头、颈、翅内侧无毛部位出现黄豆或豌豆大的结节，结节内有黄脂状内容物，结节多时可互相连接、融合，形成一个厚的痂块，突出于表皮。如发生在头部，可使眼缝完全闭合。一般无明显全身症状。

黏膜型常出现在冬季。病变主要在口腔和咽喉黏膜。初呈黄白色小结节，逐渐扩大，并互相融合，发生纤维素性、坏死性炎症，形成一层干酪样假膜，覆盖在黏膜上。

【防治】接种禽痘疫苗。一旦发病，应注意病火鸡的隔离，在隔离情况下进行治疗。

火鸡长禽痘的初期，用盐酸吗啉胍经口投喂，每只火鸡每次喂1片，每天2次，连喂3 d。经用盐酸吗啉胍治疗后，绝大多数都能治愈，少数不能治愈，并且禽痘越长越大的，可用高锰酸钾水先将火鸡痘的痂皮浸软，剥去痂皮，将痂皮下呈豆腐渣样的白色物质全部挤出后，涂上碘酒紫药水或碘甘油，每隔2~3 d处理1次，可治愈。

四、鸡白痢

【病原】本病由沙门菌感染所引起。

【症状】主要侵害雏火鸡，在出壳2周内发病率和病死率最高。以白痢、衰竭和败血症过程为特征，常导致大批死亡。发病时表现精神沉郁，低头缩颈，羽毛蓬松，食欲下降，怕冷寒战，拥挤扎堆，闭眼嗜睡。突出的表现是腹泻，排出绿色或灰白色恶臭的稀粪，泄殖腔周围羽毛常被粪便所污染。成年火鸡症状表现为产蛋下降、失重、虚弱和腹泻等。

【防治】检疫净化火鸡群，病火鸡不能留种，建立和培育无病健康种群，实行自繁自养和全进全出的饲养方式；及时收集种蛋，对种蛋消毒，孵化器具和场地严格消毒；加强饲养管理，保证饲料和饮水的新鲜、卫生，及时投药预防。

药物治疗可减少死亡，但不能完全消灭带菌者。磺胺类及其他抗生素如土霉素、环丙沙星、庆大霉素、头孢噻呋等对本病都有疗效。

（刘犇）

第十二章 肉 鸽

鸽肉味道鲜美,肉质细嫩,为血肉品之首。肉质中蛋白质含量高(在22%～23%),且富含多种氨基酸、维生素和矿物质。与鸡肉、鱼肉、牛肉、羊肉相比,鸽肉所含的维生素A、维生素B_1、维生素B_2、维生素E以及造血用的微量元素均遥遥领先。肉鸽有很好的药用价值,其骨、肉均可以入药,能调心、养血、补气,具有消除疲劳、增进食欲的功效。另外,鸽肉极易消化,营养成分吸收率高。我国自古就把鸽肉当作滋补佳品,尤其适宜儿童、妇女、老年人和病人食用。

第一节 肉鸽的生物学特性

一、分类与分布

鸽子属于鸟纲、今鸟亚纲、鸽形目、鸠鸽科、鸽属,由野生的原鸽经过人类长期驯养而成。

据日本《动物大世界百科》,世界上有5个鸽种群,2 500多个品种;而《美国大百科全书》认为,能称为鸽子的鸠鸽科动物多达550多种,世界各地都有分布。鸽子按照用途可分为信鸽、观赏鸽和肉鸽3种类型。

肉鸽是野生的岩鸽与林鸽经人工捕捉、长期圈养、驯化而成的鸽子种类。人类养殖鸽子到目前至少已有5 000多年的历史,培育出了很多优良品种。20世纪以来,随着对肉食品种和品质要求的增加,人们选育出体型适中、生长快、肉质鲜嫩、营养价值高的肉鸽,从而促进了肉鸽选育工作的开展。目前世界上有较高知名度的肉鸽有40余种。

二、主要品种与形态学特征

鸽子的外貌可分为头部、颈部、胸部、翼部、背部、腰部、腹部和腿部等(图12-1)。

图12-1 鸽子

肉鸽的体型比其他类型鸽的体型要大。胸宽而且肌肉丰富,颈粗背宽,腿部粗壮,不善于飞翔。另外,肉鸽的喙峰和蜡膜也与信鸽及观赏鸽略有不同,肉鸽的蜡膜比较小,喙峰也比一般的信鸽小些,比观赏鸽中的短喙种类要长一些。

世界上肉鸽的品种繁多,目前我国饲养较多的肉鸽品种主要有以下几种。

1. 石岐鸽 原产于我国广东省中山市石岐一带，故名石岐鸽。该品种鸽适应性强，性情温驯，耐粗易养，就巢孵卵、育雏等生产性能良好。年孵化雏鸽7～9对。

其体型长、翼长和尾长，形如芭蕉的蕉蕾，羽色灰二线、细雨点，为平头光胫、鼻长嘴尖。胸圆、细目，少数鸽子的腿及爪也有毛。

成年雄鸽体重为680～794 g，成年雌鸽体重652～766 g，乳鸽体重约600 g。

2. 王鸽 原名皇鸽，亦称K鸽。该品种于1890年在美国新泽西州育成，为世界著名的肉鸽。现已培育成2个纯羽色品系，即白王鸽和银王鸽。该品种羽色十分娇艳，性情温驯。

王鸽的体型矮胖，胸宽背圆，尾短而翘，嘴短而鼻瘤小，头盖骨圆而向前隆起，目光锐利，瞳孔带茶黑色，眼睑粉红色，羽色以白色为主，还有银、红、黄、灰黑和棕色等。年孵化雏鸽6～8对。

其标准体型为：身高29.85 cm，胸围12.7 cm，尾尖至胸膛长24.13 cm。成年雄鸽体重为737～850 g，成年雌鸽体重680～794 g，22～25日龄雏鸽体重可达500～750 g。

3. 蒙丹鸽 又名地鸽，原产于法国和意大利。繁殖力强，年孵化雏鸽6～8对。

体型与白王鸽相似，但其尾不上翘，呈方形，胸深而宽，龙骨较短，体大笨重。羽色多为白色，也有纯黑、灰二线、黄色等。

成年雄鸽体重为750～800 g，成年雌鸽体重700～800 g，1月龄乳鸽体重可达750 g。

4. 贺姆鸽 大型品种。该鸽平头、脚部无毛，羽色有白、灰、黑、棕及花斑等。年孵化雏鸽7～8对。

成年雄鸽体重为680～765 g，成年雌鸽体重600～700 g，4周龄乳鸽体重可达600 g。

5. 鸾鸽 也称仑替鸽、仑特鸽、仑脱鸽、西班牙鸽。原产于西班牙和意大利，引入美国后经改良形成美国大型鸾鸽，是目前所有肉鸽品种中体型最大的品种，通常用作杂交育种的父本。年孵化雏鸽7～8对，高产的可达10对。

此品种平头大眼，胸部稍突，肌肉丰满，体型呈方形。羽色有黑、灰二线及白、红、黄、棕和蓝等，但以纯黑和灰二线居多。

该鸽的标准体型为：体长从嘴到尾端53.34～55.88 cm，胸围38.1～40.64 cm。成年雄鸽体重1 400 g，成年雌鸽体重1 250 g；青年雄鸽体重1 200 g，青年雌鸽体重1 150 g；28日龄雏鸽体重可达750～900 g。

6. 卡奴鸽 原产于法国，包括法国和美国2种卡奴鸽。

（1）法国卡奴鸽。因多数为红羽，也称为赤鸽。原产于法国北部和比利时的南部。兼备肉用性能与观赏价值。性情温驯，爱群居，繁殖力强，年孵化雏鸽在10对以上。

外观魁梧，颈粗胸阔，体型紧凑结实，姿势挺立，翼短，羽毛紧密下垂而不着地。羽毛颜色标准有3种，即纯红、纯白和纯黄，还有极少数为黑色和杂色。

成年雄鸽体重652～709 g，成年雌鸽体重595～709 g，乳鸽体重500 g左右。

（2）美国卡奴鸽。是美国棕榈鸽场经过长期的选育于1932年育成的。体型比法国卡奴鸽大，绝大多数为白色羽毛，其次是纯红和纯黄，还有极少的纯黑、褐色和杂色的个体。年孵化雏鸽10对左右。

成年雄鸽体重794～964 g，成年雌鸽体重737～907 g，乳鸽体重454～510 g。

三、生活习性

1. 单配性 鸽子对其配偶有选择性，单配且固定配偶。配对后雌雄不离，飞鸣相依，相处融洽，不与其他鸽乱交配。当一方飞失、死亡或人为拆对时，另一方才重新寻找新的配偶。

2. 素食性 鸽子无胆囊，通常以植物性饲料为主。喜食豌豆、绿豆、玉米、麦子、高粱、谷子等颗粒料，对青绿饲料和沙砾也很喜欢。

3. 协作性 雌雄双方共同寻找筑巢材料、编织巢窝、轮流孵蛋、轮流用鸽乳哺育尚不能行走觅食的雏鸽。

4. 警觉性 鸽子在家养的条件下，如果巢箱设备不当，经常受到鼠、猫等兽害的侵扰，便不再回巢，夜间栖于屋檐或巢外栖架上。

5. 记忆性 鸽子感觉器官发达，方位识别能力很高。能在数千只笼子中自行找到原笼回巢，并能在很大的鸽群中找到自己的配偶。程序化的喂养容易使鸽子建立条件反射，且不易改变。

6. 归巢性 鸽子不愿在生疏的地方逗留、栖息，若改变饲养环境则需很长时间才能适应。

第二节 肉鸽的繁殖

一、繁殖特点

繁殖过程分为求偶、配对、筑巢、产蛋、孵化、哺育乳鸽几个阶段。

1. 求偶 5～7月龄的鸽子逐渐开始性成熟，达到性成熟的鸽子往往会表现出各种求偶行为，求偶多以雄鸽主动。

此时雄鸽表现高度兴奋，头颈伸长，颈羽竖起，颈部气囊膨胀，尾羽舒展呈扇面状，同时频频点头，发出"咕咕"的叫声，并做出向地上啄食谷粒的样子；紧跟在雌鸽后面亦步亦趋；或以雌鸽为中心，做出画圆环的步伐，然后缓缓地靠近雌鸽身旁。如雌鸽同意接受交配，会把头靠上雄鸽颈部，有时还会从雄鸽喙中吃一点食物。经过一番追逐、挑逗、调情、靠近后，便在地面上或栖架上进行交配，笼养鸽则在底网上或巢盆边进行交配。

2. 配对 鸽子一年四季均可配对，其繁殖配对有自然配对法和强制配对法2种。2种配对方法的受精率均在90%以上。

（1）自然配对法。即达到性成熟的雌、雄鸽在自由飞翔区经熟悉相恋，通过交颈与鸽吻后，确立配对关系，任其自由交配。自然配对省工省时，管理方便，繁殖率较高。进行商品生产的鸽场可采用此法，配对后的生产鸽可以笼养，也可群养。

（2）强制配对法。即人工配对法。按配种计划，将雌、雄鸽放入中间有隔栅的种鸽配对笼中，一旦发现有交颈与鸽吻行为，即可取出隔栅，使其确立配对关系。采用强制配对法可以避免近交、早配及配合不当等现象，防止品种退化。

肉鸽配对上笼前，应先检查其体重、年龄及健康情况，然后选择符合标准的种鸽上笼。上笼方法是：先将雄鸽按品种、毛色等有规律地上笼，把同品种、同羽色的鸽放在同一排或同一鸽舍里，雄鸽上笼2～3 d后，用同样的方法，选择雌鸽上笼与雄鸽配对。

3. 筑巢、产蛋 在有公共巢箱的鸽舍，且设有飞翔区的情况下，肉鸽才表现出明显的筑巢行为。雌、雄鸽配对后，寻觅到巢箱后的第一个行为就是筑巢（全封闭鸽笼配置巢盆即可）。即使鸽舍中设有鸽巢，也仍需为其准备一点巢料供筑巢用。一般由雄鸽衔回筑巢材料，由雌鸽理巢。一旦筑巢完成，雄鸽便开始严格限制雌鸽的活动，或紧随雌鸽，通常称之为"追蛋"。

肉鸽属于刺激性排卵的禽类。亲鸽在交配的刺激下，卵巢开始排卵，2～3 d后开始产下第1个蛋（下午或傍晚）。停产1 d后，于第3天中午过后再产第2个蛋，前后相差40～44 h。在正常情况下，每窝连产2个蛋，少数雌鸽会连产3个蛋。

肉鸽的产蛋孵化期长达7～8年，但经济利用年限约5年。

4. 孵化 雌鸽产下第1个蛋后，便开始孵化，产下2个蛋后，雌、雄鸽开始共同孵蛋。一般雄鸽会在每天10:00左右进巢替换雌鸽出来采食、饮水，然后16:00左右由雌鸽接替孵蛋。鸽的孵化期为18 d，孵化期从第2个蛋产下的当天开始计算。实践证明，第1个鸽蛋常会早出雏4～14 h。

孵化期间，常在第5天和第10天照检孵蛋情况，及时剔除破蛋、无精蛋、死胚蛋等。根据记录，如发现某些种鸽所产的蛋常有无精蛋或死胚蛋出现，就应重新配对或淘汰。在出雏困难时（即到18 d仍未破壳而出），可酌情人工辅助出壳。

亲鸽孵出乳鸽以后，便进入乳鸽的哺育阶段，详细内容将在肉鸽的饲养管理中介绍。

二、雌雄鉴别

1. 乳鸽的雌雄鉴别 多采用肛门鉴定法，即在乳鸽孵出4～5 d后，把其肛门稍微扳开，从侧面看，雄鸽肛门下缘短、上缘覆盖着下缘，雌鸽正好相反，下缘突出来而稍微覆盖上缘。从后面看，雄鸽的肛门两端稍向上弯，而雌鸽则稍向下弯。

另外，同窝乳鸽中，雄鸽长得较快，体重较大，且反应敏感、活泼好斗。

2. 童鸽的雌雄鉴别 童鸽的雌雄可以从以下几点进行鉴别。

（1）看。外观上，雄鸽头较粗大，嘴较大而稍短，鼻瘤大而突出，头部大而顶部呈圆拱形，颈骨粗而硬，脚骨较大而粗；雌鸽体型结构较紧凑，头部圆小，上部扁平，鼻瘤较小，嘴长而窄，颈细而软，脚骨短而细。

（2）抓。用手抓肉鸽时，雄鸽抵抗较强，且发出"咕咕"叫声；雌鸽较温顺，有时发出低沉的"唔唔"声。抓住肉鸽颈部对向光线的方向，观察眼睛，可见雄鸽的双目凝视，炯炯有神，瞬膜迅速闪动；雌鸽双眼显得较温和，瞬膜闪动较缓慢。

（3）摸。用手摸颈部，雄鸽颈骨较粗而硬，雌鸽较细而软；以手摸腹部骨盆，雄鸽龙骨突较粗长且硬，后部与耻骨间的距离较窄，两耻骨间的距离也较窄而紧，脚胫骨粗而圆，雌鸽腹部两耻骨间的距离较宽，4~5 cm，且有弹性，耻骨与龙骨突下部的距离也较大，龙骨突稍短，脚胫骨细而稍扁。

（4）肛门形态。三四月龄及以上的肉鸽，雄鸽的肛门闭合时向外凸出，张开时呈六角形；雌鸽的肛门闭合时向内凹入，张开时则呈花形。

（5）羽毛。雄鸽的羽毛较有光泽，主翼羽尾端较尖；雌鸽的羽毛光泽度较差，主翼羽尾端较钝。

3. 成鸽的雌雄鉴别 童鸽雌雄鉴别法都适用于成鸽，且在成鸽表现得更加突出。

成鸽雄鸽体型大、活泼、好斗、眼有神，雄鸽鼻瘤较大（4~5年及以上老龄鸽不能分辨），头顶圆阔或略方，颈部粗短且硬、喙部厚而较短，耻骨间距短窄、龙骨突出、脚胫骨粗圆，雌鸽在上述几个方面则相反。

成鸽性成熟以后，主要体现为求偶行为不同，即雄鸽追逐雌鸽，绕着雌鸽打转求偶，发出"咕咕"叫声。孵化时间也不相同，雄鸽孵蛋的时间为每天10:00~16:00，其他时间由雌鸽孵化。

第三节 肉鸽的饲养管理

一、营养需要与饲料

（一）营养需要

肉鸽对各种营养物质的需要量，可根据实际生产条件拟定。王鸽不同时期建议的饲养标准见表12-1和表12-2。

表12-1 王鸽的饲养标准

项 目	乳鸽（生长鸽）	繁育期种鸽	非繁育期种鸽
代谢能（MJ/kg）	11.7~12.1	11.7~12.1	11.7
粗蛋白质（%）	14~16	16~18	12~14
粗纤维（%）	3~4	4~4	4~5
钙（%）	1~1.5	1.5~2	1.0
磷（%）	0.65	0.65	0.6
脂肪（%）	3~5	3	—

表12-2 王鸽的维生素及氨基酸需要量

项 目	需要量	项 目	需要量
维生素A（IU）	2 000	维生素E（mg）	1.0
维生素D₃（IU）	45	蛋氨酸（g）	0.09
维生素B₁（mg）	0.1	赖氨酸（g）	0.18
维生素B₂（mg）	1.2	缬氨酸（g）	0.06
维生素B₆（mg）	0.2	色氨酸（g）	0.02
尼克酰胺（mg）	1.2	亮氨酸（g）	0.09
泛酸（mg）	0.36	异亮氨酸（g）	0.055
维生素C（mg）	0.7	苯丙氨酸（g）	0.09

注：鸽体每天大约需要的矿物质盐为硫酸铁0.6 mg，硫酸铜0.06 mg，硫酸锰1.8 mg，硫酸锌0.07 mg，碳酸钴0.05 mg，碘化钾0.02 mg。

（二）饲料配合

1. 常用饲料 大多是未经加工的谷类和豆类籽实以及一些维生素、矿物质等添加剂饲料。

（1）豆类。有豌豆、蚕豆、绿豆、黑豆等。黄豆蛋白质和脂肪含量较高，用量要少，以免难于消化而引起腹泻。蚕豆粒大，应破碎后饲喂。

（2）谷类（能量饲料）。常用的有玉米、稻谷、糙米、高粱、大麦、小麦等，这类饲料的主要成分是碳水化合物。

（3）其他类饲料。常用的有火麻仁、油菜籽、芝麻、花生米等。火麻仁含有大量的脂肪，蛋白质含量较高，少量饲喂可起到健胃通便作用，多喂则引起腹泻。但火麻仁是肉鸽饲料中很重要的一种饲料，能增强羽毛光泽，特别在换羽期间日粮中更不能缺少。没有火麻仁可用油菜籽、芝麻、花生米代替。

在维生素饲料添加方面：如群养时也可用青绿饲料补足，笼养必须添加禽用配合维生素添加剂。

在矿物质饲料添加方面：可用红土、木炭、壳粉、食盐、河沙、骨粉、黄泥、陈石灰等。

为了保证肉鸽健康，促进生长发育，还应适当加入药物添加剂。

2. 饲料配方 应根据各地的饲料来源和价格，及肉鸽的食性确定各种饲料的搭配比例，应尽量避免饲料单一，并保持相对稳定。

肉鸽日粮中通常能量饲料占70%~80%，蛋白质饲料占20%~30%。不同生理阶段的饲料组成应适当调整（表12-3）。

表12-3 不同生理阶段的饲料组成

生理阶段	能量饲料	蛋白质饲料
育雏期种鸽	（3~4种）70%~80%	（1~2种）20%~30%
乳鸽	（3~4种）75%~85%	（1~2种）15%~25%
非育雏期种鸽	（3~4种）85%~90%	（1~2种）10%~15%

常用的饲料配方举例：

配方1：稻谷40%，豌豆30%，玉米20%，小麦10%。

配方2：玉米35%，豌豆20%，小麦30%，高粱15%。

配方3：玉米35%，豌豆26%，高粱12%，绿豆6%，小麦12%，稻谷6%，火麻仁3%。

3. 保健砂 鸽子特别饲喂的一种饲料是保健砂。

（1）保健砂的作用。保健砂用以补充矿物质、维生素需要，具有刺激和增强肌胃收缩、参与机械碾碎饲料、助于消化吸收、解毒、促进生长发育繁殖等功能。

（2）常用保健砂成分和配方。保健砂常用成分有黄泥、河沙、贝壳粉、蛋壳粉、木炭末、红土、骨粉、食盐、砖末、石膏、陈石灰等。保健砂无统一的标准，根据不同地区、不同饲养肉鸽品种可有不同的配方。现介绍几种保健砂配方供参考（表12-4）。

表12-4 保健砂配方

成 分	配方1	配方2	配方3	配方4	配方5
蚝壳片	35	25	40		25
骨 粉	16	10	8		
石 膏	3	5		6	
河 沙	40	35	35		17
木炭末	2	5	6		1
明 矾	1				
红铁氧	1	1			0.5
甘 草	1				0.1
龙胆草	1				0.1
黄 泥			10		35
陈石灰			5		
食 盐		4	4	4	2
红 泥					

（续）

成 分	配方1	配方2	配方3	配方4	配方5
穿心莲					
黄 土				40	
砖 末				30	
牡蛎粉				20	
红 土			1		
石灰石				6	19.3
合 计	100	100	100	100	100

注：配制保健砂时，所用各种配料应纯净、无杂质和霉败变质；在配料时应混合均匀。保健砂应现配现用，定时定量供给。一般肉鸽的保健砂消耗量占饲料量的5%~10%。

二、鸽舍与鸽笼

建造鸽舍时既要考虑式样美观，更要讲究经济实用。大型的鸽场在建筑方面，应全面考虑种鸽舍、青年鸽舍、童鸽舍、饲料仓库、兽医室、值班室和办公室等各种配套用房。小型的鸽场，可根据实际需要进行布局。

要根据鸽子怕湿、怕热、怕脏、怕蛇鼠的生活习性，从利于生产、管理，防治疾病和经济实用等角度出发来建、修、改鸽舍，另外，鸽舍最好用砖瓦而忌用草类建造，因草类易受潮，时间长了易发霉，致使鸽子受霉菌侵袭而生病。良好的鸽舍应冬暖夏凉、干爽透光、通气良好、牢固安全，利于防疫保健，无工业废气污染和无噪声干扰，防鼠兽危害且便于操作和管理。

生产之中常用的鸽舍有以下几种形式。

（一）群养式鸽舍

1. 单列式和双列式鸽舍 单列式的宽5 m，双列式的宽10 m，2种形式鸽舍的长度视场地和饲养量而定，通常是10~30 m不等，檐高2.5 m左右，舍内用铁丝网或木料隔成若干小间，每间面积为12 m² 左右，每间饲养种鸽10~20对。

每间鸽舍前后应开设窗户，前窗离地面低些，以便于夏季有南风进入舍内，后窗离地面高些，以避免冬季北风对鸽子的侵袭。在后墙距地面40 cm处开设2个地脚窗，以便潮湿季节通风透气，舍内地面可铺红砖或水泥，稍向前倾斜，以便清洁，防止积水。

鸽舍前面是1 m宽的人行道，每间鸽舍的门开向通道，通道前面是宽 30 cm、深 5 cm 的排水沟，水沟前面是运动场。运动场的门开于人行道的两端，四周先用单砖砌成 70 cm 高的墙，再用铁丝网围绕，顶上也用铁丝网覆盖。

运动场的面积一般是鸽舍面积的 1.5～2 倍。运动场地面铺盖清洁的河沙，要经常更换新沙。产鸽运动场及人行道墙上的窗户上方设栖板，使产鸽可以登高栖息及进行交配。童鸽运动场设栖杆，横跨运动场的两边，供童鸽白天在外登高栖息。童鸽舍内设栖架，让童鸽晚上在舍内登高夜息。产鸽舍内不要设栖架，以免产鸽晚上习惯在外栖息而不回巢孵蛋抱雏。运动场前面最好种植一些树冠较大的乔木或金银花、炮仗花等。没有树木的运动场夏季要搭凉棚遮阴。

2. 离地群养式鸽舍 这种鸽舍的设计大体与地面群养相同。不同的是运动场和室内均离地 50～100 cm，上方用铁线网或竹条、小木方条做成架（铁线网眼 3 cm×3 cm，或竹条、木条间距 2～3 cm）。鸽子生活在架上，粪便落在网下。也可室内离地饲养，室外用河沙铺地面。此法最适用于潮湿多雨地区，经济条件较好的鸽场也宜采用。

此法缺点是鸽子脚病较多，特别是铁网常引起外伤、趾瘤、葡萄球菌等化脓性疾病，脚趾也易变畸形。

（二）笼养式鸽舍

笼养就是把产鸽分对关在一个笼内饲养，其优点是所采用的鸽舍结构比较简单，造价低廉，管理方便，鸽群安定，采食均匀。又可以根据每对产鸽的生产及健康情况随时灵活调整饲料配方或保健砂配方，也可以避免出现群养式在产鸽换羽期因有些产鸽换羽先后不一、换羽后发情时间有异而出现中途另找配偶，引起鸽群紊乱，影响换羽后正常生产的不良现象。还可以减少群养式在种鸽新配对时必须做的训练回巢，逐笼供水供料和逐笼清洁等麻烦而琐碎的工作。

从 20 世纪 80 年代初开始，我国广东地区大多数鸽场都由原来的群养式改为笼养式，产鸽的发病率普遍下降，而受精率、孵化率以及乳鸽的成活率、合格率都普遍提高。

1. 内外笼双列式鸽舍 这种鸽舍采用"人"字形屋架，屋顶上设气楼，两边檐各宽 60 cm、高 280 cm，舍内宽 3 m，正中为 2.2 m 的工作行（图 12-2）。工作行两端是鸽舍门，工作行两边靠墙处设 40 cm 宽、5 cm 深的内水沟。内水沟上方放重叠成 4 层的产鸽内笼，最底层的笼底距水沟底 45 cm，顶层鸽笼上方的墙上开设对流窗。舍外靠墙处设 60 cm 宽、5 cm 深的外水沟，外水沟的上方安放重叠成 4 层的产鸽外笼，最底层的笼底距水沟底也是 45 cm。鸽舍的长度根据一个饲养员所能饲养的产鸽对数而定，为方便管理及核算产量，最好 1 人管理 1 幢鸽舍，一般 1 人可养产鸽 200～296 对，这样，1 幢鸽舍的长度就要 15～22.2 m。

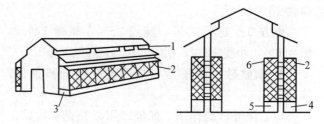

图 12-2　内外笼双列式鸽舍

1. 气楼　2. 外笼　3. 水沟　4. 外水沟　5. 内水沟　6. 内笼

2. 单列式鸽舍 单列式鸽舍与双列式鸽舍的结构基本相同，不同处是单列式鸽舍只有一边安放鸽笼。由于单位面积饲养的产鸽数比双列式的少，且通常可取坐北朝南的方向，这种鸽舍空气流通、清新，阳光也比较充足，但占地面积比较大。在场地宽敞的条件下建造单列式鸽舍最为理想，若场地面积较小则要选择双列式鸽舍。

3. 敞棚式鸽舍 这种鸽舍的结构比上两种的更为简单，鸽舍顶棚盖塑料板或瓦片，四周围几根柱子支撑，无墙，用尼龙布保温和防雨，尼龙布晴暖天气时卷起吊挂。鸽笼重叠成 3 层，分几排摆设在鸽舍内。

这种鸽舍通风透气，阳光充足，地面干爽，造价低廉，管理及观察鸽子容易，但不易保暖。

4. 开放式鸽舍 这种鸽舍美观适用。种鸽舍和青年鸽舍的数量应保持一定的比例，以 7∶1 为宜（图 12-3）。

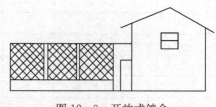

图 12-3　开放式鸽舍

(三) 鸽笼

一般都可以用砖砌、竹木料钉或铁丝网围成。鸽笼分为群养式种鸽笼和笼养式种鸽笼。

1. 群养式种鸽笼 图12-4所示是四层柜式笼，规格为高35 cm×深40 cm×宽35 cm，脚高20~30 cm，4层16格，每相邻2小格之间开1个小门，合在一起为1个小单元。可养8对种鸽。

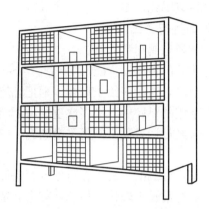

图12-4 群养式种鸽笼

2. 笼养式种鸽笼 常见的有以下几种。

（1）内外双笼式鸽笼。它是垂直重叠式铁丝网笼，在室内靠两边墙处各安装4层（图12-5），中间是过道；室外檐下靠墙同样安装4层垂直重叠式铁丝网笼（还可安装3层笼），相对应的内外笼之间的隔墙上开1个宽20 cm、高20 cm的正方形的孔作为种鸽出入的通道。内外笼的正面同样各开1个长方形的小门（宽20 cm×高15 cm），以便捉鸽和清理废物。

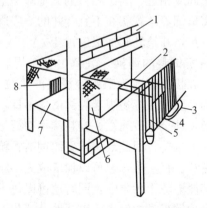

图12-5 内外双笼式鸽笼
1.砖墙 2.巢盆架 3.食槽 4.内门
5.内笼 6.中门 7.外笼 8.外门

室内笼作为种鸽的产房，规格为深50（或60）cm×宽50（或60）cm×高45 cm，笼外挂食槽、保健砂杯和记录牌（鸽场是2个笼同1条食槽，食槽钉成3格，两边的2小格放保健砂，中间的放饲料），室外笼是种鸽的运动场所和配种的地方，规格是深60（或40）cm×宽50（或60）cm×高45 cm，笼外挂水槽或水杯。室内笼正面用8号线焊接而成，间隔为40 cm，方便鸽子伸头采食。其他地方的铁丝网眼为3 cm×3 cm，鸽子的头部不能伸出，避免上下笼、左右笼之间的鸽子打斗。内外笼笼底距地面均为20 cm，内外分别设有排水沟，以便冲洗鸽粪。

（2）柜式鸽笼。这种鸽笼的规格和摆设应根据房子的面积来考虑。笼架规格有4层养20对、16对和8对。鸽笼的规格应根据木材的长度来定。如木材质地坚硬，长度足够，采用4层笼养16对的笼架比较省料；如木材长度不够，又要方便搬动时，则采用4层养8对、3层养9对及6对的笼架较好。若制成4层笼，每层笼高45 cm，笼脚高20 cm，笼架总高度为200 cm。如为3层笼重叠，每层高45~50 cm，笼脚高20~30 cm，笼架总高度是155~180 cm。每层笼的高度不能低于45 cm，否则会影响种鸽的交配，使种蛋受精率下降。在钉笼架之前就应考虑到这一点。笼的宽度为50 cm，深度为70~90 cm，以70 cm为宜，若深度达80~90 cm时，就不方便捉鸽和清洁卫生。

（3）单个箱式鸽笼。适用于种鸽配对，隔离伤残病弱鸽和阳台养鸽用。其规格为深45 cm×宽70 cm×高45 cm。笼子正面的中间位置为笼门，笼门左右侧安上饲料槽、水杯和保健砂杯。种鸽配对专用笼规格面积则较小，深35 cm×宽50 cm×高45 cm。

三、日常饲养管理要点

(一) 肉鸽饲养阶段的划分

肉鸽的生长发育阶段不同，其营养需要和饲养管理的方法也不尽相同，大多数资料将肉鸽分为以下几个饲养阶段（表12-5）。

表12-5 肉鸽的饲养阶段划分表

名 称	乳 鸽	童 鸽	青年鸽（后备鸽）	种鸽（生产鸽）
月 龄	0~1	1~2	3~6	6

(二)饲喂方式及要求

1. 喂食 肉鸽的饲喂要坚持少给勤添的原则，饲喂必须定时、定质、定量。一般每天定时喂料2～3次，根据实践，童鸽和青年鸽一般每天上、下午各喂1次；在种鸽群中，通常有带雏和不带雏种鸽之分，每对种鸽对营养物质的需要量不尽相同，要根据不同的情况进行调整以满足种鸽生产和维持的需要。

肉鸽每日喂料量一般是体重的1/12～1/10，冬季和哺乳期略有增加。通常1对青年鸽半年用料量为20 kg，平均每天每只55 g；1对种鸽自孵化之日起，到乳鸽出生长至1.5 kg时约耗料7.5 kg。

2. 饮水 肉鸽的饮水要保证充足，且无色、无味、无病原物与毒物的污染，饮用水的水温以常温为好。肉鸽每天的饮水量为其采食量的1.5～4倍，一般说来，肉鸽饮水夏季和秋季多，冬春两季少，哺乳期亲鸽、童鸽饮水都较多，乳鸽和休产期的鸽饮水相对较少。

3. 适当的洗浴 可以清洗肉鸽身上的污物，保持皮肤和羽毛的洁净和光亮，减少体外寄生虫的感染，还可增强体质，增进健康。后备种鸽和群养鸽和内外笼笼养的鸽安排洗浴比较方便，但是单个箱式笼笼养的种鸽由于淋水不方便，一般不安排洗浴。

4. 定期清洁消毒 群养肉鸽，每天清除粪便，笼养种鸽笼3～4 d进行1次。运动场、水沟、鸽笼和饮水器每天清洁1次。巢盘中的垫料要及时换，乳鸽出笼离亲鸽后应清洁巢盘后再用。

5. 观察鸽群 经常观察鸽群就能及时、准确地了解鸽群的生长发育、繁殖、育雏、饮食、健康状况等情况，发现问题并及时加以解决。

6. 做好记录 鸽场应建立登记表格工作，包括留种登记表、种鸽生产记录表、种鸽生产统计表、青年鸽动态表等，生产记录对于反映生产情况，指导经营管理，做好选种留种工作等有很大的作用。

四、乳鸽的饲养管理

乳鸽又称幼鸽或雏鸽，是指1月龄内的小鸽。刚出壳的乳鸽躯体软弱，身上只披着初生的羽毛，眼睛不能睁开，不能行走和自行采食，靠亲鸽哺育才能成活。乳鸽生长速度快，饲料转化率高，一般为2∶1。乳鸽体温调节能力尚未完善，初孵化出壳的乳鸽，体温较成年鸽的体温低2～3 ℃，须待绒毛更换、飞羽长满之后体温才接近成年鸽的正常值（41.8 ℃），此时才能逐渐适应外界气温的变化。

(一)乳鸽的饲养管理

针对乳鸽的生理特点，要保证其健康成长，生产中应做好以下几项工作。

1. 及时进行"三调"

（1）调教亲鸽哺喂乳鸽。有个别亲鸽（尤其是初次孵育雏鸽的种鸽），在乳鸽出壳后4～5 h仍然不给乳鸽喂乳，这时应给予调教。即把乳鸽的嘴小心地插入亲鸽的口腔中，经多次重复后亲鸽一般就会哺育。若经过调教后亲鸽仍不会哺乳，应把乳鸽调出并窝。

（2）调换乳鸽的位置。在自然孵育条件下，先出壳的乳鸽通常长得较快。另外，有个别亲鸽每次都先喂同一只乳鸽，先受喂的乳鸽同样长得较快。所以，在同一窝的2只乳鸽大小差异很大。遇到上述情况，应在6～7日龄乳鸽会站立之前，把它们在巢盘中的位置互相调换。也可以每天人工喂饱长得较快的乳鸽，较小的则由亲鸽哺喂。

（3）调并乳鸽。调并乳鸽是提高种鸽繁殖力的有效措施之一。因为调并乳鸽后，不带仔的种鸽可以提早10 d左右产下一窝蛋，缩短了产蛋期，种鸽的产蛋率可以提高50%左右。1窝仅孵出1只乳鸽或1对乳鸽中因死亡仅剩下1只的，都可以合并到日龄相同或相近、大小相似的其他单只乳鸽或1双乳鸽窝里饲养。若实在不宜合并的，应适当减少亲鸽的日粮，并给乳鸽加喂健胃药。

2. 注意饲料的调换 乳鸽出生1周后开始由亲鸽喂给乳状糜料改为喂给经浸润的浆粒、谷类、豆类。饲料腐败最容易引起乳鸽消化不良，发生嗉囊炎、肠炎甚至导致死亡。饲料调换初期是乳鸽生命中的一大难关。因此最好给乳鸽饲喂颗粒较小的谷类、豆类、籽实类，也可以加工成为小颗粒或将谷豆籽实浸泡晾干后再喂，同时还可以每天给乳鸽加喂半小片酵母类的健胃药以帮助其消化。

3. 保持巢窝清洁干燥 乳鸽整个育雏期都生活在巢盆（鸽巢）中，因此要求巢盆干燥舒适、冬暖夏凉，及时更换垫料。

4. 及时离开亲鸽 不留种的商品乳鸽，在21

日龄左右离开亲鸽，进行肥育；种用者 28 日龄时也应离开亲鸽单养，否则会影响余鸽产蛋和孵化。不过即使不离开亲鸽单养，到时一般亲鸽也会将乳鸽赶走。

（二）乳鸽的肥育

3 周龄的乳鸽，体重达 500 g 以上便可出售。但此时乳鸽的肌肉含水量高，皮下脂肪少，肉质较差。为了提高乳鸽的品质和增强适口性，获得更高的市价，应在上市前进行 5~7 d 的人工填肥。经过填肥的乳鸽，烹调后皮脆、骨软和肉质香嫩。

1. 填肥的对象 一般选择 15~17 日龄，体型较大，肌肉丰满，羽毛整齐光亮，体重在 350 g 以上，健康无伤残的乳鸽作为填肥对象。体弱瘦小、羽毛粗糙和皮肉赤黑者不宜用于填肥。填肥对象选好后便置于填肥床。填肥场所要宁静、干燥、通风良好、温度适宜，并能防止鼠害。

2. 填肥设备 包括填肥床、填肥器、漏斗、滴管、浸料盘和拌料桶。

3. 填肥饲料 常用玉米、糙米、小麦和豆类作为填肥饲料。可以适当添加食盐、禽用复合维生素、矿物质（包括微量元素）和健胃药。能量饲料占 75%~80%，豆类占 20%~25%。为了利于乳鸽的消化吸收，通常将颗粒大的饲料粉碎成小颗粒并浸泡 4~8 h 使之软化后才填喂。

4. 填肥方法 填肥一般在填肥床上进行。每只乳鸽每次填料 50~100 g（料、水各一半），每天填喂 2~3 次。填肥处要求安全、宁静、温暖、通风良好，光线不要过强。乳鸽数量少的，用手工填肥，多者便用机械填肥。

（1）机械填喂。把料和水按 1∶1 称取拌匀，浸泡软化后一同放入填喂器的盛料漏斗内，左手提鸽，右手将鸽嘴掰开并按到填喂器的出料口，右脚踩动开关，饲料和水就一同注入乳鸽嗉囊内，每踩动开关 1 次就填喂 1 只乳鸽，每小时可以填喂 300~500 只。填喂时要防止损伤乳鸽的口腔和舌头。

（2）手工填喂。用手将软化了的颗粒料慢慢填入乳鸽的嗉囊内，然后用脱掉针头的玻璃注射器吸清水，对准鸽子的口腔注入。要防止把水注入乳鸽的气管中。

（三）乳鸽的人工哺育

人工哺育乳鸽，对提高种鸽的繁殖率起到重要的作用。它与亲鸽自然哺育比较，可以减少亲鸽哺育的生理负担，提早 10~20 d 产下一窝蛋。依不同的品种，可提高乳鸽增重率 3.5%~8.8%。

根据自然鸽乳的营养成分来研制人工鸽乳，所调配的人工鸽乳仅限于喂活 8 日龄以上的乳鸽，而 8 日龄以下的乳鸽则很难养活。所以，出壳的乳鸽通常由亲鸽或保姆鸽喂养至 8~12 日龄时才进行人工哺育。保姆鸽可由同品种的肉鸽担任，土鸽或信鸽也可以。一般每对良种鸽（纯种）配 3~5 对保姆鸽，以保证双方乳鸽在同一天或相差 1 d 出壳。因为出壳时间越相近，调并乳鸽的效果就越好。

乳鸽饲料配方为：玉米 40%，小麦 20%，麸皮 10%，豌豆 20%，奶粉 5%，酵母粉 5%。除此外，还要在饲料中加入适量的蛋氨酸、赖氨酸、多种维生素、食盐和矿物质等。哺喂时，用开水调成糊状〔料水比为 1∶（2~3）〕，亦可煮熟，然后用注射器接胶管经食道注入乳鸽嗉囊内，每天喂 2~3 次。

人工哺育过程中应该注意如下问题：每次不能喂得太多，不能将饲料注入气管内，不能拥挤，环境要保持安静和干燥，提供适宜的温度，尤其是冬季要注意保暖。

五、童鸽的饲养管理

童鸽是留种用的，一般指 30 日龄离开亲鸽并开始独立生活的肉鸽。

1. 留种的条件 留种的童鸽，其双亲的成年体重为：雄鸽 750 g 以上，雌鸽 600~700 g。种蛋品质优良，年产乳鸽 6 对以上，童鸽本身 3~4 周龄时空腹体重 600 g 以上，生长发育良好，并具有本品种特征。入选后应套上脚环，建立系谱记录，然后转到童鸽舍饲养。

2. 饲养环境条件 童鸽以每群 20~30 对放育种床上饲养 10~15 d，然后再转到铺有铁丝网（竹垫和木板也可）的地面上平养，每群 50 对左右。舍外要围大于鸽舍面积 1 倍以上的运动场和飞翔空间，并设合适的栖架。运动场要阳光充足，舍内冬暖夏凉。刚离开亲鸽的童鸽要注意保暖。雨天要将童鸽赶入舍内，避免雨水淋湿羽毛引起感冒。运动场潮湿也不要放童鸽出来。童鸽饲养密度应以 3 对/m² 为宜。

3. 换羽期童鸽的管理 50~60 日龄的童鸽就开始换羽，第 1 根主翼羽首先脱落，往后每隔

15~20 d更换1根，与此同时，副主翼羽和其他部位的羽毛也先后脱落更新。此时更要注意饲料的质和量以促进其羽毛换新。

换羽期的童鸽生理变化较大，对外界环境条件的影响较敏感，抗病力较低，易受沙门菌、球虫等感染，并常感冒和咳嗽。若环境条件很差，还易患毛滴虫病和念珠菌病等。在整个饲养期内，50~80日龄的童鸽发病率和死亡率是最高的。所以，这个时期除精心管理外，还要选择有效的药物交替使用，做好鸽群疾病的防治工作。这是保证童鸽正常生长发育和提高成活率的关键所在。

六、青年鸽的饲养管理

青年鸽为从童鸽后至6月龄的肉鸽。经过危险期（50~80日龄）后，鸽子进入稳定的生长期，此时其适应性强，新陈代谢相对加强。应限制饲喂，防止采食过多和体质过肥，有条件的应将雌雄分开饲养，防止早熟、早配、早产等现象发生。

1. 饲粮与饲喂 日粮组成为：豆类饲料占20%，能量饲料占80%。每天喂2次，每只每天喂料量35 g。对5~6月龄的后备种鸽，此时鸽子生长发育已趋成熟，主翼羽脱换七八根，日粮调整为：豆类饲料占25%~30%，能量饲料占70%~75%，每天喂2次，每只每天喂40 g，这样鸽子开产时间较整齐。

此外，青年鸽对发霉饲料相当敏感，易发生胃肠炎。因此选择易消化和便于采食的饲料对提高其消化机能，防止消化不良和嗉囊积食的发生是极其重要的。

2. 设洗浴池 青年鸽好动喜飞，喜欢洗浴。后备鸽舍应设有水浴、沙浴池。青年鸽经常洗浴，利于皮肤和羽毛的卫生，减少体外寄生虫，增进健康。

3. 防止近亲配对和早配 为防止同窝配对、近亲繁殖，应将其分开放入不同的青年鸽舍分开饲养，佩戴脚环作为区别。早熟的后备鸽3月龄便开始发情，应将优良的雌、雄鸽分开进行饲养，防止早配。当青年鸽的10根主翼羽更换完毕就可配成对，开始转入种鸽舍进行繁殖。

4. 驱虫和选优去劣 3~4月龄时进行1次驱虫和选优去劣工作；6月龄时，同时进行驱虫、选优和配对上笼等工作，减少对鸽子的应激。

七、种鸽的饲养管理

青年鸽长至5~7月龄，开始配对繁殖的鸽子称为种鸽或繁殖鸽。配成对进入产蛋和孵育仔鸽的种鸽称为亲鸽。有人将已配对投产的种鸽称为生产鸽或简称产鸽。

种鸽在整个生产周期的各个时期具有不同的特点，因此其饲养管理技术也有所不同。

（一）配对期的饲养管理

1. 人工辅助配对 即按人们的意志为鸽选择配偶进行配对（方法见第二节）。

2. 认巢训练 临产前筑巢做窝是鸽的天性。为让产鸽按人们的要求在指定的地方产蛋，可在指定的地方放1个巢盆，并在巢盆内放1个假蛋，当它愿意在盆内孵化时，将真蛋放进，换出假蛋孵化。笼养产鸽的训练过程比较简单，因活动面积小，一般都会跳上挂在半空的巢盆里产蛋。新配对的产鸽，进入群养鸽舍后很快就会找到合适巢房并且固定下来。对于几天还找不到巢的配对鸽，可将其关在预定巢房内，采食饮水时放出来，过3~4 d就会熟悉巢房，并固定下来。

3. 重选配对 鸽子需要重新选择配偶有3种情况：一是配对时双方合不来，二是丧失原来配偶，三是育种需要拆偶后重配。重配的方法可按人工辅助配对法进行。对丧偶或拆偶的产鸽，重新配对需要时间较长。对于拆偶鸽，应将原雌、雄鸽彻底隔开。

（二）孵化期的饲养管理

配对的鸽子，熟悉自己的笼子和巢房后，就开始产蛋，这段时期的饲养管理，应做好以下工作。

1. 准备好巢盆和垫料 种鸽一经配对就应在笼子里或群养鸽舍的适当地方放上巢盆，诱导快产蛋。雌鸽开始有伏巢含草表现时，应立即给巢盆，并加垫料保温。

2. 细致观察 及时记下各笼产蛋、出壳日期，进行登记编号。如发现产鸽有病，应及时治疗。

3. 布置安静的孵化环境 对初产鸽尤为重要。应采取措施挡住视线，减少干扰，使之专心孵蛋。初产鸽不愿孵化的，可把它们关在巢房内，强制它们专心孵蛋。

4. 定期检查 要定期检查孵蛋、受精、胚胎发育情况，及时剔出无精蛋、死胚蛋，并进行并蛋，使没有蛋孵的产鸽尽早交配产蛋。

5. 助产 孵化至17~18 d时，发现啄壳已久而仍未出壳时，可以用人工助产，以防乳鸽闷死。

（三）哺育期的饲养管理

详见本章乳鸽的饲养管理。

（四）换羽期的饲养管理

种鸽一般每年夏末秋初换羽1次，部分鸽在春季也有换羽，或受到突然的应激也会换羽。自然换羽时间可长达2个月。在换羽期间除高产鸽外普遍停产。换羽期间在管理上应重点注意以下两方面工作。

1. 强制换羽 由于鸽子个体差异，换羽的快慢、早迟不一。为了避免发情早者在鸽群中乱找配偶，引起鸽群混乱，可采取强制换羽。

强制换羽的方法是：降低饲料质量，把蛋白质饲料比例降到10%~12%，同时减少喂量和次数，甚至停料1~2 d（只给饮水），促使鸽群在比较一致的时间内迅速换羽。待整群鸽换羽完毕，再逐步增加日粮中蛋白质饲料和火麻仁的比例，促进早日产蛋。

2. 整顿鸽群 换羽期是重新调整和整顿鸽群配对的最佳时期。在这段时间内，可以结合进行选种、驱虫、免疫接种、舍内外和笼具的消毒工作。

第四节　肉鸽常见疾病

一、鸽　痘

【病原】本病又称传染性上皮瘤、皮肤疮、头疮和禽白喉。由鸽痘病毒引起。该病毒对外界环境有高度的抵抗力，从皮肤病灶上脱落下来干痘痂中的病毒可以存活几个月乃至3~4年，对阳光的直接照射可耐受几周。

【症状】皮肤型鸽痘起初为灰白色小结节，随后逐渐变成棕褐色结痂，若继发细菌感染则会使痘痂化脓。常自行干枯、脱落、留有疤痕。白喉型（黏膜型）鸽痘开始为黄白色小结节，以后逐渐形成1层白喉样黄白色干酪样假膜，严重时由假膜扩大、增厚，造成呼吸、饮食障碍，甚至窒息死亡。有时也会出现皮肤、黏膜均受损害的混合型。

【防治】本病目前没有特效治疗药物。但可采取一些对症治疗，以减缓病情、防止继发感染。皮肤上的痘痂可用镊子或剪刀小心剥去，涂擦碘酒、紫药水；黏膜上的假膜小心摘除后可用稀碘液或1%石炭酸冲洗。为控制细菌感染可用0.04%金霉素或0.04%四环素拌料，或减半量放入饮水。

可在春末流行季节前接种鸽痘弱毒疫苗，接种部位在鸽翅膀内侧无血管处皮下，连续刺种2~3次。另外，应做好灭蚊除虫工作。

二、鸟　疫

【病原】本病又称"鹦鹉热""鸽衣原体病"，是由衣原体微生物所引起的一种全身接触性传染病。多种家禽和鸟类均可感染此病，本病传播快、发病率高而死亡率低，但继发有其他疾病时，也可造成大量死亡。

【症状】急性病鸽表现食欲丧失、精神萎靡、腹泻、排灰黄色或淡绿色水样稀粪，发生眼角膜炎、眼睑肿胀或增厚、眼分泌物增多、严重时失明，常并发鼻炎，鼻液分泌物增多且由水样逐渐变得黏稠，造成呼吸困难（严重时引起肺炎和气囊炎），呼吸时发出"咕噜——咕噜"的呼吸声，病鸽逐渐消瘦、发育不良、衰弱，存活者常成为带菌者，虚弱的病鸽常因继发沙门菌病、支原体病、滴虫病等而死亡。

【防治】可采取治疗期与不治疗期交替进行的方式，这样易于最终消灭病鸽的带菌状态。可用金霉素按0.04%~0.06%比例混于饲料中，连续2个疗程，每个疗程5 d，中间停药2 d。可使用土霉素，可按每千克保健砂拌入0.1 g，也可溶于饮水中，土霉素口服治疗量每只8万IU，每天2次，连用4~5 d。混合感染支原体病时，可用0.08%泰乐菌素溶于饮水中，连用3~5 d。

发生本病时应对病鸽进行严格的隔离治疗，鸽舍环境、用具等都应进行彻底的消毒，污染的粪便、垫草、病死鸽等都要做相应的无害化处理，发病数量少时可将病鸽淘汰。本病为人兽共患病，应加强场内工作人员的卫生防护，防止感染。

三、鸽支原体病

【病原】本病是由致病性支原体引起的。

【症状】病鸽多表现慢性经过，病程较长。病初常流出水样鼻液，以后鼻液逐渐变稠、干结、堵塞鼻孔，鼻孔周围和颈部羽毛常被污染，病鸽张口呼吸、打喷嚏。当炎症蔓延至下呼吸道时，常引起咳嗽、呼吸困难、发出"咯咯"的叫声，呼出气体有臭味。病鸽食欲减退，生长不良，逐渐消瘦，严重时鼻腔、眶下窦蓄积液体，引起颜面、眼睛肿胀，有时因眼球受压造成失明。若继发其他疾病，则病情加重，成年鸽常病情较轻，多可康复，但成为带菌者。

【防治】治疗可选用庆大霉素、红霉素、强力霉素。如肌内注射庆大霉素，每千克体重 8 mg。饮水治疗可用 0.005%～0.01%强力霉素或 0.01%～0.02%红霉素或 0.04%～0.1%土霉素等，连用 5～6 d，2～3 个疗程。泰乐菌素是治疗本病的特效药，每升饮水中加入 2 g，预防量减半，连用4～6 d。

平时预防应加强饲养管理，改善营养，添加维生素 A。一旦发生本病，应立即隔离淘汰病鸽。

四、鸽毛滴虫病

【病原】本病是由禽毛滴虫引起的侵害鸽消化道上段的原虫病。乳鸽是由于吞咽成年鸽的鸽乳而被垂直感染的，几乎所有的鸽子都是禽毛滴虫的带虫者。本病若不及时治疗病死率高达 50% 左右。

【症状】禽毛滴虫侵害口腔、鼻腔、咽、食道和嗉囊的黏膜表层，因而病鸽闭口困难，常做吞咽动作，并从口腔内流出气味难闻的液体，眼睛中有水汪汪的分泌物，体重下降、消瘦。病理剖检可见病鸽的口腔、咽、嗉囊、腺胃和食道黏膜上有隆起的白色结节或溃疡灶。

【防治】做好消毒工作，仔细打扫鸽舍，鸽粪堆积发酵。鸽毛滴虫对高温和消毒药的抵抗力较弱，可用火焰喷射器对墙壁、地面、不锈钢笼具等进行高温消毒，或用 20%石灰水、2%～3%火碱、2%来苏儿等进行鸽舍、养殖器具的消毒，以杀灭鸽子体外的毛滴虫。

发病个体可用罗尼咪唑治疗，每天用量 30 mg；或在饮水中添加 0.05%的硫酸铜，连用 7 d，也有一定疗效。

（樊江峰）

第十三章 鸵 鸟

鸵鸟是现存鸟类中体型最大的鸟，也是世界上现有鸟类中唯一的两趾鸟。鸵鸟不仅有一定的观赏价值，其羽毛、皮、肉还具有一定的经济价值和食用价值。鸵鸟羽毛是高档掸子、时装和玩具的理想原料；皮具有柔软、轻便、耐磨等特性，是皮革加工业的理想原料皮之一；鸵鸟肉蛋白质含量高，而胆固醇含量低，具有较高的营养价值。

第一节 鸵鸟的生物学特性

一、分类与分布

鸵鸟包括非洲鸵鸟、美洲鸵鸟、澳洲鸵鸟（又名鸸鹋），隶属于鸟纲、平胸总目。

非洲鸵鸟隶属鸵形目、鸵鸟科、鸵鸟属、鸵鸟种，现有5个亚种。主要分布于肯尼亚、坦桑尼亚、埃塞俄比亚、索马里、赞比亚、毛里塔尼亚等国家，有的亚种已经绝种。古时中国也曾有分布。

美洲鸵鸟隶属美洲鸵目、美洲鸵科。美洲大鸵鸟属于美洲大鸵鸟属、美洲大鸵鸟种，美洲小鸵鸟属于美洲小鸵鸟属、美洲小鸵鸟种。美洲大鸵鸟有5个亚种，分布巴西、乌拉圭、巴拉圭、玻利维亚及阿根廷。美洲小鸵鸟有3个亚种，分布于秘鲁、玻利维亚、阿根廷、智利。

澳洲鸵鸟隶属鹤鸵目、鸸鹋科、鸸鹋属、鸸鹋种。澳洲鸵鸟主要分布于澳大利亚、新西兰和其他一些岛屿。澳洲鸵鸟有4个亚种，其他3个亚种已灭绝，现存常见的鸸鹋。

二、主要品种与形态学特征

非洲鸵鸟的个体最大，驯化程度最高，在世界各国广泛饲养（图13-1）。而其他种，无论其驯化程度还是饲养的广泛性，都远不及非洲鸵鸟。因此，我们通常所说的鸵鸟，严格来说是指非洲鸵鸟。在具体生产中，人们常按鸵鸟的不同体型特征将其分为红颈鸵鸟、蓝颈鸵鸟和黑鸵鸟（一般指非选育的非洲黑鸵鸟）。

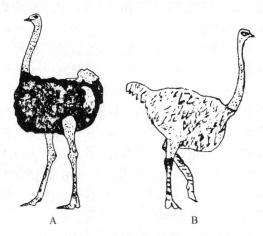

图13-1 鸵鸟的体型外貌
A. 雄鸵鸟　B. 雌鸵鸟

1. 北非鸵鸟 属红颈鸵鸟。颈长 1.06 m,腿长而粗壮,膝关节距地 1.22 m,头高 2.4~2.7 m。头顶无羽毛,只是在周围长一圈棕色羽毛,并一直向颈后延伸。成年雄鸵鸟的颈和大腿呈红色或粉红色,喙和跗跖更红,特别在繁殖季节,这些部位的色彩更加鲜红。未成年雄鸵鸟和成年雌鸵鸟的皮肤呈淡黄色。成年平均体重为 125 kg。

2. 南非鸵鸟 属蓝颈鸵鸟。头顶上有羽毛,颈部为灰色,繁殖季节变为红色。雄鸵鸟跗跖为红色。无裸冠斑。尾部羽毛为暗棕色至鲜肉桂红色,其他部位的羽毛颜色与其他亚种相似,但没有白色颈环。

3. 索马里鸵鸟 属蓝颈鸵鸟。头顶无羽毛,雄鸵鸟颈部有一宽的白色颈环,身体羽毛明显呈黑白二色,而雄鸵鸟偏灰色。颈和大腿部为蓝色。跗跖呈亮灰色,尾羽白色。具裸冠斑,虹膜灰色。通常将喙抬得较高。

4. 马塞鸵鸟 又称东非鸵鸟,属红颈鸵鸟。头顶有羽毛。雄鸵鸟大腿和颈部呈粉红色,繁殖季节变成鲜红色。腿部亮粉红色。尾羽乳白色,略带褐色或红色。

三、生活习性

1. 生活环境 鸵鸟栖息于各种生境中,如炎热、干旱、空旷的沙漠,草原或丛林。

2. 适应性 育成鸵鸟、成年鸵鸟适应性很强,能在 45 ℃的高温和-35 ℃的低温环境下生长、繁殖,对寒冷、干热、雨雪等恶劣环境均可适应,并且有很强的抵抗能力,不易患病。而 3 月龄以下的鸵鸟,适应性较差,抵抗能力不强,在不良环境条件下容易患病。

3. 应激性 鸵鸟的颈长而且灵活,有利于眼睛观察四周。眼睛大而突出,视野宽广(视角达300°),视力强,能看清 12 km 远的物体,并对反光性的东西较为敏感。听力敏锐、胆小易惊。当环境安静时,能逍遥自在地活动,一旦遇到突发刺激如爆炸声、雷电、喇叭声等时,会惊群、无目的狂奔或冲出围栏。奔跑时速可达 60 km,跨距为 6~8 m,时间多为 10~20 min,以后要么停止,要么撞在围栏上,造成伤亡。

4. 群居性 鸵鸟多群居生活,很少独居。但在繁殖季节,1 只雄鸵鸟带 3~4 只雌鸵鸟离群,过类似家族式生活。

5. 草食性 鸵鸟属于草食禽。在自然条件下,食物种类较多,以双子叶植物为主,包括草本植物、灌丛植物、匍匐植物,常采食幼嫩的豆科、禾本科牧草以及蔬菜、籽实等,如苜蓿、红叶、桂花草、香草、皇竹草、黑麦草、无芒雀麦、甘薯藤、槐树叶、胡萝卜等,以叶、花、果实、种子和冠为主要采食对象。有时啄食一些活体小动物如蚂蚁、蝗虫等昆虫和软体动物,偶尔也吃小鸟和小兽。

第二节 鸵鸟的繁殖

一、繁殖特点

1. 性成熟 一般雌鸵鸟在 2~2.5 岁、雄鸵鸟在 3~4 岁可达性成熟。

2. 繁殖季节 鸵鸟的繁殖季节与其所在地理位置和环境条件有关。南非地区家养鸵鸟多在 6—9 月产蛋。津巴布韦的鸵鸟每个月都能繁殖,但 7—9 月为繁殖高峰期。肯尼亚察沃(Tsavo)国家公园的索马里鸵鸟亚种分别在 4 月和 8 月表现出明显的双型繁殖高峰期。纳米比亚干旱地区的鸵鸟繁殖高峰期在 8—11 月的雨季之前。

通过各地区气候状况分析,目前认为,雨季和随之而来的丰富的食物资源是造成不同地区的鸵鸟出现繁殖季节差异的主要原因。

3. 雌雄比例 在自然条件下,繁殖季节 1 只雄鸵鸟带领 3~4 只雌鸵鸟寻找适宜环境、筑巢繁殖。在人工饲养条件下,鸵鸟的雌雄配比多采用 2∶1 或 3∶1,部分国家用 5∶2 或 8∶3 的配比。雌雄比例一般不应超过 5∶1,否则种蛋受精率将会下降。育种核心群的雌雄配比应为 2∶1 或 1∶1。

4. 发情表现 进入发情期的鸵鸟,有明显的发情表现。雌鸵鸟性情变得温顺,主动接近雄鸵鸟,在雄鸵鸟附近低头垂展翅膀行走,同时喙快速一张一合,发出求爱信息。雄鸵鸟眼睛和泄殖腔周围、腿部以及喙部颜色变红,经常发出"呜隆——呜隆"的叫声,在雌鸵鸟前蹲下,身体左右摇晃,将头伸向背不停地从一侧转向另一侧,以示求爱。同时翅膀向两侧伸展、扇动并发出拍打声,展示自己的雄威。

交配时,雄鸵鸟左右摆头,射精时双翅快速抖动。交配时间 30~60 s。1 只雄鸵鸟一般 1 d 交配

4～6次，少数雄鸵鸟可达8次以上。交配多在清晨或傍晚进行。

5. 产蛋 鸵鸟交配后1周左右便开始产蛋，初期所产蛋多为无精蛋。产蛋时间多集中在15:00～19:00，但也有个别鸵鸟在上午或夜间产蛋。通常每隔1 d或2 d产1枚蛋。产到8～15枚时休息1周左右，又开始下一个产蛋周期。但有些鸵鸟可停产1～2个月，而个别高产的鸵鸟可持续产到40枚左右才休息。

鸵鸟的产蛋量在不同的个体之间和年龄之间存在着较大的差异。初产鸵鸟产蛋量较少，年产蛋量12～20枚。随着年龄增长，产蛋量逐渐增加，5～6岁时进入产蛋高峰期，年产蛋量可达60～80枚，个别高产个体可达100枚以上。

鸵鸟蛋是最大的禽蛋。蛋重1 200～1 700 g，个别可达2 000 g；蛋纵径16～17 cm，横径13～14 cm。蛋壳光滑呈乳白色，具有象牙似的光泽，蛋壳厚而硬，厚度0.2～0.3 cm，蛋壳约占蛋重的19.5%。

6. 孵化 在野生条件下，当巢内有12～16枚蛋时，鸵鸟便开始孵化。整个孵化工作由雌鸵鸟和雄鸵鸟交替进行，共同完成。由于雄鸵鸟艳丽的颜色在白天易被敌害发现，为增加孵化的安全性，雄鸵鸟多在夜间孵化，而雌鸵鸟多在白天孵化。人工饲养条件下，鸵鸟蛋多采用人工孵化。

二、人工孵化

鸵鸟蛋孵化操作规程类似于家禽卵的孵化。但有专用孵化器，也可以用鸡蛋孵化器改进。非洲鸵鸟孵化期为42 d，变动范围39～44 d。澳洲鸵鸟孵化期为48～50 d。

(一) 种蛋

1. 种蛋的选择 种蛋要求新鲜、清洁、大小适中、蛋形好、色泽正常，具有本种类特征。如非洲鸵鸟蛋重为1.2～1.8 kg，蛋纵径为14～18 cm，横径为12～15 cm，蛋形指数为0.82～0.85，蛋壳厚2～3 mm，蛋壳重占蛋重的19.5%，蛋色为乳白色或米黄色。

2. 种蛋的贮运 贮存鸵鸟蛋的适宜温度为13～18 ℃，刚产的蛋用12～14 h降温至贮存温度后再贮存较为适宜。贮存环境所需相对湿度为60%左右，贮存时间不超过7～10 d。否则因高温或低温、高湿或低湿、长时间存放影响孵化率。在短期（7 d以内）贮存时蛋大头朝上，垂直放置，每天翻蛋2次，翻动角度向左右各50°倾斜。蛋在贮运时应装于专用箱，运输时要快速平稳，减少震动，防止雨淋、日晒等。

3. 种蛋的清洁与消毒 若蛋上有土、粪便或其他污物，可用软布或毛刷轻轻去污。若需要洗涤时，尽可能地用略高于蛋温的微流水漂洗或喷洗，不能用水浸泡或油性液体擦洗或边刮边洗。消毒用福尔马林与高锰酸钾熏蒸法，用量是每立方厘米空间30 mL福尔马林、15 g高锰酸钾，在密封条件下熏蒸8～20 min。

(二) 孵化前的准备

1. 孵化室的准备 对孵化室内的风扇、自来水管道、电路、门窗、空调机等配套设施进行全面检查和维修，保证室内空气对流，水、电持续不间断供应。入孵前2～3 d，关闭孵化室门窗，用福尔马林熏蒸（按每立方厘米空间40 mL福尔马林加20 g高锰酸钾配制）消毒2 h，然后打开门窗用排气扇换入新鲜空气，或用26%的氨水溶液喷洒于地面上进行中和。将温度和湿度调整到所需状态，使温度保持在15～20 ℃，相对湿度控制在45%以内。

2. 孵化机的准备 孵化前的3～5 d，对孵化机进行全面调试，尤其是对孵化机和出孵机的温湿度调节系统、温湿度计、马达和转蛋的传动部分进行重点检修和校正。检查温度显示器，使其能准确反映机内实际温度。在孵化机内的不同空间放置校正过的体温计，测定正常工作2 h后不同空间的温度，使空间温差控制在±0.3 ℃以内。同时对孵化机进行彻底清洗和熏蒸消毒。入孵前孵化机需空转24 h以上，当各项参数达到规定指标，机内环境处在稳定状态时方可进蛋孵化。

(三) 人工孵化的技术要点

1. 严格控制温度 鸵鸟胚胎发育对环境温度有一定的适应能力，在35～37 ℃的温度条件下均能孵出雏鸵鸟。不同地区和不同季节对温度的选择不同。但就同一地区和同一季节而言，在确定孵化温度时应遵循2条原则：一是选择温度不能过高或过低，二是鸵鸟多采用恒温孵化。目前，我国推荐使用的最适温度为36.4 ℃，但在具体应用时还应根据湿度条件进行相应的调整。

由于室温对孵化机温度有影响，为保证孵化的效果，孵化室的温度应保持在22~25℃的范围内。特别是北方地区，冬季要注意保温，保证孵化室内的温度相对稳定。如室内温度低于18℃，孵化机的温度应提高0.1~0.2℃。将要出壳的雏鸵鸟产热较多，要求出雏机内温度比孵化机内低1℃左右。

对孵化机温度，每天至少要进行2次记录。最好在翻蛋时，通过孵化机外的温度计直接读取。为了准确记录蛋内温度，可在空蛋壳内注满甘油，插入温度计，用石蜡封口后，放入孵化机内即可准确测定蛋内温度。

2. 调节湿度 鸵鸟胚胎发育的相对湿度一般为18%~28%，孵化的最适相对湿度为22%。在具体生产中，还需根据温度的高低进行适当调整。孵化温度越高，胚胎产生的水分越多，此时需要较低的孵化湿度，以保证水分从蛋内排出。如果不能保证较低的孵化湿度，则只能选择较低的温度和较长的孵化期，或采用抽湿设备降低孵化湿度。

3. 保证通风换气 合理而适量的通风是保证气体交换和热量散发的有效措施。目前，几乎所有的孵化机内都装有恒温风扇，能在确保孵化机内温度恒定的前提下，根据胚胎产热量的大小，自动调节通风量。

4. 定期翻蛋和照蛋

(1) 翻蛋。一般每2 h翻蛋1次。转入出雏机后，停止翻蛋。目前，绝大多数的鸵鸟孵化机所设计的翻蛋角度为45°。但近年来的研究结果表明，翻蛋角度在50°~55°比45°的孵化率有所提高。

(2) 照蛋。由于鸵鸟孵化期长，照蛋次数要比其他家禽多。

第1次照蛋安排在入孵后的第2天，观察并确保蛋的气室朝上放置。

第2次照蛋在入孵后的第14天，检查种蛋是否受精或是否有早期死胚，把未受精的蛋或早期死胚从孵化机中取出。正常发育的胚胎，其形似蜘蛛状，周围血管清晰可见，呈放射状分布。早期死胚看不到蜘蛛状胚体，血管基本消失或形成一个暗紫色的血环。无精蛋内部没有变化，只是蛋黄的流动性较新鲜蛋加快。

以后每周照蛋1次，检查胚胎的发育情况，及时拣出死胚蛋。后期死胚蛋主要根据胚体、血管和气室的情况来确定。死胚的胚体较小，看不到血管或血管不清晰，气室浑浊；死亡时间较长的胚蛋温度比正常胚蛋低。

种蛋转入出雏机后要每隔6 h照蛋1次，观察雏鸵鸟的啄壳情况。若有雏鸵鸟啄破壳内膜，每隔2 h照蛋1次，确定是否打开或是否应采取助产。

5. 落盘与助产 落盘时间的确定应以雏鸵鸟啄破壳内膜进入气室为依据。落盘时胚胎进入气室的比例和同期化水平越高，则孵化率也越高。绝大多数雏鸵鸟在啄破壳内膜后的24 h左右便能破壳，如果破膜后的48 h仍未破壳，应在气室内近喙处钻孔助产。

对破壳后6 h不能出壳的雏鸵鸟应采取人工破壳的办法，即由前向后轻轻剥掉蛋壳。剥壳时若发现壳内膜有红色血管，应立即停剥，以免造成出血，停留2~3 h后再剥。在去脐带周围的蛋壳时应特别小心，以免撕破雏鸵鸟皮肤。如出孵期间发现雏鸵鸟胎位不正，应及时助产，轻轻打通气室，小心地剥开内膜，如果胚胎还活着，可继续孵化。

雏鸵鸟出壳后，脐带部应用龙胆紫液消毒，并用灭菌纱布包扎，同时进行雏鸵鸟的称重、编号和性别鉴定，待其全身干燥，羽毛蓬松后转入育雏室。

第三节 鸵鸟的饲养管理

一、饲养方式与场地设施

(一) 饲养方式

鸵鸟的饲养方式较多，每种饲养方式各有其利弊。实际生产中，应根据管理水平的高低、饲养规模的大小以及经济条件的优劣，对不同年龄、不同生长阶段的鸵鸟采取不同的饲养方式。鸵鸟常见的饲养方式有如下几种。

1. 集约化饲养 雏鸵鸟按一定的数量分群（15~25只一群），在带有运动场的专门化育雏室内饲养。成年鸵鸟按1只雄鸵鸟、2只雌鸵鸟分组，各组均在15~16亩*的围栏内饲喂。我国绝

---

* 亩为非法定计量单位，1亩≈666.7 m²。

大多数的鸵鸟场采用这种方式。

集约化饲养具有群体小，雌雄比例适当，种蛋受精率高，易于控制鸵鸟群，能较准确地观察记录，便于开展鸵鸟育种和科学研究工作等优点。缺点是基础建设投资大，鸵鸟群主要靠人工给料，饲养成本较高，而且易出现雌雄搭配不当的情况。

2. 半集约化饲养 给雏鸵鸟提供与集约化育雏类似的育雏室或移动式育雏室，但运动场面积较大。成年鸵鸟按 30 只雄鸵鸟、50 只雌鸵鸟分群，给每群提供 300～1 500 亩的饲草地，根据牧草的生长情况，适时适当地补充精饲料。非洲一些国家多采用这种方式。

半集约化饲养具有基础建设投入少，饲养成本低的优点。但由于成年鸵鸟群体规模大，不便管理，很难搞清它们之间的配偶关系，无法控制雄鸵鸟利用强度，种蛋受精率低；且较大的活动空间使得捕鸵鸟较困难，投饲无法照顾到每只鸵鸟，因此，这种饲养方式的生产能力往往比集约化饲养方式低。

3. 粗放饲养方式 包括人工孵化粗放饲养和自然孵化粗放饲养。

（1）人工孵化粗放饲养。是圈定一片适宜于鸵鸟生长的草地或林地，引入鸵鸟，让其自由配对，自然交配，将所产蛋收回，人工孵化，完成育雏后再将雏鸵鸟放入所圈地饲养。

（2）自然孵化粗放饲养。是鸵鸟在所圈地内自由繁殖、生长的一种饲养方式。按计划定期捕杀是调整种群结构、控制种群增长并获得产品的主要方法。

（二）场地设施

鸵鸟场地选择及设施设备的配套应本着成本低、方便实用，并能满足鸵鸟正常生产需要的原则进行。场址应选择在地势较高、通风良好、光照充足、水电便利的地方，要求距交通干线和居民区 1 km 以上。

鸵鸟活动空间较大，如用实墙分隔区间或建立运动场，基建成本太高，因此多用围栏。雏鸵鸟围栏选用网眼小于 2.0 cm×2.0 cm 的铁丝网或塑料网，网高一般在 1.2～1.5 m。成年鸵鸟多选用网眼为 6 cm×6 cm 的 10 号铁丝网，网高一般在 1.5～2.0 m。种鸵鸟围栏之间要有 1.5 m 左右的间隔，以防种鸵鸟间打架。

育雏室内应配制育雏伞或红外线灯、照明灯、换气扇、食槽、水槽等设施，以满足育雏所必需的温度、湿度、光照、通风等环境条件，保证其正常采食和饮水。

二、饲料与营养

鸵鸟是单胃草食禽类，其消化道结构不同于家畜和家禽。鸵鸟没有牙齿和嗉囊，腺胃较发达，能贮存大量食物，腺胃壁能分泌胃酸和胃液，胃液中含有蛋白酶，对食物有消化作用。肌胃体积大，胃壁肌肉层厚，对食物的物理消化过程与家禽相似。没有胆囊，仅有胆管。盲肠和结肠特别发达，是消化粗纤维的主要部位。鸵鸟消化系统的特殊性使其对饲料的选择、消化、吸收及各种营养素的需要不同于其他动物。

（一）饲料

鸵鸟的饲料有青绿饲料和混合精饲料 2 大类。饲喂以青绿饲料为主（约占日粮的 70%），混合精饲料为辅。

鸵鸟日采食量较大，成年个体每天需要青绿饲料 2.5～5.0 kg。舍饲条件下，鸵鸟的青绿饲料主要有青菜、青草、胡萝卜、甘薯藤等。冬季可与精饲料配合使用草粉。人工栽培供放牧或冬季舍饲的常见牧草有红三叶、苏丹草、苦荬菜、紫花苜蓿、沙打旺、多年生黑麦草、多花黑麦草、柱花草、杂交狼尾草、象草、皇竹草等，这些牧草在我国大部分地区均能生长。

（二）日粮配方

鸵鸟混合精饲料的原料种类与其他畜禽相同。由于我国饲养鸵鸟的历史较短，目前尚未制定出统一的饲养阶段划分标准与之相对应的日粮饲喂标准，各鸵鸟场饲养阶段划分不尽相同，且日粮配制尚处在经验阶段。但较多的养殖场现采用三阶段划分标准，即从出生至 12 周龄为幼雏期，13 周龄至开产（一般在 2.0～2.5 岁）为生长期，之后进入产蛋期。

鸵鸟各阶段精饲料配合及营养水平经验标准见表 13-1 和表 13-2。

表 13-1 鸵鸟各阶段精饲料日粮配合

(引自尹祚华等，1998)

项目	幼雏料		生长料		产蛋料	
	例一	例二	例一	例二	例一	例二
饲料						
草粉（%）	8	5	10	15	10	12
玉米（%）	42	50	54	52	52	50
高粱（%）	10	15	—	—	10	—
小麦（%）	10	—	—	—	—	10
大麦（%）	—	—	18	10	—	—
豆饼（%）	10	8	10	15	8	18
花生饼（%）	8	10	—	—	6	—
淡鱼粉（%）	10	10	6	6	8	—
羽毛粉（%）	—	—	—	—	—	4
骨粉（%）	—	1	—	—	3	3
壳粉（%）	1	1	1	1	3	3
磷酸氢钙（%）	—	—	1	1	—	—
合计	100	100	100	100	100	100
营养水平						
代谢能（MJ/kg）	11.70	12.12	11.30	11.30	11.30	11.30
粗蛋白质（%）	21.30	21.00	16.20	17.70	18.10	18.00
粗脂肪（%）	4.00	4.20	4.20	4.00	4.00	3.20
粗纤维（%）	5.10	4.30	6.70	7.80	5.70	6.20
钙（%）	1.25	1.23	1.07	1.12	2.55	2.27
磷（%）	0.76	0.73	0.76	0.75	0.90	0.74
按配方制颗粒料时，每100 kg 添加量（g）						
食盐	300	300	300	300	350	350
多种维生素	75	75	50	50	50	50
微量元素	74	74	50	50	50	50
蛋氨酸	50	50	50	50	75	75
赖氨酸	50	50	50	50	75	75

表 13-2 鸵鸟各阶段日饲喂量及营养水平

(引自尹祚华等，1998)

饲料量与营养水平	幼雏料		生长料		产蛋料	
	例一	例二	例一	例二	例一	例二
精饲料（g）	1 000	1 000	1 500	1 500	2 000	2 000
青绿饲料（g）	1 200	1 200	2 500	2 500	3 500	3 750
合 计（g）	2 200	2 200	4 000	4 000	5 500	6 750
代谢能（MJ）	13.08	13.29	19.73	19.40	26.81	29.59
粗蛋白质（g）	232.86	231.28	286.80	317.15	423.50	483.15
粗脂肪（g）	47.54	49.00	77.25	75.35	100.20	95.58
粗纤维（g）	79.38	77.30	172.65	170.30	123.15	219.68
钙（g）	14.58	14.45	20.60	21.55	57.36	58.25
磷（g）	7.96	7.61	12.08	11.96	19.07	17.87

三、育雏期鸵鸟的饲养管理

鸵鸟从孵化出生到3月龄期间称为育雏期。育雏期生长发育较快,初生重约为0.9 kg,1月龄时体重是其初生重的4~5倍,3月龄时是其27倍。此期鸵鸟幼嫩,抗病能力和免疫能力差,消化系统发育不完善,直到4月龄以后才逐渐接近成年鸵鸟的消化能力。所以育雏时为其创造有利于生长发育的环境条件和营养条件非常重要。

1. 做好育雏前的准备工作 主要是对育雏舍进行彻底消毒,对红外线灯、育雏伞以及供水、供电设施进行全面的检查和维修,并准备充足的食槽和水槽,制订育雏计划。

2. 合理配制日粮 配制日粮时,既要重视全价性,满足雏鸵鸟对能量、蛋白质、维生素、矿物质等营养的需要,同时还要精心调制,注意日粮的适口性和可消化性。

3. 科学饲喂 刚出壳的鸵鸟,腹中卵黄所提供的营养可满足48~72 h的营养需要,所以不应强迫其采食。开食应在孵出后的2~3 d。对迟迟不开食的雏鸵鸟,应放入1~2周龄的鸵鸟,引导其开食。饲料应拌湿饲喂,开食1周后改喂干料。饲喂要定时定量,不能让其自由采食,以防因卵黄囊炎引起便秘或腹泻。给料量以雏鸵鸟在半小时内采食完为宜,开食初期每天的饲喂量占体重的1.5%~3.0%,以后随着雏鸵鸟的生长而逐渐增加。青绿饲料每天喂4~5次。

4. 保证充足的饮水 开食前先给鸵鸟饮水(24℃左右),并在水中加入B族维生素、葡萄糖等。雏鸵鸟一旦开始饮水,就必须保证供给充足、清洁的饮水,每天换水2~3次,清洗和消毒饮水器。

5. 提供适宜的环境条件 育雏期要求温度、湿度适宜,光照充足,空气新鲜,密度合理,为雏鸵鸟的健康生长提供一个舒适的环境。

按表13-3的温度,要求对雏鸵鸟进行保温。同时,应观察雏鸵鸟的状态,判断温度是否适宜。如雏鸵鸟远离热源,甚至张口呼吸,说明室内温度过高;如鸵鸟紧靠热源聚集成堆,外周雏鸵鸟缩头,甚至颤抖,则表明温度过低。

表13-3 育雏推荐温度
(引自吴世林等,1997)

温 度	周 龄						
	7	1	2	3	4	5	6
保温区温度(℃)	30~35	28~33	26~31	24~29	22~27	20~25	20~25
室温(℃)		26	24	22	22	20	20

注:高温指热源温度,低温指保温区边缘温度。

鸵鸟在50%~70%的相对湿度范围内均能适应,但育雏前期相对湿度一般在50%~55%较好。我国南方雨水多,湿度较大,常超出这个范围,应用抽湿机降低湿度。

在保证正常温度的前提下,每天打开换气扇数次,更换育雏室内的空气。但一定要掌握风向和风速,防止形成穿堂风,引起鸵鸟感冒。

6. 定期称重 雏鸵鸟采食量过大,增重太快,会导致骨骼、关节变形,发生腿病。定期称重能为及时调整给料量提供依据,防止发生腿部疾病。2月龄以前的雏鸵鸟,应坚持每周称重1次,准确掌握情况,对增重过快的雏鸟,应及时进行限制饲喂。

7. 搞好卫生 雏鸵鸟对疾病的抵抗能力弱,易生病,搞好清洁卫生是防止疾病发生,提高鸵鸟育雏率的一种有效措施。鸵鸟出壳后的3 d内,每天用碘酒消毒脐部。要及时清理粪便,定期对育雏室及运动场进行全面消毒。

8. 做好日常观察与记录 饲养员每天观察鸵鸟排粪量以及粪便的形状和颜色,鉴别雏鸵鸟的消化功能是否正常。正常粪便较软、湿润,呈面团状,与猪粪相似;如呈羊粪状或落地不成形均属异常。运动场内重点观察鸵鸟的精神状况。健康鸵鸟精神饱满、活泼好动、眼睛明亮有神、喜群聚。健康状况差的鸵鸟精神不振、头下垂、颈部弯曲、离群独卧或呆立一旁。喂料时观察雏鸵鸟的采食情况。对观察到的结果,特别是异常情况应做详细的记录。

四、育成期鸵鸟的饲养管理

鸵鸟从4～14月龄是育成期。此阶段是生长发育的重要阶段，也是为繁殖打好基础的阶段。这时鸵鸟的消化器官发育成熟，能消化更多的饲料纤维。4月龄特别是6月龄以后，鸵鸟适应性、抗寒性明显增强。针对4～14月龄鸵鸟的生理特点，加强饲养管理，是养好鸵鸟的关键环节之一。

1. 饲养 4～6月龄鸵鸟保持适宜的饲料纤维含量，任其自由采食，充分发挥增重潜力。

6月龄以后限制精饲料饲喂，青绿饲料任其自由采食。青绿饲料纤维量含量可以适当高一些，充分发挥鸵鸟耐粗饲的潜能，降低饲养成本。配制日粮时，每千克体重代谢能10.88～13.0 kJ，可消化蛋白质140 g，赖氨酸为7 g，蛋氨酸和胱氨酸9.5 g，钙12 g，有效磷为5 g。随着日龄增大，应尽可能让其采食青绿饲料，同时应补足精饲料和添加剂，满足其营养需求。

4～14月龄的鸵鸟生长快，采食量大，但容易顶料，所以要定量饲喂。每次的投饲量为全天投饲量的1/4，但早、晚2次可稍多加一点。每天分4次投饲，每次的投饲时间间隔相等，投饲地点固定，这样有利于逐渐驯化鸵鸟。期间应保持不断供给清洁的饮水。

2. 管理 在春、夏、秋季可以让幼鸵鸟在运动场活动，有利于鸵鸟发育。集约化养鸵鸟，密度较大，采食多，排泄多，春、夏、秋季易腐生菌体和寄生虫，若不及时清除，容易引起消化道感染，发生病变，影响正常生长发育，所以运动场和食盆、饮水器要经常清除粪便、残食、剩水，定期消毒，要求每周清洗1次、消毒1次。

五、种鸵鸟的饲养管理

种鸵鸟的饲养管理应以提高产蛋量和受精率为中心。种鸵鸟应按照雌雄（2～3）：1或者（2～5）：1配比，组成小群体围栏饲养方式。

1. 饲养 种鸵鸟饲喂应以多采食粗饲料，防止过肥为原则。种鸵鸟过肥后，雄鸵鸟配种次数减少，精子质量下降；雌鸵鸟产蛋量减少，种蛋受精率下降。

种鸵鸟日粮配制应以每千克体重代谢能10.46 MJ，可消化蛋白质200 g，赖氨酸10 g，蛋氨酸和胱氨酸9 g，钙30 g，有效磷4.5 g等为要求。青绿饲料切碎、揉搓后拌精饲料、添加剂饲喂。围栏中添加沙砾，让其自由采食。一般来说，每天投喂青绿饲料4次，配合饲料2～4次。也可以将精饲料与切碎、搓揉处理后的青绿饲料搅拌后饲喂。保持充足的清洁饮水。经常清洗水盆，确保干净。

2. 管理 饲养员每天6:00～7:00观察种鸵鸟配种情况，并做好配种记录。遇到部分雄鸵鸟（尤其是初配者）由于配种体位不正确而交配不成功，饲养员必须对其进行助配。助配时饲养员使用指定信号（如吹口哨）或用手压发情雌鸵鸟背部，让其跪地接受配种，然后让雄鸵鸟爬上雌鸵鸟背部，用手辅助雄鸵鸟阴茎插入雌鸵鸟阴道完成配种动作。

16:00～19:00是鸵鸟产蛋时间。饲养人员注意观察产蛋情况，及时拾蛋，并做好产蛋记录。初产鸵鸟由于生殖道较为狭窄，经常会发生难产。因此，当初产鸵鸟长时间表现产蛋动作而没有蛋产出时，应检查是否为难产。

难产的解决办法包括药物催产、人工助产和手术助产。对于轻度难产、体况良好、蛋不太大的雌鸵鸟，可使用催产药物（如催产素）促进子宫收缩，促使自动产出蛋。手工助产是将手伸入阴道，用铁凿打破难产蛋后，慢慢取出破碎蛋，这种方法容易损伤生殖道，导致生殖道感染。手术助产是通过外科手术的方法，切开生殖道，取出难产蛋，这是最为安全有效的方法，但又是最麻烦的方法。

第四节 鸵鸟常见疾病

一、新 城 疫

【病原】 本病由新城疫病毒引起，是侵害禽类，也是威胁鸵鸟极严重的传染病疾病之一。各种年龄段的鸵鸟都易感。

【症状】 早期临床症状为精神不振，离群，采食量减少或废绝，排黑色稀便；呼吸困难，颈无力，很难直立，呈S形；肌肉抽搐，歪头。随着病程的加重，站立不稳，头不能抬起，头、颈、眼睑部水肿，共济失调。剖检可见气管、喉头黏膜上有出血点，腺胃水肿及乳头上有出血点，心包外膜上可见有喷洒状出血，肠黏膜出血，肝肿大，脑出血等病理变化。

【防治】 要搞好栏舍和运动场的环境卫生，定期消毒，杜绝参观，以防病原侵入。该病无特殊疗法。主要是通过注射疫苗来增强鸵鸟群的免疫力，从而达到预防的目的。幼鸵鸟用Ⅳ系苗（又称La-sota）滴鼻，3周后皮下注射灭活苗，6月龄后重复接种1次，种鸵鸟则每年免疫1次。

二、大肠杆菌病

【病原】本病由埃希氏大肠杆菌引起。

【症状】病鸵鸟首先出现食欲不佳，离开鸵鸟群呆立的现象。将它赶到食槽边上，病鸵鸟啄食但是不咽下去。体温逐渐上升到40℃以上，翅膀散开，张开嘴巴呼吸，出现跛行、摇头的现象。大部分病鸵鸟都有单侧性眼结膜炎。排出的粪便稀软，两眼呆滞卧地不起。后期挣扎死亡。

【防治】首先是加强饲养管理，改善鸵鸟舍的卫生条件，将病鸵鸟隔离，在饲料中加入杆菌肽锌，持续半个月左右。鸵鸟对药物不敏感，所以选择一个敏感的药物是治疗大肠杆菌病的关键。

三、鸵鸟胃阻塞

【病因】一是由于饲养管理不善，例如日粮不恒定，时好时坏，喂饲不定时，从而造成过度饥饿，快速进食干草、异物、沙砾等引起胃阻塞。二是突然更换饲料，尤其是更换优质料，从而使鸵鸟过量进食而致病。三是垫料不好和使用不当，诸如长时间用沙砾作垫料，或垫料中混杂碎塑料、铁钉铁丝、碎木等杂物，食后引起胃阻塞。四是鸵鸟存在异嗜癖，由此而食入大量沙砾、铁丝、铁钉、碎木、碎布等异物引发胃阻塞。五是饲养环境、气候等异常，影响其采食行为，从而出现误食或异嗜。六是鸵鸟患有胃炎等疾病，影响食物的正常消化，从而诱发胃阻塞。

【症状】病鸵鸟通常食欲减退甚至拒食，粪便干硬，喜饮水。继而精神沉郁，运步无力，头颈下垂，呼吸困难，卧地不起，最后因心力衰竭而死亡。剖检时可见尸体消瘦，营养不良，腺胃和肌胃明显扩张，胃内充满大量沙砾和异物，胃黏膜上有溃疡灶或糜烂，十二指肠、空肠、回肠充血、出血，直肠内存有多量硬粪球。

【防治】对前、中期病例，可采用健胃、促进胃肠蠕动和刺激幽门开放等疗法。如取龙胆酊30 mL，大黄酊20 mL，速补143 g，用温水溶解、混合后胃管一次灌服，每天1次，连服3~7 d。内服泻剂，液状石蜡200 mL，香油200 mL，混合后胃管一次灌服，每天1次，至好转为止。此外，也可用在胃部做人工按摩或驱赶走动等辅助疗法。必要时也可进行补液和防止继发感染等治疗。发病后期病例则无治疗价值，只能淘汰处理。

四、幼鸵鸟腿部水肿

幼鸵鸟腿部水肿主要由以下几种原因引起。

1. 钙磷不平衡 鸵鸟在育雏期内，骨骼生长迅速，需要从饲料中摄取足量的钙与磷。饲料中钙磷比例失调，将影响两者的吸收，进而影响骨骼的钙化。长期饲喂这类饲料，会加剧骨骼变形，表现为长骨弯曲，站立无力，甚至瘫痪。生产中，常有人误认为鸵鸟两腿单薄，难以支撑庞大的身躯，而在饲粮中添加过量的钙（如使用过量的石粉、贝壳类饲料及钙质含量高的草料等），致使钙磷比例失调。另外，过量的钙也影响锌、锰的吸收，后者也影响骨的形成，并造成关节肿大和滑腱症。有试验证明，雏鸵鸟阶段，饲料中含钙量1.2%~1.5%，含磷量为0.6%~0.7%已经足够。也可在雏鸵鸟饲料中，补充适量易吸收的锌和锰。

2. 蛋白质和能量水平供给不当 由于人们对鸵鸟快速生长的期望和对鸵鸟不同生长阶段蛋白质与能量需求知识的缺乏，常有人盲目地给幼鸵鸟饲喂"高档"精饲料，使幼鸵鸟的生长速度过快，但肌肉和骨骼的发育却未能同步，导致骨变形，站立不稳，甚至瘫痪。

3. 维生素缺乏 幼鸵鸟站立不起、瘫痪，也能由维生素缺乏所引起。表现为肌肉营养不良，乃至收缩无力，长时间卧地不起，继而加剧肌肉尤其是骨骼肌的退化。早期肌内注射维生素A、维生素D、维生素E和硒有显著疗效。维生素D直接参与骨的骨化，它的缺乏使骨质钙磷沉积受阻；维生素B_2的缺乏导致趾骨蜷曲。故维生素D和维生素B_2的补充在实际生产中是很重要的。但维生素易受破坏，必须注意饲料的贮存时间和条件，尽量使用新鲜的饲料。

（滚双宝）

第十四章 鹌鹑

鹌鹑简称鹑，其肉、蛋具有高的营养价值，被誉为"动物人参"。鹌鹑肉的蛋白质、钙、磷、铁等营养成分比鸡肉高，且细嫩、多汁，味道更适合人们的口味；鹌鹑蛋的蛋白质和各种氨基酸含量优于鸡蛋，富含卵磷脂、维生素和多种激素，胆固醇含量低于鸡蛋，而且细腻、清香、口感更佳。鹌鹑肉和蛋有药用功能，对多种慢性疾病具有调理、滋养作用，并对过敏症有一定疗效。鹌鹑还是经济实用的实验动物，具有体重小、可密集饲养、繁殖快、敏感性高和试验效果好等优点。

第一节　鹌鹑的生物学特性

一、分类与分布

鹌鹑在分类学上属鸟纲、鸡形目、雉科、鹌鹑属。它是一个古老的鸟类，分布极广，品种繁多。

国外较大规模的驯化和饲养鹌鹑起源于日本。早在1596年，日本便有了笼养鹌鹑，到1911年，日本便开展了专门从事鹌鹑繁殖改良方面的研究，培育了具有实用价值的日本鹌鹑。20世纪90年代以来，日本的养鹌鹑业迅速发展，其饲养数量曾一度居世界之首。目前，世界许多国家都很重视鹌鹑的饲养，尤其是美国、加拿大、意大利、朝鲜、东南亚各国均有较大规模饲养。在朝鲜，几乎每个养殖场都设有鹌鹑车间。鹌鹑的饲养业在日本和朝鲜两国的养禽业中已跃居第2位。

我国是野生鹌鹑的主要产地之一，也是饲养野生鹌鹑较早的国家之一。早期驯养鹌鹑的目的是赛斗、赛鸣。到了明代，已逐步发现其药用价值。20世纪30年代，上海开始引进鹌鹑。我国70年代引进朝鲜鹌鹑，80年代又相继引进法国肉用鹌鹑。目前饲养的鹌鹑广泛分布于四川、黑龙江、吉林、辽宁、青海、河北、河南、山东、山西、安徽、云南、福建、广东等地。

据统计，目前世界上鹌鹑的饲养量在10亿只以上，其中我国饲养1.5亿只。我国香港特别行政区饲养蛋用鹌鹑排名第一，其次是日本、菲律宾、朝鲜等国家。肉用鹌鹑主要饲养在法国、英国、美国等国家，其中法国年饲养商品肉用鹌鹑达到1亿只以上。

随着鹌鹑业的发展，各国相继培育出了很多优良的鹌鹑品种，如日本鹌鹑、朝鲜鹌鹑、中国白羽鹌鹑、法国肉用鹌鹑等，且饲养管理技术日渐成熟，并带动了相关产业，如饲料业、兽药业、笼具加工产业、产品加工处理等行业的发展。

二、主要品种与形态学特征

鹌鹑是雉科中体型较小的一种（图14-1）。野生鹌鹑尾短，翅长而尖，上体有黑色和棕色斑相间杂，具有浅黄色羽干纹，下体灰白色，颊和喉部赤褐色，嘴沿灰色，脚淡黄色。母鹌鹑与公鹌鹑颜色相似。尾巴较短，有尾羽10~12根，可遮住尾巴，因而从外表看，鹌鹑好像没有尾巴，故又称"秃尾巴鹌鹑"。通常公鹌鹑肛门上部有一蚕豆大小粉红色球状物，会发出"嘎嘎"的啼鸣声；母鹌鹑肛门上部无球状物，不会啼鸣。

图14-1 鹌 鹑

目前饲养的鹌鹑主要有以下几个品种。

（一）蛋用品种

1. 日本鹌鹑 是世界著名的蛋用鹌鹑品种，也是世界育成最早的家鹌鹑品种。日本鹌鹑体型小，成年体重公、母分别为100 g和140 g左右。性成熟早，限饲条件下，母鹌鹑6周龄左右开产，平均蛋重为10.5 g，年平均产蛋率75%~85%，年产蛋量300枚以上，最高可达450枚。我国早在20世纪30年代和50年代从日本引进该品种，目前在上海、北京等地仍有饲养，但性能均有不同程度的退化。现在国内留存的数量不多，在我国养鹌鹑业中所占比重不大，覆盖面也欠广。

2. 朝鲜鹌鹑 由朝鲜采用日本鹌鹑培育而成。体型较日本鹌鹑大，成年公鹌鹑体重125~130 g，母鹌鹑约150 g。具有生长发育快、开产早的特点。年产蛋量270~280枚，蛋重较大，11.5~12.0 g。蛋壳色斑与日本鹌鹑同。肉用性能也较好，仔鹌鹑35~40日龄体重达130 g，全净膛率达80%以上。目前，朝鲜鹌鹑在我国养鹌鹑业中已占主要地位。

3. 中国白羽鹌鹑 由北京市种鹌鹑场、南京农业大学、北京农业大学等单位于1990年联合育成。其体型略大于朝鲜鹌鹑，成年公鹌鹑体重145 g，母鹌鹑170 g。45日龄开产，年平均产蛋率80%~85%，年产蛋量265~300枚。蛋重11~13.5 g，料蛋比为3:1。

（二）肉用品种

1. 法国肉用鹌鹑 又称法国巨型肉用鹌鹑，为著名大型肉用鹌鹑品种。由法国鹌鹑育种中心育成。体型硕大，种鹌鹑生活力与适应性强，饲养期约5个月。6周龄活重240 g，4月龄种鹌鹑活重350 g。年平均产蛋率为60%，孵化率60%，蛋重13~14.5 g。肉用仔鹌鹑屠宰日龄为45日龄，0~7周龄耗料1 kg（含种鹌鹑耗料），料肉比为4:1（含种鹌鹑耗料）。

2. 美国法老肉用鹌鹑 为美国育成的肉用型品种。成年鹌鹑体重300 g左右，仔鹌鹑经肥育后5周龄活重达250~300 g。生长发育快，屠宰率高，鹌鹑肉品质好。

3. 美国加利福尼亚肉用鹌鹑 为美国育成的著名肉用型品种。按成年鹌鹑体羽颜色可分为金黄色和银白色2种，其躯体皮肤颜色亦有黄白之分。成年母鹌鹑体重300 g以上，种鹌鹑生活力与适应性强。肉用仔鹌鹑屠宰适龄为50日龄。

三、生活习性

野生鹌鹑经人工驯养为家鹌鹑后，在体重、性情、生长发育、性成熟期、生产性能等生物学特性上已与野生鹌鹑大不相同。但因驯化史短，仍保留一些野生习性。

1. 胆小易惊 鹌鹑生性好动，爱跳跃、飞蹦，反应灵敏。遇到陌生人、动物或听到噪声，便骚动、惊叫不止，影响正常采食。

2. 喜温暖 雏鹌鹑对温度的反应敏感，怕冷又怕热，要求有一个平稳、暖和的条件。鹌鹑的生长和产蛋均需要合适的环境温度，从而达到理想的饲料转化率和产蛋率。

3. 杂食性 食谱极广，以植物种子、嫩叶、嫩芽、草籽、豆类、谷物籽实等为食，也食昆虫及其他无脊椎动物。喜食颗粒状饲料，有明显的味觉嗜好，对饲料成分的改变非常敏感。

4. 适应性和抵抗力强 鹌鹑疾病较少，适应性和抵抗力强，适合高密度笼养，便于规模化、集约化饲养。

5. 新陈代谢旺盛 人工饲养的鹌鹑，总是不停地运动和采食，每小时排粪 2～4 次。成年鹌鹑体温 41～42 ℃，心跳频率 150～220 次/min，呼吸频率公鹌鹑 35 次/min、母鹌鹑 50 次/min。

第二节 鹌鹑的繁殖

一、繁殖特点

1. 性成熟 一般母鹌鹑于 6 周龄左右开产，公鹌鹑 1 月龄开始学啼，到 40～45 d 有求偶行为，40 d 的体重为初生体重的 20～25 倍。人工孵化期仅 17 d，1 对鹌鹑全年可繁育 5 个世代，鹌鹑群即可达千只以上。

2. 繁殖季节 在我国，野生鹌鹑每年春末夏初便在东北的北部和新疆的西部等地进行繁殖。养殖的鹌鹑，由于人工环境的控制，繁殖季节不明显。

3. 就巢性 野生鹌鹑筑巢于较潮湿的草地浅土坑内或灌木丛下，内铺以细干草，每窝产卵 7～14 枚。家养鹌鹑经过人类的长期驯化，产蛋性能大幅度提高，丧失了就巢性。因此，必须进行人工孵化才能繁殖后代。

4. 择偶性 鹌鹑基本为单配，当母鹌鹑过多时发生有限的多配偶制。因为对配偶的严格选择，所以受精率较低，交配行为多为强制性的。通常野生鹌鹑到达繁殖地不久公鹌鹑就进行占区和开始求偶鸣叫，公鹌鹑在繁殖季节十分好斗。

5. 受精率 鹌鹑的受精率较低，一般只有 60%～70%。目前是选用 3～4 月龄的健壮公鹌鹑，与 6～12 月龄的母鹌鹑交配，以提高受精率。

6. 产蛋能力 无论是蛋用型还是肉用型鹌鹑，均为高产禽类。从排卵到蛋产出仅需 24～25 h。家鹌鹑 1 年内可产 10 g 左右的蛋 300～400 枚，年产蛋总重为体重的 20～25 倍。

二、选 种

（一）种蛋选择

种蛋要严格选择，应来自品种纯度高、遗传性状稳定、饲养管理完善、没有任何疾病的种鹌鹑，避免疾病垂直传播给雏鹌鹑，造成雏鹌鹑成活率降低。

1. 蛋的大小 同品种内，应选留大小适中、平均中等重、形状正常的鹌鹑蛋作为蛋用种鹌鹑，太大的种蛋往往受精率较低，而过小的种蛋孵出的雏鹌鹑往往生活力差；对肉用种鹌鹑，应培育大蛋系作为父本。

2. 蛋壳颜色 蛋壳表面的颜色要新鲜，斑块和斑点要较大、呈大理石状，蛋壳要坚实、清洁，表面没有斑点或污物附着，壳形要正常（图 14-2）；一旦发现蓝色、茶色或青色的鹌鹑蛋应立即剔除。

3. 蛋的新鲜程度 种蛋必须新鲜，保存在清洁、整齐、无鼠的蛋库；蛋库最好装有控温设施，种蛋贮藏温度 10～20 ℃，相对湿度为 78% 左右，贮存时间一般 5～7 d，最长不超过 10 d，夏季不超过 7 d。

4. 产蛋母鹌鹑的年龄 选用母鹌鹑开产后 4～8 个月的蛋最好。

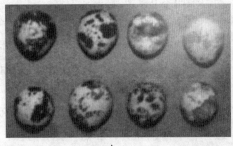
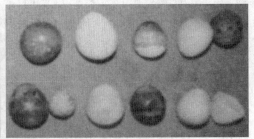

图 14-2 鹌鹑蛋形态
A. 正常鹌鹑蛋　B. 异常鹌鹑蛋
（引自杨治田，2005）

（二）种苗选择

种苗选择即对初生雏鹌鹑进行选择。要求选体型较大、体重 7 g 以上、孵化率高的雏鹌鹑。此外，绒毛要整洁、丰满且具光泽，肛门处绒毛无污染，眼大小适中、有神，活泼好动，反应迅速，握在手中感觉饱满有膘，肚脐收缩良好，腹部柔软，喙和脚趾粗壮、无畸形。

（三）种鹌鹑选择

通行的方法是采用肉眼观察外貌、配合用手触摸予以鉴别，另外结合体重进行选择。

1. 种公鹌鹑选择 种公鹌鹑的羽毛覆盖完整而紧密，颜色深且富光泽。蛋用公鹌鹑体重 115~130 g，体质结实，肢体强健，行动活泼，叫声高亢响亮，喙色深而有光泽，吻合良好，趾爪伸展正常，爪尖锐，能完全伸开，雄性特征明显。泄殖腔生殖腺突起较发达，肛门呈深红色隆起，能挤出泡沫状分泌物，交配力强。

2. 种母鹌鹑选择 种母鹌鹑羽毛完整，色彩明显，头小而俊俏，眼睛明亮，颈部细长，体态匀称，体重 130~150 g。耻骨与胸骨末端的间距较宽，达 3 指。产蛋力强，年产蛋率蛋用鹌鹑应达 80%以上，肉用型应达 75%以上，月产蛋量 24~27 枚及以上。选择产蛋力时，通常以开产后 3 个月的平均产蛋率和日产蛋量来决定。

三、配种方法

常用大群配种和小间配种 2 种方法，但在育种上也可采用人工辅助交配、同母异公轮配及人工授精。

1. 大群配种 根据母鹌鹑数量按比例配备公鹌鹑，使每只公鹌鹑和每只母鹌鹑都有机会自由组合交配。一般笼养种鹌鹑均采用这种方式，例如一笼内放入 15 只母鹌鹑与 5 只公鹌鹑。这种方法受精率较高，但无法确知雏鹌鹑的父母。

2. 小间配种 1 只公鹌鹑和 2~3 只母鹌鹑共放在一笼中。这种方法可知雏鹌鹑的父亲。但受精率不如大群配种高。

3. 人工辅助交配 1 只公鹌鹑单独饲养，定时将母鹌鹑放入，待公鹌鹑交配后，即行取出。为了保证较高受精率，每只母鹌鹑至少每 2 d 必须放入交配 1 次。要想保持公鹌鹑有良好的种用性能，1 d 最多只能交配 4 次。时间安排为 7:00、11:00、15:00、20:00。

这种方式又称为个体控制配种。优点是充分利用优秀公鹌鹑，使每只公鹌鹑能配 8 只母鹌鹑。不足之处是容易漏配，费力费工。

4. 同母异公轮配 用第 1 只公鹌鹑配 1 只母鹌鹑，配 14 d 后取出，空 3 d 不放公鹌鹑，于第 18 天放入第 2 只公鹌鹑。前 17 d 所产的种蛋为第 1 只公鹌鹑的后代，第 18 天起产的种蛋是第 2 只公鹌鹑的后代。这样可以继续轮配下去。

此方法的优点是由于与配母鹌鹑相同，通过后裔鉴定，可选出 2 只公鹌鹑中的较优者。这种方法还可以用在优良母鹌鹑少的情况下。

5. 人工授精 采精时，要将公鹌鹑抓在左手掌内，使鹌鹑头朝下，肛门部向上保定；再用左手的拇指和右手的拇指按摩腹部（即肛门左右的耻骨与胸骨顶端之间）。此时，公鹌鹑出现交尾动作，位于肛门处的舌状性器官勃起。这时用手指轻压泄殖腔，性器官就会排出白色泡液，随后射出乳白色或乳黄色的精液。精液可用小型吸管收集起来。

1 只公鹌鹑的采精量为 (0.007 3±0.009 1) mL，个体间差别很大。精子的活力及生存率极低，无论哪一个体的精子在 10~15 min 内都会完全停止运动，因此采精后必须立即人工授精。人工授精时间最好是夜间，因为夜间母鹌鹑已产蛋完毕，泄殖腔内是空的，容易输精。输精时，将输精管顶端插进子宫内 1.5 cm 处，受精率较高。

四、孵　化

鹌鹑孵化期一般是 16~17 d。第 16 天，大量啄壳，蛋黄吸入，并出现叫声。第 16.5 天，雏鹌鹑将气室附近啄成圆形的破口，然后伸展头脚，开始出雏，第 17 天，大批出雏。

（一）人工孵化前的准备

1. 种蛋消毒及装架 种蛋可用 0.5%的高锰酸钾溶液浸泡 1 min，或用 1.5%的漂白粉溶液浸泡 3 min，或用 0.2%的新洁尔灭溶液浸泡 1~2 min。浸泡后取出，用清水洗净余液，晾干，用 40 ℃温水浸泡 10 min。将消过毒、提前升好温的种蛋装入蛋架。装架时要大头向上、小头向下，码好后即可将蛋架轻轻放入预热至 39 ℃的孵化机（箱），进入孵化阶段（图 14-3）。

图 14-3 孵 化
(引自杨治田，2005)

2. 孵化设备及消毒 鹌鹑蛋的人工孵化设备有电孵化机、煤油灯孵化箱、电灯泡孵化箱、热水瓶孵化箱、热水管孵化箱、温水孵化缸等，其孵化工艺各有所不同。孵化机消毒时将搪瓷或陶瓷的容器放在孵化机中央，按 $14 g/m^3$ 的用量加入高锰酸钾，再倒入 28 mL 福尔马林，紧闭机门熏蒸 2 h。

3. 孵化室的准备 孵化室大体按鹌鹑舍的标准建造，能通风换气调节温湿度，面积为所使用孵化器平面面积的 3~4 倍。要有能进行贮蛋、装蛋、检蛋和管理孵化雏等作业的余地。地面为水泥地，要有下水道，便于消毒和冲洗，要有纱门、纱窗，防止蚊蝇和鼠猫进入。顶棚与孵化器上部要间隔 60 cm 左右。设置排气风扇，灯光要柔和、明亮，室温保持 20~25 ℃，不得低于 14 ℃。

(二) 孵化条件和技术

1. 温度 相同条件下，使用平面孵化器温度应稍高，立体孵化器因装有空气搅拌装置，受热较为均匀，使用时温度可稍低。整批入孵可采用"前高、中平、后低"的方法供温，即前期（1~6 d）温度为 38 ℃，中期（7~14 d）为 37.8 ℃，后期（15~17 d）为 37.7 ℃。分批孵化时采用"前平、后低"的原则，即每隔 5 d 入孵 1 批，第 1 批入孵后采用 38 ℃，第 6 天，即第 2 批鹌鹑蛋入孵后，调成 37.8 ℃，以后再入孵几批也同样采取该温度不变，15 d 落盘到出雏器后，为 37.7 ℃。

2. 湿度 在整个孵化过程中，应随胚胎发育阶段的生理需要来调节孵化器内适宜的湿度，开始孵化时相对湿度应保持在 55%~60%；中期为排除尿囊液和羊水，相对湿度应降到 50%~55%；后期为便于雏鹌鹑出壳，防止绒毛黏在蛋壳上，相对湿度宜相应提高到 65%~70%。增减湿度的办法是增减孵化器水盘的面积和掌握孵化室内洒水量。在孵化当中最好每 4 h 记录 1 次湿度，观察变化，以根据需要进行校正。

3. 通风换气 在孵化过程中，应随着胚龄的增长，逐渐开大孵化器上的通气孔，孵化的前 8 d，要定时换气，8 d 后宜经常换气。在孵化器内有胚胎破壳出雏的情况下，通气孔应全部打开加强换气。否则，正破壳的胚胎或已出壳的雏鹌鹑将会被闷死。

4. 翻蛋 翻蛋的方法、要求、次数及时间，因孵化器类型及胚龄不同而有别。从入孵的第 1 天起，一般每隔 24 h 需翻蛋 1 次，有条件的以多翻转为好。有自动翻蛋装置的每 2 h 翻蛋 1 次，翻蛋角度为 90°。出雏前 2~3 d（落盘）可停止翻蛋。

5. 凉蛋 凉蛋的方法应根据孵化时间及季节而定，胚胎发育早期及寒冷季节，凉蛋时间不宜过长，一般 5~15 min 就够了。胚胎发育后期及炎热天气应该延长凉蛋时间，后期凉蛋的时间可以延长到 30~40 min。一般可用眼皮来试验，即以蛋贴眼皮，稍感微凉即可。

6. 照蛋 为了了解胚胎的发育状况，孵化过程中一般要进行 2 次照蛋，第 1 次在入孵后 5~7 d，淘汰无精蛋和死胚蛋；第 2 次在入孵后 12~13 d，目的是检出死胚蛋。

7. 出雏与助产 鹌鹑蛋入孵后 16~17 d 便能出雏。蛋小壳薄、种蛋保存时间短、孵化温度偏高、非近亲繁殖的种蛋出雏提早，否则要迟一些。破壳的部位大体在种蛋长径钝端的 2/3 处。幼雏破壳露出后，蛋壳还有一部分和鹌鹑体相连。如果温度比较均匀，一般可在 2~3 h 内一起出雏。立体孵化器内由于层次不同，温度不均匀，出雏时间约延长到一昼夜。

当大体孵出半数后，应将先孵出的幼雏待毛干后取出放到预热的育雏箱中进行护理。遇到难以出壳的，可以破壳助产，如内壳膜为白色，血管尚未收缩时，暂不助产，数小时后，待内壳膜变为橘黄色时，方可撕破，将雏鹌鹑头拉出来，再放入蛋盘，令其自动出壳。出雏完成后及时清理蛋壳等，将孵化室和孵化器等彻底清理干净并消毒。

第三节 鹌鹑的饲养管理

一、营养需求

鹌鹑食性杂，玉米、高粱和麦麸等能量饲料，鱼粉、豆饼和花生饼等蛋白质饲料，以及牧草和白菜等青绿饲料都可以配合在全价饲料中，此外，还可添加矿物质饲料和饲料添加剂等。根据鹌鹑的食性特点和不同生长发育阶段的不同要求，对各种饲料加以选择配合，才能既满足鹌鹑的生长发育需要，又节约饲养成本。配方时要注意尽量采用纤维少、营养丰富的饲料，品种要多样化，营养成分含量要相对稳定。

鹌鹑体温高，新陈代谢旺盛，生长发育迅速，性成熟早，产蛋多，但消化道短，消化吸收能力与其他禽类相比较差，因此，鹌鹑对日粮营养水平（特别是蛋白质）要求较高。鹌鹑生长一般需要高能量，以促进其生长发育，而种用公、母鹌鹑和蛋用鹌鹑的能量水平不可过高，以防过肥，从而保证种用值和提高产蛋量。鹌鹑育雏期和产蛋高峰期的蛋白质水平要求最高，育成期和产蛋非高峰期次之，肉用鹌鹑肥育期和蛋用鹌鹑休产期最低。

确定日粮蛋白质需要量水平时，首先要明确日粮的能量水平。矿物质元素是鹌鹑正常生活、生产不可缺少的重要物质，鹌鹑对钙和磷的需要量最大。此外，日粮中需适当补充食盐、锰和锌等微量元素以及 B 族维生素、维生素 A、维生素 E 和维生素 D 等。表 14-1 和表 14-2 分别列出了美国国家科学研究委员会（NRC）和法国农业与环境委员会（AEC）对鹌鹑营养需要的建议。

表 14-1 美国 NRC 建议的日本鹌鹑的营养需要

（摘自蔡辉益等，1994）

营养成分	开食和生长阶段	种鹌鹑
代谢能（MJ/kg）	12.13	12.13
蛋白质（%）	24.00	20.00
精氨酸（%）	1.25	1.26
赖氨酸（%）	1.30	1.00
蛋氨酸＋胱氨酸（%）	0.75	0.70
蛋氨酸（%）	0.50	0.45
亚油酸（%）	1.00	1.00
钙（%）	0.80	2.50
非植物磷（%）	0.30	0.35

表 14-2 法国 AEC（1993）建议的鹌鹑日粮营养需要

（引自杨宁，2002）

营养成分	生长鹌鹑		种鹌鹑
	0～3 周龄	4～7 周龄	
代谢能（MJ/kg）	12.13	12.97	11.72
粗蛋白质（g/d）	24.50	19.50	20.00
赖氨酸（g/d）	1.41	1.15	1.10
蛋氨酸（g/d）	0.44	0.38	0.44
蛋氨酸＋胱氨酸（g/d）	0.95	0.84	0.79
钙（g/d）	1.00	0.90	3.50
磷（g/d）	0.70	0.65	0.68
有效磷（g/d）	0.45	0.40	0.43

二、雏鹌鹑的饲养管理

出壳 40 d 以内的鹌鹑称为雏鹌鹑。一般把 1～3 周龄的小鹌鹑称为幼鹌鹑，从第 4 周开始到产蛋前的小鹌鹑称为中雏。

（一）育雏的条件

1. 温度 刚出壳的雏鹌鹑由于腹内的卵黄还没有吸收完，神经系统和生理机能还不健全，几乎没有调节体温的能力，尤其在出壳后的头 3 d，雏鹌鹑的体温平均在 39 ℃，而成年鹌鹑的体温在 41～42 ℃，雏鹌鹑要在 1 周龄以后才能达到成年鹌鹑的体温，所以在 1 周龄内的保温尤为重要。不同日龄雏鹌鹑的温度要求见表 14-3。

表 14-3 不同日龄雏鹌鹑的温度要求

日　　龄				
1～6	7～12	13～18	19～24	25 及以后
温度（℃）37～38	35～36	34	每天降低 2	同成年鹌鹑室温

温度是否合适不能仅凭温度表来衡量，应同时观察雏鹌鹑的休息、采食、活动等行为综合判断。温度适宜时雏鹌鹑分布均匀，活泼好动，饮水、采食正常，粪便呈现"宝塔屎"，休息时挺颈伸腿而卧，状如死鹌鹑，这是饲养管理很合适、雏鹌鹑非常舒适的表现。当温度偏低，雏鹌鹑往往打堆、鸣叫、不思食，受冻腹泻，尤其是弱鹌鹑易被挤伤、挤死。温度过高，雏鹌鹑张口喘气，远离热源，争着饮水，高温时间过长，亦可造成死亡。

可根据"初期宜高、后期宜低，弱鹌鹑宜高、强鹌鹑宜低，小群宜高、大群宜低，阴雨宜高、晴天宜低，夜间宜高、白天宜低"的原则给温。在测量育雏设备内温度时，应将温度计挂在与雏鹌鹑背高平齐的地方；而测定室内温度时，应将温度表挂在有窗户的正面墙上，高出地面1 m处，室温一般要求在30～35 ℃。

2. 湿度 雏鹌鹑从相对湿度为70%的出雏箱中孵出，如果育雏室温度很高但湿度不足会使雏鹌鹑体内水分大量散发，影响卵黄吸收，导致脚趾干瘪，羽毛生长受阻。因此，育雏室内要保持相对湿度达60%～65%，2周龄以后可调整室内湿度，保持在55%～60%。若室内湿度过低，可喷洒清水于地面，或在火炉上放水壶，通过水蒸气的散发进行调节。

3. 通风 育雏时既要保温又应保持良好的通风换气。可用开闭门窗，利用自然通风来解决，育雏箱内的通气孔要经常打开，使箱内空气新鲜。冬季通风可采用安装纱布气窗或风斗、上罩布帘等办法，使冷空气充进室内逐渐变暖和，避免冷空气直接吹到雏鹌鹑身上。

4. 密度 密度大时，雏鹌鹑生长发育不均匀，尤其弱雏容易受伤压死，发病率、死亡率升高，发育缓慢，生长不整齐，容易发生啄肛、食羽等恶癖；密度过小，虽容易得到较好的饲养效果，但不经济，浪费设备，相对增加了人力和饲料成本。人工育雏的饲养密度见表14-4。

表14-4 人工育雏的饲养密度

	雏鸡日龄			
	1～7	8～14	15～21	22～30
饲养密度（只/m²）	100～150	80～100	60～80	50
每群饲养数（只）	300～400	200～300	150～200	100

饲养密度还与季节有关，冬季密度可大些，夏季密度应小些。在具规模的饲养场，雏鹌鹑大多采用多层笼养，调整密度时，可结合大小强弱分阶段群一起进行，把弱小的雏鹌鹑放在笼的上层，较强壮的雏鹌鹑放在下层。

5. 光照 通常1周龄之内采用通宵照明，以便雏鹌鹑饮食、活动和取暖。如果白天自然光较强，只要夜间增加光照即可，这样可节约能源。亮度一般在1周龄内采用4 W/m²，以后可减至1～0.5 W/m²。照明时间与性成熟和开产日龄有密切的关系，每天照明14～18 h为最适宜（表14-5）。

表14-5 照明时间对性成熟和开产日龄的影响

	组 别			
	12L：10D	14L：10D	16L：8D	18L：6D
5周龄睾丸重（mg）	15.5	159.7	283.6	454.4
平均开产日龄	74	46	44	42

（二）人工育雏前的准备

1. 育雏室 小规模育雏，只要隔开住宅的一室或鹌鹑舍的一部分，能放下育雏器即可。但规模大、多批次育雏，必须另建育雏室。

育雏室大体可按鹌鹑舍的结构建造，必须能供暖，所以墙要厚，顶棚也不能过高，还要便于通风换气，易保温、保湿。

2. 育雏器 育雏器的种类很多，有平面的，也有立体的；有大型的，也有小型的；有幼雏用、带取暖装置的，也有中雏用和大雏用、不带取暖装置的。

育雏数量不多可采用自温育雏，即用保温良好的木箱、纸箱或箩筐，内垫稻草、旧棉絮等保温物，将雏鹌鹑放入，靠雏鹌鹑自己散发出的体温来维持所需温度，这种方式适合南方或北方夏季室温在25 ℃以上时应用。也可用矮品种母鸡来带养，这种饲养方式更简单；或在箱中放入1个4 W左右的灯泡等。

具规模的饲养场需用育雏器。保温热源可采用暖炕、暖气、电热丝或灯泡（普通灯泡或红外线灯）、炉子、煤油灯等。利用热源最合理的方法是从育雏器的上方给温，因为在自然育雏时，雏鹌鹑就是在母鹌鹑的腹下被两翼抱着取暖的，雏鹌鹑的头部对热和光较敏感。采取下方给温的方法固然经济，但往往会使雏鹌鹑的足趾变软。

不论采取何种热源，热源中心温度要求达到40 ℃。在育雏前1 d开始加温，使雏鹌鹑背部水平温度达到35～37 ℃。确定温度不能单靠温度表，还要仔细观察雏鹌鹑的活动和采食情况，适当调节温度。在接雏前5 d内，必须注意调节好育雏器内的湿度，可在育雏器内放置水盘，为防止水盘将雏鹌鹑淹死，可将吸水性强的布或毛巾浸入水盘内。雏鹌鹑被接到育雏器后的前1周内，要在床面上放入锯末或旧麻袋片作铺料。

3. 育雏室和育雏器消毒 每次育雏前育雏室和育雏器先用水清洗干净,育雏器晒干,然后用福尔马林及高锰酸钾进行熏蒸消毒 24 h,或用稀释 30 倍的甲酚皂液对育雏器进行全面喷洒,并完全晒干。

(三)雏鹌鹑的日常管理

1. 定期观察 早起后观察育雏器内雏鹌鹑的状态。若快步行走,像在寻找食物和水,说明一切正常;若钻进室内不出来,就应找到原因及时妥善处理。要把育雏器内的料槽、水槽取出,换上新料和饮水。对床面上的粪便和散落的粉料也要扫除。

2. 饮水 雏鹌鹑的饲喂原则是先饮水后开食。雏鹌鹑出壳后,在孵化器内待毛干燥后,取出放入育雏器,待安静下来,在水槽内注入温水,有条件的前 5 d 喂温水,掺入预防白痢的药物。自开始饮水起,不得断水。

3. 饲喂 初生雏移进育雏器后,育雏器内要大约先暗 30 min,让雏鹌鹑得以休养复原。稍待片刻,在水槽中注入温水,雏鹌鹑喝水之后,精神开始振作。

开食时间以孵出后约 20 h 为宜。第 1 次喂料时,可按每 10 只雏鹌鹑给 0.1 g 酵母粉、0.1 g 磷酸钙比例,拌入配合饲料中。在育雏期间,每天加喂熟蛋黄,按 100 只雏鹌鹑 10~15 个鹌鹑蛋或 3~4 枚鸡蛋的比例,只取其黄,搅碎拌入全价配合饲料中。或者在全价饲料里加入蛋黄和牛奶拌匀后放在料盘里,并排数个置于运动场中,让全群自由采食。对于 1~7 d 的雏鹌鹑,每 100 kg 饲料里添加 10 g 多种维生素。对于 1~21 d 的雏鹌鹑,饲料中粗蛋白质的含量应保证在 26%~27%,随着日龄的增长以后可逐渐降到 19%~22%。

育雏期以饲喂粉料较好。可直接撒在床面上,但最好用料槽。而且随雏鹌鹑日龄的增长,料槽也应逐渐变大和增多,使雏鹌鹑能自由地充分采食。

喂料次数,原则上是早、中、晚和夜间共 4 次,但要看具体情况。当料槽和水槽里缺料缺水时就应添补,让雏鹌鹑尽量多食多饮,快速发育。如果夜间照明进行"夜饲",就更能促进生长发育。雏鹌鹑阶段每只鹌鹑日食量见表 14-6。

4. 保证光照 日落后要开灯照明,约到 22:00 停止,也可开至 3:00 以前。晚上闭灯前还应仔细查看 1 次雏鹌鹑休息、睡眠状况。正常雏鹌鹑睡觉时总是伸长脖子和腿横躺在温暖地方。

表 14-6 每只鹌鹑日配合饲料量

周龄					
1	2	3	4	5	6
饲养量 (g) 3.5	8	12.5	14	16	18

5. 淘汰弱雏、迟出壳及畸形雏 出壳雏鹌鹑要强弱分群。在正常孵化条件下,一般 17 d 内出的雏,健雏多,17 d 后出的雏,弱雏多。结合外貌,将弱雏剔出来单独精心饲养。

6. 公、母分笼饲养 公雏鹌鹑长到 4 周龄时,活跃、好动的习性逐渐显示出来,互相啄斗。所以,公、母这时要分开饲养。

鉴别公、母时,可先用左手的拇指、食指和中指的指头捏住雏体,再用右手的食指和拇指的指尖将泄殖腔上下扒开。若泄殖腔黏膜呈现黄色,下壁的中央有小突起即为公鹌鹑;若呈现淡黑色,没有突起,即为母鹌鹑。部分母鹌鹑的泄殖壁呈现淡黑或黄色,可结合其他特征加以鉴别。如 3 周龄公鹌鹑胸部羽毛深红褐色,母鹌鹑灰间杂黑色点;公鹌鹑鸣声短促而深沉,或高而爽朗,母鹌鹑细小;公鹌鹑粪便附有白色塑料泡沫状物,母鹌鹑无;公鹌鹑轻,母鹌鹑重等。

7. 保持卫生 及时清除粪便,更换垫料,清扫地面。喂湿料的料槽,在加料前必须清洗干净。水槽每天清洗和消毒 1 次。清除粪便时要注意粪便检查,健康雏的粪便呈硬粒状,若见腹泻、混血便,则说明异常,应检查饲养管理上有无问题,并予适当处理。

8. 做好育雏记录 如存栏数、死亡数、耗料量、免疫日期与种类、防治鹌鹑病记录、剖检记录、育雏温度、湿度、气温、天气情况等。

三、成年鹌鹑的饲养管理

成年鹌鹑是指 40 日龄以后的鹌鹑,雏鹌鹑长到 40 日龄时,要从育雏箱移到成年鹌鹑饲养箱进行成年鹌鹑的饲养管理。过早会损伤脚趾,过迟由于环境的突变而影响产蛋。

(一)成年鹌鹑的饲养条件

1. 环境 鹌鹑胆小,怕惊吓,喜欢在安静的环境里生活,特别是产蛋的成年鹌鹑,周围环境要经常保持安静。笼舍的移动、调换，饲养人员的高声喧哗、快跑疾走，陌生人的惊动都会使鹌鹑受惊，使产蛋量显著下降。尤其是在产蛋时，如果受到意外的惊动和惊吓，第2天不产蛋，或者产出软壳蛋。因此，饲养人员在下午或傍晚鹌鹑集中产蛋时间，最好不要在鹌鹑笼前走动或添食、捡蛋，待晚些时候再集中捡蛋为好。

2. 温度 成年鹌鹑要求的适宜温度是20～22℃。低于15℃时，产蛋率受影响，低于10℃，则停止产蛋，有时造成脱毛，甚至死亡。室温低时，下层比上层低5℃左右，调节的办法为增加下层的密度。鹌鹑对高温（35～36℃）耐受性较强，高温对产蛋影响不大，鹌鹑只是表现某种不适现象，但高温持续时间较长，鹌鹑产蛋率也会明显下降。故舍内应保持均衡的温度。夏季要打开饲养室的门窗，保持良好的通风，做到防暑降温，冬季室内要加温。

3. 湿度 室内的相对湿度以50%～55%为宜。如果湿度过大，许多致病微生物会大量滋生，这对鹌鹑的健康有很大的威胁，可进行人工通风以排除湿气。如湿度过低，可在地上洒些水以增加湿度；冬季北方气候干燥，室内用煤炉加温，可在炉上放水壶来增加湿度。

4. 通风 鹌鹑的新陈代谢旺盛，加之又是密集式多层笼养，数量多，鹌鹑粪多，产生的氨气、二氧化碳、硫化氢等有害气体的浓度大，对人与鹌鹑的健康都有影响，因而必须注意通风。在室内的上方和下方都应设通风排气孔，夏季的通风量为3～4 m^3/h，冬季为1 m^3/h。层叠式笼架比阶梯式笼架通风量还要大些。

5. 光照 笼养鹌鹑在室内饲养，无自然光照时要使用灯光。一昼夜光照14 h就可以满足鹌鹑的需要；有的主张实行昼光照制，即14～16 h强光照，其余均为弱光照。产蛋高峰期时，每昼夜的光照时数应达到16 h，直至淘汰。

鉴于日照时间长短随季节而不同，一般自然光照少于12 h时，应增加人工光照，补足14～16 h。人工补充光照时，通常是每20～25 m^2 面积，在2 m高处悬挂60 W照明灯1盏。采用多层重叠式笼养时，照明灯应挂在不同的高度（呈现锯齿状列），使各层产蛋鹌鹑都能接受到光照。

6. 密度 饲养产蛋鹌鹑的密度过大会影响正常的采食、休息与配种，通风换气也差，还容易发生啄羽、啄肛、啄蛋等恶癖。在笼养条件下，1 m^2 的面积可养产蛋鹌鹑20～30只。

（二）饲养设施

1. 鹌鹑舍 饲养鹌鹑，无论是利用旧房，还是新建鹌鹑舍，要求冬季能保温、夏季能隔热。一般舍内温度为18～25℃为宜。墙壁可用砖或土坯垒砌，屋顶要有顶棚。鹌鹑舍应坐北朝南，或坐西北朝东南。窗户开在向阳面，窗户面积与室内面积之比以1∶5为好，这样可更好地利用阳光，使舍内明亮，通风良好，干燥，冬暖夏凉。尽量安装纱窗，以防蚊蝇。为有利于防疫消毒，舍内以水泥地面为好，注意留足下水道口，不但便于清扫和消毒，而且有利于防止寄生虫病和鼠害。

2. 饲养箱 成年鹌鹑饲养箱的大小和型号多种多样，有1格养1只的单饲箱，也有1格养10只左右的群饲箱。这种群饲箱成本低，可在小房舍内进行大批饲养，管理方便。

金属网和横栅之间的距离为2.5～2.7 cm，鹌鹑蛋可从内部滚到料台前方，而鹌鹑却不能钻出。箱的顶棚、开门的后方和后侧方，为方便换气应间隔1 cm钉栅条，不可过宽，否则鹌鹑会因探头而被夹。箱的中央用1.2 cm的厚板隔为左右2间，每间放7～10只（冬季放入10只，夏季热时要少于7只）。即使是1间，也可养公鹌鹑2只，母鹌鹑4～5只。粪屉的面积与饲养箱底部一致，深1.5 cm，粪屉隔日取出清扫1次。立体饲养时，上层箱粪屉要放在下层箱的上面。

3. 饲养箱放置架 饲养箱放置架有5～10层的，最上层的饲养箱饲养员要能看到，手能够着，喂料、喂水、集蛋和清粪等都要方便。支撑饲养箱的框条要钉成倾斜的，前低后高，这样鹌鹑蛋就能滚向前方的料槽台。饲养箱的上下层间隔以3～4 cm为宜。

4. 料槽和水槽 在喂糊料的场合，只要1个木制或铁皮制的长方形料槽就行了。若喂粉料，则需制一种料、水分盛的水料兼用槽。其长度与饲养箱相同，三等分，中间盛水，两边盛料。

（三）饲料

最适粗蛋白质需要量6～10周龄为20%～23%，11～21周龄为26%～28%，22～60周龄为22%～24%。一般鹌鹑在7周龄时，其产蛋率为

55%，以后迅速增长，到12周龄时可达到95%～99%，随后即缓慢下降。当随着日龄增加，产蛋量正常下降后，日粮中蛋白质和氨基酸的水平应适当减少，以便在高水平的基础上，尽量节省饲料费用。要使产蛋率达到90%的高峰，且将产蛋的高水平保持13～21周，其饲料中钙含量应为2.5%～3.9%，磷含量应为0.8%左右，钙磷比例应保持在4∶1。要选择钙质易被吸收的骨粉、蛋壳粉和贝壳粉等饲料。

（四）成年鹌鹑的日常管理

1. 检查鹌鹑的健康状况 每天早上首先要察看鹌鹑的活动，观察采食、饮水，检查当天的排粪。如发现异常，要从多方面分析原因，及时采取必要措施。

2. 投料、给水及照明 投料前察看剩料情况，适当补料，注意分析剩料原因。饮水要勤换。日落后开始灯光照明。

3. 搞好清洁卫生 食具、水具、笼舍等要经常清洗，定期消毒。

4. 产品收集 一般在早上和晚上收集鹌鹑蛋。收捡时要记录每天的产蛋量和产蛋情况（蛋的大小、色泽、形状、皮壳厚薄和软壳蛋），从而发现饲养管理中存在的问题，并及时得到解决。鹌鹑粪是优质肥料和饲料，要清扫收集，晒干后装袋存放备用。

5. 防范天敌 蛇、鼠是鹌鹑的天敌，能咬死和吞食鹌鹑，也吃鹌鹑蛋；苍蝇则通过饲料把病菌传染给鹌鹑。

6. 定期淘汰老鹌鹑 16周龄前很少死亡，16周龄后每4周的平均死亡率均为5%。60周龄后，尤其是76周龄后，存活率和产蛋率急剧下降，鹌鹑群严重老化。所以，60周龄时应该更新鹌鹑群。母鹌鹑一般养1年，种公鹌鹑一般养1～1.5年。如果再继续养下去，在经济上不合算。

7. 做好统计工作 每天要做好记录，统计存栏情况和生产情况。

第四节 鹌鹑常见疾病

鹌鹑对多种传染病具有天生的抗御能力，加之采用密闭式笼养，较其他家禽发病少、大病少。但环境不良、饲养管理不当、卫生防疫和检疫不好等条件也会导致多种疾病的发生。

一、新 城 疫

【病原】本病由新城疫病毒引起。

【症状】病初精神不振，食欲减退，产蛋剧降，排绿色稀便，产软壳蛋或白壳蛋。体温升高，口中流出液体。后期出现神经症状，头向后或偏于一侧，瘫痪，呼吸困难，翅下垂。一般2～4 d死亡。剖检，病鹌鹑腺胃、肠道及卵巢上有明显的出血点，尤以食道与腺胃处黏膜上有针点状出血为典型病灶。

【防治】因为新城疫属烈性传染病，所以一旦疫情发生，通常采取立即封锁扑杀、彻底处置的方法。

该病无特效治疗药物，应以预防为主。接种新城疫疫苗是预防本病最有效的办法。可采用新城疫Ⅱ系疫苗，饮水免疫，连续3次。第1次在4日龄，用Ⅱ系疫苗1 mL加凉开水1 000 mL稀释后供饮，每1 000只雏鹌鹑需饮水15 000 mL。第2次在20日龄，约饮2 000 mL。第3次在50日龄，约饮5 000 mL。在饮水免疫的前1 d晚上，停止供水，使鹌鹑有渴感，翌日早上放入有疫苗的水，使所有鹌鹑均能饮水，且在2 h内饮完。

每月在鹌鹑舍泼洒1次消毒剂。饲养期间喷洒弱碱和10%的氯化苄烷铵溶液等；空室时，最好用福尔马林等熏蒸消毒。

二、马立克病

【病原】本病由疱疹病毒引起。

【症状】多发生于幼鹌鹑。染疱疹病毒数十天后出现肿瘤，常见于心、肺、胃、腺体、卵巢和神经等处，坐骨神经变粗，腿软，水肿，排绿色稀便。

【防治】平时注意饲养管理，提高抗病能力。还可用马立克病疫苗接种预防。马立克病疫苗，一安瓿用200 mL溶解液稀释后，可供1 000只幼鹌鹑用。稀释后应尽快接种完。在孵化场，经性别鉴定后要立即做皮下接种，每只0.2 mL。

三、鸡 白 痢

【病原】本病由沙门菌引起。

【症状】主要侵害雏鹌鹑。雏鹌鹑精神萎靡，嗜眠怕冷，翅膀下垂，眼睛闭合，缩颈。常常躲在暗处呆立不动，食欲消失，羽毛蓬乱，并且排出一种黄白色或白色的糨糊状粪便。肛门周围的胎毛常沾有粪便，有时肛门被粪堵塞，排粪时常发生"吱吱"的尖叫声。肛门露在外面一伸一缩。鸡白痢的病死率很高，可达85%～100%。急症者即日死亡，解剖时，可见尿道肥大，充满白色的尿液。

【防治】鸡白痢的传染源主要是带菌鹌鹑。因此，消灭带菌鹌鹑是预防本病的重要环节。同时要搞好孵化、育雏的消毒卫生工作。积极建立和培育无鸡白痢的种鹌鹑群。发现鸡白痢鹌鹑后，要及时将鹌鹑笼、料槽、水槽等用具冲洗干净并在太阳下晒干，进行消毒灭菌，加热到40℃的甲酚皂100倍稀释液和二甲苯90倍稀释液混合后，可在1 min内杀死沙门菌，消毒效果好。

对病雏用如下药物治疗：饲料中添加0.4%的磺胺脒或磺胺嘧啶、磺胺甲基嘧啶，或0.1%的磺胺奎噁啉，都有一定效果。或在饲料中添加0.01%～0.03%的呋喃唑酮，或在饮水中添加0.01%～0.02%的呋喃唑酮，连续饲喂3～5 d。多种抗生素对鸡白痢都有一定疗效。

四、鹌鹑支气管炎

【病原】本病由鹌鹑支气管炎病毒（QBV）引起。

【症状】潜伏期4～7 d。病鹌鹑精神委顿，结膜发炎，流泪；鼻窦发炎，甩头；打喷嚏，咳嗽，呼吸促迫，气管啰音；常聚堆在一起，群居一角；时而出现神经症状。成年鹌鹑产蛋量下降，产畸形蛋。病理变化：结膜发炎，角膜混浊；鼻窦发炎，时有脓性分泌物；肺、气管发炎、有病变，内有大量黏液；气囊膜混浊，呈云雾状，有黏性渗出物；肝有时发生坏死病变；腹膜发炎，腹腔有脓性渗出物。

【防治】患病期间在饲料与饮水中添加0.04%～0.08%的土霉素和金霉素，并适当提高育雏室及鹌鹑舍的温度，改善通风条件，可减少死亡。加强防疫工作，严防带毒者与鹌鹑接触。发病期间停止孵化，病鹌鹑不可留作种用，发病群的种鹌鹑要淘汰。

（刘犇）

第十五章 鹧鸪

鹧鸪，又名红腿小竹鸡，俗名赤姑、花鸡、怀南、越雉、鹧鸪鸟、中国鹧鸪。栖于低地至海拔1 600 m的干燥林地、草地及次生灌丛，为常见候鸟。鹧鸪是集肉用、药用、观赏于一身的名贵野生珍禽，素有"赛飞龙"的美称，是历代帝王的营养膳食品。

第一节 鹧鸪的生物学特性

一、分类与分布

鹧鸪在分类学上属鸟纲、鸡形目、雉科、鹧鸪属。

鹧鸪在世界各国的大致分布是：法国和西班牙红脚鹧鸪，分布在法国和西班牙。岩鹧鸪，分布在意大利、罗马尼亚、保加利亚、希腊、阿尔巴尼亚等国家。石鸡鹧鸪，分布在土耳其、叙利亚、伊拉克、黎巴嫩、塞浦路斯、伊朗、尼泊尔、印度、蒙古国和我国内蒙古、西藏等地。巴勃雷鹧鸪，分布在阿尔及利亚。阿拉伯红脚鹧鸪，分布在沙特阿拉伯西南部和也门。菲尔比红脚鹧鸪分布在沙特阿拉伯中部。大红脚鹧鸪，分布在我国西南部。目前家养的肉用鹧鸪就是由红脚鹧鸪驯养而来的。

有报道称，目前生产中饲养的美国鹧鸪其实不是鹧鸪，而是石鸡，在动物学分类中属鸟纲、鸡形目、雉科、石鸡属、石鸡种。石鸡通常生活在温暖地带，例如北半球的亚热带，主要分布于欧洲南部、非洲西北部、亚洲中部和我国的部分地区。在我国多分布于云南西部及南部、贵州西南部、广西、海南、广东、福建、江西、浙江及安徽。据介绍，美国数十年前将我国的野生石鸡引入国内，经过长期驯化、改良、选育而成，称之为Chukar。其后，我国台湾的场主从美国引入时，可能将"Chukar"误译为"鹧鸪"，也许认为鹧鸪比石鸡的名称更易吸引人，所以商品资料说明上就采用"鹧鸪"这一名称。根据其外貌特征和特点，以及生活习性等推测，"美国鹧鸪"是由石鸡选育而来的，从动物学分类上说，不能称鹧鸪，将"美国鹧鸪"称为"石鸡鹧鸪"更为合适。

各地由于生活环境和生活条件不同，形成了具有不同外形特征和生产性能的鹧鸪类型和亚种。当前，不少国家的鹧鸪生产发展较快，已成为特禽生产中一个主要部分，我国广东、北京、上海等城市先后建立了种鹧鸪繁殖场和生产场，饲养量逐渐增加。

二、形态学特征

鹧鸪体型小于鸡而大于鹌鹑。成年鹧鸪体长35～38 cm，雄鹧鸪体重为600～800 g，雌鹧鸪体重为550～650 g。体形圆胖丰满，全身羽毛颜色十分艳丽。头顶灰白色，眼下和颊为白色，其上有一条黑色眼上纹从鼻孔开始一直延伸到颈部，其下有一条黑色颚纹，形成了网兜状。鹧鸪体侧有深黑色条纹。双翼羽毛基部为灰白色，羽尖有2条黑色条纹，使得体侧双翼似乎有多条黑纹。胸、腹灰黄色，喙、眼、脚鲜红色（图15-1）。

图15-1 鹧鸪

雌、雄鹧鸪的羽色外貌几乎一样，较难区分。两者的主要区别在于：雄鹧鸪比雌鹧鸪体型大；雄鹧鸪头部较雌鹧鸪大而宽，颈较雌鹧鸪短；成年雄鹧鸪双脚有距，雌鹧鸪虽有时也有距，但较小，而且存在于单脚。雌、雄鹧鸪的准确区分可采用肛门鉴别法。出壳时雏鹧鸪的毛色似鹌鹑，但随日龄的增长，绒毛脱落换上黄褐色的羽毛，羽毛上伴有黑色长圆斑点，7周龄后再次换羽，长成灰色羽。

三、生活习性

1. 生活环境 怕炎热，喜光照，喜干燥，怕潮湿，厌阴暗。适宜气温在20～24℃，相对湿度60%。

2. 喜欢群居、胆小 遇到响声或异物，立即出现不安，跳跃飞动，反应灵敏。有较强的飞翔能力，飞翔快，但持续时间短。

3. 生长快 尤其是12周龄前生长较快，刚出壳的雏鹧鸪，体重为14～16 g，10周龄时，雄鹧鸪体重达500 g，相当于初生重的31～35倍。

4. 食性广 是杂食性鸟类。不论杂草、籽实、水果、树叶、昆虫或人工配合的混合饲料，均能采食，且觅食能力强，活动范围较广。

5. 好斗 由于鹧鸪驯化时间短，仍有野性。雌鹧鸪性稍温驯，雄鹧鸪性好斗。性成熟后的雄鹧鸪，在繁殖季节，常因争夺雌鹧鸪而发生激烈的啄斗，直到头破血流。

6. 有趋光性 在黑暗的环境中如发现光，就会向光亮处飞窜。

第二节 鹧鸪的繁育

一、繁殖特点

1. 性成熟 雌鹧鸪比雄鹧鸪性成熟要早。雌鹧鸪性成熟期200～240 d，雄鹧鸪则比雌鹧鸪迟2～4周。因此，对雄鹧鸪必须提前增加营养和光照。

1. 发情季节 野生鹧鸪一般在6～7月龄开始繁殖，属季节性发情动物。但在人工控制的良好环境下，繁殖季节可进行调整，一年四季均可产蛋，年产蛋量80～100枚，高产的可达150枚以上。鹧鸪繁殖性能的高低，除受亲本遗传因子影响外，还受外界环境如营养、管理等因素的影响。

3. 雌雄比例 鹧鸪在野生条件下为一雄一雌配对，经人工驯化后，可提高配比。平面散养时配比为1∶（2～3）；笼养时配比为1∶（3～4）。种蛋的孵化率、受精率都比较高。受精率一般达92%～96%，孵化率达84%～91%。

二、种的选择

选择留种鹧鸪，其方法总体上与其他特禽相似。一般也是采用表型选择、后裔测定、同胞选择和系谱选择4种方式。由于鹧鸪驯化育成时间较短，系谱资料可能尚不完整，养殖场一般还是采用表型选择居多。选留种鹧鸪要求为：

① 外貌一致，基本符合本品种特征。

② 姿态正常，行走时步伐自由，身体平稳，肩自然地向尾部倾斜，斜度要求40°～45°。肩低背弓、尾部过低者不宜留种。

③ 体重适当，13周龄雄鹧鸪体重要求达600 g以上，雌鹧鸪体重达500 g以上，体长达35 cm以上。

④ 眼睛圆大有神，喙短而稍弯曲，头宽且长短适中，颈稍长。眼失明、喙过弯、上下喙闭合不紧者不宜留种。

⑤ 背宽平，胸宽，背部和胸部平行。弓背、弯背、背胸不平行、龙骨弯曲者不宜留种。

⑥ 脚健壮附有肌肉，胫部硬直、长短适中，脚趾齐全正常。脚趾弯曲、多脚趾、胫部有毛者不宜留种。

⑦ 羽毛完整、丰满有光泽。翼羽有裂痕、无尾者不宜留种。

⑧ 初产雌鹧鸪耻骨间距要宽，性成熟期要早，约 200 d；雄鹧鸪雄性特征明显，鸣声洪亮。

三、人工孵化

经过驯化的家养鹧鸪，一般不会孵化种蛋，主要是采用人工孵化的方法来孵化后代。鹧鸪的人工孵化方法、种蛋的运输和消毒、孵化原理等与鹌鹑、肉鸽相似，可参照鹌鹑、肉鸽等特禽的有关部分。现将鹧鸪的人工孵化特点及其特殊性简要叙述如下。

1. 种蛋选择 选择种蛋要求蛋形正常，长径为 4.2 cm 左右，短径为 3.1 cm 左右，呈长椭圆形；蛋重在 16～25 g，平均蛋重为 20 g 左右；蛋壳颜色呈黄白色，且布满大小不一的褐色斑点。

2. 种蛋贮存 种蛋贮存 2～3 周影响不大。贮存的环境温度保持在 12.8～15.5 ℃。种蛋贮存在 2 周内可不翻蛋，超过 2 周则需翻蛋。

3. 孵化期 鹧鸪孵化期为 23～24 d。孵化期间的胚胎在发育过程中存在 2 个死亡高峰，第 1 个高峰发生在入孵后 3～5 d，第 2 个高峰发生在入孵后 20～24 d，在这 2 个时间段要减少任何可能产生的应激，尤其要注意保持孵化温度的稳定性。

第三节　鹧鸪的饲养管理

一、营养需要与饲料

鹧鸪为杂食性鸟类。其食性广，易于饲养。鹧鸪肉厚、骨细，肌肉细致结实，水分和脂肪含量较低，内脏较小，不但屠宰率、全净膛率高，而且瘦肉率也很高。因此，鹧鸪饲粮要求蛋白质含量高、质量好，各种必需氨基酸平衡。育雏初期饲粮粗蛋白质含量高达 25%～28%。值得注意的是，鹧鸪不宜饲喂粗纤维含量过高的饲料，但可适当饲喂一些优质的青绿饲料，有利于降低鹧鸪啄癖现象的发生。

二、鹧鸪舍与笼具设备

（一）鹧鸪舍的建设

鹧鸪舍目前尚无专门化的式样。其基本要求与鹌鹑、肉鸽舍等类似，但在某些结构方面有一些特殊要求。总体上，鹧鸪舍建筑的材料、结构、式样和布局等应遵循经济、实用、卫生、方便等原则。

1. 舍址选择 应选背风向阳、排水良好、环境宁静、防疫条件好、交通便利的地方建造鹧鸪舍。

2. 整体规划 鹧鸪舍建筑面积大小应根据地形、饲养方式、养殖数量以及鹧鸪的不同生长阶段而定。一般农户或专业户饲养量不大，则不一定要建设专门化的鹧鸪舍，可将空余的旧房舍改建使用。饲养规模较大的养殖场，除建造种鹧鸪舍外，还要建造不同饲养阶段的鹧鸪舍以及其他配套设施，如雏鹧鸪舍、青年鹧鸪舍以及孵化室、饲料调制室和仓库等。各种鹧鸪舍规模均按照一定比例，还要便于鹧鸪转群。

3. 材料要求 鹧鸪舍屋顶、墙面宜选用隔热性能良好、经济实用的材料，还要兼顾因地制宜、就地取材的原则，屋顶可使用彩钢板等材料，地面以水泥或水泥板为宜，便于冲洗、清扫、消毒和预防兽害。

4. 鹧鸪舍式样与结构 鹧鸪舍的式样与结构必须根据鹧鸪的生长特点来确定设计。青年鹧鸪（后备鹧鸪）舍要有利于鹧鸪的活动，最好设计成地面平养或离地网养，尤以离地网养更佳。需要考虑鹧鸪的野性，为防止其飞逃，在设计中应加设有围网遮护的运动场。一般认为"一山头一鹧鸪，越界必斗"。故种鹧鸪舍（成鹧鸪舍）要考虑性成熟后鹧鸪好斗的特点（特别是雄鹧鸪），尤其在繁殖季节，雄鹧鸪之间常因争夺雌鹧鸪而发生残酷的争斗，直至头破血流，羽损体伤。因此，种鹧鸪舍设计宜采用多层笼养，以小群饲养的形式为好。同时，笼距及笼与墙的距离都应达 80～85 cm 宽度，也可用作通道，以便饲养工作人员操作。

（二）鹧鸪笼与设备

鹧鸪笼和养鹧鸪的专用设备目前尚无定型专用产品。一般根据本场具体条件和要求自行设计或用相近似鸡笼改装代替使用。

1. 鹧鸪笼 目前，育雏鹧鸪笼或种鹧鸪笼都是采用叠层式较多，其规格大致如下：叠层式雏鹧鸪笼，是育雏或饲养商品肉鹧鸪使用的，由笼架、笼体、食槽、水槽和承粪板组成。笼长一般 100～200 cm、宽 60 cm。笼距地面高度 30 cm 以上，每层高 50 cm，各层笼底有承粪板。笼底与承粪板相距 10 cm。6 周龄前，水槽、食槽放入笼内饲喂，6 周龄之后，放在笼外饲喂。为了便于管理，提高劳动效率，采用水槽饮水的可逐渐过渡为乳头式饮水器饮水，饮水线的高低可人为进行调整。

种鹧鸪笼基本和育雏鹧鸪笼式样相同，但要注意底板设有一定坡度，并向前弯曲构成一个集蛋槽，以便鹧鸪所产蛋直接滚至笼外，便于收集。

2. 用具设备

(1) 育雏器。形式多样，因鹧鸪饲养量总体不大，故常使用保温伞。伞的大小可根据需要而定，一般伞的直径 2 m 左右，可饲养 300～500 只雏鹧鸪。

(2) 育雏围栏。它是围在育雏器周围的屏障，可防止雏鹧鸪乱窜。高度为 50 cm，长度根据群的大小而定。1 周龄的鹧鸪，以 300 只为群，约需围栏长度 8 m；以 500 只为群，约需围栏长度 10 m；以 800 只为群，约需围栏长度 12 m。

(3) 食槽和水槽。采用长形、圆盆形或挂桶式均可，根据鹧鸪月龄的变化进行调整。水槽（饮水器）和食槽的高度及数量以满足鹧鸪饮水、采食需要为度。水槽、食槽放置位置应当错开，有利于达到饮水、采食均匀。

三、雏鹧鸪的饲养管理

雏鹧鸪是指出壳至 12 周龄的鹧鸪。这个时期的体温偏低，消化系统发育尚不完全，双脚软弱，易发啄癖等。其饲养管理必须结合这些特点。

1. 温度 温度是影响鹧鸪生长和育雏成败的重要因素。初生鹧鸪虽然全身覆盖绒毛，但因体温调节机能不健全，不能完全自主地调节体温，必须人工给温，提供适宜的温度，以确保较高的成活率，促进鹧鸪生长发育。过高的温度或低温是疾病发生的诱因或致死的直接因素。育雏温度，第 1 周要求 36～37 ℃，以后每周降低 1～2 ℃。生产中，鹧鸪的育雏温度比鸡高出 1～2 ℃，保温时间要长 1～2 周，而且要根据当时实际情况，采用"看雏给温"灵活调整。

2. 湿度 育雏的环境湿度也很重要，特别是最初 3～4 d 的鹧鸪舍相对湿度若超过 70%，就会影响雏鹧鸪对剩余在腹中的卵黄的吸收，也给致病菌创造繁殖的条件。相对湿度低到 50% 时，雏鹧鸪随呼吸而散失大量水分，脚趾干瘪，羽毛蓬松，采食减少；同时，雏鹧鸪舍因过于干燥而粉尘飞扬，致使空气浑浊，使雏鹧鸪易患呼吸道疾病。一般雏鹧鸪舍相对湿度，要求第 1 周 65%～70%，第 2 周 60%～65%，第 2 周以后为 55%～60%。

3. 通风 雏鹧鸪代谢旺盛，呼吸快，饲养密度大，要适当增加舍内通风，排出舍内有害气体，以利于雏鹧鸪生长发育。值得注意的是，必须防止冷风直接吹到雏鹧鸪身上，使雏鹧鸪受凉患病。

4. 光照 适宜的光照可提高生长率。不同光的颜色和光照时间可直接影响鹧鸪的性成熟和开产期。因此，为使鹧鸪得到良好的生长发育和具有良好的生产性能，就需要制定符合鹧鸪生理要求的合理的光照制度。

作为后备鹧鸪，育雏的第 1 周内，可全天施行光照，光照度为 15～20 lx；从第 8 天起，光照度为 5～10 lx，并逐渐减少光照时间，直至自然光照为止。作为肉用鹧鸪饲养，采用每天 20 h 光照，光照度为 5 lx 即可。光照太强，容易引起啄癖。

5. 密度 育雏密度要根据鹧鸪舍的结构、饲养设备、环境条件和雏鹧鸪的日龄而定。密度是否合理，直接与雏鹧鸪的生长速度及成活率等有关。雏鹧鸪使用的密度可参照表 15-1。

表 15-1 雏鹧鸪饲养密度

饲养密度	日 龄		
	1～10	11～28	29～100
每平方米可饲养的数量（只）	95～65	65～35	35～20
每平方米平均可饲养数量（只）	80	50	28

6. 饮水 鹧鸪出壳 24 h 内进入育雏室休息 1～2 h 后，就应先给予饮水。给出壳后的雏鹧鸪尽早饮水，能加速对剩余在腹腔卵黄囊中营养物质的吸收利用。另外，雏鹧鸪饮水，有利于缓解脱水，便于体内代谢的平衡。第 1 次饮水时，很多雏鹧鸪不会饮水，需要进行调教。可抓一些不会饮水的雏鹧鸪，将其喙没到装有清洁水的饮水器中沾一下水，这样雏鹧鸪很快就学会饮水。也可以在饮水器中加入一些色泽鲜艳的石子，以便诱引雏鹧鸪饮水。调教饮水时，可结合防疫防病或补充营养的需要，分别在饮水中加入一定药物或添加剂。

7. 开食 雏鹧鸪第一次喂食称开食。雏鹧鸪饮水后，即可开食，有利于雏鹧鸪很快恢复精力，同时减少消化不良等问题。

一般以全价破碎料作为开食料，即用打碎的颗粒料。另外，也可用玉米粉料拌熟鸡蛋作为开食料，其效果也不错（1 000 只雏鹧鸪用 3～4 个熟鸡蛋）。

开食时，可将饲料撒在厚纸板上或软纸上，让雏鹧鸪寻食。网养或笼养的雏鹧鸪，在网上或笼底上铺几层柔软清洁的草纸垫底，饲料即可撒在纸上，3 d 后用食槽取代。

饲喂方法可以为自由采食，保持不断料；也可以用分次喂给、顿顿清的办法。可根据各个场具体情况而定。

8. 调教与诱导工作 鹧鸪虽尚未完全被驯化，还保持一定的野性，但通过饲养人员调教和细致管理，可以诱导使其变得温顺可亲。雏鹧鸪与雏鸡一样，在出壳后的第 1 天也有一个相对短暂的印象时期。在此期间，它们看到活动的物体会留有长期的印象倾向。因此，在雏鹧鸪出壳后，就可给予固定的操作程序以及正常声音或某些音乐等的一定环境刺激，使它从中获得各种不同的印象。这对以后防止发生某些恶癖或应激反应有所帮助。

9. 断喙 鹧鸪和蛋鸡一样要进行断喙。如饲养不当，鹧鸪也常会发生啄癖。断喙是减少啄癖非常有效的措施。对于 1 周龄左右的雏鹧鸪，在断喙时要特别注意，不要使其嘴断裂。断喙即只要剪去喙端至鼻孔的 1/4 即可。断喙前后 1~3 d，要加喂维生素 K，断喙后 1 周内要适当增加饲料量和饮水，减少应激。当然，饲养管理条件好的养殖场，啄癖现象发生少，也可不进行断喙。

10. 卫生与预防 鹧鸪排粪不多，且粪便干燥呈条粒状。清粪工作比其他禽场容易。但也要经常打扫，水槽、食槽和其他用具必须定期洗刷、消毒。严格执行防重于治的原则，及时按期进行免疫工作。

四、青年鹧鸪的饲养管理

雏鹧鸪饲养到 13~28 周龄这一阶段，称青年鹧鸪，也可以称育成鹧鸪或后备鹧鸪。这时可将雏鹧鸪转入青年鹧鸪舍进行饲养。青年鹧鸪羽毛已逐渐丰满，有飞翔能力，食欲旺盛，身体健壮，适应环境能力增强，12 周龄以后生长速度开始减慢，到 16 周龄时体重已达成年体重的 92%。青年鹧鸪虽然比育雏期容易饲养，但也需要抓好饲养管理，否则对种鹧鸪生产水平的发挥影响较大。

1. 结合转群进行选择 留种用的雏鹧鸪，饲养至 12 周龄时，应转入青年鹧鸪舍进行饲养。这时结合转群可进行 1 次选择，即将体弱、发育不良、不符合标准、有缺陷的雏鹧鸪淘汰，而将健康、符合标准的雏鹧鸪留下，转入青年鹧鸪舍。转群时，最好在傍晚光线逐渐变暗时进行，也可以在晚间进行，将光线调至很暗，轻抓轻放，以免惊群而乱窜乱飞。

2. 增加运动，设置围网 为了培养强壮、生产力高的种鹧鸪，在青年期必须加强运动和锻炼。此时期的饲养方式可采用地面平养或离地网上平养。一般以离地网上平养最佳。由于青年鹧鸪活泼好动，飞翔能力较强，并具有一定的野性，需对青年鹧鸪舍加设围栏和周围遮盖的运动场，使鹧鸪既可在舍内安静采食和休息，又能飞翔活动和获得自然光照，呼吸新鲜空气，加大运动量，这是育成高产鹧鸪的主要措施。

3. 定期抽测体重，进行适当限喂 青年鹧鸪虽然不像肉用种鸡那样容易超重，但也不能忽视，要防止青年鹧鸪过肥而影响产蛋性能。一般 2 周进行 1 次抽测，测定体重和胫长，每次随机抽样称重约 5%。

4. 及时调整密度，进行分群饲养管理 青年鹧鸪要求有较大的活动余地，如密度过高则不利于生长。一般青年鹧鸪每只占地面积 0.066 m²，每平方米可饲养 15 只左右。强弱鹧鸪或体重差异大的鹧鸪必须分群，在此基础上饲喂不同营养水平的饲粮，同时根据实际需要进行不同的温度、饲养密度等方面的处理。

5. 注意修喙等日常管理工作 青年鹧鸪的生长出现"飞喙"较多。所谓"飞喙"，就是生长不规则的畸形喙，对此需进行修剪。若任其生长，极易碰伤而发生裂喙或脱喙。另外，平时的免疫接种、应对各类应激等方面的日常管理工作也不能放松。

五、成年鹧鸪的饲养管理

青年鹧鸪饲养到 28 周龄后，就转入成年种鹧鸪阶段。这阶段饲养管理目的是要达到健康高产，在繁殖期内获得最大数量的种蛋和雏鹧鸪。所以，一切饲养管理措施都要围绕这个目标实施。

1. 组配分群 青年鹧鸪饲养至 28 周龄时，虽然未达到性成熟，但为避免雄鹧鸪争斗，可结合选配再次进行个体选择，把不健康的、不能留作种用的及时淘汰处理。按 1:(3~4) 的雄雌比例进行组配分群，组配后即可分笼饲养。开产前，将发育不良、畸形、第二性征表现太差、过于早熟、产小蛋的鹧鸪淘汰。

2. 控制环境 产蛋鹧鸪对环境比较敏感，如不能满足其对环境的要求，对生产性能和健康均会产生不利影响。鹧鸪产蛋的适宜环境温度是10～24℃，最理想的温度是15～18℃，其产蛋率和受精率都高。如温度高于30℃或低于5℃时，其产蛋率和受精率都会明显下降。另外，饲养密度和光照也十分重要，特别是光照，如每天达不到光照刺激的时间，其产蛋潜力就得不到充分发挥，一般产蛋期光照时间要求保持每天15～16 h，如自然光照不足，即可进行补充光照；光照时间切勿或长或短。

3. 调整营养水平 鹧鸪从育成期转入繁殖期，其营养水平也需随之调整，才能满足其繁殖的需要。产蛋鹧鸪需要的粗蛋白质、钙、磷的量都要比青年鹧鸪高。另外，对产蛋鹧鸪的饲料质量要有保证，严禁使用霉变饲料。

4. 保持安静 饲养过程中宜减少应激。舍内务必保持安静，排除噪声干扰，保持正常的饲养操作程序。这些最好在开产前进行调教和适应，使这些举动能被鹧鸪接受和固定，使之习以为常，避免引发惊恐，产生应激现象。

5. 做好正常管理工作

① 细致观察鹧鸪群的一切动态如采食、饮水、粪便、活动、精神状态以及生产情况等，发现问题及时分析处理。

② 经常开展卫生消毒工作，及时清粪，定时洗刷水槽和食槽，鹧鸪舍内外定期清扫、消毒。坚持以防为主的方针，在开产之前要做好新城疫、传染性鼻炎、支原体病等疫苗的防疫注射工作。

③ 勤捡蛋。捡蛋次数要多，在天气炎热和寒冷季节更要勤，避免蛋受热或受冷的不良影响。

④ 做好记录。鹧鸪的一切动态需及时记录，并进行分析。如鹧鸪群的变动、饲料的调整、饲料消耗和疾病防治情况及产蛋情况等。

六、商品肉用仔鹧鸪的饲养管理

肉用仔鹧鸪是指自出壳饲养至14～16周龄、体重达500～600 g的鹧鸪。它的饲养管理基本上与雏鹧鸪的饲养管理一样，可参见雏鹧鸪的饲养管理部分，但是也要根据肉用仔鹧鸪的要求，在营养和管理上加以适当调整。

肉用仔鹧鸪要求在出售时达到一定体重和肥度，因此在2周龄后应在日粮中适当增加能量饲料，提高能量水平和蛋白质水平，其他矿物元素和维生素也应比种用雏鹧鸪提高一点。

在管理上，应减少应激因素，避免各种应激对肉用仔鹧鸪生长的干扰，包括污浊的空气、刺激性气味、不适宜的温度和湿度、过强的光照、噪声、过量的药物、随意抓鹧鸪等。这些因素都会使仔鹧鸪产生恐惧，影响食欲，从而影响生长和增重。实行全进全出制。在出售时间上，应选在最佳周龄，一般在13～16周龄生长最快、饲料转化率最高时出售，以获得较高的经济效益。

第四节　鹧鸪常见疾病

一、鹧鸪黑头病

【病原】鹧鸪黑头病又称鹧鸪盲肠炎、肝炎，是由组织滴虫引起的急性传染病。该病如治疗不及时，死亡率较高，尤其是雏鹧鸪。

【症状】表现食欲减退，精神委顿，排黄色稀便且带有血液。发病后3 d，走路摇晃，转圈，最后扑地而死。剖检见肝有大面积白色坏死点，伴有广泛性出血点，盲肠肿大，充满坚硬的干酪样凝固栓子，堵塞肠管内。肌胃大面积黏膜充血，小肠内黄色水样黏液，带有血块。脾淤血变黑，肾肿大。盲肠内容物用生理盐水稀释，做成悬滴，镜检亦见大量单胞虫。

【防治】隔离病鹧鸪，鹧鸪舍用0.5%新洁尔灭消毒。治疗用禽炎康，剂量为每只鹧鸪0.5片。青霉素饮水，每只5万U，连用3 d。

二、新城疫

【病原】本病是由新城疫病毒感染引起的一种高度接触性、急性、烈性传染病。一年四季均可发生，但以春秋两季多发，死亡率高。

【症状】病初精神委顿，体温42.6～43.1℃，食欲减退，饮欲增加，行走迟缓，羽毛松乱。继而全身皮肤紫红，食欲废绝，尾翅下垂，眼圈发紫，叫声低弱，呼吸困难，嗉囊膨胀，囊内充满液体和气体，倒提时口腔内流出大量酸臭黏液，腹泻，排黄绿色稀粪。最后卧伏不起，体温降至36℃以下，衰竭而死。病程2～3 d。病程稍长者呈现双翅、腿脚麻痹，共济失调，头颈后仰、歪斜，角弓反张，转圈等神经症状；肛门周围有黄绿色稀粪污染，有的干结粪便糊堵肛门。

剖检可见嗉囊壁有溃疡，腺胃肿胀，腺胃乳头和乳头间有出血点，腺胃和肌胃交接处有出血点或出血斑，肌胃角质层下黏膜有出血斑，十二指肠、空肠、回肠有出血点，心、肝、脾、肾有不同程度出血点和斑，尤其是心冠沟部有针尖大的出血点，外膜、内膜都有出血点。

【防治】本病目前尚无特效药治疗。只要加强饲养管理、搞好卫生、定期消毒和防疫注射，预防效果也较显著。现在效果较好的疫苗有鸡新城疫Ⅰ系疫苗，该疫苗适用于1月龄内的雏鹧鸪，接种后1周产生免疫力，保护期1个月左右。使用方法：7～10日龄的雏鹧鸪，用新城疫Ⅰ系弱毒疫苗，按规定稀释后，进行滴鼻免疫；30日龄时再进行1次；150日龄以1：500稀释，每只肌内注射0.5 mL。

三、鸡白痢

【病原】本病是由鸡白痢沙门菌引起的一种传染病。雏鹧鸪较多发生，成年鹧鸪发病较少，但成年鹧鸪一旦感染后，便成为带菌者；带菌的雌鹧鸪和病雏，为传染的主要来源。

【症状】病初食欲减少，而后停食，多数出现软嗉囊；腹泻，排白色糨糊状稀粪，肛门周围被粪便污染，有的因粪便干结封住肛门，引起肛门周围炎症而疼痛，发出尖锐的叫声。病程一般为4～7 d，出壳第5～15天发病死亡率最高，死亡率约30%，3周龄以上发病死亡则很少。病死鹧鸪近肛门处的肠道发生臌气和肿大，内充满白色糨糊状稀粪，有的盲肠发生臌气肿大，个别见肝充血、出血，心肌炎。

【防治】孵化前，种蛋、孵化器及用具等均需先行消毒，以减少感染。搞好清洁卫生，鹧鸪舍特别是育雏室在进雏前，要进行彻底的消毒。刚出壳5日龄的雏鹧鸪，用0.02%土霉素拌料。全群性治疗，可在饲料中添加0.02%～0.4%的环丙沙星喂服，每天1次，连喂5 d。

四、传染性法氏囊病

【病原】本病由传染性法氏囊病病毒引起。该病毒侵害雏鹧鸪免疫中枢器官腔上囊，主要感染途径是消化道，经由空气和直接接触也可传播，但不经蛋垂直传染。本病传染性强，感染率高。

【症状】患病鹧鸪精神不振，羽毛松乱；食欲下降，饮欲增加；排白色水样粪便；部分鹧鸪有啄肛现象。剖检病死鹧鸪，可见胸肌、腿肌、翼下肌有出血点和出血斑；腺胃与肌胃交界处出现条状出血带；肾肿胀，呈苍白色，输尿管有尿酸盐沉积；腔上囊比正常的肿胀2～3倍，表面有黄色胶冻样物质；严重者腔上囊外观呈紫葡萄样，能耐过的鹧鸪其腔上囊萎缩。按常规方法培养后未发现细菌生长。接种鸡胚，发现鸡胚头部及四肢皮肤充血、出血，绒毛尿囊膜增厚、浑浊，肝、脾、肾肿胀，有坏死灶。

【防治】本病尚无有效治疗方法。应加强饲养管理，改善环境卫生，严格执行防疫检验制度，注意饲粮的全价性。对可疑发病鹧鸪首先隔离，迅速确诊，诊断为本病后，可采用传染性法氏囊病高免血清（或卵黄抗体）进行早期治疗，有一定效果。

（杨海明）

第十六章 番　　鸭

番鸭，又名香鹑雁、麝香鸭、红嘴雁，与一般家鸭同属不同种。番鸭是一种似鹅非鹅、似鸭非鸭的鸭科家禽。由于番鸭头上有瘤，因此俗称瘤头鸭，一些地区又称康香鸭、疣鼻栖鸭、嚼鸭、腾鸭、鸳鸯鸭、雁鸭等，国外也称火鸡鸭、蛮鸭和巴西鸭等。

番鸭是肉用、肝用禽种之一。它具有体型大、生长迅速、耐粗饲、易肥育、肉质鲜美、产肝性能好等优点。土番鸭还对肺炎、哮喘、肺气肿、支气管炎、脑炎、中风、低血压、冠心病、痛风、糖尿病、甲状腺等疾病有辅助治疗的作用。

第一节　番鸭的生物学特性

一、分类与分布

番鸭原产于气候温暖多雨的中、南美洲热带地区，是不太喜水而善飞的森林禽种，至今在墨西哥、巴西和巴拉圭还可见到野生番鸭。番鸭虽不是我国土生的地方品种，但引进的历史有300年以上，引入我国后多分布在长江以南等地区，以福建省的饲养量最大。

番鸭与家鸭均属于鸟纲、雁形目、鸭科、鸭亚科、河鸭族，但不属于同一个属。家鸭属于河鸭属，而番鸭属于栖鸭属。番鸭主产于湖北阳新县、福建福州市郊和龙海等地，广泛分布于东南沿海及长江流域，以福清、莆田、晋江、长泰、龙岩、大田、浦城等地居多，在江苏、浙江、上海、安徽部分地区亦有产区。近年来番鸭在我国北方地区不断得到发展，全国番鸭年饲养出栏量已在1亿只以上。

二、形态学特征

番鸭的体型外貌与其他家鸭不同。番鸭的体型比家鸭大，体躯长而宽，前后窄小，呈纺锤形。站立时，身体与地面几乎呈水平状态，而家鸭呈45°。喙基部和眼周围有红色或黑色肉瘤，瘤头鸭的名称即由此而来，公鸭肉瘤较发达。喙较短而且窄，呈雁形喙。头顶有一排纵向羽毛，受刺激时竖起呈冠状。颈中等长，胸宽，后腹不发达，尾狭长，翅膀长达尾部，胸腿肌肉发达，可短距离飞翔。腿短粗而有力，步态平稳。

我国番鸭的羽色主要有黑、白、黑白花3种，极少数为赤褐色和银灰色。

白羽番鸭全身羽毛纯白，喙粉红色，皮瘤鲜红而肥厚，呈链珠状排列，脚橙黄色（图16-1）；白羽番鸭的品变种在头顶上有一撮黑毛，其喙、胫、蹼也常有黑点和黑斑。

黑羽番鸭全身羽毛纯黑，带有墨绿色光泽；有些个体有几根白色的覆翼羽；皮瘤黑里杂红，较单薄，喙色红有黑斑，脚多黑色。

黑白花番鸭全身羽毛黑白花比例不等，多见的有背羽黑色，颈下方、翅羽和腹部带有数量不一的白色斑点。

图 16-1 白羽番鸭

三、生活习性

番鸭具有若干生活习性，比较明显的是喜水性、合群性、耐寒性和杂食性等。

1. 喜水性 番鸭也属水禽，寻食、嬉戏和求偶交配常在水中进行，但不喜欢长时间在水中游泳。在水中游泳洗澡，能保持羽毛整洁，有助于体热散发，促进新陈代谢，保持身体健康。

2. 合群性 番鸭合群性强，只要有比较适宜的饲养场所和条件，它们都能在采食和繁殖等方面合群生活得很好。因此，番鸭适宜大群饲养。番鸭性情温驯，不怕人，耐粗饲，善觅食，可小群放养或大群圈养。

3. 耐寒性 番鸭对气候环境条件的适应性较强，耐寒不耐热。只要饲养条件较好，冬春季节温度较低并不影响它的产量和增重。相反，对炎热气候的适应较差，往往在夏秋季节休产换羽。

4. 杂食性 由于番鸭的嗅觉和味觉不发达，对饲料的香味要求不高，能吞咽较粗大的食团并存在食道膨大部；肌胃内压高，经常存留沙砾，能很好地磨碎食物。因此，番鸭一次性采食量较多，且食性颇广，能广泛地利用各种动、植物饲料。除吃一般性饲料外，还喜欢吃青菜，以及鱼、虾等动物性饲料。

5. 其他习性 番鸭有就巢性，但不善于育雏。当雏番鸭出壳后，要及时隔离饲养，以免被母番鸭啄伤。番鸭羽翼矫健，还保留有短距离飞翔的能力，飞高 5 m 左右，飞远可达 10 m 以上，甚至 100 m 以上。

第二节 番鸭的繁殖

一、繁殖特点

1. 性成熟 番鸭的性成熟一般为 6 月龄左右，公番鸭性成熟比母番鸭迟。

2. 配种年龄 番鸭性成熟晚，引进的法国巴巴里番鸭性成熟期为 210～230 日龄，配种年龄较我国番鸭（170～190 日龄）迟 1 个多月。自然交配，公、母番鸭配种比例一般为 1:(7～8)。

3. 开产日龄 番鸭平均开产日龄 173 日龄，开产后第 1 个产蛋周期最长，连产蛋数为 35～40 枚；以后每个产蛋周期连产蛋数可稳定在 13～15 枚；年产蛋 100～110 枚，最高个体可达 160 枚。

4. 利用年限 种用公番鸭一般利用 1～1.5 年即可淘汰。体质健壮、精力旺盛、受精率高的种用公番鸭实行人工强制换羽后可再利用 1 个产蛋年。母番鸭利用时间约为 2 年，特殊情况下，可适当延长利用时间。

二、繁殖技术

（一）选种选配

第 1 次在育成初期 10 周龄左右，淘汰发育有缺陷的残次番鸭，按公母比例 1:10 选留。第 2 次在育成期结束的 22 周龄时，选留雄性特征明显，体况良好，体重达到标准的公番鸭，按公母比例 1:16 选留。第 3 次在公番鸭采精训练后的 28 周龄左右，按公母比例 1:20 选留下性反应好、精液量多、精液品质好的公番鸭。

（二）人工授精

1. 采精 采用母番鸭诱情采精法。用 1 条绳子拴住试情母番鸭，固定绳子，对公番鸭进行诱情，后放出公番鸭。当公番鸭发情时，咬住母番鸭颈部皮毛，爬跨到母番鸭背上，公番鸭尾部频频摆动，泄殖腔充血膨大努张，尾部停止摆动欲向下压，阴茎将外翻。此时采精员用右手拇指和食指顺势轻轻按压泄殖腔两侧，当手感到公番鸭阴茎外翻时，用左手拿集精杯移至公番鸭尾部，阴茎外翻时，迅速套住阴茎，接收精液。

2. 精液的稀释 为了减少精液输量误差，扩大精液量，同时中和精子活动所产生的乳酸等有害物质，给体外的精液创造适宜的环境，增强精子的存活时间和生命活力，应对精液进行稀释后使用。生产中都是现采现输，通常用灭菌生理盐水按1：(1~2)稀释，稀释时稀释液要沿集精杯缓慢注入，并轻轻摇匀混合。

3. 输精 采用阴道外翻输精法，由一人完成。将母番鸭固定于地面，用左手前3个指头在泄殖腔两侧压迫腹部，右手3指同时将母番鸭两脚带向腹部加重对母番鸭后腹部的压力，泄殖腔即行开张，以暴露阴道口（可见2个孔，左上方孔为输卵管开口）。此时用左手固定，右手把输精器向上自然插入输卵管开口阴道内3~5 cm，然后左手放松，让泄殖腔复原，借助腹压降低将精液输入。一般输精量为0.1 mL。输精一般安排在上午进行，具体时间因季节而定，尽量避开高温时段。输精周期一般为6 d 1次。

（三）种蛋孵化

1. 孵化温度和湿度 当室温18~22 ℃、相对湿度55%~60%时，孵化前期（1~15 d）的温度为37.8~38.0 ℃，相对湿度为60%左右；中期（16~24 d）的温度为37.6~37.4 ℃，相对湿度55%左右；后期（25~35 d）的温度为37.0~36.5 ℃，相对湿度75%左右。由于各地气候条件差异和室内环境发生变化，孵化温度、湿度需进行相应调整。

2. 通风 通风的总原则是：气温高时，可加大通风量；气温较低时，通风量要相对减少。孵化期不同，调节的通风量也不同。前期通风量小些，后期通风量大些，机内氧气和二氧化碳的含量控制在21%和0.03%，以利二氧化碳与氧气的充分交换。

3. 翻蛋 蛋盘转动角度不同，孵化率也不同。当蛋盘上的蛋转动角度为90°时，则胚胎发育正常，尿囊于14~15 d在尖端完全合拢，保证了孵化24~25 d的胚胎能够充分"吸收"蛋白。当盘上的蛋转动角度低于45°时，蛋中尿囊不能完全合拢，孵化率明显降低。一般情况下，入孵种蛋每昼夜翻蛋12次左右，角度达90°~110°。

4. 凉蛋和淋蛋 胚胎发育自第12~13天起，胚胎的新陈代谢逐渐增强，旺盛的代谢产生大量的热量。由于蛋的代谢热在孵化机中不易散发，需要进行凉蛋。凉蛋时间视实际气温而定，气温低时凉蛋时间短些；气温高时凉蛋时间长些。每天凉蛋2次，分别在10:00~12:00和24:00。另外，由于番鸭蛋壳上有1层油质层，且油质层相当牢固，人工孵化过程中不容易将油质层破坏，因此，用水定期喷洒蛋壳，清除蛋壳表面的有机质。喷洒水不宜在种蛋尿囊合拢前进行，否则会影响胚胎发育。一般夏季孵化第15天开始喷水，每天2~3次，于中午或傍晚；冬季第15~17天开始喷水，每天中午1次。32 d后停止淋蛋。

5. 照蛋 孵化至第5、16、32天时进行照蛋，拣出无精蛋和死胚蛋。

三、杂交利用

番鸭的产蛋量相对偏低，但其具有肉用性能好的特点。以番鸭为父本与家鸭为母本杂交生产半番鸭（又称为骡鸭）表现出很强的杂种优势，能显著提高繁殖性能和改善肉品质。胴体瘦肉率高，肉质细嫩、味道鲜美，同时具有耐粗饲、抗病力强、饲料转化率高等特点，深受广大养殖户和消费者的青睐，为当今最具发展潜力的肉用仔鸭。

1. 二元杂交模式 公番鸭与肉用型母家鸭进行二元杂交，如番鸭♂×北京鸭（或樱桃谷鸭）♀，这种杂交模式提供的骡鸭相对较少，杂交个体的上市体重大，可用作分割包装。

公番鸭与兼用型母家鸭进行二元杂交，如番鸭♂×高邮鸭♀，这种杂交模式提供的骡鸭较多，杂交个体的上市体重较大，既可分割包装也可整鸭加工。

公番鸭与蛋用型母家鸭进行二元杂交，如番鸭♂×金定鸭♀，这种杂交模式提供的骡鸭最多，杂交个体的上市体重比较小，可进行整鸭加工。

2. 三元杂交模式 先进行家鸭品种或品系间二元杂交，然后再用二元杂交母鸭与公番鸭进行三元杂交，如：番鸭♂×（北京鸭♂×金定鸭♀），三元杂交获得的骡鸭杂种优势更明显，但生产周期相对比较长，投入的人力、物力和财力较多。

3. 骡鸭的生产特点

（1）生长速度快。公骡鸭84日龄体重可达5.2 kg，母骡鸭70日龄体重达3.8 kg。

（2）肉质好。骡鸭胸、腿肌丰厚，脂肪含量比较低。骡鸭胸、腿肌粗蛋白质含量分别为21.63%

和 20.09%；粗脂肪含量分别为 1.4% 和 2.3%，比肉鸭低；而肌红素含量分别达 3.70 mg/g 和 2.35 mg/g，比鸡和鹅要高。因此，骡鸭肉是加工半干燥休闲食品的上等原料。

第三节 番鸭的饲养管理

一、营养需要与饲料

我国已经制定了番鸭的营养需要标准（NY/T 2122—2012），为番鸭的饲养和饲料配制提供了参考。具体内容见表 16-1。

二、雏番鸭的饲养管理

番鸭育雏期为 0～3 周。因为刚孵出的雏番鸭各种生理机能不健全，还不能完全适应外部环境条件，必须从饲养管理上采取有效措施。

1. 育雏方式 番鸭育雏方式主要有 3 种形式，即地面育雏、网上平养、立体笼育。

表 16-1 番鸭的营养需要量

营养指标	育雏期 0～3 周	生产期 4～8 周	肥育期 9 周至上市	种鸭育成期 9～26 周	种鸭产蛋期 27～65 周
表观代谢能（MJ/kg）	12.14	11.93	11.93	11.30	11.30
粗蛋白质（%）	20.0	17.5	15.0	14.5	18.0
钙（%）	0.90	0.85	0.80	0.80	3.30
总磷（%）	0.65	0.60	0.55	0.55	0.60
赖氨酸（%）	1.05	0.80	0.65	0.60	0.80
蛋氨酸（%）	0.45	0.40	0.35	0.30	0.40
蛋氨酸+胱氨酸（%）	0.80	0.75	0.60	0.55	0.72
苏氨酸（%）	0.75	0.60	0.45	0.45	0.60
色氨酸（%）	0.20	0.18	0.16	0.16	0.18
精氨酸（%）	0.90	0.80	0.65	0.65	0.80
维生素 A（IU/kg）	4 000	3 000	2 500	3 000	8 000
维生素 D_3（IU/kg）	2 000	2 000	1 000	1 000	3 000
维生素 E（IU/kg）	20	10	10	10	30
维生素 K_3（mg/kg）	2.0	2.0	2.0	2.0	2.5
烟酸（mg/kg）	50	30	30	30	50
泛酸（mg/kg）	10	10	1 010	10	20
维生素 B_6（mg/kg）	3.0	3.0	3.0	3.0	4.0
维生素 B_{12}（mg/kg）	0.02	0.02	0.02	0.02	0.02
生物素（mg/kg）	0.20	0.10	0.10	0.010	0.20
叶酸（mg/kg）	1.0	1.0	1.0	1.0	1.0
胆碱（mg/kg）	1 000	1 000	1 000	1 000	1 500
铜（mg/kg）	8.0	8.0	8.0	8.0	8.0
铁（mg/kg）	60	60	60	60	60
锰（mg/kg）	100	80	80	80	100
锌（mg/kg）	60	40	40	40	60
硒（mg/kg）	0.20	0.20	0.20	0.20	0.30
碘（mg/kg）	0.40	0.40	0.30	0.30	0.40

注：营养需要量数据以饲料干物质含量 87% 计。

（1）地面育雏。地面育雏是在育雏舍的地面上铺设5～10 cm厚的松软垫料[稻草（切短）、谷壳或木屑]，将雏番鸭直接饲养在垫料上，这是最普遍的一种育雏方式。一般采用地下（或地上）加温管道、保温伞或红外线灯泡等加热方式，来提高育雏舍内的温度。

（2）网上平养。网上平养是在育雏舍内设置距地面50～70 cm高的金属网、塑料网或竹木栅条，将雏鸭饲养在网上，粪便由网眼或栅条的缝隙落到地面上。网上平养育雏的优点：首先环境卫生条件好，雏番鸭不与粪接触，感染疾病的机会减少；其次是不用经常更换垫草，节约劳动力和垫草成本。缺点是基础设施一次性投资较大。

（3）立体笼育。立体笼育是指将雏番鸭饲养在特制的多层金属笼或毛竹笼内。这种育雏方式比平面育雏更有效地利用房舍和热量，既有网上平养的优点，还可以提高劳动生产率。缺点是一次性投资更大。

目前，雏番鸭多采用网上平养或立体笼育，育成期和种番鸭一般采用地面与网上结合的饲养方式。

2. 育雏前的准备工作

（1）检修。为了使育雏舍保温良好、干燥、光亮适度、便于通风换气等，要对育雏舍、运动场、照明及供暖通风等基础设施进行检修、试运行；料桶、饮水器等所有育雏器具都要配备齐全。

（2）消毒。对育雏舍应进行彻底清洁消毒，并做好灭蚊灭鼠工作。先将舍内使用过的垫料等废弃物全部清除出去，然后再清扫舍内，再用高压水枪冲洗，晾干后进行彻底消毒。

（3）铺设垫料。采用地面育雏方式应在雏番鸭进舍前2～3 d，在舍内地面铺设好干净的垫料。垫料要求干燥、清洁、柔软、吸水性好、粉尘少、无坚硬杂物。

（4）预热。雏番鸭入舍前1～2 d，开启供暖设施进行预热，使室温达到育雏标准要求。另外，还要备足新鲜优质的全价配合饲料和必要的卫生防疫药品。

3. 育雏的环境条件要求

（1）温度。育雏室里的温度是否适宜应视番鸭群的活动情况而定，一般温度以番鸭群均匀分散不打堆为宜。

（2）湿度。番鸭对空气湿度要求略高些，1周龄内相对湿度在70%左右。1周龄内的雏番鸭，要特别注意对饮水器和水盘加水，以保证饮水量和相对湿度，2周龄以上的雏番鸭，食量增加，排粪量多，需相应保持垫料干燥，以避免病菌和寄生虫的繁殖。

（3）密度。雏番鸭饲养密度过大，会造成鸭舍潮湿、空气污浊，引起雏鸭生长不良等后果；密度过小则浪费场地、人力等资源，使效益降低。雏番鸭的饲养密度1周龄内可大些，以后可随雏番鸭的生长逐步降低饲养密度。

（4）光照。育雏出壳后1～3 d采用较强光照，实行23 h光照，夜间停止光照1 h，以便雏番鸭熟悉环境。其后，光照度逐渐减弱至10 lx，采用4 h光照、4 h黑暗及类似的间歇性光照。

4. 育雏饲养与管理

（1）饮水。雏番鸭饮水的温度一般以20～25 ℃为宜，根据实际情况在饮水中添加5%葡萄糖、1 g/L电解质、1 g/L维生素E，以及防止细菌性疾病的抗生素药物，连用3 d。

（2）饲喂。1～5 d采用小番鸭破碎料，将饲料均匀撒在料盘上，以后改为细颗粒料（2～3 mm），要少喂多餐，少给勤添。

（3）适时分群。要细心观察，适时分群。观察的内容包括雏番鸭的活动情况、呼吸情况、是否脱水、伤残情况、番鸭群分布、饮水及采食等，雏番鸭应根据大、中、小、强、弱等分群饲养，挑选出伤残及弱小雏番鸭，精心饲养，待恢复后放回番鸭群。

（4）断喙。为防止啄癖，避免番鸭群的骚乱不宁，减少饲料浪费，一般在第3周内进行断喙。用专用断喙器或经过清洗消毒的剪刀一次性断掉番鸭上喙的1/2喙豆，断喙前至断喙后2 d在饮水中添加维生素K_3和电解质，断喙后立即喂食。

三、商品番鸭的饲养管理

通常将商品番鸭的4～6周龄定为中鸭阶段，7周龄到出栏定为大鸭阶段。此阶段番鸭鸭体各组织、器官生长发育迅速，对营养需求高，食欲旺盛，采食量大；对外界环境的适应性强。

1. 中鸭阶段的饲养管理

（1）保持圈内清洁干燥。中鸭易管理，但要注意防风、防雨，圈舍一定要保持清洁干燥，夏季应搭遮阳棚。

(2) 密度适当。中鸭的饲养密度，大型鸭 5~6 只/m²，中型鸭 7~8 只/m²，应随日龄增大而不断调整密度。

(3) 分群。饲养按大小、强弱分成几个小群，尤其对体重小、生长慢的弱中鸭应集中饲养，加强管理，使其快速地生长发育，能迅速赶上同龄强鸭，而不至于延长饲养时间。

(4) 转群。转群前必须空腹方可运出，在转群前后要在饮水或饲粮中添加多种维生素和抗菌药物，以缓解应激及各种不良反应。

(5) 添加沙砾。在饲料中加入一定比例的沙砾，这样不但能提高饲料转化率，而且能增强其消化机能，有助于提高番鸭的体质和抗逆能力。

2. 大鸭阶段的饲养管理 大鸭阶段为传统饲养番鸭的强制填肥阶段，也就是出售前的育肥增重阶段。育肥方法有自由采食和人工填肥 2 种。

(1) 自由采食法。番鸭饲养在较暗的封闭舍内，保证空气流通。育肥舍内要保持环境安静，适当限制番鸭的活动，采用颗粒料，任其自由采食，这样采食时间短，进食量大，育肥效果明显。

(2) 人工填肥法。分手工填饲和机器填饲 2 种。填肥番鸭饲养管理的重点在于使填肥番鸭加速增重，缩短填肥期，降低耗料量，减少残番鸭。

母番鸭的生长拐点在 65~70 d，公番鸭的生长拐点在 80~85 d。因此，应在其后及时进行上市处理。

四、育成番鸭的饲养管理

1. 限制饲养 留着种用的番鸭一般从第 4 周至第 24~26 周为育成期，该阶段饲养成功与否直接影响到种番鸭的生产性能，需要开展限制饲养，避免番鸭体重过大或过肥。限制饲养可分为限量法和限质法。常用每日限饲法，即将一天限定的料量一次投喂，这种方法效果较好。

(1) 限饲前应将体重过小和体质较差的鸭挑出或淘汰。

(2) 需要配备足够数量的料槽和水槽，保证每只番鸭能同时吃到饲料和饮水。

(3) 定时进行体重抽测，每周抽测 1 次，每次抽测数量为群体数 5% 左右，根据体重变化与标准体重相比，适当调整饲喂量。随时将体重小的番鸭单独饲养，直到其恢复标准体重后再混群。

(4) 严格实施限制饲喂方案。

2. 公母分群饲养 为了能够尽可能准确地分别控制公、母番鸭的体重，最好将公番鸭和母番鸭分开饲养，一直到 20 周龄。在公番鸭单独进行饲喂时，应保持其"性记忆"，在公番鸭群中添加适当比例的母番鸭，这些母番鸭俗称为"盖印母鸭"。公、母番鸭的饲养比例应按如下执行：0~20 周公、母番鸭单独饲喂，同时在公番鸭群中放入 20% 的母番鸭。

3. 育成期种番鸭光照控制 4~22 周龄光照应遵循光照时间逐渐缩短或保持恒定的原则，切忌延长光照、或长或短，若是密闭式番鸭舍采用光照时间逐渐缩短，最后恒定在 8 h；光照度 15~20 lx 为宜。

4. 选留优良种番鸭

(1) 选留时期。第 1 次选留一般在 5~6 周龄进行，留种公母比例为 1∶4。第 2 次选留可在 15~16 周龄进行，留种公母比例为 1∶5。第 3 次选留在 24 周龄（开产前）时进行，留种公母比例为 1∶(5.5~6)。

(2) 选留标准。种鸭羽毛、绒毛生长整齐洁净；眼亮有神，眼睛、肛门附近没有分泌物污染，颈项伸缩自如；行动灵活，步态稳健，脚掌有力。种公番鸭要求头颈粗短，身躯呈长方形，腰背平而宽，胸部宽厚，体重接近番鸭群平均体重；种母番鸭躯体比公番鸭稍短而宽，头颈稍小，体重适宜。

5. 开产前准备工作 开产前进行组群，随后将其转入产蛋番鸭舍，开产前 2 周开始饲喂产蛋期饲料，并做好免疫工作。

五、种番鸭的饲养管理

1. 番鸭产蛋规律 通常小型番鸭开产日龄为 24 周龄，中型番鸭开产日龄为 26 周龄，大型番鸭开产日龄为 28 周龄。经专门化培育的品系产蛋周期较长，通常见蛋（产第 1 个蛋）2 周后产蛋率即达 5%，再经 5~7 周（33~35 周龄）达到产蛋高峰，而后产蛋量逐渐下降。

番鸭一般连产数枚或 10 余枚蛋后会停产数天或 10 余天，而后继续连产数枚或 10 余枚蛋后再停产数天或 10 余天，如此周而复始 20 余周后进入集中的换羽休产阶段，一般要经历 10~13 周，然后进入第 2 个产蛋周期。种番鸭一般只利用 2 个产蛋期（80~84 周龄）就淘汰。

经过选育的番鸭，第 1 个产蛋周期产蛋 26 周，大型品系可达100枚，中型品系可达110枚，平均产蛋率60%左右；第2个产蛋周期于60～63周龄开始，经19～21周产蛋，到80～84周龄结束，可产蛋70～80枚，产蛋率55%左右。

2. 搞好番鸭舍环境和卫生工作 产蛋阶段要求环境安静，有规律，应尽量避免停电、停水或惊群等应激，否则会造成停产减产。

① 保持番鸭舍空气新鲜，番鸭舍要干燥，无刺激性气味。

② 及时添置产蛋箱，产蛋箱数量以每个产蛋箱供4只母番鸭产蛋来计算，也可以自行设置产蛋窝或产蛋区，并保持安静、光线暗淡。

③ 及时收集种蛋，每天至少3次，凌晨补充光照后3 h开始收集，以后每隔2 h收集1次，下午再收集1次。

3. 制定合理光照程序 一般从开产前4周开始逐渐增加光照，每周增加的光照时间30 min，到达开产时光照要达到每日16 h，光照度为30 lx。

4. 合理公母配比 自然交配公母比例1：(5～7)为宜。放入公番鸭前，需对其进行筛选，选择阴茎呈白色螺纹细密的公番鸭。人工授精，可按公母1：(12～15)的比例留足公番鸭。公番鸭每日平均交配5～8次，交配时间大多集中在15:00～17:00进行。产蛋后期，随着公番鸭性欲的降低，受精率会明显下降，应及时替换部分受精率低的公番鸭。

5. 解除母番鸭的抱窝行为

(1) 鉴别抱窝的方法。在产蛋箱滞留时间长，在产蛋箱中出现争斗现象。确定母番鸭抱窝的最佳时机应该在15:00～16:00。

(2) 导致母番鸭抱窝的因素。饲养密度过大，产蛋箱太少，光照分布不均匀或较弱，捡蛋不及时等。

(3) 出现抱窝的时间。第1个产蛋期的3～9周，第2个产蛋期的4～5周。出现首批抱窝母番鸭1周后（抱窝率2%～10%），抱窝率平均以3倍速率增加。

(4) 解除母番鸭抱窝的方法。目前最有效的方法是定期转换番鸭舍，第1次换舍是在首批抱窝母番鸭出现的那周（或之后），在夏季换舍的时间间隔平均为10～12 d，冬春季节则为16～18 d；换舍必须在傍晚进行。此外，要加强饲养管理，尽量消除引起抱窝的各类条件。

六、采精期公番鸭的饲养管理

1. 采精期的饲养 公番鸭在采精期间营养要全面，粗蛋白质控制在16%左右，必需氨基酸要求平衡，特别是蛋氨酸、精氨酸不能缺乏，钙、磷比例合适。通常在饲料中拌鱼肝油，在饮水中添加电解质、多种维生素等对精液量和精液品质能起到很好的效果。

2. 采精期的管理 公番鸭采精期采用一笼一只饲养，便于轮流采精。采精前把泄殖腔周围的羽毛剪短，以减少精液污染。采精前3 h对公番鸭实行禁料禁水，减少排粪污染精液的机会。采精过程中，发现精液质量下降，应停止采精，待调养后再用，若仍不合格的应淘汰；阴茎有红肿的应停止采精，进行治疗，恢复正常后再用。公番鸭一般隔天采精1次。

当母番鸭群产蛋率达到70%以后，开始人工授精，有利于整个授精期产蛋率的维持。在人工授精开始前1周，在饲料中拌入维生素C，以减少应激。人工授精期间，母番鸭饲料粗蛋白质要求达到19%～20%，特别添加维生素A、维生素D、维生素E。在整个产蛋期，饲料中可添加鱼肝油，喂3 d停3 d。人工授精过程中，发现母番鸭泄殖腔、阴道有炎症应及时隔离治疗或淘汰。定期检测母番鸭的体重。

第四节 番鸭常见疾病

一、鸭 瘟

【病原】本病是由疱疹病毒引起的一种急性败血性传染病。部分病番鸭可见头部肿胀，故本病有"大头瘟"之称。本病通常在春夏之际和秋季流行严重，这个时期番鸭的饲养量大、密度高。

【症状】病番鸭表现精神委顿，食欲减少甚至废绝，喜饮水，体温升高至42℃以上。典型症状是畏光、流眼泪和眼睑水肿，眼睑周围的羽毛沾湿。起初是流出一种澄清浆液，以后变黏稠或脓样，甚至形成出血性小溃疡，眼结膜充血、出血。

剖检可见全身皮肤有散在出血斑。病变的主要特点是，消化系统的舌、喉、食道、胃、肠、肝及泄殖腔的黏膜均有充血、出血点及溃疡等病灶。食道黏膜有纵行排列的灰黄色假膜覆盖；腺胃与食道膨大部交界处有一条灰黄色坏死带或出血带；肝有灰黄色坏死点，坏死灶中间有小出血点，周围有环状出血带，肠道可见环状出血带。

本病应与鸭巴氏杆菌病（禽霍乱）相区别，可以通过流行病学、临诊症状、病理变化和药物治疗等对两者加以鉴别。自然情况下这2种病可以并发，有时镜检发现巴氏杆菌，但如果治疗无效，则可能是鸭瘟或两者并发。

【防控】已发生鸭瘟的要严格执行封锁、隔离、消毒和紧急接种疫苗等综合措施。对被病番鸭污染的番鸭舍、运动场、用具等应彻底进行消毒，并闲置1~2个月后方可再使用。

目前常用的疫苗有鸭瘟鸡胚化弱毒苗，鸭瘟活疫苗现也已广泛使用。注射前将该疫苗加灭菌蒸馏水做200倍稀释，20日龄以上的番鸭肌内注射1 mL，5日龄雏番鸭肌内注射0.2 mL，免疫期约6个月；成年番鸭接种疫苗后免疫期可达1年。

各种抗生素和磺胺类药物对本病均无治疗和预防作用。

二、鸭病毒性肝炎

【病原】本病是由鸭肝炎病毒引起雏番鸭的一种高度传染性和致死性急性传染病。其特征是发病急、传播快、死亡率高，开始发病的死亡率在90%以上。主要病变特征是肝肿大并有出血斑点。

【症状】雏番鸭常突然发病，开始时表现精神萎靡，不能随群走动，眼睛半闭，昏睡。随后病番鸭不安定，出现神经症状，运动失调，身体倒向一侧，两脚发生痉挛，有时在地上旋转，死前头向后倒，呈角弓反张姿态，故有"背脖病"之称。出现全身性抽搐后十几分钟即死亡，有的持续数小时才死亡。有的病例出现腹泻，排黄白色或绿色稀粪，喙端和爪尖淤血呈暗紫色。有些发病很急的病番鸭往往突然倒毙，常看不到任何症状。

剖检可见主要病理变化在肝。病番鸭的肝肿大，质地柔软，呈淡红色或斑驳状，表面有出血点或出血斑。胆囊肿大呈长卵形，胆汁呈淡茶色或淡绿色。脾肿大，外观显斑驳状。多数病番鸭的肾充血和肿胀，灰红色，血管明显。胰腺肿大。

【防控】防治的重点是雏番鸭群，尤其是3周龄以内的雏番鸭群。在做好预防工作的同时，流行地区可以用活苗免疫产蛋母番鸭。方法是在开产前2~4周肌内注射未经稀释的胚液，其孵出的雏番鸭就获得被动免疫，免疫力能维持3周。这是一种方便、有效的预防方法。此外，常用的还有鸭病毒性肝炎鸡胚化弱毒疫苗、鸭病毒性肝炎高免血清和高免卵黄液。采用高免鸡蛋黄匀浆代替鸭蛋黄，可以避免应用同源蛋黄匀浆可能带来的疾病传播，效果也很好。

三、禽霍乱

【病原】本病又称禽出血性败血症，是由多杀性巴氏杆菌引起的主要侵害鸡、鸭、鹅、火鸡等禽类的一种接触性传染病。急性病例主要表现为突然发病、腹泻、败血症，死亡率高。

【症状】患病番鸭精神萎靡，食欲严重下降或废绝，饮欲有增加，体温升至42~44℃。大多病番鸭喜卧少动，软脚，蓬羽垂翅，闭目缩颈昏睡。口喉部不断流出大量黏液，呼吸急促困难，频频摇头甩鼻。剧烈腹泻，排黄白、铜绿色或混有血液的稀便。有的看不到任何症状就突然死亡，大多数病番鸭于发病1~3 d死亡。慢性病例多发生关节炎。

剖检见腹部皮下脂肪有大量出血点。肝肿大淤血，边缘表面有许多灰黄或灰白色针尖大坏死点，脾肿大，表面也有与肝类似的坏死点。心冠脂肪和心肌出血，并有心包积液。肺出血，有干酪样渗出物。喉头水肿，气管环充血。肾稍肿，有少量小出血点。肠道广泛弥漫性出血（十二指肠最严重），内容物混有血液或血块呈胶冻状。慢性关节炎病例，关节肿胀，关节面粗糙，有肉芽肿或干酪样渗出物。

【防治】全群番鸭肌内注射丁胺卡那注射液（5%）0.8 mL/只，每天1次，连用2 d。同时用头孢氨苄和黄芪多糖（按说明量使用）饮水，每天3次，连用4 d。商品番鸭应于10~12日龄首次免疫禽霍乱灭活疫苗1头份，皮下注射，20~25日龄加强免疫1次。

在番鸭出栏后，粪便等废弃物要腐熟处理，棚舍地面清洁干净后，用3%氢氧化钠溶液泼洒消毒2次，所用的器具都清洗消毒。空棚时间不能低于4周，进番鸭前要熏蒸消毒。平时的饲养管理对于预防鸭霍乱的发生至关重要，要做到勤细，改善环境，加强卫生消毒，营造舒适小气候，都有助于减少疾病的发生。

四、鸭传染性浆膜炎

【病原】本病又称鸭疫里氏杆菌病，是由鸭疫里氏杆菌引起的一种接触性传染病。多发于2～7周龄的雏鸭，呈急性或慢性败血症。

【症状】病程可分为最急性、急性、亚急性和慢性。最急性病例通常看不到任何明显症状即突然死亡。急性病例多见于2～3周龄的雏番鸭，病程一般为1～3 d。病番鸭主要表现为精神沉郁，不愿走动或行动迟缓，甚至伏卧不起。眼鼻分泌物增多，鼻内流出浆液性或黏液性分泌物，分泌物凝结后堵塞鼻孔，使病番鸭呼吸困难。日龄稍大的番鸭（4～7周龄）多呈亚急性或慢性，病程在7 d以上。主要表现为精神沉郁，厌食，不愿走动，伏卧或呈犬坐姿势，共济失调，痉挛性点头或头左右摇摆。

【防治】疫苗的预防接种是防治该病较为有效的措施。在应用疫苗时，要经常分离鉴定本场流行菌株的血清型，选用同型菌株的疫苗或多价灭活苗，以确保免疫效果。要求在1周龄左右首次免疫，3～4周后进行第2次免疫。建议首次免疫选用水剂灭活苗，二次免疫选用水剂灭活苗或油乳剂灭活苗。

药物治疗时，需进行药敏试验，还应注意到有不少药物在药敏试验时，虽表现为高度敏感，而在实际应用时疗效却并不明显。

（杨海明）

第十七章 野 鸭

野鸭是水鸟的典型代表，是多种野生鸭类的通俗名称，有10余个种类。野鸭肉质鲜嫩、美味可口、脂肪较少，是传统滋补食品和野味佳肴。中医认为，野鸭味甘、性凉，入脾、胃、肺、肾经，具有补中益气、消食和胃、利水解毒的功效，既可主治病后虚羸、食欲不振、水气浮肿，又可补心养阴、行水去热、清补心肺。

第一节 野鸭的生物学特性

一、分类与分布

野鸭在分类学上属鸟纲、雁形目、鸭科。狭义的野鸭是指绿头野鸭，别名大头鸭、官鸭、大红腿鸭等，是除番鸭以外所有家鸭的祖先。在我国北方繁殖，迁徙及越冬时遍布全国。

广义的野鸭的种类很多，其中以绿头野鸭分布最广，欧洲、亚洲、非洲、美洲均有分布。绿头野鸭是鸭属中常见的种类，栖息于水浅而水生植物丰富的湖泊、沼泽地等，冬季在水域地常见。在我国的南方停留时间较长，是构成越冬鸭类的主要类群之一。

目前，人工饲养的野鸭基本上都是由野生绿头野鸭经人工驯化选育而成的。世界上很多国家都驯养培育出自己国家的家养野鸭，如德国野鸭、美国野鸭。

二、形态学特征

不同品种野鸭的外貌特征有所不同，现以绿头野鸭为例介绍其主要特征（图17-1）。

图17-1 绿头野鸭

成年公野鸭繁殖期羽色艳丽，头、颈羽有翠绿色光泽，颈基部有一道狭窄的白色颈圈；体羽灰色，胸部为棕色，腹羽淡色，有暗褐色微斑，翼羽灰褐色，翼镜呈金属紫蓝色，其前后缘各有一条绒黑色窄纹与白色的宽边相隔；尾羽黑色，中央2对向上卷曲似钩状，最外侧尾羽大多灰白色；喙、脚灰色，趾、爪橙色。润羽期公野鸭头和颈的羽色较暗，上体灰褐色，具有棕色羽缘，翼羽与繁殖期相同，胸棕色，腹灰白色，从胸至尾下均有棕褐色纵纹，尾羽褐色，羽缘白色。

成年母野鸭繁殖期头顶至枕后为黑色。体羽棕色，深浅不一，具棕黄或棕白色羽缘和V形斑，翼羽与公野鸭相似。尾羽缀有白色，喙灰黄色，趾、爪一般为橘黄色，也有灰黑色。润羽期与繁殖期母野鸭的羽色相似。

绿头野鸭一年经过2次换羽，夏、秋季全换（即润羽），秋、冬季部分换。刚出壳的雏野鸭，全身为黑色绒毛，肩、背、腹部有淡黄色绒毛相间，喙和脚黑黄色，趾、爪黄色。随着日龄增大，羽毛发生一系列规律性的变化。15日龄时，腹羽开始生长，毛色全部变成灰白色。25日龄时，翼羽生长，背腰两侧下羽毛长齐。30日龄时，翼尖已见硬管毛，腹羽长齐。40～50日龄时，翼尖羽毛长约8 cm，背部羽毛长齐。60日龄时，翼羽长至12 cm，副翼羽上的镜羽开始生长。70日龄时，主翼羽长16 cm，镜羽长齐。80日龄时，羽毛长齐，主翼羽长达19 cm，公野鸭体重为1.3 kg，母野鸭体重为1.1 kg。60～70日龄为易发敏感期，又称为"野性暴发期"，此时期野鸭群表现出骚动不安。

三、生活习性

1. 群居性 野鸭喜欢结群活动和群栖。夏季常以小群栖息于水生植物茂盛的淡水河流、湖泊和沼泽。秋季脱换羽毛及迁移时，都是成群结队而行，常集结成数百以至千余只的大群，越冬时集结成百余只的鸭群栖息。

2. 喜水性 野鸭喜欢生活在河流、湖泊、沼泽地及水生动植物较丰富的地区，善于在水中游玩，并在水中觅食嬉戏和求偶交配。

3. 杂食性 野鸭食性广而杂，常以小鱼、小虾、昆虫、植物的种子和茎叶、藻类及谷物等为食物。

4. 飞翔能力强 野鸭翅膀强健，善于长途飞行。野鸭70日龄后，翅膀长大，飞羽长齐，不仅能从陆地起飞，还能从水面直接起飞，飞翔较远。人工驯养的野鸭，仍保持其飞翔特性，人工集约化养殖时，要注意防止野鸭的飞翔外逃，对于大日龄野鸭所使用的房舍、陆地场和水上运动场都要设置网篷。

5. 警觉性 野鸭十分胆小，警惕性很高，有一点小动静就能立即警觉。

6. 适应性 野鸭在热带和寒带都能适应。耐寒比耐热更强，能在-40～-30 ℃正常生存。野鸭抗病力强，疾病发生少，成活率高，有利于集约化饲养。

第二节　野鸭的繁殖

一、繁殖特点

1. 性成熟期 野鸭性成熟时间在150～160 d。年产蛋量100～150枚，高产者可达200枚以上。蛋重55～65 g，蛋壳为青色。

2. 季节性繁殖 野鸭第1个产蛋高峰集中在3—6月，产蛋量占全年产蛋量的70%～80%，种蛋受精率可达90%以上；第2个产蛋高峰在9—11月，产蛋量只占全年蛋量的20%～30%，种蛋受精率为85%左右。

3. 公母配比 种野鸭的公母配比为1:(8～10)，种蛋受精率可达85%～92%。

4. 抱窝习性 野鸭在越冬结群期间就已开始配对繁殖，一年有两季产蛋。在野生状态下，母野鸭具有抱窝的习性，靠母野鸭孵化。公野鸭不抱窝，而是去结群换羽，交配繁殖期后与母野鸭分离，越冬期另选配偶。

5. 利用年限 美国绿头野鸭的利用年限：一般公野鸭为2年，母野鸭为2～3年，其中母野鸭第2年的产蛋量最高，第1年和第3年的产蛋量次之。

二、人工孵化

1. 种蛋的选择 种蛋来源于健康、高产、公母配比适宜的野鸭群。种蛋要求新鲜，保存时间最好不超过7 d，夏季3～5 d，冬季可延至10～12 d。其存放时的适宜温度为10～15 ℃，不可超过24 ℃。蛋壳要结构致密、厚薄适中、清洁。

2. 孵化室及孵化器的消毒 孵化室和孵化器在孵化前1周要进行严格的清理消毒。可采用甲醛熏蒸消毒法，按每立方米体积用甲醛溶液28 mL，高锰酸钾14 g计算，孵化室熏蒸24 h，孵化器熏蒸30 min。

3. 种蛋的消毒 绿头野鸭种蛋最好消毒2次，一次是在入库时，另一次是在入孵前。可用甲醛溶液熏蒸或用0.02%的新洁尔灭温水溶液喷洒蛋面进行消毒。

4. 孵化温度 野鸭种蛋的孵化温度应比相同

胚龄的家鸭低 0.5 ℃，并要求使用变温孵化，以满足胚胎发育的需要（表 17-1）。

表 17-1 野鸭孵化温度和相对湿度

孵化日龄（d）	孵化器温度（℃）	相对湿度（%）
1～15	38～37.5	65～70
16～25	37.5～37.2	60～65
26～28	37.2～37	65～70

5. 孵化湿度 孵化湿度要求相对较高，应呈前高中低后高的变化趋势（表 17-1）。

6. 通风 在不影响孵化温度和湿度的情况下，应加强通风换气。在孵化过程中，种蛋周围空气中的二氧化碳含量不能超过 0.5%。

7. 翻蛋 要求每 2 h 翻蛋 1 次，孵化至出雏前 2 d 转入出雏器内并停止翻蛋。

8. 凉蛋 野鸭蛋脂肪含量高，孵化至 14 d 由于脂肪代谢增强，蛋温急剧增高，必须向外排出多余的热量。故在此时期以后，每天要凉蛋 1～2 次，孵化后期如不注意凉蛋，蛋温就会过高，不但影响胚胎发育，而且可能"烧死"胚蛋。夏季室温高，孵化后期的胚蛋表面温度达 39 ℃ 以上，仅依靠通风凉蛋不能解决问题，应喷水降温，将 25～30 ℃ 的温水喷雾在蛋面上，以提高孵化率和出雏率。

三、杂交利用

野鸭营养价值高、肉质好，被视为野味上品，但其产蛋量低，生产成本高。针对这种情况，可以将野鸭与一些产蛋量高、体型大小适中的地方鸭品种进行杂交。

绍兴鸭与绿头野鸭的杂交，子一代（F_1）在全净膛率、瘦肉率、胸肌嫩度和腿肌 pH 4 个指标上表现不同程度的杂种优势。

绍兴鸭与西湖野鸭的杂交，子一代（F_1）在半净膛重、全净膛重、胸肌重、瘦肉重、全净膛率、瘦肉率和腿肌嫩度这 7 个指标上表现不同程度的杂交优势，尤其是胸肌重、瘦肉重、全净膛率和瘦肉率显著提高，这 4 个性状的杂交优势率分别达到 60.30%、20.24%、12.74% 和 20.00%，可以作为野鸭生产的一个配套商品组合。

天府肉鸭与绿头野鸭杂交，子一代（F_1）各项屠体指标比绿头野鸭高 1 倍以上，尤其是胸肌重比绿头野鸭高 178.3%，而且腹脂率显著低于天府肉鸭，对改善天府肉鸭的生产性能作用明显。

第三节 野鸭的饲养管理

一、营养需要与饲料

绿头野鸭的饲养可分为育雏期、育成期和产蛋期 3 个阶段，由于各阶段生长发育、生产水平和饲养目标不同，所需的营养也不同。不同生长和生产阶段营养需要见表 17-2 和表 17-3。

表 17-2 野鸭的营养需要

饲养阶段		代谢能（MJ/kg）	粗蛋白质（%）	粗纤维（%）	钙（%）	磷（%）
育雏期	1～10 日龄	12.60	21	3	0.9	0.5
	11～30 日龄	12.18	19	4	1.0	0.5
	31～70 日龄	11.55	16	6	1.0	0.5
育成期	71～112 日龄	10.5	14	10～12	1.0	0.6
	113～147 日龄	11.34	15	8～10	1.0	0.6
产蛋期	盛产期	11.55	18	5	3.2	0.7
	淡产期	11.34	17	5	3.2	0.7

表 17-3 肉用仔野鸭的营养需要

饲养阶段	代谢能（MJ/kg）	粗蛋白质（%）	粗纤维（%）	钙（%）	磷（%）
1～30 日龄	12.60	21	3	0.9	0.5
31～70 日龄	11.76	18	4	0.9	0.5

二、雏野鸭的饲养管理

（一）育雏条件

1. 温度 野鸭育雏开始时的温度可设定在 33 ℃ 左右，育雏温度随雏野鸭日龄的增大而逐渐下降。温度下降的快慢应视雏野鸭的体质强弱和育雏季节而定，体质健壮的可下降快一些，反之则慢一些。

育雏分为高温育雏、低温育雏和适温育雏 3 种方法。高温育雏，雏野鸭生长迅速，饲料转化率高，但体质较弱，对房舍保温条件高，成本较大；低温育雏，雏野鸭生长较慢，饲料转化率低，但体质强壮，对饲养管理条件要求不高，相对成本较少；适温育雏介于高温育雏和低温育雏之间。

从目前饲养效果看，以适温育雏最好，温度适宜，雏野鸭发育良好且均匀度高，生长速度也较快，体质健壮。由于育雏温度受到地区差异及季节差异的影响，实际育雏温度还需依据"看鸭施温"。

2. 湿度 育雏前期，室内温度较高，水分蒸发快，此阶段湿度要高一些。若空气中湿度过低，雏野鸭易出现脚趾干瘪、精神不振等轻度脱水症状，影响健康和生长。1周龄以内育雏室的相对湿度应保持在60%~70%，2周龄起维持在50%~55%。

高温高湿的环境，不但使雏野鸭的体热散失受阻，致使食欲减退，精神不佳，而且会促使霉菌等致病微生物繁殖，使得雏野鸭容易患病。低温高湿，对育雏更不利，危害严重，雏野鸭的体热散失快，很容易着凉患病，而且饲料消耗增加。所以，育雏期内的环境调控应以温度为主要因素，把温度和湿度结合起来考虑，方可取得良好的效果。

3. 饲养密度 饲养密度对于雏野鸭的生长发育有较大影响，密度过大，不仅影响生长发育，也易造成疾病的传播。密度过小，温度不易掌握，圈舍利用率低，影响养殖的经济效益。雏野鸭的饲养密度应随日龄的增长而逐渐减小，同时也要依季节而定，冬季密度可大一些，夏季小一些，需要综合育雏舍大小和季节因素来确定饲养密度。

4. 光照制度 光照时间长，虽可延长雏野鸭的采食时间，但过长则会影响雏野鸭的休息及饲料转化率；过短不利于雏野鸭正常采食及早期管理。因而最好是前3 d采用24 h光照，使野鸭群顺利开食，保证每只野鸭能采食足够的饲粮，也便于饲养人员的观察、调教；第4天后每天减少半小时，使野鸭逐渐适应熄灯后的黑暗环境；最后保持在每天23:00~24:00熄灯，5:00~6:00开灯，使野鸭有正常的生活规律。光照度以野鸭能看清采食饲料为宜。

（二）日常管理

1. 接雏和分群 雏野鸭从出雏机中捡出，在孵化室内绒毛干燥后转入育雏室，此过程称为接雏。接雏可分批进行，千万不要等到全部雏野鸭出齐后再接雏，尽量缩短雏野鸭在孵化室内的逗留时间，以免早出壳的雏野鸭不能及时饮水和开食，导致体质逐渐衰弱，影响生长发育，降低成活率。

雏野鸭转入育雏室后，应根据出壳时间的早迟、体质的强弱和体重的大小，把强雏和弱雏分别挑出，组成小群饲养，特别是弱雏，要把它放在靠近热源即室温温度较高的区域饲养。第1次分群后，雏野鸭在生长发育过程中还会出现大小强弱的差别，所以分群工作要经常进行，可以在8日龄和15日龄时，结合密度调整，再进行第2次、第3次分群。

2. 饮水和开食 培育雏野鸭要掌握"早饮水、早开食，先饮水、后开食"的原则。在雏野鸭开食前，最好先饮0.1%的高锰酸钾水或5%的葡萄糖水。饮水后1 h左右就可以喂食。野鸭食性杂，喜食小鱼、小虾、贝类、虫子、谷类和水草等，因此饲料要求营养全面、品种多样。传统饲养中第1次喂食一般都用碎玉米、碎黑豆、碎糙米，将它煮成半熟后放到清水中浸一下再捞起。初次喂食的饲料要求做到"不生、不硬、不烫、不烂、不黏"。

开食料也可选用夹生米饭（需经清水淘洗后沥干）加10%葡萄糖饲喂。随日龄增大，逐渐饲喂容易消化、适口性好、略带腥味、便于啄食的颗粒饲料。开食时将煮过的饲料撒在油布或塑料布上，要撒得均匀，调教雏野鸭采食。定时定量饲喂雏野鸭，不仅可保持雏野鸭旺盛的食欲，也可及时发现采食不正常的雏野鸭。条件允许的话，要求在开食时就喂全价配合饲料，且是经过制粒后的破碎料。

3. 分群管理和观察 不同日龄不同批次的雏野鸭不能同群饲养，必须按雏野鸭的体质和发育情况进行分群管理，可按1周（400~500只）、2周（250~300只）、3周（150~200只）3次分群。合理分群可减少因挤压相撞造成伤亡的损失，避免出现采食不均和啄食癖的现象，保证雏野鸭正常生长发育和提高育雏期的成活率。

每次应注意雏野鸭群吃料情况及料量，如果雏野鸭群采食量明显减少，说明雏野鸭群健康状况不佳，应检查野鸭粪便是否正常，正常粪应为灰褐色并带有一层白霜。如出现黄绿稀粪、带血，说明雏野鸭患病，应及时采取治疗措施。观察雏野鸭呼吸是否正常，如有打呼噜、流鼻涕、黑眼圈等现象，都必须立即采取防治措施。发现病雏、死雏要及时隔离或深埋、烧毁，防止传染源扩散。

4. 洗浴和运动 传统的雏野鸭育雏期内常进行洗浴和运动，目的是促进雏野鸭体的新陈代谢，增强体质，促进发育，对防止雏野鸭阶段的伤残有很大作用。然而，随着国家对环境重视程度的不断提高，要求对雏野鸭洗浴后废水进行处理，这就需要改变传统的养殖方式。

雏野鸭的运动还有2种形式。一种是室内运

动，即每隔 20 min 左右，将躺睡着的雏野鸭徐徐哄赶，沿野鸭舍四周缓慢而行。另一种是室外运动，1 周龄后把雏野鸭放到室外运动场上。初放时，以中午为好，每次活动 15～20 min，随日龄增加，逐步延长室外活动时间。雨雪天气，切不可外放。夏季气温高，阳光强烈，室外运动场要搭凉棚遮阳，以免中暑。

雏野鸭饲养时，也可采用整个育雏期均在舍内网上或笼内饲养，而不进行洗浴和运动，这样既可防止洗浴和运动消耗能量，又可杜绝雏野鸭饮用洗浴后的脏水，减少消化道病的发生，提高雏野鸭的成活率和生长速度。

5. 免疫接种 雏野鸭出壳后不同时期接种的疫苗不同，应当严格执行免疫程序。

① 出壳后 24 h 内无母源抗体的雏野鸭皮下或胸肌接种鸭肝炎弱毒苗；有母源抗体的雏野鸭 7～10 日龄时，接种上述疫苗。

② 25～30 日龄注射禽霍乱大肠杆菌二联疫苗。

③ 35～40 日龄注射鸭瘟鸭病毒性肝炎二联弱毒疫苗。

④ 85 日龄注射禽霍乱大肠杆菌二联疫苗。

⑤ 90 日龄注射禽流感多价疫苗。

⑥ 95 日龄注射减蛋综合征疫苗。

⑦ 23～24 周龄注射 4 羽份鸭瘟鸭病毒性肝炎二联弱毒疫苗。

⑧ 35 周龄皮下注射禽霍乱大肠杆菌二联疫苗。

⑨ 60 周龄注射 10 羽份鸭瘟鸭病毒性肝炎二联弱毒疫苗。

三、育成前期野鸭的饲养管理

一般将育雏结束至开始产蛋前这一期间称为育成期。

1. 选择分群 野鸭由育雏期进入育成期，应按体质强弱和体型大小进行分群，留种用的公、母野鸭要分开饲养。70 日龄时按 1∶6 选留公母，并淘汰体弱、病残野鸭。进行强弱、大小分群饲养，促使同一群体内个体均衡生长，便于统一饲养管理，节省生产成本。育成野鸭饲养密度 5 周龄 15～18 只/m²，以后每隔 1 周减少 2～3 只/m²，直至 5～10 只/m² 为止。

2. 适时换料 野鸭在育成前期生长发育快，耗料多，食欲和消化能力明显增强，耐粗饲，每天饲喂 3 次，精饲料、青绿饲料、粗饲料等合理搭配，让野鸭充分采食。适当减少鱼粉、豆粕等蛋白质饲料的比例，逐渐增加米糠、麦麸类饲料和青绿饲料，以满足其野生状态下的食性。要注意每次换料必须逐渐过渡，使野鸭有一个适应过程，切忌突然改变饲料，而造成肠胃病和消化不良。

3. 适当限喂 野鸭 60～70 日龄是体重增长的高峰期，由于体内脂肪增加或生理变化，野鸭的野性易于发作。野性发作时，野鸭表现为敏感、骚动不安，采食量锐减，体重下降。预防办法是对野鸭进行适当限喂，增加 15%～20% 的粗纤维饲料，这样可以推迟或减轻野性发作，还可节约饲料；野鸭采食时应保持环境安静，避免干扰。

四、育成后期野鸭的饲养管理

1. 架设防逃网 野鸭具有很强的飞翔能力，无论是在地面或水中都能迅速起飞，并能以较快的速度飞行很长的距离。一般情况下，野鸭在 50 日龄后翼羽已基本长齐，开始学飞。为了防止野鸭飞逃，必须在活动场地和水面周围架设防逃网。防逃网一般用尼龙绳编织，网目以 2 cm 为宜。水面四周的防逃网必须深及河底，以防野鸭潜逃。

2. 合理饲喂 育成后期要保证野鸭充足饮水；定时定量喂食，每天饲喂 2～3 次，采用配合饲料，饲料要求营养全面。如果是作为后备种鸭，应酌情增加青绿饲料或粗饲料，产蛋前 30 d 青绿饲料可增至 55%～70%。育成后期要定期称量体重，进行限饲限喂，适当增加米糠、麸皮等粗纤维饲料和青绿饲料。进入育成期的野鸭摄食量逐渐增大，表现出要食、抢食的行为，有条件的要进行放牧训练。训练 1 周左右即可熟悉整个水面及四周环境。育成后期和成鸭期的野鸭可风雨无阻地全天放牧。

3. 精心管理 必须坚持每天清扫野鸭舍，及时透气，保持舍内清洁干燥，创造良好的生活环境。如用水池作为野鸭活动水面的，应注意及时换水，尤其是在炎热的夏季，更应注意勤换池水，确保水质清洁。此外，还要注意经常检查防逃网是否牢固，有无漏洞，发现问题及时修补。

留种用鸭要及时选育，淘汰病、残、弱野鸭。要进行限饲和控制光照，以防野鸭个体过大、早熟，发生早产蛋、产小蛋、产蛋持续期短、早衰等现象。

五、种野鸭的饲养管理

母野鸭一般在 25 周龄（6 月龄左右）开产，产蛋周期短，全期产蛋仅 16 周。产蛋集中在开产后 5~13 周，第 9 周达产蛋高峰。饲养管理的水平直接影响到种野鸭产蛋性能的发挥。

1. 饲喂方法　产蛋野鸭每天喂料的时间要固定，目前常用的给饲方法是每昼夜 4 次或 3 次。喂 4 次的时间分别为 4:00、10:00、14:00 和 20:00；喂 3 次的时间分别为 5:00、12:00、19:00。只有按时喂料，才能培养野鸭良好的生活规律，促进生产。必须根据种野鸭产蛋率的高低、季节、气候情况调整喂料量。一天中，种野鸭的食欲也不一样，如夏季早晚气候凉爽，种野鸭食欲强，可多喂些，中午气候热则少喂些。

2. 公母配种比例　为提高公野鸭种用性能，提高种蛋受精率，保证母野鸭正常生产，种野鸭群中公母配种比例为 1:(5~8)。公母配种比例也要根据种野鸭年龄、季节、饲养管理水平等来确定。

3. 光照　光照是控制种野鸭性成熟和产蛋率的最有效方法。对目前采用的开放式种野鸭舍，一般比较容易掌握的方法是从 23~24 周龄起每周在自然光照的基础上，增加 1 h 人工光照，一直增加到自然光照加人工光照达 16~17 h/d 为止。种野鸭的光照控制以 3 W/m^2 为宜。

4. 设立产蛋区　要提前在种野鸭舍内近墙壁处设产蛋区，或设置足够的产蛋箱。产蛋区垫上洁净干草，训练种野鸭在产蛋区内产蛋，避免种野鸭到处产蛋而造成种蛋污染，保证种蛋清洁卫生，提高种蛋的孵化率。

5. 日常管理　种野鸭虽喜水，但又忌舍内潮湿，因此种野鸭舍每天要清扫地面，打开门窗通风换气，如采用地面平养的则要铲去潮湿的垫草和粪便，待地面风干后，再换上干净的沙土和垫草。

种野鸭抗寒性强，但抗热性较差。所以严冬舍内不需生火，但要特别注意保温，防止温度忽高忽低，更应防止舍内形成贼风，以免引起种野鸭感冒；夏季一定要备好防暑设施，如舍外运动场栽树遮阳或搭建凉棚，舍内要保持良好的通风换气，防止因闷热而引起种野鸭换羽。每天早晨，种野鸭群出舍前，要先将门窗逐渐打开，使舍内外温度接近平衡后，再将种野鸭群放出。放种野鸭时，要注意疏散种野鸭群，防止种野鸭拥挤踩伤。

种野鸭产蛋一般集中在 1:00 以后至天亮前。所以，饲养员在 3:00 开灯准备喂料时，应及时捡蛋，防止种蛋破损、污染。

6. 保持环境安静　在产蛋期间，要避免外人进入惊扰种野鸭群。因为种野鸭遇惊扰，可能引发"吵棚"，造成体重和产蛋量大幅下降。

第四节　野鸭常见疾病

一、鸭曲霉菌病

【病原】本病又名鸭霉菌性肺炎，由烟曲霉菌、黄曲霉菌、黑曲霉菌等引起。幼鸭最易感染，常呈急性暴发性流行，发病率和死亡率都很高。

【症状】急性病野鸭表现精神倦怠，羽毛松乱，闭眼嗜睡，厌食或废食，饮水量增加，常有腹泻，粪便呈灰褐色。典型症状是呼吸困难、喘气。病雏呼吸次数增加，常见张口伸颈呼吸，腹部和两翅伴随呼吸动作而发生明显扇动，有时发出呼噜声和尖哨音，口、鼻常有浆液性分泌物流出。少数出现运动失调、倒地仰卧和角弓反张等神经症状。多在发病后 2~3 d 内死亡，病程多为 3~6 d，病死率可达 80% 以上。慢性病例主要表现食欲不振，阵发性喘气，进行性腹泻和消瘦。

主要病变在呼吸器官，剖检可见肺的一部分由于霉菌聚集，常出现黑、紫或灰白色硬斑，切面坏死，气囊混浊有霉斑，气管和支气管呈炎性充血，偶有霉斑。

【防治】加强饲养管理，改善饲养环境，注意清洁卫生和消毒，保持野鸭舍的通风和干爽，防止霉菌滋生；禁止饲喂发霉的饲料和使用发霉的垫料。注意孵化环境，做好孵化室内与出雏设备及种蛋的消毒，彻底杀灭真菌及其孢子，防止孵化过程的霉菌污染。采取这些综合性预防措施，可有效地防控本病的发生。

发现本病应采取综合性治疗措施。首先对场地进行彻底清扫和消毒，然后再铺上干燥清洁的垫草。将病雏立即隔离并及时治疗。治疗可用制霉菌素或黄霉素拌料喂服；每千克饲料用药剂量为病雏 50 万 IU，健雏减半，并用 0.5% 碘化钾或 0.05% 硫酸铜溶液给病雏饮用，连喂 3~5 d。

二、鸭球虫病

【病原】本病由艾美耳属和泰泽属的各种球虫

寄生于鸭的肠道引起。本病分布很广，是条件简陋鸭场的一种常见病、多发病，常呈地方流行性。

【症状】急性鸭球虫病多发生于2~3周龄雏野鸭。病野鸭精神沉郁，羽毛蓬松，缩颈喜卧，采食量骤减45%，饮水量异常增加，排暗红色或深紫色的血便。发病当天或第3天出现死亡，病死率一般为20%~70%。能耐过急性期患病野鸭，多于发病后第4天逐渐恢复食欲，停止死亡。耐过的病野鸭，生长受阻，增重缓慢。慢性鸭球虫病，一般不显症状。

剖检可见病变为整个小肠呈泛发性出血性肠炎，尤以毁灭泰泽球虫的危害严重。有时肠壁肿胀，黏膜上密布针尖大小的出血点，有的黏膜上覆盖着一层谷糠状或奶酪状黏液。菲莱氏温扬球虫的致病性不强，肉眼变化仅见回肠后部和直肠轻度充血。

【防治】预防本病主要是消灭卵囊，切断其生活史，不让卵囊有孢子化的条件。具体做法是野鸭群要全进全出，野鸭舍要彻底清扫、消毒，保持环境清洁、干燥和通风。

发病后，用10%磺胺喹啉钠可溶性粉配成0.2%水溶液供雏野鸭饮用，每天喂药2次，连用2 d。同时，用复方二甲氧苄啶粉按0.5%拌料，混合均匀，连喂2 d。第3天用电解多种维生素饮水2 d，以增强机体抵抗力。

三、鸭硒和维生素E缺乏症

【病因】本病又称幼鸭白肌病，是鸭的一种因缺硒或维生素E而引起的营养代谢性疾病。在鸭的饲养中，由于饲料单一或由于饲喂低硒区生产的谷物而导致发生缺硒症，虽然饲料中含有足够量的维生素E，但亦可能造成生长速度下降、肌肉坏死和死亡率增高。硒、维生素E和其他抗氧化剂有密切的关系，因此，其中缺乏任何一种成分都可能发生白肌病。

【症状】饲养3~4周时，部分野鸭表现精神委顿、呆立、减食。病野鸭两腿不能屈伸，病重野鸭以胸腹部着地，呈瘫痪状态，触摸胸腹部有波动感，穿刺后可从皮内流出水肿液。大多病野鸭因不能觅食而衰竭死亡。

剖检可见雏野鸭肋间有不同程度的水肿，胸部最明显。胸肌、腿肌苍白，间有白色条纹，表面有淡黄色水肿液。心肌萎缩，间有灰白色坏死灶。肌胃有黄豆至蚕豆大的灰白色坏死灶。十二指肠内容物呈水样变化。肌胃和心肌亦有白色条纹，心包液较多。肝肿大呈土黄色。腹腔积液较多。

【防治】每天每只病野鸭用维生素E 5~10 mg拌料饲喂，用0.1%亚硒酸钠1 mL混于1 L水中自由饮用，或者用硒-维生素E注射液加水饮用，每10 mL加水2.5 kg。严重者肌内注射0.005%亚硒酸钠注射液1 mL，连用2~3 d。对于有共济失调表现者，给予维生素B_1或维生素B_2、维生素D_3等配合治疗。

（杨海明）

第三篇　两栖类和爬行类

- 第十八章　牛　　蛙
- 第十九章　中国林蛙
- 第二十章　鳖
- 第二十一章　蛇
- 第二十二章　蛤　蚧

第十八章 牛 蛙

牛蛙是一种大型蛙类，因其雄蛙叫声像公牛而称为牛蛙。牛蛙集食用、药用和皮用于一身。牛蛙肉是一种高蛋白质、低脂肪、低胆固醇的健康食品；还有很高的药用价值，其性平、味甘，具有滋补解毒的功效。牛蛙皮是优质的乐器材料，上等的制革原料。牛蛙油可制优质油脂，牛蛙脑垂体是高效的催产激素，牛蛙的下脚料可制优质饲料。此外，牛蛙还是良好的实验动物、忠实的植物保护卫士。人工养殖的牛蛙生长快、产量高、成本低、价值高，具有很高的经济效益。

第一节 牛蛙的生物学特性

一、分类与分布

牛蛙属两栖纲、无尾目、蛙科、蛙属，共有70余种。人工养殖的牛蛙主要有美国牛蛙、沼泽绿牛蛙、非洲牛蛙、西方牛蛙、印度牛蛙等。美国牛蛙即一般所称的牛蛙；沼泽绿牛蛙也称猪蛙，此种牛蛙与美国牛蛙极相似，在我国称为美国青蛙。

牛蛙原产于美国落基山脉以东地区，北纬30°～40°。原分布于北到加拿大，南到佛罗里达州的北部一半，经引种养殖已扩大到许多国家和地区。我国早在1922年就由日本引入台湾养殖，随后又多次从美国、日本引入，尤其是1959年从古巴引入后，在我国福建、广东、浙江等沿海地区较大规模养殖，目前已推广到全国20余个省份。

二、形态学特征

牛蛙身体分头、躯干、四肢3部分。其皮肤光滑湿润，背部颜色通常为深褐色，四肢颜色与背部相同，有深浅不一的虎斑状条纹。腹部为白色，并夹杂以暗褐色或暗黑色斑点或斑纹，但不及背和四肢明显（图18-1）。

图 18-1 牛蛙

牛蛙的头略呈三角形，宽而扁，头前端有外鼻孔1对，经鼻腔以内鼻孔开口于口腔。外鼻孔具瓣膜，可开闭。眼大而突出，椭圆形，有可活动的下眼睑。上眼睑不可活动，大而厚。下眼睑的上方有一层折叠的透明的瞬膜，平时居下，潜入水中游泳时可以向上移动，遮盖眼球，起保护作用。眼之后为圆形的鼓膜，无外耳。口前位，口裂至鼓膜，上颌及口腔顶壁着生许多圆锥状角质细齿，可防止食物滑出口腔，而无咀嚼功能。前肢短，有四指，雄性牛蛙的第1指内侧有明显的灰黑色突起，为婚瘤，生殖季节特别明显。后肢长，有五趾，趾间有蹼达趾端。

后肢长大健壮，跳跃能力很强。一般可跳1 m多高。牛蛙的后肢是游泳的推进器，它们猛然向后弹腿，便能快速游泳。游泳时，把身体悬浮在水里，四肢伸开，只将眼睛和鼻孔露出水面。

成年雌、雄牛蛙在形态上的主要区别见表18-1。

表18-1 成年雌、雄牛蛙的主要区别特征

	雌 牛 蛙	雄 牛 蛙
前 肢	第1指基部无婚瘤，与前肢其余三指差别不大	第1指基部有抱对用的婚瘤且特别发达，与前肢其余三指差别明显
鼓 膜	直径小于或等于眼睛直径	比眼睛直径大得多，是眼睛直径的1.5~2倍
咽喉部颜色	灰白色，杂以暗灰色细纹	金黄色
叫 声	因无声囊一般不叫，繁殖期间偶尔可听见发出"咔咔"的叫声	有咽下内声囊，叫声洪亮，犹如小牛般的"哞哞"声
背 部	常呈绿色，较光滑	常为黑褐色，多疣突

三、生活习性

1. 两栖性 牛蛙喜栖息在江河、池塘、沼泽及岸边潮湿阴凉水旁的草丛中，或树根附近或洞穴内。白天常将身体悬浮于水中，仅头部露出水面，一旦受到惊扰即潜入水中。晚上夜深人静时四处活动，寻找食饵，有的匍匐在河岸，有的游于水中。

牛蛙在暴风雨夜间一般不出来活动。夏季天气炎热时常栖息于阴凉的洞穴或浓密的草丛中，冬季天气寒冷时就钻入几十厘米深的冻土层中或1 m左右深的洞穴或水深60 cm左右的淤泥中冬眠，待翌年春后破土而出。在干旱季节，若栖息地干涸，牛蛙无法生活下去，即集群性迁移到有水、食物丰富的环境中栖息。

2. 群居性 具有群居的特性，往往是几只或十几只共栖一处。成蛙到一个新环境后，首先分散，到处寻洞欲逃，但当其适应新的环境后，便不随便搬迁，而且每个牛蛙都有自己的地盘，范围变化只有20 cm左右。繁殖季节牛蛙的活动量加大，雄蛙不时高声鸣叫、追逐，寻求配偶。雌蛙则闻声跳跃或游动，寻找雄蛙。

3. 变色性 牛蛙具有变色的本领，其皮肤颜色可在不同的光照度、温度和背景环境中发生变化，使身体的颜色同周围的环境相适应。牛蛙的变色，不仅是为了保护自己，也是为了更好地捕捉食物。一般牛蛙在冬季和早春是深褐色，春末为鲜绿色，秋季又转为淡绿色。雄性的变色较为敏感。此外，幼蛙多为绿色。牛蛙还对光的颜色有选择性，喜欢蓝色。

4. 警觉性 健康的牛蛙很惊觉，一旦触之，立即逃跑，被捉到时抬头睁眼伸腿挣扎，放开时逃跃而去。而病牛蛙活动迟慢，喜欢钻泥。牛蛙动作敏捷，感觉灵敏。若有人轻步走过，距其12 m左右也能被发觉。

5. 食性广 牛蛙的食物范围广，但以动物性食物为主，其食性在蝌蚪期与成蛙阶段不同。蝌蚪期为杂食性，对食物要求不严，水中浮游生物几乎都能摄食，还可摄食一般喂鱼的饲料；成蛙嗜食活动饵料，诱捕昆虫、甲壳动物、小鱼、蜗牛、蜘蛛、蚯蚓及鱼卵和水禽的雏体等，人工养殖时必须驯食。

6. 对温度的适应性 牛蛙喜栖息于较温暖、向阳的环境，但逃避强烈的阳光照射，趋向弱光。昼伏夜出。若将牛蛙长期饲养在黑暗条件下，则性活动受到抑制，性腺成熟中断，以至停止产卵。

牛蛙生长与繁殖的适宜温度为20~32 ℃，最适温度25~30 ℃。高温会使牛蛙致死，水温高于30 ℃时不产卵，34~36 ℃时牛蛙表现为不安跳跃，37~39 ℃时身体失去平衡，39~40 ℃为牛蛙的致死高温。

在低温下，牛蛙的皮肤呼吸比在活动时期所起的作用更大。水温低于20 ℃时不产卵，低于10 ℃，雄性睾丸内的精子停止形成。低于15 ℃，牛蛙逐渐减少摄食，若降到10 ℃以下，则完全停止摄食而进入冬眠。

7. 冬眠 当水温下降到10 ℃以下时，牛蛙即

失去活动能力，开始冬眠。冬眠期内的温度以0～5℃较适宜。若冬眠期内的温度一直波动在5～10℃，则牛蛙处于动静不安状态，影响其正常冬眠，并导致体内积贮的营养物质很快消耗，以至瘦弱或死亡。轻度的冷冻并不会使牛蛙致死，只有当血液和大脑完全冻结，随着体温下降到-1℃而发生深度冷冻时，牛蛙才不可能复活。牛蛙被冻死的温度称为致死低温。

8. 对水的依赖性　牛蛙在蝌蚪期时生活在水中，即使短时间离开水也是不行的。成体虽然可以离开水体，较长时间在陆地上活动，但也需要依靠持久的高湿度生存。

牛蛙在干旱时，一方面可借提高体内的渗透压而减少失水，另一方面可迅速迁移到有水的地方或钻入比较潮湿的深土层中休眠，以降低新陈代谢，减少体内水分的消耗。牛蛙对环境湿度的耐受性与环境温度有关。随着温度升高，其对湿度的要求也升高。湿度降低，皮肤干燥，则牛蛙无法用皮肤呼吸。

第二节　牛蛙的繁殖

一、繁殖特点

1. 产卵季节　牛蛙的产卵季节为4—9月，5月中下旬为产卵高峰，开始产卵的时间因地而异。产卵季节水温要求在20℃以上，最适水温为24～28℃。产卵地点一般在水草较多的池边苇蒲、茭白之间和池中树荫下。多数牛蛙在大雨后2～3 d产卵，多在半夜进行，特别是黎明前后为高峰。

2. 抱对　牛蛙自然产卵和受精过程，必须借助雌、雄牛蛙的抱对完成。产卵季节雄牛蛙叫声频繁，雌牛蛙一般随雄牛蛙叫声而去抱对。牛蛙抱对时，雄牛蛙伏于雌牛蛙背上，以其腹紧压雌牛蛙，用其具婚瘤的前肢紧抱雌牛蛙腋下。抱对时间通常1～2 d，有的长达3 d。

3. 产卵　产卵时雌牛蛙头部沉于水中，两后肢呈"八"字形外伸，臀部朝上，卵从雌牛蛙泄殖孔排出时，雄牛蛙即速射精于卵上，行体外受精。在排卵和排精时不能惊扰它们，以免停产。一次排卵时间随产卵量而不同，一般10～30 min。

牛蛙是多次产卵，每次产卵1万～3万粒。体重300～800 g的雌牛蛙，可产卵子2万～6万粒。在正常情况下，体重越大，产卵量越多。

二、种的选择

（一）亲蛙的选择

1. 选种时间　宜在每年春天牛蛙结束冬眠时进行（约在抱对产卵前1个月），也可在上一年晚秋牛蛙冬眠前进行。如果是从外地引种，宜在每年的初春，牛蛙刚度过了冬眠期、已开始活动时进行。牛蛙此时代谢水平较低，便于运输和管理；而冬眠期的牛蛙对外界环境温度的变化和疾病的抵抗能力都差。5—10月牛蛙的新陈代谢旺盛，易受伤和患病。

2. 选种标准　应选择体格健壮、生性活泼，雌性腹部膨大、雄性婚瘤明显，2～3月龄的牛蛙作为亲蛙。一般雌体大，体重在350 g以上，雄体稍小，体重在300 g以上。同一批牛蛙中要选择采食量大、生长迅速、体重增加快的牛蛙，不选带伤、带病的牛蛙。产过3～4次卵的雌蛙，因卵的质量下降，不宜作种蛙。

（二）幼蛙及蝌蚪的选择

注意不同时期的典型形态特征、体长与体重。要求选择身体健壮、活泼、无病、无外伤的个体。

（三）牛蛙卵的选择

用光学显微镜观察，选择已受精，且处于8细胞期以前的卵。肉眼观察则选卵粒表面无霉菌丛生、黑色的动物极向上的卵。

一般来说，需要自己大量繁殖蛙种者，宜选购亲蛙种。为了降低成本，当年养殖即可获利者，宜选购幼蛙或蝌蚪。如为减轻运输负担，可选购牛蛙卵。

三、人工催产与人工授精

（一）人工催产

卵子的成熟和排放与垂体分泌的促性腺激素有密切关系。因此在繁殖季节以外要获得成熟排放的卵子，通常是采用人工催产的方法。

1. 催产药物　常用人工催产药物为牛蛙或黑斑蛙的脑垂体的提取液。牛蛙对人工催产的垂体前叶没有种的特异性。一般体重350～600 g的亲蛙，用黑斑蛙的脑垂体4个、促黄体生成素释放激素类似物（LRH-A）250 mg、人绒毛膜促性腺激素（HCG）600单位，混合制成溶剂进行注射。雄蛙减半。

注射部位可以在臀部肌肉或腹部皮下，一次注入。肌内注射按45°进针1.5 cm左右；皮下注射时，用镊子夹住腹部皮肤后，按水平方向入针2.5～3 cm。退针时，轻轻按摩外孔，以免溶剂外溢。亲蛙经催产后放入产卵池，水温28～30 ℃的情况下，经40 h左右，雌、雄牛蛙抱对产卵。经10～15 min产完。

2. 人工催产、受精需注意的事项

① 垂体前叶以新鲜为好。

② 成体必须是已经充分生长、身体健康的。

③ 由于选用垂体的大小和生理功能不一致，各个受体的感受性又往往不同，所以需要的剂量有所不同。由于激素的效应是累积的，因此在第1次失败后2 d，可再注射1次。

④ 垂体处理前后保持适宜的室温（15～20 ℃）。

（二）人工授精

一般雄牛蛙全年都有可用的精子，通常不需注射垂体提取液。将雄牛蛙杀死取出精巢，放入培养皿中，切碎，加10～15 mL水，即成精子悬液。在室温中静置5～10 min，待精子活跃起来（可在显微镜下检视），即可进行人工授精。

人工授精时，把已准备好的精子悬液分别倾倒至几个培养皿内，使其在皿底成一薄层。然后缓慢而连续地向后挤雌牛蛙的腹部，将卵挤入培养皿中，边挤卵，边轻轻摇动培养皿或用羽毛等软物品轻轻搅拌，使卵充分受精。静置5～10 min后，加水少许，淹住这些卵的表面。20 min后倾去带精子的水，另换入大量池水。

四、人工孵化

牛蛙未受精的成熟卵为圆形，直径1.3～1.6 mm，动物极呈黑色（约占3/5），植物极为乳白色。刚产出的未受精卵被一层胶质状物连成一片，浮于水面或黏附在水草上，有的植物极在上，有的动物极在上。卵子受精后，细胞质开始流动，卵黄偏于植物极，使植物极较重而转向下方。

受精卵经过一段时间能自动转位，使动物极全部向上。如植物极仍向上的，则为未受精卵。一般情况下牛蛙卵在水中自然受精孵化，受精率和孵化率都较低，因此，要采取人工孵化技术。

（一）采卵

1. 采卵前注意事项 产卵季节，每天早晨应到种蛙池巡池，特别是在夜间亲蛙鸣叫不停的翌日早晨更应加强巡视，中午和傍晚还要巡查，以收集种卵。若发现牛蛙的卵块则立即捞入专门设置的孵化池或其他容器内进行孵化，不能将牛蛙卵留在亲蛙池内。否则，大蛙或鱼会吞食蛙卵和孵出的蝌蚪；或黏附于水生植物基叶上的受精卵因植物的快速生长而顶出水面被太阳晒死；或因牛蛙发情，活动频繁，使卵胶膜搅乱、损伤，使之成团状，失去浮力而沉入水底；或经过一些时间，胶膜软化，卵粒也会沉于水底。

2. 采卵方法 产卵后20～30 min即应采捞。采卵最好是人下水，将卵块所附着的水草剪断，用手轻轻将卵块、水草等附着物和水一同移入脸盆、玻璃缸、水桶或其他容器内。如果卵片较大，容器较小，可将卵块用剪刀剪成几块，将卵块再倒入孵化池或其他孵化容器内进行孵化。卵块不能颠倒，应是动物极在上、植物极在下。因牛蛙卵的胶膜柔软，黏性较大，故不适宜用网捞取，否则不仅伤害蛙卵，捞取也较困难。

（二）孵化

1. 孵化前准备工作 孵化的容器可以是水泥池、孵化网箱、孵化框、水族箱、搪瓷盆、水缸等。孵化池不宜用泥土池，否则牛蛙卵落入池底，被泥土覆盖，会使胚胎致死，同时胚胎容易受敌害伤害，蝌蚪孵出也没有适宜的附着场所，不易管理。

同天产的卵可放养在同一孵化设备内，不可将相隔4～5 d的卵放在同一孵化设备内，以免先孵出的蝌蚪吞食未孵出的胚胎。卵放入孵化设备时，动作要轻，并使卵群尽量先单层展开。

2. 孵化条件 孵化条件中最关键的是水温，其他因素对孵化也有影响。

（1）水温。水温在19～27 ℃时，一般牛蛙卵经3～4 d可孵出蝌蚪；而水温在25～31.5 ℃时，2.5 d就可孵出；水温为12～14 ℃时胚胎发育停止，当水温回升到20 ℃时又能进行正常发育；水温为37℃时会使胚胎发育畸形。孵化设备中的水温与产卵池的水温相差不能超过3℃。小水体孵化时，注意水质，适时换水。孵化池水深可保持在30 cm左右。

(2) pH。孵化期间水的pH为6.0～8.6时，均可孵出正常的蝌蚪。

(3) 盐度。盐度对孵化的影响较大，盐度达1‰时不能孵化，0.3‰时引起畸形或死亡，只有在0.2‰以内才对孵化及蝌蚪成活没有不良影响。

(4) 溶氧量。溶氧量在3 mg/L以上，一般牛蛙胚胎均可正常发育，水中溶氧量下降到1.23 mg/L时，会引起胚胎因缺氧而大量死亡。

(5) 孵化密度。孵化密度以6 000粒卵/m²为宜，若要密度再大，则孵化后应立即换水或疏散。

(6) 孵化时间。孵化时间受水温、气温、气候的影响很大。温度高、天气好，孵化快；温度低、变化幅度大，天气不好，则孵化慢。

(7) 其他。孵化期间要避免水的惊动、防日晒，以免影响胚胎发育。刚孵出的蝌蚪体弱，游泳能力差，也应避免惊动，不要急于转池，应在孵化池中暂养1～3 d。

第三节 牛蛙的饲养管理

一、养殖设施

要发展牛蛙的商品性生产，获得较高的经济效益，必须采用适度规模的精养方式，这就要求建造结构合理、适宜牛蛙生活习性和生态要求的养殖场。

(一)牛蛙场场址的选择

1. 环境 牛蛙场必须选择自然环境僻静、植物丛生、接近水域的地带。凡是工厂、交通要道等人类活动频繁的环境不宜建牛蛙场。若选择空旷地区作为牛蛙场，必须种植树木、杂草或瓜果才可放养牛蛙。

2. 水源、水质 养殖牛蛙的水源较多，常见的有山泉水、井水、地下水、江湖水、自来水、高山雪水、雨水等，养殖者可就近取水，合理利用。水质的优劣与牛蛙养殖的成败有很大的关系。水质包括水的含氧量、温度、pH、矿物质以及微生物等几个方面。

3. 排灌条件 牛蛙场必须排水灌水容易，以保证下暴雨时不成水灾，遇干旱时能及时供水，以及平时池水的更换方便。

4. 土质 最好建在黏质土壤上，这样建成的牛蛙池不必设置防水渗漏的设施，便于蓄水。也可在其他土质下建场，虽然增加灌水成本，但有利于浮游生物生长，尤其是对蝌蚪的饲养影响很大；水泥池可完全防止渗漏，但增加了投资。

5. 位置 大型牛蛙场种源、产品、饲料的运输量较大，为了保证成活，节省时间和运输费用，牛蛙场应建在交通方便的地方；牛蛙生产过程中，为了安装诱集昆虫的黑光灯或其他电气设备（如水泵、饲料加工设备、日用照明等）都需电力，牛蛙场应建在有电力供应之处；且应选择常有阳光照射的地方，以提高水的温度；还要有充足的食物，如大量的昆虫和浮游生物等天然饵料，以保证牛蛙与蝌蚪的生长。

(二)牛蛙场的建设

1. 牛蛙池的建造 由于牛蛙具有互相残食的恶癖，养牛蛙场院内需要分设成蛙池、幼蛙池、产卵池、孵化池、蝌蚪池，并设置黑光灯以引诱昆虫作天然饵料（图18-2）。

(1) 幼蛙池、成蛙池。幼蛙池和成蛙池规格要求基本相同。成蛙池一般300 m²左右为宜，水深1 m，放养密度40只/m²。牛蛙池要有水源，能排能灌。为了防止牛蛙外逃和敌害入侵，池周围要建围墙。牛蛙池内可种植莲藕等，这样不但可以收获莲藕，而且能为牛蛙创造一个舒适的生活环境，大批阔叶既可作为牛蛙的栖息处，又可作为牛蛙的避敌处。由于牛蛙喜在潮湿阴凉的陆地杂草丛中栖息，夜间更需要在陆地上寻找食物，因此从牛蛙池水面到围墙之间要留2 m以上缓坡，广种杂草。也可在池周栽种南瓜或丝瓜，搭上棚子以遮阳。池中最好筑一岛，既可作为饵料台，又可使整个饲养池环境优美，池中陆岛上可架设黑光灯诱虫，以增加饵料来源，并可在池周和小岛上挖些人工洞，以便牛蛙白天入洞休息。

幼蛙池用于养殖由蝌蚪变态后2个月以内的幼蛙。池面以数十至100平方米为宜。池堤坡度为1∶2.5，池堤面宽1 m左右，池深60 cm。放养密度80只/m²左右。幼蛙池要建3个，以便视幼蛙发育情形调整，分级饲养，以免以强凌弱，以大吃小。

图 18-2 牛蛙场

（2）蝌蚪池。蝌蚪池一般 10～25 m² 即可，池深 80 cm 左右，蓄水深 50～60 cm。四周及池底用水泥抹平，池壁的坡度宜大些（约 1∶10），以便蝌蚪吸附在上面休息和变态后的幼蛙登陆。池边应设进出水口，池口设置一饵料台，饵料台设在水位线下 10 cm 处，池内种些漂浮植物，如凤眼蓝等，为蝌蚪栖息创造良好的环境。

（3）产卵池。用于饲养种蛙和供种蛙抱对、产卵。产卵池规格要求与成蛙池相同，每个约以 20 m×2 m 为宜。池水 30 cm 深，陆地占全池面积的 1/3，池内要放入一定数量的水草，以便卵黏着在水草上。

（4）孵化池。孵化池面积为 1～2 m²，可用水泥建造数个（依亲蛙产卵多少而定），以便容纳不同日期所产出的牛蛙卵。池深约 60 cm，水深 30～40 cm。孵化池上方可设棚架遮阳，池内可放些凤眼蓝、浮萍等水草，将卵放于草上，没入水中，这样使卵不致落入池底而窒息死亡，又使孵化出的蝌蚪能吸附休息。

2. 围墙建筑 牛蛙善跳、游、钻、爬，故必须设置防逃围墙，同时可防止外敌入侵。可用尼龙网、竹片、木板、砖块、芦苇、玉米秆、高粱秆、土坯、瓦楞板、塑料膜或塑料布等材料制成，围墙一般高 1.5 m，埋地 30 cm 深，内侧上缘要有檐。

二、饲 料

（一）天然饵料

1. 牛蛙蝌蚪的天然饵料 ①藻类植物，如甲藻、绿藻、蓝藻、颤藻、黄藻等。②芜萍（飘莎）。③浮游动物，如水蚤类的裸腹蚤、长刺蚤、剑水蚤和薄皮蚤，轮虫，水丝蚓及一些昆虫的幼虫（孑孓、红虫）等。④腐败有机物，即有机物残渣。⑤泥沙（数量不多）。也取食死蝌蚪和卵等，并有大蝌蚪捕食小蝌蚪的习性。

2. 幼蛙及成蛙的天然饵料 有蜘蛛、蜈蚣、蚯蚓、水螺、虾类、鱼类、螺蛳、蝾螈、蝌蚪、蛙类、小鳄鱼、小龟、鳖、蜥蜴、蛇、鼹鼠、小鼠、蝙蝠、鸟类等，主要是昆虫类。可见牛蛙在自然条件下喜食的饵料十分丰富。但在人工养殖下，尤其在高密度精养的情况下，天然饵料不足。

（二）饵料的解决途径

1. 蝌蚪期 牛蛙蝌蚪的摄食方式与鱼类相似，因此，其饵料问题较容易解决。

（1）通过培肥水体来增加水中有机物、藻类植物和轮虫等食物。

（2）根据牛蛙蝌蚪不同时期的食性特点，采集当地适于其食性的天然饵料,如水蚤。由于蝌蚪摄食量较小,小规模养殖牛蛙通过培肥水体和收集天然饵料一般可满足蝌蚪对饵料的需求,但对规模化养殖则不够。

（3）培育适于牛蛙蝌蚪摄食的饵料,如水蚤类、水蚯蚓、孑孓、草履虫等。

（4）投喂人工饵料。蝌蚪除能以天然饵料为食外,鱼粉、蚕蛹粉、肉粉、血粉、蛋黄、奶粉、螃蟹籽等也可被牛蛙蝌蚪摄食。菠菜、白菜等蔬菜叶切碎后都可作为蝌蚪的饵料。而且,人工配合饵料也可作为牛蛙蝌蚪的饵料来源。

投喂人工饵料,一是要根据牛蛙蝌蚪不同生长阶段的食性特点,选择最适合的饵料。如刚孵出的蝌蚪要多投喂植物性饵料,以后逐渐增加动物性饵料。二是人工喂的饵料必须经过适当处理。无论植物性还是动物性,新鲜材料（如瓜、果、蔬菜、畜禽鱼的内脏等）必须切碎捣烂或研磨成浆,干燥材料（如谷实类、干肉等）必须磨成碎屑状或粉状,豆类籽实粉碎前还要焙炒,含有害成分的饼类还要经过脱毒。此外,人工配合饵料要根据牛蛙蝌蚪的营养需要和有关原则进行。

2. 幼蛙和成蛙　牛蛙蝌蚪变态成幼蛙后,在自然状态下只捕食运动中的动物性活饵料。如果未经驯食,动物性活饵料不运动,牛蛙不会主动去捕食。要设法解决变态后的牛蛙的饵料供应,可有以下途径。

（1）捕捞和采集适于牛蛙捕食的动物性活饵料,例如小鱼、小虾、泥鳅、田螺、螺蛳、龟、鳖、蛙类、蝾螈、蚯蚓、昆虫类和蜗牛等。

（2）利用昆虫的趋光性,晚上在牛蛙池内的栖息地附近用灯诱集昆虫,供牛蛙捕食。

在牛蛙池上方安装3盏紫外灯或白炽灯或黑光灯,上方灯高于围墙1~2 m,以引诱池外远方昆虫,下方灯距水面约0.3 m,使昆虫扑灯时诱落水中,易被牛蛙捕食,中间灯可吸引上方灯附近的昆虫到下方灯。

也可利用昆虫对鱼腥味、糖和酒味等特殊气味的趋向性,在饵料台等处安置盛糖、酒和混合液的小盆（盆口盖网罩,以防昆虫淹死在盆里）诱集昆虫。

花、草等植物对昆虫也有引诱作用,特别是具有强烈香味的花卉和色彩鲜艳的大型花卉。因此,在养殖池的四周和池中多栽植一些陆生和水生植物,除了给牛蛙提供更多的荫蔽活动场所外,还可诱集昆虫供牛蛙捕食。

（3）人工养殖牛蛙喜捕食的动物性活饵料,人工培育蚯蚓、蝇蛆、黄粉虫、水蚤、孑孓、鱼苗、蜗牛等增加动物性活饵料。

（4）采用一定技术手段,使牛蛙养成摄食死饵料的习惯,投喂人工饵料。这样,牛蛙不但可以采食死的动物性饵料,如蚕蛹、鸡、鸭、鱼和其他畜禽的肉和内脏等,而且可以摄食含植物性饵料的人工配合膨化颗粒饵料。

三、饲养管理

（一）蝌蚪的饲养管理

1. 清池消毒　土池培养蝌蚪应在放养前7~10 d清塘。清塘较好的药物有生石灰和漂白粉。

采用生石灰清塘时,应先抽干池水,在池底挖若干小塘,然后将生石灰倒入小塘并引入少许池水,待生石灰水解放热时,立即将石灰浆全池泼洒,并耙平池底。一般每667 m² 用生石灰50~70 kg。对水源不便或时间紧迫的塘也可采用带水清塘,即将生石灰水解后均匀泼入全池,一般每667 m²（平均水深1 m）用生石灰125~150 kg。

使用漂白粉清塘,以有效氯含量30%计算,干塘法每667 m²用4~5 kg,带水清塘法每667 m²（平均水深1 m）用12~15 kg。

一般生石灰清塘后7~10 d、漂白粉清塘后4~5 d可放养蝌蚪。在蝌蚪放养前培育池应用密网拉1次,清除池内的野杂鱼和其他蛙类的蝌蚪。

2. 放养　放养密度为一般孵出10 d的蝌蚪1 000~2 000尾/m²,10 d后的蝌蚪500~1 000尾/m²,30 d以后的蝌蚪100~130尾/m²。放养要选择在阴雨凉爽天气的傍晚进行,放养的温差不能过大。

3. 投饵　刚孵出的小蝌蚪至4~5 d,外形无大变化,多用吸盘吸着水草,不摄食,依靠吸收剩余的卵黄来获得营养。

孵出5~6 d时,消化器官进一步分化,口膜裂开,吸盘退化,生角质齿,体扁圆而略长,能独立游泳,卵黄囊已吸收完毕,开始摄食。这时主要摄食水池中天然的单细胞藻类及浮游生物,如绿藻、蓝藻、矽藻、水蚤、轮虫、孑孓等。

因此,在蝌蚪孵化前要肥育池水,让藻类和浮游生物繁殖,以保证蝌蚪的饵料供应,若天然饵料缺乏，可每 15 d 施少量猪、牛粪，以繁殖藻类和其他浮游生物供蝌蚪食用。但切忌大量泼施人粪尿，以免水中碱性太强而伤害蝌蚪。也可投喂蛋黄，每万尾投喂 1~2 个蛋黄捣碎加水 1~2 kg 制成的悬浮液或豆浆等。豆浆的投喂量一般以池面积的大小而定，每天每 667 m^2 投喂相当于 1 500~2 000 g 黄豆或 2 000~2 500 g 豆饼的豆浆。投喂时可均匀地泼洒于水面。

孵出 7~30 d，要投喂豆饼粉、蓝藻类、熟马铃薯等植物性饵料和干燥鱼粉、肉粉、蚯蚓粉、蚕蛹等动物性饵料。每 1 000 尾蝌蚪投喂 40~70 g 饵料，其中动物性饵料占 60% 左右。投喂的方法一种是将饲料预混合后，撒于水面，让蝌蚪浮上水面摄食；另一种是将饲料预混合后，用水调匀（或煮熟），搓成食团，投放在饵料台上，动物内脏要切碎或捣烂，每天 16：00~17：00 投喂 1 次。

孵出 30 d 后到变态，每 100 尾蝌蚪每天投喂 40~80 g，其中动物性饵料占 47%。

孵出 57~76 d 开始变态。此期间动物性饵料可投喂鱼粉、水丝蚓、田螺肉和内脏，植物性饵料可投喂蓝藻、熟马铃薯、麦粉。投饵料时间在 9：00 或 14：00。盛食时，每天投饵至少 2 次，但不要过量，以免残食沉积在池底产生有害物质。干饲料如蚕蛹粉等可直接撒于水面。投饵 1~2 h 后，查视摄食情况。

晚期孵化的蝌蚪在当年没有变态者即进入越冬期，待翌年 4—5 月才能变态，届时则可投喂蚕蛹粉、黄豆粉、鱼、肉、田螺等食饵，继续饲养。其发育较好者，自 5 月中旬即可开始变态，至 6 月末基本上全部变成幼蛙。

4. 日常管理

（1）定期巡池、及时记录。每天早、中、晚巡视 3 次。观察蝌蚪生活状况（如有无浮头现象、上次饵料吃剩情况、在水中游泳状况等），敌害生物的侵入情况，并记录气温、水温、水质。发现问题及时处理。

（2）经常保持池水清洁卫生。发现水面有悬浮杂物、浮膜、死蝌蚪要及时捞出，饵料台上的剩余食物要及时清除，饵料台要经常洗刷、消毒。

（3）随时观察温度。要经常测量水温，以便随时调节温度。在夏季高温季节，必要时加盖竹帘遮阳，同时勤换水，换水量要增加到原水量的 2/5 左右，如有井水可加井水降温。有条件的可在池边采用喷雾装置，既可降低水温，还能增加水中的溶氧量。冬季水温低于 5 ℃，要在池上盖苇帘等，以保暖。也可将室外池中饲养的蝌蚪移入室内饲养，室内温度保持在 5~10 ℃。

（4）适时换水。要做好适当的换水工作，所换水水温要与原来池中水温相似，新水的水质也要保证。入秋后，气温逐渐下降，池中水温随之下降，水质不易败坏。这时的换水可以减少为 1/5，换水时间为每 2 周 1 次。及时将蝌蚪粪便和剩饵捞出。不论大小蝌蚪，水中溶氧量只要维持在 3 mg/L 以上时，便基本能满足蝌蚪对水中溶氧量的要求。在伏季、雨天入夜前，不要投喂饲料，尽量减少蝌蚪的活动量，这样就可降低蝌蚪夜间活动的耗氧量。

（5）注意水质。蝌蚪池水的 pH 在 6.6~7.2 较好，pH 低于 5 或高于 9 时，蝌蚪在 30~80 min 内即会死亡。盐度在 2 以内。

（二）蝌蚪的变态控制与管理

1. 蝌蚪的发育与变态 刚孵出的蝌蚪，体态似鱼，全长 5~6.5 mm，依靠吸盘附着物体休息，也可靠边缘有发达游泳膜的长尾的摆动在水中进行短时期的游泳。随着个体的成长，游泳能力增强，休息时间减少。卵黄囊很大，借以供给养料。此时蝌蚪暂不吃东西。

孵化后约 6 d，全长尚不到 1 cm，卵黄囊消失，同时，右外鳃退化，右边鳃孔被皮质鳃盖封闭。之后 1 d，左外鳃也退化，左边鳃孔也被皮质鳃盖所封闭，但在左侧留下小喷水孔，此孔一直延续到前肢伸出后才闭塞。

孵化后 25~27 d，后肢开始伸出，并逐渐延长而能分出股、胫、跗、跖、趾。随着后肢的长大，大约在孵化后 70 d，前肢开始伸出，尾部逐渐被吸收。蝌蚪在这个阶段不吃东西，靠吸收尾部来供给养料。在尾部吸收的同时，口裂逐步加深，鼓膜形成，最后口裂就延长到鼓膜的下方，舌也发达成长。在此时期，呼吸器官也因鳃的退化而靠肺呼吸，所以不能长期潜入水中，而需露出水面，登陆呼吸空气。

蝌蚪在伸出前肢登陆阶段最容易死亡，但这阶段只要注意给予登陆条件，基本上可以避免死亡，而真正容易大批死亡的时间是在前肢还没有长出而即将长出的时间内。

从孵化至变态为幼蛙一般 70~80 d，长者可达

4个月以上。将要生出前肢时的蝌蚪最大,体全长可达13 cm,体重16 g。

2. 变态的控制和管理

(1) 变态的控制。变态控制可通过下列几方面实现。

① 药物。牛蛙蝌蚪变为成蛙,主要是内分泌腺发生变化,尤其是甲状腺素促进牛蛙变态。给蝌蚪喂甲状腺提取物可比正常蝌蚪提前变态;相反,给予抗甲状腺的药物,可延长或阻止变态。促进变态可给蝌蚪喂甲状腺提取物(甲状腺素药片),压碎成粉,直接投入池水中,池容水量100～110 L,蝌蚪600尾,每次用3～4片。

② 饵料。饵料对蝌蚪的变态影响很大。若只给蝌蚪投喂植物性饵料,自蝌蚪长成到幼蛙的时间长,往往需要1～2个冬季,但蝌蚪体大,变态后的幼蛙也大。若投喂动物性饵料,则自蝌蚪变态到幼蛙的时间较短,蝌蚪体较小,变态后的幼蛙也较小。

③ 温度。温度对蝌蚪的变态也有很大影响。卵孵化后平均水温在23～28 ℃的情况下,经2～3个月可变态成幼蛙;平均水温29～32 ℃时,若多投喂动物性饵料,则40～42 d就能变态成幼蛙。但这种幼蛙由于蝌蚪时期没有充分发育,变态后躯体很小。在平均水温25 ℃以下时,若多投喂植物性饵料,就能延长蝌蚪的变态时期,充分发育到翌年4月、5月变态。这种幼蛙虽比早变态的幼蛙晚8～9个月,但幼蛙个体大。

因此,5—6月及7月上旬孵化出的蝌蚪,应精心培育,使其在秋末以前变态。让幼蛙有一段生长、摄食并在体内贮积脂肪的时间,以安全过冬。而7月中下旬以后孵出的蝌蚪,变态在越冬期间,由于个体小、体虚弱、体内贮积脂肪少而难于安全越冬,因此应尽量控制其变态,以蝌蚪形式越冬。可采取适当控制投饵量、降低水温、适当增加放养密度来推迟其变态。

(2) 变态的管理。蝌蚪在前肢即将长出的阶段为最危险期,因为在此期间,蝌蚪常欲弃水栖习惯,移至陆栖,而真正要登陆时,却又无登陆的地方。若稍不注意,会造成大批死亡。若在此时期给予登陆条件,基本上可以避免死亡。

蝌蚪的第二危险期为后肢发生时,在24～48 h内,若不加留意也容易死亡。同时,因大量蝌蚪栖息在一处,若有细菌病发生,一旦弥漫,必致池中所有蝌蚪全部死亡。因此,在这个时期要给予栖息场所,并应适当减少饲养密度。

蝌蚪孵化60 d后,常有死亡,若其他蝌蚪摄食其尸体,亦可能因传染而死,故一发现蝌蚪的死尸应立即除去。

蝌蚪具有游于池边浅水处休息的习性。休息中若不给予呼吸空气或不给予四肢运动的地方,则变态期迟,甚至好几年不变态。

(三) 幼蛙的饲养管理

1. 放养 对于放养密度,刚变态的幼蛙一般为100～150只/m^2;30 d后,体重25～50 g的幼蛙为80～100只/m^2;体重60～100 g、体长6～7 cm的幼蛙为60～80只/m^2;体重150～250 g的幼蛙为34～40只/m^2。

2. 投饵 一般而言,每日投饵量为牛蛙体重的10%左右。还应随个体大小、季节、温度、饵料种类而增减。如水温在21～30 ℃时投饵量最多,14～20 ℃时投饵量减少,10 ℃以下停止投饵。

投饵时必须坚持四定的原则:

① 定时。天气正常时,每天的投喂时间做到相对固定。

② 定量。投喂饵料量要做到均匀适当,防止忽多忽少,以保证牛蛙的正常生长。

③ 定质。投喂的饵料必须做到新鲜、适口性好、营养价值高,不能投喂已变质的饵料。

④ 定位。饵料的投喂应做到有一定的位置,不能到处乱撒,以便牛蛙养成在固定的地方摄食的习惯,减少浪费,便于清扫残食。

以上原则也适用于蝌蚪、成蛙及亲蛙的养殖。

牛蛙食性是以活饵料为主。养殖生产中,可以通过对牛蛙进行驯食死饵料来解决活饵不足。对变态后的幼蛙,投喂1～2 d活饵料后,即应开始驯食。驯化池中除设置饵料台外,不提供幼蛙休息的陆地和悬浮物,随着驯食进程,逐步减少活饵料投喂比例,增加死饵料的投喂比例。

3. 日常管理

(1) 定期巡池、及时记录。每日早、中、晚巡池3次,观察幼蛙摄食、活动情况。经常检查围墙和门有无漏洞、缝隙,防止敌害进入和幼蛙逃跑。做好放蛙、投饵、疫病防治、水温、气温等情况记录。

(2) 控制水质、水温、水位。要经常清除剩饵，捞出死蛙及水中杂物，并经常换水。一般每隔 1~2 d 换水 1 次，每次换 5~10 cm 深的水量，水深可由 0.3~0.4 cm 逐渐加深至 0.5~0.8 m。幼蛙生长发育最适温度为 23~30 ℃，在高温季节要加盖凉棚或换水降温。

(3) 及时分离大小幼蛙。幼蛙从索食活饵料改为食死饵料时期，大小不一的情况很明显，即易发生大吃小的情况，所以必须及时把大小幼蛙分开饲养，以免损失。

(四) 成蛙的饲养管理

幼蛙经 1 年以上的饲养，达性成熟后，即为成蛙。成蛙饲养一段时间后，有的选留为种蛙（亲蛙），其余的可作为食用蛙出售。

1. 放养 对于放养密度，体长 12 cm、体重 120 g 左右的成蛙约 50 只/m^2；体长 15 cm 以上、体重 250 g 以上为 20~30 只/m^2；体重 500 g 以上为 10~20 只/m^2。

2. 投饵 每日投饵量为成蛙体重的 10% 以上。投饵量视成蛙的摄食量而定，以在投饵后约 1 h 吃完为宜。若吃不完，即捞出晒干（特别是死饵料）。

3—4 月，牛蛙越冬刚刚出蛰时，投饵量应掌握在牛蛙体重的 8% 左右，并要视不同的饵料而定。秋季渐冷，牛蛙会逐渐减少摄食，这时可视情况，适当减少投饵量。投饵的时间在早春至早秋季节，一般早、晚各投 1 次，时间以 9:00、16:00 为宜。其余季节在中午投食 1 次即可。

饵料投放于饵料台上，饵料台底面上应保持 0.5~1 cm 的水位，以利于牛蛙的摄食。木制饵料台注意调节，使少量牛蛙上台不会太干，大量牛蛙上台不致使台沉下，饵料不致散落水中。使用木制饵料台的池里还应放适量（每 10 m^2 2~3 尾）体重 250 g 左右的鲤或罗非鱼。利用鱼从饵料台的板缝取食，使台上死饵料飘动，以增强牛蛙的食欲，也可部分清理掉入池中的饵料。

3. 日常管理

(1) 保持水质。牛蛙饲养应保持良好的水质。投饵前，要把饵料台上的残饵、粪便等洗刷干净。每天要更换饲养池水的 1/3~1/2，以免水质恶化、变臭，影响牛蛙的正常生长，造成损失。

(2) 分类饲养。牛蛙在饲养过程中，个体间会出现差异，有时差异会出现数倍，如不分池，就会出现大吃小的现象，这是影响牛蛙成活率的主要因素之一。因此，饲养一定时间后就要进行清池、将牛蛙分类饲养。

(3) 降温防暑。防暑是盛夏养牛蛙的重要工作之一。由于夏季蛙池水温较高，中午放蛙入水易热死，所以清池及捕牛蛙应在早晚进行，中午不要惊动。池里也应投放占池水面积 1/2 的凤眼蓝，免于池水暴晒，水温过高。整个饲养池应造成凉爽的环境，有利于牛蛙度夏。

(4) 定期巡池。要经常巡视，检查进出水处，雨天更应加强管理，以防牛蛙外逃。

(五) 亲蛙的饲养管理

当亲蛙搬运到目的地时，应先将亲蛙取出放在清水中饲养 2 h，然后再放入产卵池中饲养。饲养亲蛙与饲养成蛙的条件基本相同，但还应该注意以下几个方面。

1. 雌雄比例 为了保证较高的受精率，亲蛙池中雌雄蛙的比例应为 1∶1（小规模生产）至 2∶1（大规模生产）。

2. 放养密度 为了保证亲蛙有足够的活动范围和生殖场所，亲蛙的养殖密度比一般成蛙要小，一般以不超过 1 只/m^2 为宜。

3. 投饵 亲蛙初来产卵池，由于环境改变，很少活动，稍有影响即潜入水中，4~5 d 后才开始正常活动摄食。为保证亲蛙有良好的发育状态，应尽可能投喂适口的活鲜饵料。每天 9:00、16:00 投饵，以蚯蚓、蝇蛆为主，辅以螺类、泥鳅、小鱼虾等，投饵量为体重的 5%~6%；产卵期间以蚯蚓为主，投饵量应为体重的 7%~8%；冬眠期体内营养消耗大，故刚出蛰时，还要增加投饵量，可维持在体重的 8%~10%。但投饵量要视具体情况而定，总的原则是要保证亲蛙有足够的食物，不致饥饿。

4. 水质 产卵池除要保证水质清新外，还要求保持一定的水位，在产卵时应保持水深 30~40 cm，并要在池中种些水草，以利蛙卵黏附。

(六) 牛蛙的越冬管理

1. 蝌蚪的越冬管理 蝌蚪越冬比刚变态的幼蛙越冬更安全可靠。在越冬期间，应防止池水完全结冰，水深可根据不同地区的气温而定。一般静水应保持 1 m 以上，流水 0.5 m。并要注意巡视，防止水质恶化，一般 1 个月左右换水 1 次。

2. 幼蛙、成蛙和亲蛙的越冬管理 越冬期间必须保持一定的水温和水质清爽。牛蛙安全越冬的条件是，气温控制在 12～20 ℃，水温控制在 10～16 ℃。可采用以下几种方法。

（1）洞穴越冬。事先在原牛蛙池四周堆放泥土，并于冬眠前开始松土。牛蛙可自行打洞或潜伏水底淤泥越冬。也可在向阳避风的地方，离水面 20 cm 处挖掘些直径 13～15 cm、深 1 m 左右的洞穴。

（2）搭棚越冬。池上架设草盖或搭棚覆盖塑料薄膜等。

（3）加深水越冬。池水经常保持 1 m 以上。

第四节 牛蛙常见病虫害防治

一、疾病防治

（一）细菌性烂鳃病

【病原】蝌蚪的烂鳃病与鱼的烂鳃病类似，由黏液球菌侵入蝌蚪鳃部而引起。

【症状】患病蝌蚪鳃丝腐烂发白，鳃部糜烂，鳃上常附有污泥和黏液，呼吸困难。病蝌蚪常独游于水的表面，行动迟缓，终因其他病菌混合感染而死。

【防治】定期用生石灰对蝌蚪池水进行消毒。蝌蚪患此病后，每 667 m^2（水深 1 m）用生石灰 15～20 kg，全池泼洒；或将漂白粉溶解于水中，每立方米池水用药 1 g，进行全池泼洒，间隔 24 h 连泼 2 次。

（二）红斑病

【病原】又称败血症，由于感染假单胞菌而引起。捕捉、运输以及牛蛙受惊等而造成外伤，放养密度过大，水质不洁，养殖场陆地过脏等是诱发牛蛙感染红斑病的原因。此病一年四季都有发生，传染性强，死亡率高，严重者能造成全池牛蛙死亡。

【症状】出现红肿、红点、红斑等。本病与红腿病的区别在于：红腿病的病症主要是蛙体后肢红肿，出现红斑或红点，严重时并发多种炎症；而红斑病的以上症状发生在腿以外的其他部分。患病牛蛙精神不振，低头伏地，有的潜入水底，不食不动。撕开皮肤，可见到皮下肌肉充血。

【防治】经常注意水体和饵料的卫生，并定期用生石灰水进行消毒；尽可能防止和减轻种蛙的机械性创伤，特别是在购买种蛙运输时更应如此。一旦发现蝌蚪患此病，将池内蝌蚪用网捞上来，按 2 万尾蝌蚪用 120 万 U 青霉素和 100 万 U 链霉素的混合溶液将蝌蚪浸泡 30 min，并对池水消毒；或用鱼康药液全池泼洒，使池水呈 0.5 g/m^3 或用硫酸铜，使池水呈 0.7 g/m^3。

（三）车轮虫病

【病原】由原生动物中的车轮虫引起。流行季节在 5—7 月，气温高的时候，特别是在密度大的蝌蚪池中，由于车轮虫大量繁殖，寄生在蝌蚪体表所致。

【症状】患病后，食欲减退，呼吸困难，单独游动，动作迟缓。肉眼可见蝌蚪尾部发白，溃烂脱落。若不及时治疗，会引起大量死亡。

【防治】减少养殖密度、扩大蝌蚪活动空间即可避免此病发生。发病初期可用硫酸铜和硫酸亚铁合剂（5∶2）全池泼洒，使水池浓度为 1.4 g/m^3；或者每 667 m^2 用切碎的韭菜 0.25 kg，与黄豆混合磨浆，均匀泼洒到池内，连续 1～2 d。

（四）红腿病

【病原】由嗜水气单胞菌引起。常发生在养殖密度大、水质条件差的牛蛙池。

【症状】病牛蛙精神萎靡，软弱无力，反应迟钝，厌食，腹面特别是后腿腹面与前肢之间皮肤充血发红。严重的并发多种炎症、溃烂，组织坏死。有的个体表现出呆滞，头部伏地，不吃不动，3～5 d 内死亡。本病病程短、传播迅速、死亡率高。

【防治】本病可采取适时调整养殖密度，定期进行池塘消毒、换水改善水质，发病的牛蛙池用生石灰或漂白粉彻底消毒等方法进行预防。

发病后，可将病牛蛙用 20% 的磺胺脒溶液浸洗 15 min，每天 1 次，连续 2～3 d；或用 2%～5% 的食盐水浸泡病牛蛙 15 min，每天 1 次，连续 3 d。

二、敌害防治

（1）剑水蚤是蛙卵的天敌。属于桡足类的浮游动物，咬食蛙卵和 1 周以内的蝌蚪，但小蝌蚪 1 周后又可食剑水蚤。因此产卵池及孵化池的水要严加控制。

(2) 蜻蜓幼虫是蝌蚪的天敌。蜻蜓幼虫从蝌蚪腹部将其咬死。防治方法是，用氯氰菊酯溶液消毒孵化池，避免蜻蜓在池内繁殖幼虫。

(3) 肉食性鱼类（鲇、鳜、乌鳢、斑鳢等）、水蛇、龟、鳖、鼠类、蚂蟥、龙虱幼虫、牙虫、水蝇、水螳螂、负子虫、划蝽幼虫、松藻虫等都会危害蝌蚪。防治方法是，在放养前进行清塘捕杀。

(4) 一些鸟类也是蝌蚪的敌害。如翠鸟，黄昏时飞来饵料台抢食蛙饵又捕食蝌蚪。防治方法是，在池边竖立1.5 m高的棍杆，顶端横放1块10 cm长木片，上面涂上黏胶，当翠鸟飞落在木片上时，木片歪斜，使翠鸟羽毛被黏胶粘住而落入水中溺死。

（潘红平）

第十九章 中国林蛙

中国林蛙是食、药两用的珍贵蛙种，俗称蛤士蟆、田鸡。雌蛙输卵管之干品入药，名"蛤蟆油""田鸡油"，是传统、显效的动物药材。《本草纲目》中记载，蛤蟆油性温，归肺、肾经，具有补肾益精、养阴润肺、补虚退热等功效。中国林蛙肉质细嫩，味道鲜美，营养丰富，是深受人们青睐的名贵肉食品；蛙卵、蛙头、蛙肝、蛙皮等，也是制造美容及保健品的上好原料。中国林蛙具有较高的经济价值，在国内外市场上畅销不衰，具有广阔的开发前景。

第一节 中国林蛙的生物学特性

一、分类与分布

中国林蛙在分类学上属于两栖纲、无尾目、蛙科、蛙属。药用林蛙在我国有2种，即中国林蛙和黑龙江林蛙。中国林蛙在我国分布较广，主要分布的省份包括黑龙江、吉林、辽宁、河北、河南和山东，在安徽、江苏、四川、湖北、山西、陕西、宁夏、内蒙古、甘肃、青海、新疆和西藏也有分布，但东北地区为蛤蟆油的地道产地。

二、形态学特征

中国林蛙体型较小而修长（图19-1），体长40~50 mm。头部扁平，头的长宽相等或略宽；吻端钝圆。鼻孔1对，位于吻部背面，距吻端较近。吻棱较明显，眼间距大于眼径，或至少与之等宽；鼓膜显著，其直径约为眼长的1/2，上有三角形黑斑；锄骨齿位于内鼻孔后方，呈两短斜行；雄蛙具1对咽侧下内声囊。

图19-1 中国林蛙

前肢较短，四指细长，末端钝圆，指的长短顺序为3、1、4、2；关节下瘤、指基下瘤及内外掌突均甚显著；雄蛙前肢较粗壮，拇指内侧有发达的黑色婚垫。后肢长而细弱，约为前肢长的3倍；胫长超过体长的1/2，胫跗关节前伸可达或超越眼部；左右脚跟互相重叠，趾间蹼呈薄膜状，蹼缘凹；趾长顺序为4、3、5、2、1；第3趾和第5趾几乎等长，关节下瘤明显。

皮肤略显粗糙，体侧有细小痣粒（皮肤小突起），口角后端颌腺十分明显；背侧褶在颞部形成曲折状，于鼓膜上方略向外斜，旋即折向中线，再往后方延伸直达胯部，背侧褶间有少许皮肤短褶。腹面皮肤光滑。

中国林蛙体色变异较大，不同季节和不同产区其体色有所区别。冬眠和产卵期间体背及体侧为黑褐色，有些个体为土黄色或灰色，夹杂褐斑。鼓膜处有三角形黑斑；两眼之间常有一黑横纹，或在头后方有"八"字形黑斑；背侧褶有的呈棕红色；背部及体侧的疣粒上有的围以黑色；四肢背面有显著的黑横纹，有些个体不明显；前臂基部腹面，通常有一块长形黑斑。腹面乳白色，腹后部及大腿腹面为浅黄绿色。雄性腹面的典型颜色为白色带褐斑，有的褐斑多些，有的褐斑少些。

三、生活习性

中国林蛙与其他蛙类不同，一年的生活可分为陆地生活的森林生活期及水中生活的冬眠期和繁殖期几个不同阶段。

（一）森林生活期

中国林蛙成蛙春季繁殖后，经过短暂的生殖休眠，5月初即开始进入山林转入森林生活期，直至9月中下旬气温降到平均10 ℃左右时结束。

1. 森林生活期的特点　中国林蛙栖息的森林类型主要为阔叶林。在东北主要栖息在以桦、栎、杨、榆、椴、槭等树木为主的杂木林中；在长白山一带，针阔混交林也是中国林蛙栖息的主要林型。中国林蛙不喜欢栖息在针叶林中，尤其是落叶松林。

中国林蛙不仅对森林的类型有选择性，对森林的坡向也有一定的选择性。春季刚进入森林时，中国林蛙多喜欢栖息在阳坡，而且经常在林缘、荒地里活动；到了盛夏季节，中国林蛙多转移到阴坡，生活在阴坡的森林中。这种生活场所的变更主要是由于气温的变化所决定的。

中国林蛙在森林中的活动有一定的范围和规律。它的活动范围是以其冬眠和繁殖的水域为中心，在其四周相对固定的森林内活动。活动范围的大小因条件而异，有的可离开冬眠场1 000 m，有的远离冬眠场2 000 m，但一般不超过3 000 m。

2. 森林生活期的阶段　中国林蛙森林生活期大体可分为上山期、森林生活期和下山期3个阶段。

（1）上山期。成蛙从生殖休眠之后，沿潮湿的植物带上山，这一时期为上山期，历时20～30 d。二年生幼蛙4月末从冬眠河流出来后，在陆地土壤中经过短暂休眠，与成蛙同时进入森林。农田对中国林蛙通过十分不利，尤其是大片农田，对幼蛙更是天然障碍，当遇到干旱缺雨天气，幼蛙常因干旱而死亡。中国林蛙进入森林即从山脚下向山上移动。

（2）森林生活期。从5月中下旬到8月末为中国林蛙的森林生活期。这一时期是中国林蛙摄食最旺盛的时期，也是中国林蛙一年中的主要生长发育时期。

（3）下山期。从9月开始，气温开始逐渐变冷，当气温下降到15 ℃以下，中国林蛙就开始从山上向山下移动。首先是从较高的山顶向下移动，山坡的中国林蛙也逐渐开始向山脚下移动，大约在9月中旬，多数中国林蛙已经移到山下沟谷。当气温下降到10 ℃左右，林蛙即陆续入水冬眠。

（二）冬眠期

中国林蛙的冬眠期，从9月中下旬开始，到翌年4月初或4月中旬结束，约6个月。中国林蛙的冬眠主要受温度变化影响。冬眠可相对地划分为4个时期，即入河期、散居冬眠期、群居冬眠期和冬眠活动期。

1. 入河期　从9月中下旬开始到10月初结束，为期半个月。中国林蛙在这个时期陆续从陆地进入水里。这时的气温和水温均在10 ℃以下，否则中国林蛙不入水冬眠。

在整个入河期，中国林蛙在水中的生活是不稳定的，水温高出10 ℃，中国林蛙则重新登陆上岸，在岸上活动，甚至重新开始捕食，或者潜伏在水边的石块下面。待温度下降，中国林蛙再进入水中生活。

2. 散居冬眠期　从10月初开始到11月初结束，约1个月时间。这一时期的中国林蛙广泛分布于水体各处，无论急流或缓流、深水或浅水、水边或河边，都有中国林蛙栖息。

3. 群居冬眠期　从11月之后到翌年的3月中下旬，5个月左右的时间。这一时期，中国林蛙有明显的集群现象，几十只甚至成百上千只中国林蛙集中到一个冬眠场所（如树洞里、大石块下面的空隙等），相互拥挤堆积在一起，形成一个中国林蛙堆或中国林蛙团；少数中国林蛙分散冬眠。

4. 冬眠活动期 从3月末到4月中旬，约10 d时间。这一时期的中国林蛙冬眠群体分散，在河里短距离游动，但不上岸。从生理活动方面看，此时雌蛙处于跌卵期，卵细胞从卵巢跌落体腔，经输卵管进入子宫；雄蛙精巢发育，大量精子发育成熟，为繁殖期做好生理准备。

（三）繁殖期

每年4月初到5月初，约1个月的时间，是中国林蛙出河、抱对和产卵的时期，即繁殖期。

1. 出河 中国林蛙不能在其越冬的河流产卵，繁殖期必须从其越冬的河流里出来转入静水中产卵，这个过程称为出河阶段。

中国林蛙解除冬眠出河，主要受气候条件影响。出河的适宜温度是：气温5 ℃以上，水温3 ℃以上。

2. 抱对 中国林蛙没有外生殖器，属体外受精。其产卵前的抱对行为，只是起着异性的刺激作用，引起雌蛙排卵，雄蛙排精，从而完成受精作用。

中国林蛙的抱对方式是腋抱型，雄蛙的两前肢紧紧抱住雌蛙的前肢腋部，手指在雌蛙胸部腹面相搭接；头部向下紧贴于雌蛙头后背面，后肢收缩盘曲，整个雄蛙体伏于雌蛙背部。

中国林蛙抱对时，正常状态下是一雄一雌，但有时也出现一雌多雄现象，即2个或3个雄蛙同时拥抱一个雌蛙。个别情况还出现两雄相拥的现象。

3. 产卵 中国林蛙对产卵场具有一定的选择性，主要选择水层浅（1 m以下）、水面小（几十平方米）的水域产卵。

中国林蛙经过一定时间的抱对后，即开始排卵。产卵的最低水温为2 ℃，最适宜水温为10 ℃。雄蛙在雌蛙排完卵后，大多数立即松开前肢，离开雌蛙，游向别处。少数雄蛙继续拥抱1 min左右再离开雌蛙。雌蛙排完卵后，在产卵原地停止不动，处于昏迷休克状态，休克时间平均5~6 min。然后缓慢恢复活动能力，登陆上岸，进行生殖后休眠。

雌蛙每次只产1个卵团，每年产卵1次。产卵数量随年龄有显著差别，二龄林蛙平均产卵1 300粒，三龄林蛙平均产卵1 800粒，四龄以上林蛙平均产卵2 300粒。

4. 生殖休眠 中国林蛙在繁殖之后，即潜入土壤中进行生殖休眠。雌蛙产卵之后都进行生殖休眠，而雄蛙则有一部分个体，尤其是没得到配对机会的个体，不进行休眠。生殖休眠的生物学意义是恢复生殖过程中的体力消耗，具有产后修养的作用。

中国林蛙的生殖休眠场所主要在其产卵场附近的农田、林缘等潮湿的地方。休眠的中国林蛙潜伏在比较疏松的土壤里面，或钻进树根、石块及枯枝落叶层的下面，潜入土壤深度为3.5~5 cm。

中国林蛙的生殖休眠多是单独分散休眠。休眠的时间为10~15 d，一般从4月中旬开始到5月初结束。当土层温度稳定在10 ℃以上时，中国林蛙解除生殖休眠，转入森林生活期。

第二节 中国林蛙的繁殖

一、种的选择

人工养殖林蛙，可以用种蛙繁殖，亦可捞取卵团进行繁殖。在养蛙第1年和第2年要靠采集野生蛙作为种蛙，第3年可用自己生产的蛙作为种蛙。在选择种蛙时，主要应考虑蛙龄和体型。

1. 蛙龄 二年生至四年生是中国林蛙的壮年群，生命力旺盛，怀卵量多，繁殖力强，适宜作为种蛙。但三年生和四年生中国林蛙在种群中数量较少，一般选择生长发育良好的二年生中国林蛙作为种蛙。

2. 体型 选择个体较健壮者作为种蛙。二年生雌蛙体长必须达6 cm以上，体重不应低于26 g；三年生雌蛙体重不能低于40 g；四年生雌蛙体重应在54 g左右。

二、人工产卵

人工产卵一般采用产卵箱产卵法和水池散放产卵法。

1. 产卵箱产卵法 这是一种简便有效的方法，是将种蛙控制在产卵箱里产卵。

（1）产卵箱制作。产卵箱规格是60 cm×70 cm×50 cm。产卵箱是木质框架结构，箱底安装孔径1.21 mm铁纱网或用塑料窗纱。四周围以塑料薄膜，用细木条或枝条加钉固定压紧。箱的上口敞开，不加盖。

这种产卵箱的优点：一是箱内保持静水条件，水由箱底纱网进入，水面不流动，适应中国林蛙静水产卵的特性。二是水温较高，白天日照塑料薄膜起加温作用，白天箱内水温比水池温度高出1℃左右，有助于加快中国林蛙的产卵速度。三是由于产卵箱侧壁用塑料薄膜制成，种蛙跳（爬）不出来，能有效地控制其在箱内产卵。

(2) 种蛙投放。产卵时将产卵箱放在产卵池里，箱内保持10 cm水层。如果池水较深，可用砖石把箱底垫起，使箱内保持浅水层。除这种水平放置产卵箱的方法外，还可以倾斜式放置产卵箱，使产卵箱一侧水深，一侧水浅。深水侧15～20 cm，浅水侧10 cm。产卵箱的深水一边，可供中国林蛙配对时活动；浅水一边可供中国林蛙排卵或休息。产卵箱在产卵池放置时，可根据池型排成纵列或横列，箱与箱之间距离保持20 cm。

产卵箱里种蛙投放密度，要体现"稀"的原则，一般每箱放30～50对种蛙较为合适。种蛙密度不能过大，否则因种蛙活动相互冲撞，不但冲击正在产卵和排精的种蛙，而且将排出的卵团冲散，使卵团散碎损失。

种蛙放进产卵箱的时间，一般应在16:00～17:00。在24:00之前种蛙鸣叫，追逐配对，24:00之后开始产卵，正常条件下大部48 h排卵完毕。

(3) 捞卵方法。产卵之后开始捞卵，捞卵工具是小型操网。捞取卵团要按时进行，每小时捞卵1次。刚排出的卵团暂不捞取，要捞取直径5 cm以上的卵团。捞卵时不要触动正在排卵的种蛙。有时卵团与产卵箱底粘连，要用手将卵团剥离下来，再用网捞出。

产卵过程中必须坚持按时捞卵，切不可夜间停止捞卵。卵排出时间久了，卵团吸水膨胀，相互粘连成一块，无法捞取，只好将卵团撕碎，分割成小块捞取，在撕开分割过程中必然使一部分卵粒破碎，造成损失。如果不按时捞卵，卵团吸水膨大，占据产卵箱的面积，还会影响其他中国林蛙产卵。

2. 水池散放产卵法 为保证种蛙在水池内产卵，必须在水池四周设立塑料薄膜围墙，防止种蛙外逃。塑料薄膜产卵孵化池，加上围墙就可作为中国林蛙散放产卵池。

(1) 围墙修建方法。在池埂外侧按1 m距离设立木桩，木桩地上高度1.3 m，地下高度25 cm。木桩直立或略向内倾斜。木桩上横向连接细木杆，用钉或铁丝将木杆固定在木桩之上，塑料薄膜放在木桩里面，拉直展平，用钉加木条（或树枝）将薄膜固定在木桩之上，薄膜上边固定在横杆上，下边用土压在池埂上。注意塑料薄膜必须平整，不能有大的皱褶，防止种蛙沿皱褶攀登而逃出池外。

(2) 种蛙投放。产卵时将种蛙按雌雄比例直接散放到水池中，密度是每平方米50对，12 m^2 水池可同时投入600对种蛙。

水池散放产卵法与产卵箱产卵法相比，场地较宽阔，接近中国林蛙天然产卵场的条件，因此配对和产卵速度都比较快。其缺点是卵团容易被泥沙污染，影响蛙卵孵化率。

(3) 捞卵方法。与前述产卵箱产卵法相同，要按时捞卵。有时卵团被泥沙污染，严重时可用水冲洗之后再送到孵化池。

采用水池散放产卵法时，池面较大，不便捞取种蛙，随时捞出已产卵的雌蛙比较困难，可采取在池埂上放置枯枝落叶的办法，供产卵雌蛙暂时登陆休眠。另外，在产卵三四天后，对产卵池进行清理，将已产卵的雌蛙和大部分雄蛙移出，送往休眠场。如不及时将产后雌蛙捞出送走，会出现严重死亡现象。

三、人工孵化

(一) 孵化前准备工作

蛙卵孵化前要做好准备工作，包括修整、补修产卵孵化池埂，清除池底淤泥等。修整之后，要在孵化前（至少3 d之前）放水灌池，并根据池型及土质条件，封闭进水口和出水口，贮水增温，为放卵孵化做准备。准备好孵化工具，如孵化筐和孵化箱。要对已有的孵化筐（箱）进行维修，并根据需要补编一部分。

(二) 孵化条件

中国林蛙是早春低温条件下产卵的蛙类，胚胎发育和孵化是比较耐低温的。卵在其发育和孵化过程中，各阶段对温度要求不同。从卵裂开始，一直到囊胚期，对低温有很强的适应性和抵抗能力，能在水温2℃左右正常发育，但发育速度缓慢，这个时期的适宜温度为5～7℃。原肠胚阶段要求比卵裂时期高一些的温度条件，最低水温应在5～6℃，适宜水温是8～10℃。神经胚时期，最低水温应是7～8℃，适宜水温应在12℃左右。神经胚之后一直到孵化期的最后阶段，适宜水温应为10～12℃。

蛙卵孵化池的水质必须干净，泥沙含量要低，尽量保持静水条件，以减少泥沙对卵团的污染。

在自然条件下，中国林蛙胚胎是在中性条件或酸性条件下发育的，pH 为 6~7，但不能在碱性条件下发育。

（三）孵化的方法

中国林蛙蝌蚪的人工孵化有孵化筐孵化法、孵化箱孵化法和散放孵化法等。

1. 孵化筐孵化法 孵化筐用枝条编织而成，圆形，直径 80 cm，高 30 cm。使用孵化筐孵化，可用 2 种方法进行。

（1）孵化筐集中孵化。将孵化筐集中放在孵化池进行孵化，每个孵化筐放 10~12 个卵团，每个孵化池（12 m²）可放 10~12 个孵化筐，共可孵化卵团 100~144 个。孵化池水深保持 25~30 cm，孵化筐内水层保持 15~20 cm。

孵化筐集中孵化方法的优点是管理方便，水温易于控制，可以采取晒水升温等措施提高孵化池水温。但孵化到一定阶段要进行疏散。疏散的时间应当在胚胎发育的尾芽期至心跳、鳃血循环期之间，用细孔捞网将卵块捞出，装入水桶，按放养密度放到蝌蚪饲养池中。卵块疏散到饲养池里之后仍要装在孵化筐里，让蛙卵在饲养池里继续完成最后的孵化过程。饲养池里的孵化筐要放在池中水流缓慢而平静之处，避开进水口和出水口，防止水流的冲击。筐底要用石块垫起，新修池子的池底泥浆容易混浊，更需将筐垫起。在已经使用几年的老池子，池底长有杂草，泥沙固定，不易混浊，筐底亦可不垫石块，直接与池底接触。孵化筐还要用木桩固定，以防风吹在池内漂动。

孵化筐集中孵化法必须在蛙卵孵化出蝌蚪之前实行人工疏散。如果已经孵化蝌蚪出膜，必须停止疏散，等蝌蚪生长 10 d 左右才能进行疏散。

（2）孵化筐分散孵化。将孵化筐放在蝌蚪饲养池分散孵化。即将产出的卵团直接送到蝌蚪饲养池的孵化筐里进行孵化。12 m² 的饲养池，放 1 个孵化筐，筐里放 12 个卵团，在卵团多、孵化池不足的情况下，亦可每池放 2 个孵化筐，共投放 20 个卵团。

2. 孵化箱孵化法 孵化箱类似产卵箱（产卵箱亦可用来作孵化用），规格为 50 cm×60 cm×30 cm。制作方法同产卵箱。孵化箱箱底铁纱孔眼大小为 0.5~1 cm，以孵化出来 1 周左右的蝌蚪能自由钻出为标准。孵化箱四周除用塑料薄膜包围外，也可采用塑料窗纱包围在框架四周。用窗纱包围的孵化箱，温度和池温相同，但比塑料薄膜包围的孵化箱水体更新速度快。

将孵化箱放在蝌蚪饲养池。上述规格的孵化箱可放卵团 12~15 个，在 3 m×4 m 的饲养池，每池可放 1 个孵化箱。放置孵化箱时，要使箱底离开池底，如果孵化箱没有支柱，可用木块、砖石等垫起。孵化箱内保持 15~25 cm 的水层。孵化箱要放在池内水体较平静、水温较高之处，一般应放在离进出水口较远的地方。

无论孵化箱或孵化筐，当孵化 20 d 左右、蝌蚪离开孵化器而自由活动后，要及时将孵化器从水池中取出晒干入库保存，以备来年再用。但注意从水中取出孵化器时，要反复冲刷，将附着的小蝌蚪放入水池，以防将其随孵化工具带上岸干死。

3. 散放孵化法 散放孵化法是指将蛙卵直接放到蝌蚪饲养池里，使孵化与蝌蚪饲养结合在一起的方法。与前 2 种孵化法的区别在于不用孵化器，蛙卵直接放入水池中孵化。

具体做法是：从产卵池取出蛙卵，按每平方米水面 1 团卵的投放密度将卵团放入水池。如果饲养池子少，密度可大一些，多投放些卵团，每平方米放 3~5 团，待孵化之后再进行蝌蚪疏散。

卵团散放在池中常常被水流冲击或风吹，聚集到一块，影响孵化，要采取措施，使卵团稳定在一定区域。可将树木枝条放在池中，摆成方格形，每格 1 m² 或 2 m²，把卵团分隔在方格之中，能避免卵团在池内漂移聚堆。亦可在水池里拉草绳，形成许多方格，将卵团稳定在方格中。割些枝条散乱放在池里，也能起到稳定卵团的作用。

水池孵化，虽然被人们所采用，但其缺点很多。最主要的问题是容易形成大量沉水卵，胚胎死亡严重，孵化率低。

（四）孵化过程的管理

1. 加强对孵化池灌水的管理 应当尽量减少孵化池水的更换速度，让水在池中贮存时间长一些，使水温升高，促进蛙卵的孵化过程。一般在孵化池灌足水之后，封闭入水口和出水口，当孵化池水位下降之后再进行补充灌水。

灌入孵化池的水必须清洁，泥沙含量低；水质混浊会污染蛙卵，形成孵化率极低的沉水卵。解决的办法是，在孵化池之前修一个沉淀池，经过沉淀之后的水泥沙含量低，再灌入孵化池会减少对蛙卵的污染。

2. 预防低温冷冻 蛙卵孵化初期，山区气候多变，常出现降雪冰冻，有时冰层达1 cm。卵团漂浮在水面时，表层胚胎易受冰冻而死亡，有时卵团表面胚胎被冻死二三层，损失很大。

防寒的措施，可根据天气预报，在冰冻出现之前采用草袋等物覆盖蛙卵，减轻冰冻，保护卵团。还可采取加大灌水量，提高孵化筐（箱、池）的水位，并将孵团沉入水库的方法，防止受冻。有效的办法是专人夜间看管，每隔20～30 min用扫帚、操网等工具将卵团压入水下并搅碎冰层，不使卵团冻结在冰层里。

3. 适当翻动孵化卵团 如果降水量适宜，空气湿润，基本上不用翻动卵团。如果干旱缺雨，气温25～28 ℃，空气干燥，漂浮在水面的卵团表面的胶膜水分蒸发，胶膜变硬变脆，胚胎会因干燥而死亡。为避免胚胎干燥死亡，可用木板、扫帚、操网等工具将漂浮的卵团轻压入水中，使卵团浸水湿润。还可以用洒水的方法，使卵团表层湿润。

4. 经常检查孵化质量 孵化质量的检查主要针对以下几个方面。

① 检查水温情况。如果水温低，应及时采取措施升温，以保证蛙卵的正常孵化。

② 检查蛙卵有无污染。如果卵膜晶莹透明，说明蛙卵没有污染，如果卵团变成土黄色，卵胶膜黏一层泥沙，说明水质不清洁，蛙卵已被污染。这时要改进灌水技术，排除污染的水，灌入新鲜干净的水。

③ 检查有无沉水卵。如发现蛙卵沉入池底，并粘连在池底泥沙之上，表面粘一层泥沙，呈土黄色，证明出现沉水卵。

④ 检查卵团是否在放入孵化池3 d之后已浮出水面。如果卵团已浮出水面，在卵粒胶膜之间出现大量气泡，卵团由球形变成片状，证明卵团没有被泥沙污染，孵化状况良好。

⑤ 检查蛙卵发育速度是否整齐一致。在正常情况下，同一团蛙卵发育速度基本一致，相差不多。

⑥ 检查胚胎死亡情况。如发现有较多的蛙卵停止发育，如同一团卵有的已经发育到尾芽期，有的则停留在神经胚阶段，说明停止发育的卵已经死亡。

第三节　中国林蛙的饲养管理

一、蝌蚪的饲养管理

（一）蝌蚪放养密度

根据蝌蚪的日龄，确定合理的密度。一般情况下，蝌蚪日龄小，耗氧量低，食量小，可以密集饲养。随着蝌蚪的生长，耗氧量增加，食量也增加，活动增强，需进行疏散，降低密度。要根据水量情况确定放养密度。如果蝌蚪饲养池内人工投饵及天然饵料充足，蝌蚪放养密度可略大。

从孵化到15日龄，每平方米水面2 000～3 000尾；5～25日龄蝌蚪，每平方米2 000尾左右较为适宜；25日龄直到变态期，要实行低密度养殖，每平方米保持1 000～2 000尾。

（二）蝌蚪的饲养方法

中国林蛙蝌蚪在自然野生状态下，其食物成分可分为植物性食物和动物性食物两类。藻类是蝌蚪的基本食物成分，主要有硅藻和绿藻。硅藻之中常见种类为丝状硅藻、纺锤硅藻、新月硅藻。绿藻中有水绵、盘藻。蝌蚪还可啃食某些水生高等植物的幼芽及幼苗，如泽泻、眼子菜、茨藻、浮萍以及稗等。某些植物枯叶，如泽泻叶、椴叶等，经水浸变软之后，蝌蚪可将叶肉及表皮吃掉，剩下网状叶脉。蝌蚪的动物性食物，主要是动物尸体，有时偶然发现蝌蚪吞食少量浮游动物。动物尸体，包括死亡的水昆虫及其他无脊椎动物，死亡的鱼类及蛙类，均可被蝌蚪取食。

1. 生长初期（1～10日龄） 蝌蚪孵出3 d内不觅食，依靠从卵黄中带来的营养维持生命，过早喂食反而导致其死亡。3 d后蝌蚪的活动量明显增加，两鳃盖完全形成时开始觅食，按每万尾蝌蚪投喂1个蛋黄的标准定时投喂，并适当加入一些水中天然浮游生物，如水蚤、藻类。

刚孵出的蝌蚪，身体弱小，对外界环境，特别是水温、水质、光照敏感。水温低于20 ℃或高于30 ℃，水中溶氧量不足，pH高于8或低于6时都会影响小蝌蚪的生长甚至造成死亡。因此,在水质管理上要求细水长流,清新无污染,水温保持在 20～29 ℃,pH 6～8。

2. 生长前期（10～20 日龄） 小蝌蚪 10 日龄以后,食量增大,生长发育加快,开始寻找新的食物,但其消化功能仍然不强,此时饲养的好坏直接影响到蝌蚪的成活率。因此,在饲养上必须补充饵料,以满足其生长发育的需要。主要以营养丰富的糊汁食物为主,如蛋黄、玉米粉,并辅以细嫩藻类植物等。白天或晚上投放食物均可,每天 1 次,但要定时。投饲量一般为每 1 500 尾蝌蚪每天投喂 1 个蛋黄。

10～20 日龄的蝌蚪在管理上要求保持池水清洁,以防止中毒。做到每天换 1 次池水,水的深度以 10～20 cm 为宜,同时池水应避免太阳光直射。

3. 生长中期（20～50 日龄） 此时蝌蚪的消化功能不断增强。为促进蝌蚪消化道的尽快发育,适应两栖类某一特定蝌蚪期"食草性"的生物特性,20 日龄后蝌蚪除投饲糊汁食物外,应投喂植物性食物和藻类植物,如浮萍。这一时期蝌蚪的饲养管理比较简单,开始以植物性食物为主,以动物性食物为辅,逐渐过渡到以动物性食物为主。动物性食物的增加会加速蝌蚪的变态,植物性食物则能促进其个体长大,故平时应混合饲喂。

管理上要注意保证池水清洁,不受污染,每天清除池内食物残渣。饲养密度以每平方米 300～500 尾为宜,这样蝌蚪就能正常生长发育。到 50 日龄时,有些蝌蚪长出后脚。到这一时期蝌蚪成活率可达 95%,如果水温偏低,该期的时间将会更长。

4. 生长后期（50～78 日龄） 这一时期是蝌蚪转化为幼蛙的关键时期,蝌蚪在此期要长出后肢和前肢,并且由水生转化为水陆两栖。这一时期的饲养管理见变态期蝌蚪的饲养管理。

蝌蚪进入变态期到变态完成需 10 d 左右,进入变态期的蝌蚪变态率可达 95% 左右。

(三) 灌水技术

1. 单灌法 每个池子由灌水支渠直接灌入新水,其废水又直接排入排水渠,是一种单灌单排的灌水法。

2. 串灌法 数个池子连在一起灌水,甲池由支渠灌入水,经由乙池、丙池等,再排出池外。串灌法的优点是节省用水,并且后面池子水温较前面池子高,比单灌法容易提高水温。

在蝌蚪幼小阶段,密度不大的情况下,可用串灌法,有助于提高水温,促进蝌蚪生长。串灌法的缺点是由于后面的池子接受前面池子排出的水,水质受蝌蚪排泄物的污染,溶氧量低,对后面池子里的蝌蚪有影响。因此,串灌的池子不能太多,一般以 3 个为限。

二、变态期蝌蚪的饲养管理

正常情况下,中国林蛙蝌蚪生长发育到 50 日龄左右,腹部收缩,出现前肢,并停止摄食,进入变态期。根据蝌蚪的变态特征,及时将变态蝌蚪送往放养场内的变态池,并加强变态幼蛙的饲养管理,是中国林蛙生产的关键环节。

(一) 变态期蝌蚪的饲养管理

蝌蚪变态池有 2 种,即流水变态池和塑料薄膜变态池。

1. 流水变态池的管理 在蝌蚪变态期,仍需不间断地向变态池供水,灌水方法与蝌蚪饲养池灌水方法相同。在出水口也要加拦网,防止蝌蚪顺水逃走。由于变态场设在森林边缘或森林之中,水源多是山间溪流或泉水,水温度低,在灌水管理上要设法提高水温,促进变态的过程。

蝌蚪变态适宜温度为 20～26 ℃,在此温度范围内蝌蚪变态速度快而且变态正常;中国林蛙蝌蚪变态最低水温为 15 ℃,低于 15 ℃ 不出前肢或延缓出前肢的时间（长达 15 d 以上）。提高水温的方法是,在灌水渠上修数个晒水池,经过日晒升温之后再灌入变态池。

2. 塑料薄膜变态池的管理 塑料薄膜变态池的管理工作比流水变态池更加重要,原则上需要每天换水,每次需更换原水量的 1/3～1/2。换水时使用勺、盘等工具将变态池中的水盛出,倒入纱布网中过滤,将蝌蚪滤出放回池内。注意将池底沉淀物、蝌蚪的粪便等清理出去,重新灌入新水。

在一般情况下,池水不需全部更换,可进行部分更换,这样既可以使池水保持较高的温度,利于蝌蚪的变态,又能节省工时。要继续投放食物,供应尚未变态的蝌蚪的食物。注意防除天敌,主要防除鼠类的危害。在投放玉米面等精饲料时,容易招引鼠类到变态池偷食,并食害蝌蚪。

（二）变态幼蛙的饲养管理

变态幼蛙，是指完成变态1周左右尚留在变态场范围内活动的幼蛙。变态幼蛙在刚变态登陆时，基本不吃食物。当尾部完全吸收之后开始摄取食物，大批开始摄食时间出现在尾部吸收后 22～26 h。

变态幼蛙已经完全脱离水池而在陆上生活，栖息在变态池及其附近 4～5 m 内的树木草丛之中，潜伏在枯枝落叶下面，或藏在密集草丛中。

1. 变态幼蛙对环境的要求 变态幼蛙要求生活在潮湿的环境中，其栖息环境空气相对湿度必须在 60% 以上，适宜的空气相对湿度应为 80%～90%。空气干燥对幼蛙有致命的危险。幼蛙处于干燥空气中，体表水分蒸发，当蛙体失水而体重减少 20% 左右即死亡。在蝌蚪变态期发生干旱，会造成幼蛙大批死亡。

2. 变态幼蛙对食物的要求 变态幼蛙的食物组成主要是地面枯枝落叶层的表层活物的小型动物，当土壤小动物出现在枯枝落叶层的上面活动时，幼蛙才能发现并进行捕食。食物中出现频次最多的是内口纲弹尾目、蛛形纲蜱螨目，分别占总频次的 47% 和 63.1%；其次是双翅目和膜翅目，出现频次分别占 36.8% 和 26.3%。幼蛙捕食的动物是微小的生物，体长一般为 500～600 μm，最小的螨类为 385 μm，最大食物为鳞翅目的幼虫，体长 4.5 mm。变态幼蛙的食量很小，测量体长平均 12.6 mm 的变态幼蛙，每只平均食量为 2.2 mg。

3. 变态幼蛙的饲养管理 在人工管理上应采取以下措施。

（1）选好变态池地址。在建变态池时，尽可能选择建在土壤肥沃、动物丰富之处，以保证变态幼蛙有较充足的食物。即使如此，在人工放养密度较大条件下，也会出现缺乏食物问题。采取补充土壤动物的办法，可解决食物不足问题。从其他土壤动物丰富之处，采集枯枝落叶层之下的表层及腐朽枝叶土壤（其中含有丰富的土壤小动物），运送到变态池附近，用耙子搂起枯枝落叶，将新运来的土壤平铺在原来的土壤之上，保持 4～5 cm 厚的土层，再将枯枝落叶铺放在土层之上。这样在变态池附近幼蛙栖息地，土壤动物有所增加，可以补充幼蛙食物的不足。

（2）增加环境中动物的数量。翻动枯枝落叶层，破坏土壤动物的栖息环境，使土壤动物活动起来，一部分出现在土壤表面，或出现在枯枝落叶层表面，这样变态幼蛙就比较容易在枯枝落叶层表面或土壤表面捕获食物。

（3）防止变态幼蛙干旱死亡。一种措施是在变态池附近幼蛙密集处加遮蔽物，如树枝、蒿草等，以造成比较低温、湿润的生活条件。幼蛙可以在遮蔽物的保护下，避免干旱的袭击，减少死亡。另一种措施是在幼蛙密集处喷水，使其生活环境保持湿润，温度降低，可以有效地保护幼蛙。一般可以用铁桶洒水，亦可用喷壶洒水。每平方米洒水 2～3 kg，每天上午洒 1 次。在高温干旱比较严重的情况下，中午洒水 1 次，以达到降温作用。在养殖规模较大的养蛙场，可以用农业喷灌设备对变态池附近幼蛙栖息地进行喷水。

三、人工放养

（一）一龄幼蛙的放养

一龄幼蛙是指 1 周岁的幼蛙，即由前一年的蛙卵发育成的幼蛙。到了一龄幼蛙期，蛙本身生活能力增强，其成活率在 50%～80%。因此，要精心保护一龄幼蛙，选择好放养场地，实行集中放养。放养方法可分为春眠前放养法和春眠后放养法。

1. 春眠前放养法 幼蛙在放养池里进行春眠。在放养场温度条件较好时，如积雪融化，土层解冻，最好实行春眠前放养。春眠前放养可以省去保管春眠幼蛙的麻烦，节省工时。

幼蛙在出河之后，首先要进行清理和称重计数。出河时幼蛙可以用麻袋或塑料编织袋盛装，计数时将混入幼蛙之中的石块、树枝、树叶等杂物捡出，再将蛙放入水中，将蛙体分泌的黏液冲洗干净。

放养幼蛙要选气候较温暖的天气，白天气温应在 7～10 ℃。如果气候条件不好，天气寒冷，可以暂停放养，待气温升高之后再进行放养。幼蛙的放养时间，在吉林省是 4 月中旬至 4 月末。

幼蛙放养密度要根据放养场的条件而定。条件好，幼蛙食物丰富，密度可以大一些；条件差一些的放养场，可适当降低密度。最低密度为每 1 000 m² 放养 2 kg（640～660 只）。最高密度为每 1 000 m² 放养 6 kg（1 920～1 980 只）。

幼蛙放养方法分为散放法和埋藏法。

（1）散放法。是将幼蛙分散放养在预定放养面积上。放养时，将幼蛙装在麻袋里或水桶里，用手抓出散放在林下枯枝落叶层上，让幼蛙自己寻找场所，潜伏在枯枝落叶层里，进行春眠。散放时不要将幼蛙抛得又高又远，避免幼蛙受伤，应尽量接近地表将幼蛙放下。散放时要均匀，不要把幼蛙抛在一起。在散放一定面积之后，要检查1次，将少数没有潜入落叶层而停留在外的幼蛙埋入落叶层里，不要暴露在外面，避免被天敌吃掉。

（2）埋藏法。是将幼蛙埋藏在枯枝落叶层下面的土壤里。用锹或耙子扒开枯枝落叶层，将表土挖10 cm深，可挖成直径25～30 cm的穴状，亦可挖成长50 cm、宽10 cm的条状沟，每穴状坑放幼蛙200～300 g（60～100只），条状沟可放300～400 g幼蛙。一边放蛙一边用土和枯叶将蛙埋上，幼蛙在穴状坑（条状沟）内可以相互接触，但不要堆压在一起。用树叶和土混合覆盖3～4 cm，外面再用树叶盖上，但不要压实，保持蓬松状态，以利空气进入供幼蛙呼吸。春眠期间幼蛙经常活动，当降雨或温度上升时，幼蛙则从土壤里出来，多数另寻新场所潜入枯枝落叶下继续春眠。

2. 春眠后放养法 幼蛙集中在繁殖场度过春眠之后再送往放养场。当春季气候条件不适宜，如遇寒潮和低温等，在不能实行春眠前放养的情况下，可以采用春眠后放养法。这种方法的关键是加强春眠管理，使幼蛙安全度过春眠期。

集中春眠的方法是：挖春眠坑穴，深30 cm，长度和宽度依据幼蛙的数量而定。100 cm×50 cm的坑穴，可容纳5～8 kg幼蛙春眠。挖出坑穴之后，先铺垫5 cm厚松软的山皮土，在土上面加20 cm厚的枯树叶。在幼蛙春眠坑穴四周设立塑料薄膜围墙，防止幼蛙逃逸。将幼蛙放进坑穴，幼蛙便自动钻进枯叶之中。多数幼蛙在30 min左右先后进入树叶之中春眠，少数幼蛙可能在外边停留时间长一些再钻进树叶里。用喷壶往树叶上洒水，使幼蛙有湿润的春眠环境。树叶层的温度在5 ℃左右，幼蛙春眠比较安静，当温度升到10 ℃以上，幼蛙就不能进行安静春眠，自动解除春眠。这时必须从春眠坑穴中将幼蛙全部取出，送到森林放养场里放养。

放养方法参照春眠前放养法。

（二）种蛙的放养

雌蛙产卵之后立即进入产后休眠，所以在产卵后数小时内，一定要将雌蛙从产卵场移出，并立即送往放养场，使之及时进行产后休眠。种蛙放养密度以每1 000 m² 500～1 000只为宜，最多不超过2 000只。

种蛙繁殖之后，死亡情况严重，尤其是雌蛙死亡率更高，即使管理较好，死亡情况也难以避免。林蛙产卵后的死亡原因尚不清楚，估计雌蛙可能与产卵的体力消耗有关。经过长达6个月的冬眠期，体内物质消耗很大，再经出河、进入繁殖场、产卵，体内营养物质基本消耗殆尽，因此产卵之后已很虚弱，外界条件稍不适宜，就可能导致死亡。雌蛙的死亡少数发生在产卵过程中，比如产卵后即死亡，多数发生在生殖休眠期。最有效的防止措施是在产卵之后，尽快送往条件适宜的场所让蛙进行生殖休眠。

休眠场的条件，参照一龄幼蛙放养场选择条件。

四、成蛙的越冬管理

根据中国林蛙的越冬水域，可分为以下几种越冬管理。

（一）中国林蛙在山涧溪流越冬的管理

中国林蛙在山涧溪流中越冬，成蛙多数集中到深水区越冬，在11月大量向深水区集中，形成很大的越冬群体，但在浅水区也仍然有少量中国林蛙分散越冬。幼蛙绝大多数也是集中到深水区越冬，其越冬状态与成蛙不同，不形成越冬群体，而是分散越冬。利用山涧溪流越冬，需加强管理，主要工作一是经常检查溪流的水流情况，主要防止冻干断流，凡是出现淹水的河段，一定是河水冻干断流，必须在刚刚断流时，采取措施恢复水流；二是预防天敌的危害，冬季中国林蛙的天敌主要是黄鼬，其洞穴在河岸附近，潜入冰层下进入水中捕食石块下及岸边泥洞中的中国林蛙。

（二）中国林蛙在越冬池越冬的管理

种蛙越冬池越冬法是目前最好的保存种蛙的方式，种蛙存活率高，死亡率低，简便易行，安全可靠。越冬池面积一般为100～200 m²，水容量为

200～400 m³。越冬池的位置要选在中国林蛙养殖区范围内，依靠中国林蛙对深水区的特殊感受能力，自动集中进入越冬池休眠过冬。

1. 越冬池越冬的方法 越冬池保存种蛙分为浅水贮存和越冬池越冬2个阶段。

(1) 浅水贮存阶段。也称贮蛙池越冬阶段。种蛙在贮蛙池内存放时间从9月中旬捕蛙开始，一直到10月末种蛙入越冬池时为止，为45 d左右。

贮蛙池类似产卵池，深60 cm×长5 m×宽3 m。池壁及池底可用砖石水泥修筑，亦可用塑料薄膜围墙，水口按对角线方式设置。池内水深保持40 cm。池水保持流动状态，不断更新，应在40～60 h基本更换全部池水。灌水口和排水口都要设拦网，以免中国林蛙顺水和逆水逃走。

(2) 越冬池越冬阶段。种蛙越冬须在10月末、11月初水温稳定在10 ℃以下时，5 ℃左右为最适宜温度。种蛙在越冬池内越冬的方式有散放越冬法和笼装越冬法2种。

① 散放越冬法。是将种蛙散放在越冬池里，让种蛙在池内自由寻找越冬场所。在种蛙入池之前，向池内投入一些中国林蛙越冬的隐蔽物，一部分中国林蛙可以进入人工隐蔽物中过冬。也可以不投放隐蔽物，让种蛙在池内聚堆过冬，这种方法对种蛙冬眠没有不良影响。越冬池冬眠可实行密集放养，放养密度每平方米水面可放300只左右，甚至可以更密集一些。

② 笼装越冬法。是将种蛙放在用铁丝、树木枝条等编织的笼子里，将笼和种蛙一块放入越冬池越冬，70 cm×60 cm×30 cm规格的铁笼，每笼可装500只种蛙。雌、雄种蛙可以混装，亦可分装。笼子里可放少量蒿草，供作种蛙越冬的隐蔽物。但亦可不加任何覆盖物，让蛙体相互挤压着群体过冬，效果也很好。

2. 越冬池越冬管理的注意事项

(1) 要经常检查和调整水位。初冬，种蛙刚入池，水量一般较大。要控制灌水量，减少水流的冲击，使种蛙安全休眠，避免其向池外流动。严冬1—2月，河水量一般较小，要增加灌水量，灌入较多的水，使池内水位稳定，防止水位下降。必须保持越冬池平均水深1.5～2 m，除去结冰层50～80 cm，尚有1 m多深的水层，可保证种蛙安全过冬。在越冬池不同部位打开几处冰眼，作为观察孔。从冰眼检查水位的变化，并检查种蛙的越冬状况。

(2) 检查池水的溶氧量。大体每升水含5 mg以上溶氧，种蛙即能安全过冬。如果越冬池溶氧不足，可打开冰眼以通空气，增加水的溶氧量。

(3) 随时检查种蛙的越冬状况。散放越冬的种蛙，可用操网从冰眼捞出来检查，观察有无死亡现象，有无天敌危害等。笼装越冬种蛙的检查可用钩子将种蛙笼提到冰眼处，从冰眼观察笼内的种蛙有无死亡现象。在严冬季节，需快速检查，时间稍长，蛙体皮肤被冰冻在铁笼上，皮肤破坏易引起死亡。

第四节 中国林蛙常见病虫害防治

一、疾病防治

(一) 黄皮病

【病原】本病由感染坏死性杆菌而引起。多发生于生殖期的成蛙。

【症状】皮肤由黑褐色变为黄色，体背及四肢背面的变化显著。皮肤变黄色以后很快死亡。观察患病中国林蛙皮肤的切片，可见到真皮层黑色素细胞收缩呈球形，黑色素细胞伸展开来，使皮肤呈现黄色。这种色素细胞的变化与夏季中国林蛙体色变化是相似的。黄皮病主要发生在春季产卵期及产卵繁殖之后的生殖休眠期。这是发病率最高、死亡最严重的疾病。

【防治】病因不明，没有有效的防治办法。一般用1.5 mg/L漂白粉溶液对场地消毒，用抗生素和维生素A有减轻病害的作用。

(二) 气泡病

【病因】水中浮游植物多，强烈光照条件下，植物光合作用产生大量氧气，引起水中溶氧量过分饱和；用土池时，地下水含氮过分饱和，或地下有沼气；温度突然升高，造成水中溶解的气体过饱和。这些过饱和的气体形成气泡，蝌蚪取食过程中不断吞食气泡，气泡在蝌蚪消化管内聚集过多便引发气泡病。

【症状】蝌蚪肠道充满气体，腹部膨胀，身体失去平衡仰浮于水面。严重时，膨胀的气泡阻碍正常血液循环，破坏心。解剖后可见肠壁充血。

【防治】投喂干粉饵料先用水稍加浸湿，植物性饵料煮熟以后投喂。勤换水，保持水质清新，控制池中水生生物数量。发现气泡病可以将发病个体分离出来，放到清水中，2 d 不喂食物，以后少喂一点煮熟的发酵玉米粉，几天后就会痊愈。另外可以向养殖池加入食盐进行治疗，每立方米水体加食盐 15 g。

（三）红腿病

【病原】红腿病又称败血症，由嗜水气单胞菌及乙酸钙不动杆菌的不产酸菌株等革兰阴性菌所致。本病一年四季均可发生，传染速度快，死亡率高。

【症状】发病个体精神不振、活动能力减弱、腹部膨胀、口和肛门有带血的黏液。发病初期，后肢趾尖红肿，有出血点，很快蔓延到整个后肢。剖检可见腹腔有大量腹水，肝、脾、肾肿大并有出血点，胃肠充血，并充满黏液。

【防治】保持水质清新，合理控制养殖密度，定时、定量投喂食物，及时将发病个体分离治疗，控制疾病蔓延。圈养要定期换水。用 3% 的食盐浸泡病蛙 20 min，用氯霉素与中国林蛙一起全池消毒，使水体浓度达到 10 mg/L，每天 1 次，连续 3 d。在饵料中加拌磺胺嘧啶，每千克饵料加药 1～2 g，连续投喂 3 d。

（四）脑膜炎

【病原】由脑膜败血性黄杆菌所致。该病比较少见，蝌蚪、幼蛙和成蛙均可感染此病。

【症状】病体精神不振，行动迟缓，食欲减退，发病蝌蚪后肢、腹部和口周围有明显的出血斑点。部分蝌蚪腹部膨大，仰浮于水面不由自主地打转，有时又恢复正常。解剖可见腹腔大量积水，肝发黑、肿大并有出血斑点，脾缩小，肠道充血。

【防治】引种时严格检疫，围圈养殖要勤换水。合理规划养殖密度。发病后可以用浓度为 3 mg/L 的红霉素溶液药浴，同时用漂白粉连池水与蝌蚪一起消毒，使水体浓度达到 0.3 mg/L。

（五）水霉病

【病原】本病由水霉菌所致。蝌蚪和越冬期的成蛙易患本病，由于有外伤而引发。

【症状】水霉菌的内菌丝生于动物体表皮肤里，外菌丝在体表形成棉絮状绒毛，菌丝吸收蝌蚪和蛙体营养物质，使蝌蚪和蛙体消瘦，烦躁不安。菌丝分泌的蛋白水解酶还使菌丝生长处的皮肤、肌肉溃烂。

【防治】运输、分池过程中小心操作，谨防造成外伤。进入场地以前要用浓度为 10 mg/L 的高锰酸钾溶液浸泡 10 min；定期用漂白粉（水体浓度为 0.5 mg/L）进行全池消毒。

二、敌害防治

中国林蛙的主要天敌是褐家鼠、田鼠和黄鼬。

褐家鼠和田鼠在池壁掘洞穴，出口在冰层之下，直接从冰层下潜水捕中国林蛙，危害十分严重。甚至装在铁笼中的中国林蛙也能遭其食害。鼠类危害比较容易发现，吃剩下的中国林蛙的残体被抛弃在越冬池入口附近，发现中国林蛙的残体即要进一步寻找其洞穴加以捕捉。捕杀方法，可以用毒饵毒杀，或用鼠夹捕杀，亦可挖掘洞穴而消灭之。

防鼠害的同时，要注意防除黄鼬的危害。

（刘忠军）

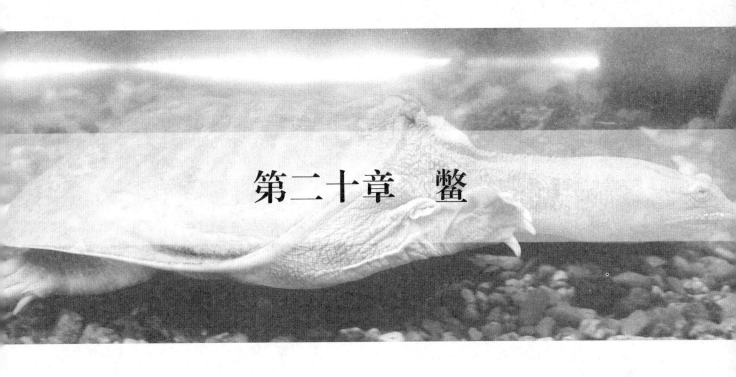

第二十章 鳖

鳖俗称甲鱼、水鱼、团鱼、王八等。鳖除了作为普通水产品利用外，还应用到食品保健业、医药业、美容业等多个领域。鳖肉营养丰富，蛋白质含量高，含有人体必需的8种氨基酸和丰富的维生素A、维生素D和维生素E，还含有多种矿物质与微量元素，特别是铁、硒和锌。鳖对人体有强的滋补作用，具有滋阴补血、预防贫血、益心肾、清热消瘀、健脾胃、抗肿瘤等功能。鳖甲、头、血、卵和胆都有一定的药用价值。

第一节 鳖的生物学特性

一、分类与分布

鳖属爬行纲、龟鳖目、鳖科。鳖科共有7属20余种，主要分布在亚洲、非洲和北美的部分地区。我国现仅有鼋属和鳖属2属。鼋属有鼋和太湖鼋2种。鳖属在我国分布有中华鳖和山瑞鳖2种。中华鳖为广布种，除新疆、青海、宁夏尚未发现外，其他各省份均产。山瑞鳖主要分布于云南、贵州、广东、广西等省份。

目前我国饲养最多的为中华鳖和山瑞鳖，均为淡水生，营两栖生活。中华鳖产量很高，是鳖类动物中首选的养殖种类，也是我国主要的养殖鳖类。中华鳖比山瑞鳖体扁且薄，颈基部两侧及背甲前缘无粗大疣粒。山瑞鳖较为肥厚，颈基部两侧及背甲前缘有粗大疣粒。

二、形态学特征

鳖的身体宽、短、扁平，呈椭圆形，体表覆盖柔软的革质皮肤，有骨质的背甲和腹甲。其身体结构可分为头、颈、躯干、尾部和四肢5部分（图20-1）。鳖头呈三角形，其前端突出为吻，吻部细长而尖。外鼻孔开口于吻端。眼小，外突。口宽，上下颌有角质突起，行使齿的功能，可以咬碎坚硬的螺类。颈长，头和颈可缩入甲体内。背侧面有黑线条状斑纹，腹部乳白色或黄白色，体色随环境变化呈现不同的保护色。体缘有环绕的柔软肉质，称为"裙边"，由厚实的结缔组织构成；当鳖在水中游动时，上下波动如围裙状。尾短。四肢粗短，桨状，每肢有5个趾，内侧3趾有锐利如钩的爪，便于在陆地上爬行、攀登和凿洞。指（趾）间有蹼，游泳时可起到桨的作用。

图20-1 鳖的外部形态

三、生活习性

1. 两栖性 鳖常栖息于江河、湖泊、池塘、水库和溪流等水体中,但也可以爬出水面。野生鳖对各种水域环境有较强的适应能力,且有很强的耐干旱和抗病能力。天气晴朗时鳖会游到水面或爬上岸滩晒太阳,称为"晒背",有利于其健康生长,并促进神经和生殖系统的发育。晒背对鳖很重要,设计养鳖场时需考虑建晒背场地。

2. 变温性 鳖属变温动物,无调节自身体温的机能,其体温随环境温度的变化而变化,所以对环境温度敏感。27~33 ℃是鳖的最适生活温度,水温25~30 ℃时摄食能力最强,是生长发育最快的时候;20 ℃以下食欲下降,15 ℃以下停止摄食,活动呆滞;12 ℃以下即开始冬眠。超过33 ℃,摄食能力减弱,本能地潜居在树荫下、水草丛中或洞穴内避暑,出现"伏暑"现象。

3. 机警性 鳖比较机警,一般都离岸不远,稍有惊扰,即迅速潜入水底。它虽依靠肺呼吸,但是鼻孔位置生得非常巧妙,长在吻部的最前端,呼吸时身体完全不用外露,只需吻端稍微露出水面即可。这对隐藏身体、避免外敌侵害有重要作用。

4. 杂食性 鳖为杂食性动物,喜食动物性饵料。幼鳖以水生昆虫、蝌蚪、小虾、水蚯蚓等为食。成鳖喜食螺类、泥鳅、小鱼、动物的尸体和内脏,也摄食植物性饲料,如土豆、南瓜、玉米等。鳖生性残忍且贪食,好斗,在饵料缺乏时会出现同种相残的现象。鳖的耐饥能力特别强,较长时间不摄食也能生存。

5. 冬眠性 鳖有冬眠习性,一般从农历寒露起,水温降低15 ℃以下,鳖就开始停食,潜伏到深潭洞穴中或者水底泥沙中越冬,直到翌年清明时节后,方可出洞活动觅食。

四、发育特点

鳖卵为羊膜卵,球形。羊膜卵的出现,使动物受精卵的孵化及幼体的早期发育完全脱离了对水环境的依赖,是进化的体现。受精卵孵化时间为40~60 d,在自然条件下鳖生长缓慢,其中环境温度为最重要的制约因素。在人工控温的条件下,3~4岁,体重为250~400 g时,增重速度最快。

第二节 鳖的繁殖

一、繁殖特点

1. 性成熟 在我国大部分地区,鳖4~5龄达到性成熟。鳖性成熟的年龄随各地气候和养殖条件不同而变化。高温地区生长周期短,性成熟早;低温地区生长周期长,性成熟较晚。

2. 发情季节 每年4—5月,当水温达到20 ℃以上时鳖开始发情,一直持续到8月。发情季节主要与温度有关。

3. 发情行为 鳖达性成熟后便具有两性交配行为,交配多在水中进行,有明显的求偶过程。发情交配可延续5~6 h,交配后第14天开始产卵。只要温度适宜,管理得当,经14~21 d可再行交配产卵。

4. 产卵 鳖进入发情季节后,开始发情交配,然后进入产卵期。产卵期在长江中游地区为5—8月,热带的鳖则周年产卵。我国鳖的产卵期为5—8月,其中85%左右的雌性个体集中在6—7月产卵。我国南方鳖的产卵高峰期稍早于北方,而在长江流域,几乎每个月都有一产卵高峰期。

每年可产卵3~4次,多者达9次。产卵个数和卵的大小依种鳖年龄及饵料的优劣及丰歉等紧密相关。雌鳖在产卵之前,便在夜间爬到靠近水池而水又淹没不到的地方选择产卵场所,产卵时间一般在黎明之前。产卵时,先以后肢迅速扒开沙土挖穴,穴深10 cm左右,呈漏斗状,然后居身于穴中,背部蒙上一层沙,仅露出眼与吻突。产卵后慢慢爬出来,再用后肢扒沙盖住卵穴,不留痕迹,这可防敌害和卵内水分的蒸发。

5. 自然孵化 在自然环境的温度下,经45~70 d的自然孵化,即可孵出稚鳖。

二、种的选择

亲鳖指性成熟后用于产卵繁殖后代的种鳖。在管理良好的前提下,鳖龄高、个体肥大、体质健壮的亲鳖产卵的次数要多,卵形也大,受精率及孵化率均高,其后代的活力也强。

因此,最好选择性成熟年龄为1~2龄、体重1.0 kg以上、体质健壮、无病无伤残、行动敏捷、体色正常、裙边肥厚的个体作为亲鳖。

如果是用野生鳖作为亲鳖,则涉及野生鳖驯养的问题。在购买野生鳖时需仔细检查,剔除伤残、病鳖以及反应迟钝、软弱无力者。运回后要经严格消毒，体表创伤应涂布抗生素软膏。经过处理的野生鳖，放养到相应的池中，让其适应环境后，再从中选取适宜个体作为种鳖。饵料驯化也是野生鳖驯养的内容之一，通常数周之内便可达到驯化的效果。

三、性别鉴定

选留亲鳖必须准确鉴别雌雄。雌、雄鳖最明显的区别是尾部不同。雌鳖尾短，在背甲的裙边外面看不到尾尖；雄鳖尾较长，能自然伸出裙边外。根据这一特征即可区分出雌雄。此外，雌鳖后肢间距较雄鳖宽，体型较雄鳖厚，较同龄雄鳖的体重小。雌鳖背甲为较圆的椭圆形，中部较平，腹部呈"十"字形；雄鳖背甲为前窄后宽的长椭圆形，中部隆起，腹部为曲玉形（图20-2）。

图20-2 雌、雄鳖的鉴定
A、B为雌鳖 C、D为雄鳖

四、孵 化

在种鳖的投放中，雌雄比例一般为9:1。在适当范围内，受精率的高低与雌雄比例的关系不大。一般雌鳖应多于雄鳖。雄鳖过多时会发生争斗。雄鳖的年龄要小于雌鳖。

雌鳖交配后约14 d开始产卵。产卵时间多在22:00至翌日4:00进行。卵产出经8~24 h可将卵从穴中移出进行人工孵化。采卵后应检查卵的受精及发育程度。发现卵壳顶上有一白点，边缘清晰圆滑，卵壳鲜亮呈粉红色或乳白色，卵大而圆，则受精发育良好；否则为未受精或发育不良的卵，应及时剔除。可用面盆内铺1~2 cm厚的沙作为收卵用具。采卵时应注意将受精卵有白点和气室的一端朝上。

鳖卵在自然界的自然孵化率很低，但在人工条件下的孵化率可达70%~80%。人工孵化的方法有室外孵化和室内孵化2种。

（一）室外孵化

选择通风干燥、排水条件好的地方。

孵化场的面积依需孵化的鳖卵的量而定。一般以1~3 m²为宜，长宽比为2:1。场的四周砌1.2 m高的矮围墙，墙脚的四周设排水孔和通风孔，底部从上至下呈5°~10°的斜坡，底层铺10 cm的碎石或粗沙，然后再铺5 cm的细沙作为孵化床。在孵化场的最低处埋一敞口水缸，缸口的高度与沙床一致，缸内盛1/3高度的清水。

按产卵先后将卵从孵化床的高处向低处排列，并将卵白色的一端始终朝上，以防胚胎受压而影响正常发育。卵的排列间距为1 cm左右，然后在卵上面覆盖2 cm厚的细沙，轻轻压一压，以保证鳖卵在孵化期间受热均匀。孵化温度控制在22～36℃。在孵化期的前30 d内不要翻卵。每隔3 d左右均匀地晒水1次，使相对湿度保持在80%左右。要防止有害动物的骚扰。60～70 d可孵化出稚鳖。

（二）室内孵化

要求光线明亮，通风良好。若有条件，可安装恒温恒湿设备。

孵化箱长、宽各为0.5～1 m，高度为10～20 cm，箱底应设若干个排水孔。先在箱底铺3 cm的细沙，沙上分层排列鳖卵，间距1 cm，在卵上面盖1 cm厚的细沙。温度控制在（32±2）℃，相对湿度控制在75%～85%，每隔3～5 d洒水1次，并检查箱底排水孔是否通畅，以免箱内积水（图20-3）。

图20-3 孵化箱孵化，对孵化温度的精密控制
（引自章剑，2016）

孵化期为45～50 d。当胚胎发育完全后稚鳖即破壳而出。当卵壳由红色完全转化为黑色，黑色进一步消失时表明稚鳖即将出壳。将这些即将出壳的卵取出，放入盆中，徐徐倒入20～30℃的清水至完全浸没卵壳为止。几分钟后，就有大部分的稚鳖破壳而出。刚出壳的稚鳖羊膜尚未脱落，还有豌豆大小的卵黄囊未被吸收，在盆内饲养1～2 d，待卵黄囊完全吸收、羊膜脱落后，稚鳖即可转入池内饲养。经10～15 min的浸泡稚鳖仍不出壳的卵应立即捞出，放入沙中再孵化几天。

第三节 鳖的饲养管理

一、营养需要

不同发育阶段的鳖对养分的需求不同。但若使用天然动物性饲料，均可满足鳖对养分的需求。若使用人工配合饲料，则应充分考虑各种营养成分的平衡。

动物性饲料氨基酸相对比较全面，鳖类喜食，主要包括鱼类、贝类、甲壳类和其他动物性饲料。各种淡水鱼类和海水鱼类，在使用时一般采用去骨去刺后的鱼糜投喂，对于成鳖也可将鱼切成段；贝类有螺、蚌等；甲壳类有虾、昆虫等；其他动物性饲料有牛肉、蚯蚓、蜗牛、畜禽加工下脚料等。

植物性饲料仅在配合饲料中适量添加，如玉米蛋白粉、豆饼和木薯淀粉等。配合饲料是根据鳖不同生长阶段、营养需求和生产目标，采用科学配方研制生产的饲料。鳖一般使用粉状饲料和软颗粒饲料，膨化饲料也可使用。鳖配合饲料主要原料包括进口优质鱼粉、α-淀粉、谷朊粉、啤酒酵母、膨化大豆、复合维生素、复合矿物质、免疫增强剂及天然引诱剂等。鳖各生长阶段主要营养需求见表20-1及表20-2。

表20-1 鳖各生长阶段主要营养需求标准
（引自李正军等，2011）

生长阶段	鳖苗	鳖种	商品鳖	鳖亲本
粗蛋白质（%）	50.0	47.5	45.0	46.0
粗脂肪（%）	3.0	3.0	3.0	3.0
粗纤维（%）	1.0	1.0	1.0	1.0
灰分（%）	17.0	17.0	17.0	17.0
钙（%）	2.5	2.5	2.3	2.5
磷（%）	1.3	1.3	1.2	1.3

表 20-2 鳖对饲料中部分氨基酸、矿物质、维生素的需要量

(引自李正军等,2011)

氨基酸(%)	精氨酸	组氨酸	异亮氨酸	亮氨酸	蛋氨酸	赖氨酸	苯丙氨酸	苏氨酸	色氨酸	氨酸
	1.9~2.3	1.1~1.2	1.7~2.1	2.6~3.0	0.8~1.0	1.8~2.1	3.1~3.6	1.5~3.6	0.3~0.4	1.6~1.8

矿物质(g/t)	铁	铜	锌	锰	镁	钴	硒	碘
	150	7.5	30	15	400	0.1	0.1	0.4

维生素(g/t)	维生素K	维生素B_1	维生素B_2	维生素B_3	维生素B_4	烟酸	泛酸钙	叶酸	胆碱	维生素E	维生素C	生物素	维生素A	维生素D(万IU)
	15	50	50	40	0.025	65	37.5	0.002	500	150	300	0.05	0.005	500

二、饲养管理

鳖好斗,小鳖常被大鳖吞食。所以,人工养殖中对鳖进行分级饲养很重要,同一池中放养鳖的大小要尽量一致。鳖的养殖包括种鳖养殖、稚鳖养殖、幼鳖养殖和成鳖养殖4个部分。通常把体重50 g以下的鳖称为稚鳖阶段,体重为50~200 g的鳖称为幼鳖阶段,200 g以上的鳖称为成鳖阶段。

(一)稚鳖的饲养管理

刚出壳的稚鳖体质比较弱,适应能力较差,对生活环境要求比较严格。8月前后出壳的稚鳖,因气温较高,不适合其正常生长;9月以后出壳的稚鳖,因早晚气温较低也不适合其生长,均不宜直接放入稚鳖池饲养。这个时期的稚鳖,应在室内放养,放养密度一般以50只/m²为宜。稚鳖在室内暂养前,应用生石灰或漂白粉等对各种用具和暂养池进行消毒,稚鳖用维生素B_{12}或庆大霉素浸洗,然后将鳖体放入暂养池。早期出壳的稚鳖在室内放养到9月时,转入室外饲养,其养殖密度以30只/m²为宜。

稚鳖的饵料要求精、细、软、嫩、鲜、易消化和营养成分全面。刚出壳的稚鳖,在1 d后开始投食。最初投喂水蚤、蚯蚓、浮游生物等,几天后可投喂捣碎的螺类、蚌类、动物内脏或煮熟的蛋黄等易消化并且营养全面的饵料。每天的投饵量根据稚鳖的摄食量来确定,一般以鳖总重量的5%~10%投放,上、下午各投饵1次。在投喂方法上应坚持"四定",即定时、定位、定质、定量。

稚鳖对水质和水温的要求很高,所以必须3~5 d换1次水,并且要清除掉未取食完的饵料,保持水温恒定、水质清新,最好含有一定量的浮游植物。在养殖期间的疾病防护则以生态防病为主,即通过及时调节水质来减少病害的侵扰。另外,加强饲养管理,投喂的饲料脂肪含量可略高些,以利于体脂积累,增强体质,使稚鳖渡过难关,安全越冬。

(二)幼鳖和成鳖的饲养管理

稚鳖越冬后就长成了幼鳖。幼鳖应按个体大小分池饲养,放养密度一般为5~10只/m²。开春后的水温不高,摄食量不大,可按鳖总重量的5%~10%,每天9:00投饵1次。5月以后鳖进入最佳生长季节,应给予充足的饵料,可按体重的10%,上、下午各投饵1次。秋后水温降低,投饵情况和春季一样。入冬前可适当增加动物内脏的投饲比例,以利鳖贮存脂肪安全越冬。池内应设投饵台1个,台面需沉入水面10 cm左右,一般5~6 d换1次水。

幼鳖经一年的饲养,冬眠后于翌年春季进入成鳖饲养期。成鳖在转池饲养前应筛选1次,尽可能按体重的差异分池饲养,以免大吃小。3年龄鳖的放养密度以5只/m²为宜。开春后水温不高,鳖的摄食量也不大,故每天上午投饵1次,投饵量为鳖总重量的5%~10%。5月以后,每天上、下午各投饵1次,每天的总投饵量为鳖总体重的20%。秋季末冬季初应逐步减少投饵量至开春后的水平。4年龄以上的成鳖放养密度一般为1~3只/m²。

幼鳖和成鳖的生命力较强,生活习性基本相似,养殖过程的日常管理基本相同,包括水质培育、控制肥度、饵料要求和疾病防治等,并且应做好防暑和保温工作。

三、人工养殖

鳖的人工养殖中,温度是影响其生产的制约因素。在亚热带及温带地区,鳖的养殖长达4~5年,这是由于每年冬眠期4~6个月,且冬眠结束后,体重下降5%~10%。如果饲养鳖的水温保持在

15 ℃以上，鳖就不进入冬眠而继续生长发育，1年半到2年半即可达到上市规格。如果水温保持在30 ℃左右，其饲料系数可高达1.49，且饲料利用率高，12个月就可达到重700～800 g的商品鳖规格。在20 ℃时，鳖的摄食活动明显减弱，在15 ℃以下时，完全停食。故自然条件下，在长江流域，一年中适合鳖生长的时间一般为5个月左右，而在我国北方地区这一时间更短。

目前除沿海一些省份外，内地养鳖一般提倡以人工供温的方式延长周年中鳖的生长时间，人工控温的方法很多，主要体现在养殖场地的布局以及升温设施的使用。

（一）非控温养殖

非控温养殖指自然条件下气温、水温上升后，鳖从冬眠状态中苏醒过来，移植到室外面积较小、操作方便的幼鳖或成鳖养殖池中续养。50 g的幼鳖经春、夏、秋季培育，越冬前体重可达200～300 g。经冬季越冬，翌年再养，秋后体重可达700 g左右，即可上市销售。100 g左右的成鳖，经春、夏、秋季的培育，秋末体重均可达到商品鳖规格。冬眠苏醒的幼鳖，当露天池塘水温达到24 ℃左右时，称重后按大、中、小不同规格进行分级饲养，随后不同时期根据鳖的体重按一定的放养密度进行养殖。如果放养在水面较大、操作不便的池塘里，往往采取一次性低密度精养方式饲养，秋后一次性捕捞。

（二）立体养殖

鳖对水体的利用仅限于一定的层次，一般主张螺、鱼、鳖混养。螺类特别是大瓶螺，是鳖喜食的饵料。大瓶螺是一种有养殖价值的动物，它具有广食性、生长迅速、繁殖速度快、营养丰富的特点，可以利用植物性饵料、粪便，可以为浮游植物提供养料。浮游植物的大量繁殖，又可为浮游动物提供饵料，丰富的浮游动物如水蚤等节肢动物是鳖及鱼类极好的动物性饵料基础。鱼类的饲养一方面可以控制浮游生物的数量，避免水体恶化，同时又可创造直接的经济效益。

在立体养殖中要明白主次关系，螺类及鱼类的养殖是为鳖的养殖服务的，故合理的比例尤为重要。一般来讲，鳖、螺、鱼的养殖比例按1∶1∶1（个体数）比较恰当，当然具体比例也不是一概而论的，若螺及鱼的投放比例过大，会造成水体中优势种群的变化，并对水体中溶氧变化、浮游生物的种群数量，乃至疾病的传播等产生影响。

（三）人工控温养殖

1. 利用温泉水和工厂余热水加温 这是一种节省能源、成本低、经济有效的加温方法。采用这种方法首先要有温泉水和工厂余热水，在此基础上测定水质。测定水质主要是看水中是否含有对鳖有毒的物质，如检测后确认水质无毒，则可将井水或河水加入温泉水或工厂余热水中，调节水温到30 ℃，然后再灌入池中作为饲养水。

有毒的温泉水和工厂余热水，不能直接利用，要用水管在池底设置S形管道，让热水通过管道把水加热到30 ℃。这种方法是间接利用温泉水和工厂余热水，比直接利用法成本要高些。

无论采用直接利用还是间接利用方法，都为了保持饲养池水温。冬季还必须用塑料棚覆盖，日本还采用管道式塑料棚覆盖，保温性能更好（图20-4）。

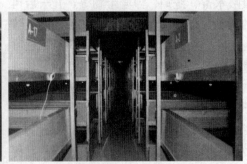

图20-4 温室养殖
（引自章剑，2016）

2. 采用锅炉或太阳能加温 用燃料烧锅炉，将锅炉烧热的水用 S 形管道通过池底，利用热水管道传热把池水加温。为了节省燃料，池底和四壁要用保温材料建造（即水泥池壁里面衬石棉等保温材料），池子上面要用管道式塑料棚覆盖。这种方法耗能多、成本高，只能在燃料方便的地方采用。也可利用太阳能进行加温。

在加温饲养情况下，水质易恶化。如果采用直接利用温泉水的方式，热水来源容易，成本低，可经常换水，以避免水质恶化。但如果采用锅炉加温或间接利用温泉水，不可能经常换水。为了改良水质，可用增氧机增氧，或每平方米撒石灰 10 g，或采用循环过滤装置来改良水质。

加温饲养时间一般是 10 月至翌年 5 月。10 月气温、水温下降，要把露天池内的鳖向加温池转移，以便冬季加温饲养。5 月气温、水温上升，要把加温池的鳖移到露天池。在转池之前，要把 2 个池子的水温调到基本一致再进行。如果水温相差 3 ℃以上，则容易引起个体死亡。

第四节 鳖常见病虫害防治

一、疾病防治

（一）腮腺炎

【病原】病原尚未完全确定，有人报道是由一种无膜的球状病毒引起的。

【症状】首先表现出对外界反应敏感性降低，呆滞，身体消瘦，不吃食。颈部皮肤充血发红、肿大，以致不能正常伸缩；腹甲出现红斑，并逐渐溃烂，肝呈土黄色或有点状充血或坏死病灶，肠道充血。此病对各种规格的鳖都有危害，尤以成鳖为甚，病死率在 20%～30%。

【防治】首先采用二溴海因、季铵盐碘制剂或三氯异氰尿酸等对鳖池进行水体消毒。投喂新鲜优质饵料，并在饲料中及时添加抗病毒药，疗程 5～7 d，若病情严重，再喂 1 个疗程。病情稳定后，饲料内再添加产酶益生素和强生素等微生物制剂及免疫增强剂（如甘草多糖、维生素 C、葡聚糖等），时间为 10～15 d 或更长，以增强鳖的抵抗力。水体消毒后 3～4 d，及时加注新水和泼洒芽孢杆菌、EM 原露（有效微生物群）等有益微生物制剂培养和调节水质，保持水体内藻相和有益微生物种群数量的稳定平衡。

（二）赤斑病

【病原】又称红底板病、红斑病、腹甲红肿病，由点状产气单胞菌点状亚种所致。

【症状】腹部有红色斑块，停食，反应迟钝，口、鼻呈红色，舌红，咽部红肿，肝呈黑紫色，肝和肾发生严重病变，肠充血，肠内无内容物。

【防治】注射硫酸链霉素，每千克体重鳖 20 万 IU，对治疗鳖赤斑病有显著效果。对早期赤斑病的治疗，可使用呋喃唑酮或其他磺胺类药物，按每千克体重 0.2 g，充分混合在饵料中，每天 1 次，连续投喂 6 d。在饲料中加入磺胺类药物也可治疗早期赤斑病。

（三）毛霉菌病

【病原】本病又称白斑病、豆霉菌病，由毛霉菌属的毛霉菌所致。

【症状】在鳖的四肢、颈部、裙边等处出现白色斑点，早期仅出现在边缘部分，后渐渐扩大，形成一块块白斑，表皮坏死，部分崩解。稚鳖患该病后死亡率很高，成鳖患病后由于表皮出血，外观难看，降低了商品价值。

【防治】毛霉菌在流水池的新水中有迅速繁殖的倾向，其生长可受其他细菌的生存竞争而被抑制。使用抗生素之类的药物，能够杀死其他细菌，但毛霉菌不敏感，反而会促进该病发展，故切忌使用。一般用生石灰彻底清塘、消毒，可减少此病发生。发病鳖应及时捞起隔离，于浅水中治疗。清理伤口毛霉菌，然后涂抹土霉素软膏，并于 10 mg/L 的漂白粉溶液中浸泡 10～20 min。此外，在饲粮中添加维生素 C 和维生素 E 可有效提高鳖的抗霉菌能力。

（四）白底板病

【病原】有人从白底板病鳖体内分离到病原菌数种：嗜水气单胞菌、迟缓爱德华菌和普通变形杆菌；有人曾分离到病毒。

【症状】病鳖出现白底板症状。剖检可见肺部发黑，肠道穿孔淤血，鳃状组织糜烂。

【防治】在每千克鳖饲料中添加维生素 C 6 g、维生素 K_3 0.1 g、低聚异麦芽糖 2 g、生物活性铬 0.5 g、盐酸吗啉胍 1 g、喹诺酮类药物 2 g，连续使用 30 d，每周 1 次全池泼洒 25 mg/L 生石灰，连

（五）红脖子病

【病原】 红脖子病又称大脖子病，由嗜水气单胞菌嗜水亚种所致。

【症状】 发病时鳖的脖子红肿、充血，有些鳖还出现全身性水肿现象。腹部有红色病斑，病斑逐渐扩散并溃烂，使鳖对于外界的敏感性降低，食欲减弱，行动缓慢，常潜伏于阴凉处，很多在上岸后最终晒死。

【防治】 病鳖放入隔离池，用 1 mg/L 的漂白粉泼洒消毒，前 3 d 每天换水 1 次，以后每 2 d 换水 1 次。按每千克体重腹腔注射卡那霉素或庆大霉素 15 万～20 万 IU，并放入浓度 20 mg/L 的诺氟沙星溶液中浸泡 48 h，将原池用浓度 2 mg/L 的漂白粉或浓度 0.2 mg/L 的呋喃唑酮杀菌消毒。

二、敌害防治

稚鳖、幼鳖的敌害主要是鳗、蛇、蛙、蟹等。稚鳖、幼鳖甲壳很软，味道鲜美，所以常被上述动物所食。

要预防这些敌害，必须注意加固池堤，堵塞漏洞，严防敌害入侵。同时经常清理养鳖场附近的石缝、石穴，使敌害没有藏身之处。要严防鼠。鼠对鳖的危害也很大，它们常成群结队窜入池中袭击稚鳖、幼鳖，造成很大损失。用砖、石、水泥筑好池堤，严防鼠窜入池内，并在稚鳖、幼鳖饲养池周围撒放毒鼠药和安装捕鼠器。

（刘犇）

第二十一章 蛇

蛇全身都是宝。蛇肉是美味佳肴，营养丰富，富含蛋白质、脂肪、碳水化合物、微量元素和多种维生素等，具有强身健体和免疫抗病等多种功效。蛇鞭、蛇血是滋补品。蛇胆、蛇毒、蛇蜕具极高的药用价值。蛇皮是制革的上好原料。目前，蛇类的养殖正在兴起，主要养殖的蛇类有滑鼠蛇、舟山眼镜蛇、孟加拉眼镜蛇、王锦蛇、尖吻蝮和蟒蛇等。

第一节 蛇的生物学特性

一、分类与分布

蛇属爬行纲、蛇目。世界上现有记载的蛇类约2 700种，分别隶属于10科400属。我国分布的蛇类200多种，占8科53属。

蛇类可以分为毒蛇和无毒蛇，毒蛇根据其毒性的大小，可以分为剧毒和轻毒等几类。全世界毒蛇的种类约500种，我国约有50种。毒蛇主要是蝰科、眼镜蛇科和海蛇科的所有种类，以及一些游蛇科的种类。

根据蛇的生活环境可将蛇分为陆生种类和海产种类，前者生活在陆地上，后者生活于海洋中。我国从南到北，由西向东，都有蛇类的分布，其中有些种类是广布种，如黑眉锦蛇几乎分布于我国各地，而一些种类的分布地域极为狭窄，如极北蝰。

二、形态学特征

蛇类的附肢完全消失，身体呈圆柱状，可分为头部、躯干部和尾部（图21-1）。头部和躯干部之间为颈部，但界限不明显。躯干部与尾部之间以泄殖腔为界。全身都覆盖鳞片。头部的形状根据种类的不同，差异很大。鼻孔1对，位于头部前端背面；眼1对，较小，瞳孔多呈圆形或椭圆形。在蝰科蝮亚科动物的鼻孔与眼之前有颊窝1对，是一种很灵敏的红外线感受器，能在一定范围内感知外界千分之几摄氏度的温度变化。

图21-1 眼镜蛇

蛇被皮包括表皮和真皮两部分，体表的鳞片是表皮角质化而形成的衍生物。蜕皮时，由于表皮生发层细胞的不断分裂，形成新的生活细胞层和角质层。在酶的作用下，旧的生活细胞层溶解，旧的角质层与新形成的生活细胞层分离，不久蛇借助于外界环境中的石块、树枝等把上下颌的角质层磨开并逐渐向后翻蜕，最终将旧的角质层完整蜕去。所蜕下的旧皮称为蛇蜕，中药称龙衣。如果食物充足，一般蛇类1～2个月可蜕皮1次。

眼位于头部两侧。晶状体呈圆球状，曲率固定不变，靠肌肉的牵引而改变其与视网膜的距离以达到聚焦的目的，所以蛇类的远视能力较差。睫状肌简单，眼球只能进行小范围的活动，故蛇类的视力普遍较差，尤其是对静止物体不易觉察，只能辨认近距离的活动物体。

蛇类无外耳和中耳，只有耳柱骨，无鼓膜、鼓室和咽鼓管，所以它不能接收由空气传递的声波，但对从地面传来的震动却很敏感。

蛇口腔的底部有舌，舌体狭长而尖，末端分叉，能自由伸缩并藏于舌鞘中。

毒蛇与无毒蛇的重要区别就在于有无毒牙。毒蛇有毒牙1对，着生于上颌骨，粗长而向内弯曲，内部有一管状的管牙，如果是一纵沟的称沟牙。毒牙基部开孔对着毒腺管的管孔。毒腺中的毒液由于颞肌和咬肌的收缩而从毒腺管经毒牙的管道注入猎物体内。毒腺是由唾液腺特化而形成的，具导管，管口开于毒牙的基部，但不直接相连。当毒蛇咬物时，毒液即被挤出，由毒腺导管流至毒牙管腔或牙沟中，再由毒牙注入被咬物中。

由于附肢完全消失，故蛇类仅有中轴骨而无附肢骨。并且，中轴骨只包括头骨、脊椎和肋骨，而无胸骨，故肋骨游离。

三、生活习性

（一）栖息环境

蛇的栖息环境由海拔高度、植被状况、水域条件、食物对象等多种因素决定。蛇的分布地域是在适宜的生存环境条件下形成的。

1. 穴居生活 穴居生活的蛇，一般是一些较原始和低等的中小型蛇类，如盲蛇科。这些蛇都是无毒蛇。穴居生活的蛇白天居于洞穴中，晚上或阴暗天气时才到地面上活动觅食。

2. 陆栖生活 陆栖生活的蛇，也栖居于洞穴里，如蝮蛇、烙铁头蛇、白唇竹叶青、金环蛇等。它们一般分布较广，平原、山区、丘陵地带及沙漠中都有分布。它们在地面上行动迅速，觅食活动不仅限于晚上，白天也到地面上活动。

3. 树栖生活 树栖生活的蛇，大部分时间都栖居于乔木或灌木上，如竹叶青蛇、金花蛇、绿瘦蛇等。

4. 水栖生活 水栖生活的蛇类，依其生活水域的不同，又有淡水生活和海水生活之分。大部分时间在稻田、池塘、溪流等淡水水域生活觅食的蛇类，称为淡水生活，如中国水蛇、铅色水蛇等。终生生活在海水中的蛇，称为海水生活，如青环海蛇等。

（二）生活规律

1. 蛇昼夜活动的类别 蛇的活动有很大的差别。一般可以分为三类：白天活动的蛇、夜晚活动的蛇和晨昏活动的蛇。

（1）白天活动的蛇。主要在白天活动觅食，如眼镜蛇、眼镜王蛇等。此类蛇也称为昼行性蛇类，其特点是视网膜的视细胞以大单视锥细胞和双视锥细胞为主，适应白天视物。

（2）夜晚活动的蛇。主要在夜间外出活动觅食，如银环蛇、金环蛇等，称为夜行性蛇类，其视网膜的视细胞以视杆细胞为主，适应夜间活动。

（3）晨昏活动的蛇。这类蛇多在早晨和傍晚时外出活动觅食，如尖吻蝮、竹叶青、蝮蛇等，其视网膜的视细胞二者兼有。

2. 影响蛇昼夜活动的因素 影响蛇昼夜活动的因素相当复杂，包括以下几个方面。

（1）气温。气温可以对其活动产生明显的影响。如昼行性的眼镜蛇，虽能耐受40℃的高温，但在盛夏季节也常于傍晚出来活动。

（2）光照。光照的强弱对于蛇的活动也有一定的影响。夜行性的蛇类在秋季天凉时，日照变短也常出来晒太阳。

（3）饵料。饵料对蛇活动亦有影响。如华东地区的蝮蛇多于晚上捕食蛙及鼠类，蛇岛蝮蛇则常于白天在向阳的树枝上等候捕食鸟类，新疆西部的蝮蛇也常于白天捕食蜥蜴。沙蟒是夜晚出来活动的蛇，白天基本上躲避在隐蔽场所，但幼蛇吃昆虫，上午常见其在外活动。

（4）湿度。湿度对蛇活动也有影响。天气闷热的雷阵雨前后或阴雨连绵后骤晴，以及湿度较大的天气，蛇外出活动频繁。蛇自身无做窝打洞的能力，多栖息在鼠洞、岩石缝隙、坟墓、废旧房屋和废弃窑洞中。

（三）食性与摄食方式

1. 蛇的食性 蛇主要以活的动物为食。食物的范围很广，包括从低等的无脊椎动物（如蚯蚓、昆虫）到各类脊椎动物（如鱼、蛙、蛇、鸟类及鼠等小型兽类等）。但每种蛇的食性又不完全相同，有的专食一种或几种食物，有的则嗜食多种类型的食物。专食一种或几种食物的称为狭食性蛇，吃食食物种类较多的称为广食性蛇。

2. 蛇的摄食方式 蛇主要借助视觉和嗅觉捕食。通常情况下，视力强的陆栖和树栖蛇类，在觅食中视觉比嗅觉起了更重要的作用；而视觉不发达的穴居蛇类，却是嗅觉起了更主要的作用。

蛇一般以被动捕食方式来猎取食物。当蛇看到或嗅到猎物时，往往是隐藏在猎物附近，待猎物进入其可猎取的范围之内时，才突然袭击而捕之。但尖吻蛇在可捕食的动物稀少时，往往会采用跟踪追击法捕食猎物。

蛇在捕食猎物时先将其咬住，然后直接吞食。毒蛇咬住猎物后立即注入毒液，然后衔住或扔下，待猎物中毒死亡后再咬住其慢慢地吞食。而无毒蛇往往用自己的身体紧紧地缠绕在猎物上，使其窒息后再慢慢吞食。吞食时，一般先从头部吞入，也有从尾部或身体中部吞入的。

3. 摄食频率 自然条件下，蛇的忍饥耐饿能力很强，常常可以几个月，甚至一年以上不食。但是，在饲养条件下，依据饲养目的的差异，不同生长阶段的投喂次数也不一样。

（四）运动与感觉

1. 蛇的运动 蛇的附肢完全退化，主要依靠肋骨、肌肉和腹鳞而爬行。但这种爬行与有附肢动物的爬行完全不同，"蛇行"正是对其活动方式的概括。蛇常以直线、波状、侧向、伸缩、跳跃等方式运动。

（1）直线运动。如躯体较大的蟒蛇、蝮蛇、滑鼠蛇等，常常采取直线运动。这类蛇的特点是腹鳞与其下方的组织之间较疏松，肋骨与腹鳞间的肋皮有节奏地收缩，使宽大的腹鳞能依次竖立起来支持于地面，于是蛇体就不停顿地呈一直线向前运动。

（2）伸缩运动。腹鳞与其下方组织之间较紧密的银环蛇、蝮蛇等躯体较小的蛇类，若遇到地面较光滑或在狭窄空间内，则以伸缩的方式运动。即先将躯体的前半部抬起尽力前伸，接触到某一物体作为支持后，躯体的后半部随之收缩上去；然后又重新抬起前部，取得支持后，躯体的后半部再缩上去，交替伸缩、不断前进。

上述两种运动都是蛇在地面上的运动方式，在高处爬坡或攀缘等，也都是地面运动的变化，在水中则不能进行伸缩运动。

蛇类运动的速度一般并不很快。据测定，平地上毒蛇最大速度是 $1.8\sim3.2$ km/h，无毒蛇最大速度是 $4.8\sim7.2$ km/h。此外，蛇运动的速度与地表结构有关，如在草丛中和粗糙的地面比在光滑的地面快，下坡的地方比上坡的地方快。

2. 蛇的感觉 蛇的感觉是指蛇的视觉、听觉、嗅觉和热感觉等。

（1）视觉。蛇类的眼没有能活动的眼睑，蛇的眼球被由上下眼睑在眼球前方愈合而成的一层透明的皮膜罩盖，在蛇蜕皮的时候，透明膜表面的角质层同时蜕去。盲蛇科蛇的眼隐藏在鳞片之下，只能感觉到光亮或黑暗。其他穴居蛇类的眼也比较小，视觉不发达。

（2）听觉。蛇类中耳腔、耳咽管、鼓膜均已退化，仅有听骨和内耳。因此，蛇不能接收通过空气传来的任何声音。但能敏锐地听到地面振动传来的声波，从而产生听觉。据测定，蛇类能接收的声波的频率是最低的，一般在 $100\sim700$ Hz（人的听觉范围是 $15\sim20\ 000$ Hz）。

（3）嗅觉。蛇类的嗅觉器官由鼻腔、舌和犁鼻器三部分组成，而主要的是犁鼻器和舌。犁鼻器内壁布满嗅黏膜，通过嗅神经与脑相连，是一种化学感受器。蛇的舌头有细而分叉的舌尖，舌尖经常从吻鳞的缺刻伸出，搜集空气中的各种化学物质。当舌尖缩回口腔后，进入犁鼻器的2个囊内，从而使蛇产生嗅觉。

（4）红外线感受器。蝮亚科蛇类的鼻孔和眼之间各有1个陷窝，位于颊部，故称为颊窝。颊窝对于波长为 $0.01\sim0.015$ mm 的红外线最为敏感。这种波长的红外线相当于一般恒温动物身体向外界发射的红外线。蝮亚科蛇类具有极其敏锐的、能感知人与动物身体发出的、极微量的红外线的功能。

(五) 冬眠

蛇是变温动物，其活动、采食、饮水、繁殖和生长发育都与环境有关。气温在13～30 ℃，空气相对湿度在50%以上最适合蛇类活动。

蛇到秋冬气温开始变冷时体温也随之下降，机体功能减退。当外界温度下降到6～8 ℃时，蛇就会停止运动；气温降到2～3 ℃时，蛇就会处于麻痹状态；如果蛇体温度下降至-6～-4 ℃时就会死亡。在自然条件下，蛇通过冬眠期的死亡率为35%。

在冬眠期间蛇处于昏迷状态，代谢水平非常低，主要靠蓄存的养料来供给自身有限的消耗，维持生命活动，天气变暖后才苏醒过来，再回到大自然活动。为了成功地进行冬眠，穴居蛇类和一些具有钻洞习性的蛇类能把洞扩展得更深，可是大多数蛇只能利用天然的裂缝或其他动物造好的洞穴过冬。冬眠场所需要的深度取决于气候和土壤的导热率、洞口的方向、洞的大小、主要风向以及周围植被的性质和数量等。

第二节　蛇的繁殖

一、繁殖特点

1. 性成熟　蛇类的性成熟年龄差异很大，并且与其体重有关。钝头蛇的性成熟年龄约为11月龄；极北蝰的性成熟年龄为4岁；而游蛇和方花蛇要5岁左右才性成熟；五步蛇的性成熟年龄在2～3岁。有资料表明，蛇类性成熟的早晚与其体长和体重紧密相关，也就是说生境中如果食物充足，其生长速度就快，其性成熟年龄就比较早，反之亦然。一般来讲，乌梢蛇和黑眉锦蛇体重达0.5 kg的个体就发现有怀卵的现象，而五步蛇怀卵个体的体重一般在1 kg左右。并不是所有性成熟的个体每年都可以生殖，有的种类是隔年繁殖一代。

2. 繁殖类型

(1) 卵生型。蛇把卵产出后，卵在外界孵化繁殖，这种繁殖方式称为卵生。如眼镜蛇、滑鼠蛇、王锦蛇、尖吻蝮和蟒蛇等为卵生型繁殖。

(2) 卵胎生型。蛇卵在母蛇身体里面孵化，产出的是幼蛇而不是卵，这种繁殖方式称为卵胎生。虽然卵是在母蛇身体里面孵化，但是胚胎的营养是依靠卵自己的卵黄囊供给，而不是由母蛇供给。如蝮蛇、蝰蛇、竹叶青为卵胎生型繁殖。

二、发情与交配

1. 发情季节　蛇类是季节性发情的动物，不同蛇类的发情季节有所不同，一般在春、夏季发情较多。例如滑鼠蛇、眼镜蛇、王锦蛇在4—6月，蝮蛇在5—9月，蟒蛇多在5—7月，银环蛇在8—10月。

2. 发情表现　蛇类在发情季节，雌蛇捕食量有所减少，常钻到灌木丛和草丛中，蛇头高抬，不断摇摆。雌蛇常会拍打树干和地面，尾部泄殖腔处分泌出黄褐色黏液，具有特殊的气味，用于诱惑雄蛇。附近的雄蛇闻到气味，过来追逐雌蛇。

3. 交配　交配多发生于上半年。雌雄个体在外形上无显著差别，一般来讲，雄性个体比较瘦长，特别表现在尾部，在生殖季节，雄蛇要伸出菊花状的交配器官——半阴，也就是通常所谓的"蛇脚"。蛇类生殖活动的进行是从逐偶开始的。蛇类的逐偶活动一般是在冬眠前后，主要是在春、秋两季进行。蛇类的臭腺在逐偶活动中起示踪作用。雄蛇借此气味追踪雌蛇。当雌雄个体接近时，雄蛇爬在雌蛇体上，常用下颌去刺激雌蛇的头颈部，并伸出舌头向其全身各处特别是泄殖腔处嗅个不停。此时雌蛇静卧，雄蛇尾部紧紧缠绕着雌蛇并不断抖动，如此可持续数小时。如果受到外界骚扰，这种活动常常中断，然后又会重复发生上述动作。

求偶的结果便是进行交配。雄蛇先将半阴从泄殖腔中翻出，但交配时只使用一侧的半阴，将半阴插入雌蛇的泄殖腔中。交配时，两蛇相互缠绕状似麻花，头部朝向同一方向。雄蛇的前半部身体剧烈抖动，二者的泄殖腔紧密贴在一起，可持续数小时。交配结束后，雄蛇的半阴较长时间内仍暴露在体外。精液在雌蛇体内可存活数年，所以交配一次后，一般在几年内雌蛇都可以不再需要进行交配。

三、产卵（仔）与孵化

（一）产卵（仔）

1. 产卵　蛇一般在6月下旬至9月下旬产卵，每年1窝。蛇卵为椭圆形，大的较长，有的较短，大多数蛇卵为白色或灰白色。刚产的卵，表面有黏液，常常几个卵黏在一处。蛇卵的大小差别万千，小的如花生米大小，如盲蛇卵；大的比鹅蛋还大，如鳞蛇卵。

产卵时间的长短与蛇的体质强弱和有无环境干扰有关。正在产卵的蛇如受到惊扰均会延长产程或停止产卵，停止后蛇体内剩余的卵，2周后会慢慢吸收。

2. 产仔 卵胎生的蛇，大多生活在高山、树上、水中或寒冷地区，它的受精卵在母体内生长发育。产仔前几天，雌蛇多不吃不喝，选择阴凉安静处，身体伸展呈假死状，腹部蠕动，尾部翘起，泄殖肛孔张大，流出少量稀薄黏液，有时带血性。当包在透明膜（退化的卵壳）中的仔蛇产出约一半时，膜内仔蛇清晰可见。到大部分产出时，膜即破裂，仔蛇突然弹伸而出，头部扬起，慢慢摇动，做向外挣扎状。同时，雌蛇腹部继续收缩，仔蛇很快产出。也有的在完全产出后胎膜才破裂。仔蛇钻出膜外便能自由活动，马上可向远处爬行，脐带脱落。

3. 产卵（仔）数 蛇产卵（仔）数个体之间差异较大，不仅因种类不同而不同，也因年龄、体型大小和健康状态而有差别。一般同一种蛇体型大而健康的个体，产卵或产仔数要多于体小、老弱的个体（表21-1）。

表21-1 几种蛇的产卵（仔）数（个）

蛇种	最多	最少	平均
金环蛇			8～12
银环蛇	20	3	6～7
眼镜蛇			10～18
眼镜王蛇	41		21～23
蕲蛇	39	6	10～12
蝮蛇	17	2	2～6
乌梢蛇	17		8～12
竹叶青			3～15

（二）孵化

大多数蛇产卵后就弃卵而去，让卵在自然环境中自生自灭。也有一些蛇有护卵现象，如眼镜王蛇能利用落叶做成窝穴，产卵后再盖上落叶，雌蛇伏在上面不动，雄蛇则在附近活动。蟒蛇、银环蛇、蕲蛇产卵后，亦有护卵习性，终日盘伏在卵上不动。蟒蛇伏在卵堆上，可使卵的温度增高4～9℃，这显然有利于卵的孵化。

1. 孵化期 蛇的种类不同，卵的孵化期相差很悬殊，短则几天，长的可达几个月。同一种蛇，孵化期的长短与温度、湿度密切相关。在适温范围内，温度越高，孵化期越短。一般孵化温度以20～25℃为宜，孵化相对湿度为50%～90%，孵化时间为40～50 d。如果孵化温度低于20℃，相对湿度高于90%，孵化的时间就要延长，并有部分孵不出来；如果孵化温度高于27℃，相对湿度低于40%时，蛇卵因失水而变得干瘪而又坚硬。

2. 人工孵化 产下的蛇卵必须及时放入孵化器内孵化。孵化器采用木箱或水缸均可。将干净无破洞的大水缸洗刷干净，消毒、晾干，放在阴凉、干燥而通风的房间内，缸内装入半缸厚的沙土。沙土的湿度以用手握成团，松开手后沙土就散开为宜。沙土上摆放3层蛇卵，缸内放1支干湿温度计，随时读取并调整孵化温、湿度，以确保高孵化率。缸上盖竹筛或铁丝网，以防鼠类吃蛋或小蛇孵出后逃逸。用适量新鲜干燥的稻草（麦秸或羊草）浸水1 h，湿透后拧干水放在卵面上，经3～5 d再将草湿透拧干放上。以此法调节湿度，每隔10 d将卵翻动1次。整个孵化期，室温控制在20～25℃，相对湿度以50%～90%为宜，经25～30 d孵化，便可从卵壳外看到胚胎发育情况。

3. 仔蛇出壳 仔蛇出壳时，是利用卵齿划破卵壳，呈2～4条1 cm长的破口，头部先伸出壳外，身躯慢慢爬出，经20～23 h完成出壳。刚出壳的仔蛇外形与成蛇一样，活动轻盈敏捷，但往往不能主动摄食和饮水，必须人工辅助喂以饵料和饮水。

四、雌雄鉴别

1. 简便法 从外形上看，雄蛇的尾部一般较长，从肛门往尾的后端逐渐变细。而雌蛇的尾部较短，从肛门往尾的后端陡然变细。

2. 精准法 将蛇的尾部腹面朝上，用一只手抓紧托住肛门处的背面，用另外一只手的拇指在肛门后几厘米处轻轻按压，慢慢往肛门方向推，如果有两条布满肉质倒刺的交接器在泄殖腔处（肛门附近）伸出，就是雄蛇，没有交接器伸出的就是雌蛇。

第三节 蛇的饲养管理

一、养殖设施

蛇类不喜欢风吹、也不希望自己栖息的场所在下雨的时候积水。场地的好坏，直接关系到养殖的成败。事实上，蛇类死亡率与场地的设计是否合理直接相关。毒蛇养殖中防止毒蛇伤人也是必须考虑的因素。所以在选择场址时，最好选择远离闹市，向阳、面南背北，有一定坡度的地方。围墙必不可少，一方面是为了避免外界的干扰，更主要的是为了防止蛇类的逃逸。为此，围墙的高度最好为3 m左右，因为这个高度蛇类通常无法翻越。围墙的表面要光滑，以免蛇类攀缘。围墙转角处要呈圆弧形，切勿呈直角，这也是为了防止蛇逃跑。墙基要深埋，以免鼠类等打洞，墙面的颜色切勿用白色，因为强烈的反光会使蛇类的正常生活受到影响。蛇场的设计并非一成不变，既可以完全用室内场地，也可以完全采用室外场地，还可以将室内场地和室外场地有机地结合起来。可以用蛇箱、蛇缸和蛇圈等作为蛇类的养殖场所。不论是什么样的场地，只要解决好了以下几个方面的问题，其设置和布局就是合理的：①防止蛇类逃跑。②供给充足而清洁的水源。排水问题也要解决好，防止场地积水。③便于捕捉和日常管理，诸如如何便于喂食、消毒灭菌、清除粪便等。④解决好休眠问题以及防暑保暖等措施。⑤更有效地防止蛇类的堆积。⑥充足的食物供应。

二、饲养管理

（一）幼蛇的饲养管理

1. 饲养设施 刚出生的幼蛇一般采用网箱和室内养殖。采用坚实的塑料纱网制作网箱，网箱长1.5 m、宽1 m、高1 m，箱的正面做一个活动的纱门，纱门用铜拉链缝上，方便操作（图21-2）。网箱的底部铺一层厚5 cm的沙土，网箱的角落放1个饮水盆，供幼蛇饮水，在另一角放1块粗糙的砖头，供幼蛇蜕皮用。网箱放在蛇房里面，蛇房内温度应保持在28~30 ℃，相对湿度保持在60%~70%。

这个网箱可养幼蛇（小蛇）75条左右。在网箱内养殖1月左右，放到小场中养殖。最好是将出生的仔蛇放到室内的加温床上养殖，成活率高，也利于幼蛇的生长和管理。

图21-2 网箱

2. 饲喂方法 包括投喂和灌喂两种饲喂方法。

（1）投喂。幼蛇的饲料包括蝌蚪、幼蛙、蝇蛆、小泥鳅、蚯蚓、黄粉虫、黑水虻和动物内脏等。幼蛇的第一次开口吃食很关键。为了使其能够吞咽下适口的食物，要将先将饲料切成小粒、小片再投喂。饲料的大小要随着幼蛇的长大逐渐加大。一般在傍晚投喂。日粮重量为体重的5%。在网箱里面放一个饮水盘，保持饮水的清新。

（2）灌喂。少部分幼蛇在孵化或产出一个星期之后，还不主动吃饲料，就必须人工灌喂。

将生鸡蛋液、蛙肉、葡萄糖、牛奶、复合维生素等，加水绞碎，再搅拌均匀成为流汁，然后用灌喂器进行灌喂。流汁的温度要与蛇房温度保持一致，或高于蛇房温度1~2 ℃。

3. 饲养密度 幼蛇的饲养密度要根据所养殖蛇的种类及个体大小的状况来确定。一般饲养密度为每平方米50条。要根据幼蛇的生长情况，逐渐减少饲养密度；并将长得较大的幼蛇挑出来分级饲养，切忌大小蛇混养，以防大蛇吃小蛇。

4. 温度和湿度的控制 幼蛇饲养所需要的最佳温度为28~30 ℃。如果环境温度低于20 ℃时，就要采取保暖和升温的措施。若温度高于32 ℃，则需采取降温措施。

幼蛇饲养环境的相对湿度保持在50%~65%较适宜。进入蜕皮阶段的幼蛇，环境的湿度在50%~70%为宜。如果湿度过低，就要用加湿器或者采用喷雾的方式调节湿度至适宜范围内。若湿度过大，则用除湿器或生石灰降低湿度。

（二）育成蛇的饲养管理

1. 分群饲养 由于蛇的采食量不同，或遗传等原因，蛇的生长发育不一致，造成同一批的蛇有大有小，饲料不足时大蛇就会将小蛇赶到一边，不让小蛇吃食物，甚至大蛇会将小蛇吃掉。这时就需要进行分群饲养。分群时注意尽量保持不拆散原来的蛇群，把个体大、小不同的蛇分开饲养。

2. 饲养密度 一般饲养密度为每平方米 15 条左右。如果采用箱养方式（例如尖吻蝮），密度可相应大一些，饲养密度为每平方米 20 条左右。密度的大小可根据养殖场地的大小及蛇的大小随时调整。

3. 投喂 按照"四定"原则进行投喂。定时：一般 9:00 投喂一次，夜行性蛇类则黄昏时投喂，可以一星期投喂一次，也可以每天都投喂一次。定点：将食物投放到饲料盆里，饲料盆要固定放在一个地方。定质：饲料要新鲜，不能发霉、腐烂、变质。定量：投喂日粮量为蛇体重的 3%～5%，一个月的饲料重量约等于蛇的重量，例如一条 0.5 kg 重的蛇，一个月就投喂 0.5 kg 的饲料，一星期投喂一次的话，那就每次投喂 0.125 kg。还要根据实际情况增减，若第一天剩得多，第二天可少投喂。

（三）成蛇的饲养管理

成蛇的饲料主要有鸡胚、鸡头、脱毛小鸡、淘汰牛蛙、杂鱼、动物下脚料等。进入成蛇期的蛇体大，体重增长快，饲养密度不宜过大，一般每平方米在 6～8 条，箱养每平方米在 10 条左右为宜。温度 20～32 ℃，最好保持在 28～30 ℃。相对湿度为 50%～70%。

成蛇饲养管理的关键是育肥。育肥前，要用肠虫清、伊维菌素、硫苯咪唑等驱虫药物对蛇进行驱虫。饲料由原来的一星期投喂一次，改为一星期投喂两次，每次的投喂量相应减少。饲料要多样化，并且添加钙、磷、微量元素和多种维生素等，特别是添加有益菌液。投喂后第 2 天要清理残饵。一般经过 2 个多月的育肥，成蛇均可作为成品出售，而留种未出售的也因贮积肥厚的脂肪能安全地度过漫长的冬眠。

（四）蛇的越冬管理

1. 自然越冬法 对冬眠的蛇类采取防冻措施是必要的，最易行的是用麻袋片覆盖蛇穴，其上再覆以秸秆。

2. 电灯加温法 先用塑料薄膜盖好蛇房，再在蛇穴或蛇床上加盖棉被，并在蛇穴下方或穴旁放置一盏白炽灯或黑光灯。白炽灯要放入钻有小孔的易拉罐里面，避免灯光干扰蛇的生物钟，使温度保持在 25～30 ℃。蛇穴旁放置一盆水，利于蛇饮水和调节环境空气湿度，让蛇无冬眠过冬。

3. 暖气加温法 先用塑料薄膜盖好蛇房，在蛇房内地下铺设暖气管道进行加温。暖气管道并列铺设在地下，交接口要用石灰细沙混合浆封闭好，以防暖气泄露。在蛇房内管道上覆盖一层沙土，压实以防蛇被烫伤。

4. 地热加温法 用塑料薄膜盖好蛇房，在蛇房内安装的发热电缆，铺上沙土即可。要用自动控温器控制蛇房的温度，自动控温器的温度调到 28 ℃。

第四节 蛇常见病虫害防治

到目前为止，从蛇类中发现的疾病并不多。这主要是因为研究工作进行得还不够。至少至今还没有发现一种可以造成蛇类大规模死亡的病害。蛇类的疾病一方面是由于寄生虫特别是线虫的寄生造成的，另一方面是由于外伤而造成的病原菌感染。当然，恶劣的水质和炎热的气候也是造成蛇类患病的重要原因。一般来讲，蛇类的疾病都容易治愈，按一些常规方法处理就可以解决问题。

一、疾病防治

（一）口腔炎

【病因】由于有害菌的侵袭。

【症状】颊部肿胀，从而不能闭口，吞咽困难。

【防治】可用龙胆紫及雷佛奴尔进行治疗，每日一次，约 10 d 便能治愈。

（二）急性肺炎

【病因】多发于七八月份，多因气温高，体弱而致。

【症状】患病个体张口呼吸急躁不安。

【防治】可用 80 万 IU 的链霉素填喂，每日两次，一般 3～4 d 可治愈。

（三）霉斑病

【病因】由于场地潮湿，蛇受霉菌感染。

【症状】腹鳞上产生斑块状黑色霉斑，严重时，可导致局部溃烂，乃至致死。

【防治】可用外部消毒药剂如碘酒涂布，每日2次，约1周便能治愈。

二、敌害防治

1. 天敌 蛇类虽是动物界中的强者，能捕食各种动物，但其也有一些天敌：哺乳动物类老鼠、刺猬、野猪、猫鼬、浣熊、蜜獾、蛇獴、黄鼠狼等；鸟类中的蛇雕、蜂鹰、雀鹰、白头鹞等；爬行动物的巨蜥、鹰嘴龟、山瑞鳖等，还包括自己的同类，如眼镜王蛇、眼镜蛇、银环蛇、金环蛇、王锦蛇、赤链蛇等；两栖类的棘胸蛙等；还有虎纹捕鸟蛛、蜈蚣、蚂蚁等。

2. 防治 蛇场建造之前就要将场地设计好，并做好蛇场周围地势和环境的勘查工作，运动场露天部分要盖好铁网，堵塞围墙和蛇房的漏洞，在蛇房四周撒一圈石灰防蚂蚁，将蛇的天敌隔在蛇场外面。特别注意防止老鼠的侵害，可用老鼠夹、电猫、老鼠贴捕捉老鼠。

（潘红平）

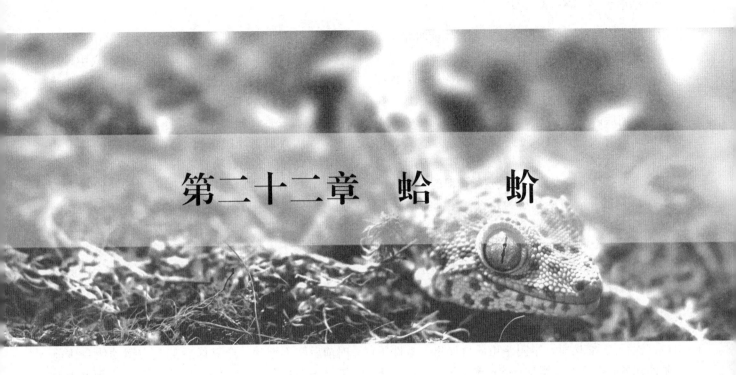

第二十二章 蛤　　蚧

蛤蚧学名为大壁虎，又称仙蟾。因体内含有丰富的氨基酸、脂类、微量元素等而作为名贵药用动物。《开宝本草》中有记载："蚧蚧药力在尾，尾不全者不效。"我国医药古籍《本草纲目》等均有记载，历代医药学家认为其是治肺肾虚喘之要药，主要功效为益肾补肺，定喘定嗽。主治肺肾两虚气喘咳嗽、虚劳咳嗽、咯血、遗精、小便频数、消渴、小儿疳疾、年老体虚等。现代临床主要用其除去内脏的干燥全体，主治气管炎、慢性支气管炎、肺结核、心脏性喘息、心源性水肿及神经衰弱等疾病。整体蛤蚧还具有性激素样作用，因而临床上又用于阳痿或子宫发育不全等性功能不全症的治疗。

第一节　蛤蚧的生物学特性

一、分类与分布

蛤蚧在分类学上属爬行纲、蜥蜴目、壁虎科、壁虎属。壁虎属在世界范围内约有20种，其中大壁虎种（蛤蚧）主要分布于西起孟加拉国，向东到中南半岛各国，南到印度尼西亚、菲律宾等地方。中国分布于广东、广西、海南、香港、福建及云南，台湾有记录。

二、形态学特征

成体蛤蚧，体重60～80 g，最重可达100 g以上。成体体长（吻至泄殖孔）120～160 mm，尾长100～145 mm，尾长略短于体长。蛤蚧体呈长圆形，背腹略扁。身体明显分为头部、颈部、躯干部、尾部和四肢。皮肤粗糙，被覆粒状细鳞，粒鳞间分布有大的颗粒状疣粒。缺皮肤腺，所以皮肤经常干燥（图22-1）。

图 22-1　蛤蚧
(引自林吕何，1991)

1. 头部　头大，呈扁三角形，像蛤蟆头。吻端凸圆，鼻孔近吻端。眼大突出，无活动睑。头部后两侧具有斜直椭圆形耳孔，内有下陷的鼓膜（有外耳萌芽）。头背鳞片细小，呈多角形。

2. 颈部　颈部短而粗，能转动。颈侧耳后部位皮肤下有 1 对白色淋巴腺，雌性比雄性明显。

3. 躯干部 颈后至泄殖腔孔为躯干部。爬行时，躯干和尾的轴向结构能向左右两侧进行大幅度的交替弯曲，两腹侧各有 1 条皮肤褶（腹褶）。在躯干的前后两侧各有 1 对附肢。体背均为粒鳞或在粒鳞间散有大的疣粒；腹面鳞片多为圆形或六角形，覆瓦状排列。躯干部与尾部交界处为泄殖腔孔，泄殖腔孔呈横裂形，是生殖和排泄的总口。

4. 尾部 泄殖腔孔后为尾部。尾部有白色环纹 6~7 个，基部粗，至尾端逐渐变细，遇危险能自割。有 1 个或多个脊柱节段的自割尾活动能力强，能跳动，蛤蚧借此方式逃逸。尾能再生，且再生能力极强，再生尾不及原尾长。雄性尾基部腹面紧靠泄殖腔处有 2 个椭圆形鼓起，为阴茎囊（肛后囊），内有 2 个半阴茎（交接器），肛后有 1 对阴茎口（囊孔），交接时，半阴茎由此口伸出。雄性尾基两侧各有 1 个明显鳞突，雌性鳞突细小，这是从外形上鉴别雌雄的主要特征。

5. 附肢 四肢不发达，但后肢较前肢发达。前、后肢从身体的主轴朝向两侧，腹面和后肢贴近地面，后肢只能爬行，不能支撑身体行走。前肢分上臂部、前臂部和手部；后肢分股部、胫部和脚部。蛤蚧的手脚之所以有吸附力，是因每个指（趾）底面具有许多皱褶（即吸盘），指（趾）皱褶片数以第 3、第 4 指（趾）为最多，20 多片，皱褶成单行。当其向内、向下压时，皱褶间的空气被排挤出去，形成皱褶间的负压，蛤蚧则借此吸附在天花板上、墙壁上、悬崖上，匍匐爬行。

6. 体色 蛤蚧的体色多种多样，主要与其所栖息的环境有密切的关系。栖息于黑色石山上的蛤蚧，体色较黑；栖息在浅色石山上的蛤蚧，体色较灰；栖息在土山、土坡的蛤蚧体色棕黄；栖息在树洞中的蛤蚧体色较青。饲养环境下的蛤蚧体色较淡而不艳丽。同一环境中生活的蛤蚧体色也常不一样，这是蛤蚧的一种保护适应本能。

三、生活习性

1. 栖息环境 蛤蚧主要分布区域是北回归线附近的亚热带石灰岩地区。多栖息于干燥的悬崖峭壁洞缝中，少数栖息在树洞、房舍墙壁中。穴居的洞隙不大，形状各异，深浅不一，一般洞宽 15~30 cm，高 3~6 cm。蛤蚧特别喜欢栖息在周围昆虫多，有草木生长，高度为几米到几十米的山崖上。在云南西双版纳，蛤蚧多栖在老树洞中。蛤蚧喜温畏寒，冬季蛤蚧多栖于向阳避风的洞穴中，夏季则栖息于背阳阴凉处。冬季入深洞，夏季住浅洞，白天在洞内，晚上出洞外。

2. 机警性 蛤蚧生性机警，遇惊动就四处逃逸，能从数米高处跳下逃走。嘴是唯一的自卫武器，对突如其来的异物咬之不放。当被触怒时，常发出"咯咯"之声，并张口回击。蛤蚧的视力不强、怕光，白天可见 5~6 m 的距离，不易捕获昆虫，且很少出来活动，但其听力却非常好。在人工饲养环境下，当有人进入，其响声惊动其中的 1 条，便能波及其余，它们急促逃窜，瞬间全部隐藏起来。只有悄声而入，才能观察它们的栖息状态和取食活动。

3. 行为习性 蛤蚧不喜水，但能游泳，游泳时前后肢不划动，全靠体后部左右摆动使身体前进，尾不起作用，也不摆动。爬行时，头离开地面稍抬起，身体后部左右交互扭动前进，有尾转弯快，无尾转弯慢，这表明尾有舵的作用。蛤蚧能在墙壁、峭壁或天花板上爬行自如，全靠有吸附力的脚底。爬行时，每只脚交替进行。蛤蚧不论雌雄老幼，都喜欢头朝下栖息。蛤蚧之所以喜欢头朝下栖息，是因为它是一种待机取食的动物，昆虫一般在下方居多，这种位置方便蛤蚧由上而下随时准备捕捉猎物，久而久之，便形成这一习性。

4. 断尾逃生习性 雄性蛤蚧强壮，好相互袭击。当遇险或被抓尾时，蛤蚧能立即断尾引开敌害，弃尾而逃。

5. 变温习性 蛤蚧属变温动物，喜温怕寒，对温度的变化特别敏感。当气温下降到 12 ℃时，停止活动，进入冬眠状态；当气温升至 18 ℃左右时，其麻木或冬眠状态立即解除，开始活动并取食。但在冬眠季节在室内用人工方法升温，可使大部分蛤蚧出来活动，但取食的较少。蛤蚧全年均可活动，不同季节月份，其活动强度具有显著差别，以 5 月、6 月、7 月最强，4 月、8 月、9 月、10 月次之，1 月、2 月、3 月、11 月、12 月最低。

6. 蜕皮 在正常生长发育过程中，当蛤蚧身体发育生长增大，角质层妨碍其生长时，便蜕去其角质层即皮，以适应身体增长的需要。活动强的季节，取食旺盛，身体增长快，蜕皮次数就多；反之则较少。蛤蚧年蜕皮 1~2 次。也有发现饲养了 10 余年的蛤蚧，身体已不再增长，但仍然还蜕皮，这说明其蜕皮不但与生长有关,而且还与新陈代谢有关。

蛤蚧蜕皮不同于蛇类,非整张蜕出,而是一块一块地脱落。蜕一次皮所需时间视肥瘦强弱而异,健壮的个体蜕皮较快,前后过程只需 5~6 d 时间,而瘦弱者要稍长些。蛤蚧全年都蜕皮,以活动期,特别是 4—6 月为最多。

7. 蛤蚧的食性

(1) 取食的季节性。蛤蚧取食与活动基本是一致的,两者均受温度的制约,活动停止,取食亦停止。饲养条件下,每年 10 月以后蛤蚧食欲减退,一直到翌年 3 月或 4 月后,食欲才又开始恢复增强。蛤蚧在冷季期间时醒时眠,醒时能取食,但食欲不高。

(2) 取食时间。蛤蚧的取食时间与光亮度有关,天黑开始取食,日出停止活动,取食活动呈现出昼夜变化规律。黄昏后蛤蚧便陆续出洞,一直活动到翌日凌晨,其中以 21:00~23:00 最为活跃,大部分爬出洞外活动或取食。在饲养环境下,蛤蚧也可在人工创造的半黑暗的环境中取食,饥饿时即便是在半亮的环境里,特别是小蛤蚧亦能照常取食。

(3) 食物种类。蛤蚧口腔宽大,具有侧生齿,消化道短小,其食物以鲜活的动物性饵料为主,特别喜食昆虫,其中以金龟子、蝗虫、蜂、白蚁、椿象、蝶类、蛾类、螳螂、蟆类、蝼蛄、蜻蜓为多,亦可食蛤蚧蜕皮、枯草根叶、泥土、苔藓植物、岩石粉末和羽毛等。

在人工饲养条件下,蛤蚧喜食蟑螂、桑蚕蛾、蚕蛹、黄粉虫、蝗虫、金龟子、蟋蟀、蜘蛛、蝼蛄等。蛤蚧喜食活的昆虫,但在饥饿状态下,亦食少量死而不臭的昆虫,还食蛤蚧卵,甚至吞食小蛤蚧。

(4) 取食方式。蛤蚧发现食物时,先抬起头,慢慢爬近,当距食物 10~20 cm 时,纵身跳跃,一口咬住食物。如食物距离不远时,蛤蚧无向前的跳跃动作,在观察猎物的动静时,常常将前肢直立,头举起,目斜视,口斜向下,看清猎物后,才捕食,绝无误猎的时候。若猎物在侧壁,就在侧壁取食,若在地面,就跳到地面捕食。当飞虫进入饲养室内时,蛤蚧会举头寻找,有时数只蛤蚧争相追捕,有时将猎物咬成数段,分而食之。稍有点活动的木薯蚕蛹或蓖麻蚕蛹或桑蚕蛹,亦能充食。

(5) 取食量。蛤蚧的食量随季节、个体大小、饵料的种类不同而异。5—9 月的食量较秋末春初季节大。在人工饲养条件下,平均每条蛤蚧每天食蚕蛹 1.7 个,重 4.8 g。饲养条件下,蛤蚧一次可吃下重 6 g、长 6 cm 的蚱蜢。

(6) 耐饥饿。蛤蚧在不给食物的情况下,能较长时间耐饥饿而不死。据实验研究,将人工孵出的 10 多条小蛤蚧关入木箱内进行耐饥饿试验,从当年 10 月开始至翌年的 4 月开箱,历时约 6 个月,竟没有蛤蚧饿死,但身体都极度瘦小。其中有 1 条从当年 9 月 25 日孵出至翌年 6 月 17 日才死,耐饥长达 260 多天。可见蛤蚧的耐饥性是非常强的。

四、生长发育

当胚胎发育完成,蛤蚧要经历出壳、蜕皮和生长的过程。

1. 出壳 当胚胎发育完成,幼蛤蚧用细小的卵齿割破卵壳并用头冲击把裂口扩大,同时头部便伸出壳外,两眼探视着周围,头也随着微微地上下、左右活动着,身体却木然不动。在出壳过程中,幼蛤蚧甚为敏感,每当外界出现突然震动、响声,或移动的影子,它都会立即把头缩回壳内并停止活动。待外面恢复宁静一段时间后,才再把头伸出。经过短时间休息,便冲出一只前肢,稍后,用伸出的前肢抵住头后侧的卵壳,用劲撑动使另一只前肢也伸出壳外。休息一会,两前肢的趾底面吸盘吸住箱壁并向前爬行,把身体拖出。又稍停片刻,四肢爬行完成出壳动作。接着立即迅速爬到荫蔽处休息。

整个出壳活动,在没有任何干扰的情况下,最短历时约 5 min,一般需 15~30 min,个别需 4 h,遇到干扰时则延长出壳时间。此外,小蛤蚧出壳历时的长短,还与天气的阴晴、气温高低和体质强弱有关。天气晴朗、气温高、体质强者则需时短,反之则较长。同时,在逐渐升高的气温条件下出壳要比逐渐降低的气温条件快。幼蛤蚧出壳一般在 9:00~12:00,很少在下午或晚上进行。

2. 蜕皮 幼体出壳到荫蔽处短暂休息(15~30 min)后,一般都用口咬住一只前肢的角质表皮,并将此肢向体侧退缩,同时头部及胴部摆动,使此肢及其与附近颈、头、胴部相连的表皮撕裂蜕出,并将此表皮吃掉。接着用同样的动作蜕下另侧的表皮;稍停,把头侧向后肢,同样依次把两后肢和同侧的胴部表皮蜕下。最后用口咬住末尾使尾部的表皮也蜕下。所有蜕下的表皮都顺次吞吃掉。此后，幼体趴伏不动休息半天或更长时间，才开始活动捕食昆虫。

有些幼蛤蚧蜕皮需要几个小时，整个过程一般不超过20 h，比成体快得多。幼蛤蚧刚出壳时，有时有尿和白色结晶物自泄殖腔孔中排出。少数个体脐部尚有未吸收完的卵黄囊连着，不过，它们不久便可自行脱落。

刚孵出的未蜕皮的幼蛤蚧背面呈带灰的黑色。蜕皮后，其背及侧面、四肢外侧都呈亮黑色，具鲜明的白色和锈色小斑点，尾部白环清晰，黑白相间，鲜艳夺目；全体腹面及四肢内侧为灰白色，且较生猛活泼。但经几天后，体表又渐变成灰白色而显出失去光亮的色泽。未进食的幼蛤蚧，其体重为3.0~4.5 g，多数为3.3~4.0 g；全长为98~135 mm，多数为108~110 mm。

3. 生长 当年卵孵化的幼体，其孵出期在9—10月间，气温已降，它们的食物昆虫已减少，且随即进入冬眠，体质受到很大影响，生长初期速度较慢。幼蛤蚧生长速度在个体间的差异较大，除了与卵自身的强弱有关之外，还与性别和孵出的时间有关。一般雄性较雌性生长快。在半人工饲养蛤蚧时，其生长、发育以至繁殖都是正常的。两性的体长大致相同。但在5—8月繁殖期，性成熟的雌体的体重远较雄体重，这显然与雌体怀卵有关。产卵后雌体的体重又与同龄的雄体基本一致了，而且一直维持到冬眠后出蛰时。每年大都是个体较细的年青蛤蚧最早出蛰，成年或较大的老年蛤蚧较晚出蛰。

第二节 蛤蚧的繁殖

一、繁殖特点

1. 性成熟 一般情况下，蛤蚧需3年左右才能达到性成熟，此时体长约130 mm，体重约50 g。雌蛤蚧性成熟必须经过3个冬眠期，而雄蛤蚧性成熟则必须经过2个冬眠期。雄性较雌性性成熟要早。

2. 发情季节 每年4—5月为蛤蚧发情、求偶、交配的高峰期。

3. 发情行为 交配一般在夜间进行。交配时雄体靠近雌体，并爬到雌体背面，雄体尾根部绕到雌体部下面与之对合，几秒钟后即可完成，交配后各自离开。蛤蚧交配时对周围环境十分警觉，一旦发现异常惊动迅速分开，有时在交配过程中会坠落到地面上。

4. 产卵 5—9月是蛤蚧产卵期，其中6—7月是高峰期，个别于10月产卵。一般每年产卵1次，每次2枚。产卵一般在天气晴朗的夜间，少数在清晨。野生条件下，蛤蚧将卵产在洞内直壁或斜壁的上部或岩缝内伸手不及处。饲养室中，蛤蚧喜将卵集中产在天花板或墙角处，卵大多重叠堆积，互相粘连不可分。在铁丝笼内的蛤蚧，大多产卵于笼壁上或笼顶壁，极少产在笼底。

产卵时，蛤蚧头部朝下，尾部朝上，四肢平行地自然栖息着。先产出1枚卵后，卵表面的黏液很快将卵粘在壁上，相隔20 min左右再产1枚与第1枚粘连。如果2枚卵不在一个时间产出，如相隔1 h或数天，往往成单枚。蛤蚧产完卵后即离开，无护卵习性。当蛤蚧饥饿时，常把卵吃掉，活动时也常常踏破卵。蛤蚧产卵喜群产，即当一条蛤蚧将卵产在一个适宜的地方后，其他蛤蚧也将卵产在此处，形成少则7~8枚，多则20多枚的卵群，所形成的卵群仍隐约可辨卵是成对存在的。

蛤蚧卵的形状不一，大多呈圆球形，也有呈斜圆形、长圆形、椭圆形。卵的大小如鸽卵，多数为26.4 mm×24.0 mm×20.5 mm。最重卵为7.8 g，最轻卵为3.97 g，平均为6.46 g。卵壳表面呈白垩色或乳白色，具微小细粒或光滑，内面光滑。壳含多量的石灰质，壳质致密而坚硬。胚胎发育到后期，壳质开始变脆，以利于小蛤蚧的破壳和顺利孵化。卵的质量与其孵化率有直接的关系。一般情况下，没有破损的受精卵，只要温度、湿度适宜，都能正常孵化。

5. 孵化 蛤蚧是卵生动物，但无护卵、孵卵的习性。受精卵产出后，在自然条件下，蛤蚧卵的胚胎期（孵化期）的长短与环境有关，特别是与气温有密切关系，同时亦与其产卵期有关。根据其胚胎期的不同，可分为2种卵，即当年孵化卵和越冬孵化卵。

（1）当年孵化卵。指在7月15日前后产出的受精卵，并且能在当年孵出幼体。这种卵的胚胎期为92~119 d，平均105.1 d，其积温为2 642.5~3 108.8 ℃，平均为2 875.65 ℃。

（2）越冬孵化卵。指在7月下旬及以后产出的受精卵，要经过越冬，至翌年才能孵出幼体。这种卵的胚胎期为 280～315 d，平均为 297.5 d，其积温为 5 068～6 408.1 ℃，平均为 5 738.05 ℃。如除去其在冬眠的时间和积温，则越冬孵化卵的实际胚胎期为 116～134 d，平均为 125 d，积温为 2 548.8～3 375.0 ℃，平均为 2 961.9 ℃。

当年孵化卵与越冬孵化卵的胚胎期长短与积温基本一致。通过人工控温的办法，可提前孵出幼蛤蚧。其方法为：将室温保持在 33～35 ℃，相对湿度控制在 70%～80%，经 70～80 d，即可孵化出幼蛤蚧。

6. 胚胎发育 蛤蚧胚胎发育进入第 7 天时，肉眼已能分辨出胚胎，隐在卵内，外观深色斑痕。用镊子分离卵黄，可见呈块状的胚珠，约有 4 mm 长。进入第 10 天，可分辨出头部，2 只黑色眼睛清晰可见。进入第 50 天时，触之能动。发育至 91 d，卵黄消失或仅余少许，胚胎发育完成，小蛤蚧在卵壳内呈蜷曲状。胚胎发育前期，头的比例较大，到后期，头的比例缩小。蛤蚧卵自小蛤蚧孵化出壳，总重量减小。

二、雌雄鉴别

1. 雄性 雄蛤蚧个体大而粗壮，头较大，颈及尾较细小。尾基部腹面紧靠泄殖腔处有 2 个椭圆形隆起，称半阴茎囊（肛后囊），内有 2 个半阴茎（交接器），肛后有 1 对阴茎口（囊孔）；交接时，半阴茎由此口伸出，当用拇指和食指向泄殖腔方向挤压时，可见半阴茎翻出体外。尾基两侧各有 1 个明显鳞突。后肢股部腹面有一列鳞，具有圆形股孔，其数目多为 16～18 个，排列成"八"字形。

2. 雌性 雌蛤蚧个体和头均较小，头尾基两侧鳞突细小。颈侧耳后部位皮肤下有 1 对白色内淋巴腺，比雄性明显得多。后肢股部腹面缺乏股孔或不明显。

第三节 蛤蚧的饲养管理

一、饲 养

(一) 饲养方式

蛤蚧的饲养方式有如下 3 种。

1. 室养 养殖室由 5 部分组成：观察室、繁殖室、育成室、防蚁水沟、黑色诱虫灯。养殖室墙壁用火砖、石块、水泥砖、泥砖等砌成。南面开窗，窗口钉铁网，设置可启闭的玻璃窗。北面内壁上半部用砖或石块砌成洞隙，深 25 cm，宽度以手出入方便即可。也可用木板钉成格状，堆叠在养殖室中、上部，以此作为蛤蚧栖居的地方。观察室与繁殖室盖天面，要尽量封闭，以防漏或蛤蚧外逃。在育成室与小蛤蚧室顶上盖铁纱网，孔径分别为 1.5 cm×1.5 cm 和 0.6 cm×0.6 cm。防蚁水沟沿整个饲养室四周设置，规格为深 40 cm、宽 25 cm。沟底水平，用水泥抹面。

各室之间用墙隔开，各造一木板门或铁纱网门，供人员出入。

黑光诱虫灯装在各养殖室的上面，诱虫灯下设收集漏斗，漏斗管长一般为 50 cm，昆虫可经漏斗管落入蛤蚧室。为防止蛤蚧从诱虫灯外逃，漏斗管下用塑料薄膜筒接上绑牢固，薄膜筒长 50 cm 以上，宽 6 cm，所用薄膜越薄越好。这样，从灯上诱入昆虫即可经过漏斗管、薄膜筒掉入养殖室内，而养殖室内的蛤蚧一爬上薄膜筒，薄膜筒即受压而闭合，故室内蛤蚧不能外逃。薄膜筒应避免老化。

室内养殖蛤蚧，可分群饲养。将蛤蚧分为繁殖群、育成群、幼蛤群等分别放在特定的室内饲养管理，对蛤蚧的生长发育、产卵孵化极为有利。

2. 笼养 蛤蚧养殖笼用木料做框架与底板，笼顶、前面与两侧用铁网，但最好用木板。所用铁网网径为：大蛤蚧笼 1.5 cm×1.5 cm 以下，小蛤蚧笼 0.6 cm×0.6 cm。

养殖笼的操作门可设在前面，也可设在顶上。为方便搞清洁卫生，可在笼的正面下部造一小的活动门，粪便与脏物即可从此门清理出笼外。

蛤蚧养殖笼的规格可视蛤蚧饲养量与饲养场地而灵活掌握，一般为 120 cm×55 cm×100 cm。在养殖笼左右两侧用方木条钉成一些格，用黑布掩盖，供蛤蚧栖息与产卵。蛤蚧养殖笼适用于 1 龄的小蛤蚧饲养使用。养殖笼放置于养殖室内或其他屋内，但最好是放置于网顶室或阳光直射的场地，应备油毡防雨。

3. 圈养 适用于大规模集约化饲养成年蛤蚧，或在蛤蚧产地利用原有石山局部控制饲养。养殖圈用砖或石块砌成围墙，围墙上安装防逃设施，一般是在围墙顶上设置倾斜的铁网或尼龙网罩。此法饲养蛤蚧，食物和饮水以天然资源为主，人工补充为辅。也可根据需要在场内设置一些黑灯光，将昆虫引诱入围墙内供给蛤蚧捕食，以解决蛤蚧的饲料问题。圈养的环境较接近蛤蚧的生态环境，场地面积比较大，对蛤蚧的生长繁殖非常有利，但对于防逃设施要求较高。

（二）饲料

人工养殖蛤蚧能否成功，关键在于饲料能否充足。其解决途径目前有 2 种方法：一是充分利用自然界昆虫，二是人工培育饲料。2 种方法可以互相补足，取长补短。自然界昆虫有季节和地域性限制，人工饲料不受季节影响，因而解决人工饲料是关键。饲料的解决方法有如下几种。

1. 灯光诱捕昆虫　这是一种最有效的方法。昆虫生活期与蛤蚧的主要活动取食期基本一致，即与需要食物量最大的繁殖期相一致。除了在饲养室挂灯诱虫之外，也可以用干电池作为电源的黑光灯和普通油灯来收集昆虫。

2. 饲养家蚕　蛤蚧能食桑蚕和木薯蚕的幼虫（蚕虫）、蛹和成虫（蛾）。蚕虫 1~2 cm 长时，即可喂养小蛤蚧，蚕虫一边长大一边用来喂蛤蚧，用不完的，可让其作茧，然后剪取蛹，蛹可喂大蛤蚧。木薯蚕可全年饲养，蚕蛹和蛾还可低温保存，保存期长达 1~2 个月。需要时，可让其变蛾，蛾放在 7~8 ℃的低温下，可保持 1 个月不死，随取随喂。

3. 饲养地鳖虫和蟑螂　地鳖虫繁殖较快，饲养方便，用水缸、木箱均可。内放朽木，喂剩饭菜、果皮、米糠等。

蟑螂的繁殖率亦相当高，1 对蟑螂在我国广西南部 1 年可以繁殖 400 只以上小蟑螂，由小蟑螂到大蟑螂均可作为蛤蚧的饲料。蟑螂饲养时可采用木箱，内钉些木板格，放些朽木，箱盖用窗纱，每隔数天投喂 1 次果皮、剩菜饭、杂粉或米糠等，此外再给些饮水。蟑螂是蛤蚧喜食的食物之一。

4. 养殖蚯蚓和蝇蛆等　养殖技术可参阅本教材相关章节。

5. 人工配合饲料　可用玉米粉 30%、大米粉 30%、面粉 20%、南瓜（或甘薯）15% 以及适量的鸡蛋、鱼粉、贝壳粉、维生素、酵母片、微量元素等，煮成糊状，做成一小馒头的形状。喂人工配合饲料一般是从小蛤蚧慢慢训练，让蛤蚧养成吃人工配合饲料的习惯。

由于蛤蚧多在晚上活动、摄食，因此应在天黑前投料。蛤蚧的日摄食量相当于其体重的 5% 左右，可根据所饲养的蛤蚧总重量来估算投喂量。另外，在投喂时注意观察，灵活掌握。如果饲料剩余太多，可以适当减少投喂量；如果饲料在短时间内就被抢吃光了，就应当适当增加投喂量。对于黑光灯诱入的昆虫，随其自然攀爬，让蛤蚧自由追捕采食；对飞翔能力不强的活饵料如蚯蚓、黄粉虫、蝇蛆、蚕虫以及人工配合饲料，则可用木槽、盆装起，放在饲养室中的固定地点，让蛤蚧去采食。

二、管　理

（一）蛤蚧种群的管理

蛤蚧冬眠期结束后，很快进入繁殖期。首先的工作是选好供蛤蚧产卵用的产卵室。产卵室的要求是：光线充足，蛤蚧产卵、栖息的地方淋不到雨，并用麻袋、硬纸、布等遮盖。其次要按一定的比例搞好雌雄配放，即将较壮的雌雄个体按 4∶1 的比例组成一个繁殖群，共同投放入一个产卵室内。最后是日常管理工作，喂料要鲜活、充足，天气过于炎热宜洒些水在蛤蚧群居处地板上，便于降温与蛤蚧舔食，但切忌洒到有蛤蚧卵的地方或蛤蚧卵上。每天上午检查 1 次产卵的情况，发现有新产的卵即应采取适当的措施加以保护。

除上述工作外，尽量少出入产卵室，杜绝参观，以免惊动待产的蛤蚧，引起流产或跌死跌伤（蛤蚧怀卵后期，体重明显增加，行动不便），饲料要给予钙、磷含量较高的或人工补以适量的钙、磷，也可在饲料中拌入适量的维生素 A、维生素 D，以促进对钙、磷的吸收，提高蛤蚧卵的质量。

（二）蛤蚧卵的管理

蛤蚧卵产出后即黏固在砖洞内、石间隙、板缝里、墙壁上，自然温度孵化，孵化期为 105 d 左右，最短为 68 d，有的当年不能孵出要延长到翌年春暖时，孵化期 200 多天甚至 300 天以上。由于孵化期长，蛤蚧卵很易遭受到外界因素的侵害而影响孵化效果。因此，蛤蚧卵孵化期间的管理是关系到蛤蚧人工养殖成败的重要一环。蛤蚧卵的管理可采取下述综合措施。

1. 编号和记录　蛤蚧卵产出后，即应按其产卵期先后做好编号、记录工作。先用小纸片写上蛤蚧卵的编号、产卵日期，黏固于蛤蚧卵旁，然后做好记录，观察孵化情况、孵出日期。小蛤蚧出壳后及时取出放入小蛤蚧室饲养。

2. 防雨淋 蛤蚧卵若经常受到雨淋，则受精卵不能孵化出小蛤蚧。对产出的卵在雨天用薄膜或油毡盖实，可提高卵的孵化率。

3. 防蛤蚧食卵 在人工养殖的条件下，经常发生蛤蚧食卵的现象。蛤蚧食卵的原因与饲料量不足或饲料营养成分不全面有很大关系。所以在产卵期间应投以足够的饲料，并注意饲料营养成分的比例，同时还应做好一些被动性的防护措施。如用铁纱网罩住卵粒或卵群，铁纱网四周用铁钉或胶布固定等。

4. 防蚂蚁侵害 蚂蚁是蛤蚧的一大天敌，它不但抢食蛤蚧的饲料，咬死甚至吃掉小蛤蚧，还啃食蛤蚧卵。要设防蚁水沟或撒放防蚁药物。

5. 集卵孵化 将能取下的蛤蚧卵集中孵化，孵化设备可用木笼、木箱、盒、缸等。集卵孵化也要做好防鼠、防蚁的工作，对一些已黏固很牢的卵就不应勉强去剥取，否则极易损坏卵粒。

（三）小蛤蚧的护养

初生小蛤蚧至半年龄这段时间最好放置在木笼内养，便于防寒保暖，防外逃与天敌侵害等。小蛤蚧的饲料以小昆虫最为适宜，其中以黄粉虫幼虫、苍蝇蛆、小蚕最为理想。可隔天投入鲜活小昆虫，并清除粪便与已死的昆虫。饮水可用小碟装盛放入笼内，供小蛤蚧自由舔食，饲料内最好能拌入少量多种维生素及兽用生长素，可促进小蛤蚧的生长发育。

当年孵出的小蛤蚧，多数在出壳后2个月左右即进入冬眠期。因为初生小蛤蚧的体温调节中枢尚未健全，体内营养物质贮蓄不多，故抗寒能力较低，冬眠期应将小蛤蚧转入保温性能较好的饲养室或木笼内，用电热、火热或盖麻袋等方法使小蛤蚧栖居处温度维持在10～18 ℃，以利其安全越冬。翌年春季出蛰后，可转入防逃与保暖性能好的室内饲养，也可继续笼养，但前者饲养的小蛤蚧比长期笼养的小蛤蚧生长发育好，增重快。小蛤蚧饲养中也应加强防鼠、防蚁工作。

（四）日常管理

1. 调节温度和湿度 根据蛤蚧的活动规律，在气候寒冷时，应注意紧闭门窗，用草席、竹帘、麻包袋、碎布、纸箱、泡沫板等物品遮挡饲养架、笼子、洞口，以防温度过低。在天气炎热时，要开窗通风，搭遮阳棚，洒水降温，增加饮水量，栖息室内温度为28～30 ℃较适宜。另外，还要注意保持室内的相对湿度在60%～80%，最好是70%，湿度过大时，打开门窗通风排湿，湿度过小时，洒水增湿。

2. 分级饲养 体重悬殊太大的蛤蚧在一起生活，小蛤蚧常常吃不饱，影响生长发育；同时由于蛤蚧有大吃小的习性，尤其当饵料不足时，大蛤蚧就会咬伤、吞吃小蛤蚧。因此，应该将大、小蛤蚧分开饲养。一般按体重可分为25 g以下的蛤蚧每平方米壁面100条，25～50 g的蛤蚧50条，50～100 g的蛤蚧30条，100 g以上的蛤蚧20条，繁殖群2组（每组4雌1雄）等级别。此外，要注意饲养密度，密度过小则摄食不积极，影响生长；密度过大则互相追逐咬斗，引起损伤甚至死亡。

3. 越冬管理 在冬眠前，应多投喂蛋白质含量高、营养丰富的饵料，以增强蛤蚧的体质。在冬眠期间，要搞好防寒保暖工作，可将蛤蚧集中在保温性能较好的房舍一起越冬，关闭门窗多用一些泡沫板、麻袋等物遮挡，不要惊扰。开春时节，气温上升到15 ℃以上时，蛤蚧解除冬眠，此时气温尚未稳定，要注意防止倒春寒的侵袭，且可开始投喂饲料。

4. 清洁消毒 蛤蚧喜欢干净的环境，因此应经常打扫环境，清除粪便，整理饲养架，保持环境的整齐与清洁，防止病菌滋生侵入。要经常更换饮用水，保持饮用水的清新。还应定期对环境进行消毒，一般每半个月用适量生石灰遍撒清毒，对食用器具也应每周用高锰酸钾浸泡消毒。

5. 防盗、防逃和防敌害 蛤蚧是珍贵的药用动物，养殖场应设置防盗设施，大型养殖场要有专人看守。门、窗、笼、网要牢固，补好房顶、屋角的漏洞，以防止蛤蚧逃走。鼠、蛇、蚂蚁喜欢吃蛤蚧，尤其在蛤蚧冬眠时，可放鼠药、堵门洞、挖防蚁沟，防止这些天敌的危害。

第四节　蛤蚧常见病虫害防治

一、疾病防治

（一）口角炎口腔炎

【病原】由铜绿色假单胞菌所致。

【症状】患病蛤蚧表现为厌食，口腔红肿发炎，张口困难，口角糜烂。严重时口腔溃烂，眼球浑浊，甚至失明。导致采食困难，经1周左右多因饥饿而致死。

【防治】用0.1%高锰酸钾溶液对口腔、体表浸泡消毒，每5 d 1次，共3~5次；于患处涂布碘甘油或磺胺软膏，每天1次，连续7 d；在饲料中增加维生素B_{12}及维生素C的供给；同时，要注意投喂新鲜饵料，应将霉变腐烂的饵料清除，经常清洗食具，打扫室内卫生，保持清洁，可避免本病的发生。

（二）软骨病

【病因】蛤蚧长期在阴暗、窄小的环境中饲养或饲料中长期缺乏钙、磷及维生素D。

【症状】蛤蚧行动困难，爬行无力，少活动甚至不活动。从壁上跌到地面，食欲明显降低，日渐消瘦，继而脊柱弯曲，口腔畸形。如不能及时治疗，经20~30 d后即可死亡。

【防治】增加光照，减少饲养密度；在饵料中添加含钙、磷的物质，如葡萄糖酸钙、乳酸钙、蛋壳粉、磷酸氢钙、骨粉等；同时添加适量维生素A、维生素D，可有效地控制本病。

（三）胃肠炎

【病因】多因消化不良或食入腐败变质的饲料所致。

【症状】患胃肠炎的蛤蚧食欲不振，甚至不食，不喜活动，离群爬出洞外，排黄绿色稀粪便，脱水状。

【防治】注意清洁卫生，饲料与饮水要保持洁净、新鲜；用1%高锰酸钾溶液消毒食具；每天每条用50 mg土霉素或氯霉素拌入饲料中，让患病蛤蚧取食，不食料者，可将1 d的药量分2次灌服，连喂3~5 d。

（四）脚趾脓肿

【病因】多为争食或争地盘相互撕咬咬伤。

【症状】腿或爪部红肿，吸盘无力，精神状态差，食欲减退。

【防治】先用0.1%高锰酸钾体表消毒，然后在脓肿处用手术刀切1个小口，将脓汁（或脓块）清除干净，接着用过氧化氢水溶液对创口进行防腐消毒处理，撒上磺胺结晶，口服复方磺胺甲噁唑诺明，最后注射抗生素。

二、敌害防治

蛤蚧的敌害主要有蚂蚁、蛇、鼠和猫等。蚂蚁会咬伤蛤蚧，影响蜕皮，以致伤口腐烂；鼠、蛇和猫会扰乱饲养环境，捕食蛤蚧，致使蛤蚧逃跑等。因此应经常检查巡视，防止敌害进入蛤蚧饲养场内。

（张俊珍）

第四篇 其他类

- 第二十三章 蜜　　蜂
- 第二十四章 蝎　　子
- 第二十五章 蜈　　蚣
- 第二十六章 蚯　　蚓
- 第二十七章 蝇　　蛆
- 第二十八章 育珠蚌

第二十三章 蜜 蜂

蜜蜂的许多种类具有巨大的经济价值，与人类生活密切相关，被称为资源昆虫。我国古代就有对蜜蜂及其用途的记载。不少种类的产物或行为与医学、农业、工业有密切关系。蜜蜂采集花粉并酿造蜂蜜，生产王浆、蜂毒等富含维生素、氨基酸、激素等成分的蜂产品，为人类医疗、滋补和保健提供原料。蜜蜂还是虫媒植物的优秀授粉者，对提高农作物产量具有重要作用。蜂蜜加工后的副产品蜂蜡和蜂胶，有重要的工业用途。

第一节 蜜蜂的生物学特性

一、分类与分布

蜜蜂在分类学上属于昆虫纲、有翅亚纲、膜翅目、细腰亚目、蜜蜂科、蜜蜂亚科、蜜蜂属。蜜蜂属中有4个种，即大蜜蜂、小蜜蜂、东方蜜蜂和西方蜜蜂。在每个种内又分若干地理品种，每个地理品种又分为若干个生态型。同种内各地理品种间可相互交配，种与种之间不能杂交。

蜜蜂的地理分布取决于蜜粉源植物的分布。全世界均有分布，而以热带、亚热带种类较多。不同亚科或属的分布有一定局限性，例如熊蜂以北温带为主，可延伸到北极地区，而在热带地区则无分布记录。以下是主要饲养的一些品种。

1. 大蜜蜂 为大型蜜蜂，工蜂体长 16～18 mm，体黑色、细长，触角基节及口器呈黄褐色；前翅黑褐色并具紫色光泽，后翅色较浅；颅顶、胸部背板及侧板上的毛长而密，呈黑色至黑褐色；腹部第 1～2 节背板着生短而密的黄毛，其余各节被黑褐色短毛。

有很强的抗逆性，尽管巢脾暴露在露天，但巢房内的幼虫却在密集的工蜂保护下不受气候变化的影响。当自然条件不利于其生存时便弃巢迁移。群体防卫能力很强，当发现附近有敌害时，便成群地袭击一切移动的目标。每群蜂年产蜂蜜 25～40 kg。

我国主要分布在云南、广西和海南岛。世界上分布于印度、斯里兰卡、泰国、日本、印度尼西亚等地。

2. 小蜜蜂 为小型蜜蜂，工蜂体长 7～8 mm，头略宽于胸；体黑色，上颚顶端红褐色，腹部第 1～2 节背板暗红色，其余各节黑色；胸部着生灰黄色短毛，腹部背板有黑褐色短毛，腹面为细长的灰白色毛。

善于保护卵虫区，抵御暴风、寒冷、炎热和敌害的能力强。每群蜂年产蜂蜜 1～3 kg。

我国主要分布于广西和云南。世界上分布于印度、越南、斯里兰卡、印度尼西亚、马来群岛等地。

3. 东方蜜蜂 蜂王有黑色和棕色2种。雄蜂为黑色，工蜂体色变化较大。热带和亚热带的东方蜜蜂，腹部以黄色为主，而在温带和高寒地区，腹部以黑色为主。工蜂体长为10.0～13.5 mm，喙长为3.0～5.6 mm，前翅长为7.0～9.0 mm，肘脉指数为3.5～6.0。由南至北，个体逐渐增大，体色逐渐变深，由黄变黑，附肢逐渐变短。但不同地域的东方蜜蜂在形态上仍有差异。原产于我国的中华蜜蜂（简称中蜂）是东方蜜蜂的指名亚种，其工蜂体长10～13 mm，为中型蜜蜂。身体为黑色，腹节有明显或不明显的褐黄环带。上唇基前方有黄色斑，后翅上有1条长的呈放射状的翅脉。

工蜂行动敏捷、嗅觉敏锐、采集勤奋，善于利用零星蜜粉源。对南北地区的气候条件有极强的适应性，是我国华南、西南地区发展养蜂的理想品种。每群蜂年产蜂蜜10 kg及以上。泌浆能力差，不适宜于生产王浆。

主要分布在亚洲的热带及亚热带地区，其次是温带地区。其分布范围十分广阔，南自印度尼西亚，北至俄罗斯的远东地区，东起日本，西至伊朗，都有分布。

4. 西方蜜蜂 西方蜜蜂可按地域特点分为欧洲、中东和亚洲3大类群。目前，欧洲黑蜂、意大利蜜蜂、卡尼鄂拉蜂和高加索蜜蜂是西方蜜蜂中占有重要地位的四大品种。欧洲黑蜂原产于阿尔卑斯山以西和以北的欧洲地区，现只在西班牙、波兰、法国和俄罗斯的某些地区尚存，而在欧洲大部分地区它通常与卡尼鄂拉蜂、意大利蜜蜂或高加索蜜蜂等品种杂交。意大利蜜蜂原产于意大利中部和北部地区，1853年首次引入法国，1859年引入美国，并成为企业化蜂种。卡尼鄂拉蜂主产于奥地利境内阿尔卑斯山南部和巴尔干半岛的北部。高加索蜜蜂主产于俄罗斯高加索中部高山谷地。

西方蜜蜂个体大小与东方蜜蜂相似。体色由黄至黑，变化很大。工蜂喙长为5.5～7.2 mm，前翅长为8.0～9.5 mm，肘脉指数为2.0～5.0，腹部第6背板上无绒毛，后翅中脉不分叉。在西方蜜蜂中占有重要地位的4个品种除具有西方蜜蜂的共同特征外，每个品种还各有其特点。

（1）欧洲黑蜂。个体大、腹宽、吻短（5.7～6.4 mm）。几丁质深黑色而且一致，少数在第2和第3腹节背板上有黄色小斑，但不具黄色环带；覆毛长，绒毛带窄而疏。雄蜂的腹部绒毛棕黑色，有时为黑色。肘脉指数小，为1.5～1.7。

欧洲黑蜂的产育力比意大利蜜蜂弱，春季群势发展缓慢。怕光，性情暴躁，开箱时易骚动和蜇人。采集力强，对夏秋蜜源的采集优于其他任何品种。善于利用零星蜜源，但采集深花管蜜源植物的能力较差。节约饲料，在蜜源贫乏时极少发生饥饿现象，定向性强，不易迷巢。适于寒冷地区饲养。产蜜量不如其他品种。

（2）意大利蜜蜂。体型比欧洲黑蜂略小，腹部细长，吻较长（6.3～6.6 mm）。腹板几丁质颜色鲜明，在第2～4腹节背板的前部具黄色环带，但黄色区域的大小和色泽深浅有很大的变化，有的蜂群宽而浅，有的蜂群窄而深。体色较浅的意大利蜜蜂常具有黄色小盾片，特浅色型的意大利蜜蜂仅在腹部末端有一棕色斑，称为黄金种意大利蜜蜂，绒毛为淡黄色，其覆毛短，绒毛带宽而密。肘脉指数中等或偏高，为2.2～2.5。

意大利蜜蜂的产育力强，在炎热的夏季和气温较低的晚秋均能保持较大的育虫区，对大宗粉源的采集力强，但对零星蜜粉源的利用能力较差，对花粉的采集量大。产蜜能力强，在华北地区的荆条花期或东北地区的椴树花期，1个意大利蜜蜂强群可产50 kg蜂蜜。分泌王浆的能力强于其他品种，在大流蜜期，1个意大利蜜蜂强群平均每3 d可生产王浆50 g以上。因此，该蜂是典型的蜜浆兼用型品种。饲料消耗量大，易出现食物短缺现象。不怕光，性情温顺，开箱检查时很安静。定向力差，易迷巢。

（3）卡尼鄂拉蜂。大小和外形与意大利蜜蜂相似，其腹部细长，吻长6.4～6.8 mm。覆毛短而密，为灰色蜂种。几丁质黑色，腹部第2和第3节背板往往有棕色斑，有的甚至具有红棕色环带。雄蜂为黑色或棕灰色。肘脉指数很高，为2.4～3.0。

卡尼鄂拉蜂的采集能力特别强，善于利用零星蜜粉源，但对花粉的采集量比意大利蜜蜂少，产育力较弱。分蜂性强，不易维持强群。性情温顺，不怕光，开箱检查时较安静。定向力强，不易迷巢。产蜜力强，在相等群势下，其产蜜量显著高于意大利蜜蜂，是理想的蜜用型品种。产浆力弱，不宜用于王浆生产。因其蜜房封盖为干型，可用于巢蜜生产。

（4）高加索蜜蜂。体型、大小及绒毛等与卡尼鄂拉蜂十分相似，吻特长（达7.2 mm）。几丁质黑色，工蜂绒毛为深灰色，通常在第1腹节上有棕色斑点，少数工蜂腹部第2节背板上具棕黄色斑。雄蜂腹部绒毛为黑色。肘脉指数中等。

高加索蜜蜂产育力强，分蜂性弱，易维持较大的群体。采集力强，采集树胶的能力强于其他任何品种，故为生产蜂胶的理想品种，也可用于生产蜂蜜。

二、形态学特征

蜜蜂体分成头、胸、腹三部分（图23-1）。其体表由几丁质的外骨骼包裹着，起着支撑和保护内部器官的作用。其体表密生绒毛，有护体和保温作用，特别是在寒冷地区，当群体结成蜂团时，对越冬具有重大意义。蜜蜂的绒毛有实心毛和空心毛2种，实心毛有利于黏附大量花粉粒，部分空心毛与神经系统相连，感觉较灵敏。

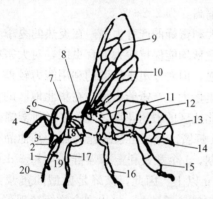

图23-1 工蜂的外部结构
1. 喙 2. 上颚 3. 唇基 4. 触角 5. 复眼 6. 头部
7. 单眼 8. 胸部 9. 前翅 10. 后翅 11. 并胸腹节
12. 腹部 13. 气门 14. 螯针 15. 后足 16. 中足
17. 前足 18. 下唇 19. 下颚 20. 中唇舌
（仿Snodgrass）

1. 头部 蜜蜂的头部是感觉和取食的主要部位。生有3只单眼、2只复眼、1对触角和口器。工蜂、蜂王和雄蜂的头部有明显的区别，工蜂头的正面呈三角形，蜂王的头呈心形，雄蜂的头近似圆形。

2. 胸部 蜜蜂的胸部由前胸、中胸和后胸三部分组成。前胸节通过管状膜与头部相连，后胸节通过前胸腹节与腹部相连。前胸节上着生1对前足，中、后胸节的腹板分别着生1对中足和1对后足，而背板上着生1对膜质的翅。

3. 腹部 腹部是蜜蜂消化和生殖的中心，由多个腹节组成。腹节间由节间膜相连，每一腹节由腹板和背板组成，可以自由伸缩、弯曲，有利于采集、呼吸和螯刺等活动。在每一腹节背板的两侧处，有成对的气门。腹腔内充满血液，分布着消化、排泄、呼吸、循环和生殖等器官以及臭腺、蜡腺和螯针。

三、生活习性

（一）生活史

蜜蜂是完全变态发育的昆虫，三型蜂都经过卵、幼虫、蛹和成虫（成蜂）4个发育阶段。蜜蜂的4个发育阶段在形态上均不相同。

1. 卵 香蕉形，乳白色，卵膜略透明，稍细的一端是腹末，稍粗的一端是头。蜂王产下的卵，稍细的一端朝向巢房底部，稍粗的一端朝向巢房口。卵内的胚胎经过3d发育孵化成幼虫。

2. 幼虫 白色蠕虫状。起初呈C形，随着虫体的长大，虫体伸直，头朝向巢房。在幼虫期由工蜂饲喂。受精卵孵化成的雌性幼虫，如果在前3d饲喂在蜂王浆里加有蜂蜜和花粉的幼虫浆，它们就发育成工蜂。同样的雌性幼虫，如果在幼虫期被不间断地饲喂大量的蜂王浆，就发育成蜂王。

工蜂幼虫成长到6d末，由工蜂将其巢房口封上蜡盖。封盖巢房内的幼虫吐丝作茧，然后化蛹。封盖的幼虫和蛹统称为封盖子，有大部分封盖子的巢脾称封盖子脾（蛹脾）。工蜂蛹的封盖略有突出，整个封盖子脾看起来比较平整。雄蜂蛹的封盖凸起，而且巢房较大，两者容易区别。工蜂幼虫在封盖后的2d末化蛹。

3. 蛹 蛹期主要是把内部器官加以改造和分化，形成成蜂的各种器官。逐渐呈现出头、胸、腹三部分，附肢也显露出来，颜色由乳白色逐步变深。发育成熟的蛹，脱下蛹壳，咬破巢房封盖，羽化为成蜂。

4. 成蜂 刚出房的蜜蜂外骨骼较软，体表的绒毛十分柔嫩，体色较浅。不久骨骼即硬化，四翅伸直，体内各种器官逐渐发育成熟。

（二）生活习性

1. 变温性 蜜蜂为变温动物，它的体温会随着周围环境的温度改变。当巢内温度低到13℃时，它们在蜂巢内互相靠拢，结成球形团在一起，温度越低结团越紧，使蜂团的表面积缩小，密度增加，防止降温过多。同时，它们还用多吃蜂蜜和加强运动来产生热量，以提高蜂巢内的温度。天气寒冷时，蜂球外表温度比球心低，此时在蜂球表面的蜜蜂向球心钻，而球心的蜂则向外转移，它们就这样互相照顾，不断地反复交换位置，度过寒冬。它们通过互相传递的办法得到食料。这样可保持球体内的温度不变或少变，以利于安全越冬。

2. 食性 蜜蜂的飞翔时速为 20～40 km，高度 1 km 以内，有效活动范围在离巢 2.5 km 以内。所有的蜜蜂都以花粉和花蜜为食，采访 1 100～1 446 朵花才能获得 1 蜜囊花蜜。在流蜜期间 1 只蜜蜂平均日采集 10 次。

(1) 多食性。在不同科的植物上或从一定颜色的花上（不限植物种类）采食花粉和花蜜，如意大利蜜蜂和中华蜜蜂。

(2) 寡食性。自近缘科、属的植物花上采食，如苜蓿准蜂。

(3) 单食性。仅自某一种植物或近缘种上采食，如矢车菊花地蜂。

(4) 寄生性。雌蜂不筑巢，在寄主的巢内产卵。幼龄幼虫一般具有大的头和上颚，用以破坏寄主的卵或幼龄幼虫。

3. 筑巢性 蜜蜂的筑巢本能复杂，筑巢地点、时间和巢的结构多样。筑巢时间一般在植物的盛花期。有的蜜蜂以自身分泌的蜡作为脾，如蜜蜂属、无刺蜂属、麦蜂属等；有的在土中筑巢，巢室内部涂以蜡和唾液的混合物，以保持巢室内的湿度；有的利用植物组织筑巢，例如切叶蜂属可把植物叶片卷成筒状成为巢室。

4. 发声性 工蜂飞翔是胸腔中的中胸纵长肌和中胸垂直肌及其附着在中胸背板、中胸腹板、第 2 悬骨共同剧速振动产生的。工蜂发声是它们共同振动的结果，蜜蜂没有专门的发声器官。

5. 社会性 蜜蜂是一种社会性昆虫，它们以蜂群的形式生存和发展，蜂群是由蜂巢和许多蜜蜂组成的有机体，任何一只蜜蜂脱离了蜂群都无法生存下去。一群蜂通常由形状各异、内部结构特点显著、分工明确的三型蜂组成（图 23-2）。在正常情况下，1 个蜂群包括 1 只蜂王、成千上万只工蜂和数以百计的雄蜂。三型蜂共同生活在一个群体里，相互依赖，分工合作，组成一个高效、有序的整体。

(1) 蜂王。是蜂群中唯一生殖器官发育完善的雌蜂，其主要任务是产卵和控制群体。蜂王的自然寿命可达 4～5 年，最长可达 8 年，但其产卵能力

图 23-2 三型蜂
A. 工蜂　B. 蜂王　C. 雄蜂

以 1～2 年最强。

(2) 工蜂。是蜂群中生殖器官发育不完善的雌蜂，其主要任务是承担巢内外的一切日常劳动。13～18 日龄从事清理巢箱、拖弃死蜂、夯实花粉、酿蜜、筑造巢脾、使用蜂胶等大部分巢内工作；17～20 日龄开始从事采集花蜜、花粉、水分、蜂胶及守卫御敌等巢外工作。工蜂的寿命一般为几个月，很少能够熬过一个年头。夏季 4～6 周，冬季 3～6 月。其寿命的长短与工作强度、蜂群势有很大关系。

(3) 雄蜂。是由蜂王所产的未受精卵发育而成的蜜蜂，无采集能力，主要职能是在巢外与婚飞的处女王交配。在蜜源充足的情况下，雄蜂寿命可达 3～4 个月；在蜜源缺乏或新王已经产卵时，工蜂便不再照顾雄蜂，将其驱逐于边脾或箱底，甚至拖出巢外饿死。清除在蜂群中无用的雄蜂，对蜂群生命的延续是有利的。

第二节　蜜蜂的繁殖

一、繁殖特点

1. 繁殖季节 蜜蜂的活动随气候和蜜粉源植物的变化而变化。在我国的绝大多数地区，蜜蜂每年度经历 7～9 个月的繁殖期，5～6 个月的生长期，以及 3～5 个月的冬眠期。

春季气温变暖，进入全年最重要的繁殖阶段。夏季蜂群旺盛，蜜粉源植物充足，是蜜蜂的生产大忙季节。秋季气温开始逐渐下降，蜜粉源减少，群势的活动开始低落，蜂群开始培育越冬适龄蜂，贮备越冬饲料，严守巢门，以防盗蜜和敌害，直到蜂王逐渐停止产卵。冬季，蜜蜂进入冬眠期，为来年繁殖做准备。

2. 孤雌生殖 蜜蜂属孤雌生殖的昆虫。处女王（雌性）与雄蜂交配后便将精子保存体内数年，

蜂王可以自由选产受精卵或未受精卵。蜂王在雄蜂房里产未受精卵发育成雄蜂，在工蜂房和蜂王房里产受精卵发育成工蜂和蜂王。

蜂群通常在3种情况下产生新的蜂王：①自然分蜂。当群势旺盛时，工蜂常在巢脾边缘或下沿建造王台，培育新蜂王，进行分蜂。②自然交替。当蜂王衰老或残伤时，工蜂筑造1~3个王台，培育新蜂王。老蜂王大多在新蜂王出台的前后数日自然死亡，部分则与新产卵蜂王母女同居，不久自然死亡。③由于偶然事故蜂群内突然失去蜂王时，约过1d，工蜂就将幼虫脾上的含有3日龄以内幼虫或卵的工蜂房改建成王台，培育新蜂王。

3. 无性染色体 生物的性别并不一定都是由性染色体决定的，在蜜蜂，性别决定于染色体的数目（或染色体的组数），而不是性染色体。蜜蜂体内没有性染色体。蜂王和工蜂都是雌性，由受精卵发育而来，每个体细胞中含有32条染色体，2个染色体组，是二倍体；雄蜂个体在群体中的数目很少，由未受精的卵细胞发育而来，体细胞中含有16条染色体，1个染色体组，是单倍体。

4. 雄蜂的"假减数分裂" 蜂王和工蜂是二倍体（$2n=32$），雄蜂是单倍体（$n=16$）。雄蜂在产生精子的过程中，它的精母细胞进行的是一种特殊形式的减数分裂。减数第1次分裂中，染色体数目并没有变化，只是细胞质分成大小不等的两部分。大的部分含有完整的细胞核，小的部分只是一团细胞质，一段时间后将退化消失。减数第2次分裂，则是1次普通的有丝分裂：在含有细胞核的那团细胞质中，染色单体相互分开，而细胞质则进行不均等分裂，含细胞质多的部分（含16条染色体）进一步发育成精子，含细胞质少的部分（也含16条染色体）则逐步退化。雄蜂的1个精母细胞，通过这种减数分裂，只产生1个精子，精母细胞和精子都是单倍体细胞。这种特殊的减数分裂称为"假减数分裂"。

二、人工育王

蜂群的生产能力通过工蜂的劳动体现。工蜂群体大、采集力强，则蜂群的生产水平高，而蜂王和与之交尾的雄蜂的种质是决定工蜂的群体大小和采集能力的因素之一。只有好的蜂种，没有好的育王技术，好蜂种的基因型也不可能得到充分表达。

1. 人工育王的时间 我国大部分地区，从春季到秋季都可育王。但由于春季分蜂季节的气候温暖，蜜粉源充足，蜂群有较大的群势，巢内有大量的青、幼年蜂，雄蜂也开始大量羽化出房，此时育王，幼虫接受率高，营养丰富，发育良好，能育出质量好、交尾率高的蜂王。因此，大多数场将育王安排在春季分蜂季节。华北地区5月的刺槐花期，长江中下游流域4月的油菜、紫云英花期，云南、贵州、四川地区2—3月的油菜花期都是人工育王的好时期。在主要蜜粉源结束早、辅助蜜粉源较充足的地区，也可在主要采集期结束后进行人工育王。

2. 父母群的选择 要求选择采集力和繁殖力强，产蜜量高，在相同条件下，历年产量明显高于同等蜂群，且性情温顺，不爱蛰人和作盗，抗病力强的蜂作为父母群。

3. 种用雄蜂的培育 精选父群，及时培育雄蜂是育王的重要技术环节。雄蜂的培育应当在移虫育王前的19~24d开始。为保证交尾成功率和授精质量，可按1只处女王、30~50只雄蜂的比例来培育种用雄蜂。采用的巢脾最好是新筑造的雄蜂脾。其哺育群的群势一定要强，并且要准备充足的饲料。

4. 育王群的组织 需在移虫前1~2d完成。为保证处女王的遗传稳定性，最好用母群种的蜂群作为育王群。育王群必须健康无虫害，群势强壮，至少应有9足框蜂以上，使蜂多于脾；并且要有充足的饲料。育王群接受的王台数每次不宜超过30个，做到求质不求量。

（1）卧式箱。若采用卧式箱，则用框式隔王板将蜂箱隔为繁殖区和育王区。蜂王放在繁殖区，育王框放在育王区。在繁殖区内放3~4张快要出房的封盖子脾和空脾；育王区从外到内按蜜粉脾、封盖子脾、大幼虫脾、小幼虫脾的顺序排列，移入幼虫的育王框放在2张小幼虫脾之间。

（2）标准箱。若采用标准箱，则用隔王板将蜂王隔在巢箱内形成繁殖区，而将育王框放在巢箱内组成育王区。巢脾排列顺序同卧式箱。

5. 限制母本蜂王产卵速度 蜂王在不同时期和不同状态下所产的卵大小不同。小卵孵化培育出的处女王，初生重小，卵巢管较少，交尾成功率较低，产卵性能也较差；而大卵则可孵化出初生重大、卵巢管多、交尾成功率高、产卵性能好的处女王。卵的大小与蜂王在单位时间内的产卵量有关，单位时间内产卵量高，则所产卵小；反之则大。因此，限制母本蜂王的产卵速度，降低其单位时间内的产卵量，便可获得较大的卵。

限制蜂王产卵速度的方法很多，其要领是将蜂王限制在蜂巢的某一部位若干天，让其充分活动，若干天后，提供空脾，便可产出大卵。限制蜂王产卵速度的常用方法有如下 2 种。

（1）蜂王产卵控制器。即在移虫前 10 d，将母本蜂王放入蜂王产卵控制器内，再将控制器放入蜂群中，迫使蜂王停止产卵。在移虫前 4 d，用 1 张已产过 1～2 次卵的空脾换出控制器内的子脾，让蜂王在这张空脾上产卵，这时便可产出较大的卵。卵产下后，第 4 天就可孵化。

（2）框式隔王板。即在移虫前 10 d，用框式隔王板将母本蜂王限制在蜂巢的一侧。在该限制区内放 1 张蜜粉脾、1 张大幼虫脾和 1 张小幼虫脾，每张巢脾上都几乎没有空巢房，迫使蜂王停止产卵。在移虫前 4 d，再往限制区内加进 1 张已产过 1～2 次卵的空巢脾，让蜂王产卵，便可产出较大的卵。

6. 移虫 移虫工作最好在室内进行。室温应保持在 25～35 ℃，相对湿度为 80%～90%。如果湿度不够，可在地上洒水增湿。移虫分为单式移虫和复式移虫 2 种。

（1）单式移虫。是从母群中取出小幼虫脾，用移虫针将孵化后 24 h 之内的幼虫轻轻沿其背部钩起，连浆移入经工蜂清理过的蜡盏内，每个蜡盏移入 1 条虫。也可事先在蜡盏内放入少许王浆，再将幼虫移入。随后将育王框插入育王群育王区的 2 张小幼虫脾间即可。

（2）复式移虫。是将经过 1 d 哺育的育王框从育王群中取出，将王台中已被接受的幼虫用镊子轻轻取掉，注意不要搅动王台中的王浆。然后再移入母群中 24 h 以内的小幼虫。移完后，将育王框重新放入育王群中。在复式移虫过程中，第 1 次移的虫不一定是母群的，而且幼虫的日龄也可稍大些；但第 2 次移的虫一定要是母群的，并且日龄不能超过 24 h。

育王框放入育王群后，不宜经常开箱检查，以免影响饲喂和保温。1 d 以后取出育王框快速查看 1 次，幼虫若被接受，王台就会加高，王台中的王浆也增多。4 d 以后进行第 2 次检查，但动作要快，目的是查看王台内幼虫发育情况和王浆含量。第 6 天再检查 1 次，这时王台应封盖，若有未封盖或过于细小的王台，则应淘汰；同时全面检查一下育王群，发现有自然王台或急造王台应一并毁掉；若接受率太低，与育王计划相差太大，应抓紧时间再次移虫。

7. 交尾群的组织和管理 交尾群又称核心群，是诱入成熟王台，让处女王出房、交尾，直至产卵的小蜂群。

交尾群的组织是将标准蜂箱用木板隔成互不相通的 2～3 个小室。各小室的巢门开在不同方向，每个小室便是 1 个交尾箱。在每个交尾箱内放入 1～2 张蜜粉脾、1 张将要出房的封存盖子脾和 1～2 框较年幼的工蜂。为便于处女王交尾期间认巢，可在巢门前分别涂上黄、蓝、白等不同颜色。交尾群应放在距其他蜂群较远的地方，尽可能分散放置。

交尾后的数小时便可放入一个快出房的王台，王台应嵌在靠中间的巢脾上。从育王群取出育王框后，不要将其倒置，也不要用力抖落框上的蜜蜂，而应轻轻地将其扫落。王台介绍到交尾群后的第 2 天，应全面检查处女王出房情况，淘汰未出房的王台和瘦小的处女王，补入备用王台。处女王出房后，10 d 之内最好不要检查交尾群，以免影响其发育和交尾。处女王出房后 6～7 d 就可达到性成熟，开始进行婚飞、交尾。

8. 控制自然交尾 处女王和雄蜂的交尾活动是在空中进行的，为确保种用雄蜂与处女王的交尾，对其交配应从空间和时间上加以控制。在时间上提前培育种用雄蜂和处女王，使其在当地蜂场的雄蜂大量羽化出房前 10 d 就开始交尾。而空间上最好在无蜂的海岛上建立交尾场；若无条件，也可在距其他蜂场 10～15 km 的山区或 20 km 的平原地区建立隔离交尾场。目前，应用蜂王人工授精技术已成为控制蜜蜂交尾的有效方法。

9. 优质蜂王的选择 选择蜂王时，首先从王台开始，选用个体大、长度适当的王台。出房后的处女王要求身体健壮、行动灵活。产卵新王腹部要长，在巢脾上爬行稳而慢，体表绒毛鲜润，产卵整齐成片。1 只生产性能稳定的优质蜂王最长可使用 5 年之久，一般在 2 年左右就应更换。

第三节　蜜蜂的饲养管理

一、场址选择与收捕蜜蜂

（一）场地的选择

选择蜂场应根据蜜蜂的生物学特性、养蜂的生产目的和放蜂计划,事先对蜜粉源植物、交通、气候、水源等进行全面调查。较理想的养蜂场应具备以下条件。

1. 有丰富的蜜源 蜜蜂的主要饲料来源是蜜粉源植物提供的花粉和花蜜,拥有充足的蜜粉源植物是养蜂生产的重要物质保障。我国的主要蜜粉源植物有农作物蜜粉源植物(油菜、棉花、荞麦、芸芥、向日葵等)、牧草绿肥蜜粉源植物(紫云英、紫花苜蓿、草木樨、苕子等)、林木蜜粉源植物(椴、刺槐、桉、八叶五加、荆条、狼牙刺、乌桕等)、果树蜜粉源植物(枣、荔枝、龙眼、柑橘、沙枣、柿等)、野生草本蜜粉源植物(蜜花香薷、百里香、野坝子等)。

选择场地时,要求蜂场周围至少有 2 个主要蜜粉源植物及多种花期交替的辅助蜜源和粉源。蜜源应在距场 3 km 以内,要求生长良好,流蜜稳定,无病虫害,无农药污染。一般规定,一群蜂拥有如下蜜粉源中的 2~3 种便可正常生产:1 300~2 000 m² 的苕子、草木樨,4 000~5 000 m² 的紫花苜蓿、芝麻、向日葵、棉花,2 000~3 000 m² 的紫云英、荞麦、油菜,20~25 株洋槐、枣、杏、荔枝、柿。

2. 交通便利 选择距离公路、水路干线不远并能通车、通船的地方建场,便于蜂群的运输、生活及蜂产品的保鲜、贮运和销售,也便于实现养蜂机械化。

3. 小气候适宜 蜂场最好选择在地势高、便于排水、空气干燥、背风向阳并有适度遮阳的地方,且最好在西北面有院墙或密林,并使蜂场处在蜜粉源的中心,以便蜜蜂空腹逆风而去,满载顺风而归。冬季有遮蔽不受西北风侵袭,夏季有遮阳不受烈日曝晒。

4. 有充足的水源 在场地附近要有干净、充足的水源,以保证蜜蜂采水、人工用水和蜜粉源植物的生长。但要注意不要紧靠大江或大河水面,以防蜜蜂溺水。

5. 环境要安静、卫生 蜂场要远离铁路、工厂、机关、学校、畜棚、农药库、食品厂和高压线下,以防因烟雾、声音、震动等引起蜂群不安,造成人、畜被蜇。为防止蜂场间的疾病传播,两蜂场间最好相距 2~3 km。

(二)蜂群排列

蜂群有单箱排列、双箱排列、方形排列、分组排列、三箱排列、一条龙排列等多种排列方式(图 23-3)。具体生产中需采用哪一种排列方式,应根据场地大小、饲养方式、地形地貌、群势情况,并结合生产、试验、检查等方面的需要而定。其基本要求是便于蜂群的管理操作,便于蜜蜂识别本群蜂箱的位置。

蜂群较小,场地宽阔可予以散放,亦可单箱排列或双箱排列,箱距 1~2 m,排距 4 m 以上,前后排各群交错排列。大型蜂场蜂群数量多,场地受限制,可双箱或多箱排列,箱距不得少于 0.4 m。转地放蜂途中,在车站、码头临时放置时,场地紧张,可将蜂群呈方形或圆形排列,也可一条龙长条并列。冬季越冬或春繁期,可紧靠并列,以便蜂群保温取暖。

摆放蜂箱时,将蜂箱垫起 10~20 cm,避免湿气沤烂箱底。蜂箱左右保持平衡,后部稍高于前部,防止雨水流入。蜂群的巢门通常朝南或偏东南、西南方向。在胡蜂、蟾蜍、天蛾、蚂蚁等天敌较多的地区,最好用高 30 cm 左右的箱架将蜂箱架起,并在巢门前放置孔径 6 mm 的粗铁丝网,或在蜂箱附近铺上细沙,以防敌害。

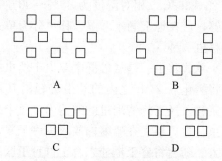

图 23-3 蜂群排列的几种模式
A. 单箱排列 B. 方形排列 C. 双箱排列 D. 分组排列

(三)收捕蜜蜂

在我国南北各地的山野中,生活着大量的野生中华蜜蜂。诱引和猎捕野生中华蜜蜂,并加以改良饲养,不但可以解决蜂种缺乏的问题,而且还能收到大量的蜜、蜡。

发现野生蜂的蜂巢后,要准备好刀、斧、凿、锄、喷烟器、收蜂笼、蜂箱、面网、蜜桶等用具,于午后进行收捕。

收捕树洞或土洞里的蜂群时,应先封住洞口,避免蜜蜂涌出蜇人。做好一切准备后,即凿开树洞或挖开土洞,使巢暴露出来,继而参照不翻巢过箱的方法,割取巢脾,进行收捕。在收进蜂团时,应特别注意蜂王是否收入。

如果野生蜂群居住在洞口难于凿开的岩洞中，收捕时，应先观察有几个出入口，再把其中主要的一个出入口留着，其余洞口全部用泥土封闭，然后用脱脂棉花蘸石炭酸（也可用樟脑油或卫生球粉代替），塞进蜂巢下方，再从留着的洞口插入 1 根玻璃管，另一端管口通入转运蜂箱。洞里的蜜蜂，由于受石炭酸气体的驱迫，便纷纷通过玻璃管进入转运箱。待到蜂王已从管中通过，而且洞内蜜蜂基本出尽后，便可搬回处理。

如果发现过境的蜂群，可用水或沙扔上去迎击，迫使蜜蜂中途坠落结团，然后再行收捕。

树洞里的野生蜂被捕收以后，原洞用来诱引野生蜂，其效果很好。因此，在收捕过程中，应尽量保护好巢穴，并留下一些蜡痕，然后用石块、树皮、木片、黏土等将其修复或保持原状，留 1 个人眼大小的巢孔，以便今后分蜂群前来投居。

二、蜂群的饲养管理

（一）蜂群的饲喂

1. 饲喂蜜糖 对蜜蜂饲喂蜜或糖浆有补助饲喂和奖励饲喂 2 种情况。补助饲喂是对缺蜜的蜂群喂以大量高浓度的蜂蜜或糖浆，使其能维持生存。奖励饲喂则是在蜂巢中有较多贮蜜的前提下，喂给少量稀薄的蜜汁或糖浆，促进产卵育虫。

（1）补助饲喂。受自然条件和蜜粉源植物生长特点的影响，我国大部分地区饲养的蜜蜂，每年冬季都要经过 1～3 个月甚至半年的越冬期。如果蜂群在晚秋未采足越冬蜜，或在其他季节遇到较长的断蜜期时，应进行补助饲喂。可用成熟蜂蜜 3～4 份或白糖 2 份，兑净水 1 份，文火化开，待放凉后，灌入饲养器和空脾内，于傍晚时饲喂。每次每群 1.5～2 kg，连喂数次，直到补足为止。

（2）奖励饲喂。越冬期内，每群蜂需消耗饲料蜜 7～15 kg。春秋两季，或在人工育王时，为迅速壮大群势，常对蜂群进行奖励饲喂。可用成熟蜂蜜 2 份或白糖 1 份，兑净水 1 份进行调制，每天每群蜂喂给 0.5～1 kg，饲喂次数以贮蜜不压缩蜂王产卵圈为度。

2. 饲喂花粉 一个强群一年可采集 25～35 kg 的花粉，所采花粉主要用来调制蜂粮养育幼虫。粉源不足时，蜂王产卵量减少，进而影响幼虫的发育和蜜蜂群势的发展。因此，在蜜蜂繁殖期内，如果外界缺乏粉源，需及时补喂花粉。饲喂花粉的方法有粉喂、饼喂和液喂 3 种。

（1）粉喂。是将花粉或代用花粉放在容器内，喷洒少许蜂蜜，边喷边搅，拌成松散的粉粒，撒入巢脾上半部的巢房中，然后往花粉房内灌稀蜜水，当出现气泡时即停止，并立即将灌好的粉脾插入蜂巢。晴暖天气也可将花粉或代用花粉撒在空蜂箱或面盆等容器内，喷少许蜜水，让蜜蜂自由采食。

（2）饼喂。是将花粉或代用花粉加等量的蜜和糖浆（糖水比为 2∶1），充分搅匀后，做成饼状，外包蜡纸，两端开口，置于框架上供蜜蜂采食。

（3）液喂。是将代用花粉加 10 倍的糖浆，经煮沸待凉，隔夜每群饲喂 100 mL。

3. 喂盐和水 流蜜期蜜蜂一般不会缺水，待流蜜期过后气候干燥时，在蜂场附近设置饮水器补水。喂水的同时加 0.1% 的盐（盐量不能超过 0.5%）。

（二）蜂群的基础管理

1. 检查蜂群 由于蜂群内部在不断发生变化，故对蜂群进行检查，及时采取相应措施是十分必要的。检查方法分为全面检查、局部检查和箱外检查 3 种。

（1）全面检查。多安排在越冬前后定群或流蜜期来临组织采蜜时，或在长途转运前后调整蜂群或在分蜂季节预防自然分群时进行。目的是便于准确掌握箱内饲料贮备，蜂和脾的比例，有无王台和病虫害，转地损失以及蜂王的产卵情况等。

（2）局部检查。是从蜂群提出几个巢脾，重点了解饲料贮备和上蜂情况，确定是否需要加减巢脾。

（3）箱外检查。是平时经常观察蜂群的活动。检查是否发生鼠害、螨害、中毒、腹泻、饲料缺乏、蜂王散失、盗蜂等。

2. 合并蜂群 目的是饲养强群，以提高蜂群的质量。蜂群合并有直接法和间接法 2 种。

（1）直接合并法。在流蜜期、蜂群越冬后还未经过认巢和排泄飞翔，或转地到达目的地后开巢门前的时候进行。将两群蜂放在同一蜂箱的两侧，中间加隔板，在巢脾上喷些有气味的水或从巢门口喷少许淡烟以消除气味差异，过 2 d 抽掉隔板即可。

（2）间接合并法。当外界缺乏蜜粉源或蜂群激怒时，采用间接合并法。即将被并群与合并群放入同一蜂箱，中间用铁纱或其他可以相互通气但又不能相互交往的物件相隔，待到两群气味相投后合并到一块。

3. 诱入蜂王 在引种、蜂群失王、分蜂、组织双王群以及更换低劣或衰老的蜂王时，都需要给蜂群诱入蜂王。诱入蜂王的方法很多，大致分为间接诱入和直接诱入2种。

（1）间接诱入法。是先将蜂王置于诱入器内，再从无王群中提出1框有蜜的虫卵脾，从脾上提7~8只幼蜂关进诱入器内，然后在脾上选择有贮蜜的部位扣上诱入器，并抽出其底片，将该脾放回原群中。一昼夜后，再提脾观察。如发现有较多的蜜蜂聚集在诱入器上，甚至有的还用上腭咬铁纱，说明蜂王尚未被接受，需继续将蜂王扣一段时间；如诱入器上的蜜蜂已经散开，或看到有的蜜蜂将吻伸进诱入器饲喂蜂王，表示蜂王已被接受，可将其放出。

（2）直接诱入法。是在蜜粉源丰富的季节里，无王群对外来的产卵蜂王容易接受时，于傍晚将蜂王喷上少许蜜水，轻轻地放到框顶上或巢门口，让其自行爬上巢脾；或者从交尾群里提出1框连蜂带王的巢脾，放到无王群隔板外侧约1框距离，经1~2 d后，再调整到隔板内。

4. 收捕分蜂团 当接到分蜂的近期预报后，守在巢门外，捕捉随蜂一起涌出巢门的蜂王，放入预先准备好的王笼内。这样，飞出的蜜蜂就会归回原巢。此时要检查分蜂群内是否有出房的处女王，并将自然王台除尽，对蜂群进行适当处理。如果蜂王已随蜂群飞出巢外，要等分蜂群结团后再进行收捕。

事先准备1个空箱，放入1张卵虫脾和几张空脾。若蜂群团聚集在较小的树枝上，可连同树枝一道剪下抖落在箱内。若蜂团聚集在树干上或高处，可用巢脾贴近蜂团的上方，让蜂自己爬到脾上，一脾一脾地收入箱中；也可用竹竿挑起喷过糖水的笼罩或草帽，轻靠于蜂团的上方让蜂钻入，然后移下来抖入箱内。

5. 人工分群 是利用蜜蜂自然分群的特点，根据外界气候、蜜粉源条件及蜂群内部的具体情况，人为地、有计划地从一群或数群蜂群间抽出部分带蜂蜜脾和子脾，组成一个或多个新蜂群的方法。分群时可将1个原群按等量的蜜蜂和子脾分成2个群；也可从原群中抽出2~3框带蜂子脾，组成新群并移至远处；还可从全场各箱内都提出1~2框蜂，随机组成新蜂群。

（三）蜂群的四季管理

受气候、蜜粉源、蜜蜂活动规律等因素的影响，各场应根据生产需要和气候特点，对蜜蜂的四季管理采取相应措施。

春季对蜂群进行快速全面检查。观察出巢表现，促进蜂群排泄。整理蜂巢，清除箱底的蜂尸、残蜡。选择有利于蜜蜂繁殖的场地，通过密集群势、双群同箱、蜂巢分区、预防潮湿、调节巢门、堵塞箱缝、迟撤包装等措施对蜂群加强保温。奖励饲喂，促进产卵，适时扩大卵圈。

夏季在准备充足的饲料、选好越夏场地、更换蜂王、培养越夏蜂的同时，重点抓好通风遮阳、增湿降温、保持安静、防止盗蜂、调节巢门、防治病虫害和蜂群中毒等工作。

秋季要注意培育越冬适龄蜂、更换老劣蜂王、备足越冬饲料、防治病虫害、预防盗蜂，做好避风、保温、通气、防潮等工作。秋末冬初，结合保温工作，对蜂群进行1次全面检查。根据蜂群大小估计饲料余缺，调整箱内巢脾。

冬季还应通过观察巢门、蜂尸及诊听等方式判断蜂群内情，掌握巢内温度，合理增减保温物，确保蜂群不致因温度过低使代谢发生困难，也不能因过热造成散团而使活动加强。

第四节 蜜蜂常见病虫害防治

一、疾病防治

（一）囊状幼虫病

【病原】本病是由囊状幼虫病病毒引起的。在室温干燥条件下，病毒可生存3个月，阳光直射下可存活6 h，在蜂蜜中70 ℃下可存活10 min。

【症状】囊状幼虫病病毒主要感染2~3日龄的幼虫，潜伏期5~6 d。因此患病幼虫一般死在封盖之后，病死幼虫头部上翘、白色、无光泽、无黏性、无臭味，用镊子很容易从巢房中拉出。子脾中间出现不规则的空房，形成"花子"和"穿孔子"。病虫末端有一小囊，内含颗粒状物的液体。

【防治】加强饲养管理，做好消毒和保温工作。

选择抗病力强的蜂群育王繁殖是预防本病的主要措施。对发病蜂群可用地塞米松钠1支（2 mL），加糖浆250 g，喂5～8框蜂；或用50 g半枝莲加水2.5 kg，大火煮沸后，微火煎15 min左右，过滤后按1∶1加入白糖调匀，每框蜂喂100 g，每隔1 d喂1次，治愈为止。

（二）麻痹病

【病原】蜜蜂麻痹病又称为蜜蜂瘫痪病、黑蜂病。目前发现有2种病原，即急性麻痹病病毒和慢性麻痹病病毒。急性麻痹病病毒一般在30 ℃左右时致病力最强，35 ℃时活力较差，甚至丧失活力。而慢性麻痹病病毒则相反，在35 ℃时致病力最强。病毒颗粒存在于蜂尸内，能保持活力达2年之久。当加热到90 ℃，30 s可被杀死。

【症状】患麻痹病的蜜蜂通常有2种症状，即腹部膨大和黑蜂，且因发病季节不同而表现出不同的症状。春季出现的多为腹部膨大型，行动迟缓，身体颤抖，失去飞翔能力。秋季出现的多为黑蜂型，头尾发黑，身体瘦小，颤抖。

【防治】春季将蜂群排列在向阳、干燥的地方，用无病的蜂王替换患病蜂王。用升华硫黄粉均匀撒在框梁上或蜂路上，每条蜂路撒1 g，3～5 d撒1次，能控制病情发展。也可按照每千克糖浆（含水50%）加入20万IU的金霉素或新生霉素，每框饲喂50～100 g，3～4 d喂1次，连续3～4次进行治疗。

（三）美洲幼虫腐臭病

【病原】本病是由幼虫芽孢杆菌引起的传染性细菌病。该杆菌对外界不良环境有很强的抵抗力，在干燥培养基中低温下可存活15年，在干枯的幼虫尸体中可存活7年，在0.5%的过氧乙酸溶液中能存活10 min，在4%的甲醛溶液中可存活30 min。

【症状】通常感染2日龄幼虫，4～5日龄发病，出现明显症状，封盖幼虫期死亡。典型症状是巢房盖下陷，出现针头大小的穿孔，封盖子脾表面呈现湿润或油光状。患病幼虫体色从苍白色逐渐变成淡褐色、棕色至棕黑色，幼虫头部朝向巢房盖，虫体顺着背部下塌，尾尖位于巢房底。幼虫组织腐烂后，具有黏性或鱼腥气味，用镊子挑取可拉成2～3 cm的细丝。病死的幼虫尸体干枯后呈难以剥落的鳞片状物，紧贴在巢房壁下方，蜜蜂难以清除。

【防治】本病的主要预防措施是加强日常饲养管理，保持强盛群势，增强蜜蜂的清巢和抗病能力。防止盗蜂和迷巢蜂，控制病原的传播和蔓延。

对发病严重的蜂群，应果断采取彻底换箱换脾治疗。即将消过毒或根本未接触过病原物的蜂箱或蜂脾，放于病群位置，在巢门前铺一垫板，把蜂全部抖落在板上，让蜂和蜂王从巢门爬入箱内。同时结合饲喂用灭菌灵1包，加少量温水溶解后，兑4 000 g糖水进行药物治疗。每脾蜂喂25～50 g，隔1 d喂1次，3～4次为1个疗程。

（四）白垩病

【病原】本病是由蜂球囊菌引起的真菌性传染病。该菌有很强的生命力，能在干燥状态下存活15年之久。

【症状】主要感染对象是成熟幼虫或封盖后的幼虫，雄蜂幼虫最易发病。发病初期病虫变得苍白疏松，活动及发育能力大大降低；中期，幼虫膨胀，腹部长满白色菌丝；后期，整个幼虫体布满白色菌丝，虫体萎缩并逐渐变硬，便于被清理出巢房，却不易被清除出蜂巢，严重感染白垩病的蜂群在箱底或巢门口常见大量的白垩状干尸。

【防治】做好日常的消毒和防疫工作是主要的预防措施。发病蜂群可用在每250 mL波尔多溶液中加2 mL新洁尔灭制成的混合液喷脾，每2～3 d 1次，连续3～4次可见明显效果。

二、敌害防治

（一）胡蜂

胡蜂在我国南北各地均有分布，以南方山区、半山区较多，是蜜蜂夏秋季节的主要敌害。胡蜂有大胡蜂、蜂狼、普通胡蜂等数个品种；群聚于树洞、树枝、屋檐下及土穴中。在蜜蜂繁殖季节，胡蜂飞进蜂场袭击蜂群，堵在蜂箱口，捕捉蜜蜂，吸食蜂囊中的蜂蜜，并将蜜蜂运回巢穴饲喂自己的幼虫。1只小胡蜂在发育期要吃掉4～6只蜜蜂。

防止胡蜂侵害的方法有多种。可将大胡蜂或蜜蜂尸体堆放在便于伏击的地方，诱集其停落啮食或托运蜂尸，待机拍打，并根据胡蜂出没的路线寻找其蜂巢，采取火烧、药杀等方法毁灭其巢穴。也可将拌有农药的肉丁放在蜂场附近胡蜂易光顾的地方，引诱其吸食，可使胡蜂死亡。

（二）巢虫

巢虫又称绵虫，是蜡螟的幼虫，属螟蛾科，有大蜡螟和小蜡螟之分。巢虫出现于 3—4 月，雌、雄蛾在夜间活动并交尾，然后潜入蜂箱的缝隙处或箱底的蜡屑中产卵。初孵化的幼虫先在蜡屑中生活，2~3 d 后上脾为害。巢虫繁殖极快，每年可繁殖 3~4 代。巢虫子在巢脾上穿隐于隧道蛀食蜡质，吐丝作茧，破坏巢穴，造成蜜蜂幼虫或蛹死亡，引发"白头蛹病"，严重时导致蜂群飞逃。

巢虫可通过饲养强群，保持蜂脾相称或蜂多于脾；注意蜂群卫生，经常清除蜂箱内的残渣和蜡屑；及时更换陈旧巢脾等方法加以预防。对受巢虫危害的蜂群，应尽快采取措施进行除治，先撤出多余空脾，紧缩蜂巢，同时对留在蜂巢里的巢脾进行全面检查，发现成虫或虫卵，用镊子逐个清除。亦可用二硫化碳或 96％的甲酸蒸气熏治。

（滚双宝）

第二十四章 蝎 子

我国蝎子资源丰富，且是利用最早的国家，迄今已有2 000多年的历史。临床上将全蝎或蝎毒广泛用于治疗痹痛、癫痫、破伤风、血栓闭塞性脉管炎、淋巴结核、烧伤等病症，特别是在治疗中风、半身不遂、风湿、疮疡肿毒及抗肿瘤等方面效果尤为显著。全蝎除含蝎毒外，还富含卵磷脂、三甲胺、牛磺酸、胆甾醇、铵盐及多种必需氨基酸，具有极高的食用价值。因此，全蝎除药用外，还是营养价值极高的保健品和滋补品，亦是餐桌上品位极高的美味佳肴，市场需求亦与日俱增。

第一节 蝎子的生物学特性

一、分类与分布

蝎子在动物分类学上属于节肢动物门、蛛形纲、蝎目。全世界蝎目动物有18科115属1 200余种。其中钳蝎科有45属600余种。蝎子分布在除南极、北极及其他寒冷地带以外的区域。我国蝎子约有15种，最常见和经济价值较高的为东亚钳蝎。

东亚钳蝎又称马氏钳蝎，在我国分布很广。在气候暖湿的温带至热带地区数量最多，干旱的西北地区较少。在内蒙古、河北、河南、山东、安徽、江苏以及福建一带的平原、村庄、山区、荒石中都有野生东亚钳蝎栖息生存。

野生东亚钳蝎在我国不同地区形成了略有形态差异的地方性种群。如东全蝎，体型较大，深褐色，喜微酸性土壤，繁殖力强，主要分布在山东潍坊、临沂和青岛崂山一带。会全蝎，体型略短，深褐色，喜微碱性土壤，主要分布在河南伏牛山区和湖北老河口一带，因河南历史上在该地区每年有庙会交易全蝎，故而得名。黄尾蝎，体型偏小，浅褐色略带黄色，适应性强，主要分布在山西。辽开尔蝎，体型较肥大，抗逆性较强，主要分布于以辽宁为主的东北地区。

另外，我国还有主产于云南的石竹蝎，主产于台湾的斑蝎，主产于西北地区的山蝎，主产于四川西部和西藏地区的藏蝎等。

二、形态学特征

由于蝎子种类很多，这里仅介绍人们养殖的东亚钳蝎的形态学特征。

东亚钳蝎外形似琵琶，雌雄异体，体表被有几丁质的外骨骼。身体背面灰褐色，腹面浅黄色。雄性体长4.5~5.5 cm，体宽0.8~1.0 cm；雌性体长5.5~6.0 cm，体宽1.0~1.5 cm。东亚钳蝎由头胸部（前体）和腹部两部分构成，腹部又分为较宽的前腹部（中体）和细长的后腹部（末部）（图24-1）。头胸部与前腹部合称为躯干；后腹部细长上翘如尾巴状，常称为尾部。

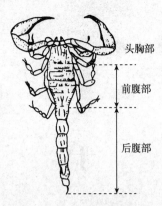

图 24-1 东亚钳蝎背面
（仿高玉鹏、任战军，2006）

头胸部和前腹部经常结合在一起，呈扁平长椭圆形。尾部由 6 节组成，分节明显，细长并能向上及左右卷曲活动。尾节末端有钩状毒针 1 个，内有毒腺（图 24-2）。头胸部背前缘两侧各有 2~5 对侧眼，中央有 1 对中眼。头胸部有 6 对附肢，其中第 1 对称螯肢，较短小，帮助取食；第 2 对称脚须，由 4 节组成，末端一节粗大，也称钳肢，强壮有力，供捕食用。整个身体似琵琶形，背面绿褐色，腹面浅黄色。头胸部的腹面前端有口器，稍后有生殖孔。生殖孔上覆盖有小甲片组成的生殖厣（图 24-3），生殖厣与口器之间的垂直夹缝称蝎蜕口，

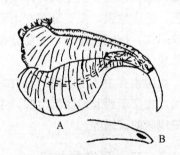

图 24-2 毒针
A. 尾节纵剖示毒腺　B. 毒针末端示开
（仿高玉鹏、任战军，2006）

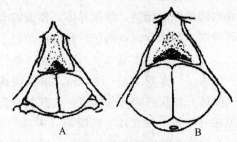

图 24-3 胸板和生殖厣
A. 雄蝎　B. 雌蝎
（仿高玉鹏、任战军，2006）

蝎从此处开始蜕出。前腹部的腹面有 1 对栉板，交配时作为刺激器官，还有 4 对书肺孔用作呼吸。

三、生长发育

蜕皮是节肢动物共有的生物学过程。蝎子体外包被坚硬的几丁质外骨骼，限制身体的生长发育及体型增大。蝎子在个体发育过程中要经过 6 次蜕皮达到成蝎，2 次蜕皮之间的生长期称为龄期。

蝎子蜕皮前要停止摄食，躲在僻静的地方（1 龄蝎除外），进入一种半休眠状态，几乎停止活动。一般需要 3 h 左右。外观上也出现明显的特征，如腹部明显增大，体节清晰，体表变得粗糙似有裂纹。

1. 1 龄蝎　在蝎子出生的第一年中，仔蝎从出生到第 1 次蜕皮需 3~5 d。刚出生的小蝎，有大米粒大小，乳白色，附肢及尾均折叠于胸前。产下约 5 min 后开始活动，向母蝎背上移动并趴在母蝎背上。经 3~5 d 后蜕皮变为 2 龄蝎。此时所需温度为 25~34 ℃。1 龄蝎不在地上生活，趴在母蝎背上，靠消耗自己体内残留的卵黄为生。小蝎并排排列于母蝎背两边（图 24-4），避开母蝎头部及附肢，以免妨碍母蝎的活动。小蝎一般不在母蝎背上爬行。蜕皮时，小蝎不断扭动身体。

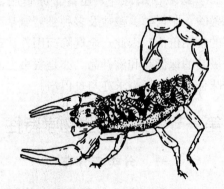

图 24-4 母蝎负仔蝎

2. 2 龄蝎　龄期为 60 d 左右，体色由白色变为淡褐色。体型变大（体长 1~1.5 cm），体重增加（大约 40 只重 1 g），经 2 个月的生长期至第 2 次蜕皮。刚蜕皮后的 2 龄蝎，在蜕皮过程中纷纷落下母蝎背，蜕皮后又迅速爬上母蝎背部。7 d 后，离开母体自由生活。2 龄蝎的活动能力强，既可在夜间活动，又可在白天活动，食欲旺盛，全天进食。在食物缺乏时，常出现自相残杀的现象。

3. 3 龄蝎　龄期为 8~9 个月，当年的 2 龄蝎 9 月中旬蜕皮发育成 3 龄蝎，体长 1.5~2 cm。3

龄蝎进食达到高峰期，9月下旬到冬眠这段时间内，蝎子食欲强、食量大，四处觅食，以贮备越冬的营养。至翌年6—7月，进行第3次蜕皮，即进入4龄蝎阶段。

4. 4龄蝎 经过3次蜕皮后的4龄蝎，体色转变为灰褐色，体长达2.7～3 cm，体重达到0.8～1.0 g。经约2个月的生长期，于同年的8—9月，再进行第4次蜕皮，成为5龄蝎，体长增加至3.5 cm，体重也进一步增加。

5. 5龄蝎 生长10个月左右，即在第3年的7月，再一次蜕皮变成6龄蝎，体长增至4.0～4.5 cm。生长2个月左右，于9月前后进行最后1次蜕皮，变为7龄蝎，即长成成蝎，体长达5.0～6.0 cm。成蝎以后，不再蜕皮，体长也不再增加，但体形可以变粗，体重也略有增加。

由上述可见，在蝎子个体生长过程中体长随蜕皮呈跳跃式增加，而体重则呈渐进性增长。据此可以较准确地判断蝎龄。

四、生活习性

（一）生活史

蝎子的生命力非常顽强。野生蝎子在潮湿的泥土中，食物匮乏时可饥饿1年而不死。蝎子的寿命大约8年。性成熟期为3年，繁殖期为5年。目前家养蝎多为野生蝎子驯化而成，尚未达到完全驯化的程度，生活习性和野生种群基本相同。蝎子在一年四季随气候变化而表现出不同的生活方式，一般分为4个阶段。

1. 生长期 从每年的4月上旬（清明）至9月上旬（白露），约150 d，为蝎子的最佳生长期。每年清明节后，气温逐渐回升，大多数昆虫复苏出蛰。蝎子喜食的昆虫等渐渐增多，蝎子的活动能力、活动范围和消化能力不断增强，以6月中旬（夏至）到8月下旬（处暑）最为活跃，是蝎子生长、繁殖的高峰期。交配产仔大都在此期间进行。人工养殖时，若给予适宜的环境和条件，则可延长生长期。

2. 填蜕期 自9月中下旬（秋分）至10月下旬（霜降），约45 d，蝎子积极贮备营养，进行躯体脱水，为冬眠做准备，此期称为填蜕期。每年的9月下旬以后，气温逐渐下降，野生蝎子为准备越冬，尽量觅食补充营养，食量增大，将体内的营养转化为脂肪贮存起来，以便供给休眠期和复苏期的营养需要。与此同时，蝎子又用不同的方法促使体内的液体浓缩，巧妙地完成躯体脱水，以便顺利度过休眠和复苏期。在此期间，蝎子食量虽然有较大的增长，但生长发育缓慢。

3. 休眠期 从11月初（立冬）至翌年2月中旬（雨水），约110 d，蝎子处于休眠状态，进入休眠期。秋末冬初，气温逐渐下降，野外生活的蝎子停止摄食进入冬眠。蝎子大多潜伏在距地面30～20 cm深的洞穴内，身体抱成一团，缩拢附肢，尾部上卷，蛰伏越冬。在整个休眠期，蝎子新陈代谢处于很低的水平。

4. 复苏期 从3月上旬（惊蛰）至4月上旬（清明），约40 d，处于休眠状态的蝎子开始苏醒，出蛰活动。此期为复苏期。每年进入3月，气温开始逐渐回升，蝎子出蛰，由于早春的气温偏低且不稳定，昼夜温差大，刚出蛰的蝎子对外界环境的抵抗力较弱，消化能力也差，因此蝎子的活动时间不长，活动范围也不大。白天温度升高时，蝎子外出活动，而夜间就很少出窝活动。此时蝎子仅凭借躯体所具有的吸湿功能吸收少量水分，食入一定数量的风化土来维持生命活动。此期间蝎子不捕食外界昆虫，靠消耗填蜕期所贮存的营养物质维持活动。到4月上旬以后，蝎子进入生长期。如此周而复始。

（二）生活习性

1. 生活环境 野生蝎子平时栖息在山坡石砾、树丛落叶、墙缝土穴等潮湿阴暗处，并经常外出晒太阳。蝎窝一般背风向阳，地质条件以壤土为宜，常需要有石缝、间隙，可以躲避天敌，热时能遮阳，雨时能避雨。蝎子随季节变化有迁居行为，在山区，盛夏时居住在山腰，以躲避雨水冲刷和乘凉，其他季节多栖息山脚，以调节温度和湿度。

蝎子在环境选择上还要避开天敌经常出没的地方，才能安全栖居，在蛇、蜥蜴、蟾蜍、螳螂、黄鼠狼、蚂蚁多的地方，一般蝎子很少栖息。另外还要有充足的食物条件。

蝎子怕强光，喜弱光和红光，其行为表现为昼伏夜出的活动规律。在人工饲养条件下，这一习性有明显改变，白天也有部分蝎子出来活动。光线也影响蝎子的繁殖活动，强光会使蝎子交配过程显著延长或中断，光线微弱能诱发交配。

蝎子喜欢安静的生活环境，怕风吹和噪声，特别是产仔季节，声响的刺激会使母蝎因受到惊吓而发生流产或咬仔、食仔的现象。蝎子的生活环境需要有新鲜空气流通，但蝎子对强风非常敏感，蝎子有躲避强风的现象。人工养蝎以采用微风换气的方法为宜。

蝎子对土壤的盐度有较高的适应性，pH在5～9，土壤类型以壤土为宜，其次是沙壤土。另外，蝎子对各种强烈气味，如油漆、汽油、煤油等，以及多种农药、化肥、石灰均有很强烈的趋避性。

2. 变温性和季节性 蝎子是变温动物，它的生长、发育、繁殖等生命活动严格受温度的支配。自然温度是随季节变化的，在季节变化过程中，蝎子表现出不同的生活方式，体现为生长期、填蜕期、休眠期和复苏期4个不同阶段。

从每年的10月下旬开始，随着气候温度逐渐降低，蝎子在自然界活动减少，新陈代谢降低，不食不动蛰伏于窝内，进入越冬阶段，到翌年4月出蛰，恢复活动。在人工饲养条件下，可以改变这种习性，打破冬眠，加快蝎子的发育速度。

蝎子是比较耐热、耐寒的动物，适应温度在-2～40℃，冷极限温度为-3℃，热极限温度为40℃，0～10℃为冬眠温度；生长发育的温度在10～40℃，最适温度为25～39℃，繁殖期最适温度为27～37℃，蜕皮期最适温度为27～39℃。不同龄期和繁殖期的蝎子对温度的要求略有不同，但基本适合上述温度范围。

蝎子喜欢栖息在干燥处，较怕潮湿，但觅食时常到潮湿多虫处。蝎子对大气湿度适应范围在60%～85%；对土壤湿度的适应范围在6%～17%，高于20%易患水肿病而死亡，低于5%生长发育缓慢、蜕皮困难、卵子发育受阻、胚胎死亡、蝎体后腹部出现黄白干枯斑点等病理症状。

3. 群居性 蝎子喜欢群居，有认窝、识群性，多在固定的巢穴群居。在条件不适宜时，会成群向外逃，寻找新居。蝎群长期生活在同一环境中产生了既互利合作又相互抑制的关系。

（1）种群内的互利合作关系。母蝎与仔蝎的互利关系尤为突出。母蝎产下仔蝎后，仔蝎都趴在母蝎背上，寻求保护，此时母蝎肩负起保护仔蝎的任务，警惕性很高，以防止仔蝎受到伤害。仔蝎之间也和睦相处，并服从母蝎的管理和保护，很少强行挣脱保护。

蝎群内个体间，在密度适宜时，能保持和睦关系。同窝中一蝎一室，相安无事。在外出捕食时，各自为阵，互不干扰。

（2）种群内的相互抑制关系。当蝎群密度过大时行动空间、食物供应、栖息环境等发生紧张，就会导致种群的自疏，达成一种新的平衡。蝎子的自疏作用包括自相残杀、互相干扰、争夺食物和污染环境4个方面。

自相残杀、互相干扰和争夺食物的现象往往发生在密度过高或缺乏食物、水分时，蝎子有很强的野性，能很容易杀死同类，表现为大吃小，强食弱，食病蝎，未蜕皮的蝎吃正蜕皮的，母蝎吃仔蝎等。蝎子在生长发育过程中，如拥挤碰撞，则影响蜕皮、干扰交配，胚胎发育不良，死胎，繁殖率降低。在食物缺乏时，个体间争夺食物，互相打斗、排斥，影响正常取食，造成蝎子营养不良。另外，蝎群密度过大时，排泄的粪便、遗存的食物堆积、死亡的个体腐烂，造成蝎窝内环境污染，病原微生物滋生，也影响蝎子的正常生长发育。

4. 食性和耐饥力 蝎子是以肉食为主、兼食植物性多汁食物的动物。

（1）食物种类。在自然界中，蝎子个体较小，一般捕食一些小型节肢动物，主要有蜘蛛、蝗虫、蟋蟀、土鳖、苍蝇、蛾类等。在人工饲养条件下，黄粉虫是较理想的饵料。新鲜肉类如猪肉、牛肉、鱼肉、蛙肉、鸡肉、蛇肉、兔肉等都是蝎子喜食的食物。蝎子对蚯蚓、蜗牛等低等无脊椎动物的喜食度不及昆虫类食物。

蝎子在缺少动物性食物时，也可食用多汁、青绿的瓜果及幼嫩的蔬菜。

（2）取食方式。蝎子在捕食时，发现目标后，隐蔽地迅速接近，张开触肢的钳，向猎取物逼近，然后突然将猎物钳住，尾针同时刺向猎物，待猎物被蜇死不再挣扎后，用螯肢将其撕裂。取食一般在巢穴外进行，部分食物被带回巢内继续食用。蝎子取食的路线较固定，重复运动在同一路线上。其活动范围一般在几平方米之内。

（3）蝎子的食量与耐饥饿能力。蝎子一般3～5d捕食1次，1次可吃掉3只较大的黄粉虫。产仔后的母蝎和刚与母蝎分离的仔蝎食量较大，可捕食与自身体重相同的食物量。冬眠前的蝎子食量大，蝎子体内有贮藏营养的中肠盲囊，一般进食1

次可维持10 d不饿。蝎子在自然界生存竞争中，具备了很强的耐饥饿能力，在温度和湿度适宜的情况下，几十天不进食也不会饿死。

(4) 蝎子对水的摄入。蝎子对水分的获取主要有3种途径：第一，通过进食获取大量的水分，如黄粉虫体内含水量达60%左右；第二，利用体表、书肺孔从潮湿大气和湿润土壤中吸收水分；第三，蝎子体内物质代谢过程中生成一些水分。其中前2个途径是蝎子体内水分的主要来源。蝎子在不同生长发育阶段所需的水量也不同。蜕皮期和生长旺盛期，需水量较大。

第二节 蝎子的繁殖

一、繁殖特点

1. 性发育 蝎子的性发育与个体生长同步，当个体生长发育基本完成时，性发育也就成熟了。野生蝎子一般需要26个月左右达性成熟。7龄蝎为性成熟蝎。雄蝎性发育快于雌蝎，雌蝎一般要到第4年的5月、6月才完全性成熟。但从最后1次蜕皮以后，雌、雄蝎均可发生交配行为。在人工饲养条件下，蝎子的发育可大大加快，只需12~18个月即可达到性成熟。

2. 发情 母蝎一年有2次发情期。一次是在5—6月的产前发情，一次是在母蝎产仔后、仔蝎脱离母背不久，在8月前后的产后发情。雄蝎每年也仅有2次发情期。

3. 交配 野生蝎子一般在每年的5—8月交配，有2次交配期。在人工饲养条件下，蝎群可随时进行交配。1只雄蝎1次只能和1只雌蝎或2只雌蝎交配，特别强壮的最多也只能交配3只雌蝎。之后，雄蝎要过3~4个月后，才能同雌蝎交配。最佳繁育期3年左右。蝎子交配全过程可分3个阶段。

(1) 寻找交配对象。蝎子交配多在晚间光线较暗时的平坦地面上进行。交配前，雌蝎自体内释放性诱激素，招引雄蝎。雄蝎在激素的刺激下发情，表现出极度不安，追逐雌蝎，并用触肢钳拉其他蝎的触肢。若拉到的是雄蝎或未发情的雌蝎，对方会毫不客气地相螫而逃走，若拉到发情的雌蝎，对方才会顺从地随雄蝎走。若1只发情的雌蝎周围有数只雄蝎则雄蝎之间发生争斗，胜者交配。

(2) 寻找交配场所。雄蝎找到交配对象后，用一触肢钳拉着雌蝎的另一触肢，急忙寻找交配场所。行走的过程中，雄蝎后腹部高高竖起，不断摇摆，表现出兴奋的样子。其交配常在僻静、地面干燥坚实的环境下进行，多在石块上面或者倒悬在石块下面，这样能保证精荚有牢固的附着点。

(3) 交配。找到交配场所后，雄蝎一对强大的触肢紧紧地钳住雌蝎的触肢，相互摆动，拖来拖去，转圈行走，形同"跳舞"（图24-5）。雄蝎腹面的节板不断摆动，接触地面，探索地面状况，当探寻到平坦的石片或坚硬的地面时，便停下来一段时间。随后雄蝎全身抖动，将雌蝎拉得更紧，头与头相接触，雄蝎翘起第1对步足，两足有节奏地交替抚摸雌蝎的生殖厣及周围区，频繁刺激雌蝎，使之打开盖板，露出雌孔。随即，雄蝎出现排精前兆，尾部上下抽动摇摆，接着生殖厣打开，露出雄孔，腹部抖动着接近地面，生殖孔产出精荚，并牢固的粘于石片上。然后雄蝎拉着雌蝎抖动着后退，慢慢抬起前腹部，精荚随即全部抽出，倾斜固着于地面，与地面约成70°。这时被拉过来的雌蝎生殖孔外露，当前移的雌蝎雌孔触及精荚瓣的尖端时，精荚的上半部便刺入生殖孔内，精荚瓣破裂，释放出精液，精液由生殖腔进入纳精囊贮存（图24-6）。此时，雌蝎后退，精荚的下半部抽出，倒于地面。雄蝎平静地离去，交配过程结束。

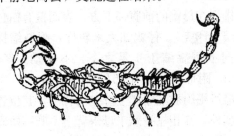

图24-5 蝎子的交配舞蹈
（仿高玉鹏、任战军，2006)

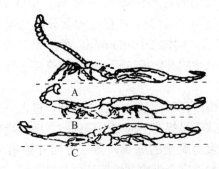

图24-6 蝎子传送精荚示意图
A. 蝎子产精荚于地上 B. 把雌蝎拉过来 C. 精荚接触雌孔
（仿高玉鹏、任战军，2006)

雌蝎在交配后数分钟内，似有被激怒的表现，性情十分狂躁，雄蝎若不迅速离开，就有被咬伤或被吃掉的危险。交配过程需 30~60 min，长的可达 3~4 h。

4. 妊娠及产仔 雌蝎在交配后将精液贮存在纳精囊内，精子可以长期在雌蝎体内贮存，待卵细胞发育成熟后再进行受精。交配 1 次可连续产仔 3~5 年，不过 2~3 胎所产的仔蝎大多是弱蝎。

（1）妊娠。在自然条件下，卵在交配后的翌年 6 月、7 月才发育成熟。头年交配进入纳精囊的精液顺输卵管流动，到达卵巢各部位，与附在管道上的卵子结合，受精卵开始发育进入妊娠期。

蝎子属卵胎生动物，受精卵在雌蝎体内发育。在 25~30 ℃的环境中，胚胎经 35~45 d（一般为 40 d）发育，仔蝎背部出现甲纹时，则发育成熟。孕蝎的妊娠过程必须处于温暖的环境中，胚胎发育才能正常进行。当温度在 15 ℃以下时胎儿发育迟缓，低于 5 ℃时，胎儿发育停滞。

（2）产仔。自然状态下，雌蝎一般在 7 月下旬产仔，孕蝎在临产前，首先选择光线较暗且安静的地方，通常 3~5 d 内不进食。在适宜环境中孕蝎用步足交替挖土，并用尾部将挖出的土推平，经过 1~2 h 后，可挖出杏核大小的土坑。之后，孕蝎腹部接近地面，节板下垂，将仔蝎娩入坑中。初生仔蝎多排列在母蝎的前腹部下方，表面覆有白色透明黏液层（卵壳）。仔蝎如大米粒样，附肢缩拢，后腹部向下折叠缩于步足之下，不活动。经 10~20 min，附肢伸展，尾部展开弯向背方，开始活动，沿母蝎附肢陆续爬上母蝎的背部，其位置大多头部朝外，互相靠拢趴于母蝎背上，既不妨碍母蝎运动，又有利于得到母蝎的保护。

雌蝎产仔均为一次性分娩，胚胎在体内同时成熟，平均每胎可产仔蝎 25~30 只，少则 15 只以下，多达 40~50 只。产仔过程常分批完成，每产 4~5 只后，间隔 20~30 min，再产第 2 批、第 3 批……从孕蝎开始挖坑到初生仔蝎全部上背，需要 5~8 h。

母蝎产仔后，基本停食不活动，进入一个休养期。爬伏于母蝎背上的初生仔蝎一方面继续吸收体内胚胎发育剩余的卵黄，另一方面开始第 1 次蜕皮，待卵黄完全吸收并蜕下乳白色胎皮后，基本完成了 1 龄幼蝎的生活。再经 10 d 左右，才能离开母体独立生活。母蝎又恢复觅食活动。

（3）母蝎的护仔行为。在正常情况下，母蝎在负仔期间具有保护行为。首先，母蝎允许并引导仔蝎爬背，以便于照顾仔蝎。其次，当仔蝎在不具备独立生活能力之前，绝对不允许自由下地活动，如果仔蝎离开母蝎背部，母蝎会将其钳回或诱其上背。最后，母蝎具有保护仔蝎脱离危险的本能。但在非常情况下，母蝎也表现出非保护性行为。大敌当前时，母蝎也会抖掉背负的仔蝎，急于逃命；当外界环境严酷时，如缺水和食物，母蝎以食幼仔补充营养来保全自己；有些落下母蝎背部又不能迅速爬回的仔蝎，也易惹怒母蝎而遭杀身之祸。因此，在人工饲养时，应注意加强产仔期的管理，以提高仔蝎的成活率。

二、雌雄鉴别

仔蝎的性别比较难辨认。成蝎的雌雄可以根据以下特征加以区别。

（1）尾部宽度的比例不同。雌蝎的躯干宽度超过尾部宽度 2~2.5 倍，而雄蝎不到 2 倍。

（2）钳的粗细、长度不同。雌蝎的钳细长，可动指的长度与掌节宽度之比为 2.5∶1，雄蝎的钳粗短，可动指的长度与掌节宽度之比为 2.1∶1；雌蝎的触肢可动指基部内缘无明显隆起，而雄蝎的此部位有明显隆起。

（3）胸板的下边宽度不同。雌蝎胸板的下边比较宽，雄蝎较窄。

（4）生殖厣的硬度不同。雌蝎的生殖厣比较软，雄蝎的比较硬。

（5）栉状器齿数不同。一般雌蝎为 19 对，雄蝎为 21 对。

第三节 蝎子的饲养管理

一、饲 料

蝎子是以肉食为主、兼食植物性多汁食物的动物，一般以鲜活、体软多汁的昆虫为食。较理想的食物昆虫有黄粉虫、土鳖、蛾幼虫等。猪、牛、羊、鸡的新鲜肉绞碎后也可以饲喂。蔬菜叶、多汁瓜果、麦麸等也可做补充饲料少量投喂。目前，已有多种昆虫可以进行大量的人工养殖，并已成为人工养蝎的主要饲料来源，如土鳖、肉蛆、黄粉虫等都已养殖成功。在夏季，用荧光灯、黑光灯或食饵可诱捕许多昆虫，供蝎子食用。

蝎子几种常见的混合饲料配方如下。

配方一：肉泥30%，麦麸（炒黄）30%，面粉（炒黄）30%，青菜泥10%，拌成颗粒状。

配方二：鸡蛋1个打碎，100 g小米，拌匀蒸熟。

配方三：鸡蛋1个蒸熟去皮，玉米面（炒熟炒香），再加少许动物乳汁或水，拌成颗粒状。

配方四：肉粉150 g，蛋黄50 g，碎馍花（不放碱）200 g，动物乳汁450 g，拌成颗粒状。

配方五：鲜蛋液50%，麦麸（炒黄炒香）45%，动物油3%，风化土2%，食盐少许，加水适量，拌成颗粒状。

配制混合饲料时，要适当添加复合维生素（0.1%～0.4%）和多种微量元素（0.05%）。以上配方交替使用，可互相补充营养成分的不足。饲料中的含水量应在50%～60%为宜。可根据蝎子的粪便和发育情况，及时调整饲料成分。如果蝎子采食后生长发育正常，排出的粪便为灰白色或白色时，可以适当增加植物性饲料的比例；如果排出的粪便为土灰色或黑色，出现腹胀、黑腹或拒食现象，要立即增加肉类与乳、油、蛋类的比例，在饲料中添加些抗生素，以控制蝎子的消化不良现象。

二、养蝎方法

蝎子的人工养殖方法可分为常温养殖和恒温养殖。由于养殖方式的不同，所需场地、设施、规模等也有所不同。

（一）常温养殖法

常温养殖是在自然界温度下，模仿蝎子在野生状态下的生活环境，建造成既符合蝎子的生活习性、生长发育和繁殖条件，又便于饲养管理的设施和场地。不同的养殖规模（大、中、小型）和不同的养殖设施（箱养、盆养、坑养等）都要满足蝎子生命活动的要求。

1. 盆（缸、罐）养 是蝎子生活在小容器内的养殖方式。适合于室内养殖，可作为种蝎繁殖场所和进行幼蝎饲养，也可用于小型科学实验。其特点是体积小、管理方便。

无论是选用新、旧盆（缸、罐），在使用前均要用石灰水或高锰酸钾溶液进行彻底消毒，清水洗净、干燥后再使用。容器内壁要光滑，以蝎子攀爬不上来为好，容器的口覆盖丝网以防天敌。容器底部用风化土、沙土、壤土、瓦片、空心砖或石块、石板、木板等搭建成多孔、多缝的人造巢穴供蝎子栖息。缸内放一海绵，吸水后供蝎子饮水或调节环境内的湿度。采用投放含水量多的青草、树叶、蔬菜叶等调节温度，要及时更换干枯、发霉的青草、树叶等。容器内不可多投放食物，以免污染环境。

一般每只普通陶瓷盆可养蝎60～100只，口径60 cm左右的浅缸可养300多只，每个罐头瓶可养种蝎1只，或仔蝎10～15只，中等蝎2～5只。

2. 箱养 选用无污染的废旧木板，经消毒后，根据需要制作一定体积的木箱进行养殖。箱养分为封闭式和开放式2种。封闭式木箱养殖是蝎子只在箱内活动，而开放式木箱养殖是蝎子可以到箱外活动的养殖方式。

一般箱养可制成长、宽、高分别为80 cm、50 cm、60 cm的长方形箱子，四周开几个小窗口，丝网封口，以便通风换气，盖子用合页固定以便开关。箱口内壁粘贴1圈5～6 cm的玻璃条或塑料胶带，以防蝎子逃逸。箱内的蝎窝用蜂巢状土坯或砖堆砌成多缝的几排巢穴，以供蝎子栖息。箱底铺垫3～5 cm厚的风化土、壤土和沙土。蝎巢距箱壁有5 cm空间，每排巢穴之间也留一定空间作为活动场地。开放式箱养是在箱外设1个活动区，用玻璃围墙围住，箱内活动空间相对小些，蝎巢基本相似，箱壁设有出入小孔。开放式箱养投食和饮水都在外部，可避免因封闭箱内食物堆积腐烂从而污染环境。

3. 池养 目前，养蝎通常采用池养，在室内或室外（室外要搭棚盖，以防雨水）用砖砌池，一般每立方米池放养成蝎600只左右。池的规格可依养殖数量而定。池的四壁用砖砌成，一般池深80～100 cm。池外壁用水泥填缝防止蝎子从砖缝钻出。内壁不要涂抹灰面，保持池壁粗糙，利于蝎子攀爬、附着、栖息。四壁近池口边缘5 cm处粘贴光滑材料，如玻璃、锌铁皮、塑料胶带等，以防蝎子外逃。池底可放5 cm厚的风化土、壤土和沙土。若在室外池养时，除建防雨棚外，池的地上部分还要砌高50 cm的砖墙，墙外壁用水泥抹面，以防雨水灌流入蝎池内。

蝎池内蝎巢可用砖、瓦砌成长形多缝、多孔的栖息垛体，缝隙内填些泥土供蝎子筑巢用。蝎巢高与池壁深相同即可。在池底放置几块浸水海绵供蝎子饮水。蝎巢的材料除砖、瓦外，还可用芦苇秆、高粱秸等制成小捆垛在蝎池内供蝎子栖息。

除以上介绍的 3 种养殖方式以外，还有室外人造假山养殖、架养、坑养、房养等多种方式，但都是从仿生学的角度出发，为蝎子的生长发育建造合适的人为环境，让蝎子在较适宜的环境中生长、繁殖。

（二）恒温养殖法

1. 恒温养殖法的特点　恒温养殖法是指采用人工控温的方法使养殖空间内的温度始终保持在适合蝎子正常生长、繁殖的范围内，而不受外界环境的影响，使蝎子的生长发育速度加快，生活周期缩短的养殖方法。如正常温度下蝎子达性成熟需 3~4 年，而恒温养殖可缩短到 1 年左右；正常温度下雌蝎每年产 1 胎，而恒温养殖可增加到每年 2 胎。恒温养殖条件打破了在自然条件下由于冬季低温而休眠的习性，使蝎子一年四季都能正常生长发育和繁殖，缩短了生活周期，因而又称为"无休眠养殖""速成养殖"。

恒温养殖与常温养殖相比，在养殖方式上并无多大差别，即主要有池养、箱养、盆养、架养等。恒温养殖的关键因素是温度和湿度的调节。因此，对养殖场地加温、加湿设施一般有如下要求。

① 养殖室内地面以铺砖效果较为理想，有利于室内湿度的调节。

② 加温设备必须能保证使室内温度随时升高到 35 ℃ 左右，养殖室的保温性能要好。

③ 对不同龄期和不同生理状态的蝎子要实行分室养殖。

④ 室内恒温养殖必须经常通风换气，以保持室内空气清新。

恒温养殖主要在室内和塑料大棚内进行，加温方法和设备主要是暖气、火炕、火墙、温泉地热、电热恒温器等。有条件的可设全自动电热恒温加热器来调节温度和湿度。

2. 温度、湿度的调节　实践证明，在恒温养殖过程中，养殖室内的温度与湿度很难协调，一般在加温期，养殖室及蝎巢会出现高温高湿现象，随着温度的上升和时间的延长，湿度逐渐下降，直到出现高温干燥现象，这些情况对蝎子的正常生长十分有害。在日常管理中，必须严格控制和调整，以保证达到适宜的温度与湿度。

（1）温度调节。一般将当地自然温度对野生蝎子的生长发育造成制约的时期定为加温期。因南北各地气候变化不同，各地开始加温日期也不一致。北方一般从每年 10 月到翌年的 4 月，从填蜕期开始加温到复苏末期为止，年加温期 180 d 左右。北方一般在 11 月上旬至翌年 3 月中旬大约 130 d，当露天昼夜温度在 13~15 ℃ 时，白天不加温，利用太阳的热能维持室温，夜间气温下降时进行加温，保持室内适宜温度。北方地区在 3 月、4 月和深秋 10 月 80~90 d，当昼夜气温降至 12 ℃ 以下时，必须昼夜加温，并给棚顶加盖保暖草帘，使养殖室温度维持在 25~38 ℃。

从每年 5 月上旬至 10 月上旬，随着气温的逐渐升高，养殖室内温度上升，可达 38 ℃ 以上，此期应采取降温措施，必要时给棚顶遮阳，适当通风或安装空气调节器达到降温目的，以维持养殖室适宜温度。

（2）湿度的调节。蝎子栖息时喜欢在干燥处，但觅食时常到潮湿的环境中。人工养蝎的蝎窝应干燥一些，而运动场应潮湿一些。室内空气相对湿度在 56%~60%，蝎池土壤含水量在 10% 左右。蝎池内湿度的测定可用湿度计检测，也可通过蝎子活动情况来判定。当蝎子食欲旺盛，活动和生长发育正常，蜕皮顺利时，表明室内温度和湿度适宜；如果蝎子表现躁动不安，纷纷出穴，活动反常，或聚集于湿处栖息，说明环境干燥不适，就需加湿。空气加湿采用室内喷水、蝎子运动场洒水等方法。如果蝎子周身明亮，组织积水，肢节膨大发白，体色加深，后腹部拖地运动，常是高温、高湿引起的，应采用通风降湿措施，必要时室内放置生石灰吸潮。

三、饲养管理

（一）蝎料的投喂

蝎子人工养殖应保证饲料的新鲜和清洁，避免因剩余饲料霉变、腐败污染环境，导致疾病蔓延。在投料和水时，应放在料盘和水盘中，不要将料直接放入运动场和巢穴内。水盘、料盘用白铁制作成边高 0.5 cm 的方形浅盘。水盘内应放入石子、木块、海绵等垫物，供蝎子攀爬饮水，以免蝎子浸水溺死。饮水器还可用粗口瓶，盛水后加放 1 条厚布条，布条一端放瓶内至瓶底，另一端悬挂瓶外，水沿布条缓慢浸出，供蝎子吸吮。

供料、供水时应做到定时、定量、定点投放，一般17:00~18:00投放，翌日清晨取出，清洗盘内剩余饲料。每天投喂新料和新鲜洁净的水，保证出穴采食的蝎子均能获取足够饲料营养。在供给活昆虫时，要"满足供应，宁余勿欠"；供给混合料时，应"限量搭配，宁欠不余"。

（二）常温养殖的四季管理

1. 春季管理 惊蛰前后，气温偏低，蝎子刚复苏出蛰，活动能力差，既不饮水也不摄食，加之春季气温变化大，常遇寒流，要注意防寒保暖。当气温回升到25℃以上时，蝎子夜间出穴活动开始逐渐增多，要及时投食给水，以防因饥饿引起相互残食，还要注意调节活动场地的土壤湿度。刚复苏的蝎子，既要做到及时投喂，又不宜过早给食，因为春季气温低，蝎子消化能力差，以免引起消化不良甚至腹胀死亡。

2. 夏季管理 夏季是蝎子活动和生长、繁殖最旺盛期。立夏以后，一般防寒保暖措施即可解除。芒种后，蝎子进入最适生长期，蝎子的活动量、采食量、生长发育速度都明显提高，食物和饮水要充足。小暑以后，蝎子进入繁殖期，雄蝎准备交尾，雌蝎准备妊娠产仔。此期，以活食、肉食为主。进入多雨季节后，环境潮湿、闷热，加强通风换气，及时清除蝎巢中剩余食物，以免霉变污染环境。此期，观察蝎子的病害和防治蝎子的天敌措施要加强。

3. 秋季管理 在7月、8月产出的仔蝎，入冬前要分群。冬眠前，蝎子体内营养贮备增加，采食量增加，此期适当增喂肉食饲料，以利于蝎子增强体质，贮备能量。还要降低养殖环境湿度和饲料含水量，以减少蝎子体内游离水的含量，增强蝎体抗寒能力，以便安全度过漫长的冬季。

4. 冬季管理 霜降以后，随着气温的急剧下降，蝎子停止活动进入冬眠。冬眠期要注意防寒，室内养殖一般不需采取专门防寒措施。如果室外池养，可用稻草或麦秸泥将蝎窝封严，达到保暖效果。冬季还要防鼠，避免鼠残食蝎子。

（三）种蝎的饲养管理

1. 配种期的饲养管理 蝎子配种期的饲养管理应满足以下需要：①要供给充足的饮水和高质量、营养丰富的多种动物性饲料，以利于生殖细胞的发生；②保持环境的安静，避免强光照射，把蝎巢内的土填平、压实，有利于交配过程的顺利进行；③选择健康雄蝎进行配种，以提高受精率。

2. 妊娠期的饲养管理 雌蝎经交配后，受精卵在体内发育35~40 d，完成妊娠期。在妊娠前期，孕蝎应加强营养，多喂营养丰富的昆虫。温度在28~38℃内，利于胚胎发育。活动场地土壤含水量在5%~10%为宜，高于18%可导致胚胎发育停滞，低于3%时胚胎会死亡。房内空气相对湿度维持在70%左右。还应保持安静的环境，以防惊吓造成流产。在妊娠后期临产前，孕蝎前腹部变得肥胖，行为也开始发生改变，如食欲减退，四处走动，寻找僻静场所静伏不动，说明孕蝎即将分娩，应挑选出来，单房饲养，便于产仔和提高仔蝎成活率。

3. 产仔期的饲养管理 母蝎产仔到母仔分离这一时间段为产仔期，一般10 d左右。母蝎产仔时，如遇到干扰或惊吓，会甩掉部分仔蝎，影响仔蝎成活率。所以应单室饲养，避免干扰，保持良好的环境，提高仔蝎成活率。产仔期内，母蝎不摄食，刚出生的仔蝎靠体内卵黄维持生长，趴伏于母蝎背上，母蝎为护卫仔蝎不多活动。因此产仔期基本不用投食，只调整环境的温度和湿度，温度在33~39℃，相对湿度在15%左右为宜。

（四）幼蝎的饲养管理

幼蝎在生长发育过程中，常常因为母蝎吃幼蝎，幼蝎取食不利，环境温度、湿度、蜕皮不正常等原因造成幼蝎成活率很低，所以在饲养管理过程中应加强以下几方面的管理力度，提高成活率。

1. 仔蝎的分巢饲养 仔蝎出生3~5 d，在母蝎背上蜕皮变成2龄蝎，2龄蝎再经5~7 d从母蝎背上回到地面开始独立生活。仔蝎体表由出生时的乳白色变成了橘红色。此时，要尽快将母仔分离开，以防被母蝎残食。仔蝎放入专池单独饲养，密度应在3 500~4 000只/m³。人工分离时，要小心谨慎，仔蝎体小质嫩，不便捕捉，可用小孔网罩，孔径只通过仔蝎，阻止母蝎通过，达到分离目的。

2. 仔蝎饲喂 仔蝎离开母体后，食欲增加，应及时喂些低龄黄粉虫、蚯蚓碎段、肉泥、乳品或蛋黄粉等，还可以投放些烂水果以诱蝇类，供1龄蝎捕食和饮水。

3. 仔蝎蜕皮期饲养管理 人工养蝎提高蜕皮仔蝎的成活率是增产的关键。采取隔离饲养时，第1次蜕皮成活率能达90%，以后5次蜕皮的成活率受很多因素的影响，如食物、环境等。在蜕皮期，要保证充分的营养供应，温度应在25～35℃，土壤含水量在10%～15%，密度要适中，才能顺利完成蝎子的蜕皮过程。

4. 2龄蝎的饲养管理 2龄蝎身体小，行动敏捷，外逃能力和攻击能力强，食欲旺盛，性情凶悍好斗。因此，2龄蝎饲养要防止外逃，控制密度。2龄蝎食欲旺盛，生长发育快，饲料供应以肉类和混合料搭配为好。此期蝎子对饲料的选择性较差，较易接受混合料。经50～60 d的生长发育，蜕第2次皮进入3龄期。

（五）成蝎的饲养管理

3龄蝎到成蝎的饲养管理基本相同。成蝎比仔蝎对饲料营养和适口性的要求增强，应以肉类食物为主，并加强蜕皮期管理。恒温条件下，四季蜕皮，常温下每年6—9月蜕皮。要求饲料品种多样化，交替饲喂。环境温度要求25～37℃，土壤含水量为10%～15%，空气相对湿度70%～80%。应保证饮水充足，养殖密度适中，投喂适量的饲料营养添加剂和矿物质添加剂，以保证各龄蝎子的营养需要，加快生长和蜕皮。

第四节 蝎子常见病虫害防治

一、疾病防治

（一）斑霉病

【病因】 由于蝎子的栖息环境过于潮湿，加之气温较高，真菌在蝎体上寄生而引发本病。

【症状】 蝎子头胸部、背板部、前腹部出现黄褐色或红褐色点状霉斑，然后逐渐向四周蔓延扩大，隆起成片，蝎子生长停滞。患病初期往往发现蝎子非常不安，不停活动；后期则活动逐渐减少，表现为呆滞、不动、不食，直至死亡。病死的蝎子体内充满绿色丝状霉菌菌丝。

【防治】 防治本病主要是调节养殖室内的湿度。当养殖室内湿度过高时应打开门窗、通风口通风，及时翻垛、清理、晾晒养殖物品，经常洗刷食盘和水盘，及时更换水盘的衬垫物，清除残渣剩余物，防止霉变，以达到降湿、保持良好养殖环境的目的。除此以外，还可结合翻垛，用1%～2%来苏儿溶液或1%的高锰酸钾溶液喷洒养殖室和泥板、坯块。发现病蝎和死蝎及时清除并焚烧掉。

（二）黑腹病

【病因】 黑腹病又称黑腐病、体腐病。蝎子食了腐败饲料感染黑霉菌，或环境污染和饮水不洁而引起发病，本病多在夏季发生。健康的蝎子如果取食了病死的蝎尸后，也会引起本病的发生。

【症状】 病蝎早期前腹部呈黑色，腹胀，活动减少或不出穴活动，食欲减退或不食。继而于前腹部出现黑色腐败型溃疡性病灶，用手轻微挤压时，即有污秽不洁的黑色黏液流出。病蝎在病灶形成时即死亡，病程较短，死亡率很高。

【防治】 首先要保证饲料、饮水新鲜清洁，经常刷洗食盘和水盘。用1%～2%福尔马林稀释溶液喷洒消毒，烧毁死蝎，防止再感染。进行隔离治疗，把发病蝎分离开，用食母生1 g和红霉素0.5 g（或硫代硫酸钠0.5 g）或长效磺胺0.5 g和土霉素0.5 g，混合饲料500 g喂至痊愈，也可以把药物和水混合供全蝎饮用，效果更佳。

（三）体懒病

【病因】 体懒病又称麻痹症。主要是由于高温、高湿突然来临，热气蒸腾造成蝎体急性脱水现象。特别是在加温养殖条件下，如果温度和湿度调节不当，极易引起本病发生。

【症状】 发病初期蝎群活动常有反常现象，大多表现为出穴慌乱走动和烦躁不安，继而出现肢体软化、功能丧失、尾部下拖、全身色泽加深和麻痹瘫痪。病程较短，从发病到死亡一般不超过数小时。

【防治】 采取加温养殖时，应注意调节环境温度和湿度，防止出现40℃以上的烘干性温度。采取必要的补救措施，如果养殖室内已形成高温、高湿、热蒸状况，蝎子爬行缓慢而出现病状时，除了使用通风换气的方法调节温度与湿度外，还应立即将所有的蝎子捕出补水。补水方法是在30℃左右的温水中加入少许食盐和白糖，喷洒在蝎体表面（喷湿即可），待养殖室内温度与湿度正常后，再将已恢复正常的蝎子移入养殖室。

(四) 干燥病

【病因】 干燥病又称枯尾病、青枯病。主要是由于自然气候、养殖环境等干燥，饲料含水量低和饮水供给不足等原因造成。

【症状】 初发病时，后腹部末端（尾梢处）出现黄色干枯萎缩现象，并逐渐向前腹部延伸，当后腹部近端（尾根处）出现干枯萎缩时，病蝎开始死亡。另外，在发病初期，由于个体间相互争夺水分，常引起严重的互相残杀现象。

【防治】 在盛夏酷暑等气候干燥季节，应注意调节饲料含水量和活动场地的湿度，适当增添供水器具。一旦发病，应每隔 2 d 补喂 1 次果品或番茄、西瓜皮等含水量高的植物性饲料，必要时适当增加养殖室和活动场地的洒水次数。病蝎在得到水分补充后，病状即自然缓解，一般不需采用药物治疗。

(五) 蝎螨病

【病因】 蝎螨主要随食物被带入蝎室，如随黄粉虫等昆虫类食物带入蝎室，再转主寄生于蝎体，当蝎螨大量繁殖后，吮吸蝎子的体液，则引起蝎螨病。

【症状】 主要表现为蝎体逐渐瘦弱，食欲减退，活动减少，严重时衰竭而死。注意观察可见胸腹部和附肢关节处有针尖大小的棕色螨。

【防治】 用杀螨剂一号 1 支（0.5 mL）加水稀释至 500 mL，用喷雾器喷蝎池。喷药次数和药量视蝎螨病的轻重而定，一般重复用药需间隔 3 d。必要时换房换土，对带有寄生虫的食物应严格处理。

二、敌害防治

能捕食蝎子的天敌很多，主要有鼠、蚂蚁、壁虎、多种鸟类和两栖动物等。但在人工养殖时，一般多采用室内饲养方式，所以鸟类和两栖动物的危害性不大，最主要的防范对象是鼠、蚂蚁和壁虎等。

(一) 鼠害及其防治

鼠类是危害蝎子非常严重的啮齿类动物。鼠不仅残食蝎子，还将大批蝎子咬死，造成整个蝎群的崩溃。鼠有天生打洞的本领，能用锐利的牙及爪掘开干硬的墙壁、地面，进入蝎室，对蝎子造成危害。

鼠类危害蝎子的方式是先将蝎子的尾部咬断，然后再咬死或取食整个蝎体。对鼠的进攻，蝎子毫无反抗能力，尾针也失去了作用。只有加强人为防范，以减少损失。室内养蝎的鼠害主要是家鼠，室外养蝎的鼠害除了家鼠外，还有田鼠，另外还有黄鼠狼的危害。

防治鼠害的方法很多，操作起来也不困难，一是修建蝎房、蝎场时，四壁砖缝用水泥抹好，将地面夯实，以杜绝鼠打洞侵入蝎窝；二是一旦发现鼠害，可安放捕鼠器、电子驱鼠器防范，必要时还可在蝎房、蝎池的四周角落里布放毒饵毒杀，并定期检查和清除死鼠，但必须注意蝎子的安全。

(二) 蚁害及其防治

蚂蚁是一类社会性、群集性、杂食性昆虫，因其个体小，可以无孔不入，很容易侵入蝎室、蝎窝，然后集聚起来，向蝎子发起群集进攻。蚂蚁攻击的主要对象是防卫能力较低的幼蝎和暂时失去防御能力正在蜕皮的各龄蝎，也经常攻击处于繁殖期的母蝎。当蚂蚁的群体数量很大时，还能够群集围攻健壮的成蝎，将其吃掉。

蚂蚁侵入蝎群后，蝎子受到惊扰而四处奔逃，尽量躲避。如果未能及时避开而与之相遇，一般会发生冲突，互相争斗。当蚂蚁数量较多时，蝎子（即使是成年雄蝎）也难敌蚁群，最终被咬死、吃掉。如果蚂蚁数量少，仅是零星几只，蝎子则能用强大的触肢将一只只蚂蚁钳住吃掉而摆脱危机。

并非所有的蚁种都能攻击蝎群，一般只有小黑蚁和小白蚁最具攻击性，而某些体型较大的蚁种反而威胁较小，有时还往往成为蝎子的天然食料。

无论是何种养殖方式，蚂蚁都是蝎子的主要敌害，应重点加以防范。其具体方法如下。

1. 投放蝎种前清除蚁害 在投放蝎种之前，如果养殖区内发现蚁穴、蚁窝，即可在窝穴口用敌百虫等杀虫剂处理，并将窝穴口周围夯实，还可用肉类、骨头、油、糖等食饵将蚂蚁诱获后用火烧除。

2. 防止蚂蚁侵入养殖区 把鸡蛋壳烧焦捣碎撒在养殖区隔墙外四周，或把番茄秧蔓切碎，撒在养殖区隔墙外四周，都可阻挡蚂蚁侵入养殖区。

3. 毒饵防治 将毒蚁药饵撒在养殖区、养殖室的隔墙外四周，即可阻挡蚂蚁，并将其毒死。毒蚁药饵的配制方法如下：萘（樟脑丸）50 g，植物油 50 g，锯末 250 g 混合拌匀即成。装入玻璃瓶备用，使用时将药饵粉撒成 1 圈药线即可。

（三）其他敌害及其防治

危害蝎子的还有其他几种天敌，如螳螂、麻雀、蜥蜴、青蛙、蟾蜍等。但这些天敌数量少，个体较大，一般不会形成群集攻击，相对容易防范。

在采取散养法或室外池养方式时，由于蝎场开放度高，这类天敌危害较大，对其防治也比较困难，只能随时发现随时消灭。对麻雀还可设置彩色摇旗，将其吓跑。在选择室外养殖场地时，应考虑周围环境，以减少天敌危害的可能性。在采取室内养殖方式时，上述天敌一般难以侵入蝎群，只要用网盖等盖好蝎窝，即可杜绝这类天敌的危害。

（李铁拴）

第二十五章 蜈 蚣

蜈蚣又名天龙、百足虫、百脚、金头蜈蚣等，是常用的动物性中药材之一，具有祛风、镇痛、解毒等功能，主治小儿惊风、抽搐、破伤风、口歪眼斜、疮疡肿毒、淋巴结核等症，近年来还发现其有抗肿瘤的作用。现代医学研究表明，蜈蚣含有与蜂毒相似的有毒物质，即组织胺样物质及溶血蛋白酶，此外还含有酪氨酸、亮氨酸、蚁酸、脂肪酸、胆固醇等多种活性物质。蜈蚣在医学临床上的应用甚广，需求量越来越大。但由于近几十年来农业耕作方法和生态环境的改变，野生蜈蚣的资源逐年减少，致使蜈蚣成为医药界紧缺的药材之一，同时也刺激了蜈蚣人工养殖业的不断发展。

第一节 蜈蚣的生物学特性

一、分类与分布

在动物分类学上，蜈蚣属于节肢动物门、多足亚门、唇足纲、整形亚纲、蜈蚣目、蜈蚣科、蜈蚣属。蜈蚣的种类很多，分布也很广。人工养殖的药用蜈蚣种中，主要是少棘蜈蚣和多棘蜈蚣2个近似的地理亚种。

少棘蜈蚣主要分布于湖北、江苏、浙江、河南、陕西等地。多棘蜈蚣主要分布于广西，并以广西都安一带体大质优。

二、形态学特征

蜈蚣为陆生节肢动物，身体由许多体节组成，每一节上均长有步足，故为多足生物（图25-1）。

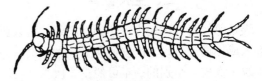

图25-1 少棘蜈蚣

蜈蚣体扁而细长，成熟个体一般长10～12 cm，最短6 cm，最长可达14 cm，体宽0.5～1.1 cm。头部有1对细长分节的触角，共分17小节，除基部6小节外，都被有细密的绒毛。触角是蜈蚣的触觉和嗅觉器官。在触角基部后下侧左右有4对侧眼。头部还有1对大颚和2对小颚。大颚内外肢部都已消失，只保留原肢及其内叶，内叶末缘有几丁质齿。少棘蜈蚣左大颚有5个大齿，右大颚却只有4个，左右大颚齿在中线上相互嵌合交错，可切割和磨碎食物。大齿之后，在内叶内缘则生镰状弯曲的刚毛。外缘有一凸头，嵌入头壳的陷窝内，共同构成活动关节。第1对小颚扁平，分为3节，基部一节宽大，内侧有近乎三角形的1片内叶。第2对小颚近似前足，共有5个肢节，第1肢节左右愈合，第5肢节短小呈爪状。头壳的伸延物构成上唇，由1个中央小齿和1对横长的侧片组成。上述构造共同形成蜈蚣的口器。

躯干部前后宽度相近,由可见的 21 个体节构成。少棘蜈蚣原有 25 个体节,其中第 1 躯干节几乎完全退化,末 3 个躯干节即前生殖节、生殖节和肛节在胚胎时期明显,相互分界,但成长以后,一面退化,一面愈合,形成一肛生殖节,形似一小突起,位于身体末端的尾肢之间。从身体腹面观察,易于区别雌雄,雄体前生殖节的腹板大,有阴茎,并残存 1 对生殖肢。

蜈蚣第 1 躯干节虽然退化,已难分辨,但其 1 对附肢却十分发达,并形成颚足,也称毒爪。左右颚足各有 1 个毒腺,位于第 2 肢节内,毒腺输出管开口于颚足近末端处。蜈蚣捕食时,先用前几对步足紧抱猎获物,再用颚足钳扣,并注入毒液,使之麻痹或死亡,然后咬破其体壁,摄食内脏及柔软部分。颚足之后,每个明显的体节都有左右 1 对步足,共 21 对。末 1 对较粗长,伸向后方呈尾状,特称尾足。爬行时,尾足拖在身后,不起运动作用,它是蜈蚣的触觉器官,其上长有小棘。蜈蚣头部和第 1 体节背板呈金黄色,其余体节背部呈墨绿色,腹面和足呈黄褐色,足端呈黑色。

三、生长发育

蜈蚣要经历 8 次蜕皮才达到性成熟,由未成体期进入成体期。每蜕一次皮就明显长大一次。一般一年蜕 1 次皮,个别的一年可蜕皮 2 次。

蜕皮时,蜈蚣用头部前端顶着石壁或泥壁,先顶开头板,然后依靠自身的伸缩运动逐节剥蜕,躯体连同步足由前向后依次进行。蜕到躯体第 7~8 节时,蜕出触角,最后蜕离尾足。蜕下的旧皮呈皱缩状,拉直时是一具完整的蜈蚣外壳。成体蜈蚣一般每 4~6 min 蜕出 1 节,全部蜕出约需 2 h。蜕皮时应避免惊动,否则会延长蜕皮时间。

1. 1 龄蜈蚣 少棘蜈蚣 6 月下旬产卵孵化,8 月上旬完成孵化,在经过胚胎发育后,幼体脱离母体独立生活。独立生活后的第 34~44 天出现第 1 次蜕皮,为 1 龄蜈蚣。蜕皮后体长平均 33 mm,体重平均 12 mg。

2. 2 龄蜈蚣 距第 1 次蜕皮间隔 27~31 d,也就是独立生活后的 65~72 d,出现第 2 次蜕皮,为 2 龄蜈蚣。

3. 3 龄蜈蚣 在经历了一个蛰伏冬眠后,于第 2 年 4 月下旬,独立生活后 9 月龄时冬眠苏醒。距第 2 次蜕皮间隔 262~269 d,也就是独立生活后 334~341 d,出现第 3 次蜕皮,为 3 龄蜈蚣。

4. 4 龄蜈蚣 距第 3 次蜕皮时隔 35~42 d,也就是独立生活后的 369~381 d,出现第 4 次蜕皮,为 4 龄蜈蚣。

5. 5 龄蜈蚣 距第 4 次蜕皮间隔 53~56 d,也就是独立生活后的 422~436 d,出现第 5 次蜕皮,为 5 龄蜈蚣。

6. 6 龄蜈蚣 在经历了第 2 个蛰伏冬眠后,于第 3 年 4 月下旬冬眠苏醒,距第 5 次蜕皮间隔 281~302 d,也就是独立生活后的第 23~25 月龄,于第 3 年 8 月出现第 6 次蜕皮,为 6 龄蜈蚣。

7. 7 龄蜈蚣 距第 6 次蜕皮间隔 70~76 d,也就是独立生活后的第 26~27 月龄,于第 3 年 9 月下旬至 10 月上旬出现第 7 次蜕皮,为 7 龄蜈蚣。

8. 8 龄蜈蚣 在经历了第 3 个蛰伏冬眠后,于第 4 年 4 月下旬冬眠苏醒,于第 4 年 7 月上旬出现第 8 次蜕皮,为 8 龄蜈蚣。蜕皮后体长 106 mm,体重 363 mg。

母体在独立生活的第 5 年性成熟,于每年 5—9 月求偶交配。母体纳精囊可以贮存精液,经 1 个月胚胎发育,每年 6—9 月产卵。蜈蚣进入成体期,仍有蜕皮现象,是身体增长的必然结果。

9. 9 龄蜈蚣 在经历了第 4 个蛰伏冬眠后,于第 5 年 4 月下旬冬眠苏醒,至夏季母体开始产卵,在第 5 年秋季出现第 9 次蜕皮,为 9 龄蜈蚣。

10. 10 龄蜈蚣 在经历了第 5 个蛰伏冬眠后,于第 6 年 4 月下旬冬眠苏醒,至夏季母体开始产卵,在第 6 年秋季出现第 10 次蜕皮,为 10 龄蜈蚣。蜕皮后体长 126 mm,体重 385 mg。

再经过第 6 个越冬期,母体进入第 7 年的夏季进行第 3 次产卵。这次产卵发生在独立生活后的第 72~73 月龄。产后母体开始衰亡。蜈蚣的寿命为 79~94 个月。

四、生活习性

1. 生活环境 蜈蚣天性畏光,昼伏夜出,喜欢在阴暗、潮湿、温暖、避雨、空气流通的地方栖居。主要生活在多石少雨的低山地带。平原地区虽然也有蜈蚣栖居,但数量很少。每当惊蛰一过,气温转暖时,蜈蚣开始出土活动,常在阴暗潮湿的杂草丛中或乱石沟里栖居。从芒种到夏至,随着气温的逐渐升高,蜈蚣又逐渐转移到阴凉的地方避过炎热的白昼，时常躲伏在废弃的沟壕、荒芜的坟包或田坎、路旁的缝隙中。到了晚秋季节，则多栖居于背风向阳的松土斜坡下或树洞、树根附近比较温暖的地方。

蜈蚣的钻缝能力极强，它以灵敏的触角和扁平的头板对缝穴进行试探，岩石和土块的缝隙大多能通过或栖息。密度过大或惊扰过多时，可引起厮杀而死亡。但在人工养殖条件下，饵料及饮水充足时也可以几十条在一起共居。

2. 活动规律 蜈蚣的活动频率与气温、气压、湿度、降水量、光照时间等气象因素有一定关系。蜈蚣活动特点是白天活动少，夜间活跃；天气炎热，温度在 35 ℃ 以上时，则躲在阴凉处，温度在 25～32 ℃ 时，活动量大，20 ℃ 左右时活动一般，天冷、气温低时活动少；无风、微风情况下活动正常，风力在 6 级以上时活动量少；下雨时活动少，雨过后则常出来活动。蜈蚣往往在夜间出来活动，大多互不合群，触角相撞即回避，绕道而行。虽然蜈蚣有 8 只侧眼（单眼），但视力极差，尤其在白昼视力更差。20～23 ℃ 晴朗无风的晚上，是它们活动捕食的高峰时间。

3. 食性 蜈蚣为典型的肉食性动物，性凶猛，食物范围广泛，尤喜食小昆虫类，如蟋蟀、蝗虫、金龟子、蝉、蚱蜢以及各种蝇类、蜂类、蛹、蛆等，甚至可食蜘蛛、蚯蚓、蜗牛以及比其身体大得多的蛙、鼠、雀、蜥蜴及蛇类等（以射出毒液的颚爪杀死比自己大的动物）。在早春食物缺乏时，也可食少量青草及苔藓的嫩芽等。饱餐后可连续几天不吃食物。人工养殖如密度过大或食物投放不足会引起相互残杀。

4. 冬眠 当气温降至 10 ℃ 以下时，蜈蚣便进入冬眠期。少棘蜈蚣多分布于长江中下游地区，气温相对较高，因此越冬相对较迟，通常在 11 月中下旬才进入冬眠。在气温相对较低的地区，则进入冬眠的时间相对较早。

处于冬眠期的蜈蚣不再活动，也不进食，躯体摆成 S 形，触角由外向内卷曲，尾足并拢。冬眠时，蜈蚣钻入土层的深度一般为 15～40 cm，最多不超过 100 cm。其与气温和土壤温度的高低有直接关系，气温越低，钻入土层越深；气温较高，土壤温度则相对也高，不但可以推迟冬眠，而且只需在浅土层或土层表面冬眠。处于冬眠状态的蜈蚣，倘若把它挖掘出来，也不能马上活动，需经太阳晒暖才能苏醒过来，但行动仍然呆滞而缓慢。人工养殖时，如适当改变冬眠环境，提高土壤温度，即可推迟和缩短冬眠时间，延长其活动生长期。

第二节 蜈蚣的繁殖

一、种的选择

选择优良、健壮的种虫是人工养殖的关键。种虫的标准是：虫体完整，无病无伤，体色新鲜，光泽好，活动正常而灵活，体长在 9 cm 以上。

引种可从两方面考虑：一是从蜈蚣养殖场直接引进已饲养 3 年左右的蜈蚣作为种用；二是直接捕捉野生蜈蚣，将个大体壮的留作种用。

从养殖场引种时，要选择体大、性温和、生长快、繁殖率高、无病无伤、3 年左右的蜈蚣留作种用，雌雄之比以 (3～4)∶1 为宜。

捕捉野生蜈蚣留作种用时，一般在春末夏初进行。捕捉时可根据蜈蚣夜间活动的特点，用手电筒或玻璃罩油灯在蜈蚣经常活动的地方寻找。为了捕捉成功，也可在常有蜈蚣出没且阴暗潮湿的地方挖一大坑，坑内放入鸡毛、腐草、牛粪、马粪等，上盖潮湿的草席，引诱蜈蚣，每天或隔天的清晨捕捉。发现后用竹夹钳住，放入准备好的箱内带回，鉴别雌雄后，将符合标准的蜈蚣留作种用，差的则作药用。

需要运输时，可将蜈蚣装在留有通气小孔的带盖铅桶、铁桶或塑料桶中，也可装在缝隙不大、蜈蚣不能钻出的木箱、纸箱里。装箱的蜈蚣不宜过多，一般以底面积为 30 cm×30 cm 的容器装 300 条左右为宜，在容器里放些树叶、细枝条，增加蜈蚣隐蔽的场所，以减少自相残杀现象的发生。短途运输可不喂食，若运输时间较长，可临时喂些面包屑、苹果块、梨块等，并要注意在树叶、枝条上洒些水，以保持湿润。

二、繁殖过程

1. 求偶 蜈蚣为雌雄异体，两性繁殖。少棘蜈蚣雌性体内有 1 个细长圆筒形卵巢，位于肠道背侧，后连输卵管，卵巢与输卵管间无明显界限。输卵管后部分为 2 支，包围后肠，并在后肠腹侧又会合成 1 条开口于生殖节。副性腺和纳精囊各 1 对，均注入输卵管末部。雄蜈蚣体内有 12 对精巢，自前而后，成对排列于躯干部。每个精巢有 2 条输精小管，所有输精小管都汇入1根输精管内。这根输精管纵行于躯干部中央，后连射精管，射精管开口于生殖节。另有2对副性腺注入射精管。

春末夏初是蜈蚣的交配季节，当气温达到20~25℃时，性成熟的蜈蚣即有求偶表现。求偶时，雄体先不停地摆动触角，招引雌体，雌体也主动向雄体靠近。当雌、雄蜈蚣靠近以后，其身体都向一侧弧曲，相互以触角接触异性个体的末部，不久雄体末端产出蛛丝样的细丝，在地面上织成小网，然后排出精荚，黏附于网的中部。随即雌体爬上小网，将精荚固着在其肛生殖节上。两性交配时间不超过1 h。因雄蜈蚣不是将精子（精荚）直接射入雌性体内（或体上），所以蜈蚣属于间接受精类型。

精荚呈半月形，长2 mm左右，排出后不久裂开，精子逸出，经雌性生殖孔进入体内，与成熟卵子会合。蜈蚣交配见图25-2。

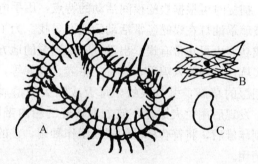

图25-2 蜈蚣交配（A）及其精网（B）、精荚（C）

2. 建巢 蜈蚣为卵生动物。交配结束后，受精卵在体内孕育26~30 d后，开始发育成熟。产卵前蜈蚣腹部紧贴在泥窝上，用头板、口器和前步足挖掘1个1 cm深的洞穴。

3. 产卵 产卵时，蜈蚣躯体呈S形，后面几节步足撑起，尾端上翘，触角向前伸张，接着成熟的卵粒就从生殖孔一粒一粒地排出至洞穴内。在不受外界惊扰的情况下，产卵过程需2~3 h。产卵一般在夜间，或可在傍晚、清晨。1次产卵量大多为40~50粒，个别的10粒以下。产卵季节在6月下旬至8月上旬，即在夏至到立秋期间，而以7月上中旬为产卵旺期。蜈蚣卵呈卵圆形，大小不一。一般卵的直径3.0~3.5 mm，米黄色，半透明状，卵膜富有弹性。

4. 孵化 产完卵后，蜈蚣随即巧妙地侧转身体，用步足把卵粒托聚成团，抱在怀中孵化。孵化时间长达43~50 d。这期间母蜈蚣一直不离卵团，精心守护，有时下半身及触角不停地左右摆动和扭动，驱赶近身的小虫，并常用食爪拨弄或吮舔卵团或幼体，据分析，可能在分泌某种口腺或基节腺的分泌物，防止卵团遭受细菌侵害或其他污物沾染。产卵或孵化时，若受惊扰，母体就会停止产卵或将正在孵化的卵粒全部吃掉，这是蜈蚣的一种保护性反应。

卵团孵化较慢，头5 d内无显著变化，仅由米黄色逐渐转白；10 d后卵粒变得长而扁，呈淡黄色，中间略带白色；15 d后卵粒增长呈肾形，中间痕线裂开，卵粒长至5 mm；20 d后，卵粒呈月牙状，约7 mm，隐约可见细小足爪；30 d后，初具幼虫形态，体长约1.2 cm，并能在母蜈蚣怀抱内蠕动；35~40 d后，幼体蜈蚣长到1.5 cm，已能上下爬动，但尚不离开母体；43~50 d后，长到2.0~2.5 cm，幼虫脱离母体，开始单独活动，自行觅食。孵化期内的母体已充分积聚养料，所以不必给食，否则，如果卵被食物污染，反而会造成自食现象。

第三节 蜈蚣的饲养管理

一、养殖设施

人工养殖设施有饲养池、饲养箱、饲养缸、饲养罐等。也可利用自然条件，稍加改造控制饲养。

1. 饲养池的建造 饲养池用砖或石头砌成长方形，规格为2 m×1 m×0.8 m或5 m×2 m×0.8 m，池内四壁用水泥抹面，池口周围内面用玻璃镶嵌15 cm高，以防止蜈蚣爬出。池中铺1层约10 cm厚经日光曝晒过的富含有机质的黑色土壤，沿池底四周将用石灰消毒过的瓦片摆成弧形，两边垫上海绵，并在池内种些杂草、灌木等，模拟野生环境。另外，在池中央放一平底浅水盆（大池可多放几个），供蜈蚣饮水用。饲养池的数量和大小可根据饲养规模而定。

2. 饲养箱、饲养缸（罐）的建造 与饲养池建造原理相同。只是木箱以60 cm×40 cm×40 cm为宜，饲养缸（罐）宜选用中等大小。底面均铺以10~20 cm厚的土层，上面放置消毒、浸水的瓦片，并加盖防逃。

3. 挖沟聚养 在少棘蜈蚣经常活动的土质疏松又有杂草和砖石堆的地方挖一长沟，沟内埋入鸡毛、鸡骨，上覆松土，蜈蚣闻到鸡毛、鸡骨的腥味，就会聚集而来，取食栖居、繁殖，适当的时候即可捕捉。

二、饲　料

蜈蚣为典型的肉食性动物，食性广泛。人工饲养时，可喂给泥鳅、黄鳝、小虾、小蟹及人工饲养的黄粉虫和以动物肉为主的配合饲料。较常用的饲料配方如下。

配方一：鲜肉70%，蛋白20%，淀粉食物10%，糖少许。

配方二：鲜肉70%，蛋白20%，胡萝卜10%。

配方三：鲜肉70%，蛋黄20%，多纤维蔬菜10%。

将每个配方中的各种成分磨碎、混匀、加水适量，调成糊状或松散粒状，趁鲜喂给。

蜈蚣的饲料虽然广杂，但对食物要求新鲜。人工养殖时，必须每隔2~3 d投喂1次新鲜饲料。投料前必须彻底清除前次剩余的食料。蜈蚣一次进食量可达体重的1/5~3/5，食饱后10~15 d不给食也不会饿死。蜈蚣不耐渴，每天需饮水。因此，饲养场内必须放置盛水器皿，并定时换水，以保持饮水的新鲜、清洁。

三、管　理

（一）幼蜈蚣的饲养管理

刚脱离母体的幼蜈蚣，身体弱小，抗逆性差，可放在塑料盒或缸中饲养，温度控制在20~30℃，窝泥相对湿度为30%~40%，饲以鲜水果皮、煮熟的蛋黄，或将全脂奶粉水沏后浸在海绵里，放置在小塑料布上，让幼蜈蚣吸吮。饲料要勤换、新鲜，禁用霉败饲料。

（二）成蜈蚣的饲养管理

幼蜈蚣盒养45 d后，即可转入养殖池内饲养。蜈蚣是变温动物，对四季气温一般都能适应，除食物外，温度的高低又决定着它的生长速度和生存死亡，因此加强对温度的管理非常重要。

1. 春季饲养管理　早春气温较低，出蛰复苏的蜈蚣受温度的影响较大，活动力和消化力均较弱。清明后应调整窝泥相对湿度为20%，此阶段温度低于15℃时不喂食，以免进食过早或暴饮暴食引起腹胀。初开食时，每600条蜈蚣，可用200 g食母生研为粉末，溶在奶粉水中让其吸吮，连喂2~3次，以帮助蜈蚣健胃消食。以后每3~5 d投放1次食物。剩余的食物应注意清除干净。

2. 夏季饲养管理　立夏以后，蜈蚣开始频繁活动，气温在25℃以上时，进入配种繁殖期。这个时期关键要调节好湿度，过低会影响胚胎发育，过高则容易生病。此期窝泥以手捏成团，手松能散开，含水率22%~25%为宜。蜈蚣交配、产卵、孵化均需要安静的环境，若有惊扰易发生吃掉卵粒及幼体的现象。因此，要勤加观察，做好查窝助繁工作，将待产卵的雌体分开饲养。

在炎热的夏季，要做好降温防暑工作，调节温度在23~30℃。饲料要充足，除保证新鲜外，每月对蜈蚣可能发生的疾病给予1~2次药物预防，以保证蜈蚣安全度夏，顺利完成孵化任务。

3. 秋季饲养管理　立秋前后转入多雨季节，此期间要做好防雨排水工作，使窝泥相对湿度保持在22%左右。秋分后，当空气相对湿度为75%时，蜈蚣的食量剧增，代谢过程也加快，需要加大供食量，以利于蜈蚣生长发育、蜕皮和存贮营养。

4. 冬季饲养管理　当气温降至10℃以下时，即每年的11月中下旬，蜈蚣逐渐进入冬眠状态。入冬后要采取各种措施防寒。如果适当提高土层温度，则可推迟进入冬眠的时间，并延长生长发育期。

四、捕捉与加工

（一）捕捉

捕捉野生蜈蚣和人工饲养的方法不同。捕捉时如不小心被蜈蚣咬伤，会引起剧烈疼痛，但不会有生命危险。可用力挤压伤处，尽量挤出咬伤处的毒液，使其不致扩散到皮下组织或其他部位。然后在伤口处涂抹氨水或花露水、风油精、清凉油、鸡蛋清等，也可用蜗牛、蚯蚓、大蒜等磨碎涂在伤口处。若出现过敏、头昏、恶心呕吐等较重症状，则应及时就医治疗。

1. 野生蜈蚣的捕捉　大量捕捉野生蜈蚣的时间为4月下旬至5月下旬。这段时间的蜈蚣腹内的内容物含量较少，加工时容易干燥，品质较高。立夏以后，多数雌体体内已有卵粒发育，甚至发育成熟，捕获后难以烤干，并易生虫腐烂而影响品质。

少量捕捉时几乎全年都可进行。

用钉耙或齿镐翻动蜈蚣的栖息地，如乱石堆、树根的隐蔽处、壕沟或坟地等，在其受惊后逃走时，用木棒等将它轻轻压住，用食指准确地按住头部，迫使其毒颚张开不能合拢，再用拇指和中指下挟住头部，放入事先准备好的笼内或箱内，带回加工。

2. 人工饲养蜈蚣的捕捉 一般在 7—8 月捕捉，或根据需要在 9—10 月捕捉。主要捕捉长度 12 cm 以上的雄体和老龄雌体。捕捉时可用镊子或竹夹子挟住蜈蚣头部放入容器中待加工。

（二）加工

药用蜈蚣为干燥的整体，加工时先用沸水将蜈蚣烫死，然后取与其长度相等的竹签，将两头削尖，一端刺入蜈蚣头部的下颚，另一端插入尾部，借助竹签的弹力，使其伸直，置于阳光下将其晒干或用温火烤干。

加工炮制好的蜈蚣呈扁平长条形，长 12 cm 以上，宽 0.6～1.0 cm，头部红褐色，有触角和毒颚各 1 对；背部呈棕黑色，有光泽，并有 2 条突起的棱线；腹部黄棕色，瘪缩；每节有足 1 对，黄红色，向后弯曲，最后的 1 节如刺；稍有腥味，并有特殊的刺鼻臭气，味辛而微咸。

第四节　蜈蚣常见病虫害防治

一、疾病防治

（一）绿僵菌病

【病原】本病由绿僵菌感染而致。变质腐败饲料和污秽不洁的饮水可导致本病的发生。尤其在 6 月中旬到 8 月底，由于气候变化，温度较高，湿度较大，更易使蜈蚣受绿僵菌的感染。

【症状】初期可见蜈蚣腹部、下步足部位出现黑色斑点，随着病菌的扩散、浸润，继而体表失去光泽，后几对步足逐渐僵硬，食欲减退直至死亡。

【防治】平时要加强管理，保持饲料和饮水的新鲜，改善通风条件，掌握好饲养池内的湿温度。一旦发现有绿僵菌病的初期危害，应迅速剔除病蜈蚣另养，将感染的窝泥全部清除，换进备用新窝泥；饲养池等用 0.5% 漂白粉水溶液喷雾消毒，一直坚持到不见绿僵菌病死蜈蚣出现为止；药物治疗是食母生 0.6 g，土霉素 0.25 g，氯霉素 0.25 g，共研成粉末，同 400 g 饲料拌匀饲喂病蜈蚣，直至病愈。

（二）黑斑病

【病原】本病由真菌中的黑僵菌引起。尤其是在夏季，人工养殖池内很容易发生，往往造成当年出生的幼蜈蚣大批死亡，有时成年的大蜈蚣也会因感染上这种霉菌病而致死。野生蜈蚣很少发生这种疾病，因此认为，黑斑病是养殖条件下的一种严重病害。

【症状】发病初期腹部呈黑色，腹胀，活动减少，食欲减退。病重时腹部出现黑色腐败型溃疡性病斑，并有黑色黏液流出，当黑色病斑形成时即死亡。

【防治】发现病蜈蚣及时剔除隔离，并用 1% 甲醛溶液消毒后换备用新窝泥另养；调节好温湿度，同时按时清洗食具，防止剩余饲料变质。药物治疗：可用 0.25 g 的红霉素片、金霉素片研粉加水 600 mL 强迫其饮用药水，每天 2 次，连续 3～4 d，或用红霉素、金霉素加水研开喷洒在砖头瓦片上。同时注意卫生，注意水质。

（三）脱壳病

【病因】本病主要是由于蜈蚣栖息场所过于潮湿，蜈蚣饲养管理不善，饲料营养不全，脱壳期延长，使真菌在躯体内寄生而引起。

【症状】初期蜈蚣表现极度不安，来回爬动或几条蜈蚣咬绞在一起；后期表现为无力，行动滞缓，不食不饮至最后死亡。

【防治】注意改善养殖环境，发现发病蜈蚣立即隔离，及时清除死蜈蚣。对病蜈蚣可用土霉素 0.25 g，食母生 0.6 g，钙片 1 g，共研细末，在 400 g 饲料中拌匀连喂 10 d。

（四）粉螨病

【病因】粉螨主要随食物被带入养殖室或养殖区域，再转主寄生于蜈蚣体，大量繁殖后，吮吸蜈蚣的体液而致病。

【症状】病蜈蚣主要表现为逐渐瘦弱，食欲减退，活动减少，严重时衰竭而死。注意观察可见胸腹部和附肢关节处有针尖大小的棕（黄）色螨。

【防治】本病尚无很好的药物防治。因为能杀死粉螨的药物，往往对蜈蚣也有害，只能从管理上加以控制：①保持饲养舍通风透光，做好防暑降温工作。②尽量不在饲养室内堆放杂物，工作服应经常换洗、暴晒，必要时进行高温处理。③有粉螨发生时，应将全池蜈蚣移出，清除原有饲养土，全池、全舍喷洒除螨药物，如三氯杀螨醇，并将饲养舍封闭一段时间再启用。

二、敌害防治

蜈蚣的天敌较多，主要有鼠、蟾蜍、蚂蚁等。人工饲养时要勤检查，发现鼠洞要及时堵塞，并做好常年灭鼠工作；发现蜘蛛也要及时杀死；发现蟾蜍应及时捉除。养殖池四周要用10％石灰水涂刷，以除掉粉螨等寄生虫；如是露天养殖场，上面最好遮网，以防鸟害。养殖场周边地区要禁养鸡等禽类。具体措施可参照蝎子的敌害防治。

（李铁拴）

第二十六章 蚯蚓

蚯蚓干体蛋白质含量高，可达 53.5%～65.1%。它还能分泌出一种能分解蛋白质、脂肪和木纤维的特殊酶，具有促进食物分解和消化的作用，能促进畜禽食欲、增强代谢功能、提高饲料利用率、促进生长。因此，蚯蚓是畜禽和鱼类的优质饲料和蛋白质添加剂。蚯蚓在中药材中称为地龙，具有解热镇痉、通络平喘、解表利尿的功用，能治疗多种疾病。蚯蚓作为食品在国外较普遍，已成为不少国家的名菜和高级食品，在我国台湾及一些省份的少数民族地区也有食蚯蚓的习惯。蚯蚓对改良土壤结构、土壤理化性质及增加土壤肥力有重要作用。此外，蚯蚓还可用于处理城市的有机质垃圾和受重金属污染的土壤。

第一节 蚯蚓的生物学特性

一、分类与分布

蚯蚓是环节动物门、寡毛纲的陆栖无脊椎动物。蚯蚓遍布世界各地，多达 3 000 多种，我国已发现和定名的蚯蚓有 150 种左右，但可供养殖的种类不多，主要养殖种类是正蚓科、爱胜蚓属的一些种类。爱胜蚓属蚯蚓近 20 种，在我国各省份都有发现。目前世界上养殖最普遍的就是该属的赤子爱胜蚓和红色爱胜蚓。我国常见的可供养殖的其他蚯蚓种类主要有参环毛蚓、白颈环毛蚓、威廉环毛蚓、湖北环毛蚓。

参环毛蚓又名广地龙，分布于湖南、广东、广西、福建等地，较难定居，在优质土壤的草地和灌溉条件较好的果园和苗圃中养殖较好。

白颈环毛蚓分布于长江中下游一带，具有分布较广、定居性较好的特点，宜在菜地、甘薯地等作物地里养殖，松土、产粪、肥田效果较好。

威廉环毛蚓分布于江苏、浙江、湖北、湖南、安徽、河北、山东、福建、天津和北京等地，喜在林、草、花圃地下生活，产粪、肥田。目前在江苏、上海一带养殖较多。

湖北环毛蚓分布较广，主要分布在我国湖北、四川、福建、北京、吉林等省、市及长江下游各地，是繁殖率较高和适应性较广的品种，宜在池塘、河边湿度较大的泥土中生活，在水中存活的时间长，可以用作水产饵料。

现在我国蚯蚓养殖种类多为太平 2 号蚯蚓，为日本引进种，是采用美国红色爱胜蚓和日本爱胜蚓进行杂交选育而成的。一般成体体长不超过 70 mm，成蚓 1 200～4 000 条/kg。这种蚯蚓适宜在我国多数地区养殖，喜吃垃圾和畜禽粪。

二、形态学特征

蚯蚓的体呈长圆筒形，由多数体节组成，节与节之间有一深槽，称节间沟。到性成熟时，体节前部皮肤增厚为环带,即生殖带。因种不同,生殖带的形状及位置也不同。蚯蚓因在陆地的土壤中生活(水生种除外),无明显的头部和感觉器官。在口的上面有一肉质的口前叶,第1节是围口节,无刚毛,第2节起有刚毛,大部分藏于体壁中,刚毛排列形式有对生刚毛和环生刚毛2个类型:如杜拉属有刚毛4对,成对排列;环毛属刚毛环状排列,每节数目较多,环包体节而生。雌性生殖孔1~2个,雄性生殖孔1~2对,因种类不同,所在位置不一样。异唇属自8、9节起,环毛属自11、12节间起,在背部中央每节之间各有1小孔,平常紧闭,适当机会,强开背孔排除体液,润湿皮肤。合胃属、杜拉属无背孔。肛门在身体末端,呈直裂状(图26-1)。

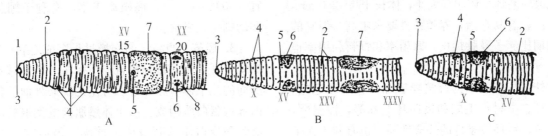

图 26-1 蚯蚓的外部形态
A. 环毛属蚯蚓腹面外部形态 B. 异唇蚓的外部形态 C. 杜拉蚓的外部形态
1. 口 2. 刚毛 3. 口前叶 4. 受精囊孔 5. 雌孔 6. 雄孔 7. 环节 8. 副性腺

蚯蚓的大小相差很悬殊,有时即使是相同种类的蚯蚓,个体差异也很大。陆蚯蚓中最大的是南美洲的鼻蚓,长达 2 100 mm,宽 24 mm。我国海南五指山的保亭环毛蚓长达 700 mm,宽 24 mm。

蚯蚓通常呈暗红色、褐色、紫色、红褐色、紫褐色,偶尔呈橄榄色或深绿色。身体背面的颜色一般比腹面深,有的腹面几乎是无色或肉色,甚至全身透明无色,如分布在重庆和成都的透明环毛蚓。在西藏冰川上的蚯蚓,由于长期对日光直射的适应,身体是黑色的。

三、生活习性

1. 夜行性 蚯蚓属夜行性动物,白昼蛰居于泥土洞穴中,夜间外出活动。一般夏、秋季20:00到翌日4:00左右出外活动,采食和交配都是在暗色情况下进行的,喜欢安静的周围环境。蚯蚓尽管呈世界性分布,但喜欢比较高的温度,低于8℃即停止生长发育,繁殖最适温度为22~26℃。

2. 杂食性 蚯蚓是杂食性动物,除了不吃玻璃、塑胶和橡胶,其余如腐殖质、动物粪便、土壤细菌、真菌等以及这些物质的分解产物都吃。味觉灵敏,喜甜食和酸味,厌苦味,喜欢热化细软的饲料,对动物性食物尤为贪食。每月吃食量相当于自身重量,食物通过消化道约有一半作为粪便排出。

3. 畏光性 蚯蚓有昼伏夜行的习性,是畏光性动物,喜欢在阴暗潮湿的土壤环境中生活。它极怕紫外线的直射,故在日光下或较强的电灯光下不轻易出现。只有在发生敌害、药害、淹水、高温、干燥、缺氧等情况下才会离巢暴露。但蚯蚓不怕红色光。

阴暗潮湿正是腐木性真菌繁衍的必要条件。真菌的繁殖使有机物质如树叶、草木等中的单糖、纤维素、木质素等营养物质分解出来,给蚯蚓带来丰富的营养饵料。

4. 变温性 蚯蚓是变温动物,体温随着外界环境温度的变化而变化。因此,蚯蚓对环境的依赖一般比恒温动物更为显著。环境温度不仅影响蚯蚓的体温和活动,还影响蚯蚓的新陈代谢、生长发育及繁殖等,温度也对其他生活条件产生较大的影响,从而间接影响蚯蚓。

第二节 蚯蚓的繁殖

一、种的选择

常见的蚯蚓种类很多,但并不都能人工养殖,作为养殖的种类,要求对生活环境适应性较强,生长快,周期短,个体大,繁殖力强,养殖方法简单和成本低等。

在我国人工养殖的蚯蚓有从国外引进的大平2号和北星2号,也有选择本地的赤子爱胜蚓、威廉环毛蚓等。

大平2号和北星2号具有繁殖力强、适应性强、增长快的优点。

赤子爱胜蚓虽然个体偏小，体长90～150 mm，但生长周期短，繁殖力高，分布几乎遍布全国各地，容易解决引种的来源问题。而且食性广泛，便于管理，饲料利用率高，能全年产卵。但该种蚯蚓的养殖条件要求较高，螨类寄生虫较多。

威廉环毛蚓个体中等大小，体长150～250 mm，分布广泛，容易存活，养殖条件要求不高。但它的生长周期比赤子爱胜蚓长，繁殖率和饲料利用率也较低。

此外，分布较窄的背暗异唇蚓、直隶环毛蚓、参环毛蚓、中材环毛蚓和秉氏环毛蚓等，性温顺，行动迟缓，对环境条件的适应性强，也有利于人工养殖。

二、繁殖过程

蚯蚓虽然是雌雄同体动物，但由于雄性生殖器官先发育成熟，故必须进行异体受精，互相交换精子，才能顺利完成有性生殖过程。有的蚯蚓在特殊情况下可以完成同体受精或孤雌生殖。无论哪种繁殖方式，都要形成性细胞，并排出含1枚或多枚卵细胞的蚓茧（又称卵包、卵囊）。这是蚯蚓繁殖所特有的方式。

1. 交配 蚯蚓性成熟后即可进行交配，目的是将精子输导到配偶的受精囊内暂时贮存，为日后的受精过程做好准备。不同种类的蚯蚓，交配方式不尽一致。当2条蚯蚓的精巢均完全成熟后，多于夜间在饲养床表面进行交配。它们的前端互相倒置，腹面紧紧地黏附在一起，各自将精子授入对方的受精囊内。经过1～2 h，双方充分交换精液后才分开。精液暂时贮存于对方的受精囊中，7 d后开始产卵。

赤子爱胜蚓交配时，2条蚯蚓前后倒置，腹面相贴，一条蚯蚓的环带区域正对着另一条蚯蚓的雄孔。环带分泌黏液紧紧黏附着2条蚯蚓，在2条蚯蚓的环带之间有2条细长黏液管相互粘连而束缚在一起。此时，平时腹面不易见到的纵行精液沟很明显。从雄孔排出的精液，向后输送到自身的环带区，并通过受精囊孔进入对方的受精囊内。当相互受精完成后，2条蚯蚓从相反方向各自后退，蜕出束缚蚯蚓的黏液管，直到2条蚯蚓脱离接触。

2. 排卵 排卵时，蚯蚓的环带膨胀、变色，上皮细胞分泌大量分泌物，在环带周围形成圆筒状卵包，其中含有大量白色黏稠的蛋白液。此时，卵子从雌性孔排出，进入蛋白液内。排卵后蚯蚓向后退出，卵包向身体前方移动，通过受精囊孔时，与从囊中排出的精子相遇而完成受精过程。此后卵包由前端脱落，被分泌的黏液封住，遗留于表面至10 cm深的土层中。表土层空气充沛，相对湿度适宜（50%～60%），腐殖质丰富，有利于蚓茧孵化和幼蚓生长发育。

3. 蚓茧 当精子的交换过程完成之后，2条蚯蚓就分开，每条蚯蚓各自形成蚓茧。蚓茧基本上由前面的几个体节和环带所分泌的物质外面的黏液和内部的蛋白质构成。由于体壁肌肉的倒退蠕动，黏液管和蛋白质移到身体的前端，最后前后封口脱落。在土壤中，黏液管随着分化瓦解残留下蛋白质管，这就是蚓茧（图26-2）。因为其中含有受精卵，人们又称它为卵包。

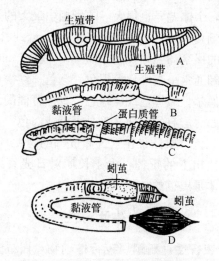

图26-2 蚯蚓的交配与蚓茧的形成
A. 两条蚯蚓在交配 B. 分泌黏液管和蛋白管
C. 黏液管和蛋白管往前滑出
D. 游离的黏液管包着蚓茧和脱离出的蚓茧
（仿高玉鹏、任战军，2006）

蚓茧似黄豆或米粒大小，直径2～7.5 mm，重20～35 mg，多为球形、椭圆形、梨形或麦粒状等，其色泽、内含受精卵数目与蚯蚓种类有关。环毛蚓的蚓茧呈球形、淡黄色；参环毛蚓的蚓茧为冬瓜状、咖啡色；爱胜蚓的蚓茧为柠檬状、褐色。异唇属蚓的蚓茧只含1枚受精卵，仅孵出1条幼蚓；正蚓属蚓可孵出1～2条幼蚓；爱胜属蚓可孵出

2~8条幼蚓，最多的达20条。

蚓茧的数量取决于蚯蚓种类、气候和营养状况。通常每条蚯蚓年产20多枚蚓茧，最少有3枚，多的达79枚。平均每条蚯蚓每5 d产生1枚蚓茧，如饲料充分、营养足够，每2~3 d可产1枚蚓茧。

蚯蚓产卵的最佳外部条件为：温度15~25℃（超过35℃则产卵量明显减少或停产）；饲养床含水率为40%（低于20%则死卵增加）；宜提供营养全面的配合饲料，最好使用畜粪，可比使用堆肥、垃圾、秸秆的产卵量约提高10倍；另外还要求饲养床疏松透气，放养密度适宜。

第三节 蚯蚓的饲养管理

一、饲养方法

（一）简易养殖法

1. 箱养法 把烂草、腐烂的枯枝落叶、烂菜、瓜果，以及造纸、纤维、食品加工的废渣等有机废物，或牛、马粪，先经堆积发酵，待温度下降至23~25℃，然后装入木箱或竹筐、瓷盆、罐、桶等中，放入蚯蚓。经常喷水保持饲料相对湿度60%~70%（一般以手捏成团，放手散开为宜），并用草席或旧麻袋覆盖遮光，在气温13~28℃下都能正常生长。温度太高或太低则应适当降温或保温，如遮阴、喷水、通风等。

在北方冬季，则应移入室内或放入地窖或在地下挖坑，把养殖容器放入坑内，上覆塑料薄膜，利用阳光加温，晚上加盖草苫保温。在面积1 m²、高40 cm的饲料中，可养殖赤子爱胜蚓、北星2号、大平1号、大平2号等蚯蚓1.5万~3万条。每10~15 d，根据采食情况添加1次饲料。养殖2~3个月后根据生长情况，进行翻箱采收，并把产在饲料中的蚓茧和成蚓分离，另行装箱培育。

2. 坑养及砖池养殖法 土坑或砖池的深度一般50~60 cm，面积根据需要而定，可2~3 m²至10~20 m²。先在坑内或池内的底层加入15~20 cm厚发酵好的饲料，上面铺1层10 cm厚的肥土，放入蚯蚓进行养殖。如蚯蚓较多，可在土上再加1层10 cm厚的饲料，上面再覆10 cm厚的肥土。

大平1号、大平2号、北星2号等蚯蚓在春秋两季，放养密度为幼蚓6万~8万条/m²，成蚓1.5万~2万条/m²。冬季加厚养殖层，成蚓可增到2万~3万条/m²；夏季减薄养殖层，成蚓可控制在1万条以内，种蚓0.5万~1万条/m²。

3. 肥堆养殖法 可取50%的田泥或菜园土和50%的已发酵好的培养料，两者混合均匀，堆成长宽随意的长方体土堆，洒水，放入蚓种，再在土堆上加稻草等遮光的覆盖物。此法适于南方养殖，在北方4—10月的温暖季节，也可进行季节性养殖。

4. 温床养殖法（越冬养殖法） 根据地区和气候条件的不同而异。

（1）塑料大棚养殖法。养殖蚯蚓的大棚类似于蔬菜大棚，棚宽一般为5 m，棚长30~60 m，中间走道宽度0.7 m左右，如用翻斗车送料，则宽度为1 m。走道填高0.3 m左右，两边2条蚓床宽2 m，在2条蚓床的外侧开沟以利排水。发酵好的饲料放入床内，堆放高度20 cm左右，靠中间走道一侧留出20 cm空间留作放养蚓种。也可在棚内设数层床架，上置饲养箱进行养殖。

（2）半地下温室养殖法。冬季严寒，低温季节长，可采用半地下温室养殖。选择避风朝阳的地方，挖宽6 m、深1.6 m、长度根据需要而定的土坑，地面铺砖，四周用砖砌墙。北墙、南墙分别高出地面2 m和0.5 m，两边留门和通气孔。温室顶部用木材等作为支架，并覆盖2层间距6~10 cm的塑料薄膜，表面用尼龙绳或铁丝固定。室内主要依靠阳光供热。马粪发酵前如结冻，要预先加热融化，或踩实浇上热水或者以草点燃熏热。在温室内，沿纵向堆积数条宽60~80 cm、高40~50 cm腐熟的马粪，作为蚯蚓养殖床。两侧和墙根堆积新鲜马粪，为经常保持马粪处于发酵状态，温床四周的马粪要少添勤换，而发酵腐熟的即可作为养殖饲料。温室晚上或雪天要用草苫覆盖。

（二）田间养殖法

1. 果园养殖法 在果树下沿树行堆积宽1.5~2 m、高0.4 m的饲料作为蚯蚓养殖床，每一个养殖床之间留一走道。每隔2个养殖床开一排水沟。在养殖床饲料表面用稻草或麦草覆盖。注意经常浇水，保持饲料相对湿度在60%~70%。雨天要用塑料薄膜覆盖养殖床。

2. 饲料田养殖法 可选择地势平整的饲料地，开好灌水和排水沟。开宽、深各15~20 cm的沟槽，施入有机饲料，上面用土覆盖10 cm左右，放入蚓种。经常注意灌溉或排水，保持土壤含水率在

30%左右。进入冬季在气候条件允许的地区可在行间种植越冬绿肥,以增加地表覆盖率和保温,也可在地面覆盖塑料薄膜保温。

3. 菜园养殖法 菜园整畦时每 667 m² 施入 7 500～10 000 kg 优质有机肥或腐熟的烂菜、垃圾等,菜苗出土后即投放种蚓。如菜园原来蚯蚓很多,只要注意蚯蚓的保护,如减少氮肥和某些农药的施用,可不另加种蚓。通常菜园较适宜养殖的蚯蚓为湖北环毛蚓、威廉环毛蚓、秉氏环毛蚓、通俗环毛蚓及白颈环毛蚓等。冬季可结合温床育苗或塑料大棚栽培进行养殖,以保护蚯蚓越冬。在蚯蚓密度很高的菜园,除了整畦之外,亦可实行免耕。

4. 农田养殖法 在气候温暖、无霜期长、水分充足或灌溉方便的地区、水旱轮作地、间作套种集约栽培的农田也可养殖蚯蚓。利用秸秆还田和牛、马厩肥作为蚯蚓的饲料,每 667 m² 施用 5 000～7 500 kg。利用套种的作物,创造遮阴条件,避免作物收获后田间地面裸露。在干旱或雨天应注意灌水或排水,土壤水分尽量保持 22%～30%。种蚓可选耐旱力较强的蚯蚓种,如河北环毛蚓、杜拉蚓或当地耐旱良种。

(三) 工厂养殖法

此养殖法要求有一定的专用场地和设施,包括饲料处理场,控制温度的养殖车间、养殖床、蚓茧孵化床、蚯蚓加工车间、肥料处理及包装车间、成品化验室和成品仓库等。如条件限制,亦可采用分散养殖集中处理的方法,分散给集体或个人进行养殖,工厂集中进行成品处理或加工。

二、饲 料

(一) 蚯蚓饲料的种类

1. 干草类饲料 为蚯蚓的主食。椎木、柞木、橡木等木材类,锯木屑、稻草、旧草席等是蚯蚓喜欢的良好饵料。

2. 肥料 以占全部饲料的 30%～50% 为宜,需经充分发酵。最好的肥料是人粪,其他依次是牛粪、马粪、猪粪、鱼粪、兔粪、鸡粪。

3. 青绿饲料 以占全部饲料的 30% 为宜。如莲花白、萝卜叶、果皮等。

(二) 饲料的处理和发酵

饲料发酵可降低碳素率,改善植物性饲料的物理性状,减少有害成分,杀灭寄生虫卵,增进养分吸收等。而用未经发酵或发酵不完全的饲料,会引起蚯蚓活动不安、精神不佳,甚至引起蚓体变白或者死亡。

1. 饲料的处理 作物秸秆或粗大的有机废物应先切碎。垃圾则应分选过筛,除去金属、玻璃、砖石或炉渣等,再进行粉碎。粪便料中以牛粪最佳,干的需将团块破碎,鲜的需用水稀释为粥状;鸡粪含盐量高,需先用少量水洗,去掉盐分,无经验的养殖者,最好不用鸡粪。然后将多种饲料加水拌匀,待发酵。

2. 饲料的发酵 饲料发酵前期为低水高温发酵,后期为高水低温发酵。前期水分约50%,即用手紧握饲料,指缝中见水珠而不滴落;后期水分掌握在70%左右,即用手把饲料捏起来,水可以一滴一滴掉下。

将准备好的饲料堆积成等腰梯形,高度以50～100 cm为宜。堆积应松散,切勿压实,外部覆盖草帘或塑料薄膜以保温保湿。当料温升高到40～75 ℃时,降温并进行第1次翻动。发酵熟化的饲料,色泽棕色或黑褐色,无臭味,无酸味,质地松散不黏滞。如畜禽粪便发酵前有恶臭味,发酵后变成无味;麦麸、米糠、谷类下脚料,发酵前无味或无大味,在发酵过程中产生恶臭味,继续发酵恶臭味消失。

饲料在发酵过程中产生有害气体,如氮气、二氧化碳、甲烷等。饲料中还可能含有过量的无机盐、农药等。饲料投料前,应压实,再用清水从料堆顶部冲洗,直到顶部积水,下部有水淌出为止。用水冲洗饲料,会使水溶性营养物质消失,但可排除有害气体,冲淡盐分及其他有害物质。水洗后,稍加控淋即可使用。

(三) 试投

上述处理过的饲料,取少量置于养殖床上,经1～2 d后,如果有大量蚯蚓进入栖息、采食,无异常现象,说明饲料适宜,可正式大量投喂。

三、管 理

(一) 繁殖蚓的管理

此期主要是利用性成熟的繁殖优势,获得大批蚓茧。

1. 放养 以 5 000~8 000 条/m² 为宜。

2. 更新 爱胜蚓性成熟时，连续交配产茧 2~3 个月之后，繁殖力逐渐下降。这时要从性成熟的蚓群中，挑选发育健壮、色泽鲜艳、生殖带肿胀的蚯蚓更新旧的繁殖蚓。

3. 日常管理 温度和饲料的好坏直接影响繁殖率。在 21~33 ℃的繁殖旺季中，每隔 5~7 d 要清理粪便取茧 1 次，每半个月更换饲料 1 次。饲料要碎细、无团块，铺料厚度为 15 cm，用侧投法更新饲料，即把养殖床分成两半，一半堆积饲料进行养殖，当饲料消耗完后，在旧饲料堆的侧面添加新饲料，经 2~3 d，蚯蚓（尤其是成蚓）大部分移入新饲料中，幼蚓及蚓茧则留在旧饲料中，可将其移入孵化床。在繁殖蚓的饲料配方中增加碳素和纤维素，如棉绒、造纸废渣及牛粪等，15%~20%。注意保持饲床的温度，不积水，安静与黑暗状态，经常防除敌害。

（二）蚓茧的孵化

1. 蚓茧的收集 在繁殖旺季，每隔 5~7 d，从繁殖蚓床刮取蚓粪和蚓茧。若湿度大时，需摊开让水分大量蒸发。同时因蚓茧重量大于蚓粪颗粒，多数蚓茧在底层。可用铁丝网（8 目）过筛，使蚓茧、蚓粪分离，把蚓茧置于孵化床中孵化。若蚓茧、蚓粪不能分离，可对收集的蚓茧、蚓粪混合物进行孵化。

2. 孵化 把清粪时清出的蚓茧混合物或蚓粪处理时的筛上物，加水调至相对湿度 60%，置于孵化床内铺平，厚度 20 cm。蚓茧密度为 4 万~5 万粒/m²，每隔 30 cm 挖 1 个 6~10 cm 宽的直沟，其内放优质碎细的饲料，作为前期幼蚓的基料和诱集物。孵化床面用草帘或塑料薄膜覆盖，保温防干。在孵化过程中，用小铲翻动蚓茧、蚓粪混合物 1~2 次，孵化基料不要翻动，稍加一点水，使孵化基料与混合物形成湿度差，利用蚯蚓的喜湿习性，诱集幼蚓与蚓茧分离。也可装入底部和四壁有孔的木箱或筐篓内孵化，上面覆盖湿麻袋或草帘等，以保温保湿。

也可将养殖与孵化在同一养殖床进行。当床内蚯蚓密度达 2 万条/m² 左右时，就把成蚓取出部分，其余继续养殖。可把补料、清粪、翻倒饲料、收取成蚓等几个环节结合进行。随粪带出的蚓茧分离后，仍放在原床内孵化。这样可定期收取产品，若同时设置数个这样的床，可轮流回收产品。但此法的缺点是不能充分发挥蚯蚓的繁殖性能。因此，在产卵旺季的春、秋季时，应把床中蚯蚓的密度降低到 2 000~4 000 条/m²，投放足够的新饲料，可促使其大量繁殖。

孵化期与气温有关，如北星 2 号在 14~27 ℃气温下，孵化需 36 d，在 24~34 ℃气温下，孵化需 12~20 d。

（三）幼蚓的管理

将孵化基料和诱集的幼蚓投入养殖床内饲养。此时幼蚓体积小，可高密度（4 万~5 万条/m²）养殖，铺料厚 8~10 cm。在幼蚓把大部分孵化基料变为蚓粪之后，应注意清粪，扩大床位（原则上扩大 1 倍），降低密度，补充新饲料。饲料要细碎和通气，相对湿度保持在 60%左右。要避光、防震。每隔 5~7 d 松动蚓床 1 次，增加料床的空气。每隔 7~10 d 清粪、补料、翻床 1 次。

补料方法用下投法，即将幼蚓及残剩饲料移至床位的一侧，在空位处补上新饲料，再把幼蚓和残料移至表面铺平，铺料厚度 15 cm 左右。如果有数个饲料床平行并排，在任意一端留 1 个空床，在补料时，可采用一倒一的流水作业逐个投喂。饲养 20 d 左右，看蚯蚓的数量和生长情况，进一步降低养殖密度，以保持 2.5 万~3 万条/m² 为宜。

（四）成蚓的管理

一般温度在 20 ℃左右，卵孵化后经 50~60 d 性成熟即进入成蚓养殖。用勤除薄饲的方法，保证良好的饲料、湿度、通气、黑暗等条件。同时，挑选部分成蚓更新原有繁殖蚓，要适时分批提取利用或进一步降低养殖密度，继续供给蚯蚓需要的饲料。每隔 5~15 d 清粪、取茧、倒翻料床和补料 1 次。用上述幼蚓的补料法补料。

（五）蚓粪及蚓体、蚓茧的分离

1. 框漏法 把蚯蚓和粪粒、蚓茧一起装入底部带有 1.2 cm×1.2 cm 网眼铁丝网的大木框，利用蚯蚓避光的特性，在光照下，使蚯蚓自动钻到下层，然后用刮板逐层把粪粒和蚓茧一起刮出，直至蚯蚓通过网眼，钻入下面新饲料为止，这时绝大部分蚯蚓和粪粒、蚓茧分离开来，然后将粪粒和蚓茧移入孵化床孵化，待长至一定程度，但尚未达到产卵阶段，继续采用框漏法，把幼蚓和粪粒分离，幼蚓进入新养殖床。粪粒经风干、筛选、化验、包装作为有机复合肥料。

2. 饵诱法 当养殖床基本粪化以后，停止在表面加料而在养殖床两端添加新料，将成蚓诱入新饲料中，待绝大部分诱出之后，再将含有大量蚓茧的老饲料床全部清出，然后把老床两侧的新饲料和蚯蚓合并在一起。清出的蚓茧和蚓粪，移入放有新饲料的养殖床表面进行孵化，待幼蚓孵出后，进入下层新饲料层采食，然后把上层的蚓粪用刮板刮出，进行风干、过筛、包装，作为有机肥料。

3. 刮粪法 利用光照，使蚯蚓钻入下方，然后用刮板将蚓粪一层一层地刮下，刮到最后蚯蚓集中在养殖床下面。取出的蚓粪和蚓茧移入孵化床进行孵化，幼蚓孵出后，用此法再进行分离。

四、采 收

1. 光照下驱法 此法适于室内养殖床养殖及箱养、池养蚯蚓的采收。利用蚯蚓避光的特性，使蚯蚓在阳光或灯光照射下钻入下层，然后用刮板将蚓粪一层层刮下，直到最后成蚓集中在养殖床底面，聚集成堆，取出蚓团。置于孔径 5 mm 的大框上，框下放收集容器，光照下蚯蚓自动钻入框下容器中。

2. 红光夜捕法 此法适于田间养殖蚯蚓的采收。可利用夜间蚯蚓爬行到地表采食和活动的习性，在 3:00～4:00，携带红灯或弱光的电筒在田间进行采收。

3. 诱捕法 此法可用于室内养殖床，也可用于大田养殖蚯蚓的采收。在采收前，可在旧饲料表面放置一层蚯蚓喜爱的食物，如腐烂的水果等。经 2～3 d，蚯蚓大量聚集在烂水果层中，这时可快速将成群的蚯蚓取出。经筛网清理杂质即可。

第四节 蚯蚓常见病虫害防治

一、疾病防治

（一）毒气中毒症

【病因】养殖床底老化甚至腐败，长期不透气，使二氧化碳产生，导致厌氧性腐败菌、硫化菌等发生作用，使大量硫化氢、甲烷等有毒气体不断溢出。

【症状】蚯蚓逃离养殖床，全部或局部急速瘫痪，背上排出黄色或草色体液，成堆死亡。

【防治】注意养殖场通风、驱散毒气，迅速减薄料床，排除有毒饲料，钩松料床，加入蚯蚓粪吸附毒气，让蚯蚓潜到底层休整，以期慢慢适应。

（二）酸中毒

【病因】由于基料或饲料中含有较高淀粉等营养物质，在细菌作用下饲料酸化，造成蚯蚓体液酸碱平衡破坏，从而导致表皮黏液代谢紊乱，引起蚯蚓酸中毒。

【症状】全身出现痉挛状结节，环带红肿，身体变粗变短，全身分泌黏液增多。在养殖床转圈爬行，或钻到床底不吃不动，最后全身变白而死亡，有的病蚓死前还出现体节断裂现象。

【防治】掀开覆盖物，让蚓床通气，喷洒碳酸氢钠溶液、石膏粉进行中和。

（三）蛋白质中毒症

【病因】由于加料时饲料成分搭配不当引起蛋白质中毒。饲料中蛋白质的含量不能过高（基料制作时粪料不可超标），因蛋白质饲料在分解时产生的氨气等有毒气体，会使蚯蚓蛋白质中毒。

【症状】蚯蚓体出现局部枯焦，一端萎缩或另一端肿胀而死亡，未死的蚯蚓拒食，有战栗、惧怕之感，明显消瘦。

【防治】发现蛋白质中毒症后，要迅速除去不当饲料，加喷清水，钩松料床或加缓冲带，以期解毒。

（四）缺氧症

【病因】蚯蚓环境过干或过湿，使蚯蚓表皮气孔受阻；蚯蚓粪料未经完全发酵，产生了超量氨气等有毒气体；蚯蚓床遮盖过严，空气不通。

【症状】蚯蚓体色暗褐无光、体弱、活动迟缓，这是氧气不足而造成蚯蚓缺氧症。

【防治】应及时查明原因，加以处理。如将基料撤除，继续发酵，加缓冲带。喷水或排水，使基料土的相对湿度保持在 30%～40%，中午暖和时开门开窗通风或揭开覆盖物，加装排风扇，这样此症就可得到解决。

（五）水肿病

【病因】蚓床湿度太大，饲料 pH 过高。

【症状】蚯蚓身体水肿膨大，发呆或拼命往外爬，背孔冒出体液，滞食而死，甚至引起蚓茧破裂或使新产的蚓茧两端不能收口而染菌霉烂。

【防治】应减小湿度，把爬到表层的蚯蚓清理到另外的池里。在原基料中加过磷酸钙粉或醋渣、酒精渣中和，过一段时间再试投给蚯蚓。

二、敌害防治

蚯蚓的敌害较多，包括哺乳类、鸟类、两栖类、爬行类、无脊椎动物等，如田鼠、黄鼠狼、鼢鼠、青蛙、蟾蜍、蚂蚁、蜈蚣、蜘蛛、蚂蟥、蛇、鸟等。

预防天敌的办法：一是在饲养前将房舍、用具用石灰消毒，杀死附在其中的有害昆虫，同时堵塞各种洞穴，防止鼠、蛇、蟾蜍入内。二是在堆沤饲料时加入5%的生石灰，把附在饲料中的各种害虫、细菌杀灭。三是关好门窗，防止猪、鸡、鸭入场，并在饲养场四周撒上生石灰构成一道防线，防止有害动物入侵。

（刘忠军）

第二十七章 蝇蛆

蝇蛆是蝇类昆虫幼虫的统称，其成虫称为苍蝇。蝇蛆繁殖快、易培育，是一种营养丰富的昆虫蛋白质资源，其养殖作为特种养殖项目，具有生产周期短的特点。蝇蛆烘干后制成的蝇蛆粉，蛋白质含量高达55%～64%，氨基酸种类齐全，其必需氨基酸含量占氨基酸总量的42%，粗脂肪含量超过10%，还含有多种微量元素。鲜蝇蛆身体柔软，大小适宜，是禽、鱼、虾、蟹、青蛙、龟、鳖等的优质动物性饲料。蝇蛆养殖所需的设备以及技术要求都比较简单，饲料来源广，成本低廉，产品应用广泛。

第一节 蝇蛆的生物学特性

一、分类与分布

苍蝇的种类很多，在生物学分类系统中属无脊椎动物，隶属于昆虫纲、双翅目、蝇科。我国有记载的蝇类有1 600多种，以下是分布数量较多的品种。

1. 家蝇 中小型种，体长5～8 mm，全身深灰色，雄性两复眼间距很狭，雌性两复眼间距较宽。胸背部有4条黑色纵纹，腹部背面基部棕黑色，端部为橘黄色，背面正中有一较宽的黑色纵纹。家蝇的分布范围极广，它是我国城乡居住区最重要的蝇种，也是进入室内最主要的蝇种。

2. 金蝇 体型较大而肥胖，体长7～11 mm，全身有蓝绿色金属光泽，雄性头部两复眼巨大，呈鲜红色，复眼下1/3小眼面较小，上2/3小眼面较大，呈弧形，分界明显，两复眼间距很狭；雌性两复眼间距很宽。颊部呈橘黄色，下腋瓣呈褐色，其上有细毛，腹基部背片全黑，是喜室外性居住区蝇种。是我国广分布种，在长江流域很普遍。

3. 绿蝇 中型至小型种，体长5～8 mm，体色呈古铜色或青绿色，雄额狭，雌额宽，腹部除基部背片棕黑色，其余各背片后缘无黑色横带，是典型的喜室外性居住区蝇种，能侵入室内。本种在我国的分布也很广泛，种群数量以东北、华北为多。

4. 麻蝇 中型至大型种，最长可达13 mm，为喜室外性居住区蝇种。麻蝇不以眼间距宽狭分雄雌，而要观察尾部，雄性尾部有亮黑色或红色球状膨腹端，雌性则无，而体型较肥胖。胸背部有3条黑色纵纹，腹部背面有黑白相间的棋盘格斑，可随光线的折光而变色。在我国全境都有，主要分布在西北、华北、东北。

5. 市蝇 体长4～7 mm，较家蝇稍小。体色为浅灰色。也以复眼间的距离分雌雄，雌宽，雄狭。胸背面有2条黑色纵纹，前胸侧板中央凹陷处无纤毛、腋瓣上肋无前后钢毛簇，第一腹板无纤毛，下侧片在后气门前下方有纤毛，且较家蝇发达。雌性在盾沟前分出1对小叉，仅为主叉的一半长。雄性 2 条黑纵纹不分叉，腹部深棕色，腹背面正中有黑色纵纹，两侧有银灰色小斑点，呈纵状分布。它在我国分布也相当广泛，目前除黑龙江哈尔滨以北地区外，其余各省份均有记载，而且以东南部诸省份的种群数量为高。

二、发育与变态

家蝇属于全变态昆虫，一生要经过卵、幼虫、蛹和成虫 4 个阶段（图 27-1）。卵和蛹是 2 个相对静止的时期。其幼虫无头无足，口器退化为刮吸式，取食时，先用口钩刮食物，然后吸收汁液和固体碎屑。

35 ℃下，幼虫一般经过 4 d 左右发育成熟，体色由白变黄，停止取食，排出体内废物，爬到剩料的上层较干燥处准备化蛹。化蛹前蛆体皱缩，停止运动，数小时后脱掉蛆皮并变为蛹壳，至此，进入蛹期。家蝇的蛹为围蛹，开始为乳白色，以后颜色渐变深，羽化前为栗褐色。

羽化时成虫依靠体液的压力及身体的扭动将蛹壳头端挤开后爬出来。刚羽化的成蝇体色灰白，翅膀折叠，但非常活跃，待找到合适地方便安静下来，约 15 min 迅速伸展翅膀，此时体色开始变黑。静止 2～3 h 后活跃起来，在笼中飞翔；8～9 h 后开始饮水并觅食，17 h 后雄蝇开始追逐雌蝇，但不交配。家蝇在羽化成虫后 1～5 d 达性成熟，雌、雄蝇交配产卵。

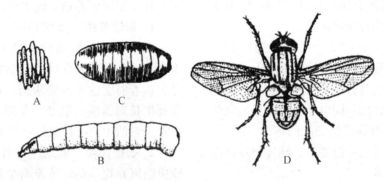

图 27-1　家蝇的形态特征
A. 卵　B. 幼虫　C. 蛹　D. 成虫
（仿杨冠煌，1998）

三、世代与年生活史

供给适宜的营养，家蝇在 16 ℃、20 ℃、25 ℃、30 ℃和 35 ℃下，完成 1 代分别需要 45～51 d、16～24 d、13～18 d、10～13 d 和 8～10 d。年发生世代数明显因地域和气候而异，一般 7～8 代，南方可达 10 多代甚至 20 代。家蝇在人工控制条件下可以周年繁殖，在最适温、湿条件下卵期不足 1 d，幼虫期 4 d 左右，蛹期 4～5 d，成虫寿命 1～2 个月。

四、生活习性

家蝇多生活在粪便、垃圾和有机质丰富的地方，主要食物是液体物质，包括甜汁、牛乳、糖水、腐烂的水果、含蛋白质的液体便等。

成蝇一般把卵产在适宜的基质内，如马粪、鸡粪、猪粪、垃圾、酒糟和豆渣等，卵在其内孵化；蛆发育完成后，爬到比较干燥的环境中化蛹并羽化为飞蝇。

第二节　蝇蛆的繁殖

一、繁殖季节

在终年温暖地区，家蝇的滋生可终不绝，成蝇在 6—8 月为繁殖旺季，但在寒冷的冬季，则以蛹期越冬。在人工控制条件下，家蝇可以周年繁殖。

家蝇在我国越冬至少有 3 种情况。

① 在华南亚热带地区和一些冬季温暖、平均气温在 5 ℃以上的温暖带地区（如四川成都），终年滋生繁殖，不存在休眠状态。

② 在广大的江南地区和华北南部地区，冬季平均气温在 5 ℃以下，一般均以蛹态越冬，少数地方也发现能蛰伏的雌蝇和深厚滋生物质（如畜粪、垃圾等）层下不活跃的幼虫。

③ 在寒温带地区，冬季自然温度下无活动的

家蝇,但在暖室内仍有成虫活动,并可见幼虫活动。

二、繁殖特点

1. 性成熟 经过 5 d 左右的蛹期,家蝇器官在蛹壳内发育完全,蛹壳端破裂,家蝇从破裂处爬出。刚羽化出来的家蝇体表比较柔软,体躯浅灰色,两翅折叠在背上,只会爬行不会飞,需要经过翅膀皱褶状态的伸展及几丁质表皮渐渐变硬和变暗的过程。

成蝇在羽化地点的地面约停息 1.5 h 或者更长的时间后,才开始活动。在适宜的温度下,雄家蝇羽化后约 1 d(至少 18 h)、雌家蝇则需 30 h 后达到性成熟。

2. 交配 羽化后的成蝇经过 2~3 d,生殖系统发育成熟,雌蝇即出现交尾现象。

与其他动物相似,在行为上一般雄蝇比较主动,经常可见雄蝇追逐雌蝇,飞到雌蝇背上,尾部迅速接近雌蝇尾部。此时若雌蝇已性成熟,便迅速伸长产卵器插入雄蝇体内,同时雌蝇双翅多呈划桨式抖动,可以认为是雌蝇接受交配的标志。嗅觉、性外激素的刺激和视觉均可能是雌、雄蝇相互接近并进行交配的重要因素。

家蝇有效的交配时间约为 1 h,1 对交配着的家蝇可以久停在一处,也可以一同爬行或飞翔。绝大多数家蝇一生中仅交配 1 次。雄蝇一次有效的交配将精液全部耗尽,以后就失去性能力。雄蝇的精液能刺激雌蝇产卵。交配后,精子贮存在雌蝇的受精囊中,能保存 3 周或 3 周以上,使雌蝇不断发育的卵受精。

3. 产卵 成蝇自蛹羽化后 2~12 d 内交尾,交尾后第 2 天开始产卵。雌蝇自羽化到产第 1 批卵的时间(即产卵前期)的长短和温度密切相关。如温度为 35 ℃,产卵前期为 1.8 d;如温度为 15 ℃,产卵前期则延长至 9 d。

成蝇性成熟后 6~8 日龄为产卵高峰期,以后逐日下降,到 15 日龄失去繁殖力。雌蝇一生的产卵期为 12 d,可产卵 1 500 粒。多数蝇类宜在气温 25~30 ℃生产繁殖;12 ℃以下则停止发育,不交配产卵;若温度超过 35 ℃,种蝇骚动不安,39 ℃时不能产卵,40 ℃时种蝇逐渐死亡。

4. 孵化 家蝇卵为乳白色,呈香蕉形,长约 1 mm。卵壳的背面有 2 条嵴,嵴间的膜最薄,卵孵化时壳在此处裂开,幼虫钻出,家蝇卵发育的最低有效温度为 8~10 ℃。

自卵产出至幼虫孵化出所需的时间为卵期。卵期的长短和温度有关。蝇卵的孵化温度为 15~40 ℃,35 ℃时孵化时间最短,仅需 6~8 h;当温度为 25 ℃、相对湿度为 65%时,8~12 h 即可孵出幼虫。家蝇卵的发育需要高温,相对湿度低于 90%时,孵化率高。

第三节 蝇蛆的饲养管理

一、养殖场地设计

蝇蛆养殖可利用闲置厂房和农舍等场地,采用有控制的个体户养殖和工厂集约化养殖 2 种形式,但不宜在居民区养殖。蝇蛆养殖必备的条件如下。

1. 自然条件 温度是蝇蛆养殖必备的条件之一。25 ℃以下,蝇就停止繁殖或进入冬眠状态,不食不动。塑料棚也只用于季节性养殖,深秋、严冬、初春温度达不到要求时,棚内养殖是徒劳的。苍蝇生长对温度、湿度、光照方面有一定的要求,要根据它的生活习性来设计好养殖条件。

2. 蝇蛆饲料 蝇蛆生产性养殖的饲料必须是廉价的废弃物,最好是养鸡专业户自产的鸡粪。按 1.5 kg 鸡粪出 0.5 kg 蛆计算,生产性养殖需很多饲料。如购买酱油渣、豆腐渣或其他废弃物,则成本太高,结果往往得不偿失。

3. 自销能力 生产性养殖蝇蛆产品要有自销能力。目前蝇蛆产品的收购部门及蝇蛆、蛹壳的深加工单位不多,因此,进行蝇蛆生产性养殖最好是自家禽、鱼的饲料来源,提高经济效益。

4. 卫生问题 蝇蛆养殖的场地可选择在养猪场、养鸡场等的旁边,考虑到夏季的光线太强,养殖房能建立在有少量树荫的地方更好。水电是必不可少的,因为立体蝇蛆房必须安装温控设施(如风扇、排风扇、照明等)。此外还要考虑交通问题,小规模生产至少可以使斗车能出入畅通;规模较大者,汽车能自由进出。

蝇蛆养殖一定程度上会影响卫生状况,因此在选择养殖地点时还要注意以下几点。

(1) 远离住宅区。不能在住宅的庭院内进行蝇蛆养殖。

(2) 注意常年风向。养殖场要建在鸡场的下风侧,以免臭味飘入鸡场,影响饲养员和鸡群的健康。

(3) 远离水源。防止水源污染。

(4) 有废弃物堆放场。蝇蛆养殖场必须要有专门供鸡粪和蝇蛆养殖废弃物堆放的场所，以防造成环境污染。

二、常用设备与工具

1. 蝇笼 种蝇笼的大小依家蝇的规模来确定。一般用木条、钢筋或铁丝做成 50 cm×80 cm×90 cm 的长方形骨架，在四周蒙上塑料窗纱、纱布或细眼铜丝网（图 27-2）。同时，在蝇笼一侧留1个直径 20 cm 的孔，并接上1个长 30 cm 的袖，以便喂食和操作。此外，应在笼内悬挂一些布条，以扩大成虫的停栖面积。

图 27-2 蝇笼

2. 育蛆盘和育蛆池 小规模饲养可以用缸、盘、盆及其他塑料或者木制箱作为育蛆盘；大规模饲养可以用普通的塑料盆，也可以进行池养。

砌池时，用砖在地面砌成长方形池，一个挨一个排成行，池底不易渗水。无论地上池还是地下池，池壁要用水泥抹实，池口用木制框架布上筛网做盖。育蛆池主要由三部分组成，分别为外池、投食池和集蛆桶。池养是用火砖在房内侧砌成边高 40 cm、面积 1.5 m² 的长方形池，中间设一人行走道，便于操作管理，适于室内以动物粪便饲养。为适应终年饲养需要，室内育蛆应备有加温、保温设备，如电炉、红外线加热器、油灯等。其他用具还包括铁铲、蛆分离筛、水桶、干湿球温度计、普通脸盆等。

如果在室内或者大棚内进行大规模立体笼养，育蛆盘除可用塑料盆外，还可用铁皮、木板或者塑料做成的长方体箱，上面用活动纱网窗做盖（图 27-3）。

图 27-3 育蛆盘

3. 饮水器、饲料盘和集卵罐 供成虫饮水和取食的饮水器和饲料盘，可以使用一般的塑料盘、搪瓷盘等较浅的容器。饲养盘托架常采用多层重叠式，可根据实际生产规模（日产鲜蛆量）来确定饲料盘数量，一般每万只可配备6~7个饲料盘。大小规格以操作方便为目的来设计。最好规格为 40 cm×30 cm×10 cm。四周高度一般不超过 10 cm，长宽不限。集卵罐一般用不透明的塑料杯、瓷杯等有一定深度的容器，也可以用废弃的饲料罐替代。

4. 蝇蛆分离箱或分离池 分离箱用来收集蝇蛆，将蝇蛆从养殖饲料中分离出来。

分离箱的大小可以根据饲养规模而定，通常由暗箱、网箱和照明部分组成。照明部分设有强光或者利用太阳光，依据蝇蛆的负趋光性，使蝇蛆通过筛网进入暗箱，达到蝇蛆与养殖饲料分离的效果。

大规模饲养，可以在室外利用太阳光，用砖砌一个分离池，其原理是相同的。

5. 室外育蛆设备 室外育蛆主要是建立1个育蛆棚。即在室外选择向阳背风且干燥的地方，挖1个长 4.6 m、宽 0.6 m、深 0.8 m 左右的坑，其上面用竹子、薄膜搭成长 5 m、宽 1.2 m、高 1.5 m 左右的棚盖，北面用塑料薄膜密封起来，南面留有1个小门，便于操作，四周挖好排水沟，防止雨水浸入。

三、常用饲料

蝇蛆的饲料相当广泛，以饲料来源广、价格便宜为宗旨，要充分利用当地资源。根据饲料的物理性状分为固体饲料和液体饲料两类，可根据各自情况酌情选用。

(一) 饲料的选择

1. 家畜粪便 如猪的粪便，蛋白质和脂类物质含量比较高，纤维物质含量较低，柔软而不松散，密度比较大。这种饲料虽肥但腐臭，不宜被蝇蛆直接利用，应和其他松散、纤维含量较高的物质混合后使用。

2. 家禽粪便 如鸡、鸭、鸽等动物的粪便，由于这些动物食用的大多是全精饲料，再加上这些动物的消化道比较短，饲料转化率比较低，因此，在其粪便中含有较高的蛋白质、脂肪、矿物质、微量元素、维生素等，这些几乎完全可以被蝇蛆摄取，是蝇蛆的直接优质饲料。这类原料一般在使用前进行发酵处理。

3. 动物血 动物血中含有大量的蛋白质，对蝇蛆来说适口性很好。一般动物对其消化非常少，而蝇蛆则可以轻易消化，转化成为易消化吸收的动物蛋白。在100 kg养殖蝇蛆的麦麸中添加40 kg动物血或10 kg血粉，能够提高产量30%以上。收集、购买回来的动物血，使用不完则容易变臭变质，需要进行保鲜。保鲜的方法是300 kg动物血中加入一包粗饲料降解剂与3 kg玉米粉拌和，然后密封即可。这样可保存1个月不变质，且其中的腥臭味也会减少或消除。

4. 作物秸秆 采用秸秆作为蝇蛆养殖基料的疏松剂，能起到提高培养蝇蛆基料温度的作用。基料温度的提高，能有效提高蝇蛆的产量，添加量以30%左右为宜。

5. 麦麸 麦麸加水后易酸化，使用碳酸氢钠可以解决，每100 kg干麦麸添加量为1.5~2 kg。

6. 米糠 米糠能量含量低，粗蛋白质含量高，富含B族维生素，多含磷、镁和锰，钙含量较低，粗纤维含量高。

7. 油粕类 这些物质蛋白质和能量含量高，添加到麦麸中能有效地提高蝇蛆的产量，每100 kg麦麸添加量一般为20 kg，可增加约8%的蛋白质和大量的能量。

8. 豆腐渣 干物质中粗蛋白质、粗纤维和粗脂肪含量较高，维生素含量低，且含有抗胰蛋白酶因子。以干物质为基础计算，其蛋白质含量为19%~29.8%。豆腐渣的水分含量很高，不容易加工干燥，一般作为多汁饲料鲜喂。保存时间不宜太久，太久容易变质，特别是夏季，放置1 d就可能发臭。

9. 酒糟 酒糟中含有65%的水分，新鲜酒糟经烘干（或晒干）、揉搓、筛分离脱除稻壳等工艺制成酒糟粉，粗蛋白质约4%，粗脂肪约4%，无氮浸出物约15%，粗纤维约12%，还有丰富的多种维生素。新鲜酒糟因水分含量高，易再次发酵霉变，所以最好不要贮存，随用随运。

10. 尿素 添加尿素，既可以增加其中的蛋白质，又可以增加其中的氨气，还可以适当提高麦麸中的pH。100 kg麦麸中尿素的添加量一般为0.5~1 kg，不可过量使用。

(二) 饲料的配制

1. 种蝇饵料 种蝇和其他动物一样，需要足够的蛋白质、糖和水以维持生命和繁殖能力。人工养殖苍蝇时，种蝇饲料也可用糖化淀粉：一般用12%的面粉，加入80%的水，调匀煮成糊状，放置晾干后，再加8%糖化曲、血粉、蝇蛆粉或黄粉虫粉即可。

其他常用的成虫料配方有以下几种，可根据具体情况选用。

配方一：红糖或葡萄糖、奶粉各50%。

配方二：鱼粉糊50%，白糖30%，糖化发酵麦麸20%。

配方三：红糖、奶粉各45%，鸡蛋液10%。

配方四：蛆粉糊50%，酒糟30%，米糠20%。

配方五：苍蝇幼虫糊70%，麦麸25%，啤酒酵母5%，蛋氨酸90 mg。

配方六：蚯蚓糊60%，糖化玉米粉糊40%。

配方七：糖化面粉糊80%，苍蝇幼虫糊或蚯蚓糊20%。

配方八：糖化玉米粉糊80%，蛆粉糊20%。

上述配方中，配方一是最佳营养配方，但是成本相对较高；配方二至八成本较低，生产中可以采用。在实际的种蝇饲养中，因奶粉、红糖等饲料成本太高，常用蛆粉糊和糖化面粉糊来替代。糖化面粉糊是将面粉与水以1∶7的比例调匀后加热煮成糊状，再加入总量10%的糖化曲，60 ℃糖化8 h即成，以这种饲料喂养成虫，饲养效果好，成本低。蛆浆可参照以下配比制作：将分离干净的鲜蛆用高速粉碎机或绞肉机绞碎，然后按蛆浆95 g、啤酒酵母5 g、自来水150 mL、0.1%苯甲酸钠（防腐剂）的比例配制，充分搅拌备用。

2. 蝇蛆料 选择蝇蛆料可分两类：一类是农副产品下脚料，如麦麸、米糠、酒糟、豆渣、糠糟、屠宰场下脚料等；另一类是以动物粪便，如猪粪、鸡粪等经配合发酵而成的。

（1）常用蝇蛆料配方。

配方一：新鲜猪粪（排泄 3 d 内）70%，鸡粪（排泄 7 d 内）30%。

配方二：屠宰场新鲜猪粪 100%。

配方三：猪粪 25%，鸡粪 50%，豆腐渣 25%。

配方四：麦麸 70%，鸡粪 30%。

配方五：麦麸 80%，酒糟 10%，麦麸 10%，混合发酵腐熟。

配方六：猪粪或鸡粪 60%，牛粪 30%，米糠 10%，混合发酵腐熟。

配方七：猪粪 2 份和鸡粪 1 份，加水混合，其含水量 80%。

配方八：鲜猪粪 80%，麦麸 10%，花生渣 10%（每天用 EM 菌液 1∶10 调水喷洒可除臭）。

这一类基质要求含水量 70% 左右，使用前，将 2 种或 2 种以上基质按比例混匀，每吨粪料喷入 5 kg 的 EM 菌液充分混合，粪堆高度 20 cm，用农膜严盖，24～48 h 后即可使用。其 pH 要求为 6.5～7，过酸可用石灰调节，过碱可用稀盐酸调节。每平方米养殖池面积可倒入基质 40～50 kg，放入蝇卵 20～25 g。

（2）麦麸配方。麦麸 30%，动物血（湿）12%，玉米粉 1%，菜籽粕 5%，尿素 0.4%，粗饲料降解剂 0.1%，碳酸氢钠 1.5%，水约 50%。

这一类主要是掌握好各组的调配比例，控制含水量在 60% 左右，若采用酒糟做饵料，必须调整 pH 为中性，并按 1∶2 配以麦麸，效果较好。

3. 集卵料 就是引诱成蝇前来产卵的固体饲料。这类饲料应营养全面，能够满足成蝇和蝇蛆的营养需求，并具有特殊的腥臭气味，对成蝇有较强的引诱力。使用畜禽粪便或人工配制的蝇蛆饲料作为集卵料时，喷洒 0.03% 的氨水或人尿等可显著提高对成蝇的引诱力。

常用配方有：①动物血 20%，麦麸 80%；②麦麸加少量鱼粉，少量氨水；③麦麸 95%，动物血 5% 等。可根据原料来灵活调配配方。

4. 催卵素 催卵素的作用是对苍蝇催情，使其多交配，从而达到提高雌蝇产卵量、受精率的目的。

配方按 150 m² 养殖面积一天的用量来算：淫羊藿 5 g，阳起石 5 g，当归 2 g，香附 2 g，益母草 3 g，菟丝草 3 g。使用时需将中药全部混合、磨碎，用纱布包住，把药水煮出来，然后将药水直接加在糖水里，连喂 3 d，停喂 3 d，再连喂 3 d，停喂 3 d，如此循环。

四、饲养管理

苍蝇的饲养技术虽然简便易于掌握，但要提供符合要求的种蝇，必须标准化，即虫龄整齐，体格强壮。一般每只雄蝇平均体重 16～18 mg（1 g 重 55～60 只），每只雌蝇平均体重 18～20 mg（1 g 重 50～55 只）。要达到这个要求，除需熟练地掌握养殖方法和苍蝇的生活习性外，更重要的是精心管理。

（一）种蝇来源

种蝇的来源有 2 种：一种是直接引种，主要是从科研机构引进实验室的无菌家蝇。无菌家蝇具有产卵量高（每个雌蝇平均可产卵 600 粒）、生长发育整齐、繁殖速度快、蝇蛆产量高、容易成功等优点，无菌家蝇适合人工养殖。另一种是诱集自然环境中的野生家蝇，诱集方法如下。

1. 集蝇法 在家蝇活动季节，到家蝇滋生的场所，如垃圾池、粪堆、厕所附近使用捕虫网捕捉家蝇成虫，置于蝇笼内饲养繁殖。得到蛹时，在放入蝇笼前将其投入 0.1% 高锰酸钾溶液中浸泡 2 min，完成消毒灭菌过程。繁殖若干代，种群数量达到一定水平，进行纯化选育（同步化选育）。

在家蝇盛卵期收集短时间内（视卵量而定）的卵进行饲养，使其孵化、生长、化蛹，选出短时间内同时化蛹的个体使其羽化。然后重复纯化选育的几个步骤，一直到幼虫发育同步化为止。此时得到的成虫便可作为种蝇。

2. 集蛹法 在家蝇活动季节前期就打算开始养殖，可采用此法。在我国北方地区，家蝇一般以蛹越冬，到家蝇滋生过的场所挖取蝇蛹，带回室内消毒灭菌后养殖，待其羽化产卵并增殖到一定数量，便可用纯化选育技术选育种蝇。

3. 集卵法 在家蝇频繁活动的地方准备引诱家蝇产卵的基质，引诱家蝇在基质内产卵，然后于室内培养，待其化蛹后灭菌消毒，并按照集蝇法中的方法纯化选育。产卵基质可用集卵料，也可以直接用动物的尸体，主要是死鱼，或直接采用饲养蝇蛆的畜禽粪便亦可。

4. 集蛆法 获取野生大头金蝇最简单的办法就是从厕所中取蛆。在室外温度稳定在 27 ℃ 以上的晴天，先取 10 kg 新鲜猪粪、2 kg 猪血、0.3 kg 的 EM 菌液混合，放进蝇蛆养殖房的一个育蛆池中。用由纱窗布做成的捞蛆装置捞蛆，从厕所捞出的蛆要先在池塘中或清水中清洗，然后快速地把清洗后的蛆倒在前述配制好的蝇蛆养殖饲料上，蝇蛆会马上钻进饲料中。2~3 d 后蝇蛆就会全部长大成熟自动分离掉进收蛆桶中。

把收集起来的蝇蛆放在 1 个塑料盆中，撒上少许的麦麸，并用 1 个编织袋盖在蝇蛆上。待蝇蛆变成蛹后，用筛子筛走麦麸，将蛹用 0.7% 高锰酸钾溶液消毒 10 min，捞出经过消毒、灭菌的蛹，晾干，再重新放回塑料盆中，撒上少许的麦麸，再盖上编织袋让蛹进行孵化。3 d 后，蛹孵化出大量的苍蝇。把投喂苍蝇的饲料放在孵化盆的边沿，让苍蝇一孵化出来就能吃到饲料。

（二）种蝇养殖的条件控制

1. 温度和湿度 放养蝇蛹前，将养蝇房温度调节到 24~30 ℃，空气相对湿度调节到 50%~70%。种蝇室的温度应控制在 24 ℃ 以上（最好为 30 ℃ 左右）；蝇蛆培养室的温度应控制在 20 ℃ 以上，但室温不宜超过 35 ℃。

一般饲料含水量以 50%~80% 为宜，初孵卵虫则要求 70%~80%，以后龄期的幼虫所需饲料含水量会逐步变小，末龄幼虫饲料的含水量保持在 50%~60% 即可，此时饲料含水量过大或过小均会影响其发育速度，过大还会影响蝇蛆的分离。

2. 成虫饲养密度 在夏季高温季节，以每立方米空间放养 1 万~2 万只成虫为宜，如果房舍通风降温设施完善，还可适当增加饲养密度。成虫最佳饲养密度一般为每只 8~9 cm^3，在此密度下，成虫前 20 d 的总产卵量最高。

3. 蝇群结构 控制蝇群结构的主要方法是掌握较为准确的投蛹数量及投放时间。每隔 7 d 投放 1 次蛹，每次投放数量为所需蝇群总量的 1/3，这样，鲜蛆产量曲线比较平稳，蝇群亦相对稳定，工作量小，易于操作。

4. 用具的消毒处理 养过种蝇的蝇笼和用具，先用自来水洗净，然后进行消毒处理。方法有以下几种：①阳光照射或者紫外灯杀菌消毒。②用来苏儿水或碱水浸泡 30 min 后，取出再用清水冲洗干净。③可使用 84 消毒液浸泡后，冲洗干净。④用高锰酸钾溶液冲洗。

（三）种蝇的培育过程

1. 羽化 将收集到的蝇蛹用清水洗净、消毒、晾干、放入羽化盘（缸）内，在适宜温度、湿度和饲养密度的条件下，待其羽化。

2. 喂饲料和水 待蛹羽化 5% 左右时，开始投喂饲料和水。饲料放在饲料盆内，如果饲料为液体，则在饲料盆内垫放纱布，让成虫站立在纱布上吸食饵料。饲养过程中，可用 1 块长、宽各 10 cm 左右的泡沫塑料浸水后放在笼的顶部，以供应饮水，但注意不要放在奶粉上面。成虫可隔着笼底网纱吸水、摄食和产卵。也可在笼内放置饲水盆供水，饲水盆要放置纱布。每天加饲料 1~2 次，换水 1 次。

3. 收卵 当成虫摄食 4~6 d 以后，其腹部变得饱满，继而变成乳黄色，并纷纷进行交尾，这将预示着成虫即将产卵。发现这一现象的第 2 天，将产卵缸（或盘）放入蝇笼，并把产卵信息物放入产卵缸（或盘）中。

（1）收卵方法。将麦麸用水调拌均匀，含水量控制在 70%，然后装入产卵缸内，放入笼内。在 24~33 ℃ 温度条件下，雌蝇每只每次产卵约 100 粒，卵呈块状。每天产卵 2 次，12:00 和 16:00 各收集 1 次。每次接卵时将产卵缸从蝇笼内取出，将蝇卵和麸皮一起倒入培养料中孵化。

最好的接卵方法是用勺子或大镊子将产卵缸中培养料以不破坏形状放入到孵化盘中，在卵上薄薄撒上 1 层拌湿的麸皮，使卵既通气又保湿。从蝇笼内取出产卵缸时，要防止将成虫带出笼外，因苍蝇不愿离开产卵信息物，而且喜欢钻入培养料内，约 1 cm，所以一定要将产卵缸上所有的苍蝇赶走后再取出产卵缸。当有个别苍蝇随产卵缸带出后，要尽快将其杀死，以免污染环境。如此反复进行，直到成虫停止产卵为止。

（2）卵与产卵料的分离。成虫羽化 3~4 d 后就要在笼中放入集卵碟，碟中松散地放上诱集产卵的物质。所谓集卵，即将诱卵物及其中的卵一起均匀撒于幼虫培养料的表面，表面再盖 1 层薄培养料，不使蝇卵暴露于表面而干死，作为一级培养放入幼虫培养室。接卵过多，会造成发育不良；接卵过少，饲料产生霉菌影响幼虫发育。

可用双层纱布缝制 1 个正好放入 50 mL 烧杯中的小口袋，装入已经搅拌好的麦麸后，再把口袋朝下放入烧杯中。饲料不要装得过满，要在表面放置经牛奶浸湿的棉团，再倒入少量奶水于杯中，在棉团周围撒少许鱼粉，这样雌蝇就会在烧杯壁和纱布口袋之间产卵，达到了卵与饲料分离的目的，接入幼虫饲料的卵粒可用刻度离心管准确称量。接卵时将诱卵物连同卵块一并倒入幼虫培养料中有利于幼虫生长发育。

4. 分离雌雄蝇 一般羽化后 6～8 d，雄雌两性已基本交尾完毕，可适时分离雄蝇。可将收拢捣碎的雄蝇肉浆，加入产卵缸中，引诱雌蝇入缸，驱避雄蝇，可为雌雄蝇分离带来方便。

5. 停止羽化 成虫羽化第 4 天将产卵缸放入笼内，同时取出羽化缸，然后用塑料布将其盖好，以免个别蝇蛹继续羽化，待全部未羽化的蛹窒息死亡后，倒出蛹壳，清洗羽化缸。

6. 淘汰种蝇 种蝇刚羽化 1～2 d 产卵很少，从第 3 天开始进入产卵高峰期，此期可维持 1 周，10 d 后产卵率开始明显下降，15 d 后，产卵率已降到每天平均不到 2 个。因此在生产中，每批种蝇养殖 15 d 左右就要淘汰，以在短时间内获得大量蝇卵，提高养殖效益。淘汰的方法是：①断食断水，一般断食断水 2～3 d 后就会全部死亡。②可将整个笼子取下放入水中将成虫闷死。③用热水或蒸汽烫死。千万注意不可用药剂杀死，因为用具及蝇笼要反复使用。

五、季节管理

随着不同季节气温的变化，蝇蛆的管理方法也不同。夏季温度高，蝇蛆生长旺盛，需要有充足的水分，因此必须多喂饲料，注意通风降温；冬季则要防寒保温。

（一）春季管理

春季我国大部分地区降水量大，空气湿润，昼夜温差悬殊。而苍蝇养殖的关键是温度和湿度。要做好温度和湿度的控制，保持温度在 20 ℃ 以上，白天气温高时开窗通风，夜晚要加温。最适相对湿度成虫为 50%～80%、卵和蛹为 65%～75%，幼虫主要受培养料含水量的影响，一般要求培养料相对湿度在 40%～70% 较为适宜。春季养殖蝇蛆要注意以下几点。

1. 蝇房保温 在房间内用泡沫板隔出一些较小空间，做成一些 4～10 m^2 的密封保温养蝇房，把苍蝇集中在这些蝇房中单独饲养。

2. 粪料发酵 春季气温低，粪料发酵时间适当缩短，让粪料在饲喂蝇蛆过程中发酵产生热量，可减少或不用外加热源。

3. 加强管理 每天早上要定时喂料喂水，饲料盘和海绵每隔 1～2 d 必须进行清洗。每天下午用盆装上集卵物，放到蝇房让苍蝇到上面产卵。傍晚用少许集卵物盖住卵块利于孵化，第 2 天把集卵物和卵块一起端出加入育蛆池粪堆上。

（二）夏季管理

夏季是个多雨的季节，此时蝇蛆饲养管理的关键是调控好温湿度。

1. 温度控制 在苍蝇正常生长发育的温度范围内，高温加速发育，低温则发育减慢。保持温度有以下几种措施。

（1）加温。温室的加温依靠阳光、火炉或电炉。多数饲养实验室的加温用电炉作为热源。体积较小的养虫箱往往只要一两只电灯即可。大型饲养室多用锅炉暖气或热风炉作为热源。

（2）降温。加强通风和洒水能降低温度。

（3）恒温。在较小的范围内多采用培养箱来实现，在较大空间则需要空调系统。

2. 湿度控制 保持湿度有以下几种措施。

（1）增湿。在一定空间内增加湿度有多种方法。如在较大空间里可采取喷雾，在较小空间里可放置浸湿物等来增加湿度。

（2）降湿。加强通风，可降低湿度。空间湿度较高时，可采用吸湿物质，如氯化钙、浓硫酸、生石灰等降低湿度。

（3）恒湿。在较小的封闭容器中，氢氧化钾、硫酸和许多饱和盐溶液，能造成恒定的湿度。在现代化的恒湿室中，恒湿是由毛发湿度计或干湿球湿度计与其他电气装置相联系的一套设备来控制的。

3. 光照控制 光周期控制极易用人工的遮光、曝光方法实现。如可用日光灯、白炽灯等增加光照；不需要光照时，可关灯或用黑布遮盖。

4. 防雨避晒 棚内养殖要注意防雨，以免破坏蝇蛆养殖环境。盛夏季节还要注意避免阳光暴晒，防止蝇蛆饲料干硬致使蛆虫死亡。

（三）秋冬管理

如果在秋冬季节生产蝇蛆，往往采用室内育蛆。苍蝇的活动受温度的影响很大，因而，在秋冬季养殖苍蝇一定要做好以下几点管理工作。

1. 防寒保温 进入秋季，饲养房内应保持温度稳定，不可忽高忽低，室内饲养要关好门窗以防贼风偷袭。而冬季要注意加温，可用炉子加温，炉上放壶水，水烧开产生水汽，可调节房内湿度。有条件者可以放1个控温器，当温度达到规定值后，控温器会自动进行控温操作。

2. 喂食管理 苍蝇产卵，不仅仅与温度有直接关系，还与投喂的食物有很大的关系。冬季不仅要给苍蝇投喂红糖和奶粉、蛆粉等高蛋白质的饲料，还要投喂一些能量饲料或苍蝇复合营养素，这样才能提高苍蝇的产量，达到高产的目的。

六、敌害防治

苍蝇虽然繁殖力强，但后代有50%～60%由于天敌侵袭和其他灾害而夭亡。苍蝇的天敌主要有青蛙、蜻蜓、蜘蛛、螳螂、蚂蚁、蜥蜴、壁虎、食虫虻和鸟类等。鸡粪是家蝇和厩螫蝇的滋生物，但其中常存在生性凶残的巨螯螨和蠼螋，会捕食粪类中的蝇卵和蝇蛆。寄生天敌如姬蜂、小蜂等寄生蜂类，往往将卵产在蝇蛆或蛹体内，孵出幼虫后便取食蝇蛆和蝇。

第四节　蝇蛆的采收与采后处理

一、分离采收

在正常温度（24～30℃）下，幼虫经4～5个昼夜的生长趋于老熟，此时停止取食，爬离原来潮湿的滋生地，到处寻找较干的地方化蛹。这时应及时利用其负趋光性进行分离采收，如果分离过晚，幼虫化蛹后就很难分离。

小规模饲养采用分离箱分离。分离时把混有大量幼虫的培养料放在筛板上，开亮光源，在培养料表面上不断地翻动，使幼虫见光向下钻，幼虫从筛孔钻下，培养料则留在筛子上。

大规模饲养可以采用室外分离池进行分离或利用太阳直射光进行分离。如果需要的是蛹，可以利用老熟幼虫寻找干燥的基质表层化蛹这一习性，在培养料上面铺3 cm厚木屑、柴屑等，老熟幼虫即会钻入化蛹，然后即可分离采收蛹。也可以将分离出的幼虫放入干燥的锯末中等化蛹后再分离出。

二、分离后处理

1. 蝇蛆分离后处理 分离出的蝇蛆或多或少都含有一定的剩料，而且蝇蛆体内还含有一定量的未排泄干净的代谢废物，所以蝇蛆分离后进行后处理非常有必要。

在蝇蛆洗涤过程中，用漏勺捞去蝇蛆，便可将剩料除去。对于体内含有未排泄干净的代谢废物的蛆，一般的方法是让蝇蛆多活几个小时，待其排放干净体内的废物后再处死。但如果将蝇蛆自然放置几个小时，蝇蛆大部分就会化蛹，从而造成损失。一种处理方法是低温下将蝇蛆置于食盐水中，放置4～5 h，在低温和水环境中经过这段时间处理即可使蝇蛆体内的代谢物排泄干净。

将上述方法处理过的蝇蛆洗涤消毒，然后便可进入不同的加工工艺，如加工成干粉或者直接烘干以备他用。

2. 剩料的处理 蛆料分离率不可能达到100%，如果处理不当或不及时，就会使分离的蝇蛆化蛹而羽化为苍蝇，从而污染环境，而且剩料处理不及时就会变质影响剩料的再利用。

比较有效的剩料处理方法有加热法和隔绝空气法等。加热法就是直接将剩料加热，杀死未分离出的蝇蛆。其优点是处理即时，缺点是浪费人力和能源，从而增加成本。隔绝空气法是将剩料装入大塑料袋中，袋子装满后将袋口密封好，剩料的温度很快升高到40～50℃，在缺氧和高温的双重作用下，蝇蛆经过几个小时就会全部死亡。

对于处理大量的剩料，可以建造一个密封好、容积大的水泥池，将大量的剩料倒入池中，然后将池子密封，蝇蛆即可迅速死亡。

3. 培养蝇蛆后的废料处理 培养蝇蛆后的废料有3种处理途径，即直接用作肥料、养殖蚯蚓和返回少量废料再用作培养料。刚刚分离出来的废料不宜马上使用，要待干燥以后再用。

三、贮存与初加工

1. 蝇蛆的贮存 贮存商品蝇蛆可以将蝇蛆活

体临时低温或冷冻贮存，也可将其烘干后密封贮存。在室温干燥的条件下，加工干虫和虫粉的保存时间可达 2 年以上，但要经过熏蒸处理，防止仓储害虫。干虫、虫粉的贮存环境一定要低温干燥，避免在高温高湿条件下长期存放，采取必要的措施防止各类有害生物的危害。

2. 蝇蛆的初加工　蝇蛆初加工有 2 种方法，一是活体直接加工，二是加工成虫蛆（干）粉。

（1）活体直接加工。把蛆收集起来后直接投喂经济动物。室外蝇蛆养殖由于无法对苍蝇进行消毒，粪料中也不能使用过多的 EM 菌液来消除臭味和灭菌，因此养殖出来的蝇蛆肯定带有不少有害细菌，建议使用前最好用 0.7％高锰酸钾水浸泡 5 min后再饲喂经济动物。笼养及室内养殖出来的蛆已基本不带有害病菌，所以不必经过消毒就可直接投喂。

（2）加工成虫蛆（干）粉。先将分离后的鲜蛆用 20％食盐水浸泡 2 min，达到消毒和提高适口性的目的，然后进行烘干或晒干。加工方法是把收集到的干净蝇蛆放进沸水中烫一下，蝇蛆死掉后捞出烘（晒）干及粉碎即成蝇蛆粉。

蝇蛆还可加工成脱脂家蝇幼虫粉、家蝇幼虫酶解物和家蝇幼虫肽等。脱脂家蝇幼虫粉为家蝇幼虫经过清洗、烘干、粉碎和浸提除去脂肪得到的脱脂家蝇幼虫粗品，主要成分是大分子蛋白质。家蝇幼虫酶解物为脱脂家蝇幼虫粉经酶解得到的未分离混合物，主要成分是碳水化合物、小分子蛋白质和少量小肽。家蝇幼虫肽是家蝇幼虫粉先经复合酶水解后经超滤分离得到的，主要成分是小肽。另外，蝇蛆体内含有众多活性物质，如蝇蛆壳寡糖、抗菌肽、几丁糖等具有增强免疫、抗氧化、抑菌等生物学功能。

家蝇资源产业化主要有 2 个开发方向。第一，利用麦麸等饲养蝇蛆，将蝇蛆应用于食品、医药和保健品等领域；第二，利用蝇蛆处理畜禽粪便、工业废料、生活垃圾、屠宰场下脚料和动物尸体等，解决环境污染问题。蝇蛆用于几丁质等工业原料的提取或作为饲用蛋白用于养殖业，蛆粪则作为有机肥用于种植业，以此形成循环经济。

（肖定福）

第二十八章 育珠蚌

珍珠玲珑雅致、晶莹绚丽、光彩夺目，是驰名于世界的华贵装饰品。珍珠又是名贵的中药材，有清热解毒、镇心安神、去翳明目、防腐生肌、止咳化痰等功效，可治疗胃溃疡、支气管炎、高血压等症，还能增强生理机能、促进新陈代谢、延缓衰老。

我国内陆水域辽阔、气候温和、塘坝湖泊星罗棋布，蚌源丰富，发展淡水珍珠养殖业的条件十分优越。河蚌育珠，设备简单，操作简易，投资小，占地少，且可同时进行鱼蚌混养，经济效益显著，对于提高国民收入、促进社会经济发展和增进人民健康等具有重要的意义。

第一节 育珠蚌的生物学特性

一、分类与分布

蚌类在分类学上属于软体动物门、瓣鳃纲、真瓣鳃目、蚌科。目前，世界各国已有记载的蚌类有1 000余种和80多个变种，分属11个属，其中有500多种产于北美洲，其余分布在其他各洲。我国目前已发现的有100多种，其中常见且经济价值较高的有10多种。目前在生产上应用的主要是三角帆蚌和褶纹冠蚌，三角帆蚌尤为理想。

1. 三角帆蚌 属于蚌科、帆蚌属，又名三角蚌、水壳、劈蚌、江贝、翼蚌、铁蚌。其产珠质量高，珠质光滑细腻，色彩鲜艳，珠形较圆，手术操作简便，但耐酸、碱能力较差。

三角帆蚌主要分布于我国江西的鄱阳湖，湖南的洞庭湖，江苏的太湖及湖北的洪湖、荆州，广西钦州等地的大中型湖泊、江河中，是我国目前淡水珍珠主要的、优良的育珠蚌品种。

2. 褶纹冠蚌 属于蚌科、冠蚌属，又名河蚌、湖蚌、鸡冠蚌、尖顶蚌、大江贝、棉鞋蚌、水蚌。褶纹冠蚌贝壳外表面为黄褐色、黑褐色、淡青色，产量高、繁殖力强、珍珠质累积快，内脏团肥厚，珍珠质分泌速度快，壳间距较大，适合培育内脏团大型有核珍珠和大型附壳造型珍珠。产出的珍珠多为银白色、淡粉红色、淡玫瑰色、水黄色等，珠色较嫩，但皱纹多。

褶纹冠蚌栖息在江河、湖泊中，耐污水能力较强，几乎全国各地均有分布。

二、形态学特征

1. 三角帆蚌 蚌壳大而扁平，壳质厚而坚实。左右两壳顶紧接在一起，后背缘长，向上伸展呈三角形的帆状翼。此翼脆弱，易于折断，通常仅在幼蚌时保持完整。三角帆蚌的韧带长，位于后翼基部的前方，壳表面不平滑，壳顶背部生长轮脉粗糙而明显。生长线同心环状排列，距离宽。壳顶具褶纹，后背部有2条由结节突起组成的斜肋。幼蚌壳面呈黄绿色、红棕色、翡翠色等，随着蚌体的成长，壳色加深呈紫褐色或棕黑色，并具有放射色线。右壳内有拟主齿和侧齿各1枚，左壳内有拟主齿和侧齿各2枚。壳内珍珠层呈乳白色、肉红色或紫色，富有虹彩般的珍珠光泽（图28-1）。

图28-1 三角帆蚌

2. 褶纹冠蚌 蚌壳大，两壳膨突，壳质比三角帆蚌薄，外形略呈不等边三角形，后背缘向上伸展如鸡冠状的大型冠，但成体的冠常有残伤，仅在幼体时较为完整。韧带粗壮，位于冠的基部。壳后背部有1列纵肋（褶纹）。壳顶偏向前方，位于距前端壳长约1/6处，有数条肋脉。壳面多呈黄绿色或黄褐色，布有同心圆生长线，幼蚌壳面呈淡黄色、红棕色，前侧齿细小，无拟主齿（图28-2）。

图28-2 褶纹冠蚌

三、生活习性

1. 栖息习性 育珠蚌是水生底栖动物，常年栖息在具沙质、泥质或石砾底质的江河、湖泊、池塘、沼泽、小溪等的底部。水中的溶氧量要求在4～6 mg/L（最低限度为3 mg/L），水温在20～25 ℃。高于30 ℃时，蚌的食欲下降，生长缓慢。在冬季水温较低时，蚌将大部分身体潜埋在淤泥中，仅露出壳的后缘部分进行呼吸和摄食。

对于水环境的要求，不同种类的育珠蚌有所不同。三角帆蚌喜欢栖息在水面较大、水质清新、水流速较大、底质较硬、pH在7～8的水域中；而褶纹冠蚌则喜欢栖息在泥质底、水较肥、pH在5～9的水流速较缓或静水的河流、湖泊、沟渠及池塘等水域中。

2. 食性 育珠蚌属于杂食性动物，主要摄食浮游生物，如硅藻、金藻、鞭毛藻、绿藻、甲藻、轮虫以及有机碎屑等。蚌没有捕捉食物的器官，不能主动追捕食物，主要靠鳃瓣和唇瓣上纤毛进行同一方向摆动形成水流，使食物由入水孔流到鳃，经鳃过滤后，食物留在鳃的表面，再由鳃纤毛的摆动，将食物送入口中。

3. 运动 育珠蚌的运动器官为斧足，运动能力弱，仅靠斧足的前伸、黏附、收缩交替来行进，运动较缓慢；如遇敌害，则迅速缩回斧足，将两壳紧闭。

4. 生长发育 蚌类的生长速度随着蚌的年龄、性别和生活环境的不同而有所差异。幼体至4龄生长速度较快，以后逐渐减慢。一般3年即可长全鳃瓣，4～5年达到性成熟和体成熟，开始繁殖。蚌的寿命可达10年以上。

第二节 育珠蚌的人工繁殖

一、亲蚌的选择与培育

1. 雌雄鉴别 蚌的雌雄一般用肉眼从外形和鳃丝的稀密和色泽即可加以鉴别。同龄的蚌，雌蚌个体一般比雄蚌略大，生长轮脉较宽，两壳较膨突，后缘较钝圆；外鳃丝细密，每片为100～120根，淡褐色，不透明；生殖腺呈橘黄色，性腺成熟时用针刺有游离状的卵粒流出。雄蚌的两壳宽距较雌蚌略小而扁，后缘略尖；外鳃丝粗稀，每片为60～80根，淡黄色，透明状；生殖腺呈乳白色或灰白色，性腺成熟时用针刺有乳白色的精液流出。

2. 亲蚌的选择 用于繁殖的亲蚌应挑选4～6龄，健康无病，蚌壳完整无伤残，壳色光亮，呈青蓝色，闭壳力强，蚌体大，后缘较宽，外鳃瓣无伤的蚌。成熟度应达到80%以上，雌蚌最好是经产蚌。

3. 亲蚌培育 选好适龄亲蚌，分别在蚌壳上刻上♀（雌）和♂（雄）的标记，按雌雄1:1的比例，配组吊于亲蚌培育池中进行培育。吊养时要求雌雄相间，后端相对靠近，间距保持在10 cm左右，使其进行自然受精，提高蚌卵的受精率。

亲蚌培育池以能维持微流水条件为好。池塘应根据水色、天气等情况适时地进行施肥，注入新水，使水质始终保持肥、活、嫩、爽。肥就是浮游生物多，易消化的种类多；活就是水色不死滞，随光照和时间不同而常有变化，这是浮游生物处于繁盛时期的表现；嫩就是水色鲜嫩不老，也是易消化浮游植物较多，细胞未衰老的反映，如果蓝藻等难消化种类大量繁殖，水色呈灰蓝或蓝绿色，或者浮游植物细胞衰老，均会减低水的鲜嫩度，变成老水；爽就是水质清爽，水面无浮膜，浑浊度较小。水色以黄褐色、黄绿色，透明度在30 cm为好。定期用生石灰进行全池泼洒，从而使水中的钙质增加，pH保持在中性偏弱碱性，并预防蚌病的发生，使蚌体质健壮，胚胎发育正常，从而提高孵化率。

亲蚌培育池（孵化池）应根据不同种类蚌的要求修建。一般三角帆蚌的人工孵化对水质的要求较高，要求水质清新、溶氧量高、有水流，水质过肥或混浊易使幼蚌死亡。因此，应修建砖石结构的水泥孵化池，若为土池，则池底、池壁均应铺塑料薄膜。面积以每个池 $1\sim 2\ m^2$ 为宜，池深 15~25 cm。一般连片修建数个或数十个。每个池设进、出水口，进水可依靠天然落差经石子过滤供给或把水打入高水位蓄水池，用石子过滤后流入。褶纹冠蚌对水质和底质的要求不高，浅水池塘或略微加深的稻田均可作为孵化池。池塘应抽干水，并用生石灰清塘，最好曝晒1周，注水时应用网布过滤，以防止其他鱼类随水进入。

二、采　苗

1. 采苗方法　采苗的方法主要有静水采苗、微流水采苗、网箱采苗和杀蚌采苗。

（1）静水采苗。选好怀有钩介幼虫大部分成熟的雌蚌，洗去其表面的污物，放在非直射阳光下晒 15~20 min。按每个采苗盆 2~3 个蚌的密度平放于盆中，采苗盆的直径以 60 cm 为宜（也可用水泥池），再加水至刚淹没蚌。

雌蚌遇水后很快排出成团的絮状物即钩介幼虫。经 10~20 min 后取出雌蚌，将其放回原培育池中或另外的采苗盆内，准备第2次采苗。然后安装小型增氧机或用手搅动水体，使絮状物散开，迅速在每盆中放入采苗鱼，并不断搅动水体，增加钩介幼虫与采苗鱼的接触机会，以提高采苗率。

采苗经 10~20 min 后，鱼鳃或鳍条上出现许多小白点时，可将采苗鱼捕起，放入蚌苗池中暂养。

（2）微流水采苗。往盆内或采苗池中引入小股洁净江河等水，保持水缓慢流动进行采苗。该法钩介幼虫的成熟度高，孵化率高，但可能造成部分幼虫的流失。

（3）网箱采苗。设置若干个 2 m×1.3 m×1 m、网眼为 30 目的网箱，每个网箱中放雌蚌 10~20 个，采苗鱼 400 尾左右，吊于水质较好、水流缓慢的水域中进行采苗。

（4）杀蚌采苗。直接用剪刀剪取雌蚌的外鳃，将钩介幼虫撒在装有采苗鱼的容器内进行采苗。

2. 采苗时的注意事项

（1）检查母蚌钩介幼虫的成熟度时，速度要快，最好就地检查，尽量避免脱水时间过长或高温刺激，防止母蚌"流产"。

（2）采苗鱼采苗的数量应适度，1尾长10 cm左右的采苗鱼以寄生 200 只左右的钩介幼虫为宜，数量过多，采苗鱼会因负担过重而死亡。

（3）采苗鱼的密度不宜太大，以免相互拥挤，鱼体黏液分泌增多，不利于钩介幼虫的寄生，一般盆径 1 m 左右的采苗盆可放采苗鱼 100 尾左右。

（4）三角帆蚌有多次产卵的特性，在繁殖期内一般可产卵 10 次左右。因此，一次采苗以后，可将蚌吊到原来配组的水域中，使其再次产卵受精繁育，再次采苗。

（5）在晴朗天气、水温 30 ℃左右时采苗效果较好。

3. 采苗鱼的暂养　刚附上钩介幼虫的采苗鱼，应分散放入几个蚌苗池中暂养。每一池中应投放同一批采苗鱼，从而使幼蚌从鱼体上脱落的时间较为一致，便于管理。

采苗鱼暂养的密度应根据鱼体的大小和每尾鱼体上附苗数确定。如采苗鱼为鳙，一般每平方米可放 60 尾左右。为了使采苗鱼有一定的隐蔽场所，可在暂养池水面投放部分浮游植物，如凤眼蓝等。在钩介幼虫的寄生期间，应加强对采苗鱼的饲养管理，适时注入新水，每天定时投放适量的饲料，保持采苗鱼健壮的体质。经常检查蚌苗池的进、出水口，防止敌害的混入和采苗鱼的外逃，或因进、出水口的堵塞而造成采苗鱼的死亡。

三、幼蚌培育

临近脱苗 2~3 d 的采苗鱼，应从暂养池或暂养箱中移入幼蚌培育池中。经 3~4 d 后，用抄网将采苗鱼捕起检查，如果其鳃和鳍条上的小白点已经消失，表明钩介幼虫已经变态成为幼蚌脱离鱼体，应及时将采苗鱼捕出，放回池塘中培育或进行第 2 次采苗。

幼蚌脱离鱼体后，壳长只有 0.1~0.3 mm，开始营底栖生活，以水中的浮游生物为食。此时它的适应能力较差，耗氧量大，易遭敌害吞食，因此，应经常注入溶氧量高和饵料生物丰富的新水，2 周后可投放少量经发酵的牛粪、鸡粪等肥水。在换水和排污时，注意不要搅动池底，以免发生幼蚌的堆集而影响其生长，并且应防止敌害、杂物的流入和幼蚌的流失。1 个月左右，可适当加喂花生饼、菜籽饼等饲料。当幼蚌长到 1 cm 左右时，应及时调整密度，即进行分养。继续培育一段时间后，可将其进行池塘吊养、网箱饲养或池塘底养。

此外，幼蚌也可用网箱培育，每个面积约为 1 m²，网目的大小以不漏掉蚌为准。箱底应铺上塑料薄膜，网箱上应加盖网，以防敌害。将网箱置于肥沃清新的水体中。根据季节的变化调整网箱的深度。春、秋季网箱离水面 20~30 cm，夏、冬季网箱离水面 60~80 cm。网目的大小应随幼蚌的生长而逐渐调整。

在幼蚌培育的前期，为了提高幼蚌的成活率和促进其生长发育，应经常注入新水，注水量应先小后大，水质应先清后肥。随着蚌体的生长，注水量应逐渐增加，水的肥度也应逐渐增加。当蚌长至 1 cm 左右时，应进行第 1 次分级稀养。此后蚌体每增长 1 cm，可分养 1 次。

第三节　育珠手术

一、植片育珠

（一）手术季节

育珠手术具有一定的季节性，每年早春（3—5月）、晚秋（9—10月）是育珠手术的好季节。每年的 5—8 月是蚌的繁殖盛期，此期间不宜进行手术，否则影响蚌的繁殖，甚至由于强烈刺激而引起手术蚌的死亡。

（二）手术蚌的选择

用于进行手术操作的蚌，统称为手术蚌，其中用于制取细胞小片的蚌称为制片蚌（或小片蚌），用于插植小片或珠核的蚌称为插片蚌，已插上小片或珠核进行育珠的蚌称为育珠蚌。

制片蚌应选择 2~3 龄、壳体完整无伤、健康无病、闭壳迅速、喷水有力、壳内珍珠层色泽鲜艳美丽、壳长 9 cm 以上的蚌。插片蚌和制片蚌一般为同一品种，应选择 3~6 龄、无病无伤、体质健壮、壳面生长线稀疏、外套膜完整的个体，以保证育珠蚌生活力强，珍珠质分泌旺盛。

（三）插片制作

1. 开壳　用开壳刀分别从制片蚌的前、后缘插入，切断其前、后闭壳肌，待蚌壳自然张开后，再切断韧带等连接处，使左、右两壳分开。

在开壳时，不要损伤外套膜的边缘膜，特别是不要使外套膜环走肌脱离外套痕，应使左、右两外套膜的边缘膜完整无伤地贴附在两片蚌壳内。然后，洗掉内脏团和外套膜等处的污物。

2. 剪除色线　将已开壳的制片蚌平放于手术台上，一手用镊子夹住边缘膜的色线，一手用剪刀沿蚌的腹缘将其外套膜的边缘膜剪除。不能有残留，否则育成的珍珠为乌珠或骨珠，丧失商品价值。

3. 剥分内外表皮　首先在制片蚌外套膜边缘的前闭壳肌或后闭壳肌附近，用剪刀或镊子开一小口，一手用镊子夹住内表皮，另一手用钝头镊子插入内外表皮间的结缔组织，插入时应将镊子尽可能地偏向外表皮一侧，从而使外表皮少带肌肉和结缔组织，获得较为均匀的外表皮小片条。两手协作，边分离边伸入，将前、后闭壳肌之间的边缘膜的内外表皮完全剥离。用海绵轻轻吸去外表皮反面（带有肌肉和结缔组织的一面）的组织液（白浆）。在剥分内外表皮时，应注意不要损伤外表皮，剥制的外表皮要求薄而均匀。

4. 剪取外表皮　用剪刀将已分离的外表皮沿外套膜肌痕由前到后全部剪下，在消毒液（紫药水或金霉素液等）中浸泡约 1 min 后，平展于小片板上，注意正面（贴壳的一面）向上，反面（结缔组织的一面）向下。

5. 修边切片　刚剪下的外表皮，往往边缘参差不齐，宽窄不一，厚薄不均，需用切片刀将其修整规则，然后切制成 4~5 mm 的正方形小片，要求切口断面整齐光洁。然后滴上蒸馏水或生理盐水或营养液、激素、金霉素等,以保持小片的湿润,增强小片活力和抗菌等作用。

在小片的制作过程中,应防止阳光直射,并保持一定的环境湿度;动作要细致、轻快,尽可能做到无菌操作以免感染。一般来说,小片厚,形成珍珠的速度快,珠形较圆、饱满;小片薄,长形珍珠多,表面不光滑。小片的形状以正方形最佳。

(四)小片插植

制作小片后,应尽快将其插植到插片蚌外套膜的结缔组织中去,以便使小片的结缔组织与插片蚌的结缔组织尽快地愈合为一体,使小片的细胞在异体组织中继续维持活力,尽快形成珍珠囊,分泌珍珠质,产生珍珠。

1. 开壳 用开口器轻轻插入插片蚌的两壳之间,慢慢撑开,随即插入开口塞子加以固定,使其不能闭合,以利送片。开口的大小根据蚌体的大小而定,以不损伤闭壳肌为原则。一般三角帆蚌壳口不超过 1.2 cm,褶纹冠蚌壳口不超过 1.5 cm。

2. 插片 插植有横插和直插 2 种。直插是将小片由伤口与插片蚌腹缘呈垂直方向插入,横插是将小片由伤口与插片蚌腹缘呈水平方向插入。直插的育珠蚌,吊养时腹缘向下,小片易吐出,而横插法可避免此种现象,且横插法可插 3 排,个体产量高,直插法只能插 2 排,产量低。目前我国育珠生产中大多采用横插法。

(1) 插片方法。

① 将已开好壳口的插片蚌的腹缘向上,斜置于手术台上,然后用拨鳃板将其鳃、内脏团、斧足等拨到暂不进行手术的一侧,这样可观察到外套膜的全境。再用灭菌水将欲进行手术一侧中央膜内表皮和内脏团上的污物、黏液全部洗去。

② 操作者一手用送片针刺制住小片的正中,另一手持开口针,协助将小片在送片针的圆头上卷曲成圆球形。用开口针在插片蚌中央膜的内表皮上开一小口,再将已卷曲的小片由伤口处横插入外套膜内、外表皮间的结缔组织中。然后用钩形开口针在外套膜的内表皮外面压住已送入的小片,再拔出送片针。然后用同样的方法再插第 2 片。插完 1 排后再往下插第 2 排、第 3 排。

③ 小片插入后,用小钩将植入的小片进一步整理,使其呈圆球状突起。整圆直接影响出珠率的高低。一侧手术结束后,将蚌体在手术台上调转方向,用拨鳃板将鳃和斧足等拨到已做好手术的外套膜一侧,继续进行另一侧外套膜的植片手术。实践证明,小片离体的时间越短越好,每只蚌从制作小片到插片手术完毕最好在 15 min 内完成。

④ 全部手术完毕后,应及时将育珠蚌从手术台上取下,拨出塞子,用刻字刀在壳面上刻上编号和植片日期等,然后将育珠蚌暂时放入盛有新鲜清水的容器中,并及时送往养殖场地饲养。绝不能搁置过夜,以免因缺氧而死亡。

(2) 插片时注意的事项。

① 正确插片。插片时应保证小片正卷,即贴壳的一面卷在里面,否则多形成白色粉末状的空心珠;插片时应尽可能一次快速将小片插入伤口内,多次针刺小片易造成脱片或烂片,影响珍珠质量;还应确保小片插植在内外表皮间的结缔组织内,不能刺穿外套膜的外表皮。

② 插送的深度。插送的深度,应根据不同品种的特性而异。一般三角帆蚌外套膜蓄水量较小,可插浅一些,离伤口 0.5 cm 左右;褶纹冠蚌外套膜蓄水量大,吐水时易带出小片,应插深一些,离伤口 0.7 cm 左右。插片时,应使相邻 2 排小片和伤口间隔排列。如果各排伤口排成 1 列,伤口与伤口容易并合,形成特大伤口,造成植片失败。

③ 植片的数量。应根据蚌体的大小、体质的强弱等具体情况灵活掌握植片数量。植片太少,产量低;植片太多,伤口必然也多,蚌体受伤重,易造成死亡。即使伤口愈合成珍珠囊,蚌体也会因为珍珠囊过多,机体生理代谢失调,营养供给不充分,从而造成珍珠累积速度过慢,甚至使蚌体因负担过重而死亡。

④ 植片的部位。植片的部位不同,形成的珍珠质量也有所不同。一般来说,蚌体前、中部近腹缘处,由于受斧足、内脏团伸缩活动的摩擦和压迫,有时会使珍珠囊受压或磨损,出现扁形珠或黑头珠。同时,优质珠出珠率也因品种不同而有差异。三角帆蚌以鳃能遮盖的部位成珠最好,分布部位呈长圆形;褶纹冠蚌以后端的外、中部,中部的外缘部较好,分布部位呈横马鞍形。

二、植核育珠

植核育珠代替植片育珠是提高淡水珍珠质量的有效途径。植核育珠母蚌的培育,第 1 年参照植片培育无核珍珠母蚌的培育方法，第 2 年当蚌苗生长至 12 cm 后，使用网夹片笼装放。将蚌腹朝上竖立吊养，以最佳的养殖方法促使蚌体增宽，外套膜增厚。从繁殖育苗开始，至母蚌养成约 2 周年时间，母蚌生长至 15 cm 以上便可以提供植核育珠。

（一）手术季节

手术植核在每年的 3—6 月和 9—11 月进行，水温 15~30 ℃，最适水温为 20~25 ℃。水温高，伤口愈合快，珍珠囊形成迅速，但细胞小片成活时间短，育珠蚌脱水快，需加快手术操作和吊养速度，提高细胞小片和育珠蚌的成活率。

（二）植核前的准备

1. 细胞小片的处理 为使细胞小片手术后快速形成珍珠囊、分泌珍珠质形成优质珍珠，应使用养片液养片。

养片液的配制与使用：水温在 22 ℃ 以下使用 0.05 g/mL 葡萄糖注射液；水温在 22 ℃ 以上使用 9 g/L 氯化钠注射液作为溶剂，加以相关药物配制成养片液。养片液养片时间 10~20 min。

2. 植核母蚌的处理 术前处理的主要目的在于使植核母蚌神经组织敏感度降低、闭壳肌松弛以利于开口、植核。一般使用动物麻醉剂浸泡植核母蚌或在内脏注射药物。

（三）手术植核

1. 开壳 开壳宽度 0.8 cm 左右，前端较小，后端稍大，以不损伤闭壳肌为宜。

2. 植核 植核的数量根据手术蚌和珠核的大小而定。2 龄母蚌体长达 15 cm，选用直径 6~7 mm 的珠核，植核数量 10 粒/只。每侧外套膜上、下错位排列。每只手术蚌两侧外套膜相对也错位排列（图 28-3）。

操作者一手用送片针挑起剥离的外套膜，另一手用镊子夹住珠核。珠核正面向上，从开口送入，使珠核背面贴住蚌壳内表面（不使用黏着剂）。然后在创口处滴加养片液，做消毒保养处理。

手术完成后，记下已植核的一面和日期，将完成植核的一面朝下平放于网笼中暂养。大约 1 个月后，再按同样的方法在另一面植入珠核。手术工具及其他用具都要经过严格消毒。

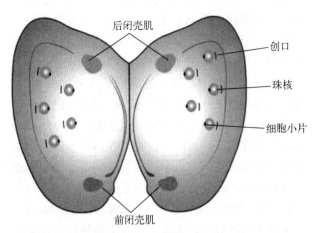

图 28-3 植核位置分布

（四）珠核的处理

在加工制作珠核时，常用强酸处理抛光珠核。因此，在手术植核之前必须除去残留在珠核上的酸性物质和重金属离子。然后，将珠核涂上 1 层药膜。涂药膜的作用是术后抗菌消炎，为创口补充营养能量，避免创伤摩擦，减少排异脱核。

第四节 饲养管理

一、养殖方式

育珠蚌养殖方式的确定应因地制宜、就地取材。目前有串吊和底养 2 种，吊养比底养好。生产上主要以吊养为主，且常实行鱼蚌混养。

1. 吊养法 合理的育珠蚌吊养量是培育超大型珍珠（直径≥9 mm）的有效方法。受水体中饵料生物量的控制，单只育珠蚌的产珠量、珍珠的径粒大小与其吊养量（密度）相关。吊养量过高，育珠蚌的食物来源不够，影响育珠蚌的生长，进而影响珠质的分泌；吊养量过低，造成水体饵料生物浪费，育珠蚌或呈超常生长，育珠蚌的珠质分泌虽然会发达到最大限度，但并不经济。

无论串吊或笼吊养殖，放养密度应根据水源情况、水质肥瘦等因素而定。最适育珠蚌的吊养量分别为 1 龄育珠蚌 0.59 只/m²、2 龄育珠蚌 1.02 只/m²、3 龄育珠蚌 1.26 只/m²、4 龄育珠蚌 1.53 只/m²，但超大型珍珠的最佳吊养量为 1.43 只/m²。

（1）串吊法。用钻子在育珠蚌的壳顶的翼部钻一小孔。然后用尼龙绳把育珠蚌吊起来放于水体中。一般 1 根尼龙绳可以穿吊 1 只育珠蚌（单吊），也可将2~3只育珠蚌穿为1串吊养（串吊），同一串上2只蚌间的距离为15~20 cm。还可以在同一层穿吊2只育珠蚌。穿吊2只时，这2只蚌的水孔要各向一端排列，使2只蚌都获得新鲜水流。

为了充分利用水体，每根绳子可吊挂1~3层的蚌，层与层之间的距离为15 cm左右。把串好的育珠蚌吊入池中竹架或吊绳上。吊绳应系于池子两边的固定撑架上，每隔一段距离在吊绳上系一塑料小球，以免育珠蚌沉入水体或被风刮走。串与串之间应相距30 cm左右，吊绳间距离也应控制在1~2 m。吊养密度一般每100 m² 水面吊130~240只。具体应视水质好坏、水深、水体交换量以及预期所要达到的产量而定。

（2）笼吊法。用尼龙绳编织成圆形或圆锥形的网衣，用一竹制圆形或圆锥形圈，将其支撑成网笼，也可用铁丝编织成长方形网笼，每笼可装5~6只育珠蚌。用尼龙绳将网笼吊入池中竹架或水中吊绳上，笼间距30 cm左右。吊绳与吊绳之间的距离与串吊法相同。

笼吊法成活率一般比串吊法高。其原因是笼养不损伤河蚌，蚌体可自由活动，有利于蚌的摄食和生长，而且有笼保护，可避免大型凶猛敌害的侵犯。

2. 底养法 底养法又称池养，即直接将育珠蚌在池底下养殖。一般这种水域的池底质要求较硬，水较浅，没有污染或很少污染。底养前，一定要先在水层中垂吊10~15 d及以上，进行暂养，待手术伤口愈合后再进行底养。饲养密度为在良好的水质条件下，每100 m² 可放养800~1 000只。

这种底养方式简单，节省材料，成本低，但由于池塘条件的限制，一般来说蚌的成活率、育珠率不高，产珠质量差。

3. 鱼蚌混养 为了充分发挥水体的生产潜力，可以在养殖育珠蚌的水域中混养鱼。混养的鱼可以是草鱼、鲫、鳙等，切忌混养鲤、鲢、青鱼等，因为鲢主要以浮游植物为食，与蚌争抢食物，造成蚌生长不好；而青鱼和鲤主要以底栖动物如螺、蚌为食，因而它们对育珠蚌会造成很大危害。

二、养殖水域条件

育珠蚌经过手术植片（核）到珍珠的形成，需要在水体中养殖2~3年的时间。好的水质条件与育珠蚌的生长以及珍珠的形成有密切的关系。因而选择适当的水域尤为重要。

1. 水面和水深 用于育珠蚌养殖的水面应比较大，如湖泊、库湾都可进行放养。如果在鱼池中养殖，面积最好在1 667 m² 以上。水面大，受风面也比较大，风经过后可造成一定水流，上下层的水就可互相交换。整个水体氧气不断得到补充，温度得以调节，促进池底肥料分解，有利于浮游生物的繁殖和育珠蚌的生长。

养殖育珠蚌的水深最好在2 m左右。水体过深常给养殖带来诸多不便，同时也不利于上下层水体的循环；水体过浅对环境变化的自我调节能力较弱。水体温度、溶氧度、pH及有害气体的经常变化，往往不利于育珠蚌的生长。稳定的水体环境是获得珍珠高产的重要保证。

2. 水质 适宜育珠蚌生长的水域必须具有较高的溶氧量及适宜的pH。育珠蚌在水体中生活、呼吸，必须要有充足的溶氧量。水体中氧的主要来源，一是在与水体的相互作用中，大气中氧气不断溶入水中，二是水体中浮游生物的光合作用产生氧气。

适合育珠蚌生长的溶氧量需在4~6 mg/L及以上。溶氧量降至3 mg/L时，育珠蚌生长受阻，珍珠产量降低；降低至0.7 mg/L时，育珠蚌便会窒息而死。pH一般要求在7~8，水体呈中性或偏弱碱性。过酸或过碱的水体均不利于珍珠的生长。碱性水质，产乳白色珍珠较多；而过酸的水质会降低育珠蚌的新陈代谢，使其活动更为缓慢、摄食减少、消化差、生长抑制、珍珠长不大。过酸、过碱的水质均会引起蚌的死亡。

3. 光照和水温 育珠蚌的场地应选择在避风向阳处。充足的光照有利于水生植物进行光合作用，增加水体溶氧量，促进浮游生物生长、繁殖，从而增加天然饵料。日照长，水温高，有机物也容易分解。养殖育珠蚌的最佳水温为25~28 ℃，过低水温不利于珍珠生长，水温降到8 ℃以下时，育珠蚌进入半休眠状态，珍珠质的分泌微弱，珍珠几乎停止生长。

三、管理措施

育珠蚌在水体中饲养时间长，要使珍珠质量好、产量高，加强育珠蚌饲养管理是很重要的，因为水体中各种敌害生物较多。此外，一年四季水温、水质的变化都会对养殖产生影响。通过人工科学的管理，使水温、水质、肥度始终保持在稳定的范围内十分必要。

（一）定期检查

育珠蚌放养后的第 1 个月内，尤其要加强定期检查。每周应检查 2~3 次，及时发现育珠蚌是否有脱片或死亡现象，并及时补片或清除。要定期检查吊架是否倒塌，网笼是否破裂，吊线是否折断，蚌是否触底，池水是否过肥，敌害及蚌病是否发生等，以便及时发现问题，从速处理。

（二）调节水层

最佳养殖水层一定是在浅于补偿深度的水层中。所谓补偿深度就是这一深度的光合作用所生成的氧量恰好等于其呼吸作用的消耗量时的光照度。补偿深度的藻类仅能生存，不能生长和繁殖。因此补偿深度的饵料浮游生物已十分贫乏，不足以供给蚌取食。淡水水体的补偿深度约等于透明度乘以 1.59（经验数值）。比如透明度为 40 cm 时，补偿深度＝40 cm×1.5＝60 cm，即育珠蚌应养殖在浅于 60 cm 的水层中。最佳养殖水层随着气温、光照、气候的变化而不断改变，因而育珠蚌吊养的深度也应随着季节的变化、水位的涨落、温度的升降而进行相应的调节。

春秋季节由于气温、日照相应不足，应浅吊，离水面 15~30 cm。冬季气温相应比较低，而下层水温比较高，应深吊，离水面约 60 cm。炎热的夏季日照较强，表层水温常达到 35 ℃ 以上，表层昼夜温度相差太大，而且溶氧量变化幅度也很大，浅吊养殖对育珠蚌是不利的，所以夏季应加深吊养水层。

（三）水质管理

良好水质的水色应当呈黄绿或绿豆汤色。水色是由浮游生物种类和数量决定的，而蚌易消化的硅藻呈褐色，绿藻呈绿色，因此水色呈黄绿色最佳。水体应当肥、活、嫩、爽。透明度一般大于 20 cm，水中溶氧量较高。

生产实践中，常采用以下方法来调节水质。

1. 清除淤泥，晒塘冰冻 育珠池经 2~3 年养殖后，要抽干水，清除含有大量腐殖质的多余淤泥，使底质的淤泥保持 20~30 cm 厚即可，并使池底得到充分的风吹、日晒或冰冻。这样做可以杀死致病菌和寄生虫，更重要的是可以提高池塘肥力，达到改良水质、改善池底溶氧状况的效果。

2. 清塘 排干水、清除淤泥后，每 667 m² 池塘用 35~50 kg 生石灰清塘。这样可杀死各种野杂鱼以及蚌的各种敌害生物，使蚌获得更充足的水体空间与溶氧量，有利于蚌的生长。生石灰清塘还可提高池水的碱度和硬度，对水质起缓冲作用，对稳定池水的 pH 有重要作用。

3. 加水与增氧 为控制适宜的水色，采取定期注水或换水的方法，能使藻类调整到适宜的密度。通过适量加水，使池水保持适当的深度，可为蚌提供适宜的温度和生长环境，水的透明度和溶氧量得到调整和补充，这些都有利于浮游植物的光合作用和生长。还可以采取增加水中的氧气的措施来改善水的理化环境。生产上常采用开增氧机的办法来提高水中溶氧量。增氧机不仅能使水中增加溶氧，还具有良好的搅水性能和曝气作用。增氧机开机时间的确定和运行时间的长短需根据天气、水域的具体情况而定。一般采取晴天中午开、阴天清晨开、傍晚不开机的原则。运行时间为天气闷热时长些，天气凉爽时短些，负荷面积大长些，负荷面积小短些。

（四）四季的管理

1. 春季 水温开始回升，水层也开始形成对流，浮游生物，特别是硅藻、轮虫等逐渐繁茂起来，育珠蚌也结束了半休眠状态，新陈代谢逐渐加强，摄食量也随之增加。这时，应及时把育珠蚌从较深的水层上挂到浅层。适当施肥，增加池水肥度，使育珠蚌能获得充足的饵料，增强体质。而且，由于温度升高，各种病菌也开始活跃起来，育珠蚌如果营养跟不上，将很容易受到病菌的侵袭而致病。

2. 夏季 由于表层水温较高，应适当把育珠蚌下挂，以避免蚌出现"热昏迷"。夏季养殖的最佳水层温度应当是 28~32 ℃。夏季是育珠蚌、鱼类以及其他生物代谢最旺盛的时期，也是需氧量最高的时期。这时，各种生物间剧烈地竞争氧气，往往造成池水中氧气的不足。因此，入夏前应对育珠池进行 1 次清塘。

酷暑期间要特别注意水的透明度的变化。正常透明度为 30 cm 左右，这时池水呈黄绿色。如果池水老化变肥，透明度下降，池水溶氧量也随之下降，这时要及时注入新水，并不断搅动水层，增加水体循环，必要时使用增氧设备。

夏季池水容易产生水华，即池水呈绿色或绿色带状或云块状的现象。水华对水质的败坏和对育珠蚌的生长都有恶劣的影响。它是池中蓝绿色的裸甲藻以及隐藻大量繁殖的结果。要抑制这种现象的发生，需在这些藻类大量繁殖时，往池中泼洒硫酸铜，使其浓度达到 0.7 mg/L。

3. 秋季 池水开始循环，水体会出现浑浊现象，水温略有下降。这时，池水表层的光照较强，温度也适宜，应将育珠蚌挂到水体表层。在这个季节，蚌生长仍十分旺盛，应适当进行施肥，充分培育蚌的饵料生物，使蚌体肥壮，以便能更好地越冬。

4. 冬季 水温开始下降，当下降到 8 ℃左右时，育珠蚌开始进入冬眠状态。这时，蚌停止摄食，生理活动水平很低，主要靠消耗体内贮存的营养物质生活。冬季水温低，肥料不易分解，这时不宜再施肥。

冬季表层水温很低，而深层水温比较高，这时应将蚌深挂，使其能安全越冬。如果水面长期结冰，要及时地打破冰层，以免蚌窒息死亡。

（五）综合施肥育珠

水域施肥的主要目的是调节水质，增加氮、磷、钙等营养元素，培育水体中的浮游生物，以满足蚌的生长需要。另外，部分有机肥料碎屑也是蚌的食物成分，可以满足育珠蚌摄食和直接吸收营养元素的需要。施肥种类和数量要根据季节和水色灵活进行。施肥宜在晴天进行，宜少量多次。

微量元素也不能缺乏，否则，育珠蚌会生长不良，珍珠质沉积受阻。如果一年之内施用几次铁、铜、锰、镁、锌、碘、硒等微量元素，可加速浮游生物的增殖，又加强育珠蚌的新陈代谢，有利于珍珠的沉积。

1. 春季施肥 春季水温逐步上升，珍珠质开始沉积，要施有机质肥，如猪粪、牛粪、羊粪、人粪和绿肥等，培育饵料生物。4—5月是三角帆蚌性成熟时期，更需大量的营养物质，施有机肥。

有机肥需经过发酵后施，以免在水中发酵消耗大量氧气。有机肥施在水域四周，或装在箩筐里吊在水中，使其缓缓溶在水中，切忌将肥料施在蚌体上。

2. 夏季施肥 夏季为防止有机肥发酵消耗水中的氧，宜施无机肥。氮、磷肥混合施，一般氮磷比例为 2∶1。但过肥会使水中溶氧量降低，应加新鲜水。施用无机肥要注意选用水溶性的无机肥，施用前先测定水质的 pH。如果水质偏酸性，宜施碱性无机肥（如氨水、碳酸氢铵、草木灰、钾肥等）；如偏碱性，则宜施酸性无机肥（如硫酸铵、硫酸钾等）；如为中性，则都可施用。磷素无机肥沉积水底，会转变成不被浮游植物利用的磷酸化合物，因此，应少量多次地施用，或溶化后全池泼洒，以免浓度太高烧灼浮游生物及育珠蚌。

3. 秋季施肥 秋季水温下降，可以将有机肥和无机肥搭配施用。秋季后期应多施有机肥，以保证越冬前育珠蚌有足够的饵料。

第五节　育珠蚌常见病虫害防治

一、疾病防治

（一）烂鳃烂足病

【病原】本病春、夏、秋季均常见，尤以夏季为多，冬季少见。发病后死亡率不高。水温在 25～32 ℃是发病最适宜的温度，15 ℃以下一般少见。本病多为细菌或霉菌、虫害侵袭所致。

【症状】病蚌鳃丝糜烂、残缺不一，呈淡紫色，有大量黏液。斧足有锯齿状缺刻，边缘溃疡，凹陷处呈肉红色，并有大量黏液，组织缺乏弹性。

【防治】发病初期，可在蚌池中挂漂白粉篓进行防治，病重时，漂白粉全池泼洒，使池水浓度达 1 g/m³。每 667 m² 用枫、杨树叶 20 kg 左右，捣烂加水后全池泼洒。对病蚌用 2%～4%的食盐水浸泡 10～15 min，或用 3 g/m³ 呋喃唑酮溶液浸洗 20 min。

（二）胃肠炎

【病原】本病往往与细菌性烂鳃烂足病同时发生，死亡率较高。多发生于 5—9 月。本病病原尚未完全确定，有人认为是肠型点状产气单胞菌。

【症状】初期蚌壳出水孔喷水无力，两壳微开，蚌体内有大量黏液流出。斧足残缺糜烂，肠内一般无食物，含有许多淡黄色的黏液或血脓。严重时闭壳肌完全失去功能。用手触及病蚌腹缘，有轻微的闭壳反应，随即松弛。

【防治】采用注射和外用药物结合进行。外用药一般用 1 g/m³ 的漂白粉全池遍洒，或用生石灰全池遍洒，水深 1 m，每 667 m² 用量为 15~25 kg。也可用 2%~4% 食盐水浸洗蚌体 10~15 min。注射用药，一般是每天注射 2 g/m³ 呋喃唑酮和高浓度的抗生素药物 1 mL，连用 3~5 d。

（三）水霉病

【病原】本病一年四季都有发生，阴雨天多发，水温低（15~20 ℃）时极易发生并迅速蔓延。本病由水霉菌和绵霉菌所致。

【症状】病蚌患处组织肿胀坏死，渗出物增多，并附有泥沙污物。呼吸困难，严重时窒息死亡。

【防治】育珠池用生石灰清塘，可以减少本病发生；在手术作业时，应尽量小心，避免损伤鳃瓣组织。发生水霉病时，可泼洒含氯石灰（水产用），使池水浓度达到 1~1.2 g/m³，隔日使用，连用 2 次。

（四）原虫病

【病原】本病由鳃组织被原虫（纤毛虫等）寄生所致。

【症状】病蚌鳃组织有白点，鳃瓣组织增厚，上行鳃叶和下垂鳃叶之间呈网状连接的疏松状。镜检可见原虫。

【防治】原虫病的预防，主要是改良水质，创造良好的水域环境。育珠蚌下池前，应用 20 g/m³ 的高锰酸钾溶液浸泡 15~20 min，杀死病原体。

（五）三角帆蚌瘟病

【病原】本病是流行最广、危害最大的一种病毒性蚌病，多发生于夏秋两季，病死率高达 80%~100%，特别由于手术伤口开放，术后横向接触频繁引起，半月后可大批暴发性死亡。本病病原为嵌砂样病毒，目前发现只侵染 1 龄三角帆蚌。

【症状】本病早期症状不明显，后期多表现为斧足萎缩，不爬行，喷水无力，呼吸缓慢，闭壳无力，最后开壳而死。

【防治】预防三角帆蚌瘟病可从以下几方面开展：严格执行检疫制度，不从疫区购进母蚌及幼蚌，要从非疫区选购健壮的母蚌，在安全的水体中进行自繁自养。清除水底过多淤泥，并用生石灰消毒，严格控制水源。提高插片技术，严格无菌操作，用营养液滴小片，增加小片活力，手术后 1 个月内，不施粪肥而改泼豆浆、光合细菌。加强饲养管理，合理混养和密养，及时施肥和灌注清水，定期遍洒生石灰，保持池水呈弱碱性，水呈黄褐色或黄绿色，提高蚌体抵抗力。每只蚌注射 0.2~0.4 mL 蚌瘟灭活疫苗进行预防，注射部位在斧足和内脏囊交接处，疫苗注入内脏囊，入针要浅，一般为 2~3 mm。

目前尚无理想的治疗方法，在疾病早期用血卟啉衍生物及中草药（肉桂、板蓝根、青黛等）合剂进行注射治疗，有一定效果。

二、敌害防治

（一）常见敌害

（1）中华鳖、乌鳢、鳜、沙鳅、黄鳝、虾、蟹、水老鼠、水禽等都捕食蚌肉。蚌伸出斧足时被咬食。夏、秋季温度较高，敌害活动频繁，摄食旺盛，蚌常成为它们的进攻对象，尤其在溶氧量较低的季节，蚌伸足较频，受害就更为严重。

（2）钻壳虫、钻蚀藻类。它们主要是通过自身代谢分泌的酸性物质溶蚀蚌壳造成穿孔，使育珠蚌易遭其他敌害而致死。

（3）周丛生物。是一类丛生在蚌壳上的小型生物，往往使蚌壳受到腐蚀和破坏作用。周丛生物又是很多水生昆虫以及不少杂食性和草食性鱼类的食料，这些鱼类常摄食育珠蚌上的周丛生物，影响育珠蚌开壳索饵和呼吸水流的畅通。

（二）防治措施

（1）在入水口处安放一网目较小的栅栏，以防大型凶猛鱼类的进入。

（2）冬季用生石灰清塘，杀灭黄鳝、沙鳅、钻壳虫、钻蚀藻类的越冬生殖胞；对于中华鳖，可采取钓捕法消除和减少其对育珠蚌的危害；沙鳅、黄鳝吃食蚌肉后，常停留在养殖笼中，因此，在一部分养殖笼的底部和周边衬一塑料纱布，即可捕捉。

（3）定期清洗育珠蚌，把附着于其上的敌害生物清扫干净。

（肖定福）

主 要 参 考 文 献

白庆余，1988. 药用动物养殖学 [M]. 北京：中国林业出版社.
白秀娟，1999. 养狐手册 [M]. 北京：中国农业大学出版社.
程世国，邹真慧，1991. 麝的饲料与饲养 [M]. 成都：四川科学技术出版社.
崔连中，等，1984. 怎样养鹌鹑 [M]. 天津：天津科学技术出版社.
崔松元，严昌国，梁凤锡，1991. 特种药用动物养殖学. 北京：北京农业出版社.
高本刚，高松，1999. 特种食用动物养殖新技术 [M]. 北京：中国农业出版社.
高玉鹏，任战军，2006. 毛皮与药用动物养殖大全 [M]. 北京：中国农业出版社.
龚勤，1985. 怎样养蚯蚓 [M]. 天津：天津科学技术出版社.
郭书普，2000. 特种动物养殖新技术 [M]. 北京：中国致公出版社.
郭武备，1998. 特种养殖新技术50种 [M]. 北京：中国三峡出版社.
郭永佳，佟煜人，1996. 养狐实用新技术 [M]. 北京：金盾出版社.
郭玉璞，张中直，林昆华，等，1997. 鸡病防治 [M]. 北京：金盾出版社.
黄福珍，1982. 蚯蚓 [M]. 北京：农业出版社.
季达明，张国仰，周经文，1982. 蛇岛 [M]. 沈阳：辽宁科学技术出版社.
江承亮，李鸿毅，王行，等，2018. 蝇蛆肠道微生物菌群对猪粪残留抗生素的降解及抗性基因的影响 [J]. 微生物学报，58 (6)：1103-1115.
姜宁，张爱忠，李玲玲，等，2009. 蝇蛆肽对大鼠机体抗氧化和免疫指标的影响 [J]. 动物营养学报，21 (4)：561-566.
李鹄鸣，王菊凤，1995. 经济蛙类生态学及养殖工程 [M]. 北京：中国林业出版社.
李家瑞，2002. 特种经济动物养殖 [M]. 北京：中国农业出版社.
李沐森，郭文场，刘佳贺，2018. 竹鼠的分类分布、饲养管理及皮张加工 [J]. 特种经济动植物，21 (7)：2-5.
李顺才，杨菲菲，吉志新，2018. 蝇蛆生态养殖技术 [M]. 广州：广东科技出版社.
李铁拴，金东航，刘占民，等，1998. 特种经济动物高效饲养技术 [M]. 石家庄：河北科学技术出版社.
李正军，海宇碧，祝新文，2000. 养团鱼 [M]. 成都：四川科学技术出版社.
李忠宽，2001. 特种经济动物养殖大全 [M]. 北京：中国农业出版社.
梁成珠，杨元杰，1996. 鸵鸟—饲养管理与疾病防治 [M]. 北京：北京农业大学出版社.
林吕何，1991. 广西药用动物 [M].2版. 南宁：广西科学技术出版社.
林其骠，1991. 科学养鹌大全 [M]. 南京：江苏科学技术出版社.
林其骠，2001. 鹧鸪 [M]. 南京：江苏科学技术出版社.
林伟财，王钦贵，谢绍河，等，2016. 三角帆蚌外套膜有核珍珠培育技术研究 [J]. 海洋湖沼通报，3：99-103.
刘浚凡，1999. 乌骨鸡饲养指南 [M]. 北京：科学技术文献出版社.
刘玉，赞哈尔，何晓辉，等，2015. 白痢鸡粪培养蝇蛆抗菌肽对白痢沙门菌感染雏鸡的疗效观察 [J]. 西北农林科技大学学报（自然科学版），43 (7)：24-28.
鲁汉平，钟昌珍，1995. 蝇蛆养殖技术的研究 [J]. 华中农业大学学报，14 (1)：43-49.
刘晓雷，赵冬临，1992. 经济动物养殖及疾病防治 [M]. 北京：北京出版社.
马美湖，1996. 实用特种经济动物养殖技术 [M]. 长沙：湖南科学技术出版社.
闵志勇，林娟娟，2016. 不同技术措施对妈祖像形珍珠培育效果的影响 [J]. 莆田学院学报，23 (2)：42-45.
农业部农民科技教育培训中心，中央农业广播电视学校，2013. 火鸡养殖技术 [M]. 北京：农业教育声像出版社.
潘红平，2001. 药用动物养殖 [M]. 北京：中国农业大学出版社.
潘红平，宋月家，2014. 竹鼠高效养殖技术一本通 [M]. 北京：化学工业出版社.
朴厚坤，1999. 皮毛动物饲养技术 [M]. 北京：科学出版社.
钱燕文，1995. 中国鸟类图鉴 [M]. 郑州：河南科学技术出版社.
裘明华，1984. 蚯蚓的养殖及其利用 [M]. 重庆：重庆出版社.

赛道建，2001. 经济动物学 [M]. 济南：山东科学技术出版社.
商晓东，李土成，1986. 鹌鹑饲养技术 [M]. 北京：科学普及出版社.
慎伟杰，刘梅，程端仪，1989. 鹌鹑　火鸡　鹧鸪　珍珠鸡 [M]. 北京：金盾出版社.
宋心仿，邵有全，2000. 蜜蜂养殖新技术 [M]. 北京：中国农业出版社.
宋增廷，王华朗，王立志，等，2015. 我国家禽非常规饲料资源的开发与利用 [J]. 动物营养学报，27（1）：1-7.
孙占鹏，2000. 特种动物生产学 [M]. 北京：中国林业出版社.
陶岳荣，金鹤荣，陈立新，2009. 獭兔高效益饲养技术 [M]. 3版. 北京：金盾出版社.
田婉淑，江耀明，1986. 中国两栖爬行动物鉴定手册 [M]. 北京：科学出版社.
王春林，徐文根，1994. 珍禽饲养手册 [M]. 上海：上海科学技术文献出版社.
王殿坤，1992. 特种水产养殖 [M]. 北京：高等教育出版社.
王芳，朱芬，雷朝亮，2013. 中国家蝇资源化利用研究进展 [J]. 应用昆虫学报，50（4）：1149-1156.
王光瑛，李昂，王长康，1999. 番鸭养殖新技术 [M]. 福州：福建科学技术出版社.
王钦贵，谢绍河，邓岳文，等，2018. 蚌龄和模核规格对褶纹冠蚌附壳造型珍珠培育的影响 [J]. 水产养殖，39（4）：50-54.
王新民，彭友林，卓君华，等，1996. 特种经济动植物养种实用新技术 [M]. 北京：中国林业出版社.
王志跃，2002. 肉鸽饲养技术 [M]. 南京：江苏科学技术出版社.
吴昌禧，2002. 竹鼠的养殖技术 [J]. 特种经济动植物，5（9）：10-11.
吴青林，2016. 竹鼠家养技术 [M]. 北京：化学工业出版社.
吴世林，1997. 鸵鸟生产 [M]. 上海：上海科学技术出版社.
夏武平，高耀亭，1988. 中国动物图谱　兽类 [M]. 2版. 北京：科学出版社.
肖培根，杨世林，2000. 药用动植物种养加工技术 [M]. 北京：中国医药出版社.
谢绍河，2010. 淡水有核珍珠大面积养殖技术研究 [J]. 广东海洋大学学报，30（1）：55-58.
谢绍河，梁飞龙，林展新，等，2011. 附壳造型珍珠培育技术研究 [J]. 广东海洋大学学报，31（1）：34-38.
谢忠明，1995. 鱼虾贝养殖高产技术 [M]. 北京：中国农业出版社.
徐桂耀，由明达，张易之，1985. 牛蛙养殖 [M]. 北京：科学技术文献出版社.
徐洪福，董道平，2000. 东亚钳蝎养殖与利用 [M]. 北京：中国农业出版社.
许智芳，吴容，1985. 蚯蚓及其养殖 [M]. 北京：科学出版社.
杨冠煌，1998. 中国昆虫资源利用和产业化 [M]. 北京：中国农业出版社.
杨嘉实，1999. 特产经济动物饲料配方 [M]. 北京：中国农业出版社.
杨宁，2002. 家禽生产学 [M]. 北京：中国农业出版社.
杨水尧，1984. 捕蛇与养蛇 [M]. 南昌：江西科学技术出版社.
杨治田，2005. 图文精解养鹌鹑技术 [M]. 郑州：中原农民出版社.
殷浩，白志毅，李家乐，等，2015. 紫色优质淡水有核珍珠的培育方法 [J]. 水产养殖，12：27-28.
尹祚华，雷富民，莫玉忠，1998. 鸵鸟养殖技术 [M]. 北京：金盾出版社.
袁耀东，1999. 养蜂手册 [M]. 北京：中国农业大学出版社.
曾中平，1991. 牛蛙养殖技术 [M]. 北京：金盾出版社.
张爱忠，姜宁，张婷，等，2012. 不同家蝇幼虫制品对黄羽肉仔鸡营养物质可利用率、肠道菌群和血清生化指标的影响 [J]. 动物营养学报，24（5）：911-917.
张帆，1983. 家庭养鹌鹑 [M]. 合肥：安徽科学技术出版社.
张复兴，1998. 现代养蜂生产 [M]. 北京：中国农业大学出版社.
张根芳，许式见，方爱萍，2013. 组织小片对三角帆蚌外套膜无核珍珠颜色成因的影响 [J]. 水生生物学报，37（3）：581-587.
张婷，张爱忠，姜宁，等，2010. 不同家蝇幼虫制品对黄羽肉仔鸡生长性能及抗氧化、免疫指标的影响 [J]. 动物营养学报，22（3）：762-768.
张振兴，2001. 家禽饲养与疾病防治 [M]. 北京：中国农业出版社.
张之培，1981. 淡水珍珠养殖技术 [M]. 长沙：湖南科技出版社.
章剑，2016. 中国龟鳖养殖与病害防治新技术 [M]. 北京：海洋出版社.

赵万里, 1993. 特种经济禽类生产 [M]. 北京: 农业出版社.
赵旭庭, 2001. 番鸭 [M]. 南京: 江苏科学技术出版社.
郑文波, 2000. 特种动物养殖与疫病防治大全 [M]. 北京: 中国农业大学出版社.
郑文波, 2000. 特种经济动物养殖与疫病防治大全 [M]. 北京: 中国农业出版社.
周放, 赖月梅, 韦绥概, 等, 1998. 高效益药用动物养殖技术 [M]. 南宁: 广西科学技术出版社.
周明丽, 董纯武, 周新初, 1992. 火鸡饲养繁殖技术 [M]. 上海: 上海科学技术出版社.
National Research Council (NRC), 1994. 家禽营养需要 [M]. 9版. 蔡辉益, 等, 译. 北京: 中国农业科技出版社.

图书在版编目（CIP）数据

特种经济动物生产学/余四九主编.—2版.—北京：中国农业出版社，2020.1（2023.7重印）
普通高等教育农业农村部"十三五"规划教材　全国高等农林院校"十三五"规划教材　面向21世纪课程教材
ISBN 978-7-109-26428-1

Ⅰ.①特… Ⅱ.②余… Ⅲ.①经济动物－饲养管理－高等学校－教材 Ⅳ.S865

中国版本图书馆CIP数据核字（2020）第008123号

中国农业出版社出版
地址：北京市朝阳区麦子店街18号楼
邮编：100125
责任编辑：何　微　　文字编辑：张庆琼
版式设计：杜　然　　责任校对：吴丽婷
印刷：北京通州皇家印刷厂
版次：2003年6月第1版　2020年1月第2版
印次：2023年7月第2版北京第3次印刷
发行：新华书店北京发行所
开本：889mm×1194mm 1/16
印张：19.25
字数：545千字
定价：57.50元

版权所有·侵权必究
凡购买本社图书，如有印装质量问题，我社负责调换。
服务电话：010-59195115　010-59194918